# SPSS 生物统计实例详解

符裕红　编著



中国农业大学出版社
·北京·

## 内容简介

本书以SPSS软件为载体，以生物学科中的具体实例进行分析详解。全书共10章，包括SPSS概述、数据整理与分析、基本图形绘制、平均值差异分析、方差分析、回归分析、相关分析、聚类分析、主成分分析、问卷调查分析。

**图书在版编目(CIP)数据**

SPSS生物统计实例详解/符裕红编著．—北京：中国农业大学出版社，2018.11(2019.12重印)

ISBN 978-7-5655-2140-9

Ⅰ.①S… Ⅱ.①符… Ⅲ.①生物统计-统计分析-软件包 Ⅳ.①Q-332

中国版本图书馆CIP数据核字(2018)第257896号

**书　　名** SPSS生物统计实例详解
**作　　者** 符裕红　编著

**策划编辑** 张　玉　张　蕊　　**责任编辑** 张　玉
**封面设计** 郑　川
**出版发行** 中国农业大学出版社
**社　　址** 北京市海淀区圆明园西路2号　　**邮政编码** 100193
**电　　话** 发行部 010-62818525,8625　　读者服务部 010-62732336
编辑部 010-62732617,2618　　出　版　部 010-62733440
**网　　址** http://www.caupress.cn　　**E-mail** cbsszs@cau.edu.cn
**经　　销** 新华书店
**印　　刷** 涿州市星河印刷有限公司
**版　　次** 2018年12月第1版　　2019年12月第2次印刷
**规　　格** 787×1092　16开本　15.75印张　390千字
**定　　价** 42.00元

# 前　言

大数据的兴起加速了数据分析在各个领域应用的步伐，IBM 公司推出的 SPSS 为数据分析奠定了坚实的基础，其直观的界面、简易的操作、快捷的输出和准确的分析，在各个行业均受到青睐。目前，国内出版了很多 SPSS 统计分析及案例的优秀书籍，但在生物学领域的相关书籍却相对较少，作者选取了大量生物学方面的相关实例，利用 SPSS 从数据文件的建立、整理、分析的具体操作步骤，到统计结果的解读等均做了详细分析；本书未过多地介绍窗口中各菜单项的功能特征，重点进行实例分析的详细描述；以全新的思路改变了传统书籍图文分析及编排的模式，使读者能在短时间内以最快、最简单的方式学会操作和分析；特别是为初学者和非统计学专业的人员提供学习和参考。

本书以 SPSS 软件为载体，以生物学科中的具体实例进行分析详解。全书共 10 章，包括 SPSS 概述、数据整理与分析、基本图形绘制、平均值差异分析、方差分析、回归分析、相关分析、聚类分析、主成分分析、问卷调查分析。

本书内容充实、条理清楚、深入浅出，不仅介绍了各类分析的基本原理，同时结合实际案例，以 SPSS 进行演示分析，并对输出结果做了详细说明；案例丰富、图文并茂、简单易懂、实用性强。

本书非常适合生物类学科和非统计学专业的人员使用，可作为生物学、生态学、农学、林学等相关专业本科生、研究生的学习实践教材，也可供其他相关专业领域、学科初学人员学习参考，是一本对数据分析学习和应用方面有实用价值的书籍。

本书由符裕红编著，对给予支持的家人以及关心、指导和帮助过此项工作的老师、同学、朋友等在此表示由衷的感谢！限于水平和经验，书中难免有疏漏之处，敬请读者谅解，并欢迎广大读者批评斧正。

编　者

2018 年 9 月

# 目　　录

# 第 1 章　SPSS 概述

## 1.1　SPSS 简介

SPSS(Statistical Product and Service Solutions)——统计产品与服务解决方案，是世界上最早的统计分析软件，有 40 余年历史，由美国斯坦福大学的三位研究生 Norman H. Nie、C. Hadlai(Tex) Hull 和 Dale H. Bent 于 1968 年开发成功；1975 年在芝加哥组建了 SPSS 总部；2009 年，IBM 公司重金收购 SPSS 公司，目前已更名为 IBM SPSS，并相继推出了不同的版本系列。

SPSS 统计分析软件集数据录入、资料编辑、数据管理、统计分析、报表制作、图形绘制为一体，界面友好、操作简单、功能强大、编程方便，其分析过程包括：调查设计、数据收集、数据存取、数据管理、数据分析、数据检验、数据挖掘、数据展示等；一系列的附加模块和独立模块更是加强了它的分析功能；它与 SAS 和 BMDP 并称为最有影响力的三大统计软件，极大地方便了初、中、高各级用户的需求。

SPSS 是世界上最早采用图形菜单驱动界面的统计软件，具有以下特点：

(1)界面友好、操作简单。SPSS 的命令语句、子命令及各种选项大部分都包含在各级菜单和对话框中，操作便捷、无须花大量时间记忆，易于学习和使用。

(2)适用性强、功能强大。SPSS 大部分统计分析方法可通过菜单和对话框完成，能满足低、中级用户的需求，同时也有语法编辑窗口方便高级用户使用；该软件的核心部分即为统计功能，可以完成数理统计分析任务，包括常规的均值比较、方差分析、相关分析、回归分析、卡方检验等，也包括多元回归分析、聚类分析、判别分析、主成分分析、因子分析、时间序列分析、生存分析、信度分析、可靠性分析等。

(3)结果美观、图表丰富。SPSS 输出结果规整美观，便于查看；软件提供了数十种风格和功能迥异的图表选项，如直方图、条形图、面积图、一般表、频数表、多响应表等，能为用户整理分析数据提供有力的帮助。

(4)接口完善、二次开发。SPSS 具有完善的数据转换接口，其他软件生成的数据文件(如 Excel 文件、Access 文件、DBF 文件、ASCII 码数据文件、SAS 数据文件等)，均可方便地转换成可供 SPSS 分析的数据文件；软件本身也提供了强大的程序编辑能力和二次开发能力，方便高级用户完成更为复杂的统计分析任务。

## 1.2 SPSS 的操作

本书选用的是 IBM SPSS Statistics 22.0 版本的软件；在安装 SPSS 软件之前，为保证该软件的正常运行，还需查看本地计算机的硬件与软件配置；SPSS 软件对计算机配置的要求比较低，一般比较主流的计算机都适合安装，只有当处理规模容量很大时，软件才会运行较长时间。安装要求如下：

(1)硬件环境要求。

1 GHz 以上的 Intel 或 AMD 处理器。

1 GB RAM 或更大。

900 MB 以上的硬盘可用空间。

Windows XP/Vista/7 等及其以上的兼容图形适配卡。

TCP/IP 网络协议的网络适配卡。

(2)软件环境要求。

Windows XP(32 位)/Vista(32 位或 64 位)/7(32 位或 64 位)操作系统。

IE8.0 以上版本。

Adobe Reader 阅读器。

### 1.2.1 SPSS 的安装

安装过程与其他软件安装大体一致，运行其安装程序后进入向导界面，按照操作提示，同意相关协议，选择语言版本，指定或更改安装路径，直接点击“下一步”，直至安装完成。若是光盘版的安装软件，则将其插入光驱后设置自动运行安装或进行手动安装即可，步骤同上。如图 1.1 至图 1.8 所示。

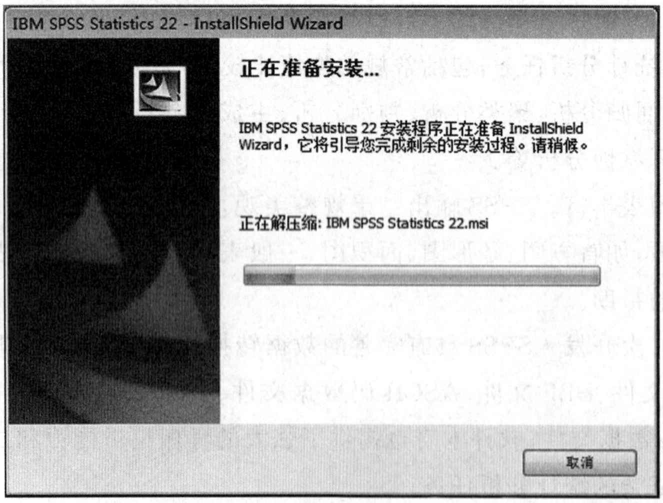


**图 1.1 安装准备**

图 1.2　安装向导

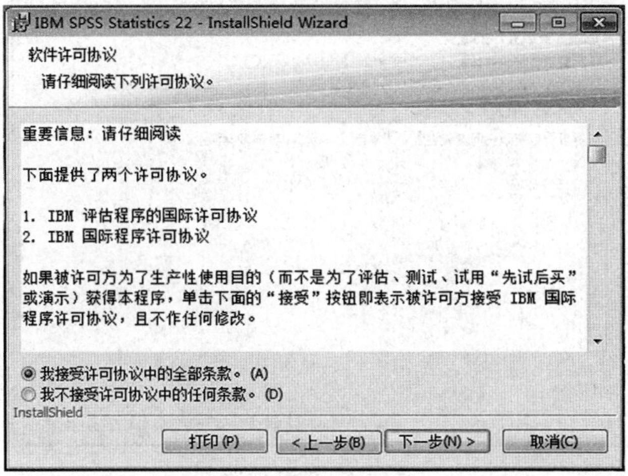


图 1.3　接受许可协议

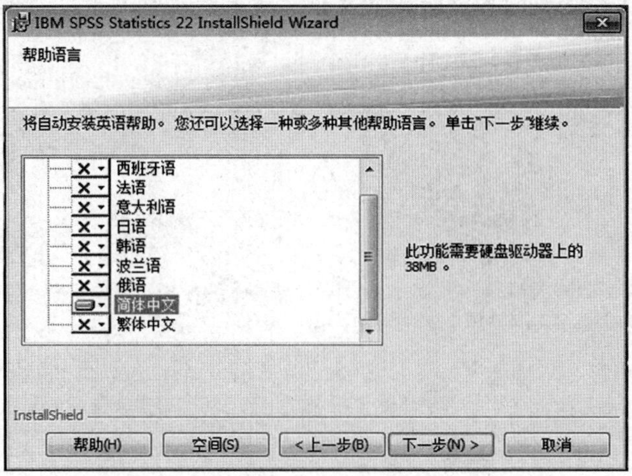


图 1.4　选择语言类型

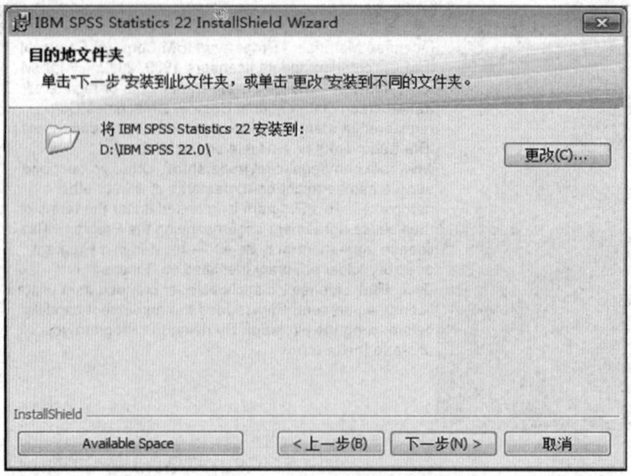


图 1.5　选择安装路径

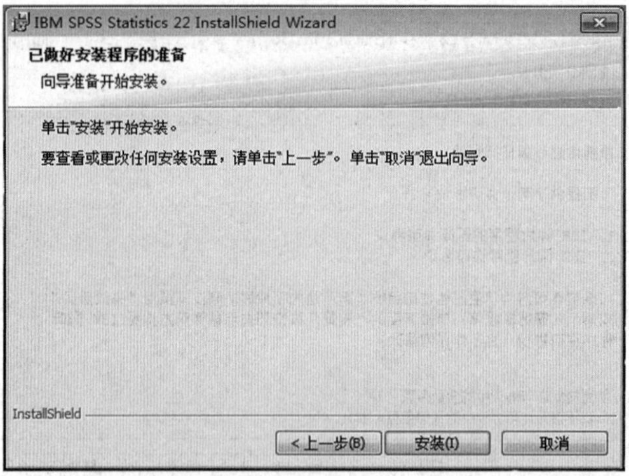


图 1.6　安装软件

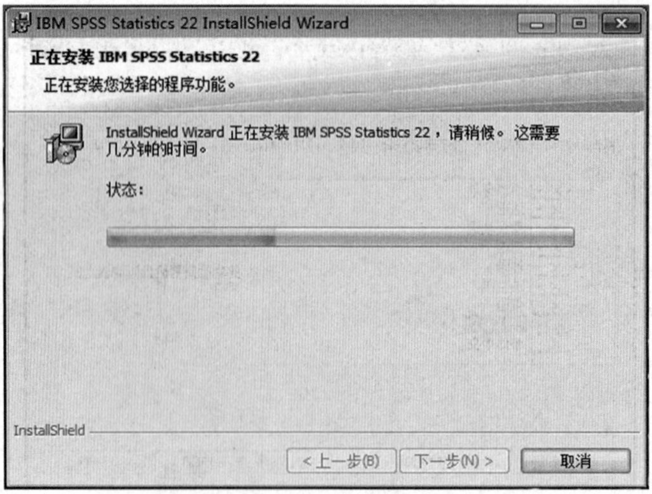


图 1.7　正在安装软件

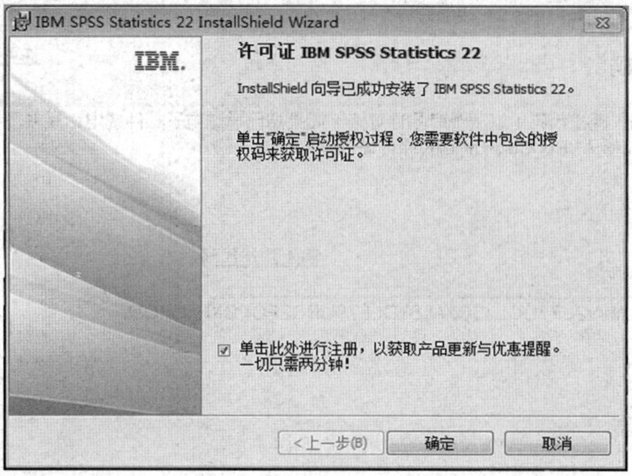


图 1.8　完成安装

完成安装后，点击桌面的"开始"按钮，点击图 1.9 所示的"所有程序"，从中找到"IBM SPSS Statistics"文件夹，单击展开后点击如图 1.10 中的"IBM SPSS Statistics 22 许可证授权向导"，进入图 1.11 的产品授权界面开始注册，输入相关代码后，如图 1.12 至图 1.14，根据向导完成软件注册后方可使用。

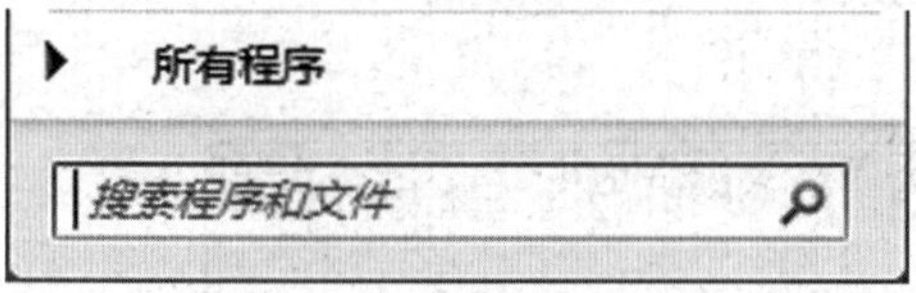


图 1.9　搜索授权程序

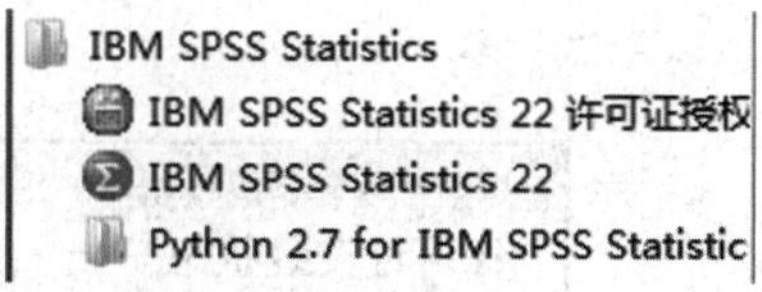


图 1.10　运行授权程序

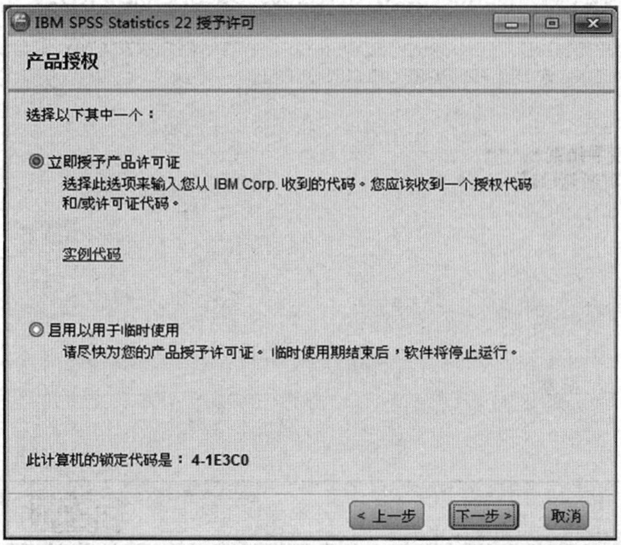


图 1.11　产品授权

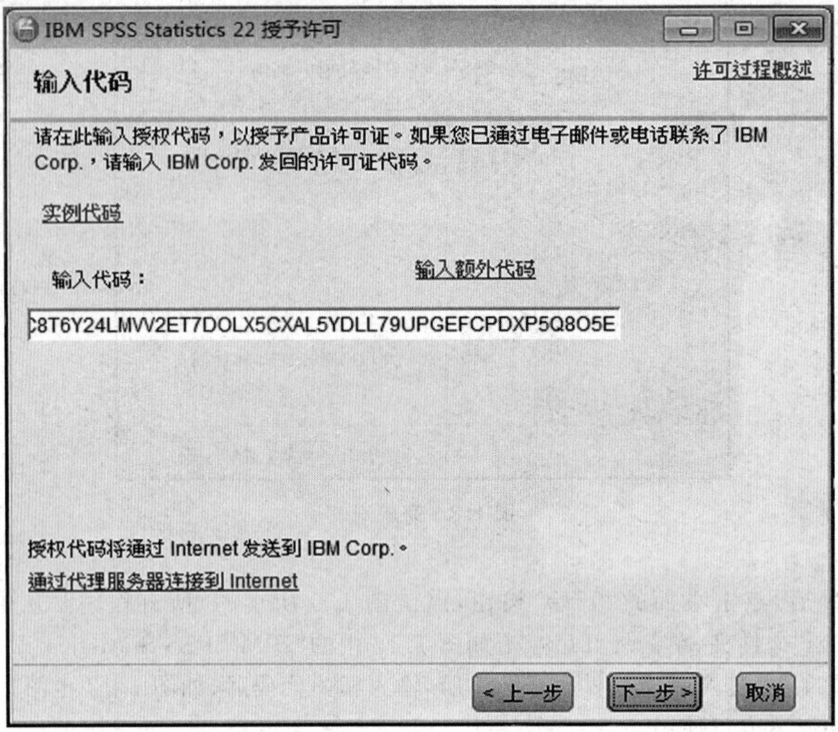


图 1.12　许可证授权

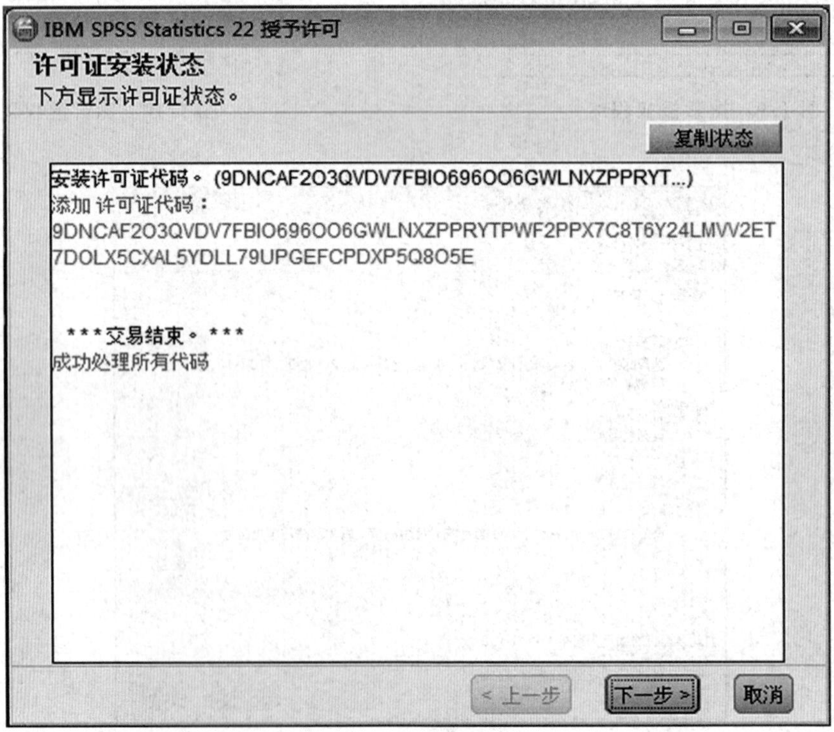


图 1.13　正在授权

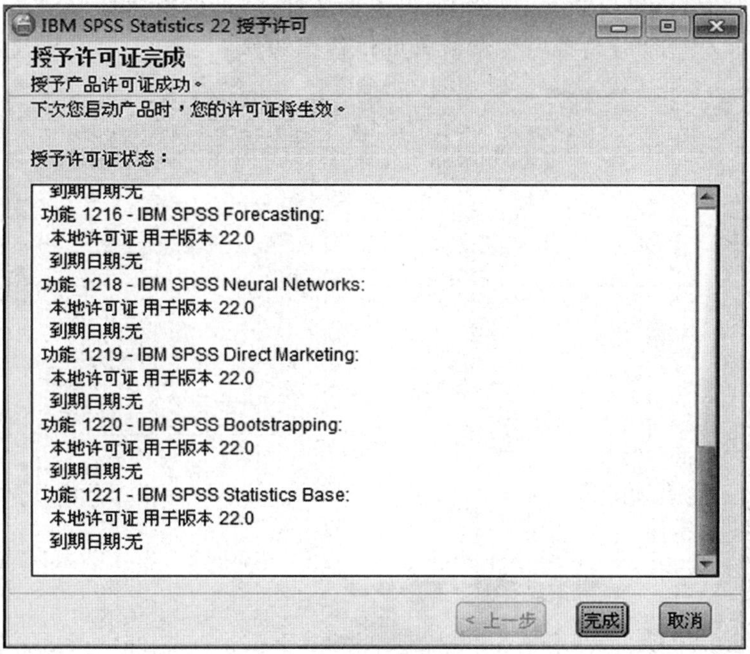


**图 1.14　完成注册**

## 1.2.2　SPSS 的工作界面

SPSS 的工作界面中包括数据编辑窗口、语句窗口、脚本编辑窗口及结果输出窗口，具体功能如下：

数据编辑窗口——启动 IBM SPSS Statistics 22.0 后，系统自动打开数据视图窗口(图 1.15)，

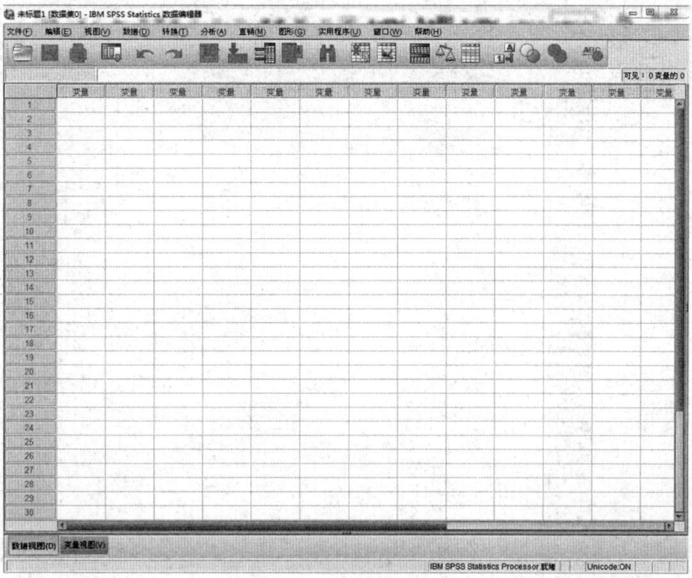

**图 1.15　数据视图窗口**

它是 SPSS 的核心窗口,可以新建、读取、编辑数据文件;数据变量属性的定义和编辑可在变量视图窗口(图 1.16)中完成;二者可根据需要进行自由切换。

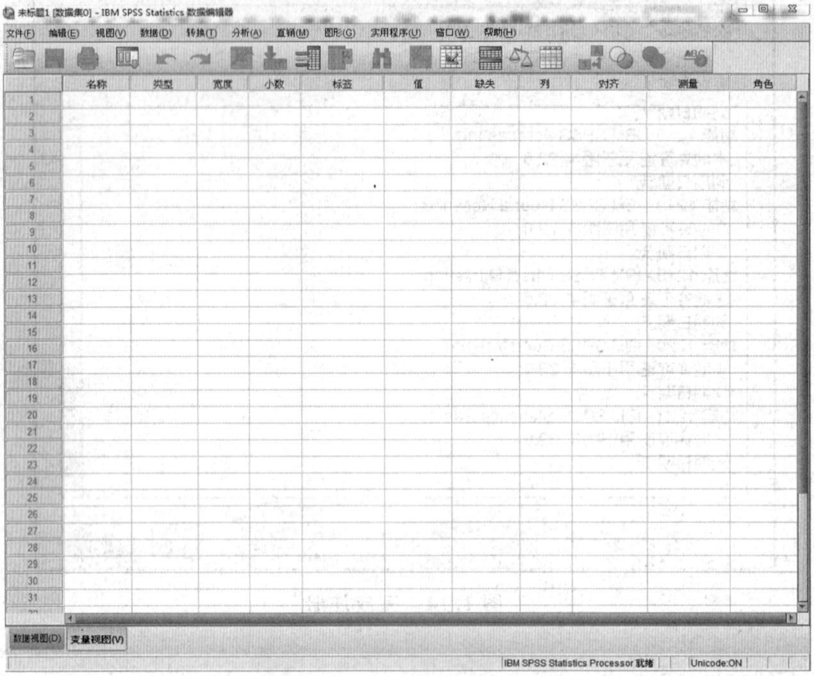

图 1.16 变量视图窗口

语句窗口——SPSS 语句窗口(图 1.17),用户可以在此窗口自行编写 SPSS 语句程序,在此窗口,用户可以新建一个 SPSS 的语句文件,或者打开一个保存的语句文件。

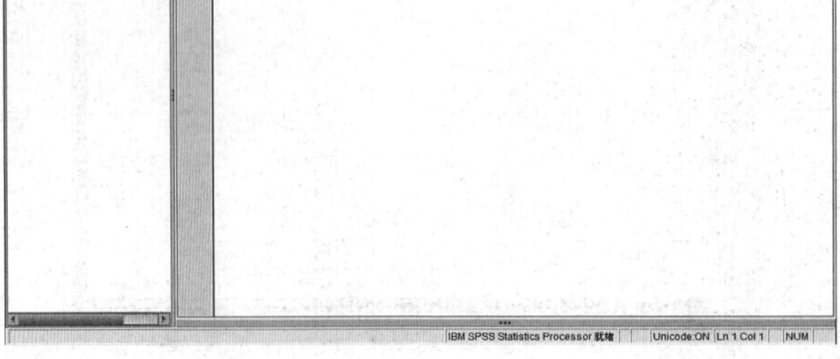

图 1.17 语句窗口

脚本编辑窗口——SPSS 的脚本编辑窗口(图 1.18)为高级用户提供了一个专门的编程环境,允许用户使用 Sax Basic 语言编写脚本语言程序,来扩充 SPSS 的功能;但对初学者来说,编写脚本语言程序并非易事,SPSS 系统自带的 Script 文件中提供了许多示例性的脚本程序文件,用户可打开这些文件来学习如何编写脚本语言程序。

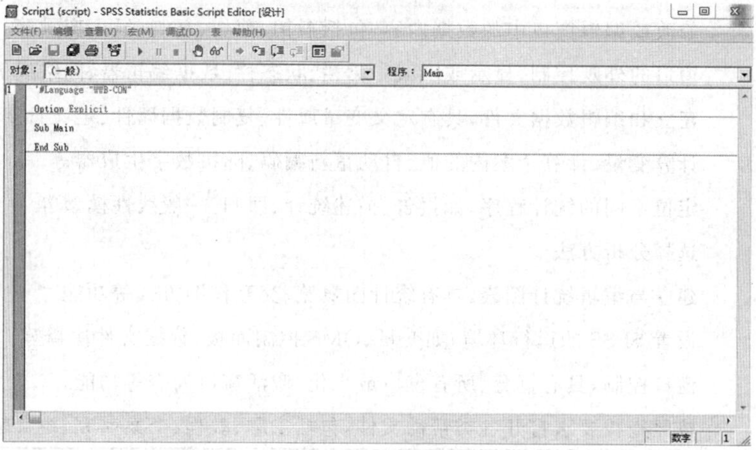


图 1.18　脚本编辑窗口

结果输出窗口——SPSS 的结果输出窗口(图 1.19)一般随执行统计分析命令打开,用于显示统计分析结果、统计报告、统计图表等内容,在结果输出窗口中,允许用户对输出结果进行常规编辑整理,窗口内容可直接保存,以“ * . spv 格式进行保存”。

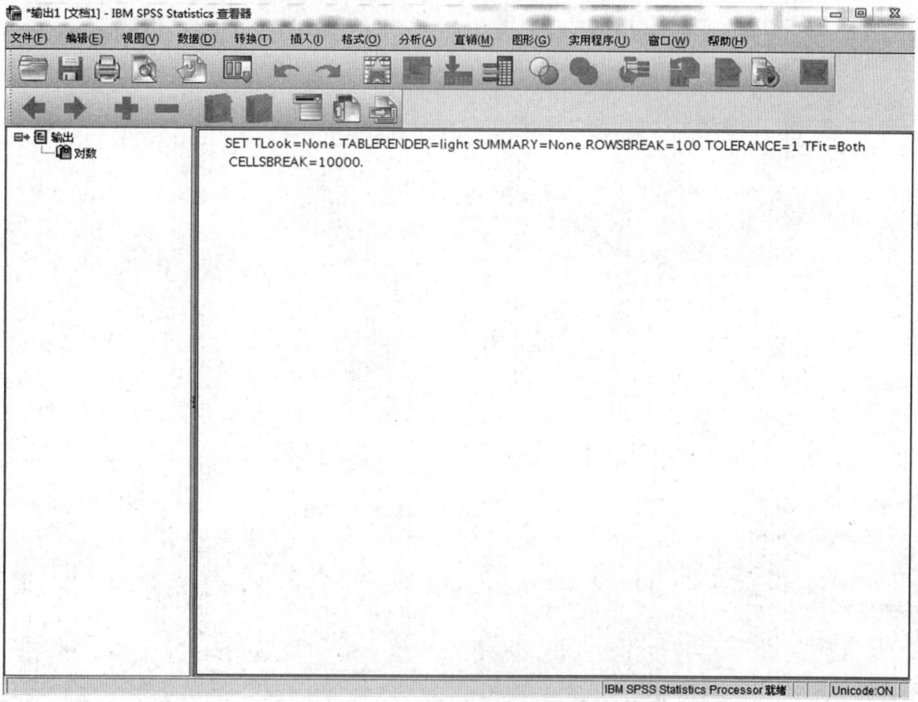


图 1.19　结果输出窗口

SPSS 窗口菜单及功能如表 1.1 所示。

**表 1.1 窗口菜单项及功能**

| 菜单项 | 命令及功能 |
| --- | --- |
| 文件 | 新建或打开数据文件，以及对数据文件进行保存、打印和退出 |
| 编辑 | 修改或编辑窗口中的数据内容，包括撤销、剪切、复制、插入变量等 |
| 视图 | 窗口的外观控制，显示或隐藏工具栏、状态栏、数据编辑器、网络线等 |
| 数据 | 建立和编辑数据文件，具有定义变量属性、复制数据属性、定义日期、转置、重组等 |
| 转换 | 计算变量、计算个案内的值、自动重新编码、随机数字生成器等 |
| 分析 | 定位不同的统计程序，如报告、描述统计、回归、一般线性模型等 |
| 直销 | 选择分析方法 |
| 图形 | 建立与编辑统计图表，具有统计图概览、交互作图方式等功能 |
| 实用程序 | 设置 SPSS 的运行环境，如变量、OMS 控制面板、数据文件注释等 |
| 窗口 | 窗口控制，具有拆分、所有窗口最小化、激活窗口列表等功能 |
| 帮助 | 按照查找要求打开各类帮助文件，包括主题、教程、个案研究、统计辅导等 |

# 第 2 章　数据文件的建立和编辑

数据文件是进行 SPSS 数据分析的基础，数据文件的有效建立、编辑和管理是得到科学分析结果的重要保证。SPSS 数据文件与普通软件中的数据文件有所不同，它是一种由数据内容和结构组成的特殊格式的文件，并以平面二维表格的形式直观显示在数据编辑窗口中，便于用户对其进行输入、删除、添加、查找、拆分和合并等一些常规编辑；内容部分主要包括基础数据部分，结构部分则是对 SPSS 变量及其属性的描述。因此，一个完整的 SPSS 数据文件是一种有结构的数据文件，它包括变量名称、变量类型、变量名标签、变量值标签等属性；用户可以在变量视图窗口中进行设定、修改文件的各种属性。

## 2.1　变量的定义

变量的定义在“变量视图”窗口中完成；在进行数据文件的建立之前，为了区分各数据所代表的含义及对计算输出结果的直观准备表达，应先定义变量的名称、类型、大小、值等，也可选择在进行相应的数据输入后再定义变量；SPSS 数据文件中的一列数据即为一个变量。

### ☞ 名称(name)

变量存储标志，必须为汉字、字母或字符，64 个字符之内，字母无大小写之分；系统默认变量的名称为“VAR00001”“VAR00002”“VAR00003”……，用户可根据数据类型和需要来定义变量名称，方便最后的分析结果查看，提高其可读性；对于具有较大变量的数据文件来讲，还可以使用流水编号来定义变量名称而防止混淆。

### ☞ 类型(type)

变量类型即为其取值类型，主要有 9 种，其中最主要显示数值型、字符型、日期型三种，其他类型只需点击“类型”单元格里的命名按钮即可显示，用户可根据需要来选择合适的变量类型。

### ☞ 宽度(width)

变量宽度指变量所占单元格的列宽，其取值范围为 0～40，一般采用系统默认选项“8”即可，若变量宽度大于变量格式宽度，用户可据实际情况调整，则需适当增加范围，使变量能在单元格中全部显示。

### ☞ 小数(decimals)

此项表示变量小数的位数，系统默认为两位，字符型不限制小数点位置，小数位置数是介于 0～16 之间的整数;用户可根据实际需要点击列中的上下按钮进行调整,减少或增加小数位数。

☞ 标签(label)

变量名称的说明,处理变量名称较多的数据时,需在标签列中标注变量名称;变量名标签是对变量名的进一步描述,主要区分与标识变量的类型,增强变量的可视性和分析结果的可读性,用户可直接输入描述性文本,总长度可达 120 个字符,但过长的字符无法在分析结果中全面显示,故建议用户以间断的语言来定义变量名标签;在一般情况下,变量名标签可以被忽视,用户可以在标签列中变量名称对应的单元格中,直接输入描述性文本。

☞ 值(values)

变量值是用于说明变量的取值含义,也是对变量可能取值的进一步说明,有的变量同时具有两个或两个以上可能的水平取值,如“性别”变量,有“男”和“女”两个取值,用户可点击单元格中的命令按钮,在“值标签”对话框中,为“男”赋值为“1”,为“女”赋值为“2”;并在需要时进行更改或删除。

☞ 缺失(missing)

在数据文件中,由于漏填、错填等原因造成数据缺失的均按照缺失值进行处理,用户可通过定义变量缺失值来解决该问题,缺失值是不参加数据分析的。选择缺失值的处理方式,用户可将其定义在一个连续区间内,也可同时附加该区间外的离散值。

☞ 列(columns)

该项主要用于定义列宽,变量所占单元格的列数,通过点击单元格中的上下按钮进行调整,通常采用系统默认值“8”即可,用户可根据实际情况调整列宽值。

☞ 对齐(align)

该项主要用于定义变量的对齐方式,系统提供了“左对齐”“右对齐”“居中”三种对齐方式,系统默认为“右对齐”,用户可根据自身习惯进行调整修改。

☞ 测量(measure)

系统提供了三种度量标准,定义变量的度量标注,分别是“度量(定距型数据)”“序号(定序型数据)”“名义(定类型数据)”,系统默认为“度量(定距型数据)”,用户可根据变量形状进行选择。

☞ 角色(role)

该项主要定义变量在后续统计分析中的功能作用,包括“输入”“目标”“两者都”“无”“分区”“拆分”六种功能类型,系统默认类型为“输入”,用户可赓续需要点击该项单元格中的下拉按钮进行选择即可。

## 2.2　数据文件的建立

SPSS的数据编辑器,可以直接录入和编辑数据。一个数据文件相当于一个二维表格,其中,每列表示一个变量或一个观测值,每行代表一个样本或一个事件。以下主要介绍三种常用的数据输入方法,分别是直接输入数据文件、直接打开已有数据文件和利用Excel导入数据文件(例2.1)。

【例2.1】某植株株高、地径指标年中不同月份的变化值见表2.1。

**表2.1　植株株高、地径年中变化值**

| 月份 | 1 | 2 | 3 | 4 | 5 | 6 | 7 | 8 | 9 | 10 | 11 | 12 |
|---|---|---|---|---|---|---|---|---|---|---|---|---|
| 株高/m | 0.43 | 0.48 | 0.56 | 0.61 | 0.73 | 0.79 | 0.83 | 0.88 | 0.93 | 0.95 | 0.97 | 0.98 |
| 地径/cm | 0.33 | 0.37 | 0.41 | 0.45 | 0.49 | 0.52 | 0.54 | 0.58 | 0.61 | 0.63 | 0.65 | 0.66 |

### 2.2.1　直接输入数据

运行IBM SPSS Statistics 22.0程序,进入"数据视图"窗口,依次单击"文件"——"新建"——"数据"命令(图2.1),创建一个新的SPSS空数据文件,在数据编辑器中直接输入相应变量的数据(也可先定义变量再输入数据),此处以先输入数据为例(图2.2)。除此之外,高版本的SPSS可以同时打开多个数据文件,用户可以在多个文件中进行转换操作,使用更加方便。

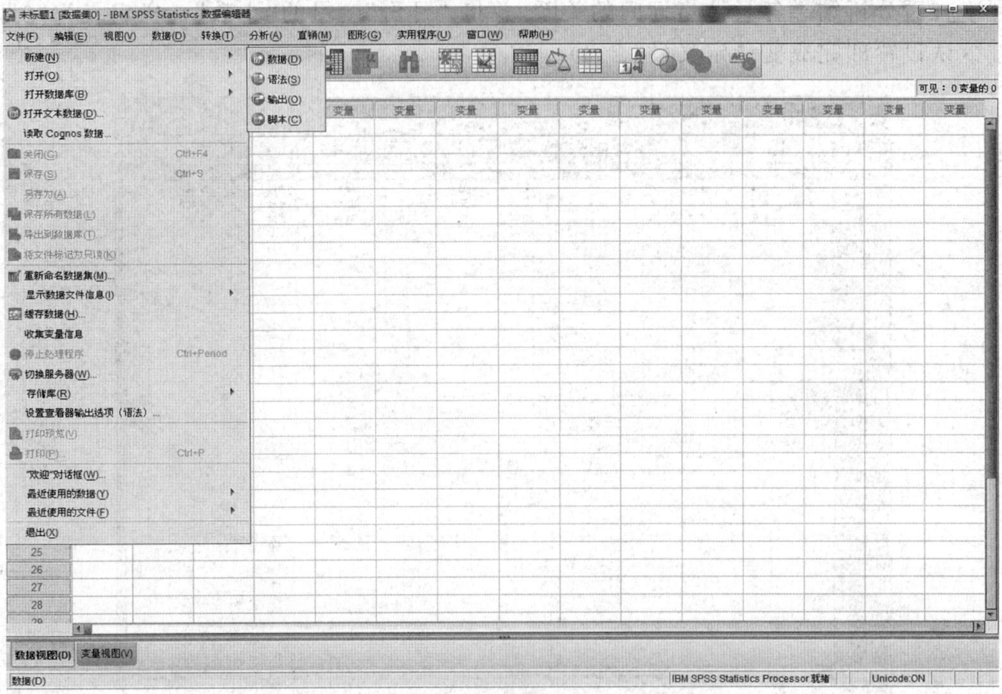


图2.1　新建数据

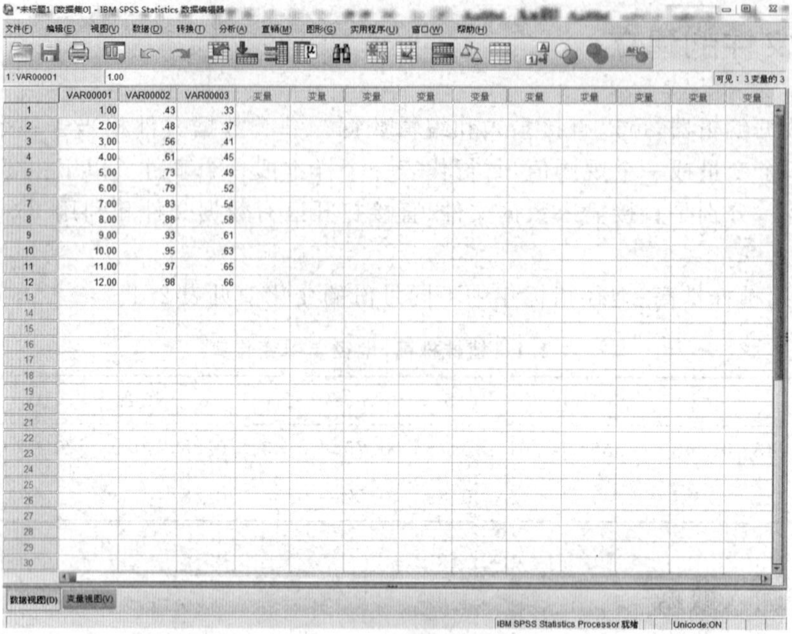


**图 2.2　数据输入**

数据输入完毕，点击“变量视图”进入窗口(图 2.3)，按例 2.1 的对应变量，分别对默认的“VAR00001、VAR00002、VAR00003”的“名称”进行设置和定义，依次改为“月份、株高、地径”，利于查看分析结果各具体指标间的关系，并将“月份”变量的“小数”一栏定义为“0”，其余指标按默认设置即完成变量定义(图 2.4)。

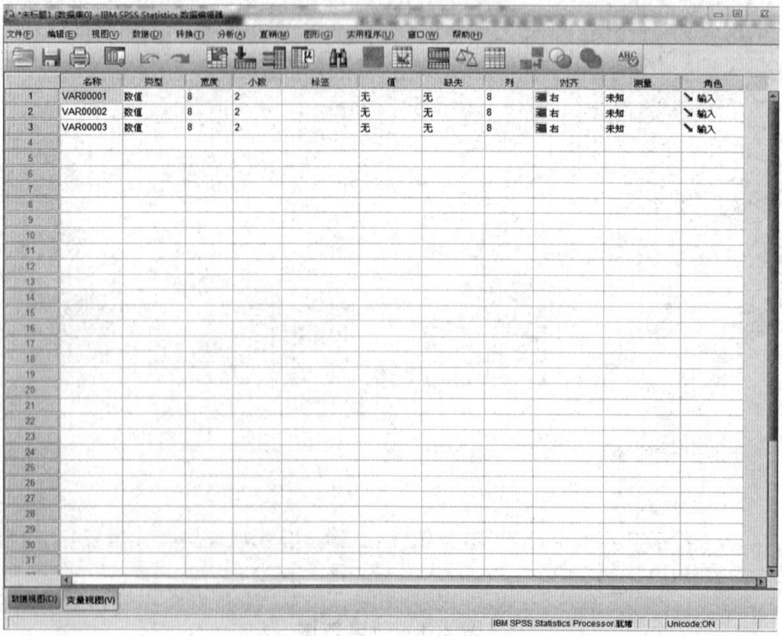


**图 2.3　“变量视图”窗口**

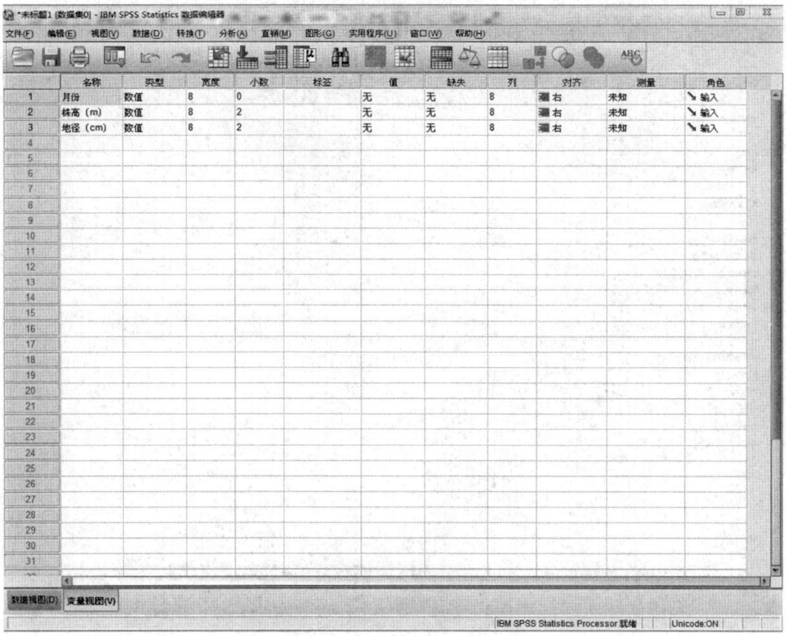


图 2.4　变量定义

各项设置处理完毕后，即完成了数据文件的建立(图 2.5)，最后点击“文件”——“保存”，将其以“＊.sav”格式进行相应的命名并保存至目标文件夹即可；在保存数据文件时，用户也可单击工具栏中的“保存”按钮，或按快捷键“Ctrl＋S”进行快速保存(图 2.6)。

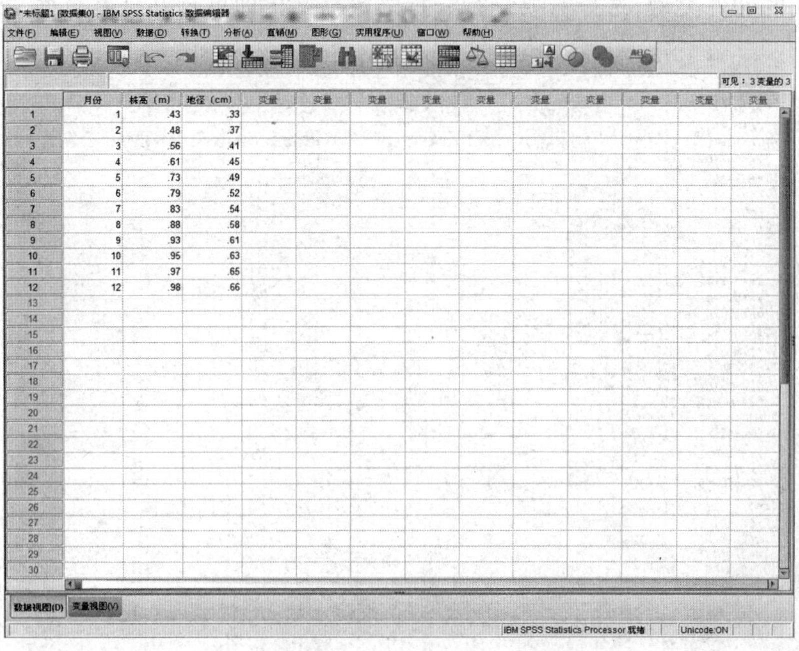


图 2.5　已建数据

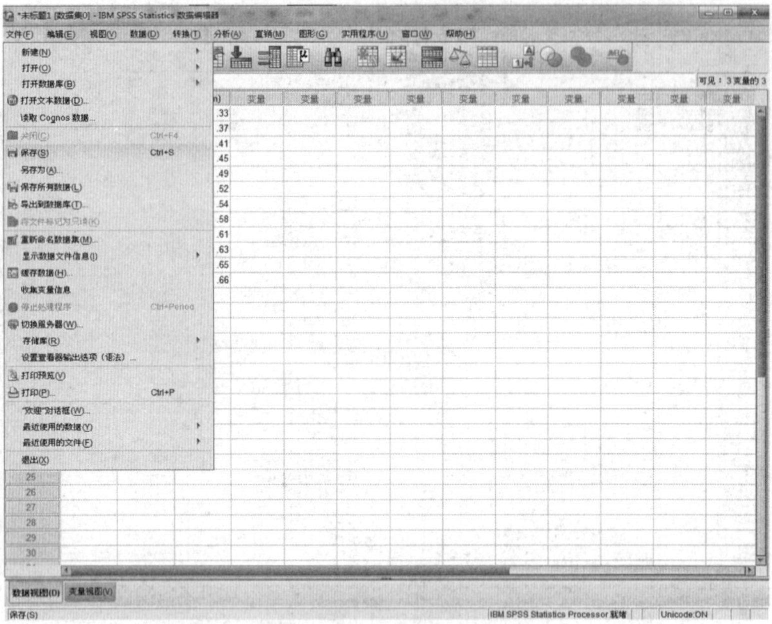


图 2.6 数据保存

## 2.2.2 直接打开已有数据

对已有.sav 格式的数据文件，在 SPSS 窗口中，直接单击“文件”——“打开”——“数据”命令(图 2.7)，在弹出的“打开数据”对话框中点击“文件类型”下拉列表，选择“SPSS Statistics (*.sav)”格式的文件类型，选择需要进行分析的数据文件即可打开已有数据文件(图 2.8)。

图 2.7 打开.sav 文件

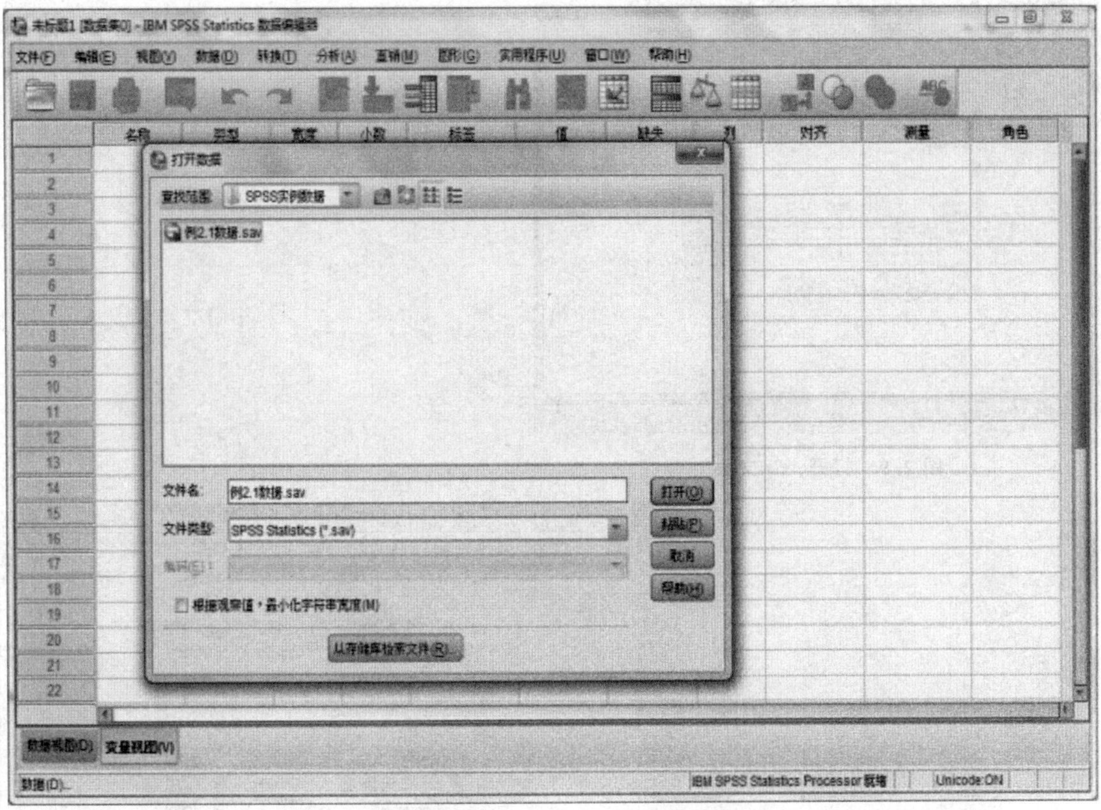


图 2.8　选择.sav 文件

### 2.2.3　利用 Excel 导入数据

在 SPSS 窗口的空数据文件中，单击“文件”——“打开”——“数据”命令，在弹出的“打开数据”对话框中点击“文件类型”下拉列表，选择“Excel（＊. xls，＊. xlsx，＊xlsm）”格式的文件类型(图 2.9)。

选择需要进行分析的数据文件(图 2.10)。

在弹出“打开 Excel 数据源”对话框中，选中“从第一行数据读取变量名”，在“范围”一栏选择或输入需要用于分析的. xls 数据问卷(图 2.11)范围后进行确定(图 2.12)。

随后在变量视图窗口中编辑定义相应变量，完成 Excel 数据文件的导入(图 2.13)。

最后保存该文件至目标文件夹即可(图 2.14)。

**操作提示：**

(1)在利用 SPSS 打开 Excel 数据文件之前，务必先关闭 Excel 文件。

(2)要导入 Excel 的数据文件，也可以直接在 Excel 中复制所需的数据，直接在 SPSS 中进行粘贴，并编辑相应的变量属性即可。

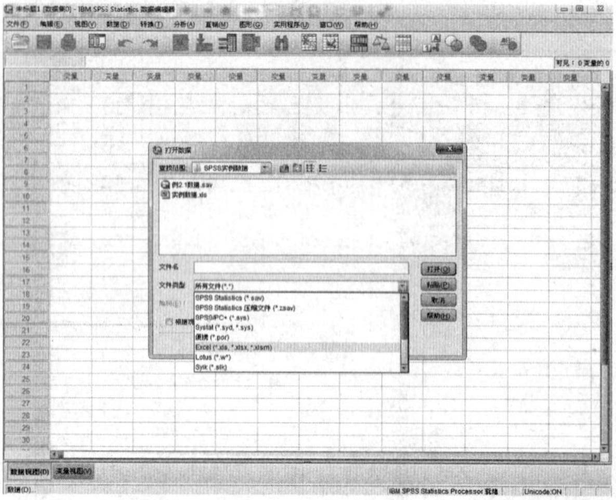

图 2.9 打开. xls 文件

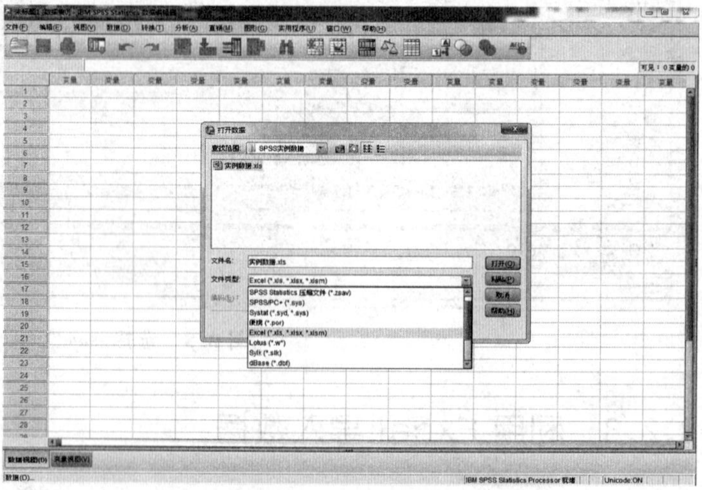

图 2.10 选择. xls 文件

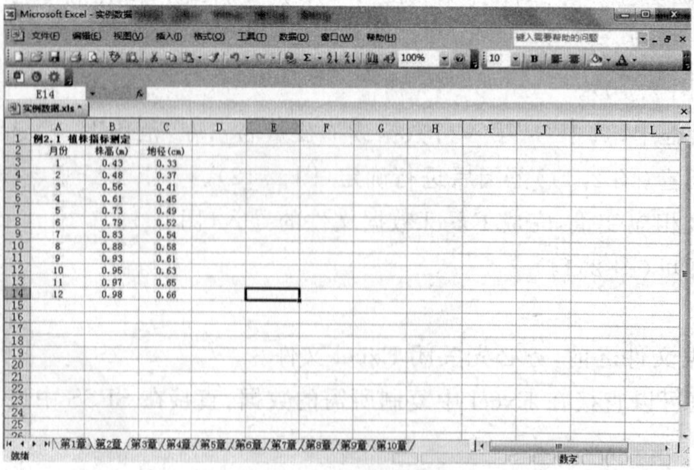


图 2.11 . xls 文件

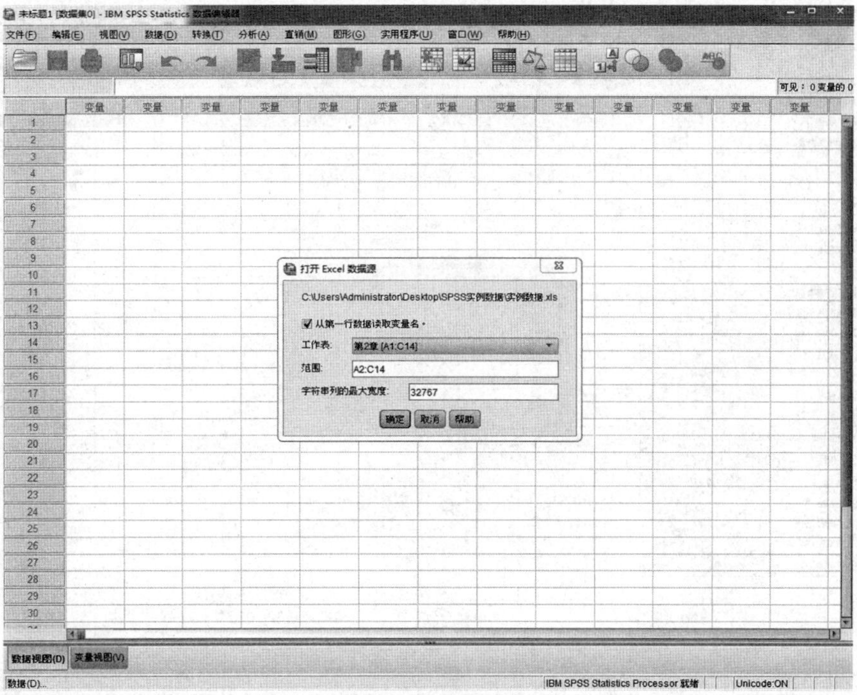


图 2.12　数据选择

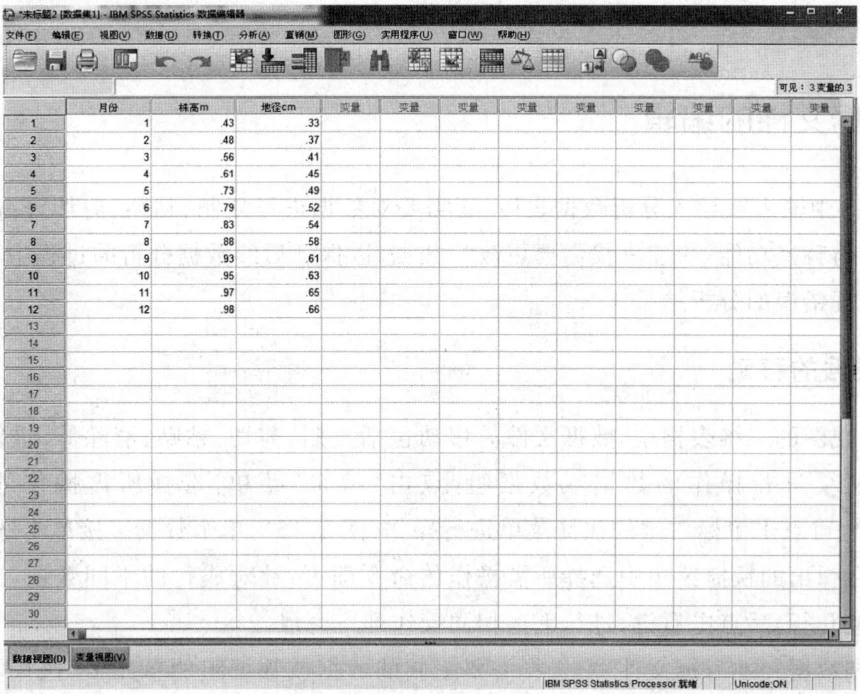


图 2.13　所选数据

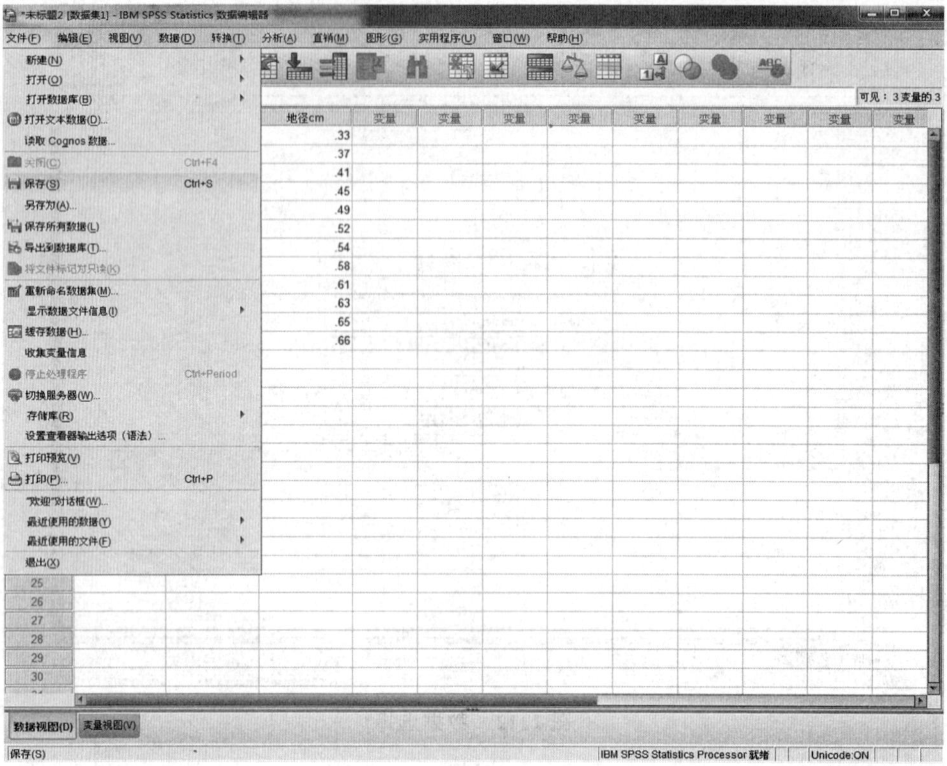

图 2.14　文件保存

## 2.3　数据文件的编辑

在 SPSS 中输入或导入分析数据之后，还需要对数据进行复制、粘贴、剪切等编辑操作，以及运用查找与替换功能，快速查找需要更改的数据，以保证后续数据分析的过程中不会因数据的排列而出现错误的分析结果。

### 2.3.1　数据的移动

在数据视图的二维表格中，数据文件的移动包括复制、剪切、粘贴、清除等；进行数据的移动时，选中所要进行操作的数据或数据组，点击“编辑”菜单，选择所需操作的命令即可（图 2.15）；也可点击鼠标右键的快捷菜单进行操作（图 2.16），单个数据直接单击选中后，点击鼠标右键，在弹出的快捷菜单中选择所需操作的命令即可；针对成行的不同数据，选中所在的行数（一行或几行）后点击右键，进行上述相同操作即可完成。

（1）复制数据。在目标文件中，选择需要复制的数据或数据组的单元格，执行“编辑”——“复制”命令，或快捷菜单中的“复制”命令，也可直接用快捷键“Ctrl＋C”进行复制。

（2）剪切数据。在目标文件中，选择需要剪切的数据或数据组的单元格，执行“编辑”——

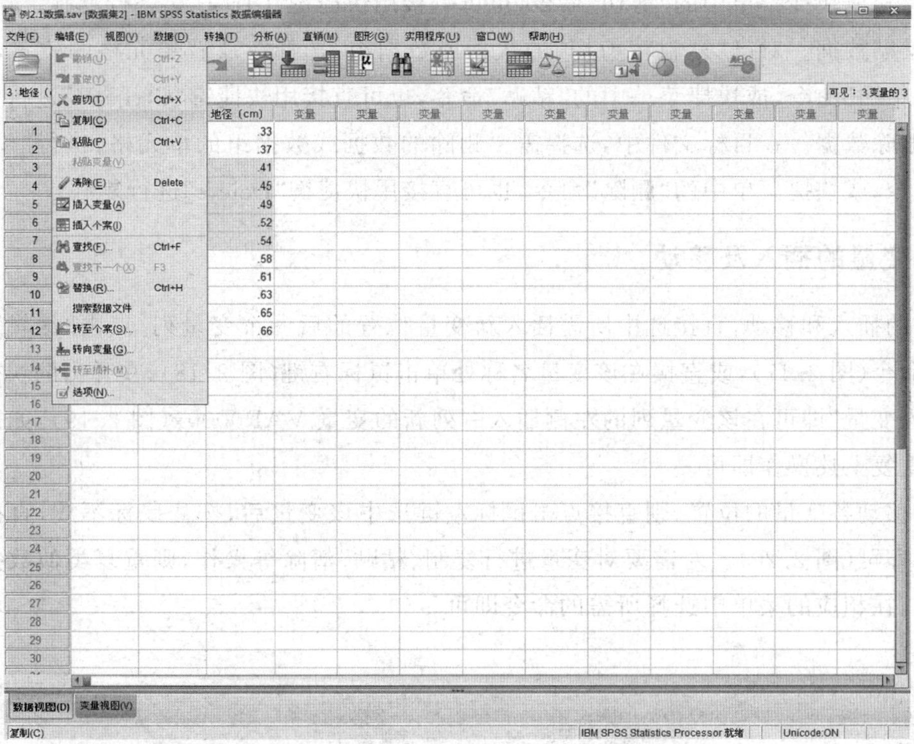


图 2.15 数据编辑命令

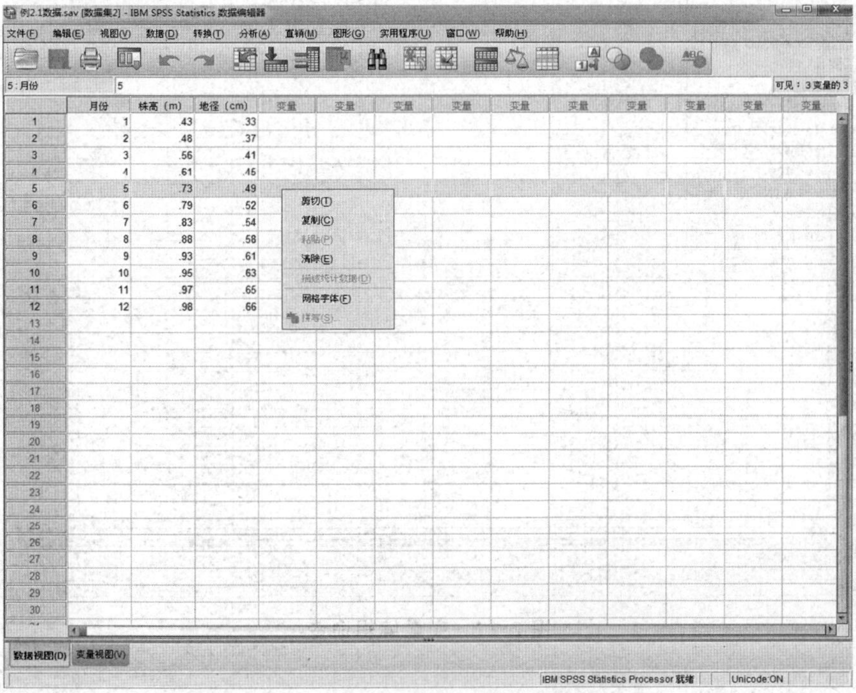


图 2.16 数据编辑快捷菜单

“剪切”命令，或快捷菜单中的“剪切”命令，也可直接用快捷键“Ctrl＋X”进行复制。

(3)粘贴数据。对已“复制”“剪切”的数据或数据组，选择待放置单元格的位置，执行“编辑”——“粘贴”命令，或快捷菜单中的“粘贴”命令，也可直接用快捷键“Ctrl＋V”进行复制。

(4)删除数据。在目标文件中，选择需要删除的数据或数据组的单元格，执行“编辑”——“删除”命令，或快捷菜单中的“删除”命令，也可直接用快捷键“Delete”进行复制。

## 2.3.2　变量的插入及移动

变量的插入和移动，直接选中所需插入新变量位置的后一个变量列，点击“编辑”——“插入变量”命令(图 2.17)，或直接在该变量名称处单击鼠标右键(图 2.18)，在弹出的快捷菜单中单击“插入变量”即可在该变量列的左侧插入一列新的变量 VAR0000x(图 2.19)，如需插入更多变量，重复上述操作即可。

如需移动各变量的位置，则直接点击鼠标左键选中该变量后，按住鼠标不放，直接拖放至目标位置即可(图 2.20)。对需要对变量进行复制、粘贴、清除等操作，则重复类似数据移动的相关步骤，在相应的菜单中选择所需的命令即可。

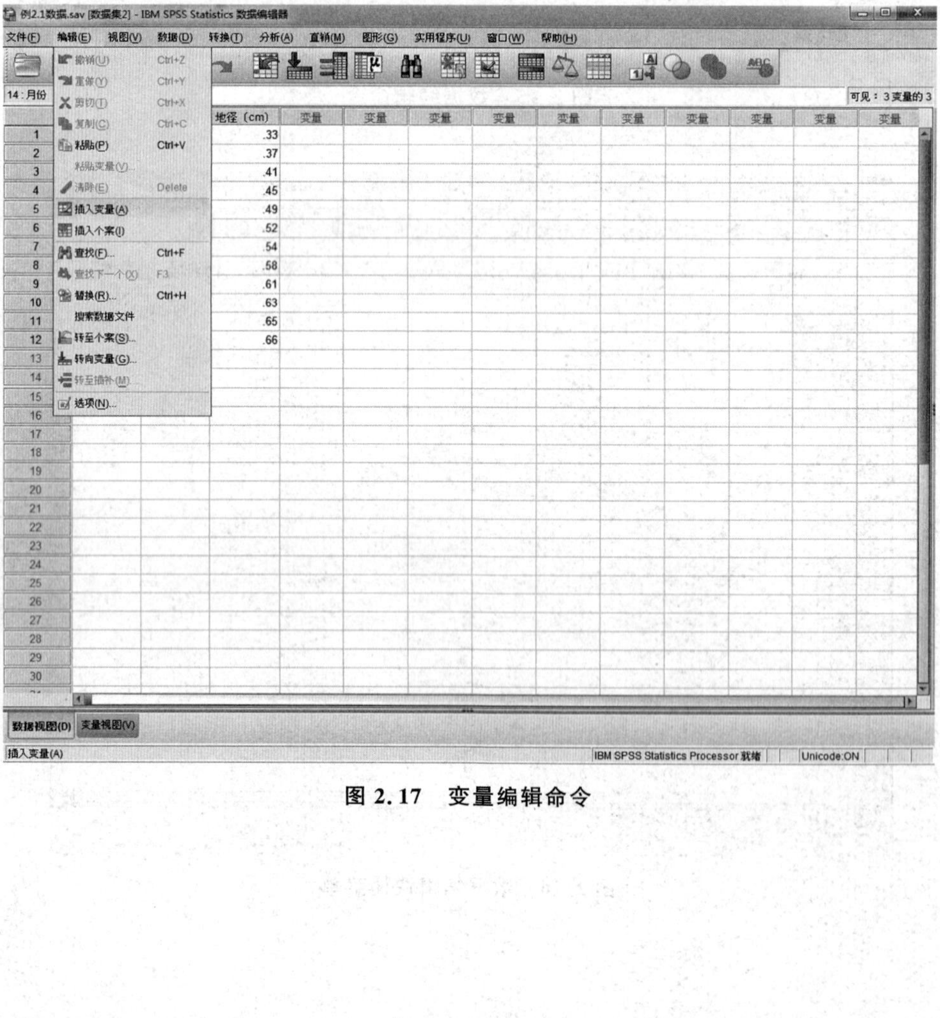


**图 2.17　变量编辑命令**

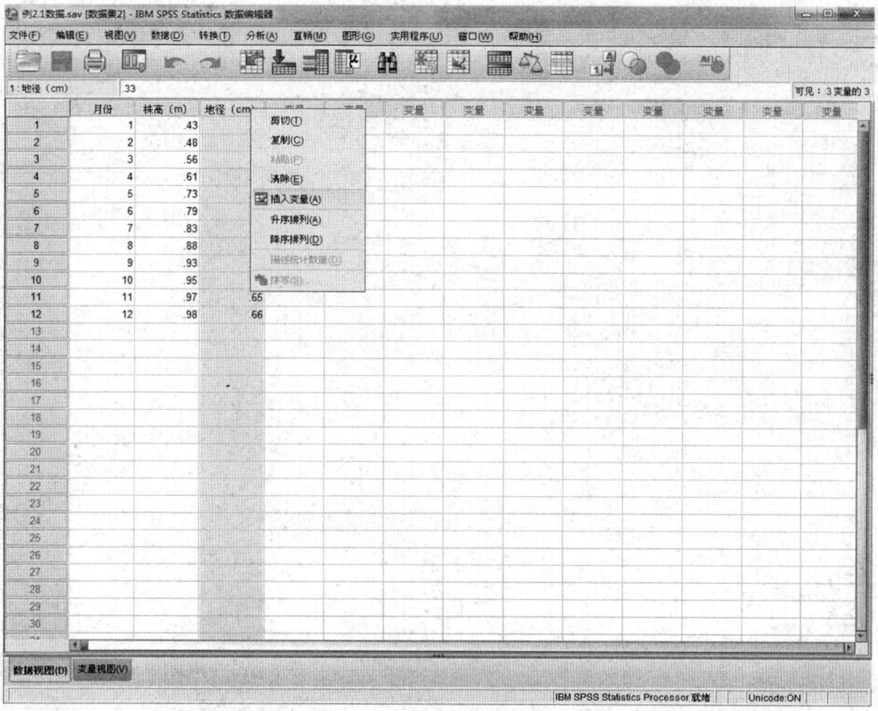

图 2.18　变量编辑快捷菜单

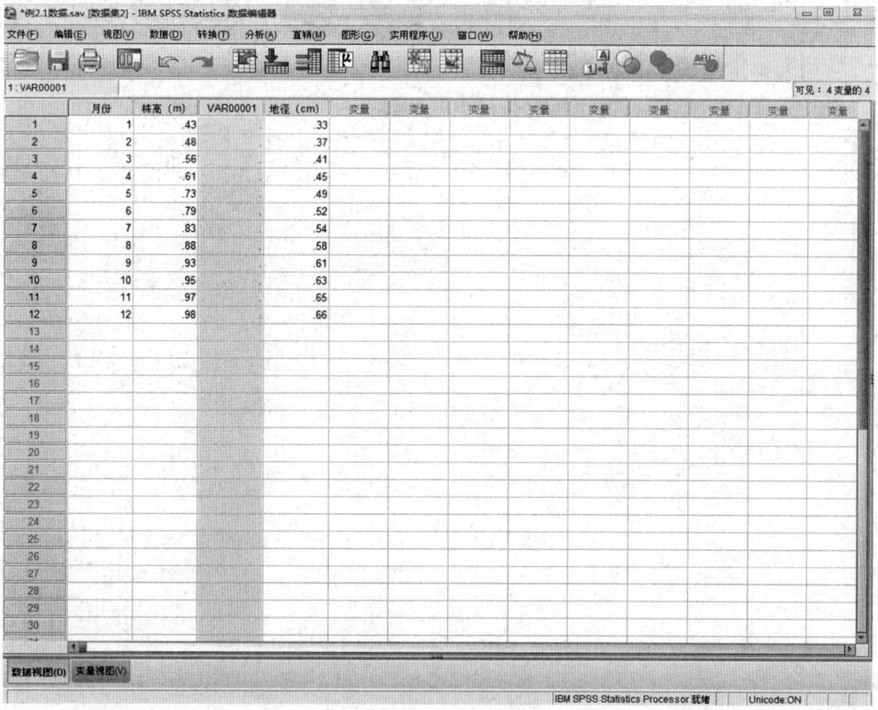

图 2.19　插入变量

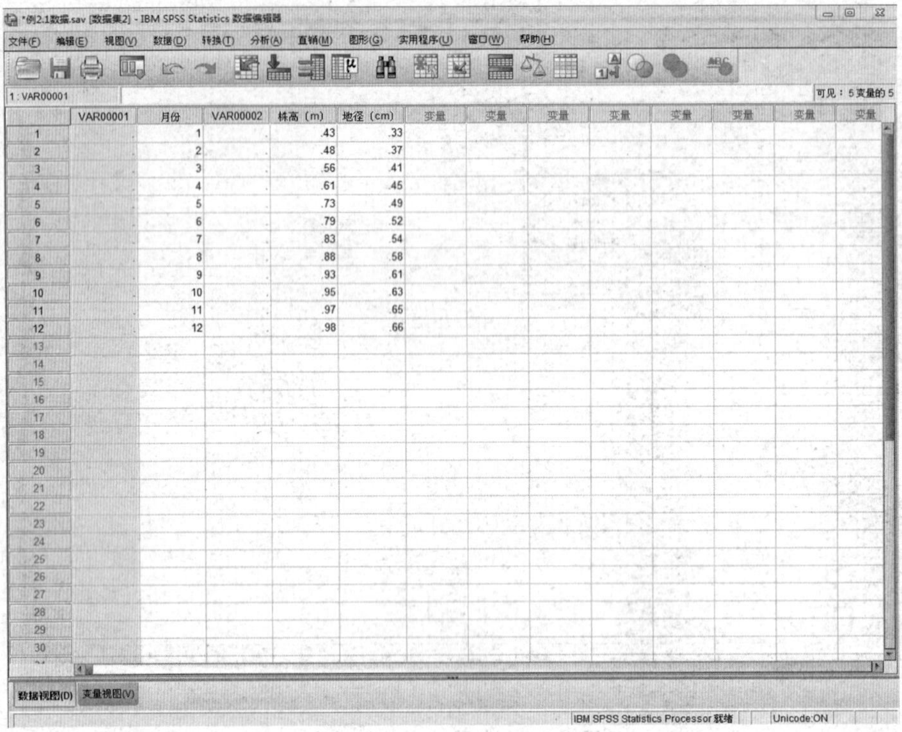
*例2.1数据.sav [数据集2] - IBM SPSS Statistics 数据编辑器
文件(F) 编辑(E) 视图(V) 数据(D) 转换(T) 分析(A) 直销(M) 图形(G) 实用程序(U) 窗口(W) 帮助(H)
1 : VAR00001
可见：5 变量的 5
VAR00001 月份 VAR00002 株高（m） 地径（cm） 变量 变量 变量 变量 变量 变量 变量 变量
1 1 .43 .33
2 2 .48 .37
3 3 .56 .41
4 4 .61 .45
5 5 .73 .49
6 6 .79 .52
7 7 .83 .54
8 8 .88 .58
9 9 .93 .61
10 10 .95 .63
11 11 .97 .65
12 12 .98 .66
数据视图(D) 变量视图(V)
IBM SPSS Statistics Processor 就绪
Unicode:ON

**图 2.20　移动变量**

# 第3章　基本图形绘制

统计图是采用点、线、面等形式直观地表现数据及数据之间关系情况的一种直观性图表，数据文件的直观体现，可以一目了然地查看数据的变化趋势，可以使复杂的数据变得简明扼要、形象生动、通俗易懂，便于对数据进行推测和预测。

## 3.1　条形图

条形图又称柱形图、带形图，主要用于离散型的数据类型，类型多样，一般以相同宽度的条形长度表示，$X$ 轴代表变量、个案或变量的取值，$Y$ 轴表示事物数量的多少。以下主要介绍单式条形图和复式条形图。

### 3.1.1　单式条形图

单式条形图以横轴（$X$ 轴）为分类轴，纵轴（$Y$ 轴）为数值轴进行绘制（例 3.1）。各个条形表示变量分类的数据显示。

【例 3.1】不同品种马尾松幼树生物量测定值见表 3.1。

**表 3.1　不同品种马尾松幼树的生物量**

| 品种 | 1 | 2 | 3 | 4 | 5 | 6 | 7 | 8 | 9 | 10 |
|---|---|---|---|---|---|---|---|---|---|---|
| 生物量/kg | 37 | 40 | 28 | 23 | 30 | 38 | 49 | 48 | 54 | 38 |

建立好相应的数据文件后，在数据视图窗口中依次点击“图形”——“旧对话框”——“条形图”（图 3.1），在弹出的“条形图”对话框中选择“简单”，选中“个案组摘要”，点击确定即完成绘制图形的类型选择（图 3.2）。

在图形类型确定后，开始对所选图形进行设置，在弹出的“定义简单条形图：个案组摘要”对话框中（图 3.3），进行图形变量设置，将“品种”选入“类别轴”中，将“生物量”选入“变量”中，并在“条的表征”中选中“其他统计量（例如平均值）”（图 3.4），确定后自动弹出结果输出窗口（图 3.5），完成单式条形图的绘制（图 3.6）。

**操作提示：**

若需要在图中添加标题，则直接点击“定义简单条形图：个案组摘要”对话框中的“标题”按钮，在弹出的对话框中进行添加即可，也可在结果输出窗口中另行编辑，还可在成图后的文本中编辑添加。

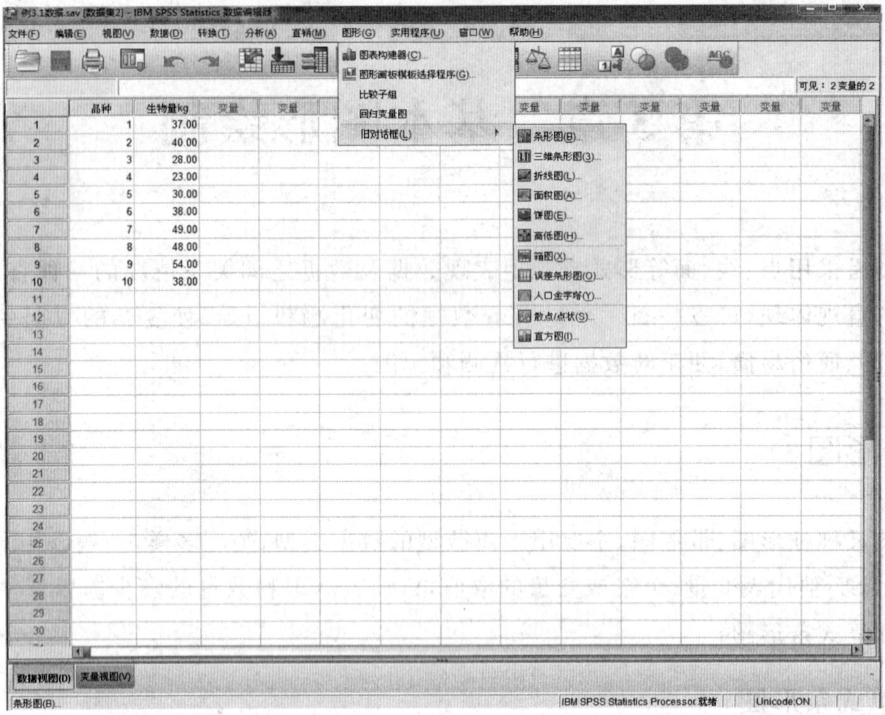


图 3.1　绘制单式条形图

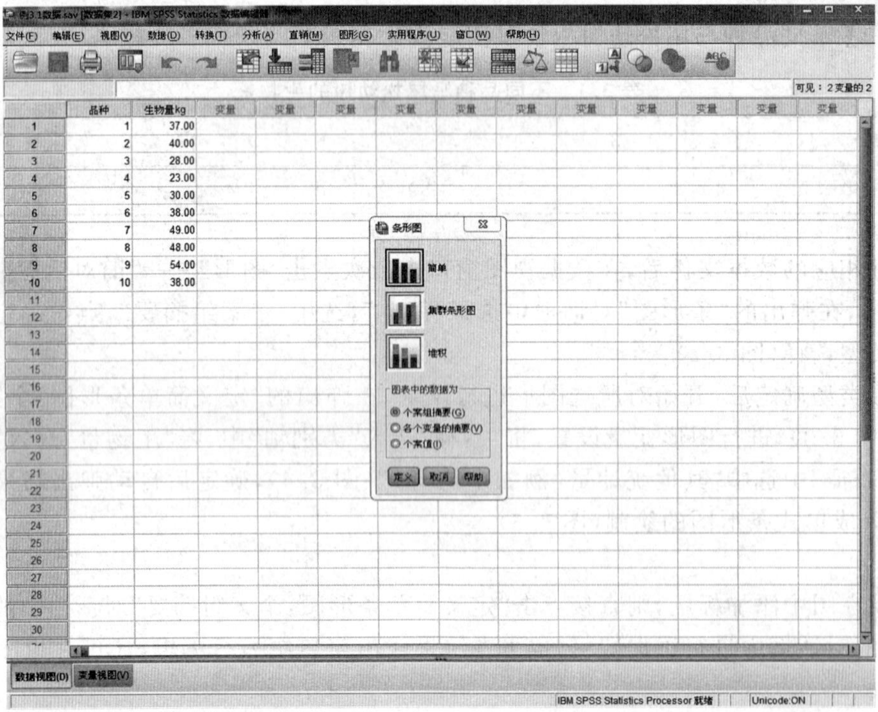


图 3.2　选择图形类型

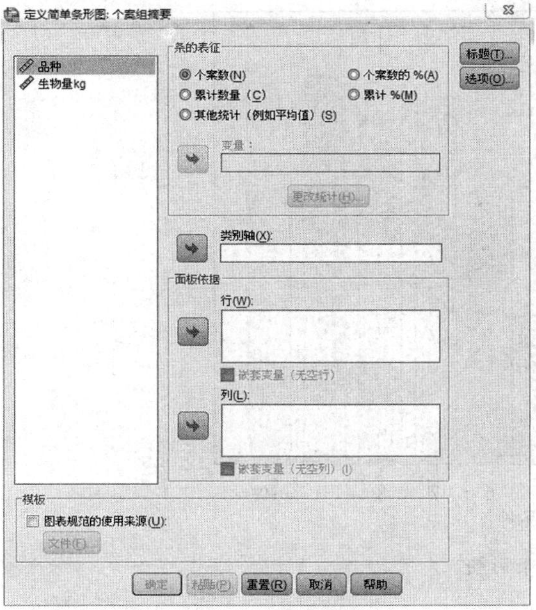


图 3.3　图形设置窗口

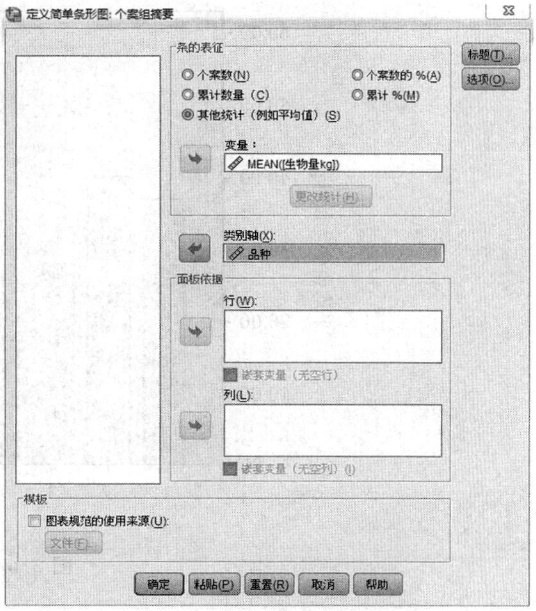


图 3.4　设置图形变量

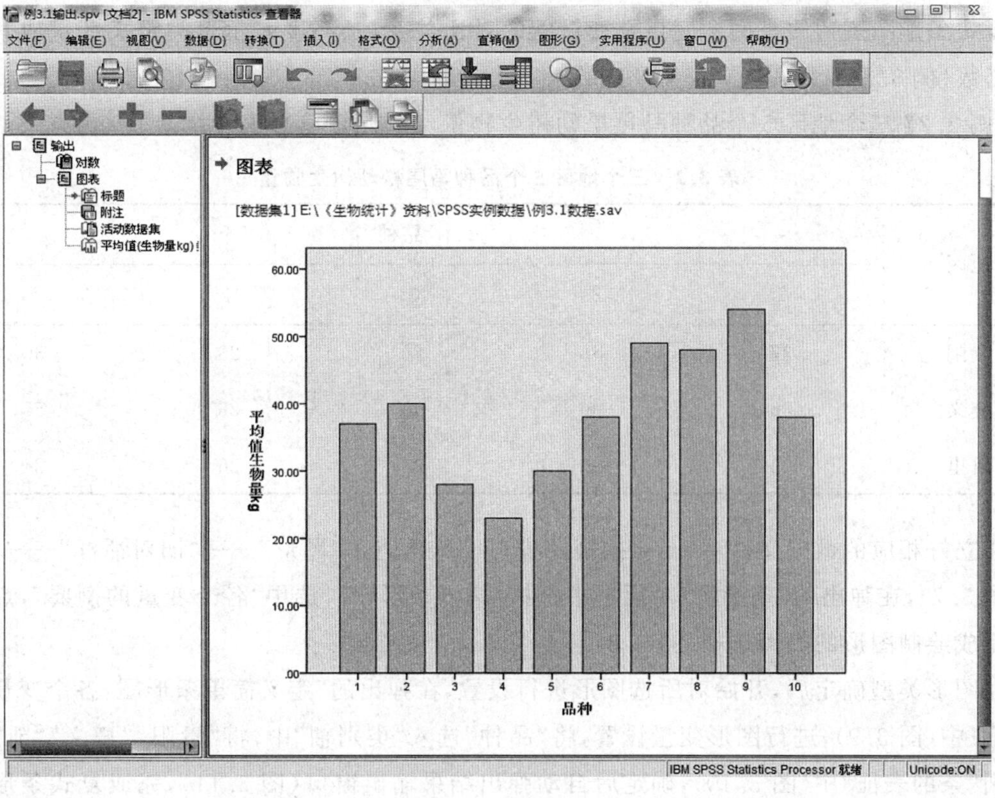


图 3.5　结果输出

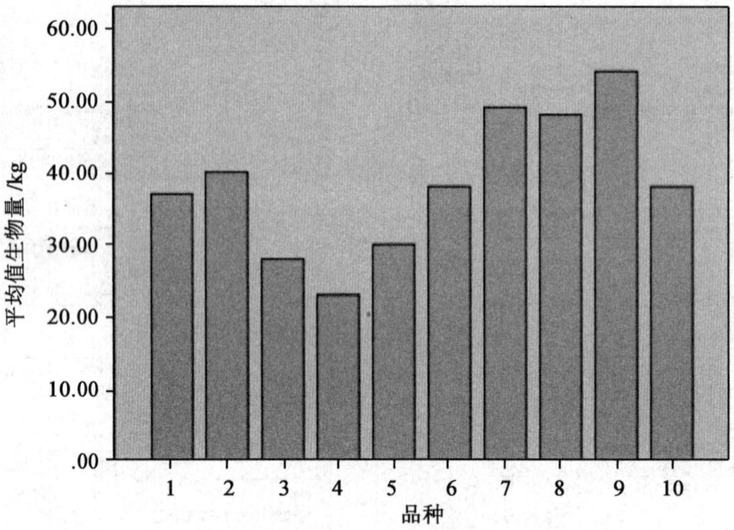


图 3.6 单式条形图

### 3.1.2 复式条形图

复式条形图表达的是两个变量及变量间的对比关系，条高度表示聚类定义变量或其他变量的函数(例 3.2)。

【例 3.2】三个地区 5 个品种马尾松幼树生物量(kg)测定值见表 3.2。

表 3.2 三个地区 5 个品种马尾松幼树生物量 kg

| 地区 | 品种 | | | | |
|---|---|---|---|---|---|
| | 1 | 2 | 3 | 4 | 5 |
| 贵阳 | 37 | 40 | 28 | 23 | 30 |
| 遵义 | 36 | 46 | 38 | 26 | 55 |
| 凯里 | 26 | 28 | 24 | 26 | 24 |

建立好相应的数据文件后，在数据视图窗口中依次点击“图形”——“旧对话框”——“条形图”(图 3.7)，在弹出的“条形图”对话框中选择“集群条形图”，选中“各个变量的摘要”，点击确定即完成绘制图形的类型选择(图 3.8)。

在图形类型确定后，开始对所选图形进行设置，在弹出的“定义简单条形图：各个变量的摘要”窗口中(图 3.9)，进行图形变量设置，将“品种”选入“类别轴”中，将“贵阳”“遵义”“凯里”均选择到“条的表征”中(图 3.10)，确定后自动弹出结果输出窗口(图 3.11)，完成复式条形图的绘制(图 3.12)。

图 3.7　绘制复式条形图

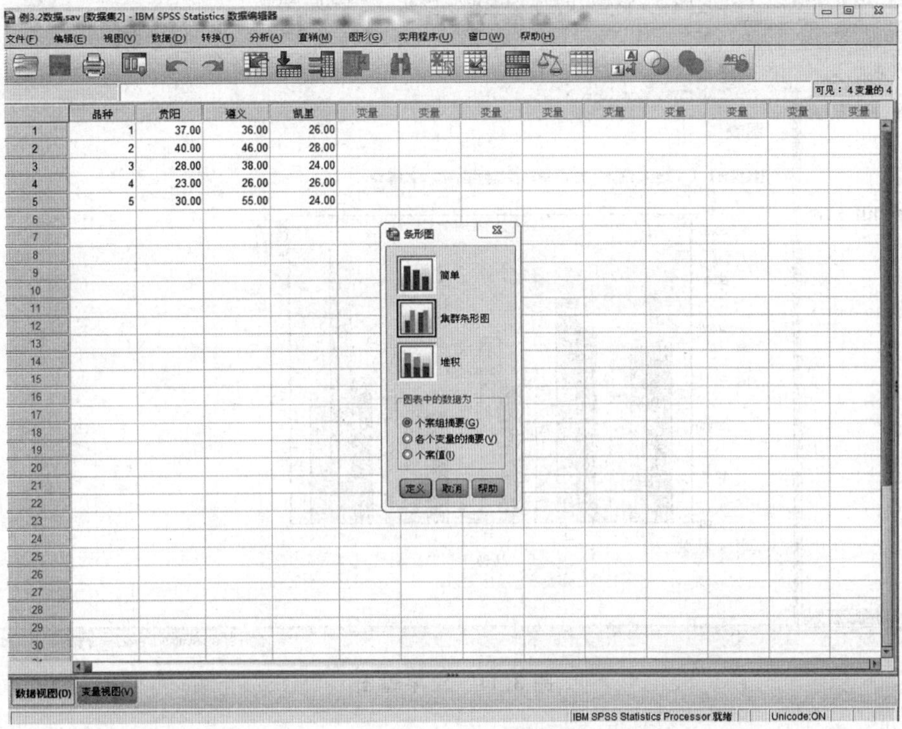


图 3.8　选择图形类型

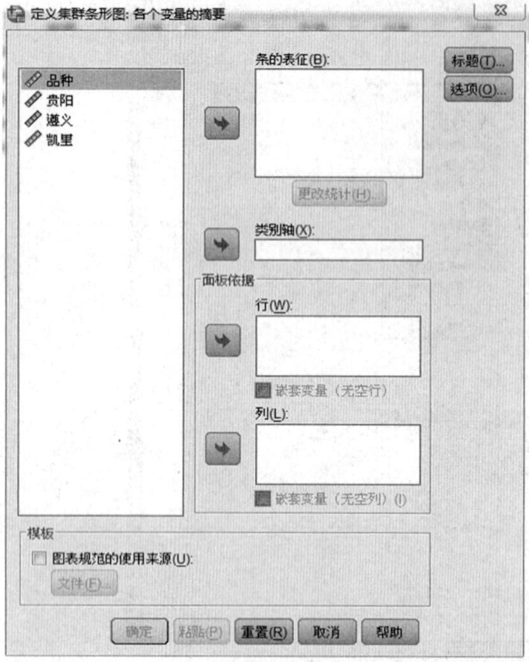


图 3.9 图形设置窗口

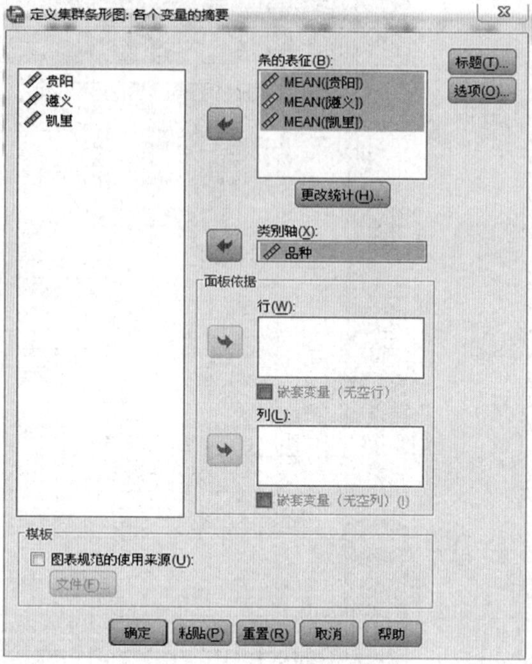


图 3.10 设置图形变量

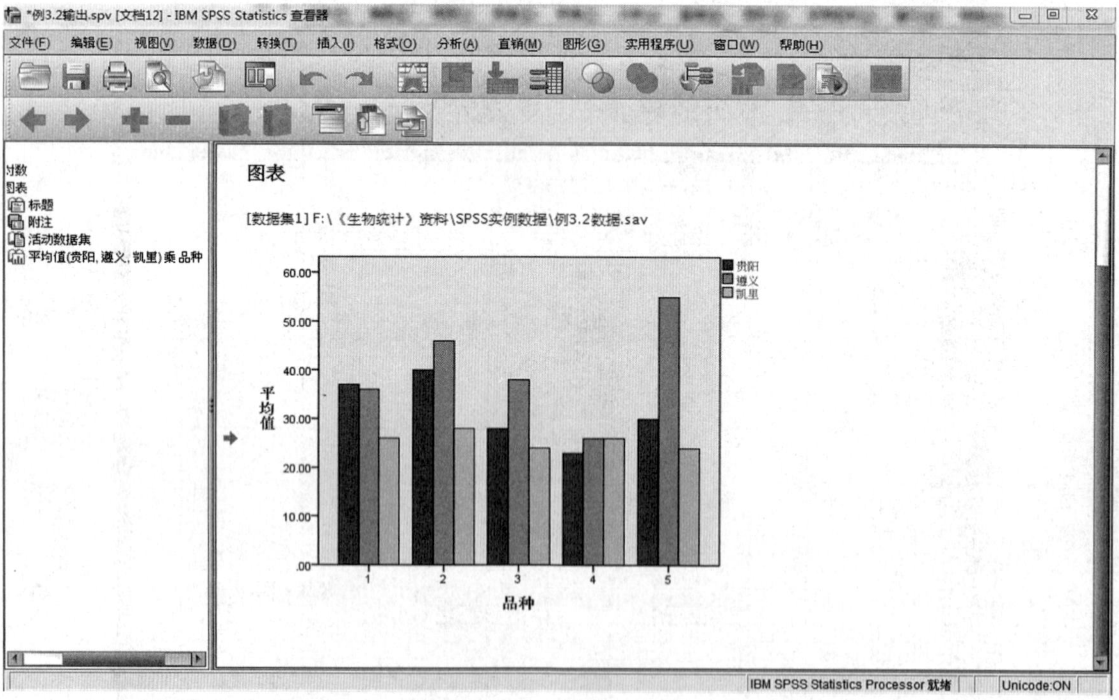


图 3.11 结果输出

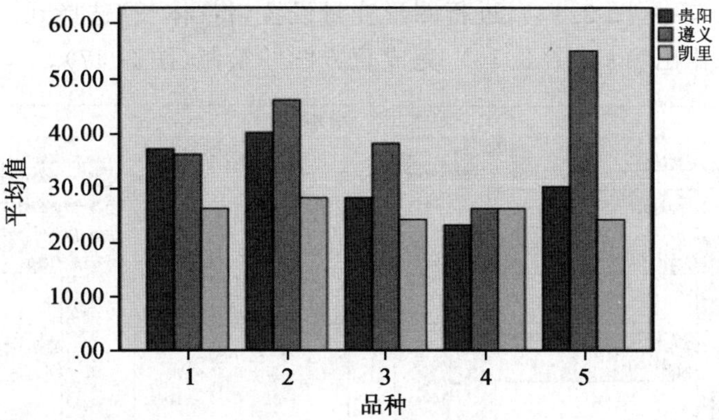


图 3.12　复式条形图

## 3.2　直方图

直方图主要用于连续性数据的分组，一般用来表示连续数据频率或者次数分布情况，直条数量表示数据分组的组数，其宽度表示分组的组距（例 3.3）。

【例 3.3】10 尾鲤鱼的体长测量值见表 3.3。

表 3.3　10 尾鲤鱼的体长

| 序号 | 1 | 2 | 3 | 4 | 5 | 6 | 7 | 8 | 9 | 10 |
|---|---|---|---|---|---|---|---|---|---|---|
| 体长/cm | 12.35 | 16.78 | 15.24 | 14.55 | 15.08 | 12.86 | 13.47 | 16.35 | 15.68 | 16.21 |

建立好相应的数据文件后，在数据视图窗口中依次点击“图形”——“旧对话框”——“直方图”（图 3.13），即完成绘制图形的类型选择。在图形类型确定后，开始对所选图形进行设置，

图 3.13　绘制直方图

在弹出的“直方图”窗口中(图 3.14),进行图形变量设置,将“体长”选择到“变量”中(图 3.15),确定后自动弹出结果输出窗口(图 3.16),完成直方图的绘制(图 3.17)。

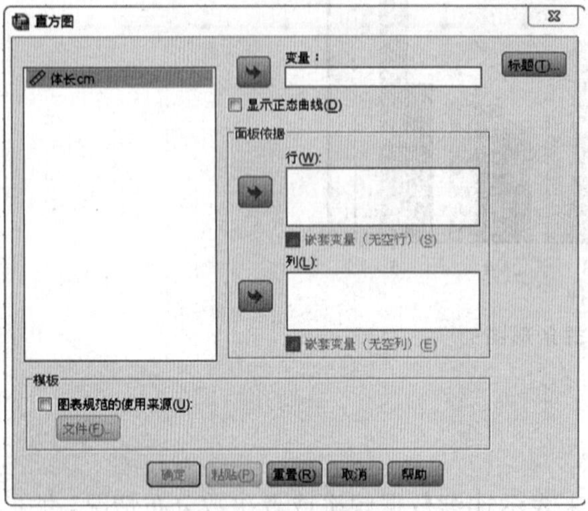


图 3.14 图形设置窗口

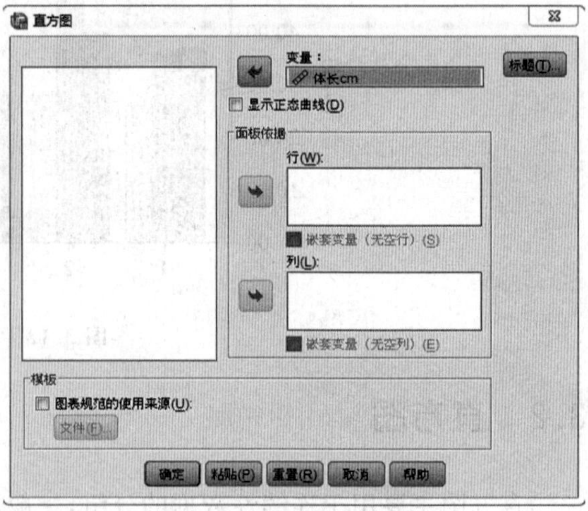


图 3.15 设置图形变量

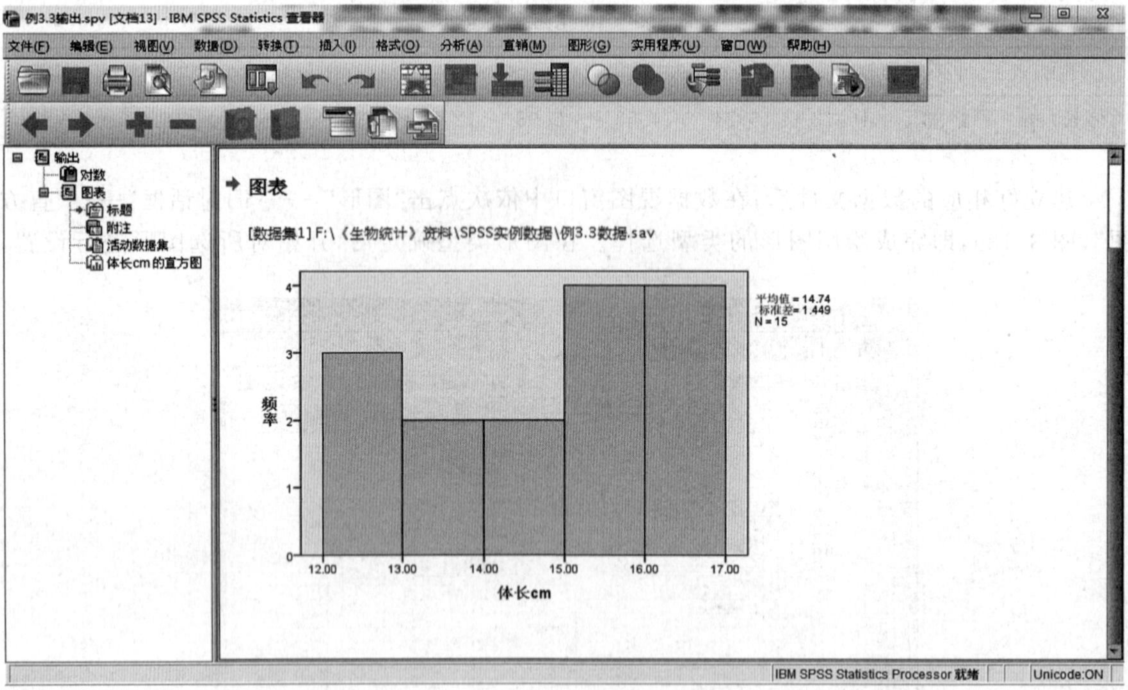


图 3.16 结果输出

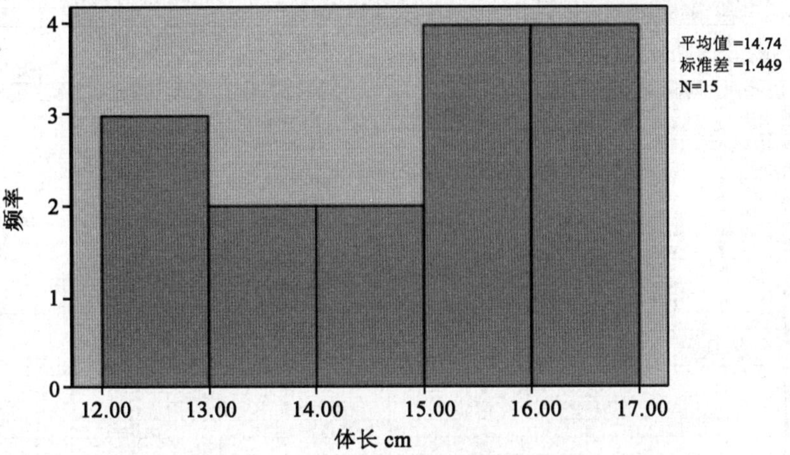


**图 3.17　直方图**

## 3.3　线图

线图是一种将坐标轴中的各点连接成线条来反映事物之间关系的图形，是连续性数据的最合适的表达形式，线上的每个点的高低即表示数据的大小，以线的起伏变化来反映变量之间的关系和变化趋势。以下主要介绍简单线图和多线线图。

### 3.3.1　简单线图

简单线图比较适合表达连续型数据，能直观反映两个变量之间的关系或者事物随时间推进的变化趋势(例 3.4)。

【例 3.4】绵羊不同月份体重变化的测定值见表 3.4。

**表 3.4　绵羊不同月份体重变化**

| 月份 | 1 | 2 | 3 | 4 | 5 | 6 | 7 | 8 | 9 | 10 | 11 | 12 |
|---|---|---|---|---|---|---|---|---|---|---|---|---|
| 体重/kg | 47.5 | 49.6 | 51.7 | 50.1 | 53.2 | 55.3 | 56.8 | 57.6 | 59.2 | 62.8 | 66.2 | 71.5 |

建立好相应的数据文件后，在数据视图窗口中依次点击“图形”——“旧对话框”——“折线图”(图 3.18)，在弹出的“折线图”对话框中选择“简单”，选中“个案组摘要”，点击确定即完成绘制图形的类型选择(图 3.19)。

在图形类型确定后，开始对所选图形进行设置，在弹出的“定义简单线图：个案组摘要”窗口中(图 3.20)，进行图形变量设置，将“月份”选入“类别轴”中，将“体重”选择到“变量”中，并在“线的表征”中选中“其他统计量(例如平均值)”(图 3.21)，确定后自动弹出结果输出窗口(图 3.22)，完成简单线图的绘制(图 3.23)。

图 3.18 绘制简单线图

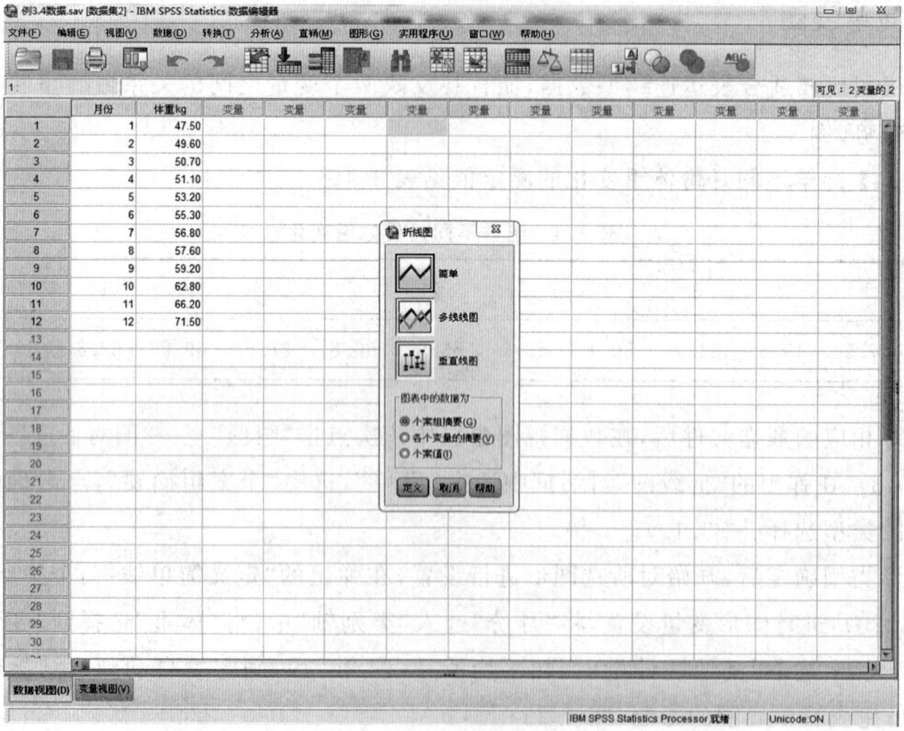


图 3.19 选择图形类型

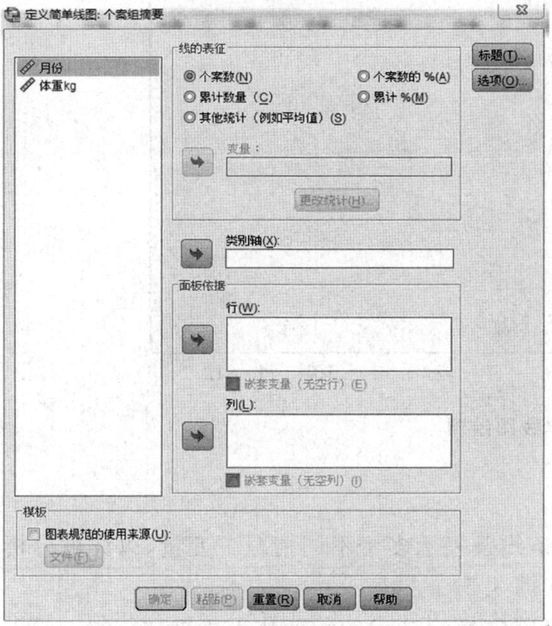


图 3.20　图形设置窗口

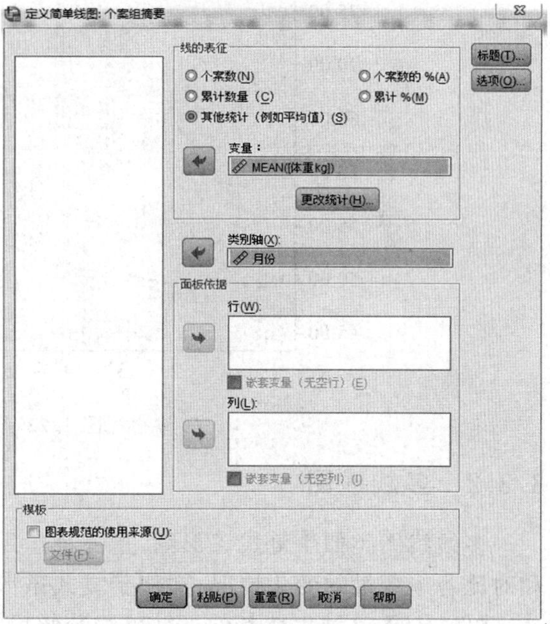


图 3.21　设置图形变量

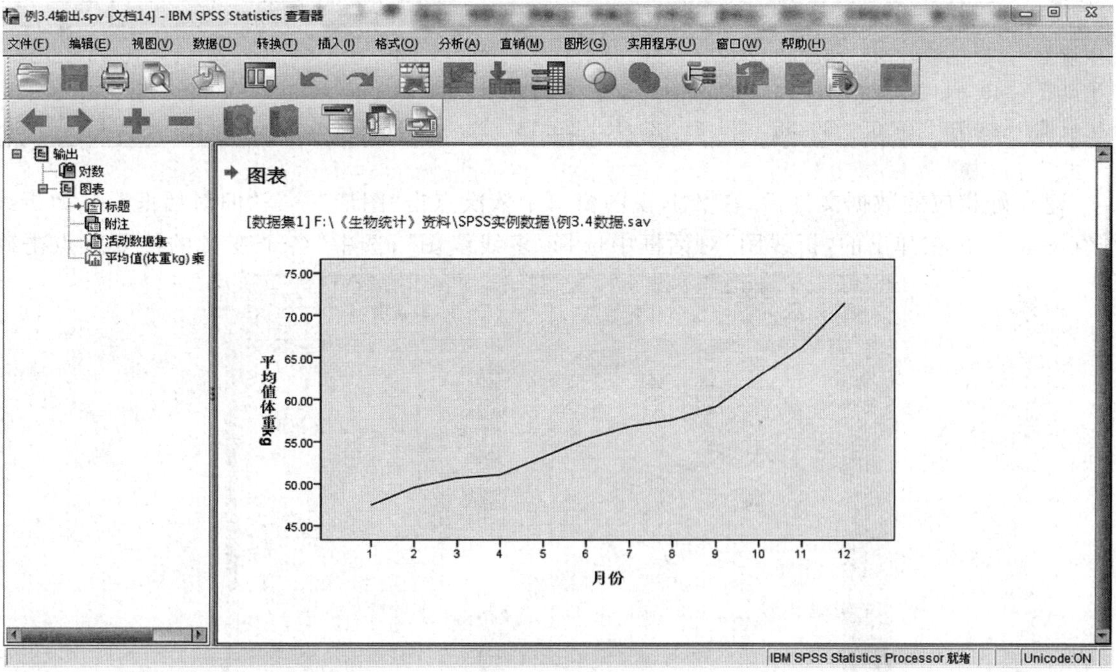


图 3.22　结果输出

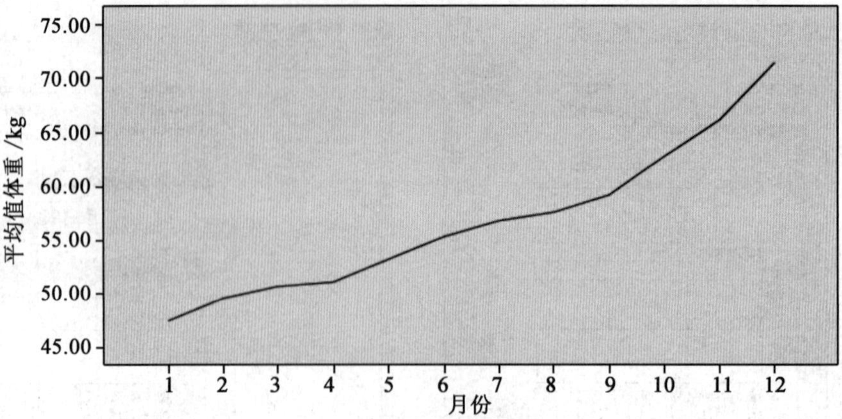


图 3.23 简单线图绘制

## 3.3.2 多线线图

多线线图类似于复式条形图，是一种运用多条线条表示多个不同情况下变量，以详细分析和对比各个变量的变化情况，类似于复式条形图(例 3.5)。

【例 3.5】三种生境条件下枯落物分解后有机碳含量(g/kg)的年变化见表 3.5。

表 3.5 三种生境条件下枯落物分解后的有机碳含量 g/kg

| 生境 | 月份 | | | | | | | | | | | |
|---|---|---|---|---|---|---|---|---|---|---|---|---|
| | 1 | 2 | 3 | 4 | 5 | 6 | 7 | 8 | 9 | 10 | 11 | 12 |
| 生境Ⅰ | 51.69 | 48.42 | 43.42 | 39.7 | 35.64 | 31.87 | 36.11 | 49.76 | 58.3 | 52.44 | 31.93 | 20.42 |
| 生境Ⅱ | 49.64 | 43.22 | 36.23 | 33.28 | 32.09 | 35.79 | 42.63 | 45.36 | 43.42 | 40.2 | 36.98 | 32.21 |
| 生境Ⅲ | 43.76 | 36.65 | 30.65 | 26.21 | 23.13 | 20.18 | 23.54 | 36.5 | 49.05 | 49.62 | 45.85 | 40.68 |

建立好相应的数据文件后，在数据视图窗口中依次点击“图形”——“旧对话框”——“折线图”(图 3.24)，在弹出的“折线图”对话框中选择“多线线图”，选中“各个变量的摘要”，点击确

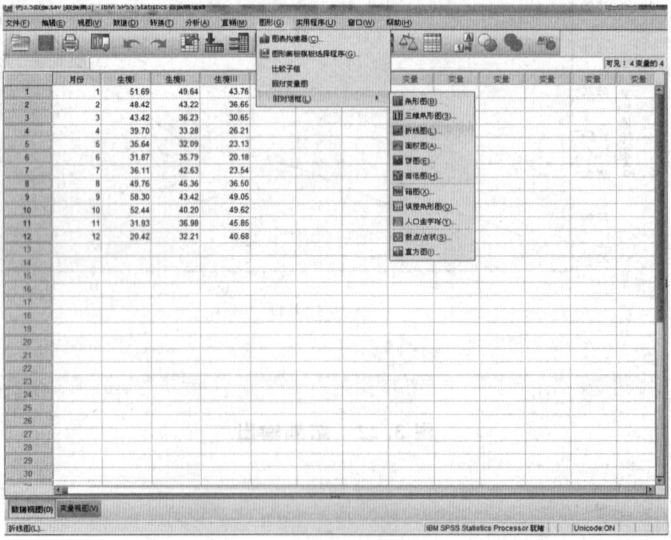

图 3.24 绘制多线线图

定即完成绘制图形的类型选择(图 3.25)。

在图形类型确定后,开始对所选图形进行设置,在弹出的“定义多线线图:各个变量的摘要”窗口中(图 3.26),进行图形变量设置,将“月份”选入到“类别轴”中,将“生境Ⅰ”“生境Ⅱ”“生境Ⅲ”均选择到“线的表征”中(图 3.27),确定后自动弹出结果输出窗口(图 3.28),完成多线线图的绘制(图 3.29)。

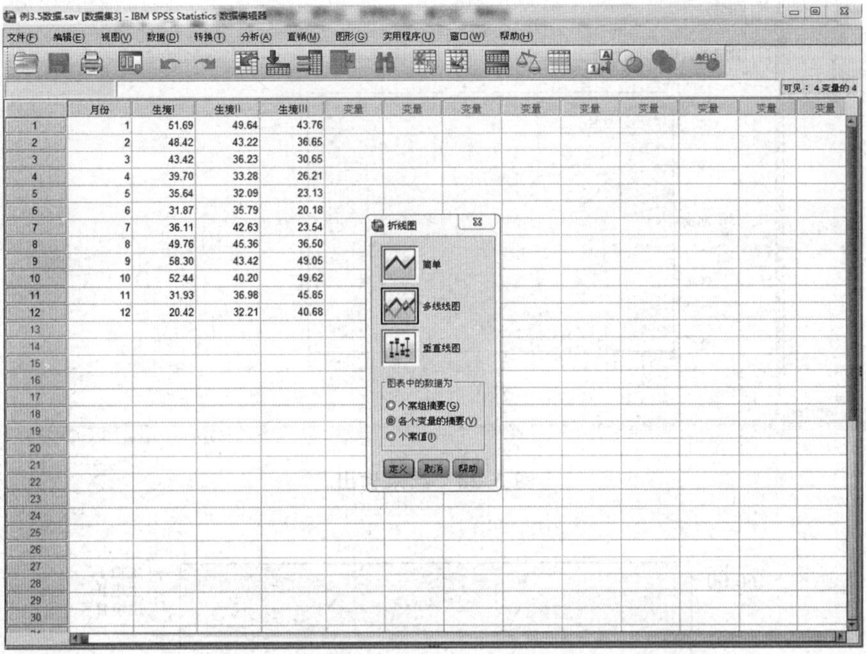


图 3.25　选择图形类型

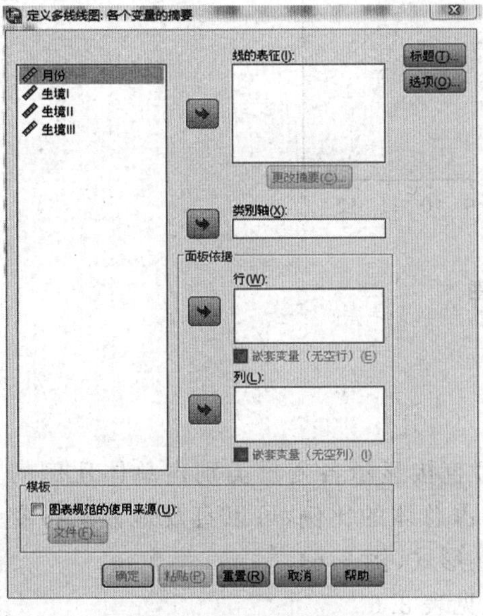


图 3.26　图形设置窗口

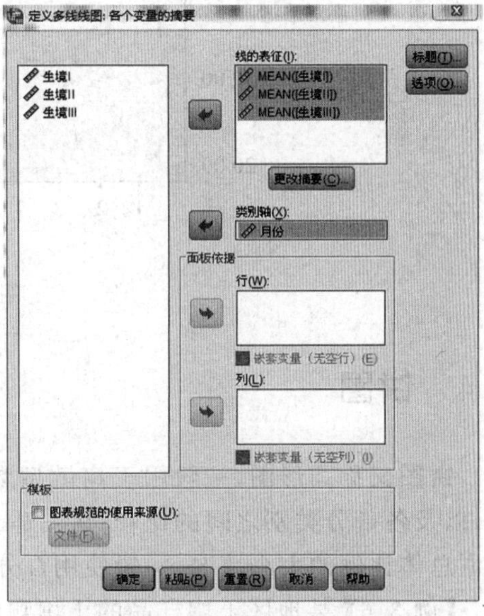


图 3.27　设置图形变量

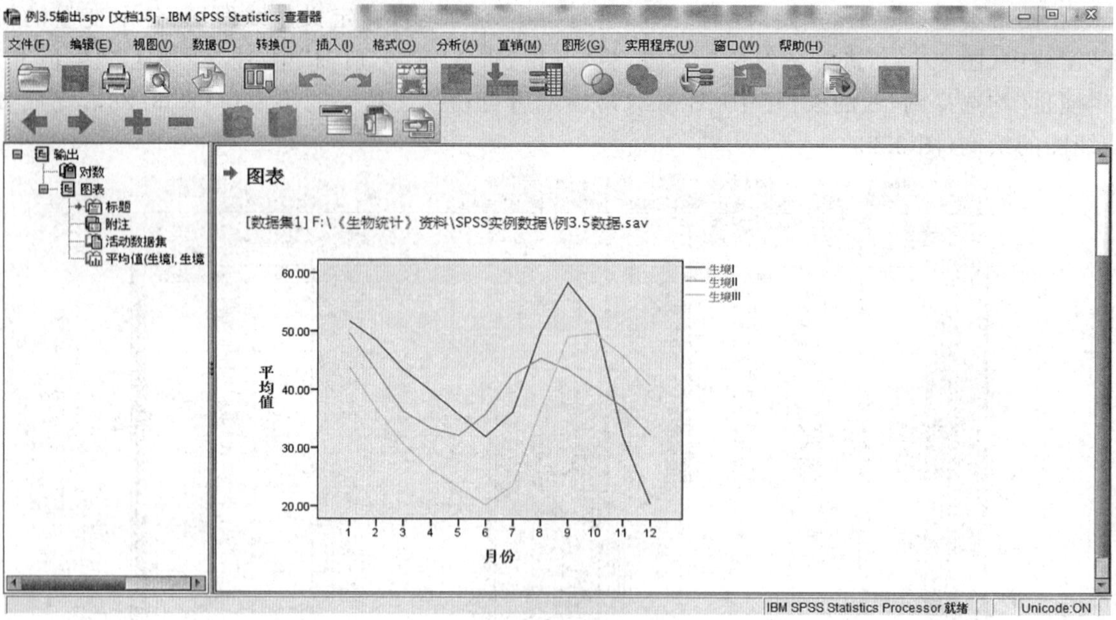


图 3.28 结果输出

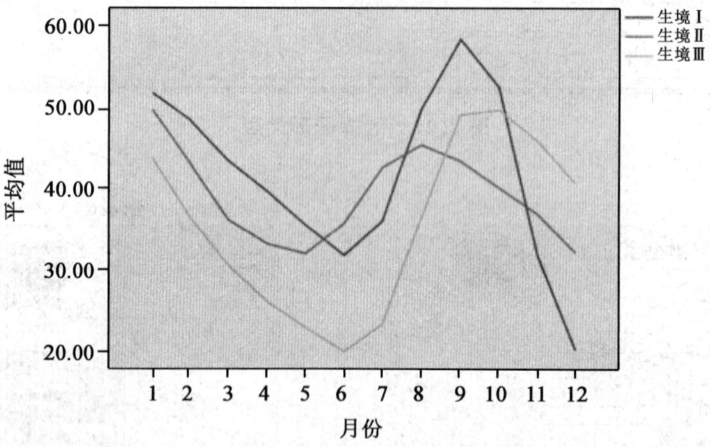


图 3.29 多线线图

## 3.4 饼图

饼图又称圆形图，一般用于离散型数据的表达，可直接显示各变量类别占总体比例的大小，以及各部分类别之间的比较；饼图适合表达各部分占总体的比例，可以直观地显示各变量所占总体比例的大小情况，一般使用百分比的数据标签形式(例 3.6)。

【例 3.6】某地区土壤样品的土壤颗粒组成百分比见表 3.6。

**表 3.6　某地区土壤样品颗粒组成百分比**

| 土壤粒径/mm | ＞0.25 | 0.25～0.2 | 0.2～0.02 | 0.02～0.002 | ＜0.002 |
|---|---|---|---|---|---|
| 百分比/% | 27.57 | 25.82 | 14.83 | 10.59 | 21.19 |

建立好相应的数据文件后，在数据视图窗口中依次点击“图形”——“旧对话框”——“饼图”(图 3.30)，在弹出的“饼图”对话框中选择“个案组摘要”，点击确定即完成绘制图形的类型选择(图 3.31)。

**图 3.30　绘制饼图**

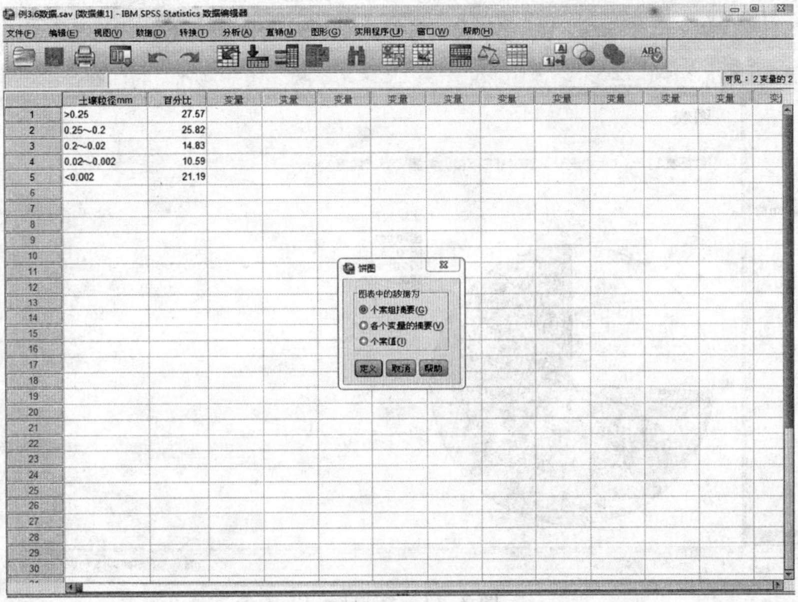


**图 3.31　选择图形类型**

在图形类型确定后，开始对所选图形进行设置，在弹出的“定义饼图：个案组摘要”窗口中(图 3.32)，进行图形变量设置，将“土壤粒径”选入到“定义分区”中，将“百分比”选择到“变量”中，并在“分区的表征”中选中“变量和”(图 3.33)，确定后自动弹出结果输出窗口(图 3.34)，完成饼图的绘制(图 3.35)。

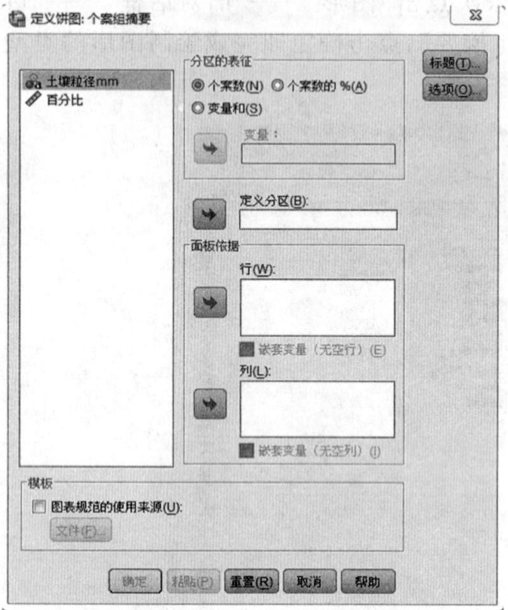


图 3.32　图形设置窗口

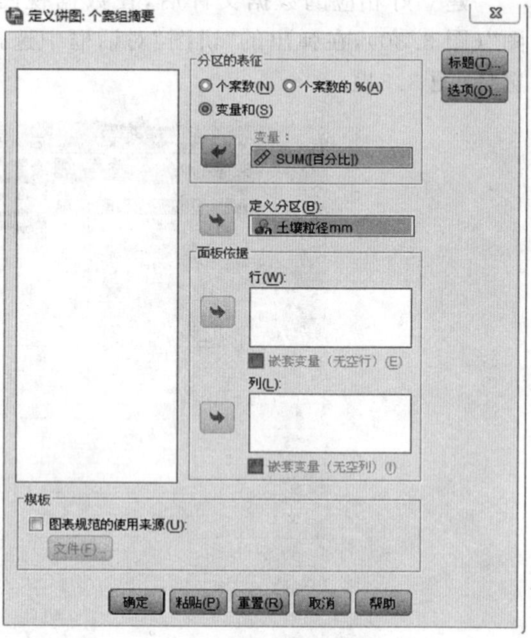


图 3.33　设置图形变量

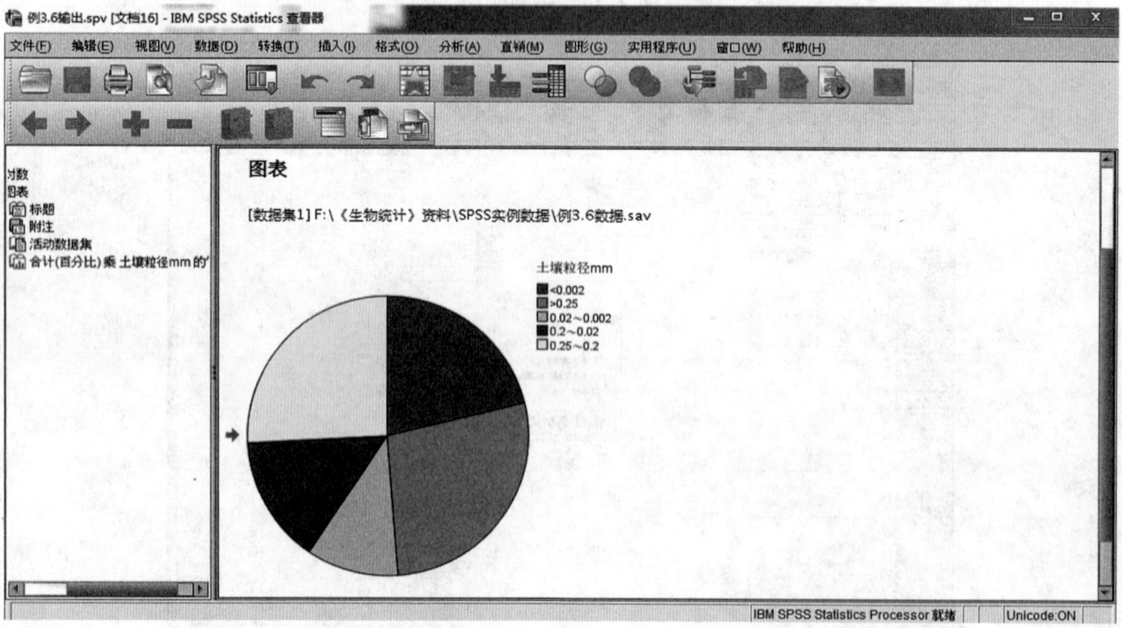


图 3.34　结果输出

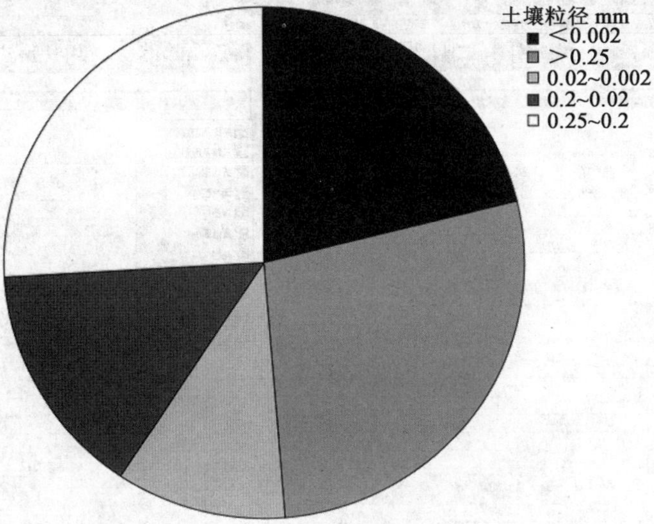


图 3.35 饼图

## 3.5 散点图

散点图适合观测大容量数据的变量，表现变量之间的相关性和变化趋势，常用圆点表示数据的分布情况。以下主要介绍简单分布散点图和矩阵分布散点图。

### 3.5.1 简单分布散点图

简单分布散点图主要是比较两个变量间的相关性，一般用于探索两变量间是否存在线性关系(例 3.7)。

【例 3.7】土壤全磷标准溶液浓度与吸光度测定值之间的关系见表 3.7。

表 3.7 土壤全磷标准溶液浓度与吸光度测定值

| 浓度/ppm | 0 | 0.1 | 0.2 | 0.4 | 0.6 | 0.8 | 1 |
|---|---|---|---|---|---|---|---|
| 吸光度 | 0.09 | 0.104 | 0.135 | 0.172 | 0.261 | 0.309 | 0.373 |

建立好相应的数据文件后，在数据视图窗口中依次点击“图形”——“旧对话框”——“散点/点状”(图 3.36)，在弹出的“散点图/点图”对话框中选择“简单分布”，点击确定即完成绘制图形的类型选择(图 3.37)。

在图形类型确定后，开始对所选图形进行设置，在弹出的“简单散点图”窗口中(图 3.38)，进行图形变量设置，将“吸光度”选入“$X$ 轴”，将“浓度”选择到“$Y$ 轴”中(图 3.39)，确定后自动弹出结果输出窗口(图 3.40)，完成简单分布散点图的绘制(图 3.41)。

图 3.36　绘制简单分布散点图

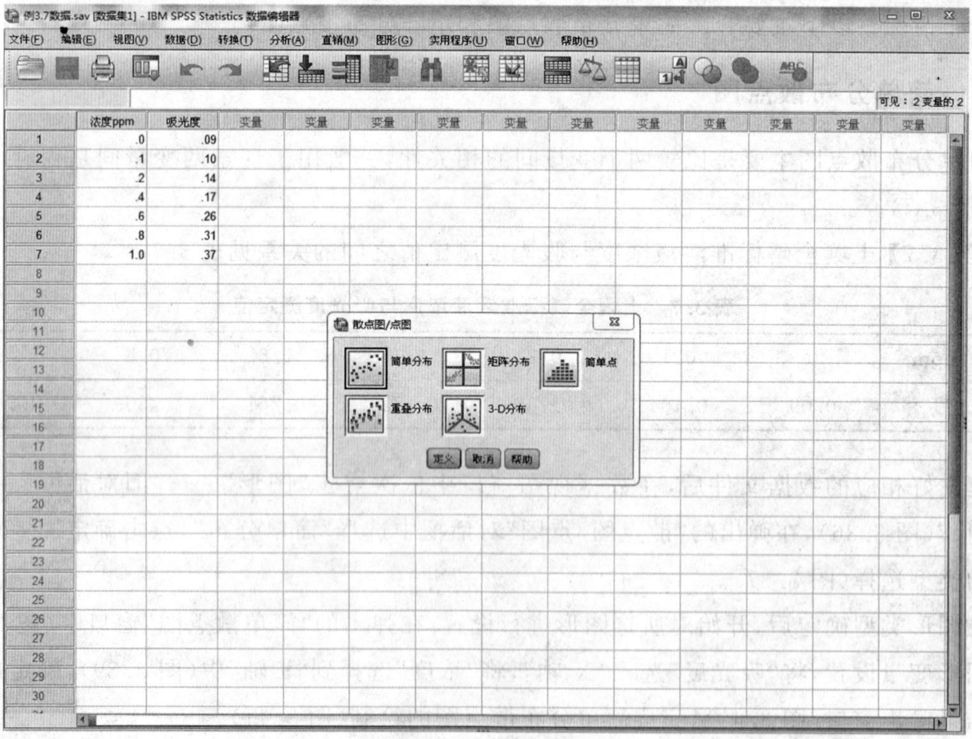


图 3.37　选择图形类型

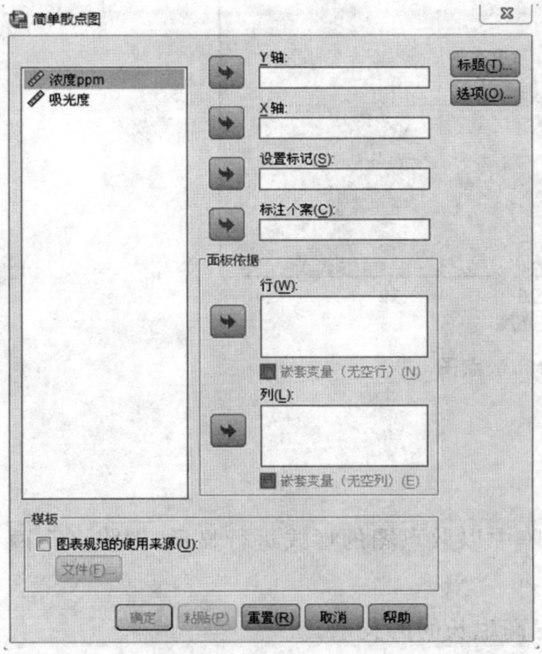


图 3.38　图形设置窗口

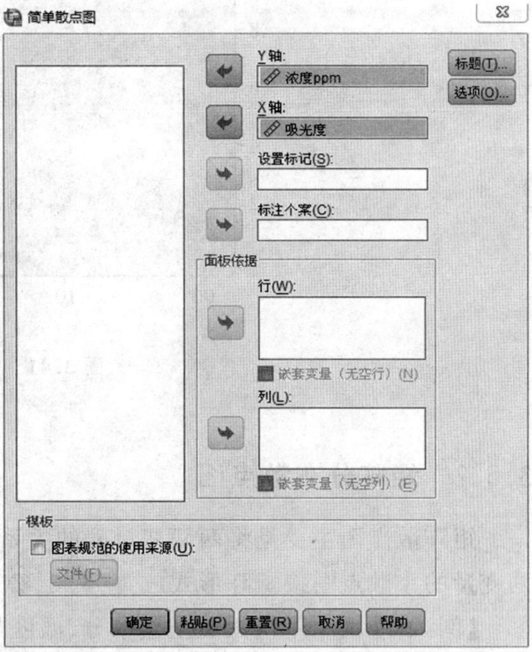


图 3.39　设置图形变量

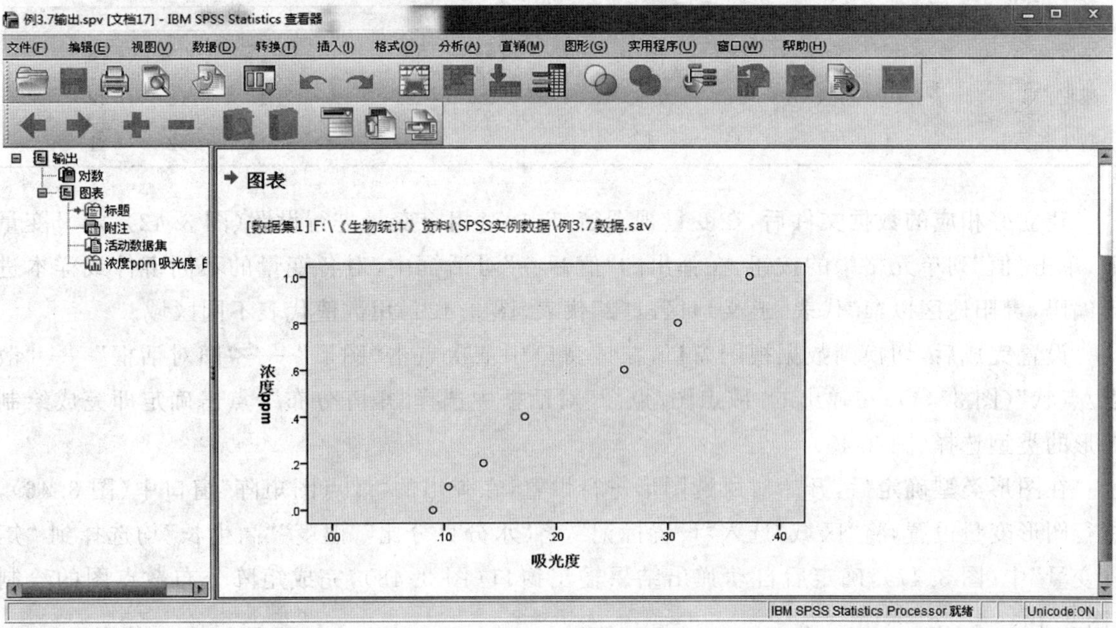


图 3.40　结果输出

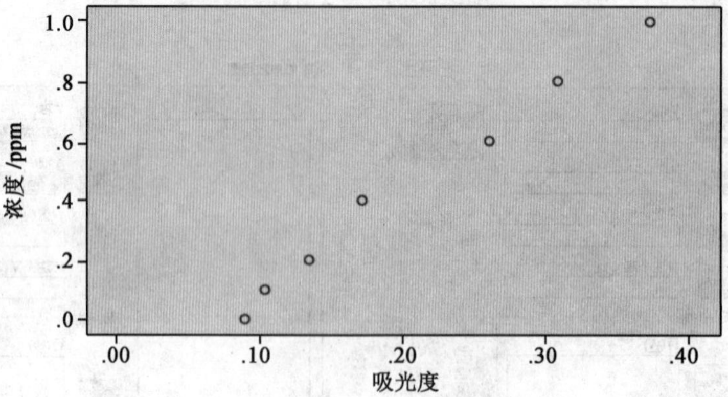


图 3.41　简单分布散点图

## 3.5.2　矩阵分布散点图

矩阵散点图主要是将两两变量间的关系在矩阵中以散点图的形式进行显示，即将多个两两变量的小散点图按矩阵形式放置(例 3.8)。

【例 3.8】两个不同区域土壤水分、温度与小麦高生长间的关系。

表 3.8　两个不同区域土壤水分、温度与小麦高生长值

| 指标 | 区域 | | | | | | | | | | | |
|---|---|---|---|---|---|---|---|---|---|---|---|---|
| | 贵阳 | | | | | | 遵义 | | | | | |
| 水分/% | 52 | 72 | 62 | 59 | 60 | 75 | 56 | 70 | 75 | 65 | 53 | 69 |
| 温度/℃ | 20 | 18 | 17 | 15 | 16 | 18 | 22 | 20 | 18 | 13 | 22 | 20 |
| 高生长/cm | 1 | 5 | 3 | 1 | 2 | 6 | 1 | 4 | 7 | 2 | 1 | 6 |

建立好相应的数据文件后，在变量视图窗口中，对相应变量进行设置(图 3.42)，定义变量值，单击“值”列单元格中的按钮，在弹出的“值标签”对话框中，对各变量的不同事件或样本进行编码，贵阳地区以“1”代表，遵义地区以“2”代表(图 3.43)，用数值代表不同区域。

设置完成后，切换到数据视图窗口，在该窗口中依次点击“图形”——“旧对话框”——“散点/点状”(图 3.44)，在弹出的“散点图/点图”对话框中选择“矩阵分布”，点击确定即完成绘制图形的类型选择(图 3.45)。

在图形类型确定后，开始对所选图形进行设置，在弹出的“散点图矩阵”窗口中(图 3.46)，进行图形变量设置，将“区域”选入“设置标记”，将“水分百分比”“温度”“高生长”均选择到“矩阵变量”中(图 3.47)，确定后自动弹出结果输出窗口(图 3.48)，完成矩阵分布散点图的绘制(图 3.49)。

**操作提示：**

在定义变量值时，若添加错误，可直接删除标签；具体操作为选中列表框中的值标签选项，点击“删除”按钮即可。

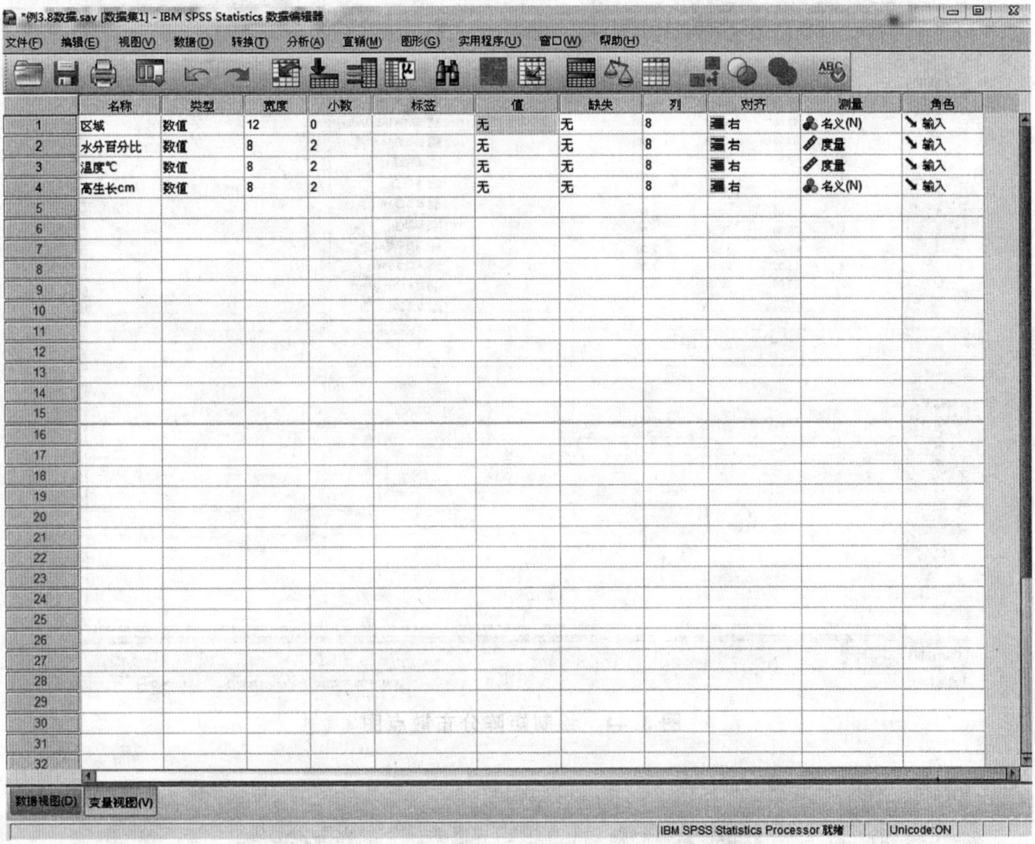


图 3.42　变量定义

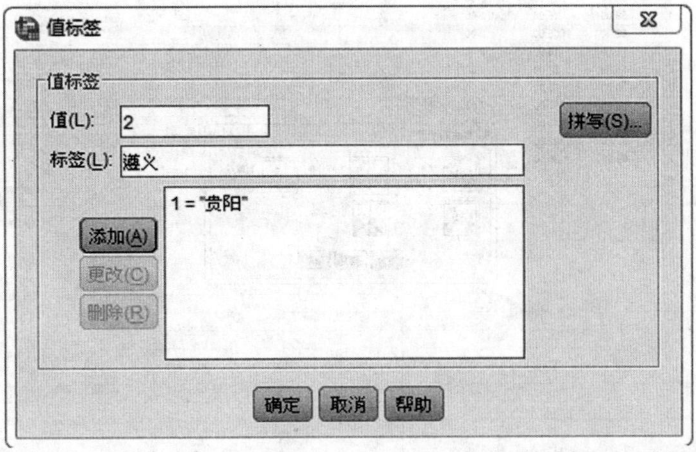


图 3.43　定义变量值

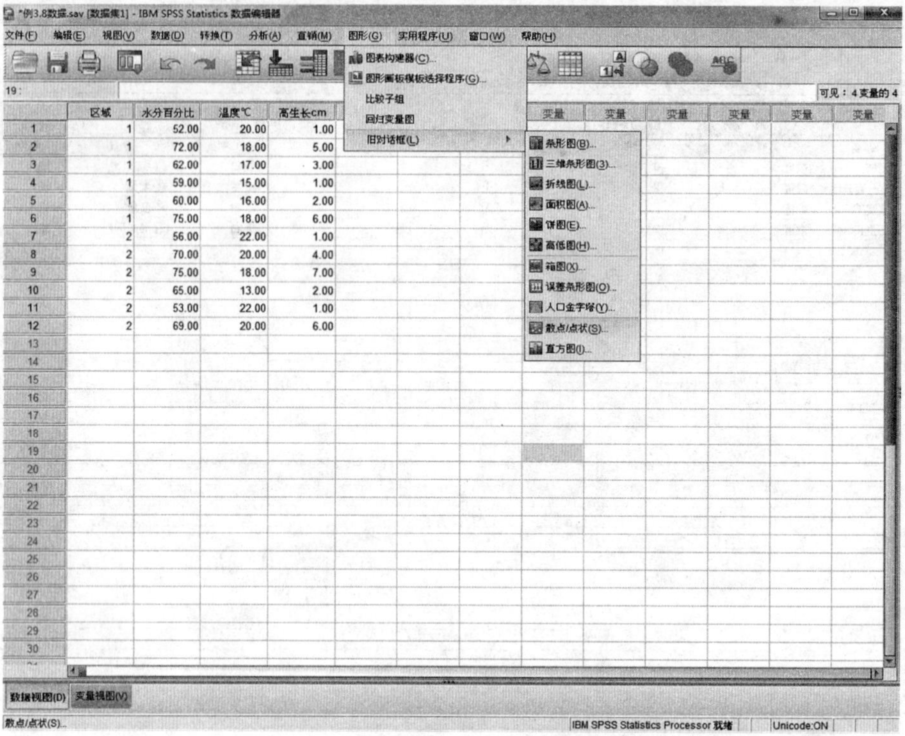


图 3.44 绘制矩阵分布散点图

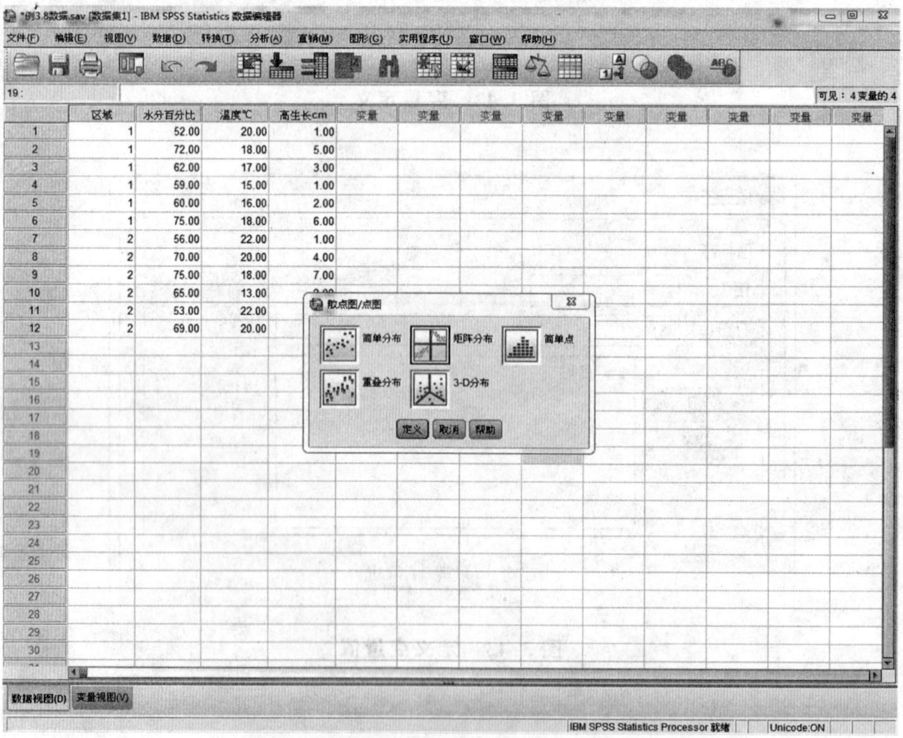


图 3.45 选择图形类型

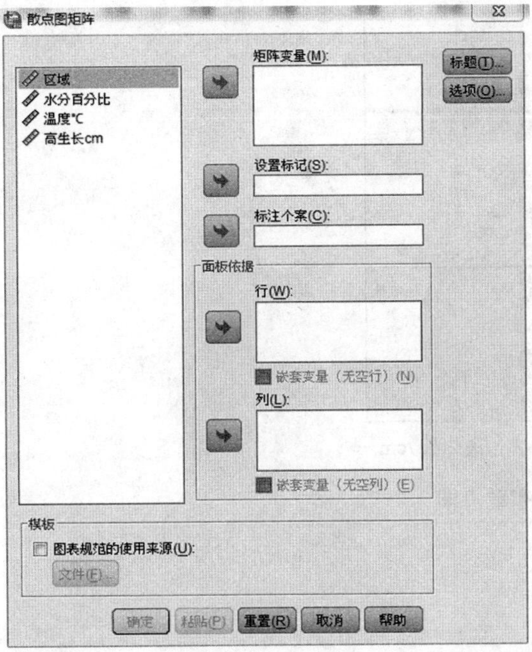


图 3.46　图形设置窗口

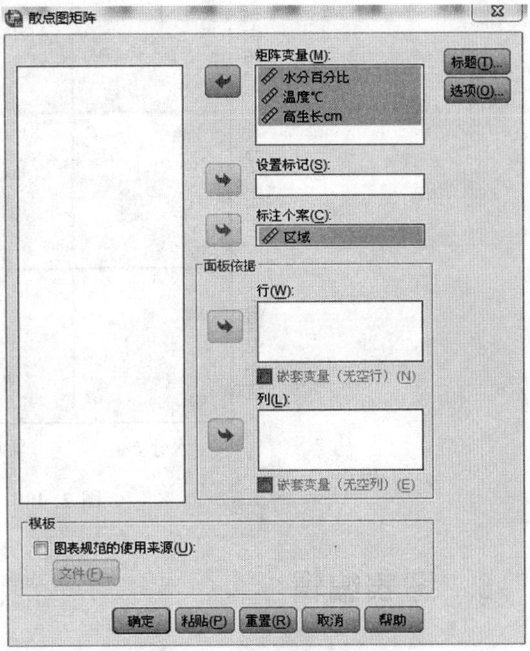


图 3.47　设置图形变量

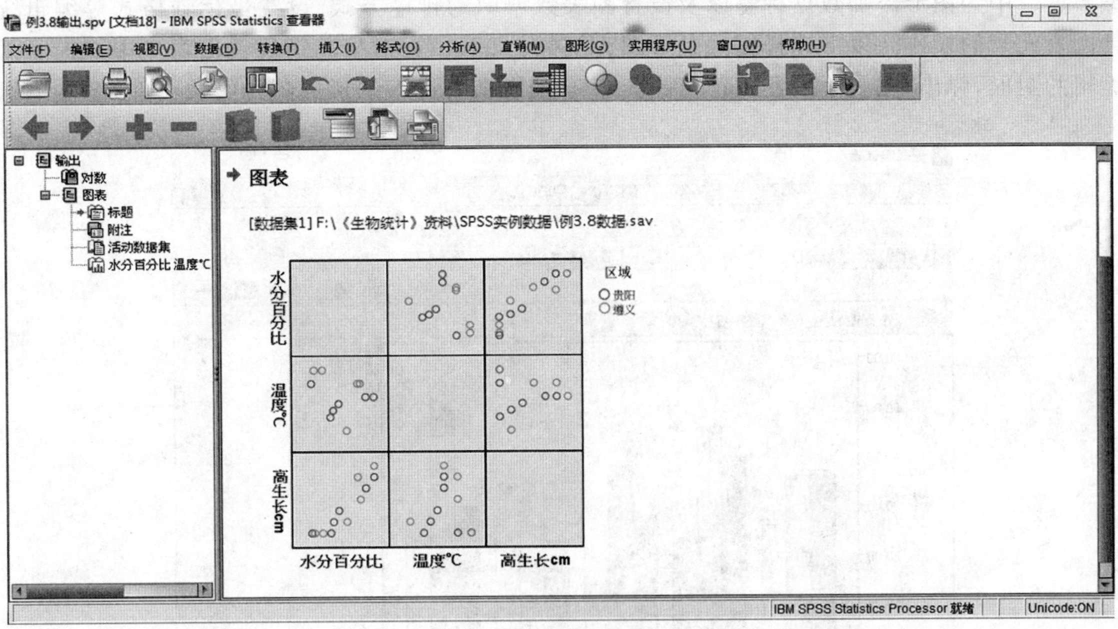


图 3.48　结果输出

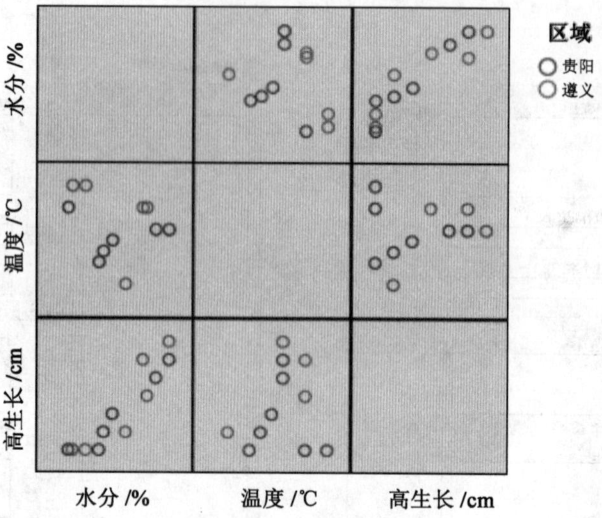


图3.49 矩阵分布散点图

## 3.6 图表编辑

SPSS除为用户提供丰富的统计图功能之外,还为用户提供了强大的图形交互编辑功能,图表编辑可为图表优化提供强大的技术支持,用户只需在输出窗口中双击统计图图表,即可在编辑窗口中为图形添加数据标签以及设置图表数据中的排序方式、设置坐标轴格式等编辑统计图表元素的操作。以下选择复式条形图为例(例3.2)。在对应的结果输出窗口中双击所需编辑的图形,弹出"图表编辑器"窗口(图3.50),随即即可进行图形的各种编辑。在"图表编辑

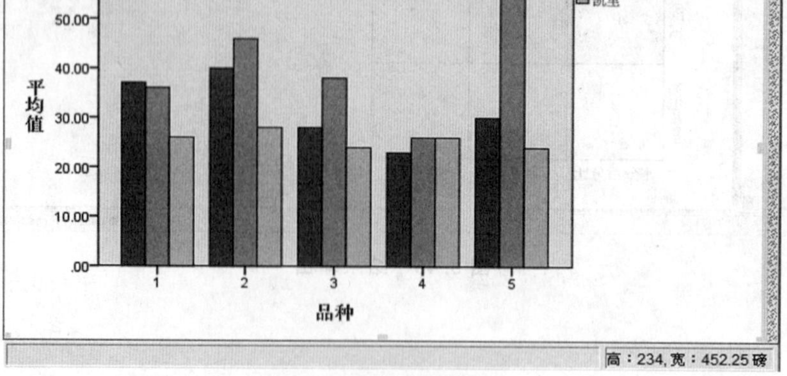


图3.50 图表编辑器

器”窗口中选中图形所要编辑的部分，单击右键，即可弹出图表编辑的快捷菜单(图 3.51)，在快捷菜单中点击“属性窗口”，弹出“图表属性窗口”，将其中的“填充”和“边框”选项的颜色改为白色(图 3.52)，即可使该图的底版变为白色，黑色的边框线去掉；同样，选中条带后，单击右键，弹出条带属性窗口(图 3.53)，修改“填充”和“边框”选项至所需颜色(图 3.54)，同时在“坐标线属性窗口”中设置坐标线的颜色(图 3.55)，即完成了原图(图 3.56)到成图(图 3.57)的编辑。

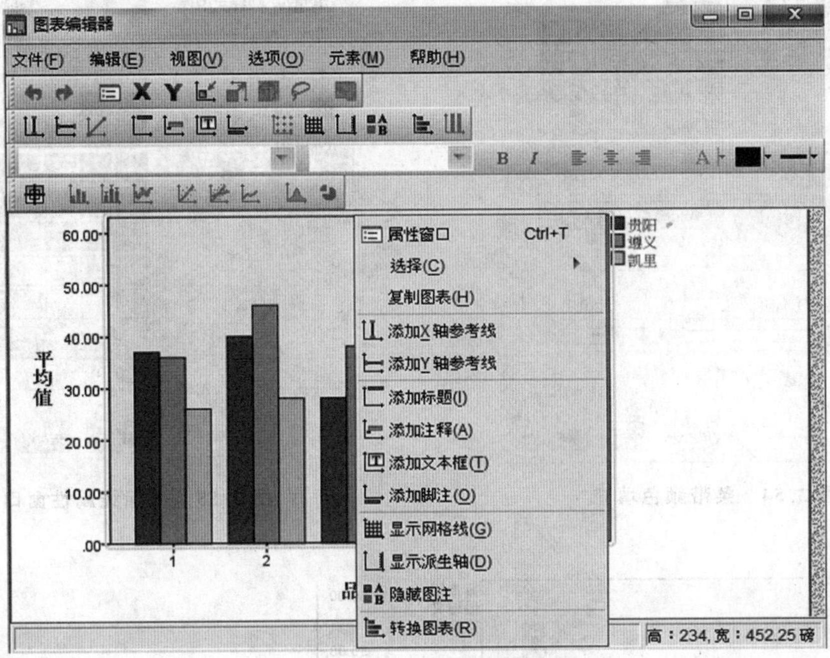


图 3.51　图表编辑快捷菜单

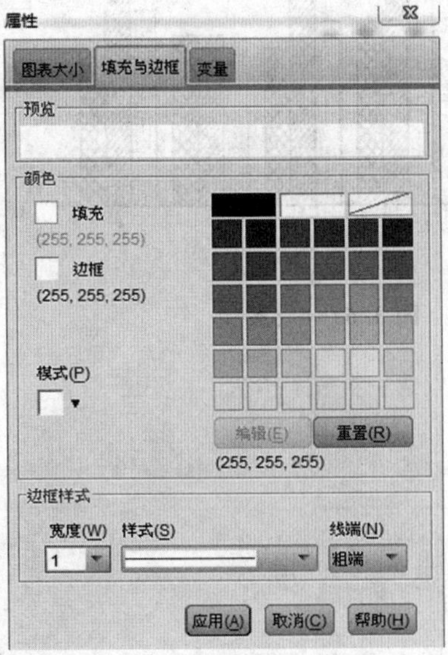


图 3.52　图表属性窗口

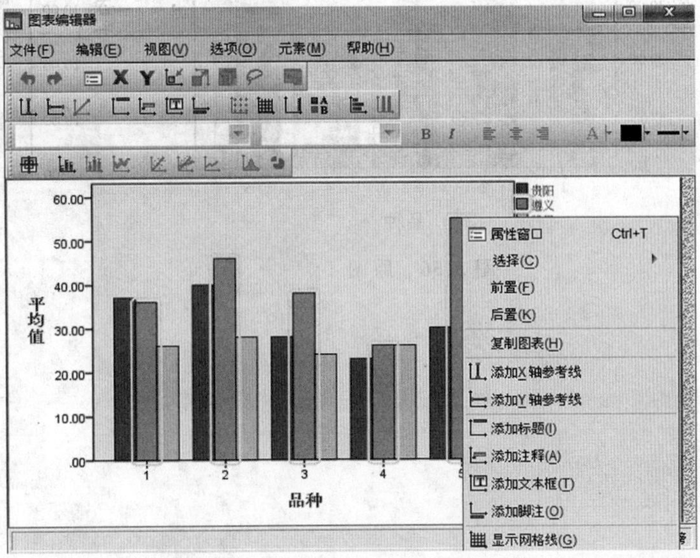


图 3.53　条带属性窗口

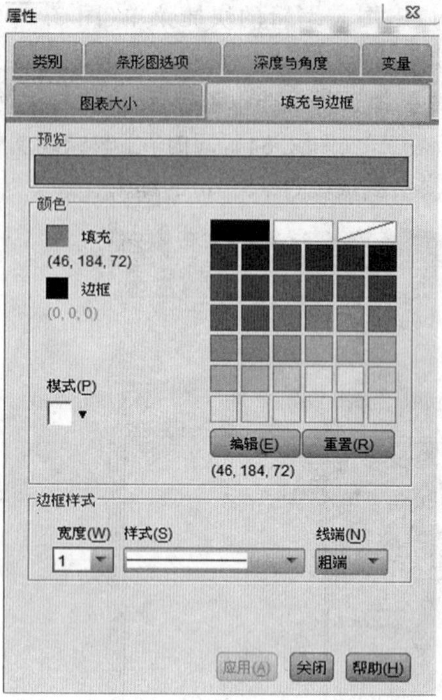


图 3.54 条带颜色填充

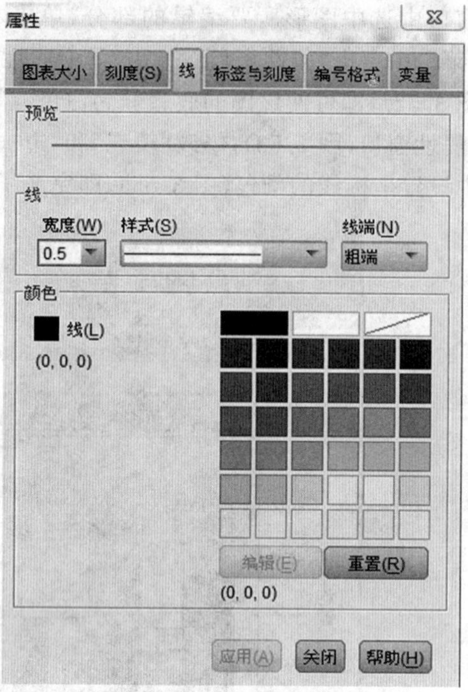


图 3.55 坐标线属性窗口

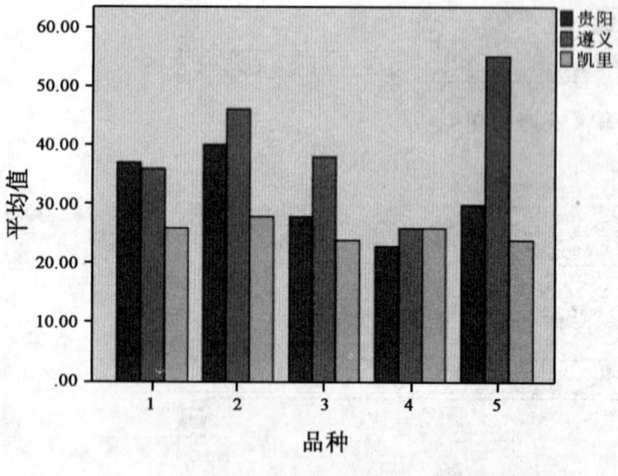


图 3.56 原图

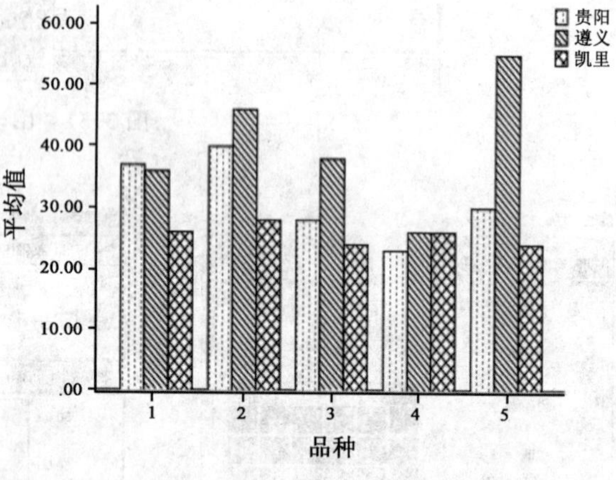


图 3.57 成图

# 第4章　平均值差异分析

## 4.1　均值比较

统计分析常用抽样研究的方法，从总体中随机抽取一定数量的样本来推断总体特征。但由于总体中每个个体间均存在差异，样本统计量的大小会与总体参数有所不同，而测量仪器的精确程度及实验者技术水平的差异等，也会使样本统计量与总体参数产生差异；故均值不等的两个样本不一定来自均值不同的总体；能否用样本均值估计总体均值？两个变量均值接近的样本是否来自均值相同的总体？两个样本某变量的均值不同，其差异是否具有统计意义，它能否说明总体之间存在的差异，这些都是在研究工作中经常提出的问题，要解决它们，就需要进行均值的比较和检验。

均值比较主要针对两个或多个样本均值的比较，并研究各总体间的差异，是计算一个或多个自变量类别中因变量各组均值和相关的单变量统计；均值过程主要是统计变量的描述和不同组间的比较(例4.1)。

【例4.1】某地区不同品种幼苗成活率的差异见表4.1。

**表4.1　某地区不同品种幼苗成活率**

| 序号 | 1 | 2 | 3 | 4 | 5 | …… | 46 |
|---|---|---|---|---|---|---|---|
| 土壤类型 | 正常品种 | 转基因品种 | 转基因品种 | 正常品种 | 正常品种 | …… | 转基因品种 |
| 成活率/% | 60 | 86 | 87 | 54 | 56 | …… | 78 |

建立好相应的数据文件后，在变量视图窗口中，对相应变量进行设置(图4.1)，定义变量值，单击“值”列单元格中的按钮，在弹出的“值标签”对话框中，对各变量的不同事件或样本进行编码，正常品种以“1”代表，转基因品种以“2”代表(图4.2)，用数值代表不同的品种。

设置完成后，切换到数据视图窗口，在该窗口中依次点击“分析”——“比较平均值”——“平均值”(图4.3)，在弹出的“平均值”对话框中(图4.4)，进行变量设置，将“品种”选入“自变量列表”，将“成活率”选入“因变量列表”(图4.5)，并点击“选项”命令，分别将“平均值”“个案数”“标准差”均选入“单元格统计”中(图4.6)，单击确定后弹出结果输出窗口(图4.7)，即完成相应的数据分析。

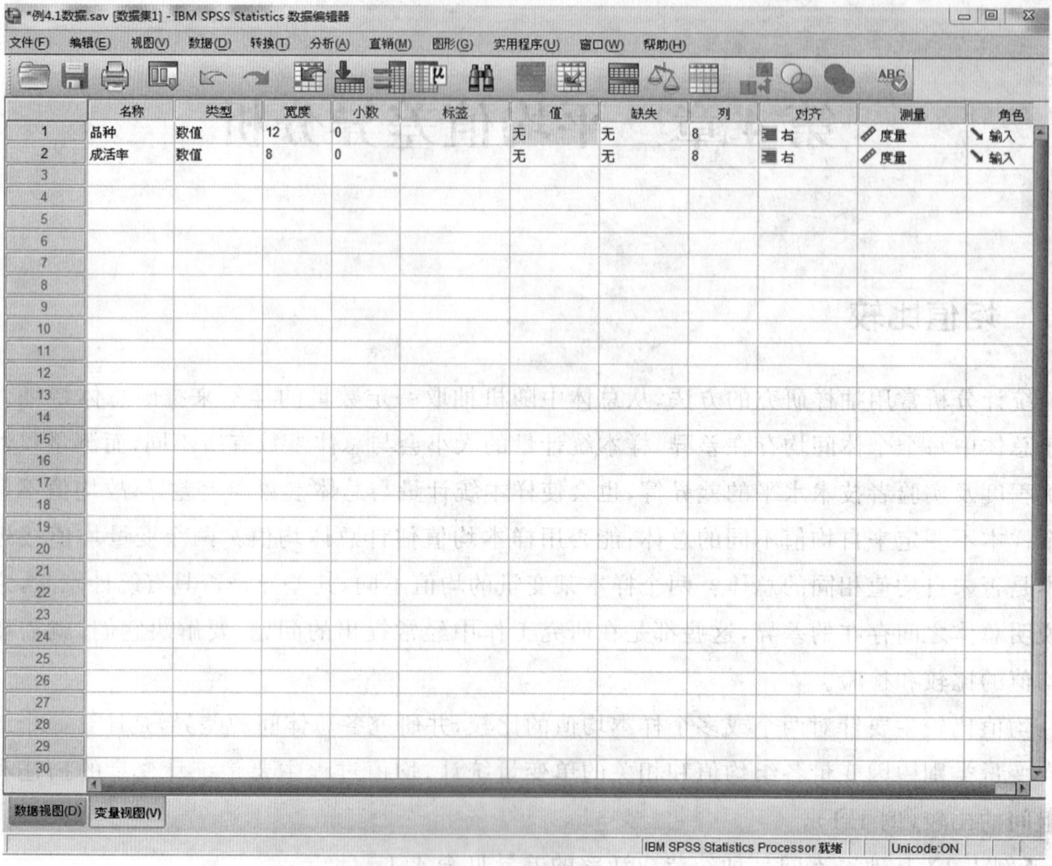


图 4.1　定义变量

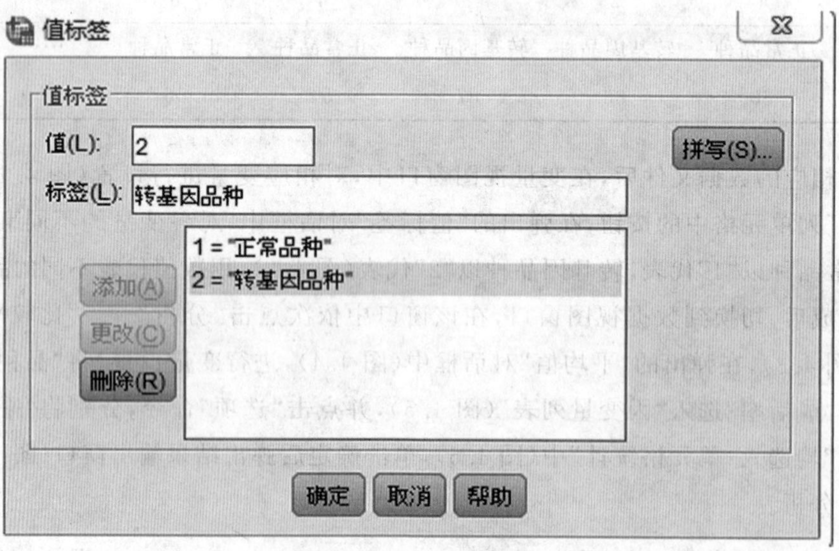


图 4.2　定义变量值

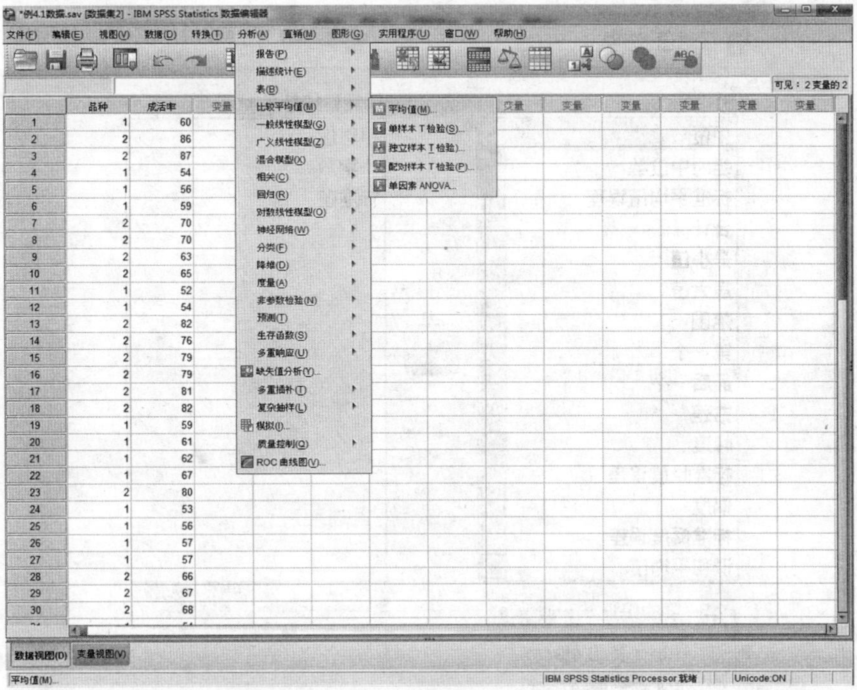


图 4.3　均值比较

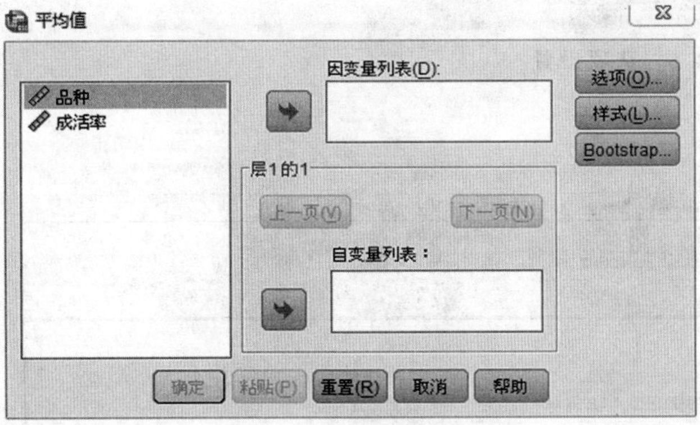


图 4.4　变量设置窗口

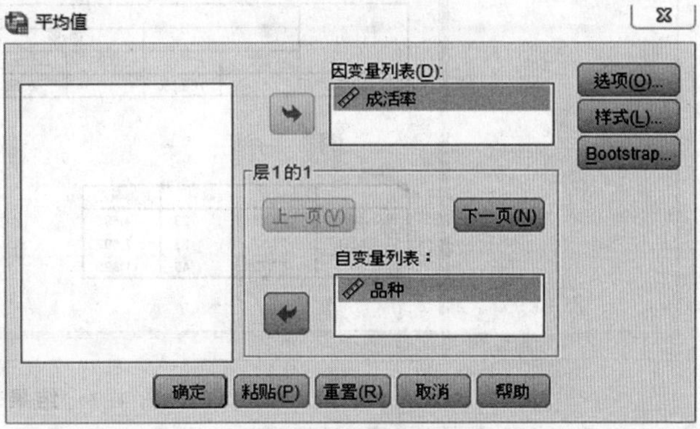


图 4.5　设置变量

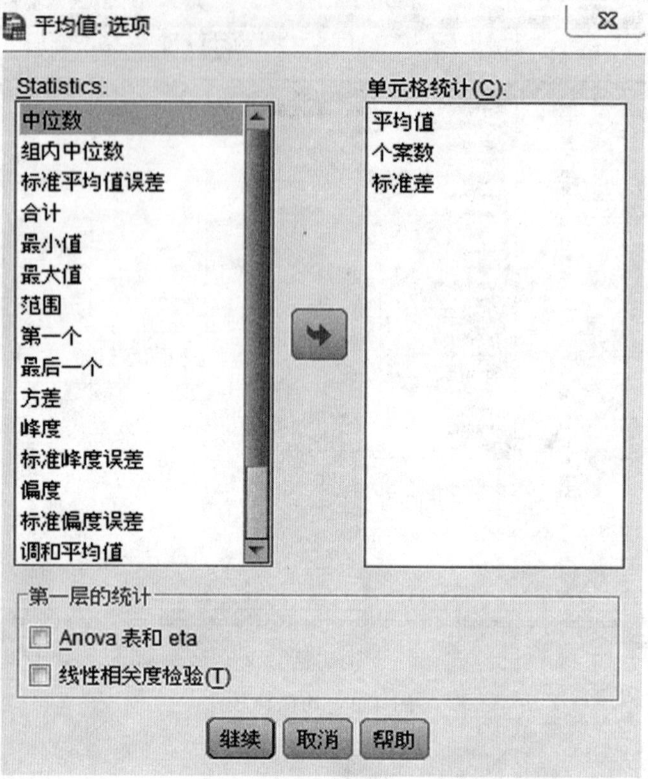


图 4.6 选项设置

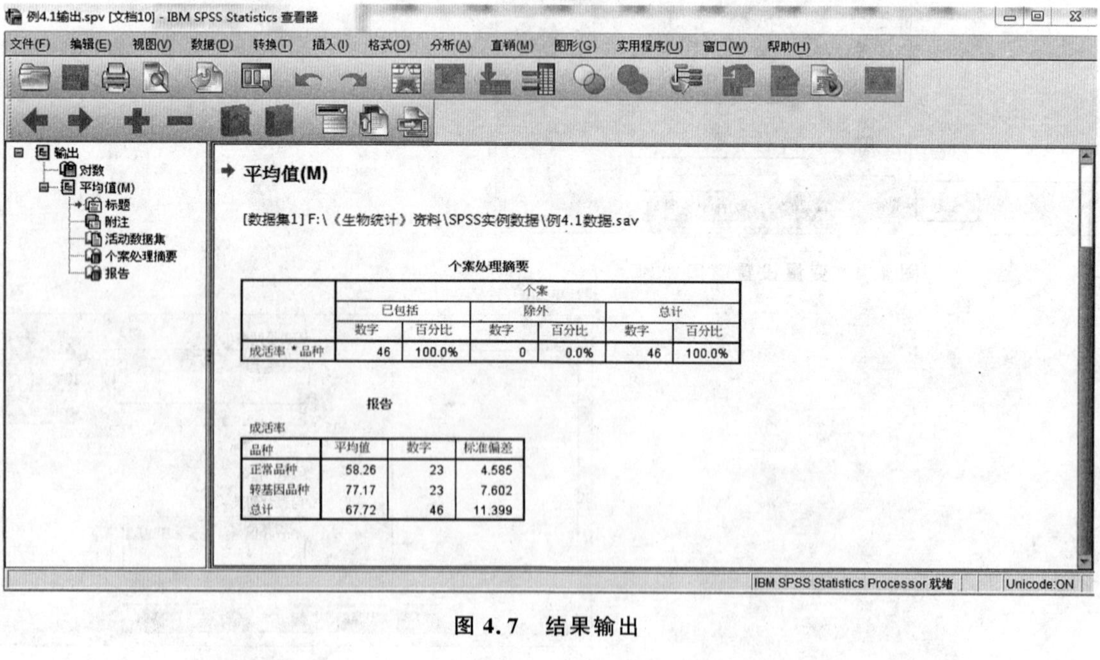


图 4.7 结果输出

表 4.2　描述性统计表

个案处理摘要

| | 个案 | | | | | |
|---|---|---|---|---|---|---|
| | 已包括 | | 除外 | | 总计 | |
| | 数字 | 百分比 | 数字 | 百分比 | 数字 | 百分比 |
| 成活率 * 品种 | 46 | 100.0% | 0 | 0.0% | 46 | 100.0% |

**结果分析：**

表 4.2 主要显示了均值比较中的参与统计分析，以及排除样本个数和所占百分比的数值情况；由表可知，参与统计分析的样本共有 46 个，并全部参与分析，没有数据缺失的情况。

表 4.3　变量分组统计结果表

报告

成活率

| 品种 | 平均值 | 数字 | 标准偏差 |
|---|---|---|---|
| 正常品种 | 58.26 | 23 | 4.585 |
| 转基因品种 | 77.17 | 23 | 7.602 |
| 总计 | 67.72 | 46 | 11.399 |

**结果分析：**

表 4.3 主要显示了不同品种幼苗的成活率均值，以及样本数和标准差；由表可知，某地区不同品种幼苗的成活率表现情况：正常品种成活率平均值为 58.26%，样本数为 23，标准差为 4.585；转基因品种成活率平均值为 77.17%，样本数也是 23，标准差为 7.602。

**结论：**

由以上结果分析说明某地区不同品种幼苗的存活率有很大差异，转基因品种的成活率明显高于正常品种。

## 4.2　一个样本平均数的 *T* 检验

一个样本平均数的 $T$ 检验，主要是针对单个样本同一固定均值相比较，即检验单个变量的均值是否与指定的总体均值具有统计学意义上的差异(例 4.2)。

【例 4.2】某大棚改善光照条件后农产品产量与常年平均产量(250 kg/亩)的差异见表 4.4。

表 4.4　某大棚改善光照条件后的农产品产量

| 序号 | 1 | 2 | 3 | 4 | 5 | …… | 30 |
|---|---|---|---|---|---|---|---|
| 产量/(kg/亩) | 250 | 263 | 271 | 268 | 255 | …… | 269 |

建立好相应的数据文件后，在数据视图窗口，依次点击“分析”——“比较平均值”——“单样本 $T$ 检验”(图 4.8)，在弹出的“单样本 $T$ 检验”对话框中(图 4.9)，进行变量设置，将“产量”选入“检验变量”(图 4.10)，并点击“选项”命令，将“置信区间百分比”设置为 95%，并选中“按分析顺序排除个案”(图 4.11)，单击确定后弹出结果输出窗口(图 4.12)，即完成相应的数据分析。

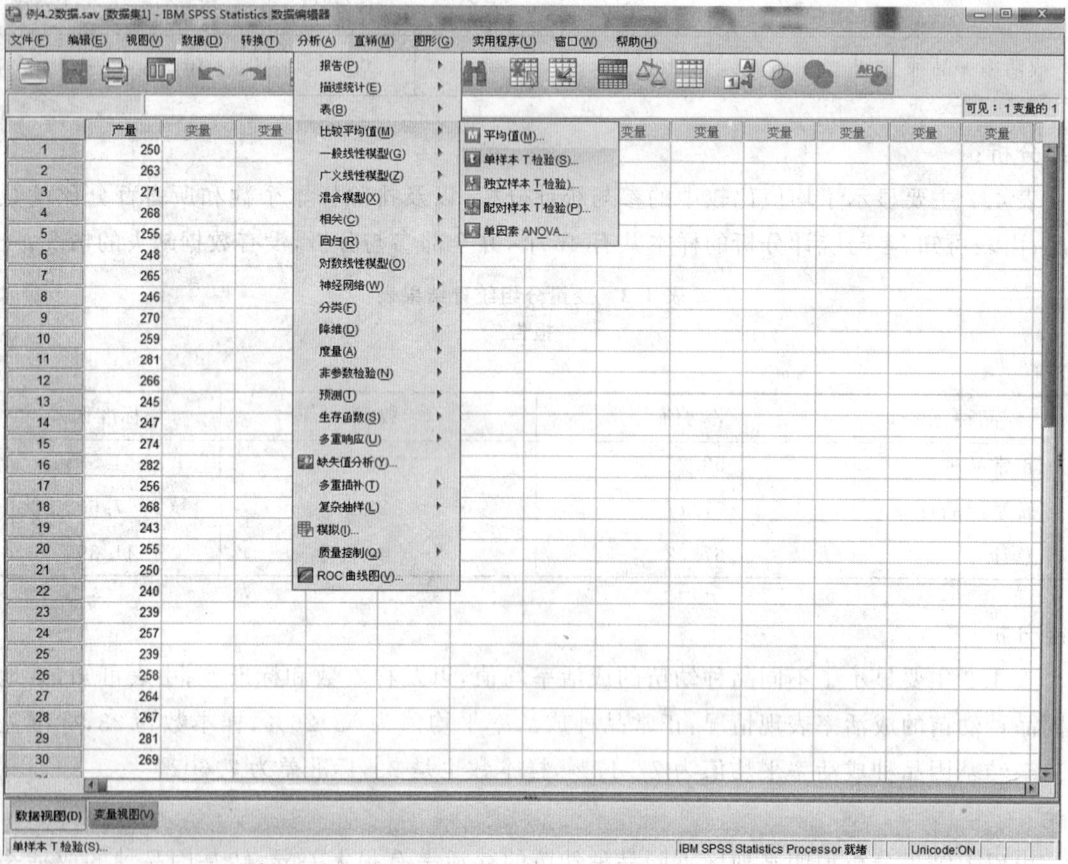


图 4.8 一个样本 $T$ 检验

图 4.9 变量设置窗口

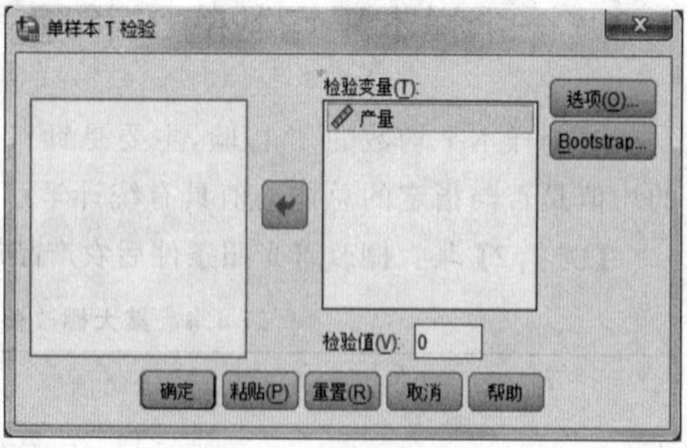


图 4.10 设置变量

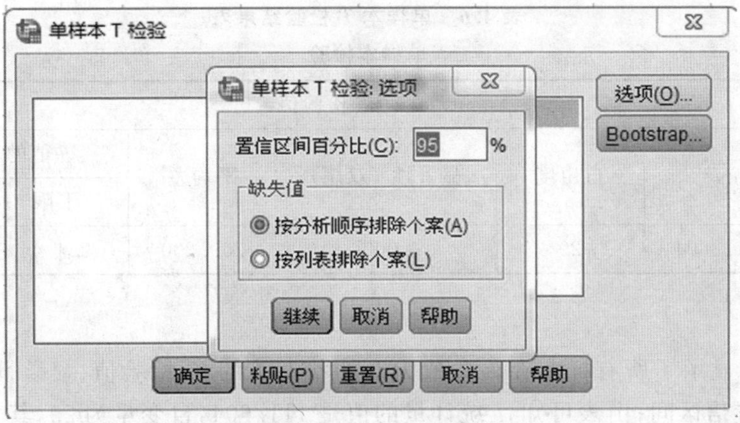


**图 4.11　选项设置**

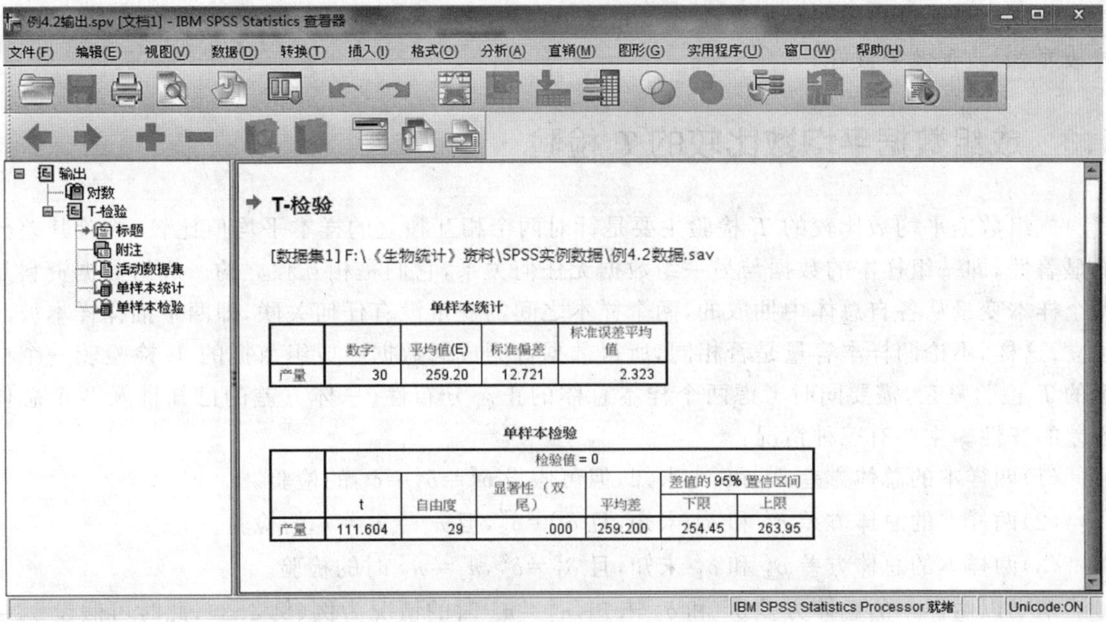


**图 4.12　结果输出**

**表 4.5　数据基本统计量表**

**单样本统计**

| | 数字 | 平均值(*E*) | 标准偏差 | 标准误差平均值 |
|---|---|---|---|---|
| 产量 | 30 | 259.20 | 12.721 | 2.323 |

**结果分析：**

表 4.5 主要显示了分析检验中的样本数、均值、标准差和均值的标准误；由表可知，参与统计分析的样本共有 30 个，改善光照条件后，农产品样本均值为 259.20 kg/亩，标准差为 12.721，标准误差为 2.323。

**表 4.6 单样本 $T$ 检验结果表**

**单样本检验**

| | 检验值=0 | | | | | |
|---|---|---|---|---|---|---|
| | $t$ | 自由度 | 显著性（双尾） | 平均差 | 差值的 95%置信区间 | |
| | | | | | 下限 | 上限 |
| 产量 | 111.604 | 29 | .000 | 259.200 | 254.45 | 263.95 |

**结果分析：**

表 4.6 主要显示了所有样本在检验值为 0 的状态下的 $T$ 检验值、显著性水平、均值差值和差值的 95%置信区间；由表可知，$t$ 统计量的值是 111.604，自变量为 29，其 95%的置信区间是(245.45, 263.93)，临界置信水平为 0.000，即 $P< 0.01$。

**结论：**

由以上结果分析说明某大棚改善了光照条件后的农产品产量与常年平均产量相比较，差异极显著，改善效果极好。

## 4.3 成组数据平均数比较的 $T$ 检验

成组数据平均数比较的 $T$ 检验主要是针对两个相互独立的样本平均值比较，检验其差异的显著性，即一组样本的数据与另一组数据无任何关系，它们是相互独立的。成组数据资料是两个样本变量从各自总体中抽取的，两个样本之间的变量没有任何关联，即两个抽样样本彼此独立；这样，不论两样本容量是否相同，所得数据皆为成组数据。成组数据的 $T$ 检验较一个样本的 $T$ 检验复杂，需要同时考虑两个样本总体的正态分布性、总体方差的已知性及两个总体方差的齐性。主要有三种情况：

(1)两样本的总体方差 $\delta_1^2$ 和 $\delta_2^2$ 未知，但可假设 $\delta_1^2=\delta_2^2=\delta_2$ 的检验。

(2)两样本的总体方差 $\delta_1^2$ 和 $\delta_2^2$ 未知，且 $\delta_1^2\neq\delta_2^2$，但 $n_1=n_2=n$ 的检验。

(3)两样本的总体方差 $\delta_1^2$ 和 $\delta_2^2$ 未知，且 $\delta_1^2\neq\delta_2^2$，$n_1\neq n_2$ 时的检验。

本书以两样本的总体方差 $\delta_1^2$ 和 $\delta_2^2$ 未知，$n_1\neq n_2$ 时的情况为例(例 4.3)；此时可假设 $\delta_1^2=\delta_2^2=\delta^2$ 或 $\delta_1^2\neq\delta_2^2$，而在 SPSS 分析中，会同时提供两种情况下的检验方法和结果。

【例 4.3】两种不同浓度农药对某害虫的致死率的比较见表 4.7。

**表 4.7 两种不同浓度农药对某害虫的致死率**

| 类型 | 致死率/% | | | | | | | |
|---|---|---|---|---|---|---|---|---|
| 浓度 A | 73 | 76 | 77 | 77 | 76 | …… | 76 | …… | 78 |
| 浓度 B | 55 | 56 | 52 | 53 | 57 | …… | 56 | | |

建立好相应的数据文件后，在变量视图窗口中，对相应变量进行设置(图 4.13)，定义变量值，单击“值”列单元格中的按钮，在弹出的“值标签”对话框中，对各变量的不同事件或样本进行编码，浓度 A 以“1”代表，浓度 B 以“2”代表；用数值来代表不同的浓度(图 4.14)。

设置完成后，切换到数据视图窗口，在数据视图窗口，依次点击“分析”——“比较平均值”——“独立样本 $T$ 检验”(图 4.15)，在弹出的“独立样本 $T$ 检验”对话框中(图 4.16)，进行变量设置，将“组号”选入“分组变量”中，将“致死率”选入“检验变量”中(图 4.17)；单击“定义组”命令，选中“使用指定值”，在“组 1”中填写数字“1”，在“组 2”中填写数字“2” (图 4.18)；点击“选项”命令，将“置信区间百分比”设置为 95%，并选中“按分析顺序排除个案”(图 4.19)，单击确定后弹出结果输出窗口(图 4.20)，即完成相应的数据分析。

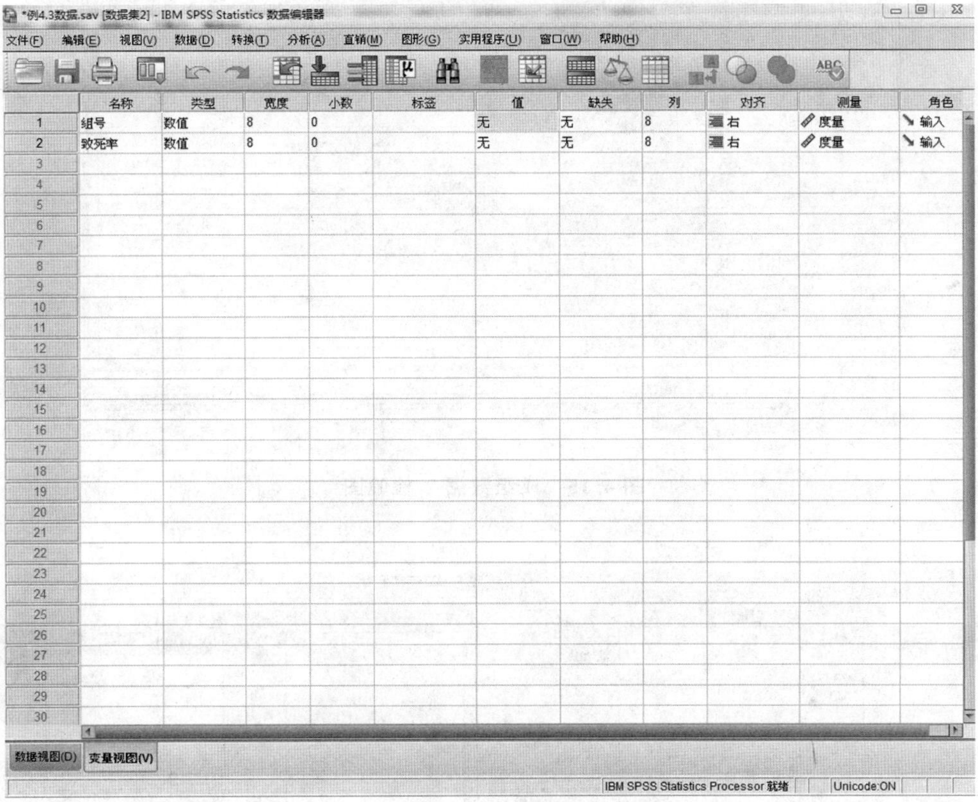


**图 4.13　定义变量**

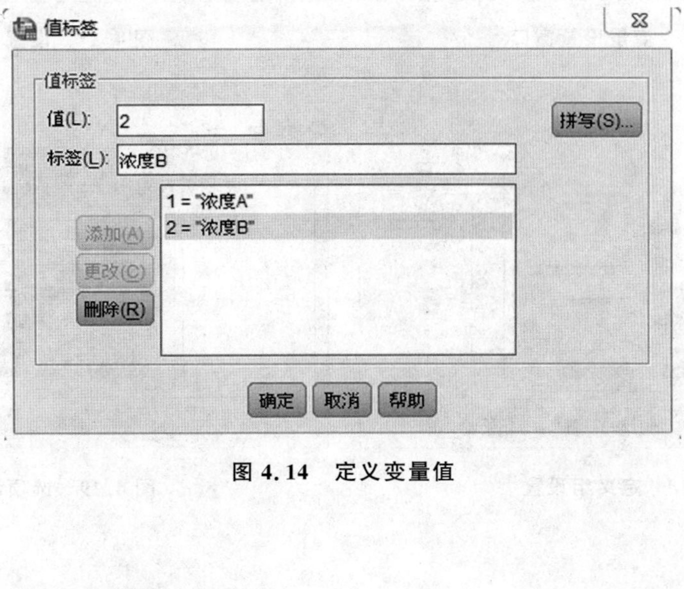


**图 4.14　定义变量值**

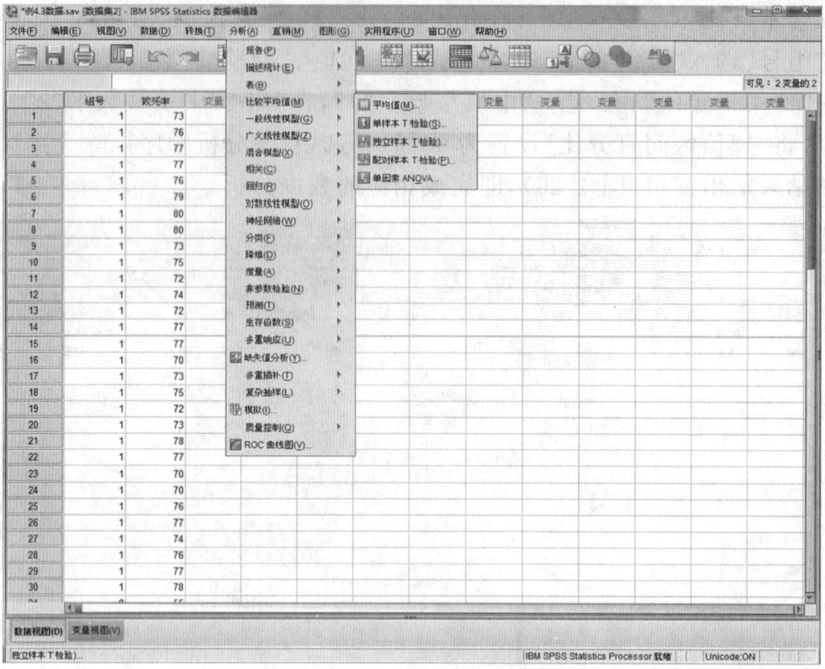


图 4.15 成组数据 *T* 检验图

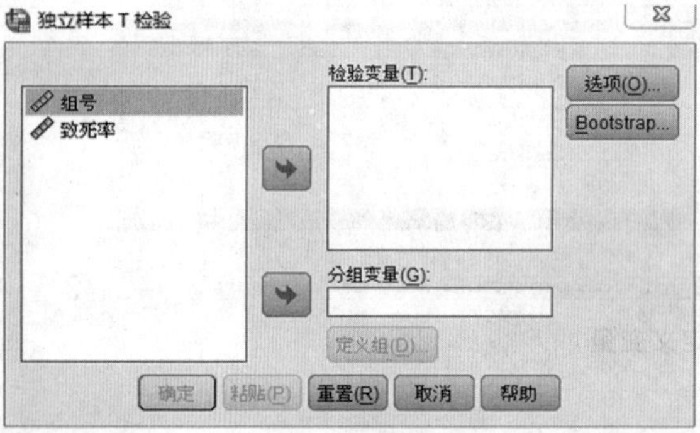


图 4.16 变量设置窗口

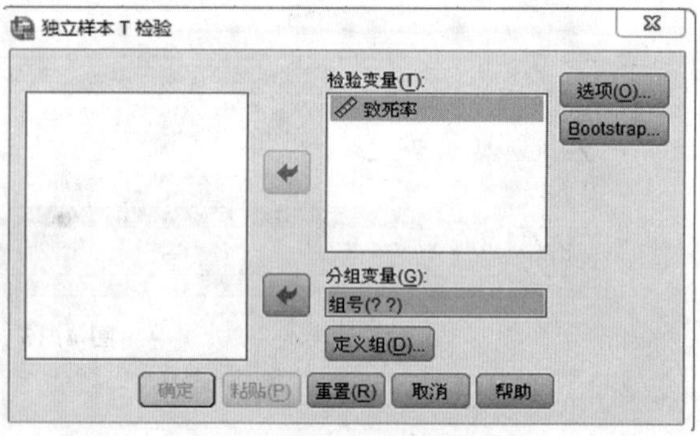


图 4.17 设置变量

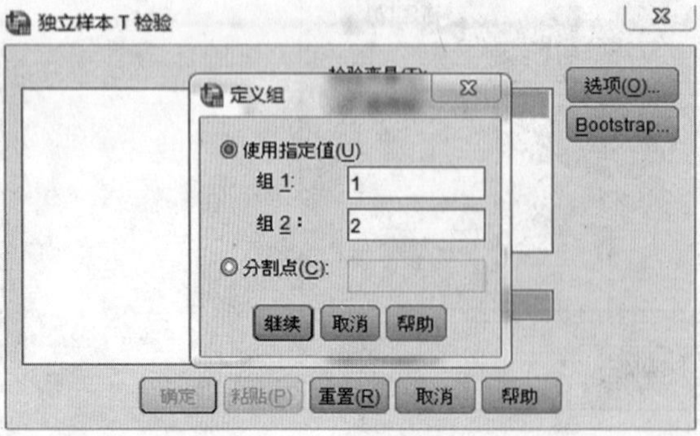


图 4.18 定义组设置

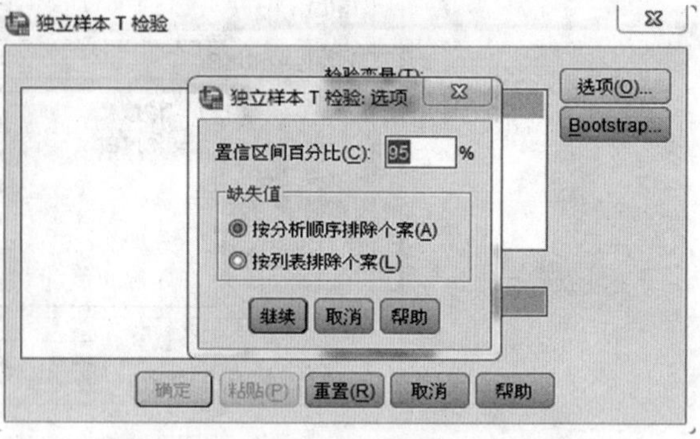


图 4.19 选项设置

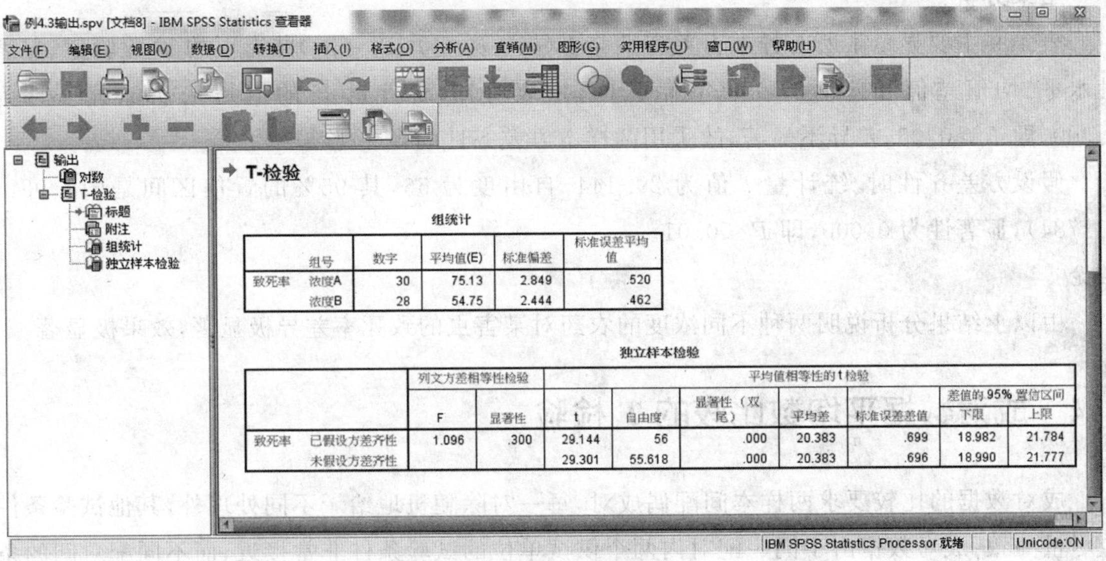


**图 4.20　结果输出**

**表 4.8　数据基本统计量表**

组统计

| | 组号 | 数字 | 平均值(E) | 标准偏差 | 标准误差平均值 |
|---|---|---|---|---|---|
| 致死率 | 浓度 A | 30 | 75.13 | 2.849 | .520 |
| | 浓度 B | 28 | 54.75 | 2.444 | .462 |

**结果分析：**

表 4.8 主要显示了分析检验中的样本数、均值、标准差和均值的标准误；由表 4.8 可知，参与统计分析的样本中，浓度 A 组的样本容量为 30，样本平均致死率平均值为 75.13%，标准差为 2.849，标准误为 0.520；浓度 B 组的样本容量为 28，样本平均致死率平均值为 54.75%，标准差为 2.444，标准误为 0.462。

**表 4.9　独立样本 *T* 检验结果表**

**独立样本检验**

| | | 列文方差相等性检验 | | 平均值相等性的 $t$ 检验 | | | | | | |
|---|---|---|---|---|---|---|---|---|---|---|
| | | $F$ | 显著性 | $t$ | 自由度 | 显著性（双尾） | 平均差 | 标准误差差值 | 差值的 95%置信区间 下限 | 差值的 95%置信区间 上限 |
| 致死率 | 已假设方差齐性 | 1.096 | .300 | 29.144 | 56 | .000 | 20.383 | .699 | 18.982 | 21.784 |
| | 未假设方差齐性 | | | 29.301 | 55.618 | .000 | 20.383 | .696 | 18.990 | 21.777 |

**结果分析：**

表 4.9 主要显示了所有样本方差齐性与否($\delta_1^2=\delta_2^2=\delta^2$;$\delta_1^2\neq\delta_2^2$)状态下的 $T$ 检验值、显著性水平、均值差值和差值的 95% 置信区间；由表可知，统计量 $F$ 的值是 1.096，显著性为 0.300，即 $P>0.05$，差异不显著，故采用两样本方差齐性的 $T$ 检验。

假设方差齐性时，统计量 $t$ 值为 29.144，自由度为 56，其 95% 的置信区间是(18.982，21.784)，显著性为 0.000，即 $P<0.01$。

**结论：**

由以上结果分析说明两种不同浓度的农药对某害虫的致死率差异极显著，效果极显著。

## 4.4 成对数据平均数比较的 *T* 检验

成对数据的比较要求两样本间配偶成对，每一对除随机地给予不同处理外，其他试验条件应尽量一致；成对数据由于同一配对内两个供试单位的试验条件非常接近，而不同配对间的条件差异又可通过各个配对差数予以消除，因而，可以控制试验误差，具有较高的精确度；成对数据平均数比较的 $T$ 检验主要是针对两个相关样本总体的均值比较，两个样本间的数据存在一一对应的关系，两个样本彼此不独立；有两种情况：

(1)自身配对(统一样本在不同时间的前后处理比较；或同一样本不同部位或不同方法条件下的对照)(例 4.4)。

(2)同源配对(来源和性质相同的两样本配成一对，或有多个配对，在接受不同处理后的成对数据)(例 4.5)。

【例 4.4】家猪在添加饲料前后的体重情况的比较见表 4.10。(自身配对)

**表 4.10 家猪在添加饲料前后的体重**

| 家猪牌号 | 1 | 2 | 3 | 4 | 5 | …… | 30 |
|---|---|---|---|---|---|---|---|
| 添加前体重/kg | 120 | 123 | 125 | 122 | 128 | …… | 128 |
| 添加后体重 kg | 163 | 161 | 165 | 162 | 168 | …… | 168 |

建立好相应的数据文件后，在数据视图窗口，依次点击“分析”——“比较平均值”——“配对样本 $T$ 检验”(图 4.21)，在弹出的“配对样本 $T$ 检验”对话框中(图 4.22)，进行变量设置，将“添加前体重”选择到“成对变量”的“Variable 1”中，将“添加后体重”选择到“成对变量”的“Variable 2”中，(图 4.23)，构成一对配对样本；点击“选项”命令，将“置信区间百分比”设置为 95%，并选中“按分析顺序排除个案”(图 4.24)，单击确定后弹出结果输出窗口(图 4.25)，即完成相应的数据分析。

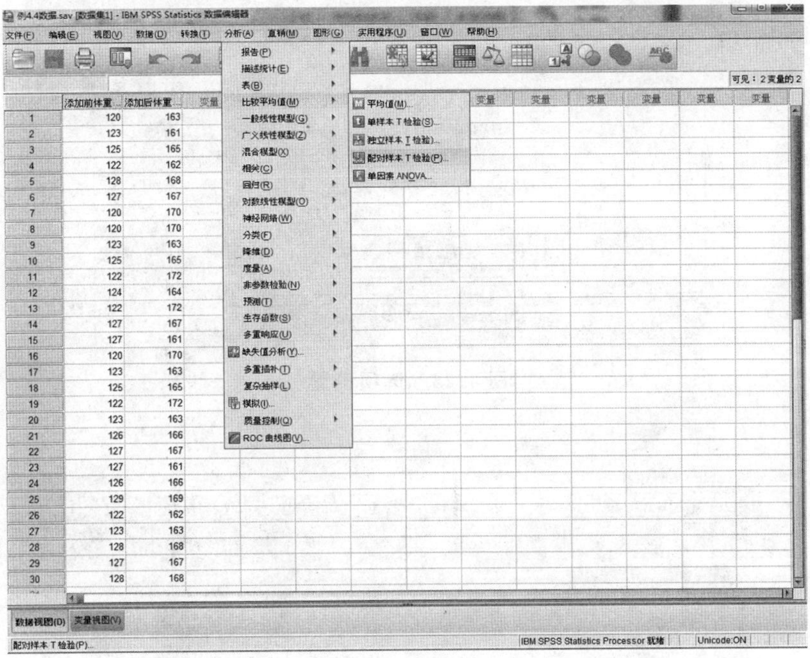


图 4.21　成对数据 *T* 检验

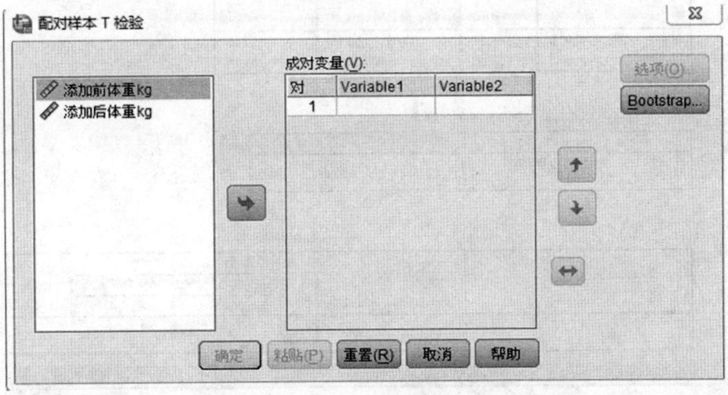


图 4.22　变量设置窗口

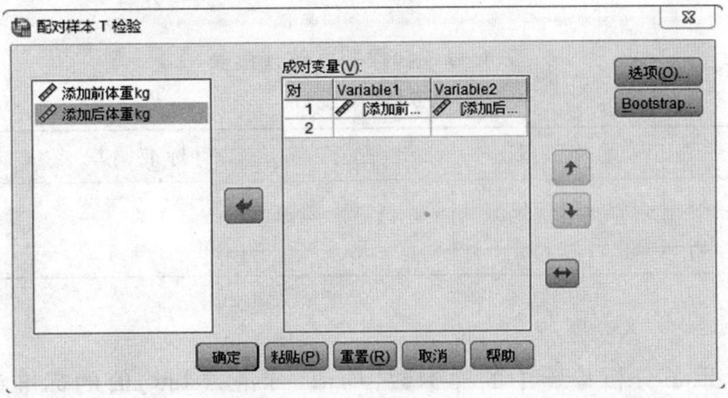


图 4.23　设置变量

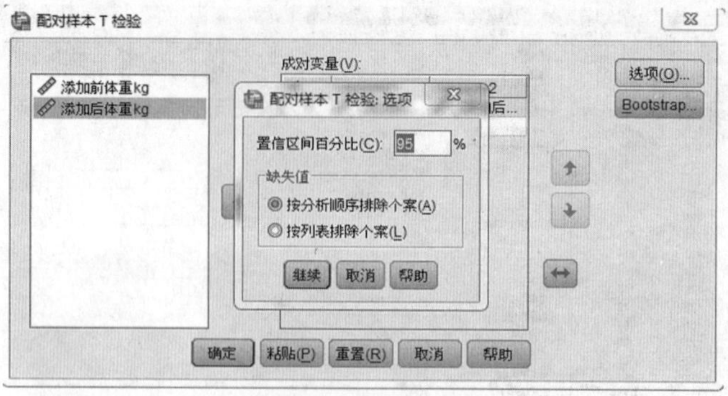


图 4.24 选项设置

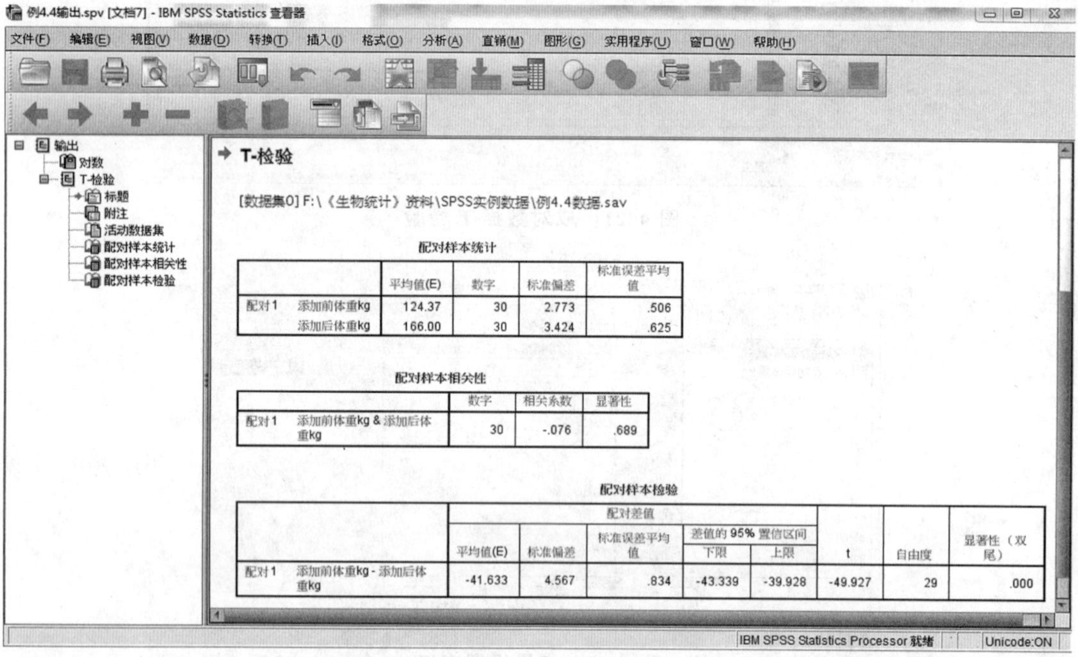


图 4.25 结果输出

表 4.11 数据基本统计量表

配对样本统计

| | | 平均值(E) | 数字 | 标准偏差 | 标准误差平均值 |
|---|---|---|---|---|---|
| 配对 1 | 添加前体重/kg | 124.37 | 30 | 2.773 | .506 |
| | 添加后体重/kg | 166.00 | 30 | 3.424 | .625 |

**结果分析：**

表 4.11 主要显示了分析检验中的样本数、均值、标准差和均值的标准误；由表可知，参与统计分析的样本中，配对样本的样本容量均为 30，其中饲料添加前家猪体重的平均值为 124.37 kg，标准差为 2.773，标准误为 0.506；饲料添加后家猪体重的平均值为 166.00 kg，标

准差为 3.424，标准误为 0.625。

**表 4.12　配对样本相关性统计表**

**配对样本相关性**

| | 数字 | 相关系数 | 显著性 |
|---|---|---|---|
| 配对 1　添加前体重 kg & 添加后体重 kg | 30 | -.076 | .689 |

**结果分析：**

表 4.12 主要显示了配对样本中两个变量的相关关系；由表可知，两变量的相关系数为 -0.076，显著性为 0.689，即 $P>0.05$，表明配对样本中，饲料添加前后的家猪体重不存在线性相关的关系。

**表 4.13　配对样本 $T$ 检验结果表**

**配对样本检验**

| | | 配对差值 | | | | | $t$ | 自由度 | 显著性（双尾） |
|---|---|---|---|---|---|---|---|---|---|
| | | 平均值（E） | 标准偏差 | 标准误差平均值 | 差值的 95%置信区间 下限 | 差值的 95%置信区间 上限 | | | |
| 配对 1 | 添加前体重 kg 添加后体重 kg | -41.633 | 4.567 | .834 | -43.339 | -39.928 | -49.927 | 29 | .000 |

**结果分析：**

表 4.13 主要显示了配对样本的 $T$ 检验值、均值差值和差值的 95%置信区间、显著性水平；由表可知，配对样本的两变量之差的均值是 -41.633，标准差是 4.567，标准误为 0.834，统计量 $t$ 的值是 -49.927，显著性为 0.000，即 $P<0.01$，差异极显著。

**结论：**

由以上结果分析说明家猪的体重在饲料添加之间和添加之后变化达到了极显著水平，添加饲料对家猪体重作用极显著。

【例 4.5】选择通个区域的相同品种，生长期、体重、体长等均一的鲤鱼构成一对，共 10 对样本，分别投放不同的鱼料；对比不同鱼料喂养鲤鱼的体长(cm)增长效果。（同源配对）

**表 4.14　喂养不同鱼料的同种性状鲤鱼的体长**　cm

| 配对 | 1 | 2 | 3 | 4 | 5 | 6 | 7 | 8 | 9 | 10 |
|---|---|---|---|---|---|---|---|---|---|---|
| 鱼料 A | 15 | 18 | 12 | 17 | 13 | 16 | 15 | 18 | 12 | 14 |
| 鱼料 B | 22 | 25 | 18 | 21 | 17 | 21 | 19 | 26 | 18 | 19 |

建立好相应的数据文件后，在数据视图窗口，依次点击“分析”——“比较平均值”——“配对样本 $T$ 检验”(图 4.26)，在弹出的“配对样本 $T$ 检验”对话框中(图 4.27)，进行变量设置，将“鱼料 A”选择到“成对变量”的“Variable 1”中，将“鱼料 B”选择到“成对变量”的“Variable 2”中，(图 4.28)，构成一对配对样本；点击“选项”命令，将“置信区间百分比”设置为 95%，并选中“按分析顺序排除个案”(图 4.29)，单击确定后弹出结果输出窗口(图 4.30)，即完成相应的数据分析。

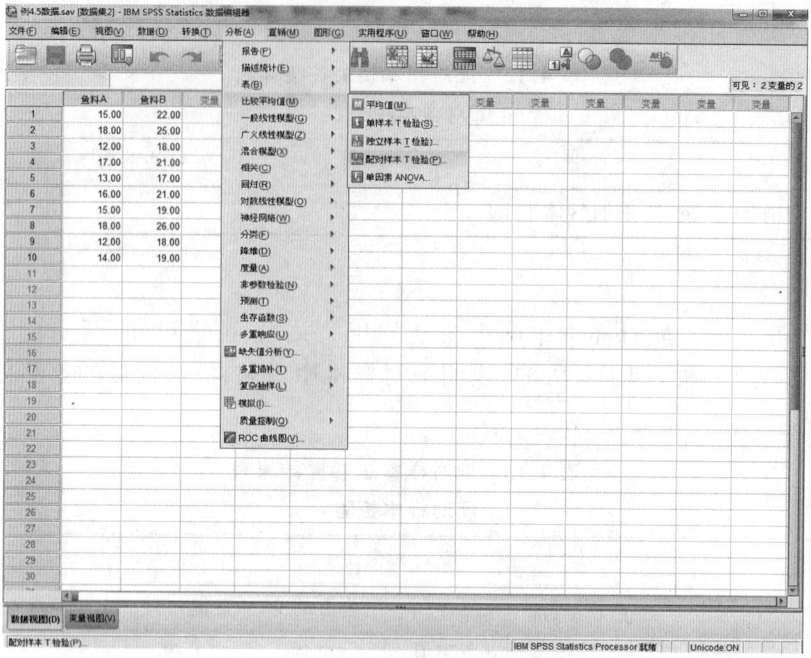

图 4.26　成对数据 *T* 检验

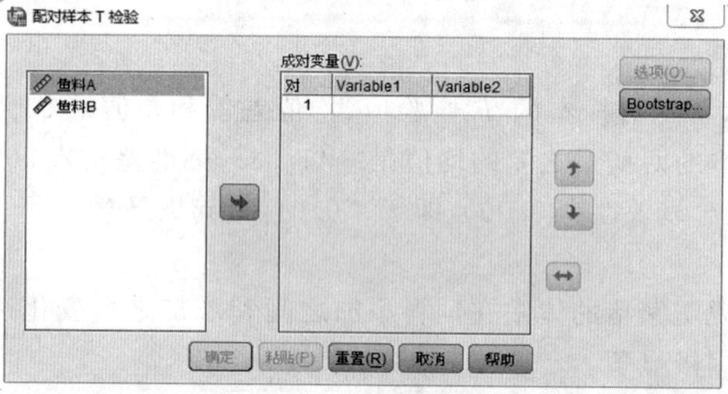


图 4.27　变量设置窗口

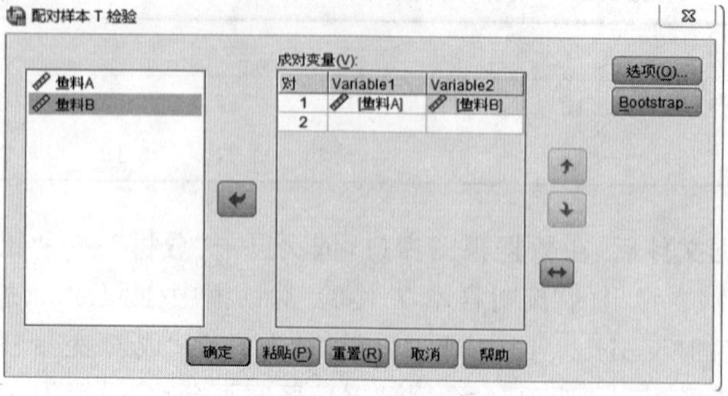


图 4.28　设置变量

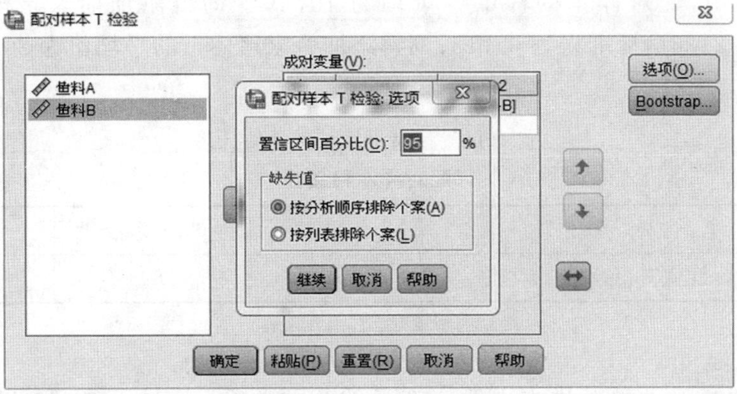


图 4.29　选项设置

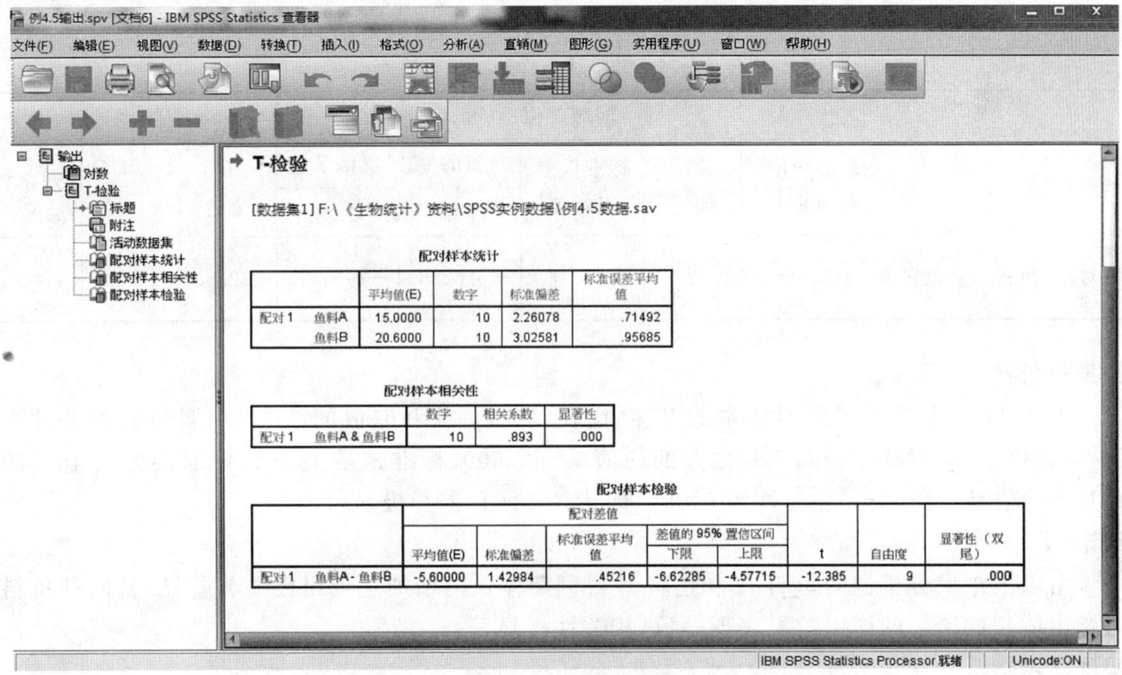


图 4.30　结果输出

表 4.15　数据基本统计量表

配对样本统计

| | | 平均值(E) | 数字 | 标准偏差 | 标准误差平均值 |
|---|---|---|---|---|---|
| 配对 1 | 鱼料 A | 15.0000 | 10 | 2.26078 | .71492 |
| | 鱼料 B | 20.6000 | 10 | 3.02581 | .95685 |

**结果分析：**

表 4.15 主要显示了分析检验中的样本数、均值、标准差和均值的标准误；由表可知，参与

统计分析的样本中，配对样本的样本容量均为 10，其中饲料添加前家猪体重的平均值为 15 cm，标准差为 2.261，标准误为 0.715；饲料添加后家猪体重的平均值为 20.6 cm，标准差为 3.026，标准误为 0.957。

**表 4.16　配对样本相关性统计表**

**配对样本相关性**

| | 数字 | 相关系数 | 显著性 |
|---|---|---|---|
| 配对 1　鱼料 A & 鱼料 B | 10 | .893 | .000 |

**结果分析：**

表 4.16 主要显示了配对样本中两个变量的相关关系；由表可知，两变量的相关系数为 0.893，显著性为 0.000，即 $P<0.01$，表明配对样本中，鱼料 A 和鱼料 B 两种方法喂养鲤鱼后的体长存在极显著的线性相关关系。

**表 4.17　配对样本 *T* 检验结果表**

**配对样本检验**

| | 配对差值 | | | | | $t$ | 自由度 | 显著性（双尾） |
|---|---|---|---|---|---|---|---|---|
| | 平均值（E） | 标准偏差 | 标准误差平均值 | 差值的 95% 置信区间 | | | | |
| | | | | 下限 | 上限 | | | |
| 配对 1　鱼料 A－鱼料 B | −5.60000 | 1.42984 | .45216 | −6.62285 | −4.57715 | −12.385 | 9 | .000 |

**结果分析：**

表 4.17 主要显示了配对样本的 $T$ 检验值、均值差值和差值的 95% 置信区间、显著性水平；由表可知，配对样本的两变量之差的均值是 −5.600，标准差是 1.430，标准误为 0.452，统计量 $t$ 的值是 −12.385，显著性为 0.000，即 $P<0.01$，差异极显著。

**结论：**

由以上结果分析说明鱼料 A 和鱼料 B 对鲤鱼体长的增加呈现出极显著差异，且两种鱼料对鲤鱼体长的增长的作用效果表现一致，相关性极显著。

**操作提示：**

成组数据与成对数据的主要区别为：

(1)成组数据：两样本独立，分组时随机均分。

(2)成对数据：两样本有联系，配对时每对性质必须一致。

# 第5章　方差分析

方差分析又称变异数分析或变量分析，是将所有处理的观测值作为一个整体，一次比较就对所有各组间样本平均数是否有差异做出判断；如果差异不显著，则认为它们都是相同的，如果差异显著，再进一步比较哪组数据与其他数据不同。因此，方差分析主要是针对两个及两个以上样本平均数差异的显著性检验，是检测变异原因的数量分析；主要通过对各个控制变量的不同水平和水平交互作用，对观测变量间存在的显著性影响的分析过程；是一种利用试验获取数据并进行分析的统计方法。方差分析主要包括单因素方差分析、双因素方差分析、多因素方差分析和协方差分析等。方差分析的假设条件是：总体正态分布、方差齐性和相互独立性。方差分析的用途非常广泛，可用于多个样本平均数的比较、分析多个因素间的交互作用、回归方程的假设检验、方程的同质性检验等。

在一个试验中，有一系列不同的观测值；造成观测值不同的原因是多方面的，可能是由于处理因素不同引起的，即处理效应；也可能是由于试验过程中偶然性因素的干扰和测量误差造成，即误差效应。方差分析的基本思想就是将测量数据的总变异按照变异原因不同分解为处理效应和试验误差，并作出其数量估计。反映测量数据变异性的指标有多个，在方差分析中选用方差即均方来度量资料的变异程度；要正确认识观测值的变异是由处理效应还是误差效应引起的，可分别计算出处理效应的均方和误差效应的均方，在一定显著水平下进行比较，如果二者相差不大，说明试验处理对指标影响不大，如果二者相差较大，处理效应比试验误差大得多，则说明试验处理影响是很大的，不可忽视。

方差分析中涉及的重要概念有：

(1)因素(factor)。试验中所研究的影响试验指标的原因或原因的组合称为试验因素，即是指所要研究的变量，它能对因变量产生影响；按照性质不同，因素可以分为可控因素和非控因素。如果方差分析只针对一个因素进行，称为单因素方差分析，如果针对两个因素进行，称为双因素方差分析；若同时针对多个因素进行，称为多因素方差分析。

(2)水平(level)。每个试验因素的不同状态和不同表现(处理的某种特定状态或数量上的差别)称为因素水平，简称水平；如某因素的各种等级、各种方式、各种处理等。

(3)处理(treatment)。试验处理简称处理，指对受试对象给予的某种外部干预或措施，是试验实施因子水平的一个组合；处理根据所涉及的因素数可分为单因素处理和多因素处理。

(4)单元(cell)。指因素水平之间的结合；如某个等级某种方式或某种处理下的不同取值。

(5)元素(element)。指用于测量因变量的最小单位；一个单元里可以共有一个元素，也可以有多个元素。

(6)重复(repetition)。指在试验中，将一个处理实施在两个或两个以上的试验单位上；处理实施的试验单位数即为处理的重复数。

(7)交互作用(interaction)。如果一个因素的效应大小在另一个因素不同水平下明显不同，则称两因素间存在交互作用。当两因素有交互作用时，必须通过另一个因素的不同水平研究该因素的作用大小，只研究某个因素的作用是没有意义的。

# 5.1 单因素方差分析

单因素方差分析也叫一维方差分析，它可用于检验单个因素取不同水平时某因变量的均值是否有显著的变化，还可进一步用于因变量均值的多重比较，即在指定因素的若干取值水平中，检验哪些水平下是试验结果具有区别于其他水平的显著差异；实质主要是对因素的主效应进行分析，主要研究一个因素不同水平对变量的影响，检验由单一因素影响的一个或几个相互独立的因变量在各水平下均值的差异是否具有统计学意义。目的在于正确判断该试验因素各水平的相对差异。针对单因素方差分析，根据组内观测数目(重复)是否相同，分为单因素组内相等的方差分析和单因素组内不等的方差分析。

## 5.1.1 单因素组内相等的方差分析

不同组的数据资料中皆有相同数量的观测值的情况即为单因素组内相等的方差分析。

【例 5.1】不同种群基于相同数量酶座位下的杂合度差异见表 5.1。

**表 5.1 不同种群基于相同数量酶座位下的杂合度差异**

| 种群名称 | 杂合度 | | | | | | | | | |
|---|---|---|---|---|---|---|---|---|---|---|
| 种群 S | 0.148 | 0.15 | 0.149 | 0.147 | 0.151 | 0.148 | 0.146 | 0.147 | 0.145 | 0.148 |
| 种群 W | 0.106 | 0.107 | 0.108 | 0.105 | 0.106 | 0.107 | 0.108 | 0.106 | 0.105 | 0.107 |
| 种群 F | 0.082 | 0.081 | 0.08 | 0.083 | 0.081 | 0.082 | 0.083 | 0.081 | 0.082 | 0.083 |

建立好相应的数据文件后，在变量视图窗口中，对相应变量进行设置(图 5.1)，定义变

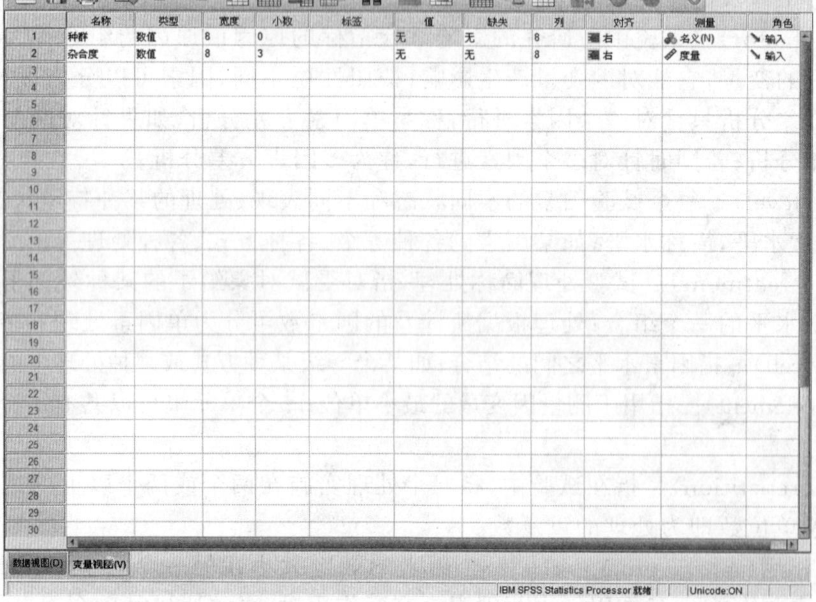


图 5.1 定义变量

量值，单击“值”列单元格中的按钮，在弹出的“值标签”对话框中，对各变量的不同事件或样本进行编码，种群 S 以“1”代表，种群 W 以“2”代表，种群 F 以“3”代表（图 5.2），用数值代表不同种群。

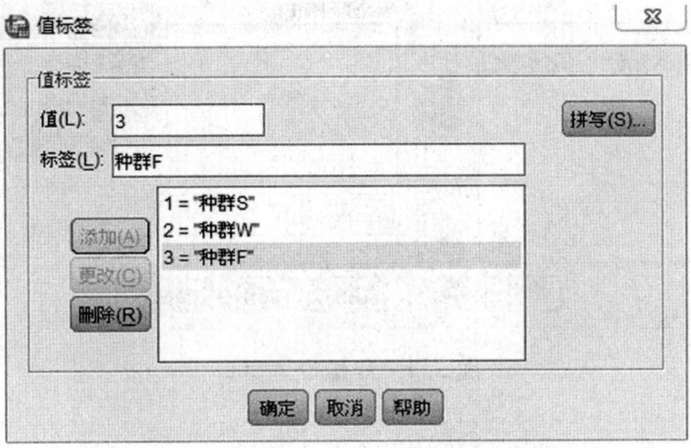


**图 5.2　定义变量值**

设置完成后，切换到数据视图窗口，在数据视图窗口，依次点击“分析”——“比较平均值”——“单因素 ANOVA”（图 5.3），在弹出的“单因素方差分析”对话框中（图 5.4），进行变量设置，将“种群”选入“因子”中，将“杂合度”选入“因变量列表”中（图 5.5）；点击“选项”命令，勾选“描述性”，选中“按分析顺序排除个案”（图 5.6）；点击“事后多重比较”命令，勾选“LSD”，

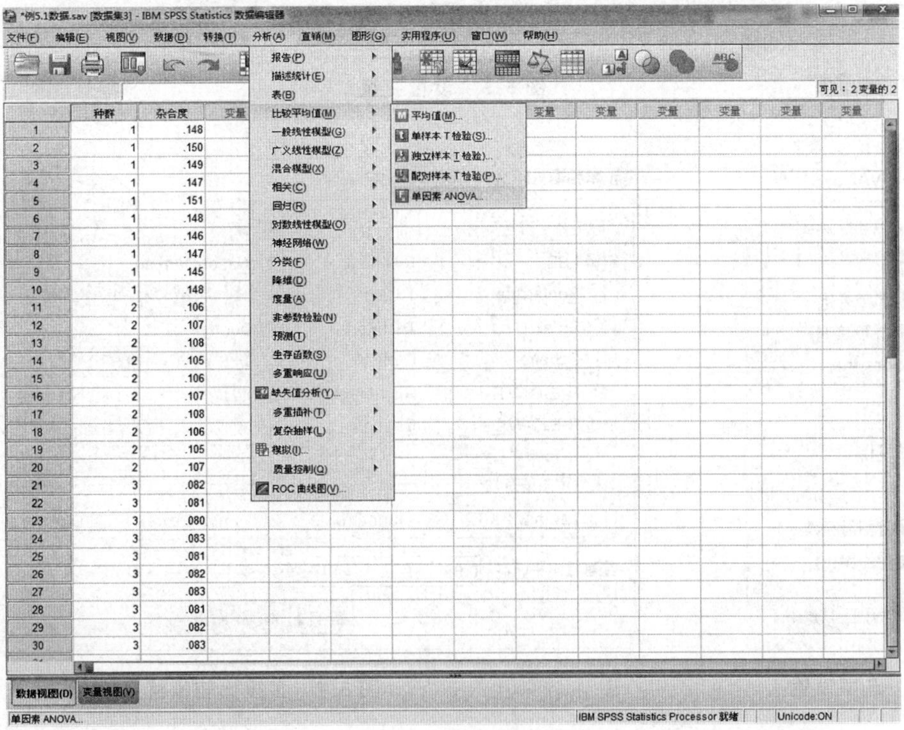


**图 5.3　单因素组内相等方差分析**

“显著性水平”设置为“0.05”(图 5.7),单击确定后弹出结果输出窗口(图 5.8),即完成相应的数据分析。

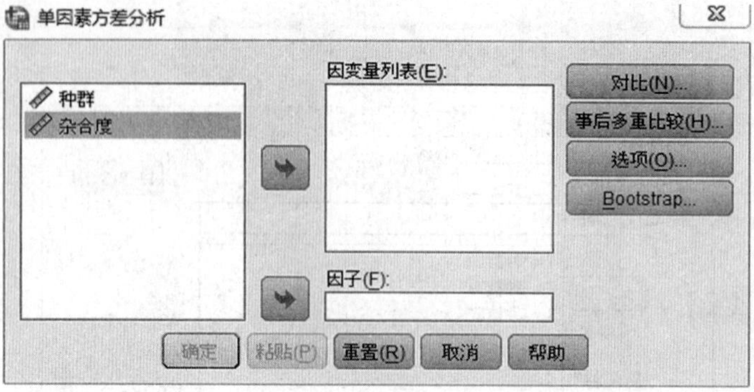


图 5.4 变量设置窗口

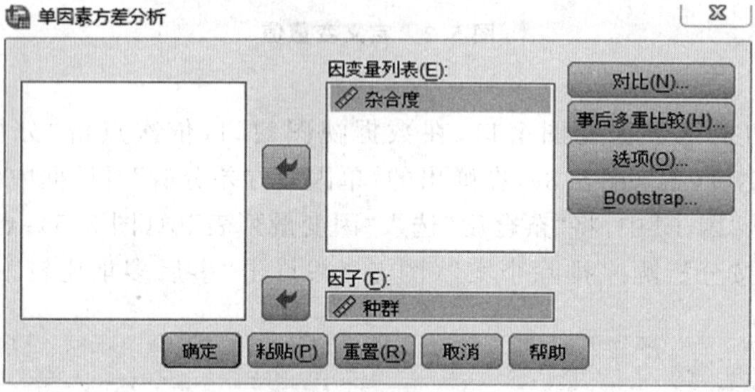


图 5.5 设置变量

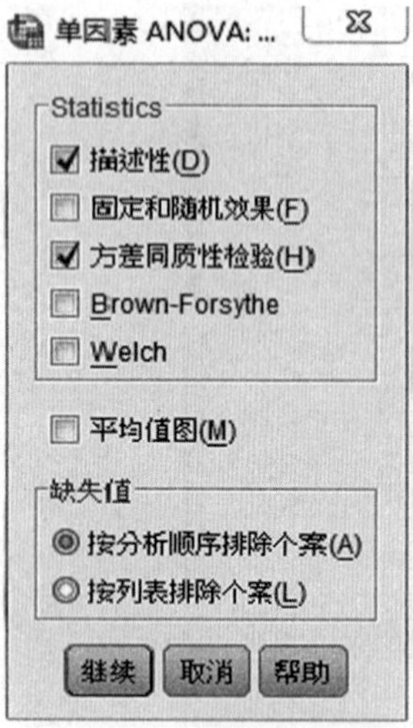


图 5.6 选项设置

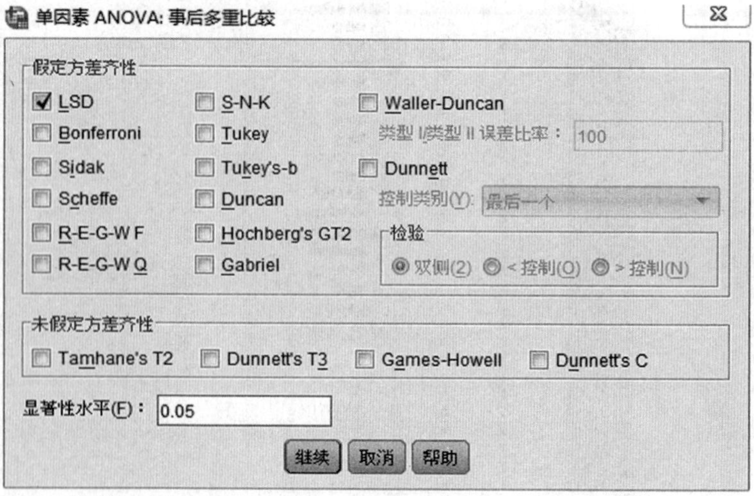


图 5.7 多重比较设置

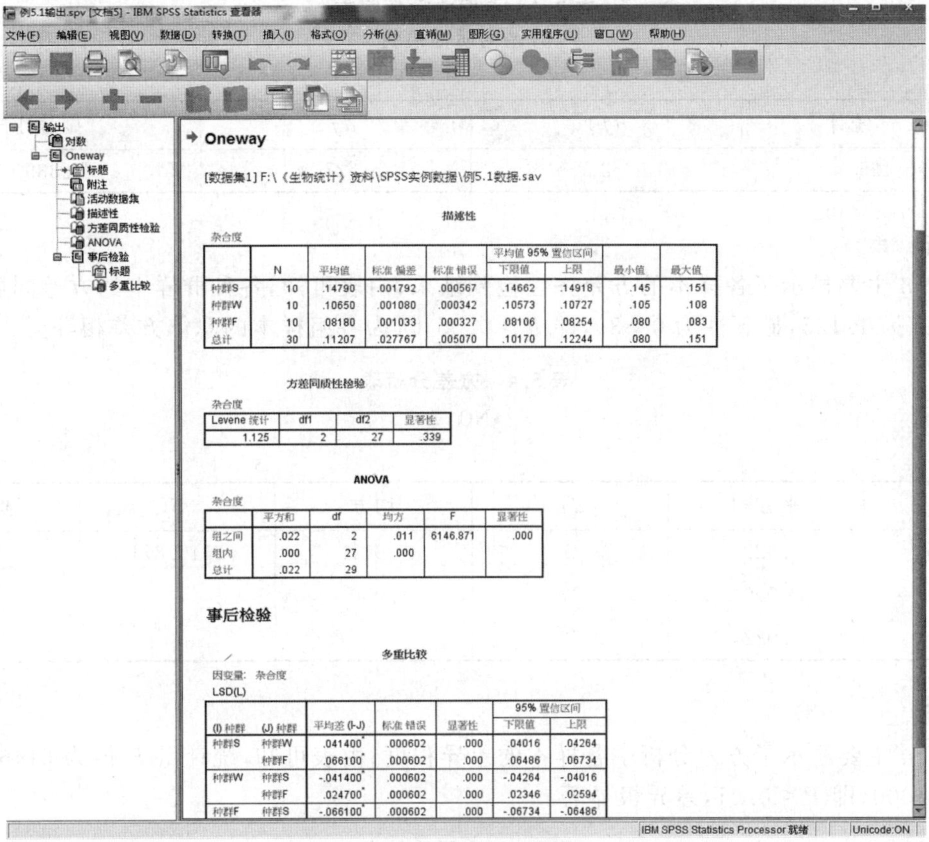


图 5.8　结果输出

表 5.2　描述性统计表

描述性

杂合度

| | N | 平均值 | 标准偏差 | 标准错误 | 平均值 95%置信区间 | | 最小值 | 最大值 |
|---|---|---|---|---|---|---|---|---|
| | | | | | 下限值 | 上限 | | |
| 种群 S | 10 | .14790 | .001792 | .000567 | .14662 | .14918 | .145 | .151 |
| 种群 W | 10 | .10650 | .001080 | .000342 | .10573 | .10727 | .105 | .108 |
| 种群 F | 10 | .08180 | .001033 | .000327 | .08106 | .08254 | .080 | .083 |
| 总计 | 30 | .11207 | .027767 | .005070 | .10170 | .12244 | .080 | .151 |

**结果分析：**

表 5.2 主要显示了该资料的一般性描述指标，包括各样本的样本数、均值，标准差，标准误差，95%置信区间，样本最大值、最小值；由表可知，各种群样本的样本数相等，均为 10；种群 S 杂合度的平均值是 0.148，标准差是 0.002，95%置信区间为(0.147，0.149)；种群 W 杂合度的平均值是 0.107，标准差是 0.001，95%置信区间为(0.106，0.107)；种群 F 杂合度的平均值是 0.082，标准差是 0.028，95%置信区间为(0.081，0.083)。

**表 5.3 方差齐性检验表**

**方差同质性检验**

杂合度

| Levene 统计 | $df1$ | $df2$ | 显著性 |
|---|---|---|---|
| 1.125 | 2 | 27 | .339 |

**结果分析：**

表 5.3 主要显示了各样本的方差齐性检验结果；由表可知，各种群样本的方差同质性统计量 Levene 为 1.125，显著性为 0.339，即 $P>0.05$，认为各组样本的总体方差相等。

**表 5.4 方差分析表**

**ANOVA**

杂合度

| | 平方和 | $df$ | 均方 | $F$ | 显著性 |
|---|---|---|---|---|---|
| 组之间 | .022 | 2 | .011 | 6146.871 | .000 |
| 组内 | .000 | 27 | .000 | | |
| 总计 | .022 | 29 | | | |

**结果分析：**

表 5.4 主要显示了方差分析中各样本的差异程度；由表可知，统计量 $F$ 值为 6146.871，显著性为 0.000，即 $P<0.01$，差异极显著。

**表 5.5 多重比较表**

**多重比较**

因变量：杂合度

LSD(L)

| (I)种群 | (J)种群 | 平均差 (I-J) | 标准错误 | 显著性 | 95%置信区间 | |
|---|---|---|---|---|---|---|
| | | | | | 下限值 | 上限 |
| 种群 S | 种群 W | .041400* | .000602 | .000 | .04016 | .04264 |
| | 种群 F | .066100* | .000602 | .000 | .06486 | .06734 |
| 种群 W | 种群 S | −.041400* | .000602 | .000 | −.04264 | −.04016 |
| | 种群 F | .024700* | .000602 | .000 | .02346 | .02594 |
| 种群 F | 种群 S | −.066100* | .000602 | .000 | −.06734 | −.06486 |
| | 种群 W | −.024700* | .000602 | .000 | −.02594 | −.02346 |

*. 均值差的显著性水平为 0.05。

**结果分析：**

表 5.5 主要显示了方差分析中采用 LSD 法所作样本均数间两两的多重比较结果；由表可知，种群 S 与种群 W 的显著性为 0.000，即 $P<0.01$，差异极显著；种群 S 与种群 F 的显著性为 0.000，即 $P<0.01$，差异极显著；种群 W 与种群 F 的显著性为 0.000，即 $P<0.01$，差异极显著；不同种群间基于相同数量酶座位下的杂合度差异均达到了极显著水平(表 5.6)。

表 5.6　不同种群基于相同数量酶座位下的杂合度差异显著性

| 名称 | 平均值 | 差异显著性 | |
|---|---|---|---|
| | | $\alpha=0.05$ | $\alpha=0.01$ |
| 种群 F | .0818 | a | A |
| 种群 W | .1065 | b | B |
| 种群 S | .1479 | c | C |

**结论：**

由以上结果分析说明不同种群基于相同数量酶座位下的杂合度差异极显著，且种群 S、种群 W、种群 F 三个样本两两间也呈现出极显著水平，由此也表明不同的种群是导致生物在相同数量酶座位下的杂合度出现差异的一个极其重要的影响因素。

## 5.1.2　单因素组内不等的方差分析

【例 5.2】分析不同种类动物红细胞的大小的差异见表 5.7。

表 5.7　不同种类动物的红细胞大小差异

| 种类 | 红细胞大小/μm | | | | | | | | | | | | | | |
|---|---|---|---|---|---|---|---|---|---|---|---|---|---|---|---|
| 哺乳动物 | 7 | 6 | 8 | 7 | 6 | 7 | 7 | 8 | 7 | 8 | 6 | 7 | 7 | 8 | 6 |
| 鸟类 | 13 | 12 | 13 | 14 | 13 | 14 | 12 | 15 | 13 | 12 | | | | | |
| 爬行动物 | 19 | 19 | 18 | 17 | 18 | 19 | 17 | 17 | 18 | 19 | 18 | 17 | | | |
| 两栖动物 | 46 | 45 | 47 | 46 | 47 | 46 | 45 | 46 | 46 | 47 | 48 | 47 | 48 | | |

建立好相应的数据文件后，在变量视图窗口中，对相应变量进行设置(图 5.9)，定义变量

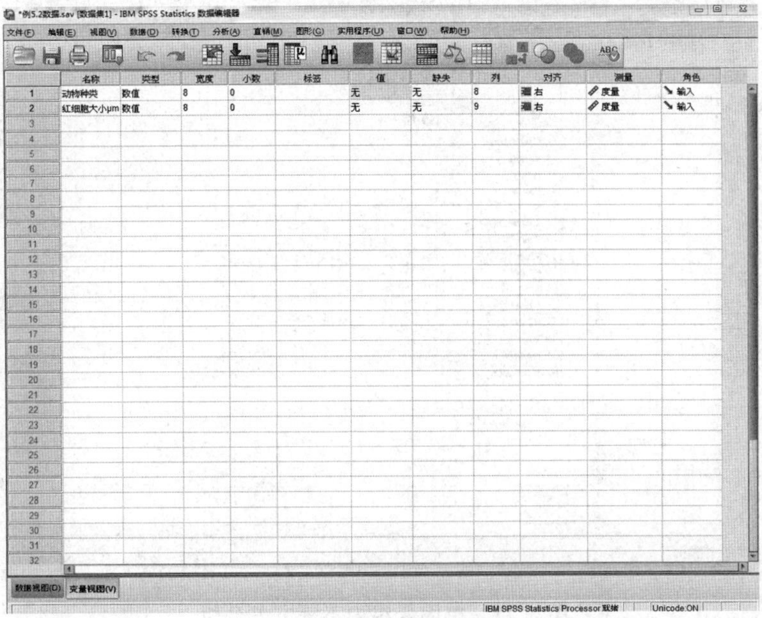


图 5.9　定义变量

值,单击“值”列单元格中的按钮,在弹出的“值标签”对话框中,对各变量的不同事件或样本进行编码,哺乳动物以“1”代表,鸟类以“2”代表,爬行动物以“3”代表,两栖动物以“4”代表,用数值代表不同种类的动物(图 5.10)。

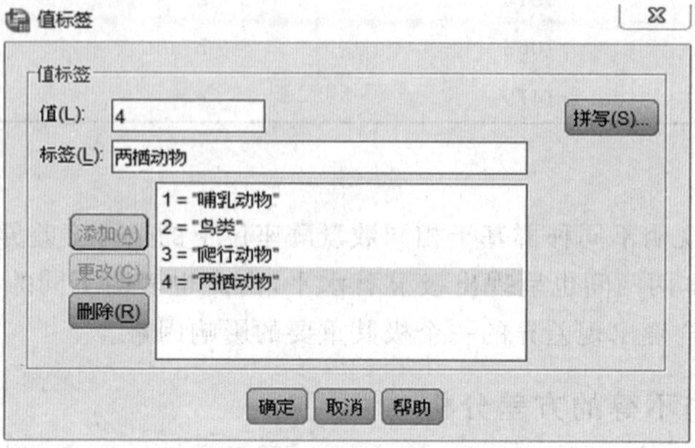


**图 5.10 定义变量值**

设置完成后,切换到数据视图窗口,在数据视图窗口,依次点击“分析”——“比较平均值”——“单因素 ANOVA”(图 5.11),在弹出的“单因素方差分析”对话框中(图 5.12),进行变量设置,将“动物种类”选入“因子”中,将“红细胞大小”选入“因变量列表”中(图 5.13);点击“选项”命令,勾选“描述性”,选中“按分析顺序排除个案”(图 5.14);点击“事后多重比较”命令,勾选“LSD”,“显著性水平”设置为“0.05”(图 5.15),单击确定后弹出结果输出窗口(图 5.16),即完成相应的数据分析。

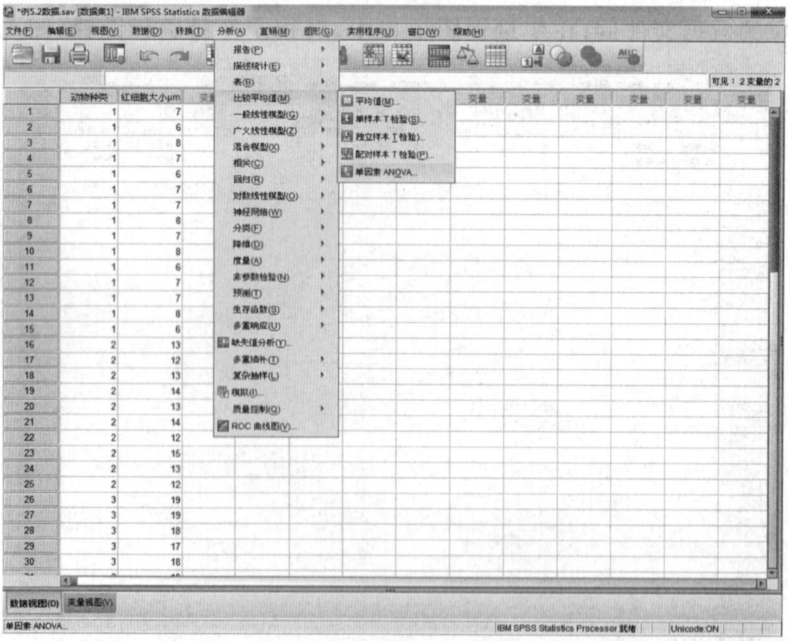


**图 5.11 单因素组内不等方差分析**

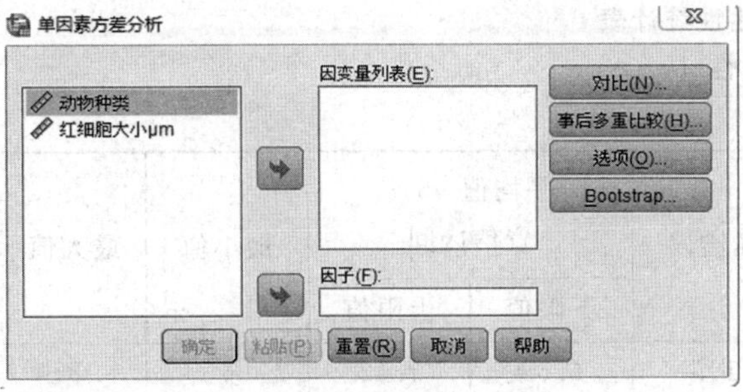


图 5.12　变量设置窗口

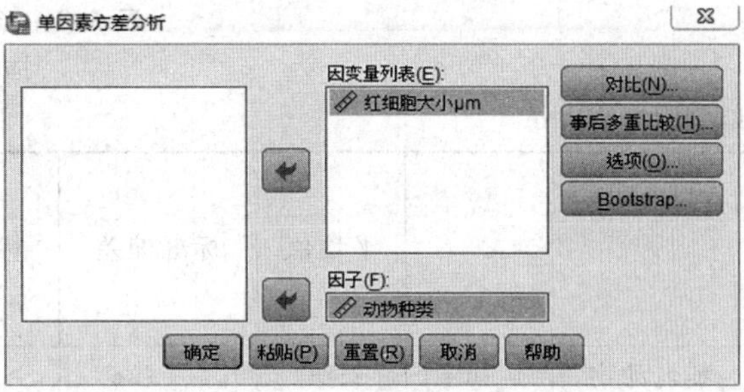


图 5.13　设置变量

图 5.14　选项设置

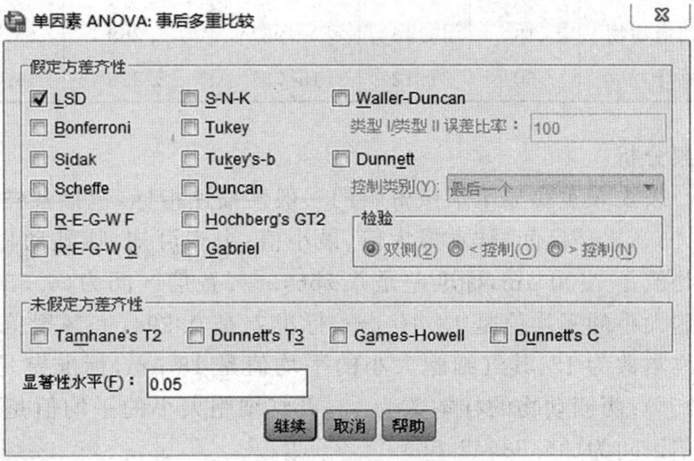


图 5.15　多重比较设置

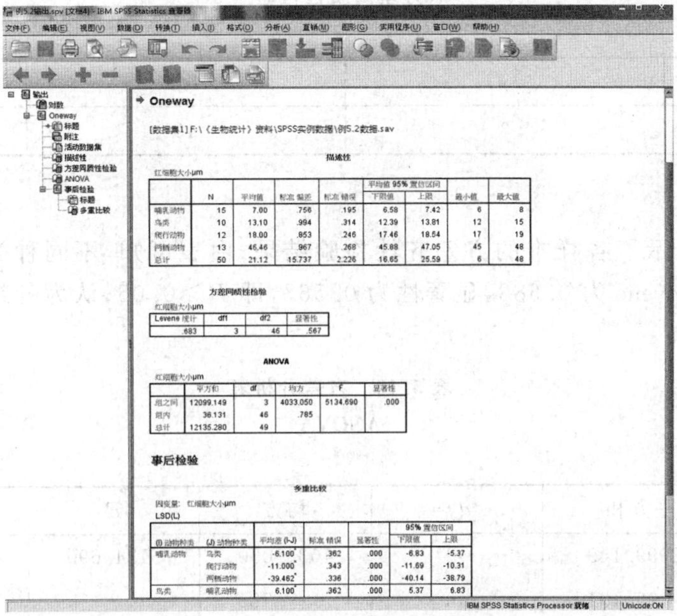


图 5.16　结果输出

**表 5.8 描述性统计表**

**描述性**

红细胞大小/μm

| | $N$ | 平均值 | 标准偏差 | 标准错误 | 平均值 95%置信区间 | | 最小值 | 最大值 |
|---|---|---|---|---|---|---|---|---|
| | | | | | 下限值 | 上限值 | | |
| 哺乳动物 | 15 | 7.00 | .756 | .195 | 6.58 | 7.42 | 6 | 8 |
| 鸟类 | 10 | 13.10 | .994 | .314 | 12.39 | 13.81 | 12 | 15 |
| 爬行动物 | 12 | 18.00 | .853 | .246 | 17.46 | 18.54 | 17 | 19 |
| 两栖动物 | 13 | 46.46 | .967 | .268 | 45.88 | 47.05 | 45 | 48 |
| 总计 | 50 | 21.12 | 15.737 | 2.226 | 16.65 | 25.59 | 6 | 48 |

**结果分析：**

表5.8主要显示了该资料的一般性描述指标，包括各样本的样本数，均值，标准差，标准误差，95%置信区间，样本最大值、最小值；由表可知，哺乳动物的样本数为15，其红细胞大小的平均值是7.00 μm，标准差是0.756，95%置信区间为(6.58，7.42)；鸟类的样本数为10，其红细胞大小的平均值是13.10 μm，标准差是0.994，95%置信区间为(12.39，13.81)；爬行动物的样本数为12，其红细胞大小的平均值是18 μm，标准差是0.853，95%置信区间为(17.46，18.54)；两栖动物的样本数为13，其红细胞大小的平均值是46.46 μm，标准差是0.853，95%置信区间为(45.88，47.05)。

**表 5.9 方差齐性检验表**

**方差同质性检验**

红细胞大小/μm

| Levene 统计 | $df1$ | $df2$ | 显著性 |
|---|---|---|---|
| .683 | 3 | 46 | .567 |

**结果分析：**

表5.9主要显示了各样本的方差齐性检验结果；由表可知，不同种类动物的样本的方差同质性统计量 Levene 为0.683，显著性为0.567，即 $P>0.05$，认为各组样本的总体方差相等。

**表 5.10 方差分析表**

**ANOVA**

红细胞大小/μm

| | 平方和 | $df$ | 均方 | $F$ | 显著性 |
|---|---|---|---|---|---|
| 组之间 | 12099.149 | 3 | 4033.050 | 5134.690 | .000 |
| 组内 | 36.131 | 46 | .785 | | |
| 总计 | 12135.280 | 49 | | | |

**结果分析：**

表 5.10 主要显示了方差分析中各样本的差异程度；由表可知，统计量 $F$ 值为 5134.690，显著性为 0.000，即 $P<0.01$，差异极显著。

**表 5.11　多重比较表**

**多重比较**

因变量：红细胞大小/μm

LSD(L)

| (I)动物种类 | (J)动物种类 | 平均差（I-J） | 标准错误 | 显著性 | 95% 置信区间 | |
|---|---|---|---|---|---|---|
| | | | | | 下限值 | 上限值 |
| 哺乳动物 | 鸟类 | −6.100* | .362 | .000 | −6.83 | −5.37 |
| | 爬行动物 | −11.000* | .343 | .000 | −11.69 | −10.31 |
| | 两栖动物 | −39.462* | .336 | .000 | −40.14 | −38.79 |
| 鸟类 | 哺乳动物 | 6.100* | .362 | .000 | 5.37 | 6.83 |
| | 爬行动物 | −4.900* | .379 | .000 | −5.66 | −4.14 |
| | 两栖动物 | −33.362* | .373 | .000 | −34.11 | −32.61 |
| 爬行动物 | 哺乳动物 | 11.000* | .343 | .000 | 10.31 | 11.69 |
| | 鸟类 | 4.900* | .379 | .000 | 4.14 | 5.66 |
| | 两栖动物 | −28.462* | .355 | .000 | −29.18 | −27.75 |
| 两栖动物 | 哺乳动物 | 39.462* | .336 | .000 | 38.79 | 40.14 |
| | 鸟类 | 33.362* | .373 | .000 | 32.61 | 34.11 |
| | 爬行动物 | 28.462* | .355 | .000 | 27.75 | 29.18 |

*. 均值差的显著性水平为 0.05。

**结果分析：**

表 5.11 主要显示了方差分析中采用 LSD 法所作样本均数间两两的多重比较结果；由表可知，哺乳动物与鸟类的显著性为 0.000，即 $P<0.01$，差异极显著；哺乳动物与爬行动物的显著性为 0.000，即 $P<0.01$，差异极显著；哺乳动物与两栖动物的显著性为 0.000，即 $P<0.01$，差异极显著；鸟类与爬行动物的显著性为 0.000，即 $P<0.01$，差异极显著；鸟类与两栖动物的显著性为 0.000，即 $P<0.01$，差异极显著；爬行动物与两栖动物的显著性为 0.000，即 $P<0.01$，差异极显著；不同动物种类间的红细胞大小差异均达到了极显著水平（表 5.12）。

**表 5.12　不同种类动物的红细胞大小差异显著性**

| 名称 | 平均值/μm | 差异显著性 | |
|---|---|---|---|
| | | $\alpha=0.05$ | $\alpha=0.01$ |
| 哺乳动物 | 7.00 | a | A |
| 鸟类 | 13.10 | b | B |
| 爬行动物 | 18.00 | c | C |
| 两栖动物 | 46.46 | d | D |

**结论：**

由以上结果分析说明不同种类动物的红细胞大小差异极显著，且哺乳动物、鸟类、爬行动物、两栖动物四个样本两两间也呈现出极显著水平，由此也表明动物种类是决定其红细胞大小的一个极其的重要因素。

## 5.2　双因素方差分析

双因素方差分析主要分析两个因素对观测变量的影响，研究因变量的均值是否存在显著差异。在双因素方差分析中，必须同时分析因素的主效应和因素间的交互作用；因素间的交互作用显著与否关系到主效的利用价值，有时候因素间的交互作用有时也会大到可以忽略主效应，而双因素间是否存在互作可根据专门的统计方法或专业知识进行判断。

### 5.2.1　双因素无重复观测值的方差分析

在试验处理中，若确定二因素无互作时，每个处理可不设重复。在无重复观测值的双因素试验资料中，一个因素的每一个水平可看作另一个因素的重复数。

(1)单变量。

【例 5.3】不同时间不同浓度 PEG 处理的景天植物脯氨酸(Pro)(μg/g)含量变化见表 5.13。

**表 5.13　不同条件下景天植物的脯氨酸含量**　　μg/g

| 处理时间/h | PEG 浓度/(mg/L) | | | |
|---|---|---|---|---|
| | 0～50 | 50～100 | 100～150 | 150～200 |
| 4 | 0.38 | 0.88 | 1.58 | 2.08 |
| 8 | 0.73 | 1.72 | 2.25 | 2.87 |
| 12 | 1.56 | 2.46 | 3.03 | 3.96 |
| 16 | 2.06 | 2.76 | 3.62 | 4.75 |
| 20 | 2.85 | 3.76 | 4.22 | 5.25 |
| 24 | 3.98 | 4.26 | 4.86 | 5.07 |

建立好相应的数据文件后，在变量视图窗口中，对相应变量进行设置(图 5.17)，定义变量值，单击“值”列单元格中的按钮，在弹出的“值标签”对话框中，对各变量的不同事件或样本进行编码，针对时间变量，4 h 以“1”代表，8 h 以“2”代表，12 h 以“3”代表，16 h 以“4”代表，20 h 以“5”代表，24 h 以“6”代表(图 5.18)；针对 PEG 浓度变量，0～50 以“1”代表，50～100 以“2”代表，100～150 以“3”代表，150～200 以“4”代表(图 5.19)；即完成变量的定义，用数值分别代表不同的时间和不同浓度的 PEG(图 5.20)。

设置完成后，切换到数据视图窗口，在数据视图窗口，依次点击“分析”——“一般线性模型”——“单变量”(图 5.21)，在弹出的“单变量”对话框中(图 5.22)，进行变量设置，将“时间”和“PEG 浓度”选入“固定因子”中，将“脯氨酸含量”选入“因变量”中(图 5.23)；点击“模型”命令，选中“定制”，将“时间”和“PEG 浓度”同时选到“模型”一栏中，在“类型”的下拉列表中选择“主效应”，勾选“在模型中包含截距”（图 5.24）；点击“选项”命令，勾选“描述统计”，将“显著性水平”设置为“0.05”（图 5.25）；点击“事后多重比较”命令，将“时间”和“PEG 浓度”选到“事后检验”一栏，勾选“LSD”（图 5.26）；单击确定后弹出结果输出窗口（图 5.27），即完成相应的数据分析。

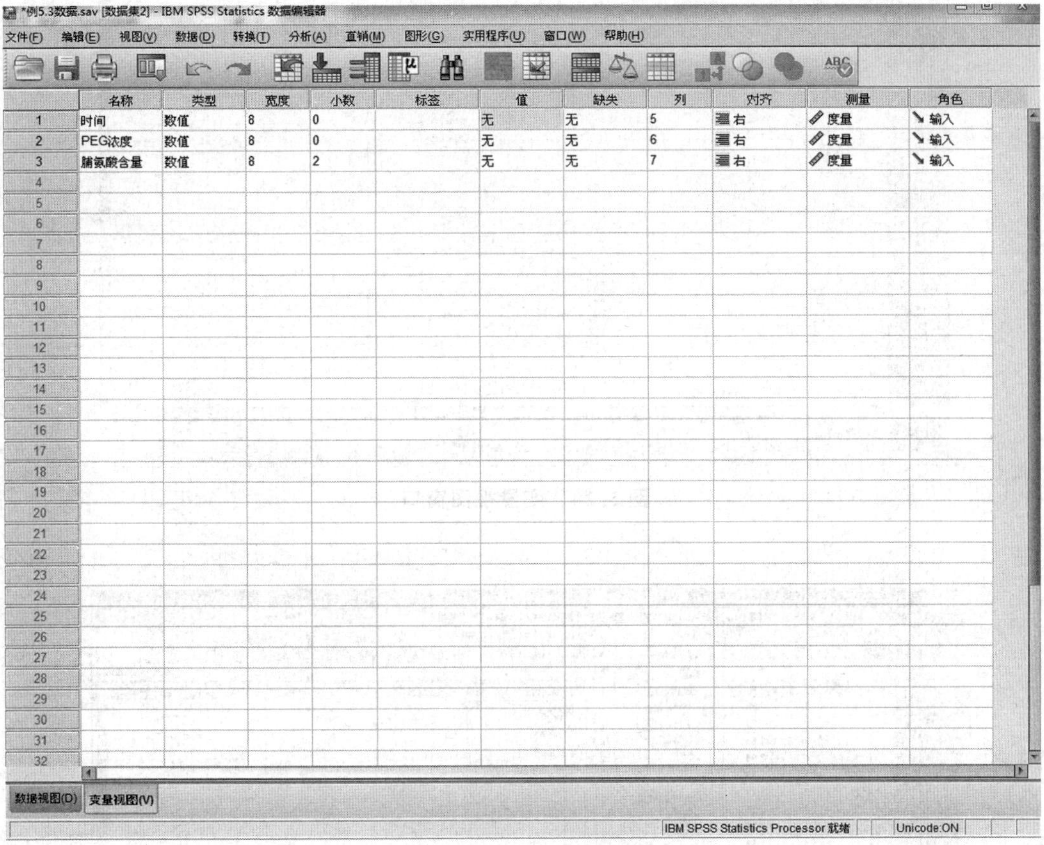


图 5.17　定义变量

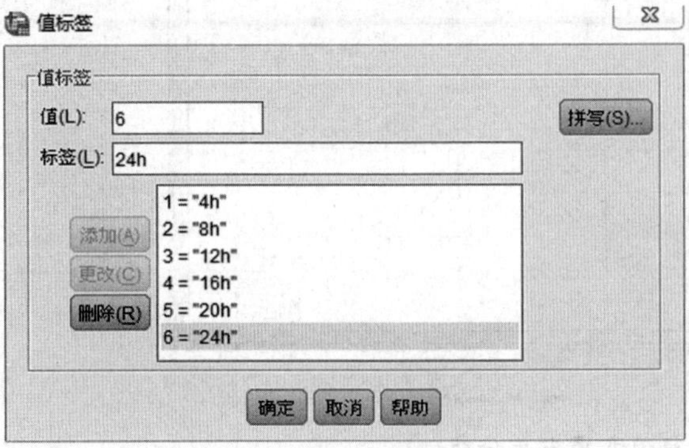


图 5.18　定义变量值

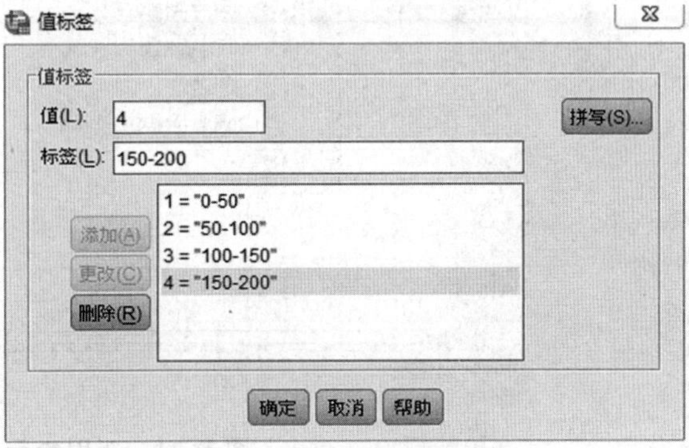


图 5.19　定义变量值

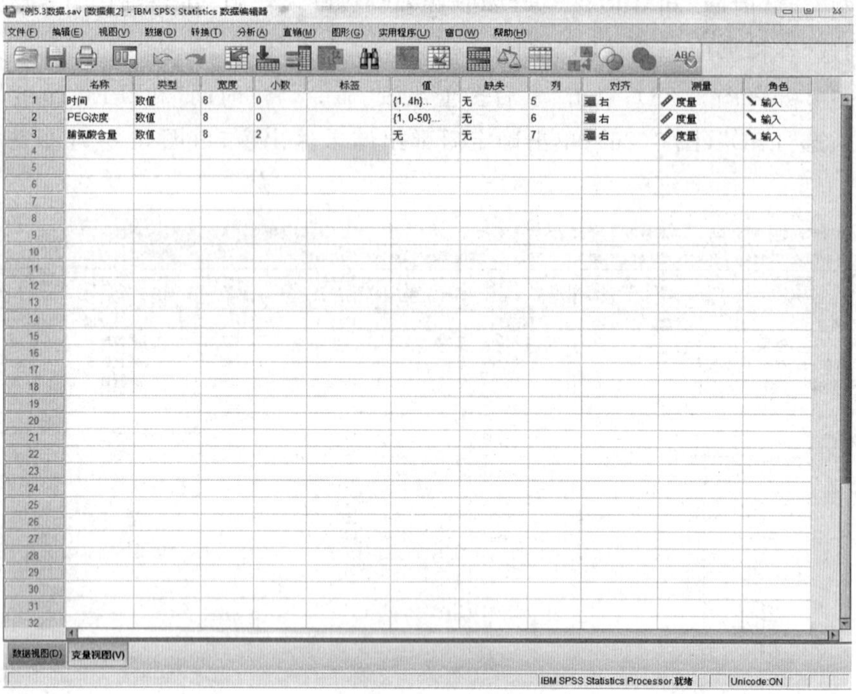


图 5.20　变量视图窗口

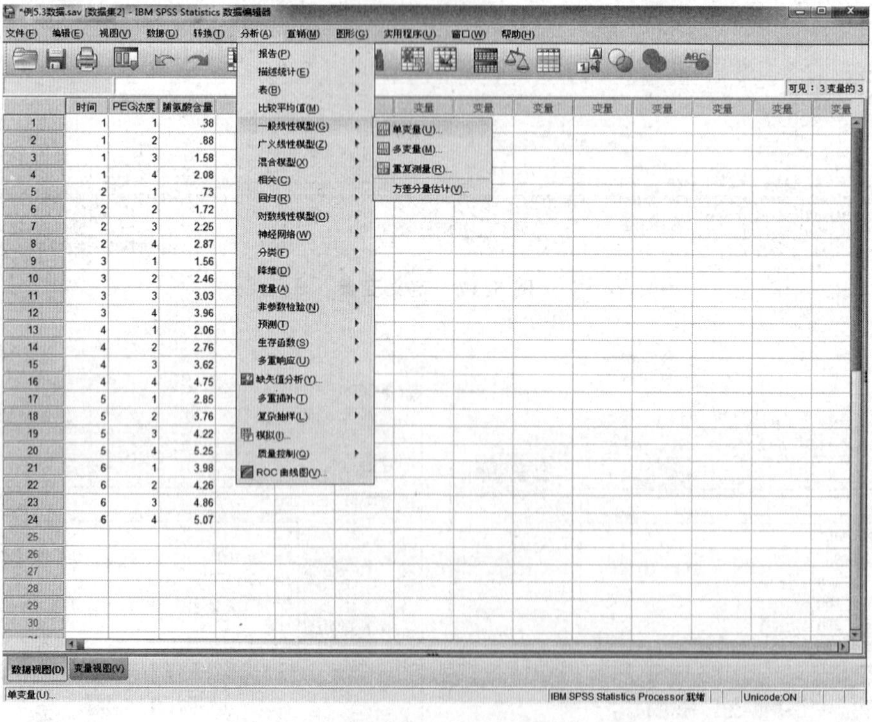


图 5.21　双因素无重复单变量方差分析

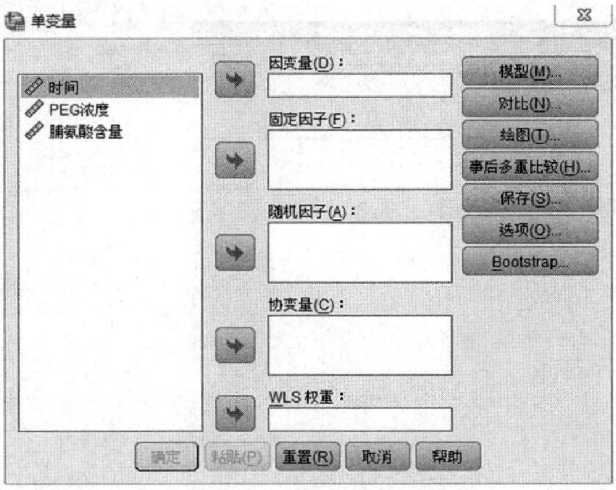


图 5.22　变量设置窗口

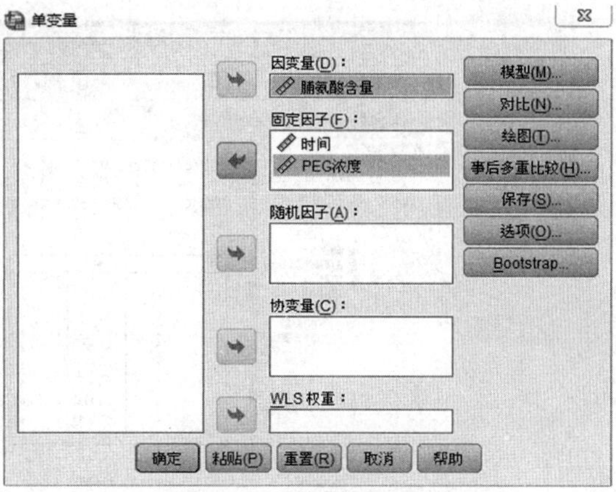


图 5.23　设置变量

图 5.24　模型设置

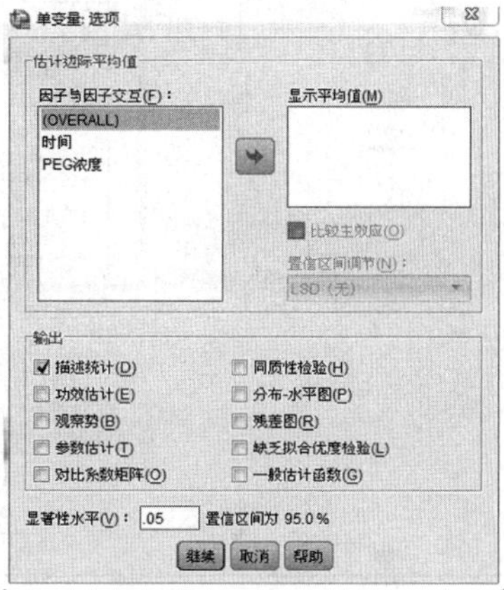


图 5.25　选项设置

图 5.26　多重比较设置

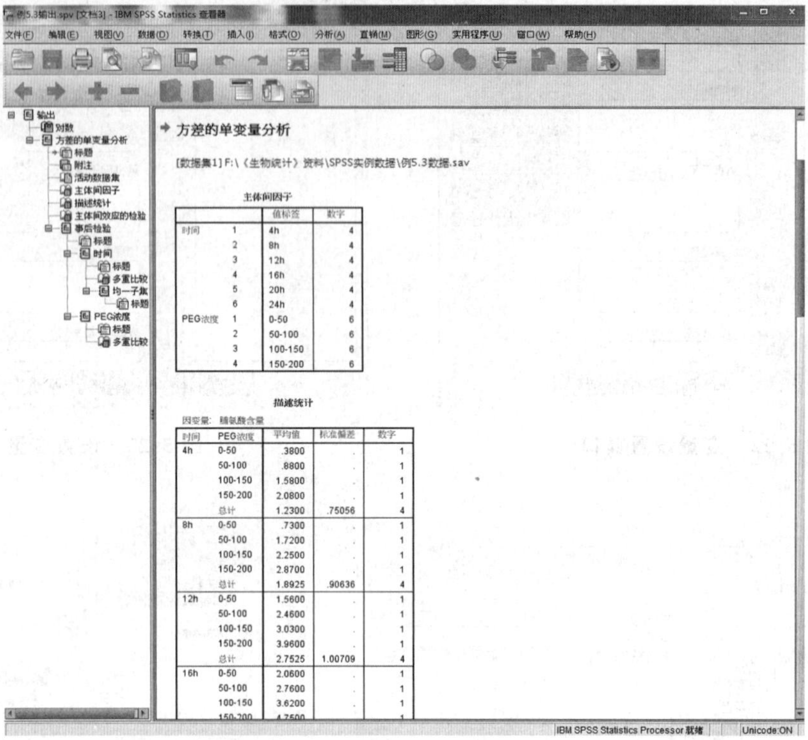


图 5.27　结果输出

表 5.14　主体因子表

主体间因子

| | | 值标签 | 数字 |
|---|---|---|---|
| 时间 | 1 | 4 h | 4 |
| | 2 | 8 h | 4 |
| | 3 | 12 h | 4 |
| | 4 | 16 h | 4 |
| | 5 | 20 h | 4 |
| | 6 | 24 h | 4 |
| PEG 浓度 | 1 | 0～50 | 6 |
| | 2 | 50～100 | 6 |
| | 3 | 100～150 | 6 |
| | 4 | 150～200 | 6 |

**结果分析：**

表 5.14 主要显示了该资料主体因子的因素及水平；由表可知，该数据资料有两个影响因素，分别是时间和 PEG 浓度；其中，时间因素有 6 个水平，分别是 4 h、8 h、12 h、16 h、20 h、24 h；PEG 浓度有 4 个水平，分别是 0～50 mg/L、50～100 mg/L、100～150 mg/L、150～200 mg/L。

**表 5.15　描述性统计表**

**描述统计**

因变量:脯氨酸含量

| 时间/h | PEG 浓度 | 平均值 | 标准偏差 | 数字 |
|---|---|---|---|---|
| 4 | 0～50 | .3800 | . | 1 |
| | 50～100 | .8800 | . | 1 |
| | 100～150 | 1.5800 | . | 1 |
| | 150～200 | 2.0800 | . | 1 |
| | 总计 | 1.2300 | .75056 | 4 |
| 8 | 0～50 | .7300 | . | 1 |
| | 50～100 | 1.7200 | . | 1 |
| | 100～150 | 2.2500 | . | 1 |
| | 150～200 | 2.8700 | . | 1 |
| | 总计 | 1.8925 | .90636 | 4 |
| 12 | 0～50 | 1.5600 | . | 1 |
| | 50～100 | 2.4600 | . | 1 |
| | 100～150 | 3.0300 | . | 1 |
| | 150～200 | 3.9600 | . | 1 |
| | 总计 | 2.7525 | 1.00709 | 4 |
| 16 | 0～50 | 2.0600 | . | 1 |
| | 50～100 | 2.7600 | . | 1 |
| | 100～150 | 3.6200 | . | 1 |
| | 150～200 | 4.7500 | . | 1 |
| | 总计 | 3.2975 | 1.15961 | 4 |
| 20 | 0～50 | 2.8500 | . | 1 |
| | 50～100 | 3.7600 | . | 1 |
| | 100～150 | 4.2200 | . | 1 |
| | 150～200 | 5.2500 | . | 1 |
| | 总计 | 4.0200 | .99823 | 4 |
| 24 | 0～50 | 3.9800 | . | 1 |
| | 50～100 | 4.2600 | . | 1 |
| | 100～150 | 4.8600 | . | 1 |
| | 150～200 | 5.0700 | . | 1 |
| | 总计 | 4.5425 | .50836 | 4 |
| 总计 | 0～50 | 1.9267 | 1.34500 | 6 |
| | 50～100 | 2.6400 | 1.25456 | 6 |
| | 100～150 | 3.2600 | 1.22528 | 6 |
| | 150～200 | 3.9967 | 1.28333 | 6 |
| | 总计 | 2.9558 | 1.42440 | 24 |

**结果分析：**

表 5.15 主要显示了该资料的一般性描述指标，包括各样本的样本数，均值，标准差；由表可知，时间为 4 h 时，0～50 mg/L 的 PEG 浓度下的脯氨酸的平均值是 0.38 μg/g，50～100 mg/L 的 PEG 浓度下的脯氨酸的平均值是 0.88 μg/g，100～150 mg/L 的 PEG 浓度下的脯氨酸的平均值是 1.58 μg/g，150～200 mg/L 的 PEG 浓度下的脯氨酸的平均值是 2.08 μg/g，该单元脯氨酸平均值为 1.23 μg/g，标准差是 0.751；……；时间为 24 h 时，0～50 mg/L 的 PEG 浓度下的脯氨酸的平均值是 3.98 μg/g，50～100 mg/L 的 PEG 浓度下的脯氨酸的平均值是 4.26 μg/g，100～150 mg/L 的 PEG 浓度下的脯氨酸的平均值是 4.86 μg/g，150～200 mg/L 的 PEG 浓度下的脯氨酸的平均值是 5.07 μg/g，该单元脯氨酸平均值为 4.54 μg/g，标准差是 0.508。

**表 5.16 主体间效应的方差分析表**

**主体间效应的检验**

因变量：脯氨酸含量

| 源 | Ⅲ类平方和 | 自由度 | 均方 | $F$ | 显著性 |
|---|---|---|---|---|---|
| 校正的模型 | 45.678[a] | 8 | 5.710 | 86.757 | .000 |
| 截距 | 209.687 | 1 | 209.687 | 3186.138 | .000 |
| 时间 | 31.669 | 5 | 6.334 | 96.240 | .000 |
| PEG 浓度 | 14.009 | 3 | 4.670 | 70.953 | .000 |
| 错误 | .987 | 15 | .066 | | |
| 总计 | 256.352 | 24 | | | |
| 校正后的总变异 | 46.665 | 23 | | | |

a. $R^2$=.979（调整后的 $R^2$=.968）

**结果分析：**

表 5.16 主要显示了方差分析中各因素样本的差异程度及显著性；由表可知，时间的统计量 $F$ 值为 96.240，显著性为 0.000，即 $P<0.01$，差异极显著；PEG 浓度的统计量 $F$ 值为 70.953，显著性为 0.000，即 $P<0.01$，差异极显著。

**表 5.17 不同时间的多重比较表**

**多重比较**

因变量：脯氨酸含量

LSD(L)

| (I)时间/h | (J)时间/h | 平均值差值 (I-J) | 标准错误 | 显著性 | 95%的置信区间 | |
|---|---|---|---|---|---|---|
| | | | | | 下限值 | 上限值 |
| 4 | 8 | −.6625* | .18140 | .002 | −1.0491 | −.2759 |
| | 12 | −1.5225* | .18140 | .000 | −1.9091 | −1.1359 |
| | 16 | −2.0675* | .18140 | .000 | −2.4541 | −1.6809 |
| | 20 | −2.7900* | .18140 | .000 | −3.1766 | −2.4034 |
| | 24 | −3.3125* | .18140 | .000 | −3.6991 | −2.9259 |

续表 5.17

| (I)时间/h | (J)时间/h | 平均值差值(I-J) | 标准错误 | 显著性 | 95%的置信区间 | |
|---|---|---|---|---|---|---|
| | | | | | 下限值 | 上限值 |
| 8 | 4 | .6625* | .18140 | .002 | .2759 | 1.0491 |
| | 12 | −.8600* | .18140 | .000 | −1.2466 | −.4734 |
| | 16 | −1.4050* | .18140 | .000 | −1.7916 | −1.0184 |
| | 20 | −2.1275* | .18140 | .000 | −2.5141 | −1.7409 |
| | 24 | −2.6500* | .18140 | .000 | −3.0366 | −2.2634 |
| 12 | 4 | 1.5225* | .18140 | .000 | 1.1359 | 1.9091 |
| | 8 | .8600* | .18140 | .000 | .4734 | 1.2466 |
| | 16 | −.5450* | .18140 | .009 | −.9316 | −.1584 |
| | 20 | −1.2675* | .18140 | .000 | −1.6541 | −.8809 |
| | 24 | −1.7900* | .18140 | .000 | −2.1766 | −1.4034 |
| 16 | 4 | 2.0675* | .18140 | .000 | 1.6809 | 2.4541 |
| | 8 | 1.4050* | .18140 | .000 | 1.0184 | 1.7916 |
| | 12 | .5450* | .18140 | .009 | .1584 | .9316 |
| | 20 | −.7225* | .18140 | .001 | −1.1091 | −.3359 |
| | 24 | −1.2450* | .18140 | .000 | −1.6316 | −.8584 |
| 20 | 4 | 2.7900* | .18140 | .000 | 2.4034 | 3.1766 |
| | 8 | 2.1275* | .18140 | .000 | 1.7409 | 2.5141 |
| | 12 | 1.2675* | .18140 | .000 | .8809 | 1.6541 |
| | 16 | .7225* | .18140 | .001 | .3359 | 1.1091 |
| | 24 | −.5225* | .18140 | .011 | −.9091 | −.1359 |
| 24 | 4 | 3.3125* | .18140 | .000 | 2.9259 | 3.6991 |
| | 8 | 2.6500* | .18140 | .000 | 2.2634 | 3.0366 |
| | 12 | 1.7900* | .18140 | .000 | 1.4034 | 2.1766 |
| | 16 | 1.2450* | .18140 | .000 | .8584 | 1.6316 |
| | 20 | .5225* | .18140 | .011 | .1359 | .9091 |

基于观察到的平均值。

误差项是均方(误差)＝ .066。

*. 均值差的显著性水平为 .05。

**结果分析：**

表 5.17 主要显示了方差分析中采用 LSD 法对时间因素样本均数间两两的多重比较结果；由表可知，4 h 与 8 h 的显著性为 0.002，即 $P<0.01$，差异极显著；4 h 与 12 h 的显著性为 0.000，即 $P<0.01$，差异极显著；4 h 与 16 h 的显著性为 0.000，即 $P<0.01$，差异极显著；4 h 与 20 h 的显著性为 0.000，即 $P<0.01$，差异极显著；4 h 与 24 h 的显著性为 0.000，即 $P<0.01$，差异极显著；8 h 与 12 h 的显著性为 0.000，即 $P<0.01$，差异极显著；8 h 与 16 h 的显著

性为 0.000，即 $P<0.01$，差异极显著；8 h 与 20 h 的显著性为 0.000，即 $P<0.01$，差异极显著；8 h 与 24 h 的显著性为 0.000，即 $P<0.01$，差异极显著；12 h 与 16 h 的显著性为 0.009，即$P<0.01$，差异极显著；12 h 与 20 h 的显著性为 0.000，即 $P<0.01$，差异极显著；12 h 与 24 h 的显著性为 0.000，即 $P<0.01$，差异极显著；16 h 与 20 h 的显著性为 0.001，即 $P<0.01$，差异极显著；16 h 与 24 h 的显著性为 0.000，即 $P<0.01$，差异极显著；20 h 与 24 h 的显著性为 0.011，即 $P<0.05$，差异显著。不同时间下景天植物脯氨酸含量差异除 20 h 与 24 h 时仅达到显著水平外，其他各样本间均达到了极显著水平（表 5.18）。

**表 5.18 不同时间下景天植物脯氨酸含量差异显著性**

| 时间/h | 平均值 | 差异显著性 | |
|---|---|---|---|
| | | $\alpha=0.05$ | $\alpha=0.01$ |
| 4 | 1.230 | a | A |
| 8 | 1.893 | b | B |
| 12 | 2.753 | c | C |
| 16 | 3.298 | d | D |
| 20 | 4.020 | e | E |
| 24 | 4.543 | f | E |

**表 5.19 不同 PEG 浓度的多重比较表**

**多重比较**

因变量：脯氨酸含量

LSD(L)

| (I)PEG 浓度 | (J)PEG 浓度 | 平均值差值(I-J) | 标准错误 | 显著性 | 95%置信区间 | |
|---|---|---|---|---|---|---|
| | | | | | 下限值 | 上限值 |
| 0～50 | 50～100 | −.7133* | .14811 | .000 | −1.0290 | −.3976 |
| | 100～150 | −1.3333* | .14811 | .000 | −1.6490 | −1.0176 |
| | 150～200 | −2.0700* | .14811 | .000 | −2.3857 | −1.7543 |
| 50～100 | 0～50 | .7133* | .14811 | .000 | .3976 | 1.0290 |
| | 100～150 | −.6200* | .14811 | .001 | −.9357 | −.3043 |
| | 150～200 | −1.3567* | .14811 | .000 | −1.6724 | −1.0410 |
| 100～150 | 0～50 | 1.3333* | .14811 | .000 | 1.0176 | 1.6490 |
| | 50～100 | .6200* | .14811 | .001 | .3043 | .9357 |
| | 150～200 | −.7367* | .14811 | .000 | −1.0524 | −.4210 |
| 150～200 | 0～50 | 2.0700* | .14811 | .000 | 1.7543 | 2.3857 |
| | 50～100 | 1.3567* | .14811 | .000 | 1.0410 | 1.6724 |
| | 100～150 | .7367* | .14811 | .000 | .4210 | 1.0524 |

基于观察到的平均值。

误差项是均方(误差)＝.066。

*. 均值差的显著性水平为 .05。

**结果分析：**

表5.19主要显示了方差分析中采用LSD法对PEG浓度因素样本均数间两两的多重比较结果；由表可知，0～50 mg/L与50～100 mg/L的显著性为0.000，即$P<0.01$，差异极显著；0～50 mg/L与100～150 mg/L的显著性为0.000，即$P<0.01$，差异极显著；0～50 mg/L与150～200 mg/L的显著性为0.000，即$P<0.01$，差异极显著；50～100 mg/L与100～150 mg/L的显著性为0.001，即$P<0.01$，差异极显著；50～100 mg/L与150～200 mg/L的显著性为0.000，即$P<0.01$，差异极显著；100～150 mg/L与150～200 mg/L的显著性为0.000，即$P<0.01$，差异极显著。不同PEG浓度下景天植物脯氨酸含量差异均达到了极显著水平(表5.20)。

**表5.20　不同PEG浓度下景天植物脯氨酸含量差异显著性**

| 名称/(mg/L) | 平均值 | 差异显著性 | |
|---|---|---|---|
| | | $\alpha=0.05$ | $\alpha=0.01$ |
| 0～50 | 1.927 | a | A |
| 50～100 | 2.640 | b | B |
| 100～150 | 3.260 | c | C |
| 150～200 | 3.997 | d | D |

**结论：**

由以上结果分析说明在不同时间不同PEG浓度条件下，景天植物的脯氨酸含量差异极显著，分别对两个因素的作用作多重比较，除不同时间的20 h与24 h的脯氨酸含量差异未达到$\alpha=0.01$的水平外，在其他因素水平下，样本两两间均呈现出了极显著水平，由此表明不同的时间和不同的PEG浓度条件是影响景天植物脯氨酸含量的重要因素。

(2)多变量。

【例5.4】分析不同类型不同层次土壤酶活性(mg/g)差异见表5.21。

**表5.21　不同类型不同层次的土壤酶活性差异**　mg/g

| 类型 | 层次 | 蔗糖酶 | 淀粉酶 | 脲酶 |
|---|---|---|---|---|
| 林地 | 表层 | 2.34 | 0.23 | 6.15 |
| | 中层 | 1.76 | 0.19 | 4.27 |
| | 下层 | 1.02 | 0.16 | 3.89 |
| 农地 | 表层 | 1.97 | 0.35 | 9.15 |
| | 中层 | 1.23 | 0.26 | 7.68 |
| | 下层 | 0.68 | 0.22 | 5.96 |
| 草地 | 表层 | 2.83 | 0.35 | 7.31 |
| | 中层 | 2.09 | 0.11 | 6.14 |
| | 下层 | 1.53 | 0.08 | 5.99 |

建立好相应的数据文件后，在变量视图窗口中，对相应变量进行设置(图5.28)，定义变量值，单击"值"列单元格中的按钮，在弹出的"值标签"对话框中，对各变量的不同事件或样本进行编码，针对类型变量，林地以"1"代表，农地以"2"代表，草地以"3"代表(图5.29)；针对层次变量，表层以"1"代表，中层以"2"代表，下层以"3"代表(图5.30)；即完成变量的定义(图5.31)。

设置完成后，切换到数据视图窗口，在数据视图窗口，依次点击"分析"——"一般线性模型”——“多变量”(图 5.32),在弹出的“多变量”对话框中(图 5.33),进行变量设置,将“类型”和“层次”选入“固定因子”中,将“蔗糖酶活性”“淀粉酶活性”“脲酶活性”均选入“因变量”中(图 5.34);点击“模型”命令,选中“定制”,将“类型”和“层次”同时选到“模型”一栏中,在“类型”的下拉列表中选择“主效应”,勾选“在模型中包含截距”(图 5.35);点击“选项”命令,勾选“描述统计”,将“显著性水平”设置为“0.05”(图 5.36);点击“事后多重比较”命令,将“类型”和“层次”选到“事后检验”一栏,勾选“LSD”(图 5.37);单击确定后弹出结果输出窗口(图 5.38),即完成相应的数据分析。

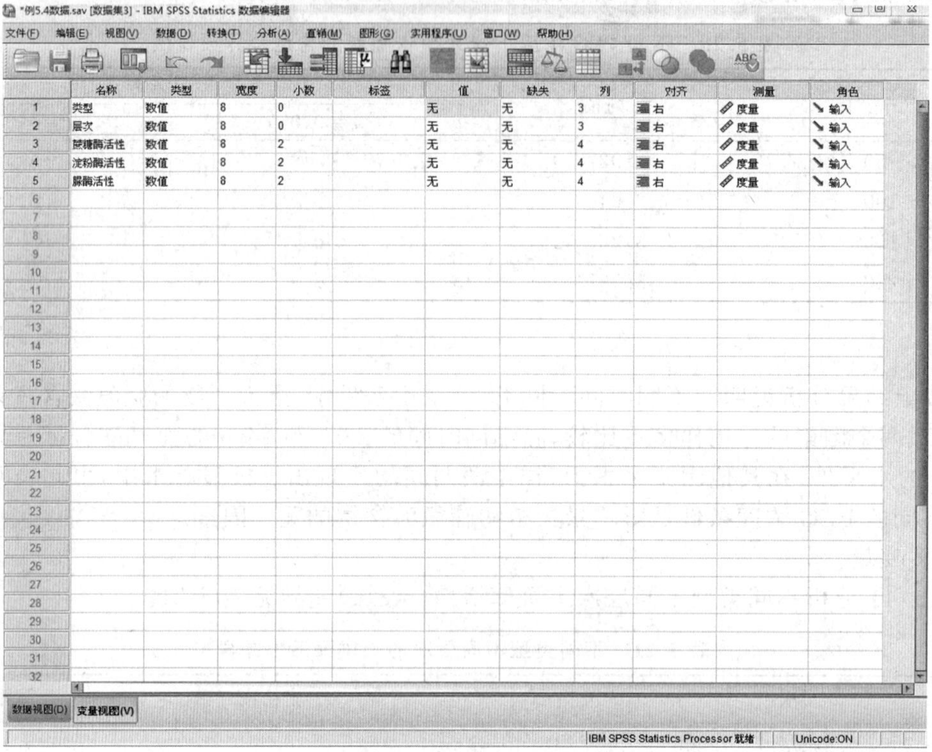


**图 5.28 定义变量**

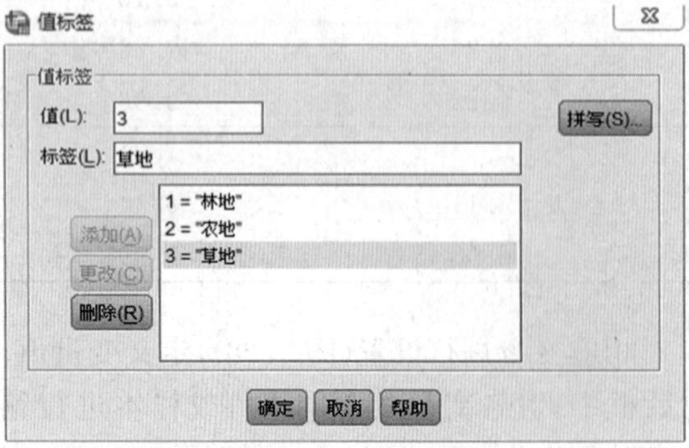


**图 5.29 定义变量值**

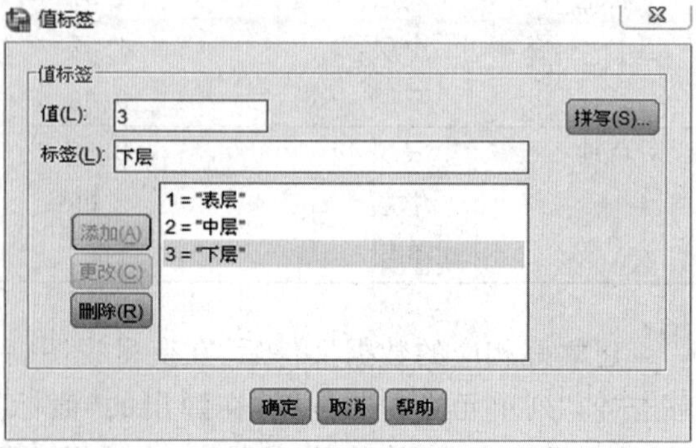


**图 5.30 定义变量值**

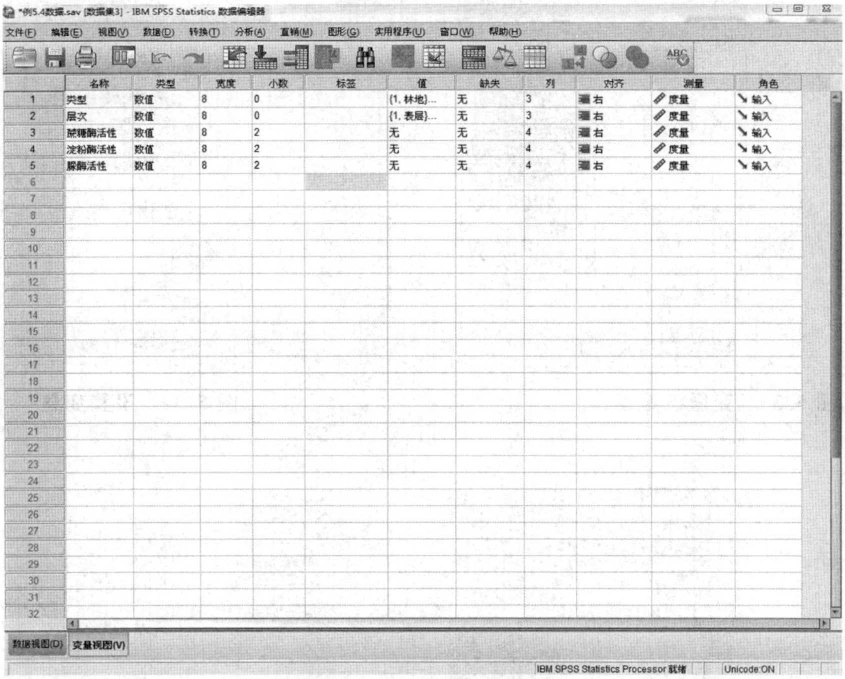


图 5.31　变量视图窗口

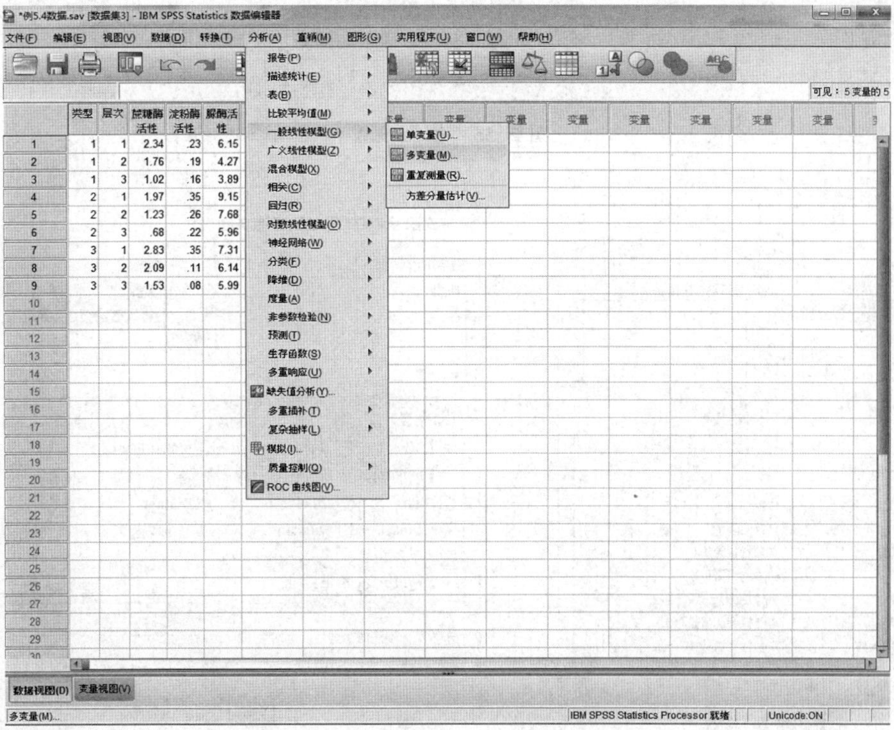


图 5.32　双因素无重复多变量方差分析

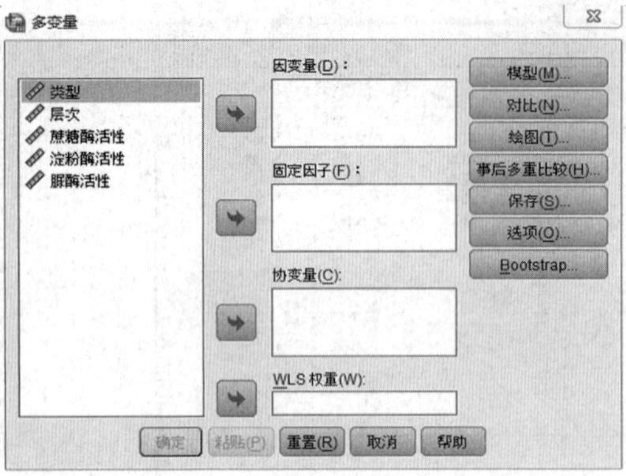


图 5.33　变量设置窗口

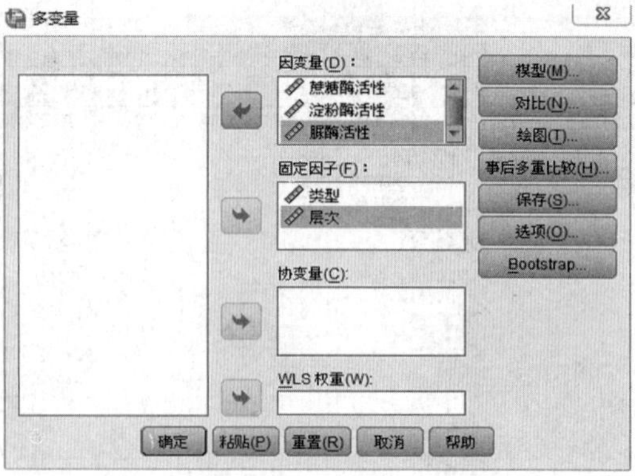


图 5.34　设置变量

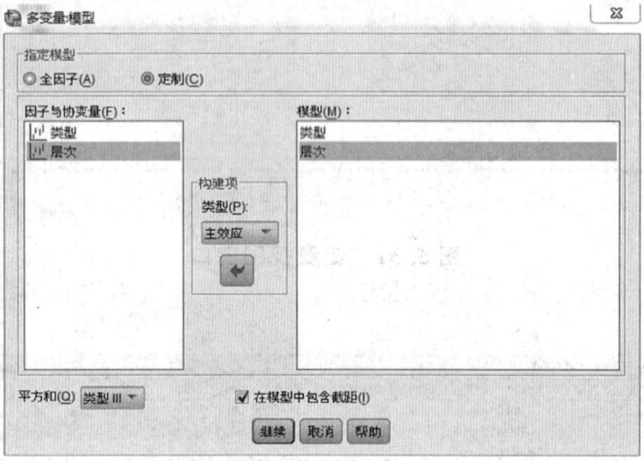


图 5.35　模型设置

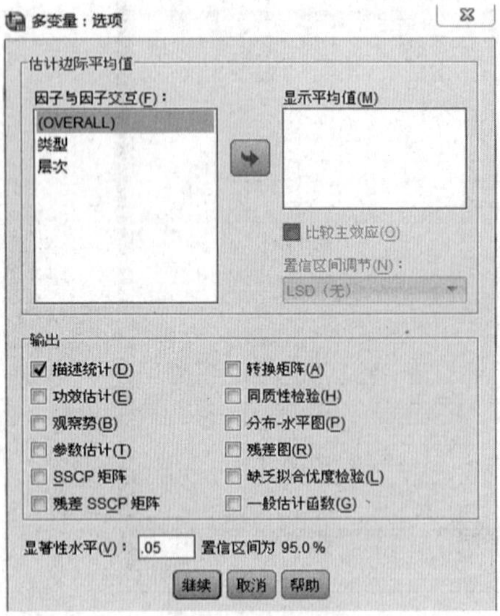


图 5.36　选项设置

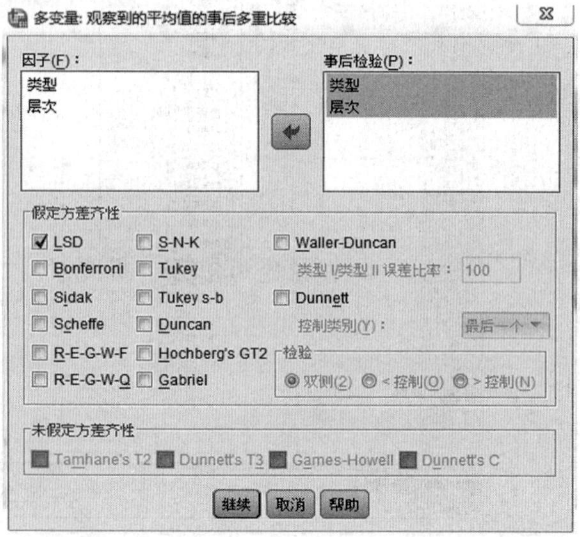


图 5.37　多重比较设置

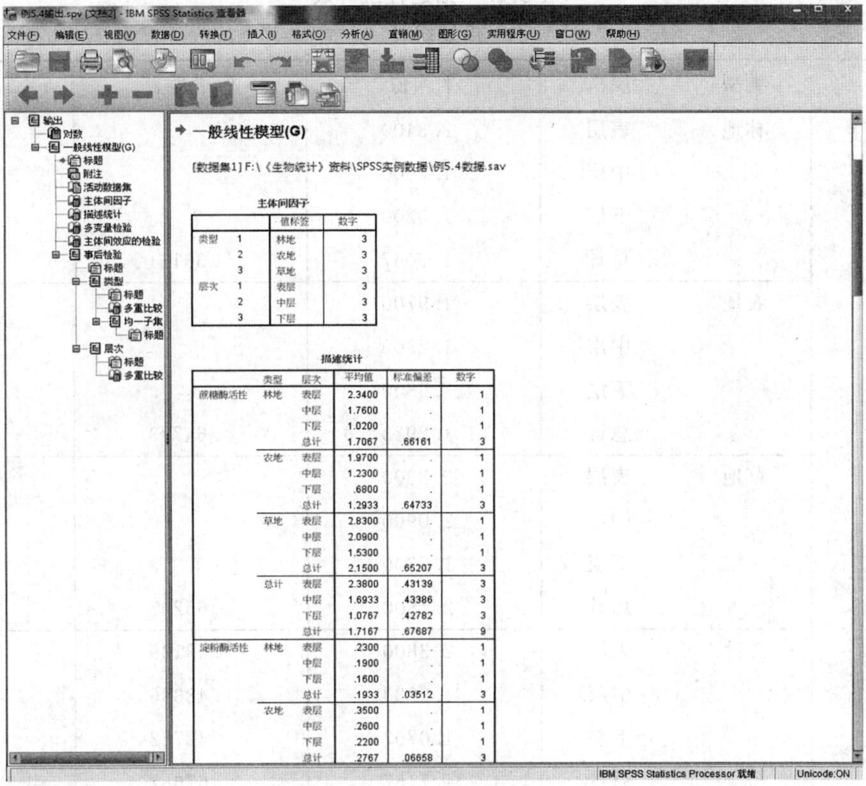


**图 5.38　结果输出**

**表 5.22　主体因子表**

**主体间因子**

| | | 值标签 | 数字 |
|---|---|---|---|
| 类型 | 1 | 林地 | 3 |
| | 2 | 农地 | 3 |
| | 3 | 草地 | 3 |
| 层次 | 1 | 表层 | 3 |
| | 2 | 中层 | 3 |
| | 3 | 下层 | 3 |

**结果分析：**

表 5.22 主要显示了该资料主体因子的因素及水平；由表可知，该数据资料有两个影响因素，分别是类型和层次；其中，类型因素有 3 个水平，分别是林地、农地、草地；层次有 3 个水平，分别是表层、中层、下层。

**表 5.23 描述性统计表**

**描述统计**

| | 类型 | 层次 | 平均值 | 标准偏差 | 数字 |
|---|---|---|---|---|---|
| 蔗糖酶活性 | 林地 | 表层 | 2.3400 | . | 1 |
| | | 中层 | 1.7600 | . | 1 |
| | | 下层 | 1.0200 | . | 1 |
| | | 总计 | 1.7067 | .66161 | 3 |
| | 农地 | 表层 | 1.9700 | . | 1 |
| | | 中层 | 1.2300 | . | 1 |
| | | 下层 | .6800 | . | 1 |
| | | 总计 | 1.2933 | .64733 | 3 |
| | 草地 | 表层 | 2.8300 | . | 1 |
| | | 中层 | 2.0900 | . | 1 |
| | | 下层 | 1.5300 | . | 1 |
| | | 总计 | 2.1500 | .65207 | 3 |
| | 总计 | 表层 | 2.3800 | .43139 | 3 |
| | | 中层 | 1.6933 | .43386 | 3 |
| | | 下层 | 1.0767 | .42782 | 3 |
| | | 总计 | 1.7167 | .67687 | 9 |
| 淀粉酶活性 | 林地 | 表层 | .2300 | . | 1 |
| | | 中层 | .1900 | . | 1 |
| | | 下层 | .1600 | . | 1 |
| | | 总计 | .1933 | .03512 | 3 |
| | 农地 | 表层 | .3500 | . | 1 |
| | | 中层 | .2600 | . | 1 |
| | | 下层 | .2200 | . | 1 |
| | | 总计 | .2767 | .06658 | 3 |
| | 草地 | 表层 | .3500 | . | 1 |
| | | 中层 | .1100 | . | 1 |
| | | 下层 | .0800 | . | 1 |
| | | 总计 | .1800 | .14799 | 3 |
| | 总计 | 表层 | .3100 | .06928 | 3 |
| | | 中层 | .1867 | .07506 | 3 |
| | | 下层 | .1533 | .07024 | 3 |
| | | 总计 | .2167 | .09460 | 9 |

续表 5.23

| | 类型 | 层次 | 平均值 | 标准偏差 | 数字 |
|---|---|---|---|---|---|
| 脲酶活性 | 林地 | 表层 | 6.1500 | . | 1 |
| | | 中层 | 4.2700 | . | 1 |
| | | 下层 | 3.8900 | . | 1 |
| | | 总计 | 4.7700 | 1.21012 | 3 |
| | 农地 | 表层 | 9.1500 | . | 1 |
| | | 中层 | 7.6800 | . | 1 |
| | | 下层 | 5.9600 | . | 1 |
| | | 总计 | 7.5967 | 1.59663 | 3 |
| | 草地 | 表层 | 7.3100 | . | 1 |
| | | 中层 | 6.1400 | . | 1 |
| | | 下层 | 5.9900 | . | 1 |
| | | 总计 | 6.4800 | .72270 | 3 |
| | 总计 | 表层 | 7.5367 | 1.51279 | 3 |
| | | 中层 | 6.0300 | 1.70766 | 3 |
| | | 下层 | 5.2800 | 1.20387 | 3 |
| | | 总计 | 6.2822 | 1.62915 | 9 |

**结果分析：**

表 5.23 主要显示了该资料的一般性描述指标，包括各因素、变量的样本数，均值，标准差；由表可知，针对蔗糖酶变量，类型为林地时，表层的平均值是 2.340 mg/g，中层平均值是 1.760 mg/g，下层的平均值是 1.020 mg/g，该单元的平均值为 1.707 mg/g，标准差是 0.662；……。针对淀粉酶变量，……。针对脲酶变量，……，类型为草地时，表层的平均值是 7.310 mg/g，中层平均值是 6.140 mg/g，下层的平均值是 5.990 mg/g，该单元的平均值为 6.480 mg/g，标准差是 0.723。

**表 5.24 主体间效应的方差分析表**

**主体间效应的检验**

| 源 | 因变量 | Ⅲ类平方和 | 自由度 | 均方 | F | 显著性 |
|---|---|---|---|---|---|---|
| 校正的模型 | 蔗糖酶活性 | 3.652[a] | 4 | .913 | 271.168 | .000 |
| | 淀粉酶活性 | .057[b] | 4 | .014 | 4.019 | .103 |
| | 脲酶活性 | 20.086[c] | 4 | 5.022 | 17.515 | .008 |
| 截距 | 蔗糖酶活性 | 26.522 | 1 | 26.522 | 7877.970 | .000 |
| | 淀粉酶活性 | .422 | 1 | .422 | 118.458 | .000 |
| | 脲酶活性 | 355.197 | 1 | 355.197 | 1238.939 | .000 |
| 类型 | 蔗糖酶活性 | 1.101 | 2 | .551 | 163.554 | .000 |
| | 淀粉酶活性 | .016 | 2 | .008 | 2.308 | .215 |
| | 脲酶活性 | 12.161 | 2 | 6.081 | 21.209 | .007 |
| 层次 | 蔗糖酶活性 | 2.550 | 2 | 1.275 | 378.782 | .000 |
| | 淀粉酶活性 | .041 | 2 | .020 | 5.729 | .067 |
| | 脲酶活性 | 7.925 | 2 | 3.963 | 13.821 | .016 |
| 错误 | 蔗糖酶活性 | .013 | 4 | .003 | | |
| | 淀粉酶活性 | .014 | 4 | .004 | | |
| | 脲酶活性 | 1.147 | 4 | .287 | | |
| 总计 | 蔗糖酶活性 | 30.188 | 9 | | | |
| | 淀粉酶活性 | .494 | 9 | | | |
| | 脲酶活性 | 376.430 | 9 | | | |
| 校正后的总变异 | 蔗糖酶活性 | 3.665 | 8 | | | |
| | 淀粉酶活性 | .072 | 8 | | | |
| | 脲酶活性 | 21.233 | 8 | | | |

a. $R^2=.996$ (调整后的 $R^2=.993$)
b. $R^2=.801$ (调整后的 $R^2=.601$)
c. $R^2=.946$ (调整后的 $R^2=.892$)

**结果分析：**

表 5.24 主要显示了方差分析中各因素、各变量的差异程度及显著性；由表可知，在类型因素下，蔗糖酶活性的 $F$ 值为 163.554，显著性为 0.000，即 $P<0.01$，差异极显著；淀粉酶的 $F$ 值为 2.308，显著性为 0.215，即 $P>0.01$，差异不显著；脲酶的 $F$ 值为 21.209，显著性为 0.007，即 $P<0.01$，差异极显著。在层次因素下，蔗糖酶活性的 $F$ 值为 378.782，显著性为 0.000，即 $P<0.01$，差异极显著；淀粉酶的 $F$ 值为 5.729，显著性为 0.067，即 $P>0.05$，差异不显著；脲酶的 $F$ 值为 13.821，显著性为 0.016，即 $P<0.05$，差异显著。

**表 5.25 不同类型下各变量的多重比较表**

**多重比较**

LSD(L)

| 因变量 | (I) 类型 | (J) 类型 | 平均值差值(I-J) | 标准错误 | 显著性 | 95% 的置信区间 下限值 | 上限 |
|---|---|---|---|---|---|---|---|
| 蔗糖酶活性 | 林地 | 农地 | .4133* | .04738 | .001 | .2818 | .5449 |
| | | 草地 | −.4433* | .04738 | .001 | −.5749 | −.3118 |
| | 农地 | 林地 | −.4133* | .04738 | .001 | −.5449 | −.2818 |
| | | 草地 | −.8567* | .04738 | .000 | −.9882 | −.7251 |
| | 草地 | 林地 | .4433* | .04738 | .001 | .3118 | .5749 |
| | | 农地 | .8567* | .04738 | .000 | .7251 | .9882 |
| 淀粉酶活性 | 林地 | 农地 | −.0833 | .04876 | .163 | −.2187 | .0521 |
| | | 草地 | .0133 | .04876 | .798 | −.1221 | .1487 |
| | 农地 | 林地 | .0833 | .04876 | .163 | −.0521 | .2187 |
| | | 草地 | .0967 | .04876 | .118 | −.0387 | .2321 |
| | 草地 | 林地 | −.0133 | .04876 | .798 | −.1487 | .1221 |
| | | 农地 | −.0967 | .04876 | .118 | −.2321 | .0387 |
| 脲酶活性 | 林地 | 农地 | −2.8267* | .43718 | .003 | −4.0405 | −1.6128 |
| | | 草地 | −1.7100* | .43718 | .017 | −2.9238 | −.4962 |
| | 农地 | 林地 | 2.8267* | .43718 | .003 | 1.6128 | 4.0405 |
| | | 草地 | 1.1167 | .43718 | .063 | −.0972 | 2.3305 |
| | 草地 | 林地 | 1.7100* | .43718 | .017 | .4962 | 2.9238 |
| | | 农地 | −1.1167 | .43718 | .063 | −2.3305 | .0972 |

基于观察到的平均值。

误差项是均方(误差)=.287。

*. 均值差的显著性水平为 .05。

**结果分析:**

表 5.25 主要显示了方差分析中采用 LSD 法对不同类型因素下各变量样本均数间两两的多重比较结果;由表可知,针对蔗糖酶活性,林地与农地的显著性为 0.001,即 $P<0.01$,差异极显著;林地与草地的显著性为 0.001,即 $P<0.01$,差异极显著;农地与草地的显著性为 0.000,即 $P<0.01$,差异极显著。针对淀粉酶活性,林地与农地的显著性为 0.163,即 $P>0.05$,差异不显著;林地与草地的显著性为 0.798,即 $P>0.05$,差异不显著;农地与草地的显著性为 0.118,即 $P>0.05$,差异不显著。针对脲酶活性,林地与农地的显著性为 0.003,即 $P<0.01$,差异极显著;林地与草地的显著性为 0.017,即 $P<0.05$,差异显著;农地与草地的显著性为 0.063,即 $P>0.05$,差异不显著。不同类型条件下淀粉酶活性两两间差异极显著,淀粉酶活性两两间差异不显著,脲酶活性两两间差异复杂(表 5.26)。

**表 5.26　不同类型条件下各变量的差异显著性**

| 变量 | 名称 | 平均值 | 差异显著性 | |
|---|---|---|---|---|
| | | | $\alpha=0.05$ | $\alpha=0.01$ |
| 蔗糖酶 | 农地 | 1.293 | a | A |
| | 林地 | 1.707 | b | B |
| | 草地 | 2.150 | c | C |
| 淀粉酶 | 草地 | 0.180 | a | — |
| | 林地 | 0.193 | a | — |
| | 农地 | 0.277 | a | — |
| 脲酶 | 林地 | 4.770 | a | A |
| | 草地 | 6.480 | b | AB |
| | 农地 | 7.597 | b | B |

**表 5.27　不同层次下各变量的多重比较表**

**多重比较**

LSD(L)

| 因变量 | (I) 类型 | (J) 类型 | 平均值差值 (I-J) | 标准错误 | 显著性 | 95% 的置信区间 | |
|---|---|---|---|---|---|---|---|
| | | | | | | 下限值 | 上限值 |
| 蔗糖酶活性 | 表层 | 中层 | .6867* | .04738 | .000 | .5551 | .8182 |
| | | 下层 | 1.3033* | .04738 | .000 | 1.1718 | 1.4349 |
| | 中层 | 表层 | −.6867* | .04738 | .000 | −.8182 | −.5551 |
| | | 下层 | .6167* | .04738 | .000 | .4851 | .7482 |
| | 下层 | 表层 | −1.3033* | .04738 | .000 | −1.4349 | −1.1718 |
| | | 中层 | −.6167* | .04738 | .000 | −.7482 | −.4851 |
| 淀粉酶活性 | 表层 | 中层 | .1233 | .04876 | .065 | −.0121 | .2587 |
| | | 下层 | .1567* | .04876 | .033 | .0213 | .2921 |
| | 中层 | 表层 | −.1233 | .04876 | .065 | −.2587 | .0121 |
| | | 下层 | .0333 | .04876 | .532 | −.1021 | .1687 |
| | 下层 | 表层 | −.1567* | .04876 | .033 | −.2921 | −.0213 |
| | | 中层 | −.0333 | .04876 | .532 | −.1687 | .1021 |
| 脲酶活性 | 表层 | 中层 | 1.5067* | .43718 | .026 | .2928 | 2.7205 |
| | | 下层 | 2.2567* | .43718 | .007 | 1.0428 | 3.4705 |
| | 中层 | 表层 | −1.5067* | .43718 | .026 | −2.7205 | −.2928 |
| | | 下层 | .7500 | .43718 | .161 | −.4638 | 1.9638 |
| | 下层 | 表层 | −2.2567* | .43718 | .007 | −3.4705 | −1.0428 |
| | | 中层 | −.7500 | .43718 | .161 | −1.9638 | .4638 |

基于观察到的平均值。

误差项是均方(误差)=.287。

*. 均值差的显著性水平为 .05。

**结果分析：**

表 5.27 主要显示了方差分析中采用 LSD 法对不同层次因素下各变量样本均数间两两的多重比较结果；由表可知，针对蔗糖酶活性，表层与中层的显著性为 0.000，即 $P<0.01$，差异极显著；表层与下层的显著性为 0.000，即 $P<0.01$，差异极显著；中层与下层的显著性为 0.000，即 $P<0.01$，差异极显著。针对淀粉酶活性，表层与中层的显著性为 0.065，即 $P>0.05$，差异不显著；表层与下层的显著性为 0.033，即 $P<0.05$，差异显著；中层与下层的显著性为 0.532，即 $P>0.05$，差异不显著。针对脲酶活性，表层与中层的显著性为 0.026，即 $P<0.05$，差异显著；表层与下层的显著性为 0.007，即 $P<0.01$，差异极显著；中层与下层的显著性为 0.161，即 $P>0.05$，差异不显著。不同层次条件下淀粉酶活性两两间差异极显著，淀粉酶活性、脲酶活性两两间差异复杂(表 5.28)。

**表 5.28　不同层次条件下各变量的差异显著性**

| 变量 | 名称 | 平均值 | 差异显著性 | |
|---|---|---|---|---|
| | | | $\alpha=0.05$ | $\alpha=0.01$ |
| 蔗糖酶 | 下层 | 1.077 | a | A |
| | 中层 | 1.693 | b | B |
| | 表层 | 2.380 | c | C |
| 淀粉酶 | 下层 | 0.153 | a | A |
| | 中层 | 0.187 | ab | A |
| | 表层 | 0.310 | b | A |
| 脲酶 | 下层 | 5.280 | a | A |
| | 中层 | 6.030 | a | AB |
| | 表层 | 7.537 | b | B |

**结论：**

由以上结果分析说明在不同类型不同层次条件下，土壤的蔗糖酶呈现出极显著差异，淀粉酶差异不显著，脲酶在类型条件下差异极显著、在层次条件下表现为显著；经过对不同类型和不同层次条件下变量的多重比较，蔗糖酶在两个因素水平下两两间均呈现极显著水平；淀粉酶除层次条件下的表层与中层达到显著水平外，其他因素水平下，样本两两间均未达到显著水平；脲酶除类型条件下的农地与草地、中层与下层外，其他因素水平下，样本两两间均达到了显著水平以上；由此也表明不同的类型和层次是影响土壤酶变化的重要因素，特别是对蔗糖酶的影响极其显著。

### 5.2.2 双因素有重复观测值的方差分析

两个因素存在交互作用，那么进行方差分析时，就需将互作项和误差项的平方与自由度分解开。

(1)单变量。

【例 5.5】不同温度和土壤水分条件下的某植被的发芽率(%)见表 5.29。

表 5.29 不同温度和土壤水分条件下植被发芽率 %

| 温度/℃ | 土壤含水率 | | | |
|---|---|---|---|---|
| | 15% | 20% | 25% | 30% |
| 20 | 68 | 72 | 83 | 86 |
| | 67 | 71 | 81 | 88 |
| | 68 | 73 | 82 | 87 |
| 25 | 54 | 62 | 71 | 79 |
| | 53 | 60 | 70 | 77 |
| | 51 | 61 | 72 | 78 |
| 30 | 43 | 48 | 52 | 55 |
| | 42 | 46 | 50 | 53 |
| | 40 | 47 | 51 | 54 |

建立好相应的数据文件后，在变量视图窗口中，对相应变量进行设置(图 5.39)，定义变量值，单击“值”列单元格中的按钮，在弹出的“值标签”对话框中，对各变量的不同事件或样本进行编码，针对温度变量，20℃以“1”代表，25℃以“2”代表，30℃以“3”代表(图 5.40)；针对土壤水分变量，15%以“1”代表，20%以“2”代表，25%以“3”代表，30%以“4”代表(图 5.41)；即完成变量的定义(图 5.42)。

设置完成后，切换到数据视图窗口，在数据视图窗口，依次点击“分析”——“一般线性模型”——“单变量”(图 5.43)，在弹出的“单变量”对话框中(图 5.44)，进行变量设置，将“温度”和“土壤水分”选入“固定因子”中，将“发芽率”选入“因变量”中(图 5.45)；点击“模型”命令，选中“定制”，将“温度”和“土壤水分”同时选到“模型”一栏中，在“类型”的下拉列表中选择“主效应”，勾选“在模型中包含截距”(图 5.46)；点击“选项”命令，勾选“描述统计”，将“显著性水平”设置为“0.05”(图 5.47)；点击“事后多重比较”命令，将“温度”和“土壤水分”选到“事后检验”一栏，勾选“LSD”(图 5.48)；单击确定后弹出结果输出窗口(图 5.49)，即完成相应的数据分析。

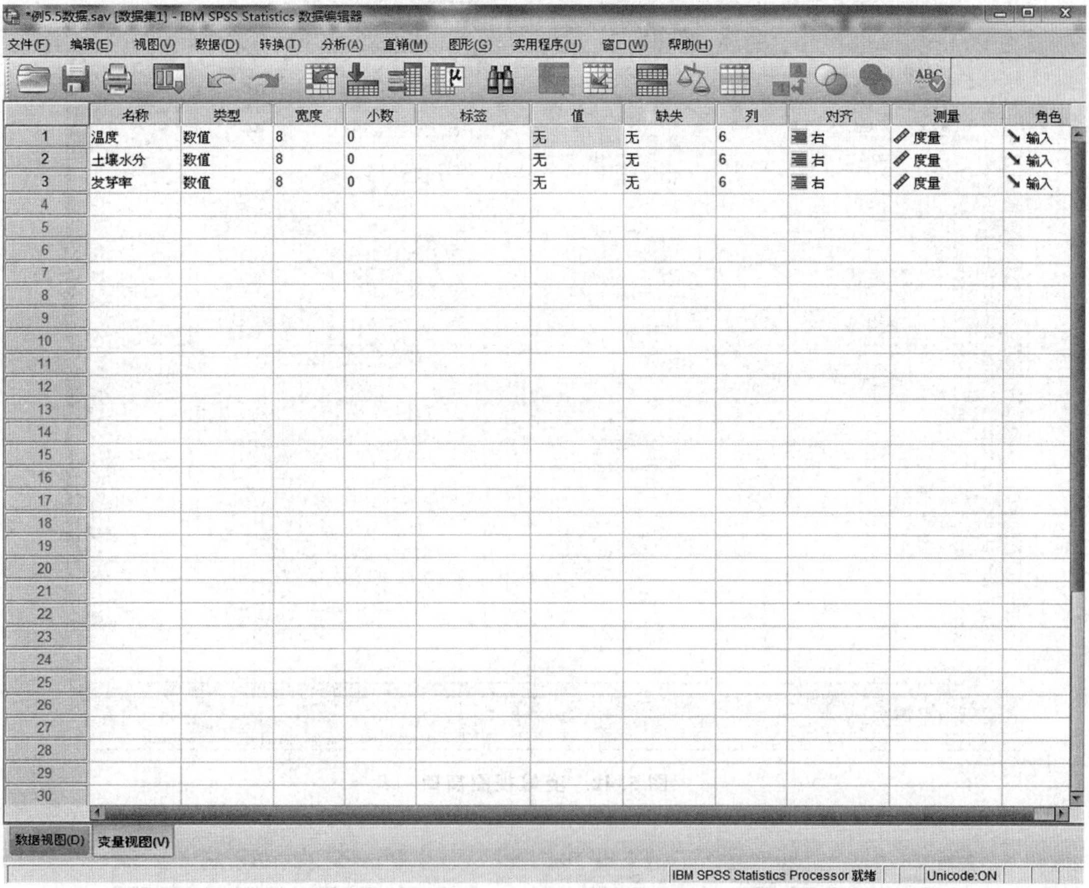


图 5.39　定义变量

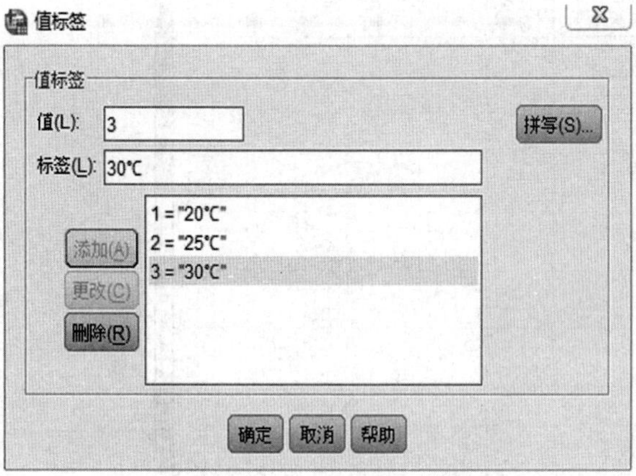


图 5.40　定义变量值

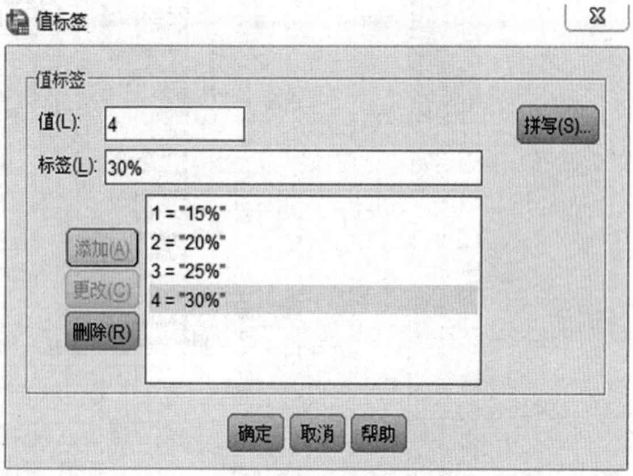


图 5.41　定义变量值

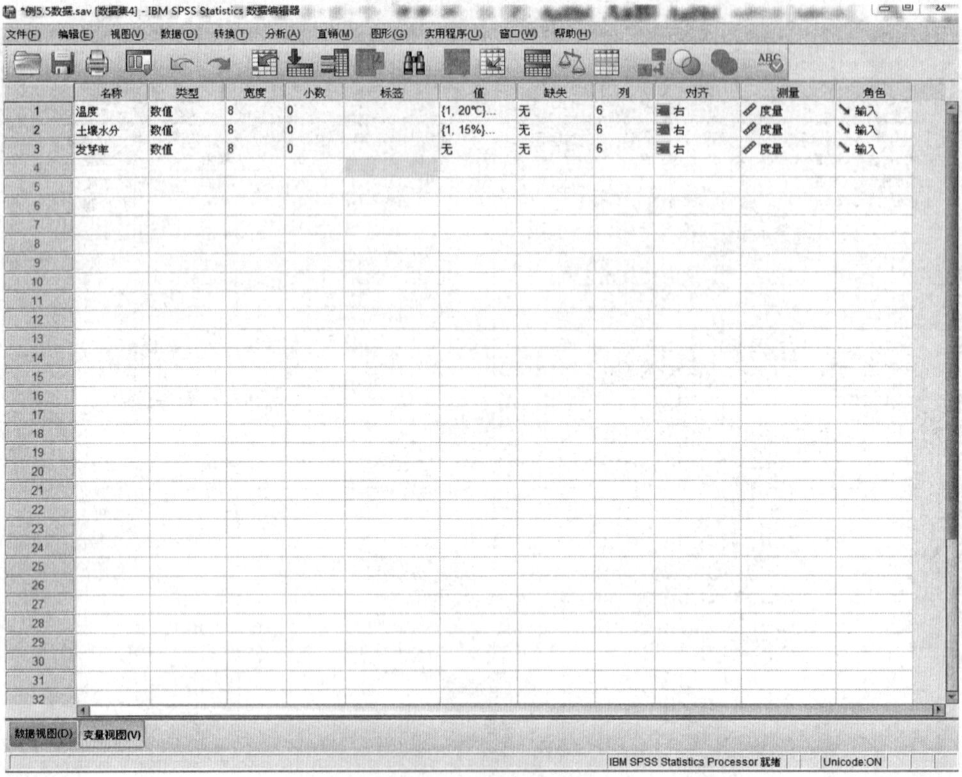


图 5.42 变量视图窗口

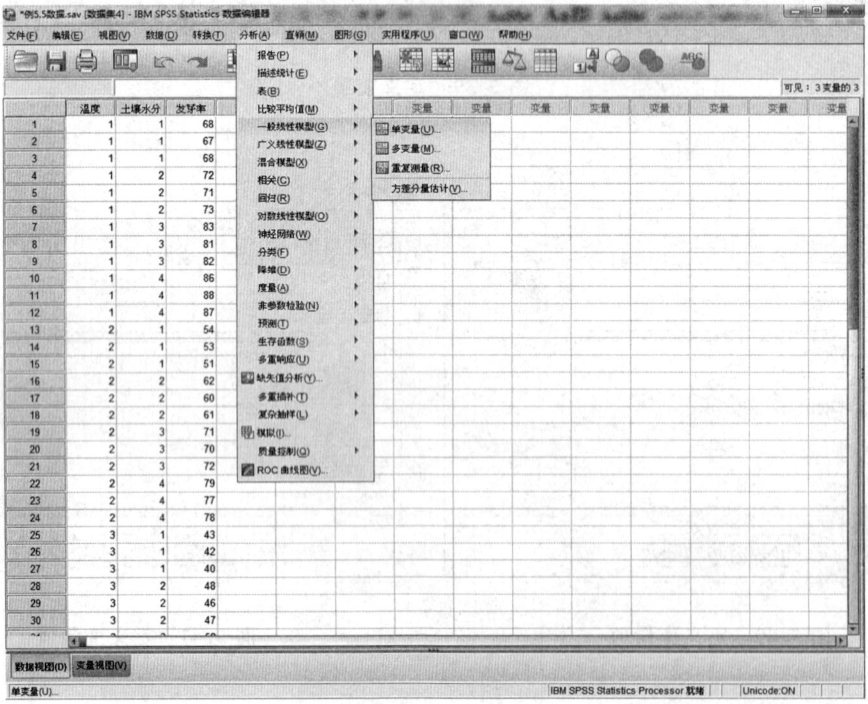


图 5.43 双因素有重复单变量方差分析

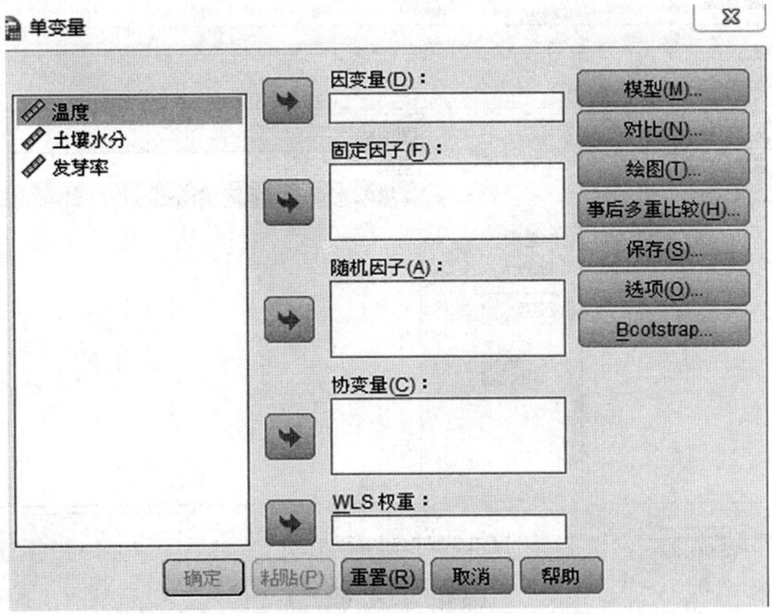


图 5.44　变量设置窗口

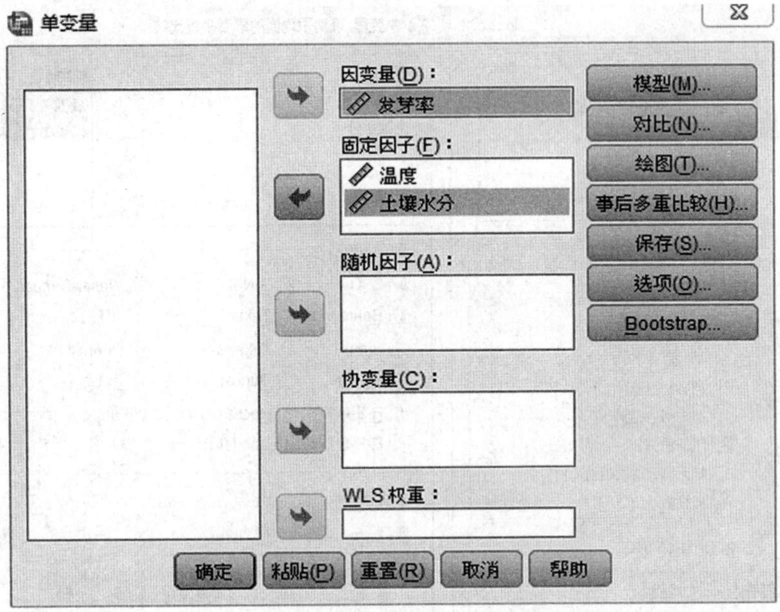


图 5.45　设置变量

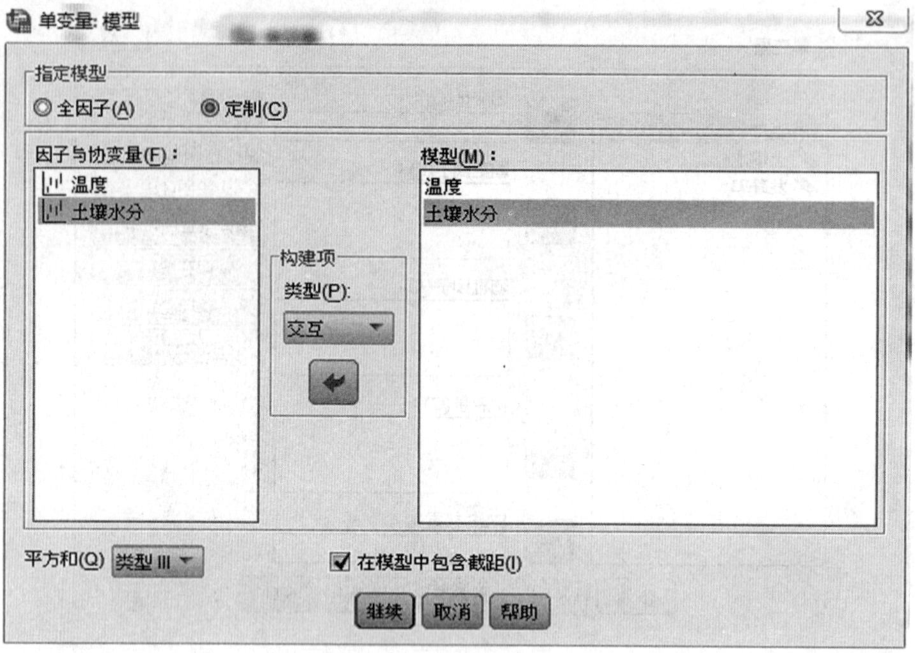


图 5.46　模型设置

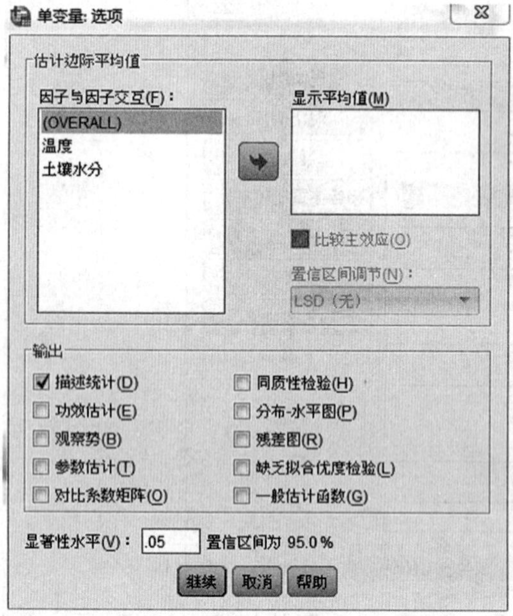


图 5.47　选项设置

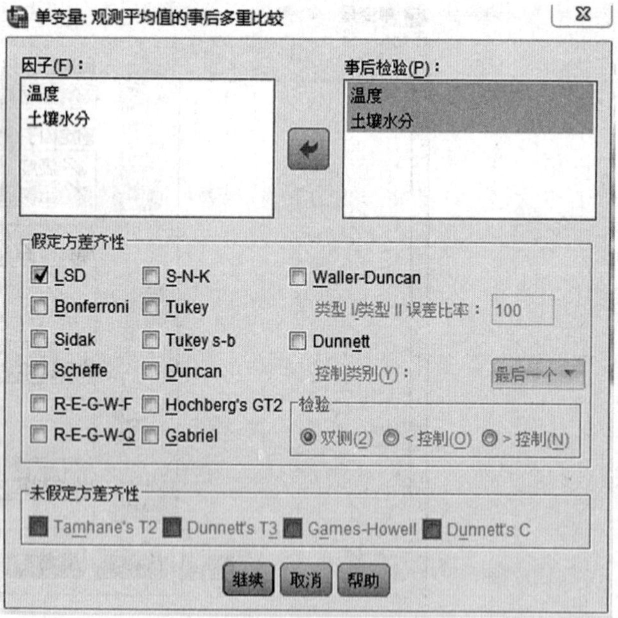


图 5.48　多重比较设置

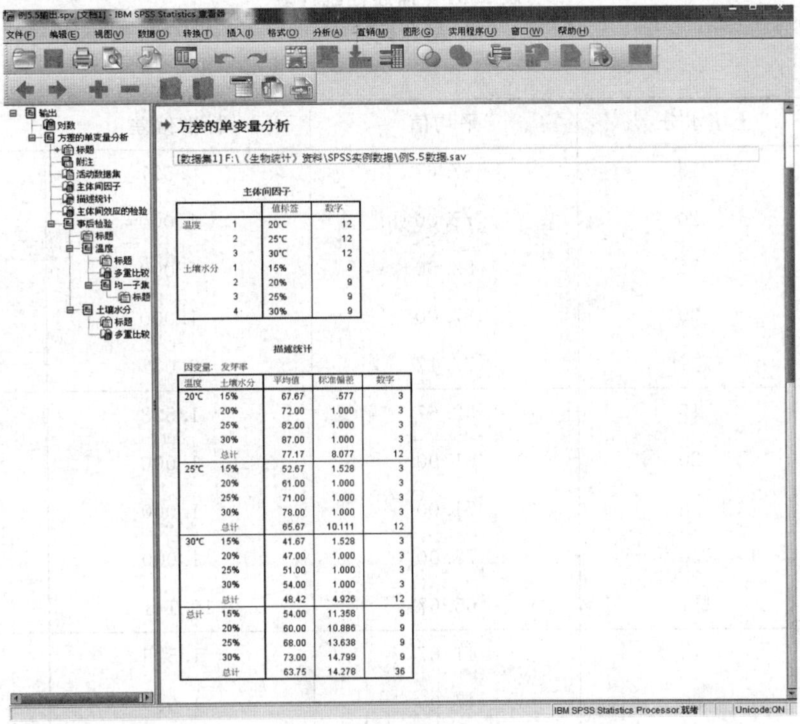


**图 5.49　结果输出**

**表 5.30　主体因子表**

**主体间因子**

| | | 值标签 | 数字 |
|---|---|---|---|
| 温度 | 1 | 20℃ | 12 |
| | 2 | 25℃ | 12 |
| | 3 | 30℃ | 12 |
| 土壤水分 | 1 | 15% | 9 |
| | 2 | 20% | 9 |
| | 3 | 25% | 9 |
| | 4 | 30% | 9 |

**结果分析：**

表 5.30 主要显示了该资料主体因子的因素及水平；由表可知，该数据资料有两个影响因素，分别是温度和土壤水分；其中，温度因素有 3 个水平，分别是 20℃、25℃、30℃；土壤水分有 4 个水平，分别是 15%、20%、25%、30%；每个条件下均设置有三个重复。

**表 5.31 描述性统计表**

**描述统计**

因变量:发芽率

| 温度/℃ | 土壤水分/% | 平均值 | 标准偏差 | 数字 |
|---|---|---|---|---|
| 20 | 15 | 67.67 | .577 | 3 |
| | 20 | 72.00 | 1.000 | 3 |
| | 25 | 82.00 | 1.000 | 3 |
| | 30 | 87.00 | 1.000 | 3 |
| | 总计 | 77.17 | 8.077 | 12 |
| 25 | 15 | 52.67 | 1.528 | 3 |
| | 20 | 61.00 | 1.000 | 3 |
| | 25 | 71.00 | 1.000 | 3 |
| | 30 | 78.00 | 1.000 | 3 |
| | 总计 | 65.67 | 10.111 | 12 |
| 30 | 15 | 41.67 | 1.528 | 3 |
| | 20 | 47.00 | 1.000 | 3 |
| | 25 | 51.00 | 1.000 | 3 |
| | 30 | 54.00 | 1.000 | 3 |
| | 总计 | 48.42 | 4.926 | 12 |
| 总计 | 15 | 54.00 | 11.358 | 9 |
| | 20 | 60.00 | 10.886 | 9 |
| | 25 | 68.00 | 13.638 | 9 |
| | 30 | 73.00 | 14.799 | 9 |
| | 总计 | 63.75 | 14.278 | 36 |

**结果分析:**

表5.31主要显示了该资料的一般性描述指标,包括各样本的样本数,均值,标准差;由表可知,温度为20℃时,15%的土壤水分条件下该植被发芽率的平均值是67.67%,20%的土壤水分条件下该植被发芽率的平均值是72%,25%的土壤水分条件下该植被发芽率的平均值是82%,30%的土壤水分条件下该植被发芽率的平均值是87%,该单元植被的发芽率平均值为77.17%,标准差是8.077;……;温度为30℃时,15%的土壤水分条件下该植被发芽率的平均值是41.67%,20%的土壤水分条件下该植被发芽率的平均值是47%,25%的土壤水分条件下该植被发芽率的平均值是51%,30%的土壤水分条件下该植被发芽率的平均值是54%,该单元植被的发芽率平均值为48.42%,标准差是4.926。

**表 5.32　主体间效应的方差分析表**

**主体间效应的检验**

因变量:发芽率

| 源 | Ⅲ类平方和 | 自由度 | 均方 | $F$ | 显著性 |
|---|---|---|---|---|---|
| 模型 | 153246.500[a] | 6 | 25541.083 | 3939.499 | .000 |
| 温度 | 5025.500 | 2 | 2512.750 | 387.571 | .000 |
| 土壤水分 | 1914.750 | 3 | 638.250 | 98.445 | .000 |
| 错误 | 194.500 | 30 | 6.483 | | |
| 总计 | 153441.000 | 36 | | | |

a. $R^2$=.999(调整后的 $R$=.998)

**结果分析:**

表 5.32 主要显示了方差分析中各因素样本的差异程度及显著性;由表可知,温度的统计量 $F$ 值为 387.571,显著性为 0.000,即 $P<0.01$,差异极显著;土壤水分的统计量 $F$ 值为 98.445,显著性为 0.000,即 $P<0.01$,差异极显著。

**表 5.33　不同温度下各变量的多重比较表**

**多重比较**

因变量:发芽率

LSD(L)

| (I) 温度/℃ | (J) 温度/℃ | 平均值差值(I-J) | 标准错误 | 显著性 | 95% 的置信区间 | |
|---|---|---|---|---|---|---|
| | | | | | 下限值 | 上限 |
| 20 | 25 | 11.50* | 1.039 | .000 | 9.38 | 13.62 |
| | 30 | 28.75* | 1.039 | .000 | 26.63 | 30.87 |
| 25 | 20 | −11.50* | 1.039 | .000 | −13.62 | −9.38 |
| | 30 | 17.25* | 1.039 | .000 | 15.13 | 19.37 |
| 30 | 20 | −28.75* | 1.039 | .000 | −30.87 | −26.63 |
| | 25 | −17.25* | 1.039 | .000 | −19.37 | −15.13 |

基于观察到的平均值。

误差项是均方(误差)=6.483。

*. 均值差的显著性水平为 .05。

**结果分析:**

表 5.33 主要显示了方差分析中采用 LSD 法对温度因素样本均数间两两的多重比较结果;由表可知,20℃与 25℃的显著性为 0.000,即 $P<0.01$,差异极显著;20℃与 30℃的显著性为 0.000,即 $P<0.01$,差异极显著;25℃与 30℃的显著性为 0.000,即 $P<0.01$,差异极显著。不同温度下该植被发芽率均达到极显著水平(表 5.34)。

**表 5.34 不同温度下植被发芽率差异显著性**

| 温度/℃ | 平均值 | 差异显著性 | |
|---|---|---|---|
| | | α=0.05 | α=0.01 |
| 30 | 1.230 | a | A |
| 25 | 65.67 | b | B |
| 20 | 77.17 | c | C |

**表 5.35 不同土壤水分下各变量的多重比较表**

**多重比较**

因变量:发芽率

LSD(L)

| (I)土壤水分/% | (J)土壤水分/% | 平均值差值(I-J) | 标准错误 | 显著性 | 95% 的置信区间 | |
|---|---|---|---|---|---|---|
| | | | | | 下限值 | 上限值 |
| 15 | 20 | −6.00* | 1.200 | .000 | −8.45 | −3.55 |
| | 25 | −14.00* | 1.200 | .000 | −16.45 | −11.55 |
| | 30 | −19.00* | 1.200 | .000 | −21.45 | −16.55 |
| 20 | 15 | 6.00* | 1.200 | .000 | 3.55 | 8.45 |
| | 25 | −8.00* | 1.200 | .000 | −10.45 | −5.55 |
| | 30 | −13.00* | 1.200 | .000 | −15.45 | −10.55 |
| 25 | 15 | 14.00* | 1.200 | .000 | 11.55 | 16.45 |
| | 20 | 8.00* | 1.200 | .000 | 5.55 | 10.45 |
| | 30 | −5.00* | 1.200 | .000 | −7.45 | −2.55 |
| 30 | 15 | 19.00* | 1.200 | .000 | 16.55 | 21.45 |
| | 20 | 13.00* | 1.200 | .000 | 10.55 | 15.45 |
| | 25 | 5.00* | 1.200 | .000 | 2.55 | 7.45 |

基于观察到的平均值。

误差项是均方(误差)=6.483。

*.均值差的显著性水平为 .05。

**结果分析:**

表 5.35 主要显示了方差分析中采用 LSD 法对土壤水分因素样本均数间两两的多重比较结果;由表可知,15%与 20%的显著性为 0.000,即 $P<0.01$,差异极显著;15%与 25%的显著性为 0.000,即 $P<0.01$,差异极显著;15%与 30%的显著性为 0.000,即 $P<0.01$,差异极显著;20%与 25%的显著性为 0.001,即 $P<0.01$,差异极显著;20%与 30%的显著性为 0.000,即 $P<0.01$,差异极显著;25%与 30%的显著性为 0.000,即 $P<0.01$,差异极显著。不同土壤水分条件下该植被发芽率差异均达到了极显著水平(表 5.36)。

表 5.36 不同 PEG 浓度下景天植物脯氨酸含量差异显著性

| 含量/% | 平均值 | 差异显著性 | |
|---|---|---|---|
| | | $\alpha=0.05$ | $\alpha=0.01$ |
| 15 | 54.00 | a | A |
| 20 | 60.00 | b | B |
| 25 | 68.00 | c | C |
| 30 | 73.00 | d | D |

**结论：**

由以上结果分析说明在不同温度不同土壤水分条件下，该植被发芽率差异极显著，分别对两个因素的作用作多重比较，在两个因素水平下，样本两两间均呈现出了极显著水平，由此表明不同的温度和不同的土壤水分条件是影响该植被发芽率的重要因素。

(2)多变量。

【例 5.6】不同地区样地中不同坡位土壤样品的养分含量差异见表 5.37。

表 5.37 不同地区样地中不同坡位土壤样品的养分含量

| 地区 | 坡位 | 全氮/(g/kg) | 全磷/(g/kg) | 全钾/(g/kg) |
|---|---|---|---|---|
| 黔中 | 坡下部 | 0.330 | 0.067 | 0.932 |
| | | 0.324 | 0.069 | 0.975 |
| | | 0.314 | 0.068 | 0.98 |
| | 坡中部 | 0.116 | 0.035 | 0.733 |
| | | 0.117 | 0.035 | 0.748 |
| | | 0.112 | 0.036 | 0.74 |
| | 坡上部 | 0.029 | 0.014 | 0.48 |
| | | 0.031 | 0.016 | 0.482 |
| | | 0.029 | 0.019 | 0.485 |
| 黔西 | 坡下部 | 1.618 | 0.076 | 1.419 |
| | | 1.681 | 0.075 | 1.469 |
| | | 1.681 | 0.073 | 1.41 |

续表 5.37

| 地区 | 坡位 | 全氮/(g/kg) | 全磷/(g/kg) | 全钾/(g/kg) |
|---|---|---|---|---|
| | 坡中部 | 0.731 | 0.038 | 1.107 |
| | | 0.741 | 0.04 | 1.103 |
| | | 0.735 | 0.042 | 1.105 |
| | 坡上部 | 0.519 | 0.029 | 0.963 |
| | | 0.543 | 0.027 | 0.9613 |
| | | 0.561 | 0.028 | 0.969 |
| 黔南 | 坡下部 | 0.38 | 0.099 | 1.66 |
| | | 0.38 | 0.096 | 1.663 |
| | | 0.39 | 0.097 | 1.64 |
| | 坡中部 | 0.255 | 0.055 | 1.255 |
| | | 0.27 | 0.0543 | 1.252 |
| | | 0.264 | 0.053 | 1.254 |
| | 坡上部 | 0.12 | 0.038 | 0.996 |
| | | 0.13 | 0.037 | 0.962 |
| | | 0.11 | 0.035 | 0.972 |

建立好相应的数据文件后，在变量视图窗口中，对相应变量进行设置(图 5.50)，定义变量值，单击“值”列单元格中的按钮，在弹出的“值标签”对话框中，对各变量的不同事件或样本进行编码，针对地区变量，黔中以“1”代表，黔西以“2”代表，黔南以“3”代表(图 5.51)；针对坡位变量，坡下部以“1”代表，坡中部以“2”代表，坡上部以“3”代表(图 5.52)；即完成变量的定义(图 5.53)。

设置完成后，切换到数据视图窗口，在数据视图窗口，依次点击“分析”——“一般线性模型”——“多变量”(图 5.54)，在弹出的“多变量”对话框中(图 5.55)，进行变量设置，将“地区”和“坡位”选入“固定因子”中，将“全氮”“全磷”“全钾”均选入“因变量”中(图 5.56)；点击“模型”命令，选中“定制”，将“地区”和“坡位”同时选到“模型”一栏中，在“类型”的下拉列表中选择“主效应”，勾选“在模型中包含截距”(图 5.57)；点击“选项”命令，勾选“描述统计”，将“显著性水平”设置为“0.05”(图 5.58)；点击“事后多重比较”命令，将“地区”和“坡位”选到“事后检验”一栏，勾选“LSD”(图 5.59)；单击确定后弹出结果输出窗口(图 5.60)，即完成相应的数据分析。

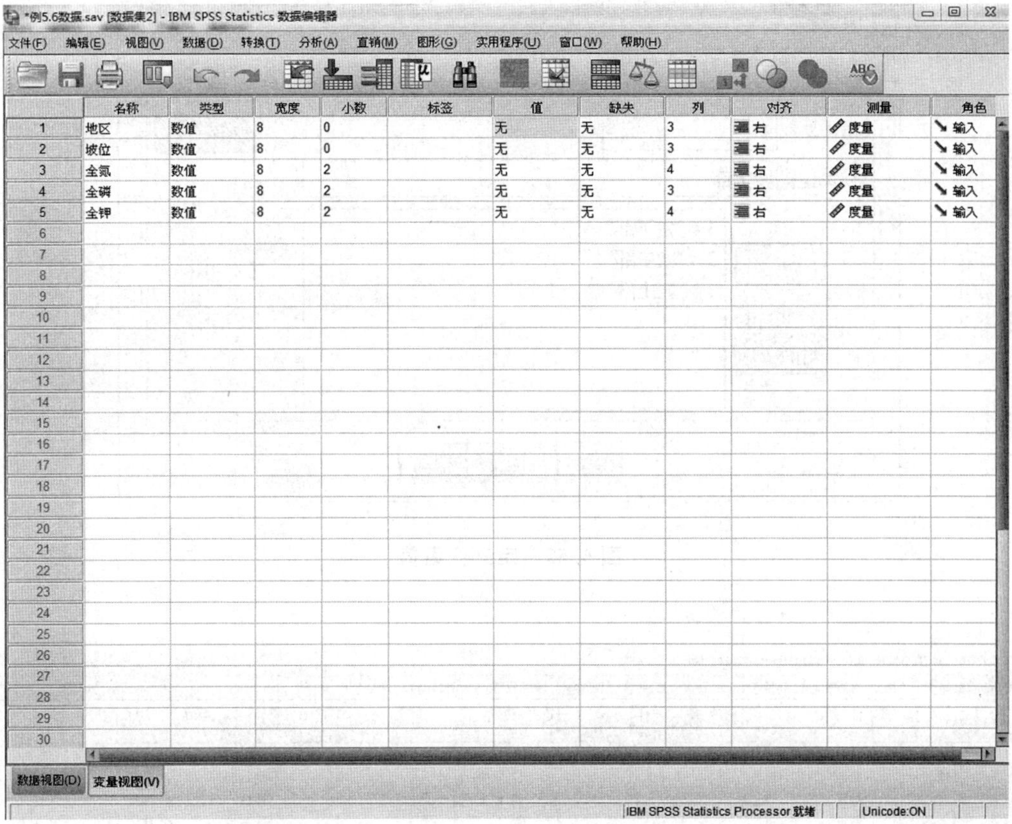


图 5.50　定义变量

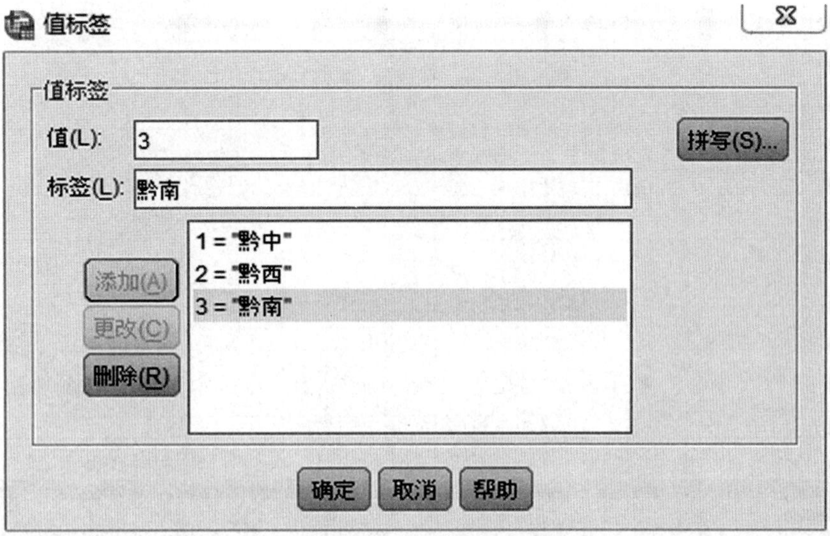


图 5.51　定义变量值

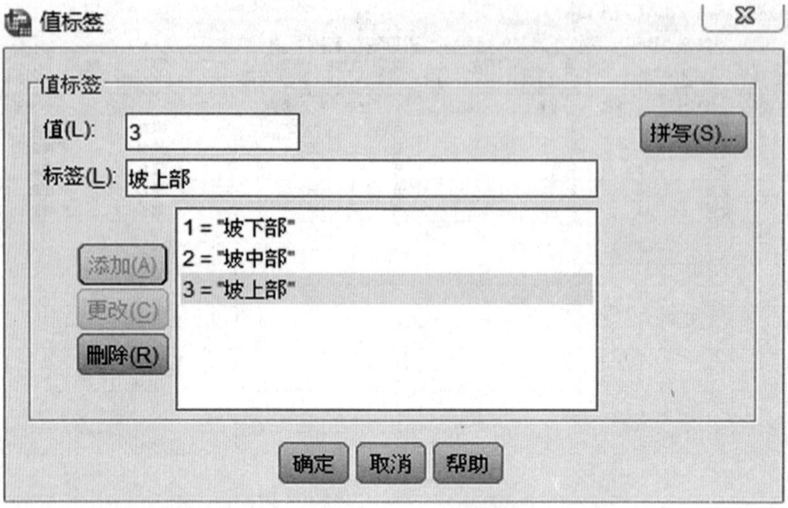


图 5.52　定义变量值

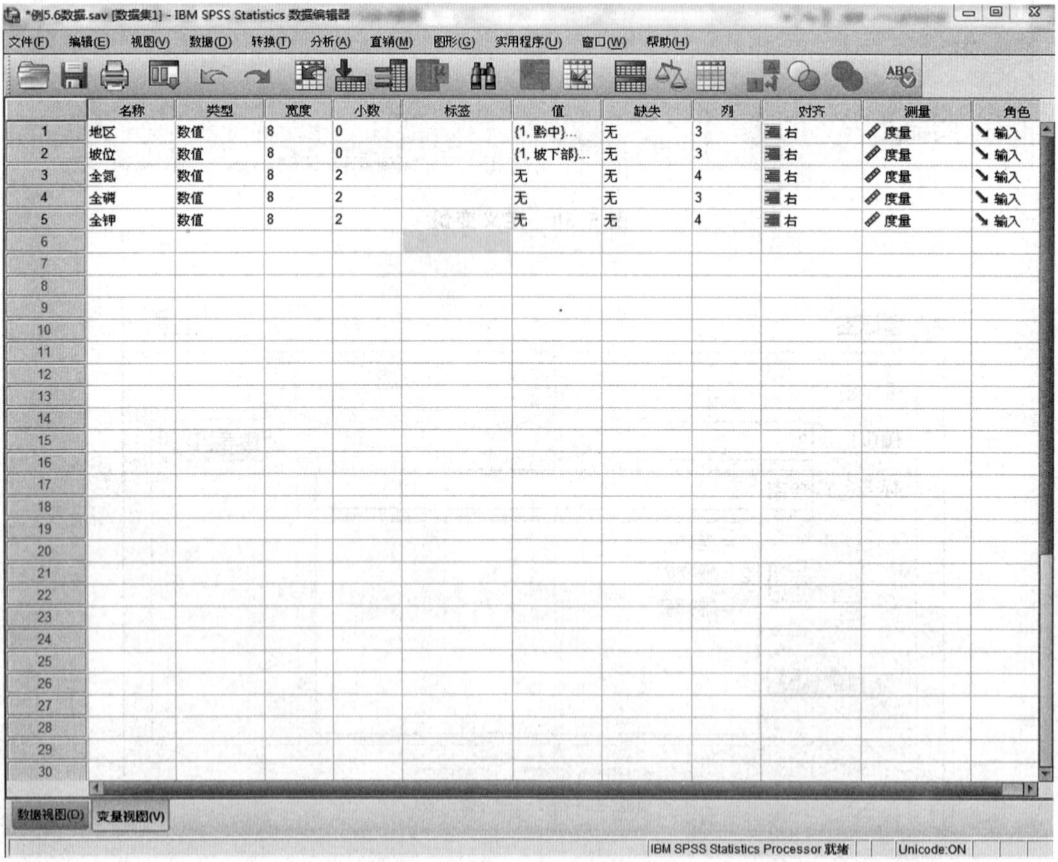


图 5.53　变量视图窗口

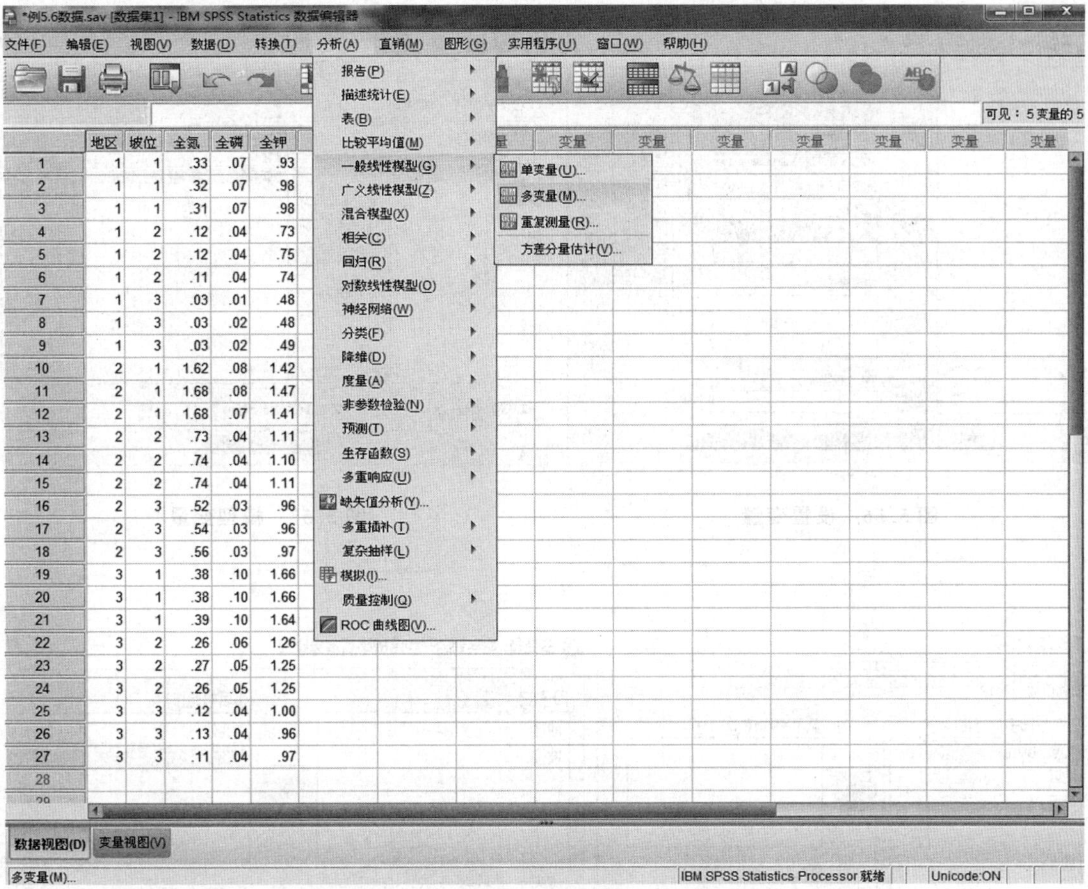


图 5.54　双因素有重复多变量方差分析

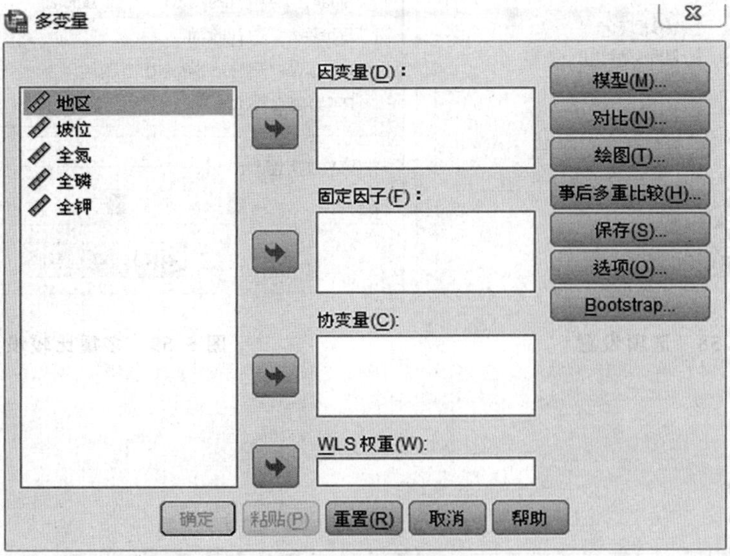


图 5.55　变量设置窗口

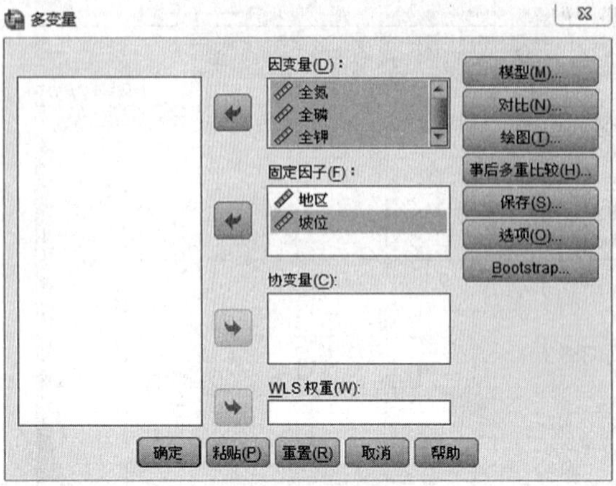


图 5.56 设置变量

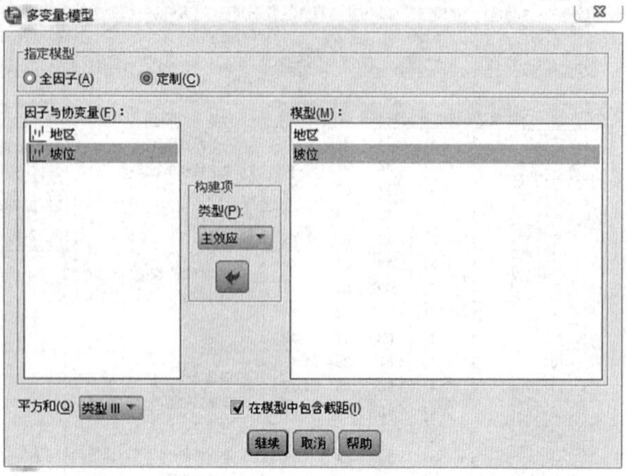


图 5.57 模型变量

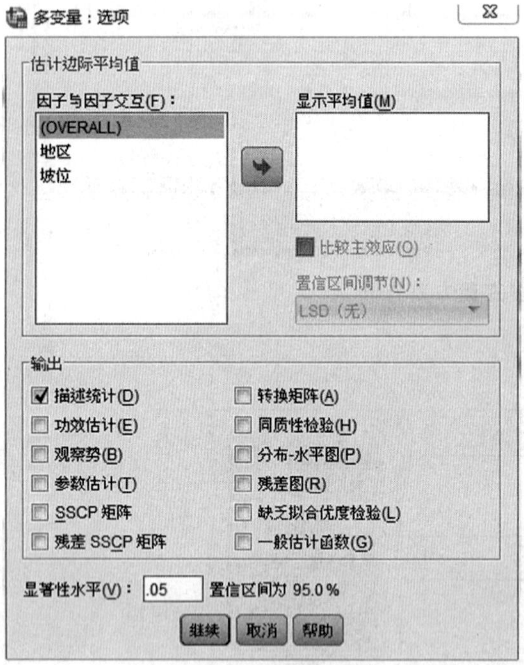


图 5.58 选项设置

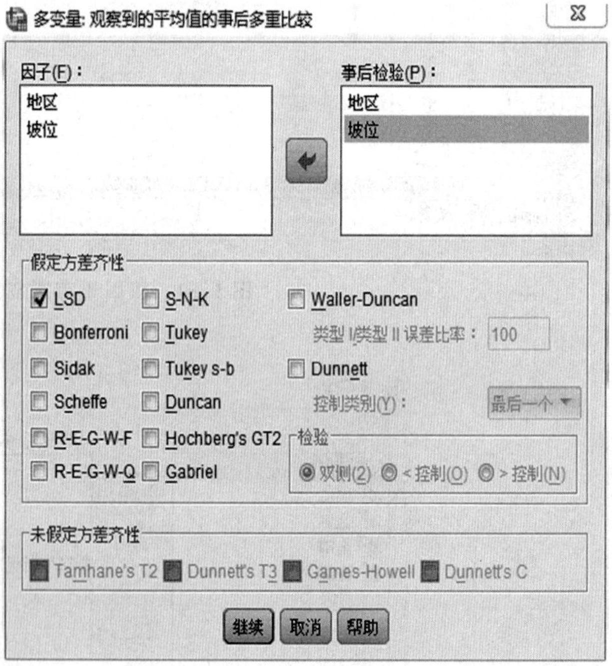


图 5.59 多重比较设置

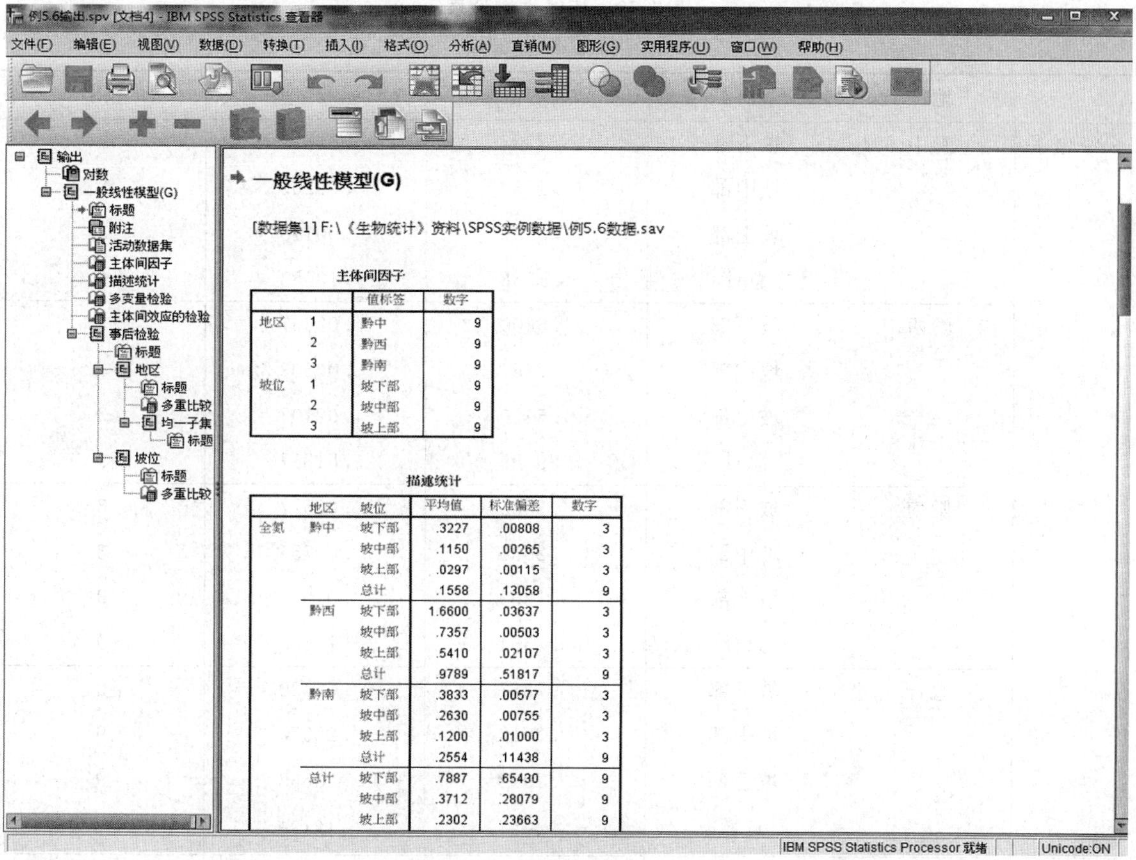


**图 5.60　结果输出**

**表 5.38　主体因子表**

**主体间因子**

| | | 值标签 | 数字 |
|---|---|---|---|
| 地区 | 1 | 黔中 | 9 |
| | 2 | 黔西 | 9 |
| | 3 | 黔南 | 9 |
| 坡位 | 1 | 坡下部 | 9 |
| | 2 | 坡中部 | 9 |
| | 3 | 坡上部 | 9 |

**结果分析：**

表 5.38 主要显示了该资料主体因子的因素及水平；由表可知，该数据资料有两个影响因素，分别是地区和坡位；其中，地区因素有 3 个水平，分别是黔中、黔西、黔南；坡位也是 3 个水平，分别是坡下部、坡中部、坡上部；每个条件下分别设置三个重复。

**表 5.39 描述性统计表**

**描述统计**

| | 地区 | 坡位 | 平均值 | 标准偏差 | 数字 |
|---|---|---|---|---|---|
| 全氮 | 黔中 | 坡下部 | .3227 | .00808 | 3 |
| | | 坡中部 | .1150 | .00265 | 3 |
| | | 坡上部 | .0297 | .00115 | 3 |
| | | 总计 | .1558 | .13058 | 9 |
| | 黔西 | 坡下部 | 1.6600 | .03637 | 3 |
| | | 坡中部 | .7357 | .00503 | 3 |
| | | 坡上部 | .5410 | .02107 | 3 |
| | | 总计 | .9789 | .51817 | 9 |
| | 黔南 | 坡下部 | .3833 | .00577 | 3 |
| | | 坡中部 | .2630 | .00755 | 3 |
| | | 坡上部 | .1200 | .01000 | 3 |
| | | 总计 | .2554 | .11438 | 9 |
| | 总计 | 坡下部 | .7887 | .65430 | 9 |
| | | 坡中部 | .3712 | .28079 | 9 |
| | | 坡上部 | .2302 | .23663 | 9 |
| | | 总计 | .4634 | .48125 | 27 |
| 全磷 | 黔中 | 坡下部 | .0680 | .00100 | 3 |
| | | 坡中部 | .0353 | .00058 | 3 |
| | | 坡上部 | .0163 | .00252 | 3 |
| | | 总计 | .0399 | .02267 | 9 |
| | 黔西 | 坡下部 | .0747 | .00153 | 3 |
| | | 坡中部 | .0400 | .00200 | 3 |
| | | 坡上部 | .0280 | .00100 | 3 |
| | | 总计 | .0476 | .02103 | 9 |
| | 黔南 | 坡下部 | .0973 | .00153 | 3 |
| | | 坡中部 | .0541 | .00101 | 3 |
| | | 坡上部 | .0367 | .00153 | 3 |
| | | 总计 | .0627 | .02708 | 9 |
| | 总计 | 坡下部 | .0800 | .01337 | 9 |
| | | 坡中部 | .0431 | .00854 | 9 |
| | | 坡上部 | .0270 | .00897 | 9 |
| | | 总计 | .0500 | .02476 | 27 |

续表面 5.39

| | 地区 | 坡位 | 平均值 | 标准偏差 | 数字 |
|---|---|---|---|---|---|
| 全钾 | 黔中 | 坡下部 | .9623 | .02639 | 3 |
| | | 坡中部 | .7403 | .00751 | 3 |
| | | 坡上部 | .4823 | .00252 | 3 |
| | | 总计 | .7283 | .20850 | 9 |
| | 黔西 | 坡下部 | 1.4327 | .03179 | 3 |
| | | 坡中部 | 1.1050 | .00200 | 3 |
| | | 坡上部 | .9644 | .00405 | 3 |
| | | 总计 | 1.1674 | .20869 | 9 |
| | 黔南 | 坡下部 | 1.6543 | .01250 | 3 |
| | | 坡中部 | 1.2537 | .00153 | 3 |
| | | 坡上部 | .9767 | .01747 | 3 |
| | | 总计 | 1.2949 | .29526 | 9 |
| | 总计 | 坡下部 | 1.3498 | .30679 | 9 |
| | | 坡中部 | 1.0330 | .22878 | 9 |
| | | 坡上部 | .8078 | .24433 | 9 |
| | | 总计 | 1.0635 | .33875 | 27 |

**结果分析：**

表5.39主要显示了该资料的一般性描述指标，包括各样本的变量数、样本数，均值，标准差；由表可知，全氮在黔中地区的坡下部时平均值为0.3227，标准差为0.0081，在坡中部的平均值是0.115，标准差为0.0027，在坡上部的平均值是0.0297，标准差为0.0012；在黔西地区的坡下部时平均值为1.66，标准差为0.0364，在坡中部的平均值是0.7357，标准差为0.005，在坡上部的平均值是0.541，标准差为0.0211；在黔南地区的坡下部时平均值为0.3833，标准差为0.0058，在坡中部的平均值是0.263，标准差为0.0076，在坡上部的平均值是0.12，标准差为0.01。全磷……。全钾在黔中地区的坡下部时平均值为0.9623，标准差为0.0264，在坡中部的平均值是0.7403，标准差为0.0075，在坡上部的平均值是0.4823，标准差为0.0025；……；在黔南地区的坡下部时平均值1.6543，标准差为0.0125，在坡中部的平均值是1.2537，标准差为0.0015，在坡上部的平均值是0.9767，标准差为0.0175。

表 5.40 多变量检验表

多变量检验[a]

| 效应 | | 值 | $F$ | 假设自由度 | 误差自由度 | 显著性 |
|---|---|---|---|---|---|---|
| 截距 | Pillai's 轨迹 | .998 | 4167.641[b] | 3.000 | 20.000 | .000 |
| | Wilks' Lambda | .002 | 4167.641[b] | 3.000 | 20.000 | .000 |
| | Hotelling's 轨迹 | 625.146 | 4167.641[b] | 3.000 | 20.000 | .000 |
| | Roy 最大根 | 625.146 | 4167.641[b] | 3.000 | 20.000 | .000 |
| 地区 | Pillai's 轨迹 | 1.829 | 75.045 | 6.000 | 42.000 | .000 |
| | Wilks' Lambda | .004 | 103.065[b] | 6.000 | 40.000 | .000 |
| | Hotelling's 轨迹 | 44.229 | 140.060 | 6.000 | 38.000 | .000 |
| | Roy 最大根 | 38.343 | 268.404[c] | 3.000 | 21.000 | .000 |
| 坡位 | Pillai's 轨迹 | 1.501 | 21.040 | 6.000 | 42.000 | .000 |
| | Wilks' Lambda | .003 | 106.913[b] | 6.000 | 40.000 | .000 |
| | Hotelling's 轨迹 | 142.924 | 452.591 | 6.000 | 38.000 | .000 |
| | Roy 最大根 | 141.892 | 993.246[c] | 3.000 | 21.000 | .000 |

a. 设计 ：截距＋地区＋坡位

b. 确切的统计

c. 统计量是 $F$ 的上限，$F$ 会生成显著性水平的下限。

**结果分析：**

表 5.40 主要显示了系统分别使用了 Pillai 的跟踪，Wilks 的 Lambda、Hotelling 的跟踪，Roy 的最大根 4 种方法进行检验，且这 4 种检验方法的结果其截距项的检验统计量的显著性均为 0.000，即 $P<0.01$，表示各组变量间的数据存在显著性差异，需要再进一步检验是由哪个因素所造成的影响。

表 5.41 主体间效应的方差分析表

主体间效应的检验

| 源 | 因变量 | Ⅲ类平方和 | 自由度 | 均方 | $F$ | 显著性 |
|---|---|---|---|---|---|---|
| 校正的模型 | 全氮 | 5.150[a] | 4 | 1.288 | 32.520 | .000 |
| | 全磷 | .016[b] | 4 | .004 | 372.314 | .000 |
| | 全钾 | 2.924[c] | 4 | .731 | 271.418 | .000 |
| 截距 | 全氮 | 5.797 | 1 | 5.797 | 146.414 | .000 |
| | 全磷 | .068 | 1 | .068 | 6411.374 | .000 |
| | 全钾 | 30.540 | 1 | 30.540 | 11337.870 | .000 |

续表 5.41

| 源 | 因变量 | Ⅲ类平方和 | 自由度 | 均方 | F | 显著性 |
|---|---|---|---|---|---|---|
| 地区 | 全氮 | 3.632 | 2 | 1.816 | 45.870 | .000 |
| | 全磷 | .002 | 2 | .001 | 114.966 | .000 |
| | 全钾 | 1.590 | 2 | .795 | 295.144 | .000 |
| 坡位 | 全氮 | 1.518 | 2 | .759 | 19.169 | .000 |
| | 全磷 | .013 | 2 | .007 | 629.662 | .000 |
| | 全钾 | 1.334 | 2 | .667 | 247.691 | .000 |
| 错误 | 全氮 | .871 | 22 | .040 | | |
| | 全磷 | .000 | 22 | 1.055E-5 | | |
| | 全钾 | .059 | 22 | .003 | | |
| 总计 | 全氮 | 11.819 | 27 | | | |
| | 全磷 | .084 | 27 | | | |
| | 全钾 | 33.523 | 27 | | | |
| 校正后的总变异 | 全氮 | 6.022 | 26 | | | |
| | 全磷 | .016 | 26 | | | |
| | 全钾 | 2.984 | 26 | | | |

a. $R^2=.855$（调整后的 $R^2=.829$）

b. $R^2=.985$（调整后的 $R^2=.983$）

c. $R^2=.980$（调整后的 $R^2=.977$）

**结果分析：**

表 5.41 主要显示了方差分析中各因素样本的差异程度及显著性；由表可知，不同地区全氮的统计量 $F$ 值为 45.87，显著性为 0.000，即 $P<0.01$，差异极显著，全磷的统计量 $F$ 值为 114.966，显著性为 0.000，即 $P<0.01$，差异极显著，全钾的统计量 $F$ 值为 295.144，显著性为 0.000，即 $P<0.01$，差异极显著；土壤水分的统计量 $F$ 值为 98.445，显著性为 0.000，即 $P<0.01$，差异极显著。不同坡位全氮的统计量 $F$ 值为 19.169，显著性为 0.000，即 $P<0.01$，差异极显著，全磷的统计量 $F$ 值为 114.966，显著性为 0.000，即 $P<0.01$，差异极显著，全钾的统计量 $F$ 值为 629.662，显著性为 0.000，即 $P<0.01$，差异极显著；土壤水分的统计量 $F$ 值为 247.691，显著性为 0.000，即 $P<0.01$，差异极显著。

**表 5.42 不同地区各变量的多重比较表**

**多重比较**

LSD(L)

| 因变量 | (I) 地区 | (J) 地区 | 平均值差值(I-J) | 标准错误 | 显著性 | 95% 的置信区间 | |
|---|---|---|---|---|---|---|---|
| | | | | | | 下限值 | 上限值 |
| 全氮 | 黔中 | 黔西 | -.8231* | .09380 | .000 | -1.0176 | -.6286 |
| | | 黔南 | -.0997 | .09380 | .300 | -.2942 | .0949 |
| | 黔西 | 黔中 | .8231* | .09380 | .000 | .6286 | 1.0176 |
| | | 黔南 | .7234* | .09380 | .000 | .5289 | .9180 |
| | 黔南 | 黔中 | .0997 | .09380 | .300 | -.0949 | .2942 |
| | | 黔西 | -.7234* | .09380 | .000 | -.9180 | -.5289 |
| 全磷 | 黔中 | 黔西 | -.0077* | .00153 | .000 | -.0108 | -.0045 |
| | | 黔南 | -.0228* | .00153 | .000 | -.0260 | -.0196 |
| | 黔西 | 黔中 | .0077* | .00153 | .000 | .0045 | .0108 |
| | | 黔南 | -.0151* | .00153 | .000 | -.0183 | -.0120 |
| | 黔南 | 黔中 | .0228* | .00153 | .000 | .0196 | .0260 |
| | | 黔西 | .0151* | .00153 | .000 | .0120 | .0183 |
| 全钾 | 黔中 | 黔西 | -.4390* | .02447 | .000 | -.4898 | -.3883 |
| | | 黔南 | -.5666* | .02447 | .000 | -.6173 | -.5158 |
| | 黔西 | 黔中 | .4390* | .02447 | .000 | .3883 | .4898 |
| | | 黔南 | -.1275* | .02447 | .000 | -.1783 | -.0768 |
| | 黔南 | 黔中 | .5666* | .02447 | .000 | .5158 | .6173 |
| | | 黔西 | .1275* | .02447 | .000 | .0768 | .1783 |

基于观察到的平均值。

误差项是均方(误差)=.003。

*.均值差的显著性水平为.05。

**结果分析：**

表5.42主要显示了方差分析中采用LSD法对不同地区因素各变量样本均数间两两的多重比较结果；由表可知，全氮在黔中与黔西的显著性为0.000，即 $P<0.01$，差异极显著，黔中与黔南的显著性为0.300，即 $P>0.05$，差异不显著，黔西与黔南显著性为0.000，即 $P<0.01$，差异极显著；全磷……；全钾在黔中与黔西的显著性为0.000，即 $P<0.01$，差异极显著，黔中与黔南的显著性为0.000，即 $P<0.01$，差异极显著，黔西与黔南显著性为0.000，即 $P<0.01$，差异极显著；不同地区条件下，除全氮在黔中与黔南差异不显著外，其他不同地区的各变量两两间均达到了极显著水平(表5.43)。

**表 5.43　不同地区各变量差异显著性**

| 名称 | | 平均值 | 差异显著性 | |
|---|---|---|---|---|
| | | | α=0.05 | α=0.01 |
| 全氮 | 黔中 | 0.1558 | a | A |
| | 黔南 | 0.2554 | a | A |
| | 黔西 | 0.9789 | b | B |
| 全磷 | 黔中 | 0.0399 | a | A |
| | 黔西 | 0.0476 | b | B |
| | 黔南 | 0.0627 | c | C |
| 全钾 | 黔中 | 0.7283 | a | A |
| | 黔西 | 1.1674 | b | B |
| | 黔南 | 1.2949 | c | C |

**表 5.44　不同坡位各变量的多重比较表**

**多重比较**

LSD(L)

| 因变量 | (I) 坡位 | (J) 坡位 | 平均值差值 (I-J) | 标准错误 | 显著性 | 95% 的置信区间 | |
|---|---|---|---|---|---|---|---|
| | | | | | | 下限值 | 上限 |
| 全氮 | 坡下部 | 坡中部 | .4174* | .09380 | .000 | .2229 | .6120 |
| | | 坡上部 | .5584* | .09380 | .000 | .3639 | .7530 |
| | 坡中部 | 坡下部 | −.4174* | .09380 | .000 | −.6120 | −.2229 |
| | | 坡上部 | .1410 | .09380 | .147 | −.0535 | .3355 |
| | 坡上部 | 坡下部 | −.5584* | .09380 | .000 | −.7530 | −.3639 |
| | | 坡中部 | −.1410 | .09380 | .147 | −.3355 | .0535 |
| 全磷 | 坡下部 | 坡中部 | .0369* | .00153 | .000 | .0337 | .0400 |
| | | 坡上部 | .0530* | .00153 | .000 | .0498 | .0562 |
| | 坡中部 | 坡下部 | −.0369* | .00153 | .000 | −.0400 | −.0337 |
| | | 坡上部 | .0161* | .00153 | .000 | .0130 | .0193 |
| | 坡上部 | 坡下部 | −.0530* | .00153 | .000 | −.0562 | −.0498 |
| | | 坡中部 | −.0161* | .00153 | .000 | −.0193 | −.0130 |
| 全钾 | 坡下部 | 坡中部 | .3168* | .02447 | .000 | .2660 | .3675 |
| | | 坡上部 | .5420* | .02447 | .000 | .4912 | .5927 |
| | 坡中部 | 坡下部 | −.3168* | .02447 | .000 | −.3675 | −.2660 |
| | | 坡上部 | .2252* | .02447 | .000 | .1744 | .2759 |
| | 坡上部 | 坡下部 | −.5420* | .02447 | .000 | −.5927 | −.4912 |
| | | 坡中部 | −.2252* | .02447 | .000 | −.2759 | −.1744 |

基于观察到的平均值。

误差项是均方(误差)=.003。

*. 均值差的显著性水平为 .05。

**结果分析：**

表 5.44 主要显示了方差分析中采用 LSD 法对不同坡位因素各变量样本均数间两两的多重比较结果；由表可知，全氮在坡下部与坡中部的显著性为 0.000，即 $P<0.01$，差异极显著，坡下部与坡上部的显著性为 0.000，即 $P<0.01$，差异极显著，坡中部与坡上部的显著性为 0.147，即 $P>0.05$，差异不显著；全磷……；全钾在坡下部与坡中部的显著性为 0.000，即 $P<0.01$，差异极显著，坡下部与坡上部的显著性为 0.000，即 $P<0.01$，差异极显著，坡中部与坡上部的显著性为 0.000，即 $P<0.01$，差异极显著；不同坡位条件下，除全氮在坡中部与坡上部的差异不显著外，其他不同坡位的各变量两两间均达到了极显著水平(表 5.45)。

**表 5.45 不同坡位各变量差异显著性**

| 名称 | | 平均值 | 差异显著性 | |
|---|---|---|---|---|
| | | | $\alpha=0.05$ | $\alpha=0.01$ |
| 全氮 | 坡上部 | 0.2302 | a | A |
| | 坡中部 | 0.3712 | a | A |
| | 坡下部 | 0.7887 | b | B |
| 全磷 | 坡上部 | 0.0270 | a | A |
| | 坡中部 | 0.0431 | b | B |
| | 坡下部 | 0.0800 | c | C |
| 全钾 | 坡上部 | 0.8078 | a | A |
| | 坡中部 | 1.033 | b | B |
| | 坡下部 | 1.3498 | c | C |

**结论：**

由以上结果分析说明在不同地区不同坡位条件下，土壤样品的养分含量差异极显著；分别对两个因素的作用作多重比较，在两个因素水平下，土壤样品的养分含量除全氮在黔中与黔南，及坡中部与坡上部差异部显著外，样本两两间均呈现出了极显著水平，由此表明不同的地区和不同坡位条件是影响土壤样品养分含量的重要因素。

## 5.3 多因素方差分析

### 5.3.1 多因素无重复单变量方差分析

三个及其以上的因素对因变量所产生的影响，不同处理下的观测值来设置，通过方差分析判断因变量的差异。多因素方差分析是对一个对立变量是否受一个或多个因素或变量影响而进行的方差分析；它不仅能够分析多个因素对观测变量的独立影响，更能够分析多个因素的交互作用能否对观测变量产生影响显著。

由于多因素方差分析中观察变量不仅要受到多个因素独立作用的影响，而且其因素交互作用和一些随机因素都会对变量产生影响；因此，观测变量值的波动要受到多个控制变量独立作用、控制变量交互作用及随机因素三个方面的影响。

【例 5.7】不同地区不同品种的豆种按照不同密度种植后的单株平均干物质量变化见表 5.46。

**表 5.46 不同豆种按照不同密度种植的单株平均干物质量**

| 地区 | 品种 | 密度 | 单株平均干物质量/g |
|---|---|---|---|
| 安顺 | 1# 豆 | 低密度 | 14.5 |
| | | 中密度 | 19.6 |
| | | 高密度 | 25.7 |
| | 2# 豆 | 低密度 | 7.3 |
| | | 中密度 | 12.8 |
| | | 高密度 | 18.5 |
| | 3# 豆 | 低密度 | 23.4 |
| | | 中密度 | 29.8 |
| | | 高密度 | 36.5 |
| 遵义 | 1# 豆 | 低密度 | 11.3 |
| | | 中密度 | 16.4 |
| | | 高密度 | 22.5 |
| | 2# 豆 | 低密度 | 5.1 |
| | | 中密度 | 9.6 |
| | | 高密度 | 15.3 |
| | 3# 豆 | 低密度 | 20.2 |
| | | 中密度 | 26.6 |
| | | 高密度 | 33.3 |
| 凯里 | 1# 豆 | 低密度 | 8.2 |
| | | 中密度 | 13.3 |
| | | 高密度 | 19.4 |
| | 2# 豆 | 低密度 | 4.2 |
| | | 中密度 | 6.5 |
| | | 高密度 | 12.2 |
| | 3# 豆 | 低密度 | 17.1 |
| | | 中密度 | 23.5 |
| | | 高密度 | 30.2 |

建立好相应的数据文件后，在变量视图窗口中，对相应变量进行设置(图 5.61)，定义变量值，单击“值”列单元格中的按钮，在弹出的“值标签”对话框中，对各变量的不同事件或样本进行编码，针对地区变量，安顺以“1”代表，遵义以“2”代表，凯里以“3”代表(图 5.62)；针对品种变量，1＃豆以“1”代表，2＃豆以“2”代表，3＃豆以“3”代表(图 5.63)；针对密度变量，低密度以“1”代表，中密度以“2”代表，高密度以“3”代表(图 5.64)；即完成变量的定义(图 5.65)。

设置完成后，切换到数据视图窗口，在数据视图窗口，依次点击“分析”——“一般线性模型”——“单变量”(图 5.66)，在弹出的“单变量”对话框中(图 5.67)，进行变量设置，将“地区”“品种”“密度”选入“固定因子”中，将“单株平均干物质重”选入“因变量”中(图 5.68)；点击“模型”命令，选中“定制”，将“地区”“品种”“密度”同时选到“模型”一栏中，在“类型”的下拉列表中选择“主效应”，勾选“在模型中包含截距”(图 5.69)；点击“选项”命令，勾选“描述统计”，将“显著性水平”设置为“0.05”(图 5.70)；点击“事后多重比较”命令，将“地区”“品种”“密度”选到“事后检验”一栏，勾选“LSD”(图 5.71)；单击确定后弹出结果输出窗口(图 5.72)，即完成相应的数据分析。

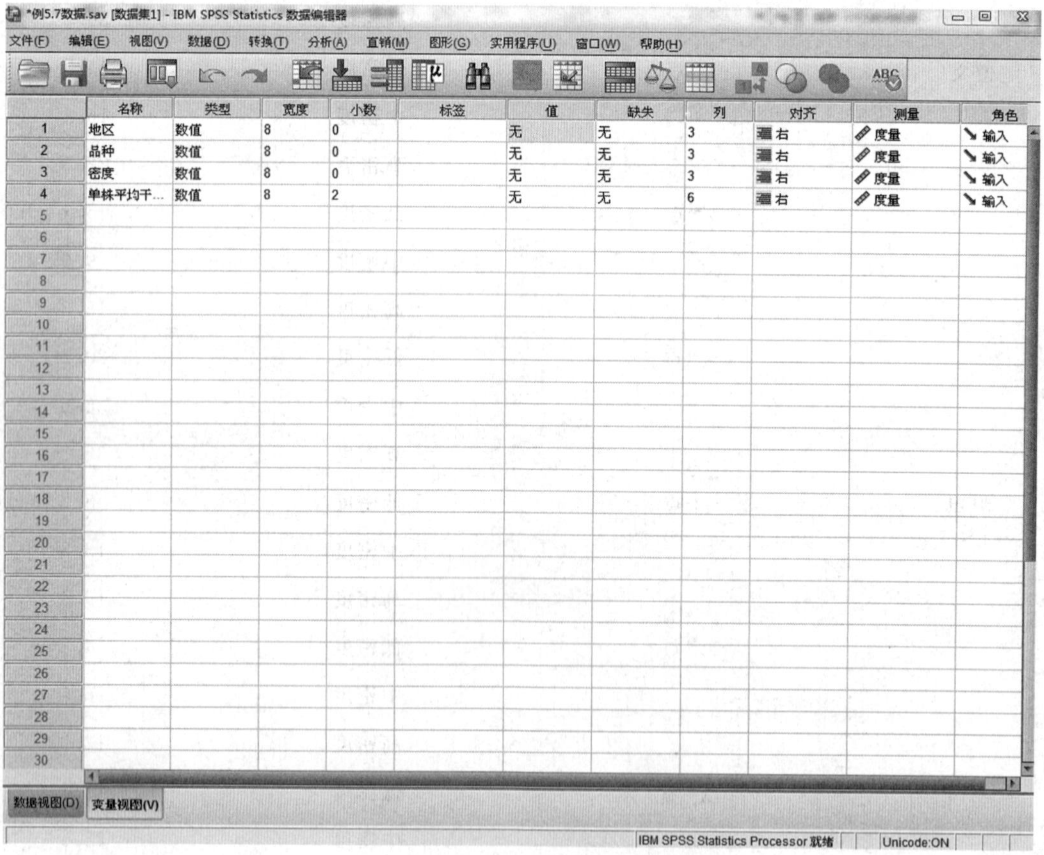


**图 5.61 定义变量**

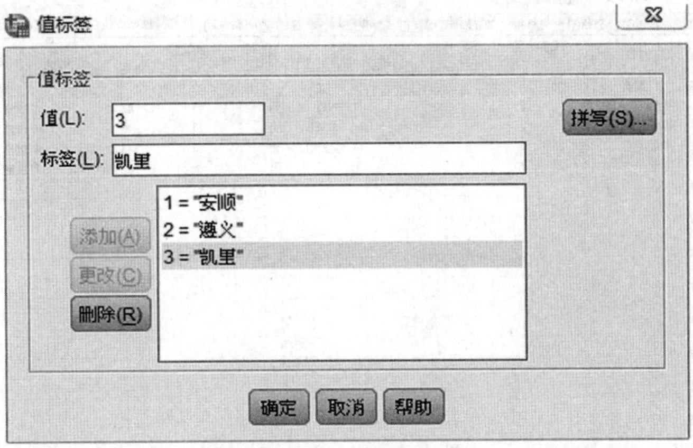


图 5.62　定义变量值

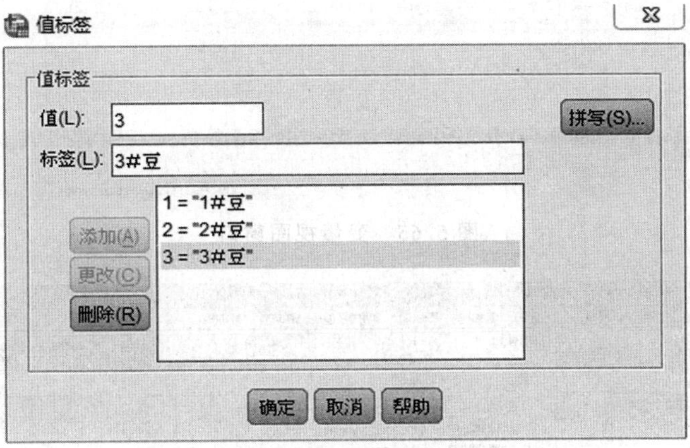


图 5.63　定义变量值

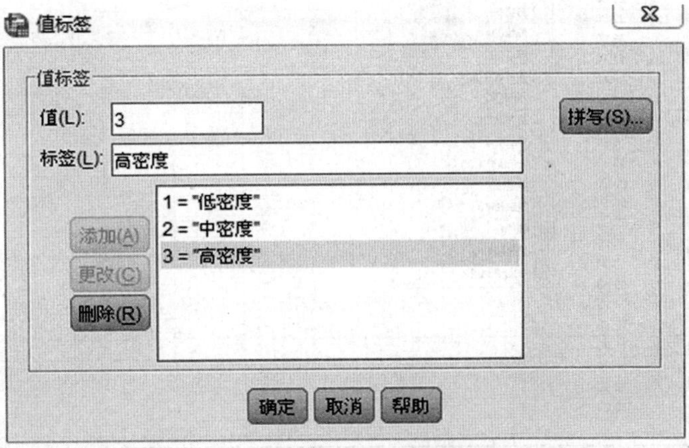


图 5.64　定义变量值

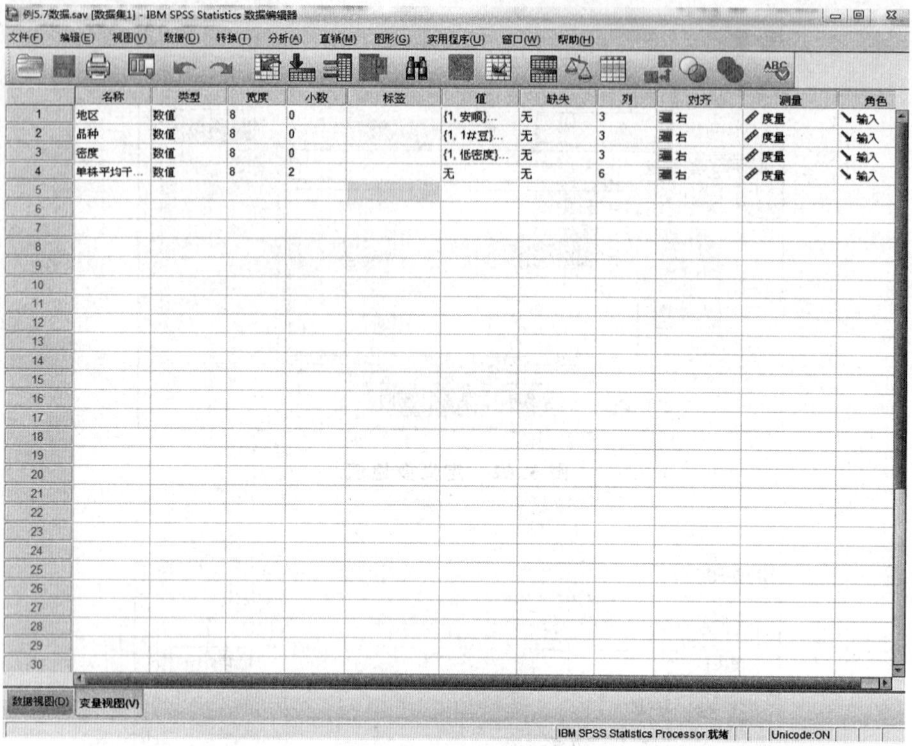


图 5.65 变量视图窗口

图 5.66 多因素无重复单变量方差分析

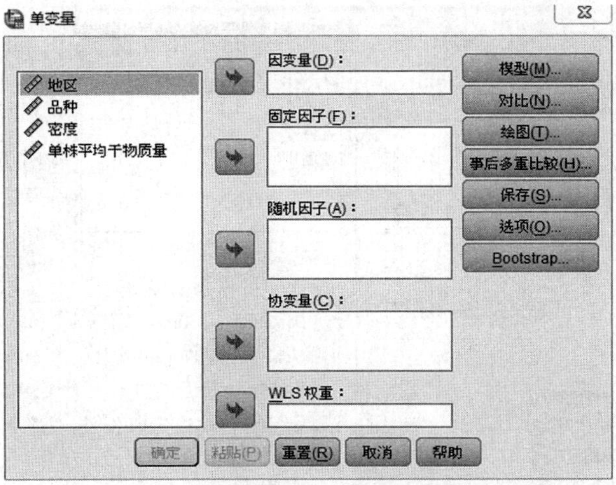


图 5.67　变量设置窗口

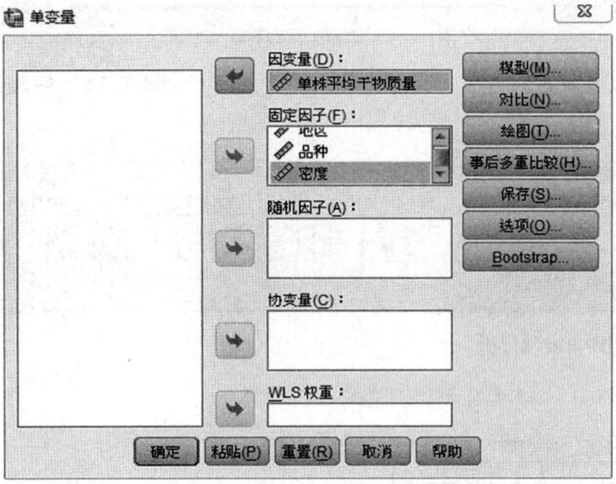


图 5.68　设置变量

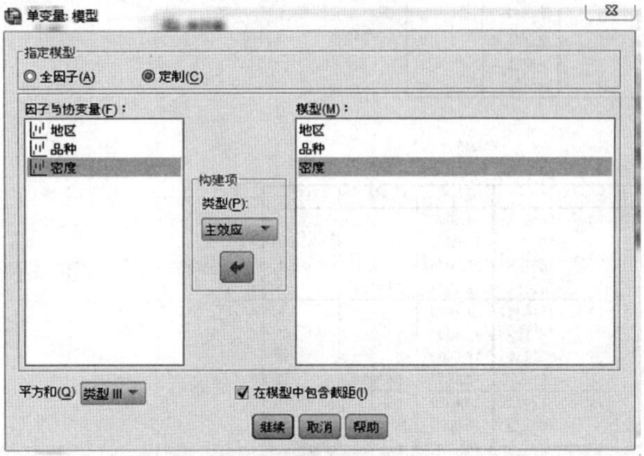


图 5.69　模型设置

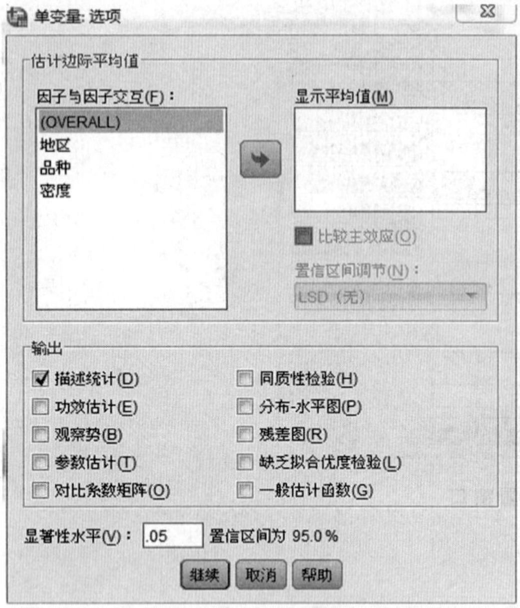


图 5.70　选项设置

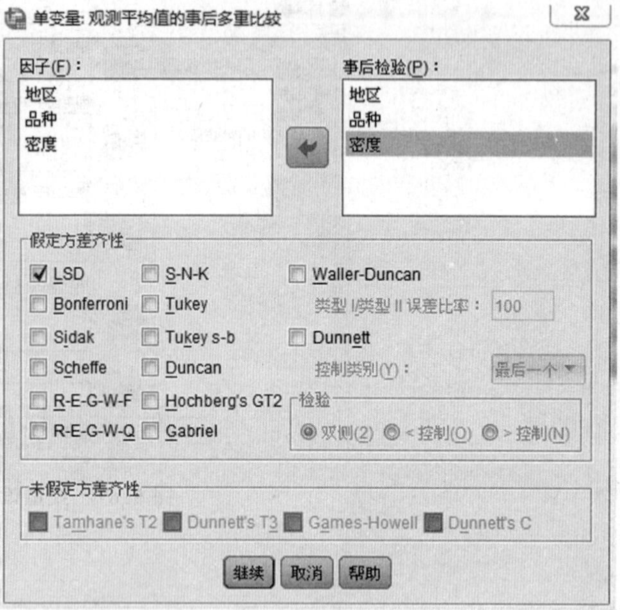


图 5.71　多重比较设置

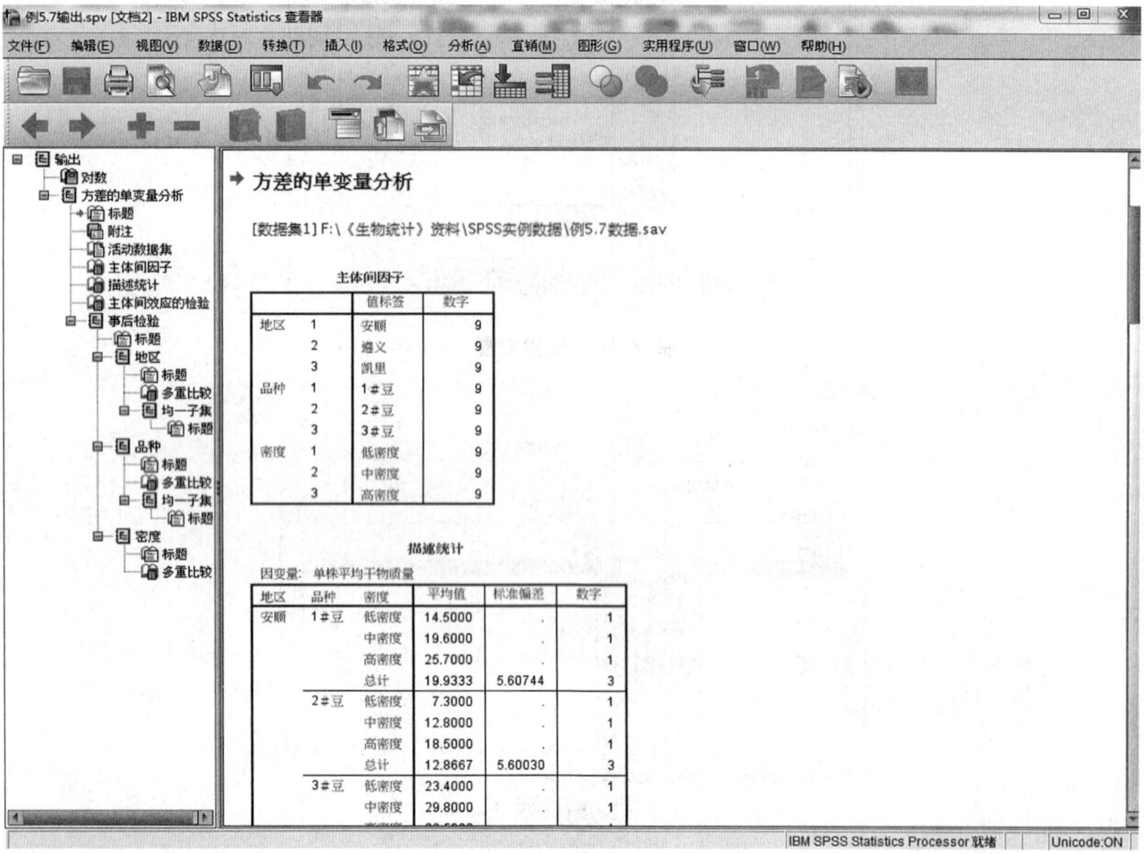


图 5.72　结果输出

**表 5.47 主体因子表**

**主体间因子**

| | | 值标签 | 数字 |
|---|---|---|---|
| 地区 | 1 | 安顺 | 9 |
| | 2 | 遵义 | 9 |
| | 3 | 凯里 | 9 |
| 品种 | 1 | 1#豆 | 9 |
| | 2 | 2#豆 | 9 |
| | 3 | 3#豆 | 9 |
| 密度 | 1 | 低密度 | 9 |
| | 2 | 中密度 | 9 |
| | 3 | 高密度 | 9 |

**结果分析：**

表5.47主要显示了该资料主体因子的因素及水平；由表可知，该数据资料有三个影响因素，分别是地区、品种和密度；其中，地区因素有3个水平，分别是安顺、遵义、凯里；品种是3个水平，分别是1#豆、2#豆、3#豆；密度也为3个水平，分别是低密度、中密度、高密度；每个条件下均无重复。

**表 5.48 描述性统计表**

**描述统计**

因变量：单株平均干物质量

| 地区 | 品种 | 密度 | 平均值 | 标准偏差 | 数字 |
|---|---|---|---|---|---|
| 安顺 | 1#豆 | 低密度 | 14.5000 | . | 1 |
| | | 中密度 | 19.6000 | . | 1 |
| | | 高密度 | 25.7000 | . | 1 |
| | | 总计 | 19.9333 | 5.60744 | 3 |
| | 2#豆 | 低密度 | 7.3000 | . | 1 |
| | | 中密度 | 12.8000 | . | 1 |
| | | 高密度 | 18.5000 | . | 1 |
| | | 总计 | 12.8667 | 5.60030 | 3 |
| | 3#豆 | 低密度 | 23.4000 | . | 1 |
| | | 中密度 | 29.8000 | . | 1 |
| | | 高密度 | 36.5000 | . | 1 |
| | | 总计 | 29.9000 | 6.55057 | 3 |
| | 总计 | 低密度 | 15.0667 | 8.06494 | 3 |
| | | 中密度 | 20.7333 | 8.55648 | 3 |
| | | 高密度 | 26.9000 | 9.05980 | 3 |
| | | 总计 | 20.9000 | 9.01970 | 9 |

续表 5.48

| 地区 | 品种 | 密度 | 平均值 | 标准偏差 | 数字 |
|---|---|---|---|---|---|
| 遵义 | 1# 豆 | 低密度 | 11.3000 | . | 1 |
| | | 中密度 | 16.4000 | . | 1 |
| | | 高密度 | 22.5000 | . | 1 |
| | | 总计 | 16.7333 | 5.60744 | 3 |
| | 2# 豆 | 低密度 | 5.1000 | . | 1 |
| | | 中密度 | 9.6000 | . | 1 |
| | | 高密度 | 15.3000 | . | 1 |
| | | 总计 | 10.0000 | 5.11175 | 3 |
| | 3# 豆 | 低密度 | 20.2000 | . | 1 |
| | | 中密度 | 26.6000 | . | 1 |
| | | 高密度 | 33.3000 | . | 1 |
| | | 总计 | 26.7000 | 6.55057 | 3 |
| | 总计 | 低密度 | 12.2000 | 7.59013 | 3 |
| | | 中密度 | 17.5333 | 8.55648 | 3 |
| | | 高密度 | 23.7000 | 9.05980 | 3 |
| | | 总计 | 17.8111 | 8.83550 | 9 |
| 凯里 | 1# 豆 | 低密度 | 8.2000 | . | 1 |
| | | 中密度 | 13.3000 | . | 1 |
| | | 高密度 | 19.4000 | . | 1 |
| | | 总计 | 13.6333 | 5.60744 | 3 |
| | 2# 豆 | 低密度 | 4.2000 | . | 1 |
| | | 中密度 | 6.5000 | . | 1 |
| | | 高密度 | 12.2000 | . | 1 |
| | | 总计 | 7.6333 | 4.11866 | 3 |
| | 3# 豆 | 低密度 | 17.1000 | . | 1 |
| | | 中密度 | 23.5000 | . | 1 |
| | | 高密度 | 30.2000 | . | 1 |
| | | 总计 | 23.6000 | 6.55057 | 3 |
| | 总计 | 低密度 | 9.8333 | 6.60328 | 3 |
| | | 中密度 | 14.4333 | 8.55648 | 3 |
| | | 高密度 | 20.6000 | 9.05980 | 3 |
| | | 总计 | 14.9556 | 8.46243 | 9 |

续表 5.48

| 地区 | 品种 | 密度 | 平均值 | 标准偏差 | 数字 |
|---|---|---|---|---|---|
| 总计 | 1# 豆 | 低密度 | 11.3333 | 3.15013 | 3 |
| | | 中密度 | 16.4333 | 3.15013 | 3 |
| | | 高密度 | 22.5333 | 3.15013 | 3 |
| | | 总计 | 16.7667 | 5.57001 | 9 |
| | 2# 豆 | 低密度 | 5.5333 | 1.59478 | 3 |
| | | 中密度 | 9.6333 | 3.15013 | 3 |
| | | 高密度 | 15.3333 | 3.15013 | 3 |
| | | 总计 | 10.1667 | 4.87494 | 9 |
| | 3# 豆 | 低密度 | 20.2333 | 3.15013 | 3 |
| | | 中密度 | 26.6333 | 3.15013 | 3 |
| | | 高密度 | 33.3333 | 3.15013 | 3 |
| | | 总计 | 26.7333 | 6.29484 | 9 |
| | 总计 | 低密度 | 12.3667 | 6.83484 | 9 |
| | | 中密度 | 17.5667 | 7.89636 | 9 |
| | | 高密度 | 23.7333 | 8.30677 | 9 |
| | | 总计 | 17.8889 | 8.78672 | 27 |

**结果分析：**

表 5.48 主要显示了该资料的一般性描述指标，包括各样本的变量数、样本数，均值，标准差；由表可知，在安顺地区，1# 豆在低、中、高密度下的值分别为 14.5、19.6、25.7，平均值为 19.933，标准差为 5.607；2# 豆在低、中、高密度下的值分别为 7.3、12.8、18.5，平均值为 12.867，标准差为 5.600；3# 豆在低、中、高密度下的值分别为 23.4、29.8、36.5，平均值为 29.900，标准差为 6.551。在遵义地区，……。在凯里地区，1# 豆在低、中、高密度下的值分别为 8.2、13.3、19.4，平均值为 13.633，标准差为 5.607；2# 豆在低、中、高密度下的值分别为 4.2、6.5、12.2，平均值为 7.633，标准差为 4.119；3# 豆在低、中、高密度下的值分别为 17.1、23.5、30.2，平均值为 23.6，标准差为 6.551。

**表 5.49 主体间效应的方差分析表**

**主体间效应的检验**

因变量：单株平均干物质量

| 源 | Ⅲ类平方和 | 自由度 | 均方 | $F$ | 显著性 |
|---|---|---|---|---|---|
| 模型 | 10634.282[a] | 7 | 1519.183 | 2264.433 | .000 |
| 地区 | 159.096 | 2 | 79.548 | 118.571 | .000 |
| 品种 | 1252.047 | 2 | 626.023 | 933.125 | .000 |
| 密度 | 582.807 | 2 | 291.403 | 434.354 | .000 |
| 错误 | 13.418 | 20 | .671 | | |
| 总计 | 10647.700 | 27 | | | |

a. $R^2$ = .999（调整后的 $R^2$ = .998）

**结果分析：**

表 5.49 主要显示了方差分析中各因素样本的差异程度及显著性；由表可知，不同地区的统计量 $F$ 值为 118.571，显著性为 0.000，即 $P<0.01$，差异极显著；不同品种的统计量 $F$ 值为 933.125，显著性为 0.000，即 $P<0.01$，差异极显著；不同密度的统计量 $F$ 值为 434.354，显著性为 0.000，即 $P<0.01$，差异极显著。

**表 5.50　不同地区各变量的多重比较表**

**多重比较**

因变量：单株平均干物质量

LSD(L)

| (I)地区 | (J)地区 | 平均值差值(I-J) | 标准错误 | 显著性 | 95％ 的置信区间 | |
|---|---|---|---|---|---|---|
| | | | | | 下限值 | 上限值 |
| 安顺 | 遵义 | 3.0889* | .38612 | .000 | 2.2835 | 3.8943 |
| | 凯里 | 5.9444* | .38612 | .000 | 5.1390 | 6.7499 |
| 遵义 | 安顺 | －3.0889* | .38612 | .000 | －3.8943 | －2.2835 |
| | 凯里 | 2.8556* | .38612 | .000 | 2.0501 | 3.6610 |
| 凯里 | 安顺 | －5.9444* | .38612 | .000 | －6.7499 | －5.1390 |
| | 遵义 | －2.8556* | .38612 | .000 | －3.6610 | －2.0501 |

基于观察到的平均值。

误差项是均方(误差)＝.671。

*. 均值差的显著性水平为 .05。

**结果分析：**

表 5.50 主要显示了方差分析中采用 LSD 法对不同地区因素各变量样本均数间两两的多重比较结果；由表可知，单株平均干物质量在安顺与遵义的显著性为 0.000，即 $P<0.01$，差异极显著；在安顺与凯里的显著性为 0.000，即 $P<0.01$，差异极显著；在遵义与凯里的显著性为 0.000，即 $P<0.01$，差异极显著。不同地区条件下，各变量两两间均达到了极显著水平（表 5.51）。

**表 5.51　不同地区单株平均干物质量的差异显著性**

| 名称 | 平均值 | 差异显著性 | |
|---|---|---|---|
| | | $\alpha=0.05$ | $\alpha=0.01$ |
| 凯里 | 14.96 | a | A |
| 遵义 | 17.81 | b | B |
| 安顺 | 20.90 | c | C |

**表 5.52 不同品种各变量的多重比较表**

**多重比较**

因变量:单株平均干物质量

LSD(L)

| (I)品种 | (J)品种 | 平均值差值(I-J) | 标准错误 | 显著性 | 95% 的置信区间 | |
|---|---|---|---|---|---|---|
| | | | | | 下限值 | 上限值 |
| 1# 豆 | 2# 豆 | 6.6000* | .38612 | .000 | 5.7946 | 7.4054 |
| | 3# 豆 | −9.9667* | .38612 | .000 | −10.7721 | −9.1612 |
| 2# 豆 | 1# 豆 | −6.6000* | .38612 | .000 | −7.4054 | −5.7946 |
| | 3# 豆 | −16.5667* | .38612 | .000 | −17.3721 | −15.7612 |
| 3# 豆 | 1# 豆 | 9.9667* | .38612 | .000 | 9.1612 | 10.7721 |
| | 2# 豆 | 16.5667* | .38612 | .000 | 15.7612 | 17.3721 |

基于观察到的平均值。

误差项是均方(误差)=.671。

*.均值差的显著性水平为 .05。

**结果分析:**

表 5.52 主要显示了方差分析中采用 LSD 法对不同品种因素各变量样本均数间两两的多重比较结果;由表可知,单株平均干物质量在 1# 豆与 2# 豆间的显著性为 0.000,即 $P<0.01$,差异极显著;在 1# 豆与 3# 豆间的显著性为 0.000,即 $P<0.01$,差异极显著;在 2# 豆与 3# 豆间的显著性为 0.000,即 $P<0.01$,差异极显著。不同品种条件下,各变量两两间均达到了极显著水平(表 5.53)。

**表 5.53 不同品种单株平均干物质量的差异显著性**

| 名称 | 平均值 | 差异显著性 | |
|---|---|---|---|
| | | $\alpha=0.05$ | $\alpha=0.01$ |
| 2# 豆 | 10.17 | a | A |
| 1# 豆 | 16.77 | b | B |
| 3# 豆 | 26.73 | c | C |

**表 5.54 不同密度各变量的多重比较表**

**多重比较**

因变量:单株平均干物质量

LSD(L)

| (I)密度 | (J)密度 | 平均值差值(I-J) | 标准错误 | 显著性 | 95% 的置信区间 | |
|---|---|---|---|---|---|---|
| | | | | | 下限值 | 上限 |
| 低密度 | 中密度 | −5.2000* | .38612 | .000 | −6.0054 | −4.3946 |
| | 高密度 | −11.3667* | .38612 | .000 | −12.1721 | −10.5612 |
| 中密度 | 低密度 | 5.2000* | .38612 | .000 | 4.3946 | 6.0054 |
| | 高密度 | −6.1667* | .38612 | .000 | −6.9721 | −5.3612 |
| 高密度 | 低密度 | 11.3667* | .38612 | .000 | 10.5612 | 12.1721 |
| | 中密度 | 6.1667* | .38612 | .000 | 5.3612 | 6.9721 |

基于观察到的平均值。

误差项是均方(误差)=.671。

*.均值差的显著性水平为.05。

**结果分析:**

表 5.54 主要显示了方差分析中采用 LSD 法对不同密度因素各变量样本均数间两两的多重比较结果;由表可知,单株平均干物质量在低密度与中密度间的显著性为 0.000,即 $P<0.01$,差异极显著;在低密度与高密度间的显著性为 0.000,即 $P<0.01$,差异极显著;在中密度与高密度间的显著性为 0.000,即 $P<0.01$,差异极显著。不同品种条件下,各变量两两间均达到了极显著水平(表 5.55)。

**表 5.55 不同密度单株平均干物质量的差异显著性**

| 名称 | 平均值 | 差异显著性 | |
|---|---|---|---|
| | | $\alpha=0.05$ | $\alpha=0.01$ |
| 低密度 | 12.37 | a | A |
| 中密度 | 17.57 | b | B |
| 高密度 | 23.73 | c | C |

**结论:**

由以上结果分析说明在不同地区不同品种的不同密度条件下,单株平均干物质量的差异极显著;分别对三个因素的作用作多重比较,在三个因素水平下,单株平均干物质量两两间均呈现出了极显著水平,由此表明不同的地区、不同品种、不同密度都是影响单株平均干物质量的重要因素。

## 5.3.2 多因素有重复单变量方差分析

三个及其以上的因素对因变量所产生的影响,不同处理下的观测值有不同程度的重复,通过方差分析判断因变量的差异。

【例 5.8】利用不同饲料喂养不同地区不同品种的仔鸡后，其成熟期的增重(kg)情况见表 5.56。

表 5.56　不同饲料喂养不同地区不同品种仔鸡后成熟期的增重值　kg

| 地区 | 品种 | 饲料种类 | | | |
|---|---|---|---|---|---|
| | | Ⅰ | Ⅱ | Ⅲ | Ⅳ |
| 贵州 | 1#种 | 1.35 | 1.06 | 1.73 | 1.22 |
| | | 1.37 | 1.05 | 1.75 | 1.25 |
| | | 1.36 | 1.07 | 1.74 | 1.23 |
| | 2#种 | 1.05 | 0.88 | 1.48 | 1.16 |
| | | 1.07 | 0.82 | 1.49 | 1.15 |
| | | 1.05 | 0.89 | 1.47 | 1.14 |
| | 3#种 | 1.42 | 1.27 | 1.81 | 1.34 |
| | | 1.44 | 1.29 | 1.8 | 1.36 |
| | | 1.45 | 1.26 | 1.82 | 1.35 |
| 云南 | 1#种 | 1.67 | 1.38 | 2.05 | 1.54 |
| | | 1.69 | 1.39 | 2.09 | 1.55 |
| | | 1.68 | 1.41 | 2.07 | 1.56 |
| | 2#种 | 1.74 | 1.59 | 2.13 | 1.66 |
| | | 1.76 | 1.58 | 2.15 | 1.68 |
| | | 1.75 | 1.56 | 2.14 | 1.67 |
| | 3#种 | 1.57 | 1.31 | 1.83 | 1.48 |
| | | 1.58 | 1.33 | 1.85 | 1.46 |
| | | 1.56 | 1.35 | 1.84 | 1.47 |
| 四川 | 1#种 | 2.32 | 2.15 | 2.69 | 2.22 |
| | | 2.36 | 2.17 | 2.67 | 2.24 |
| | | 2.35 | 2.16 | 2.65 | 2.25 |
| | 2#种 | 2.13 | 1.86 | 2.36 | 2.08 |
| | | 2.15 | 1.88 | 2.39 | 2.06 |
| | | 2.16 | 1.85 | 2.34 | 2.05 |
| | 3#种 | 2.23 | 1.94 | 2.61 | 2.14 |
| | | 2.24 | 1.97 | 2.63 | 2.16 |
| | | 2.21 | 1.95 | 2.62 | 2.15 |

建立好相应的数据文件后，在变量视图窗口中，对相应变量进行设置(图 5.73)，定义变量值，单击“值”列单元格中的按钮，在弹出的“值标签”对话框中，对各变量的不同事件或样本进行编码，针对地区变量，贵州以“1”代表，云南以“2”代表，四川以“3”代表(图 5.74)；针对品种变量，1# 种以“1”代表，2# 种以“2”代表，3# 种以“3”代表(图 5.75)；针对饲料种类变量，饲料Ⅰ以“1”代表，饲料Ⅱ以“2”代表，饲料Ⅲ以“3”代表，饲料Ⅳ以“4”代表，(图 5.76)；即完成变量的定义(图 5.77)。

设置完成后，切换到数据视图窗口，在数据视图窗口，依次点击“分析”——“一般线性模型”——“单变量”(图 5.78)，在弹出的“单变量”对话框中(图 5.79)，进行变量设置，将“地区”“品种”“饲料种类”选入“固定因子”中，将“增重”选入“因变量”中(图 5.80)；点击“模型”命令，选中“定制”，将“地区”“品种”“饲料种类”同时选到“模型”一栏中，在“类型”的下拉列表中选择“主效应”，勾选“在模型中包含截距”(图 5.81)；点击“选项”命令，勾选“描述统计”，将“显著性水平”设置为“0.05”(图 5.82)；点击“事后多重比较”命令，将“地区”“品种”“饲料种类”选到“事后检验”一栏，勾选“LSD”(图 5.83)；单击确定后弹出结果输出窗口(图 5.84)，即完成相应的数据分析。

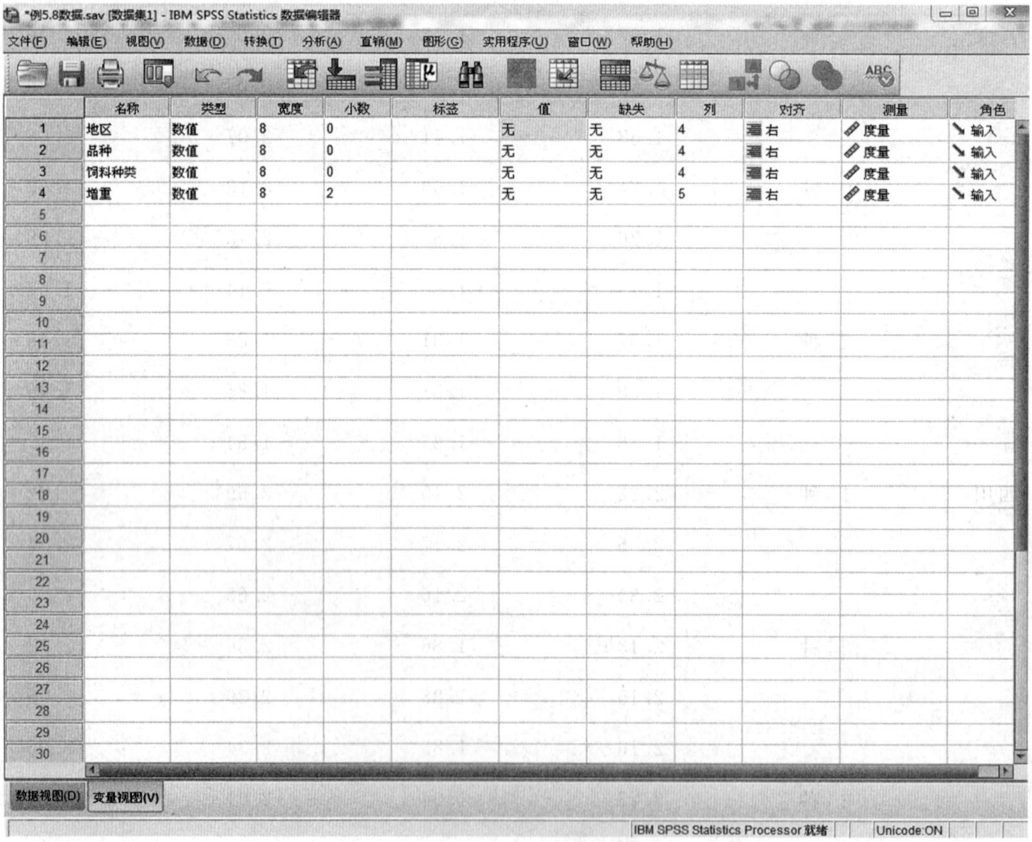


**图 5.73　定义变量**

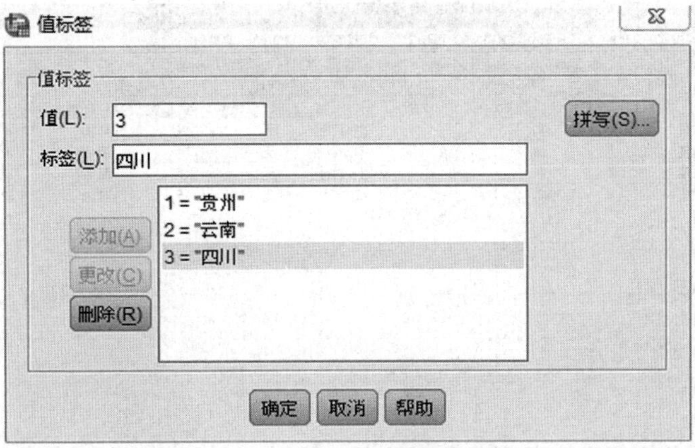


图 5.74　定义变量值

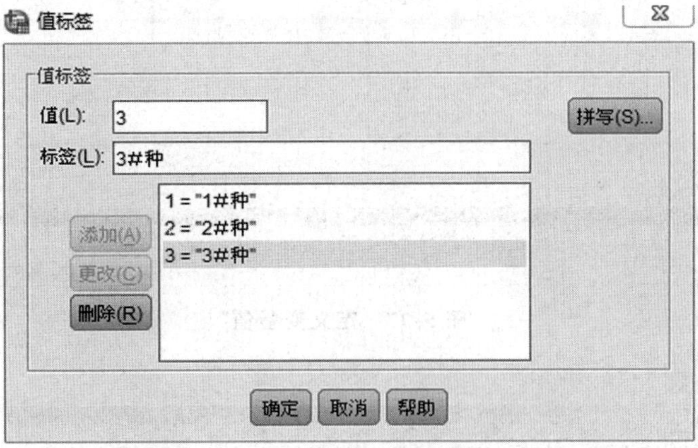


图 5.75　定义变量值

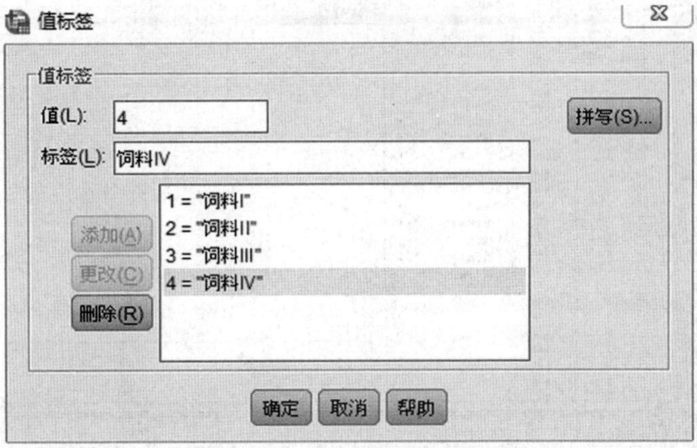


图 5.76　定义变量值

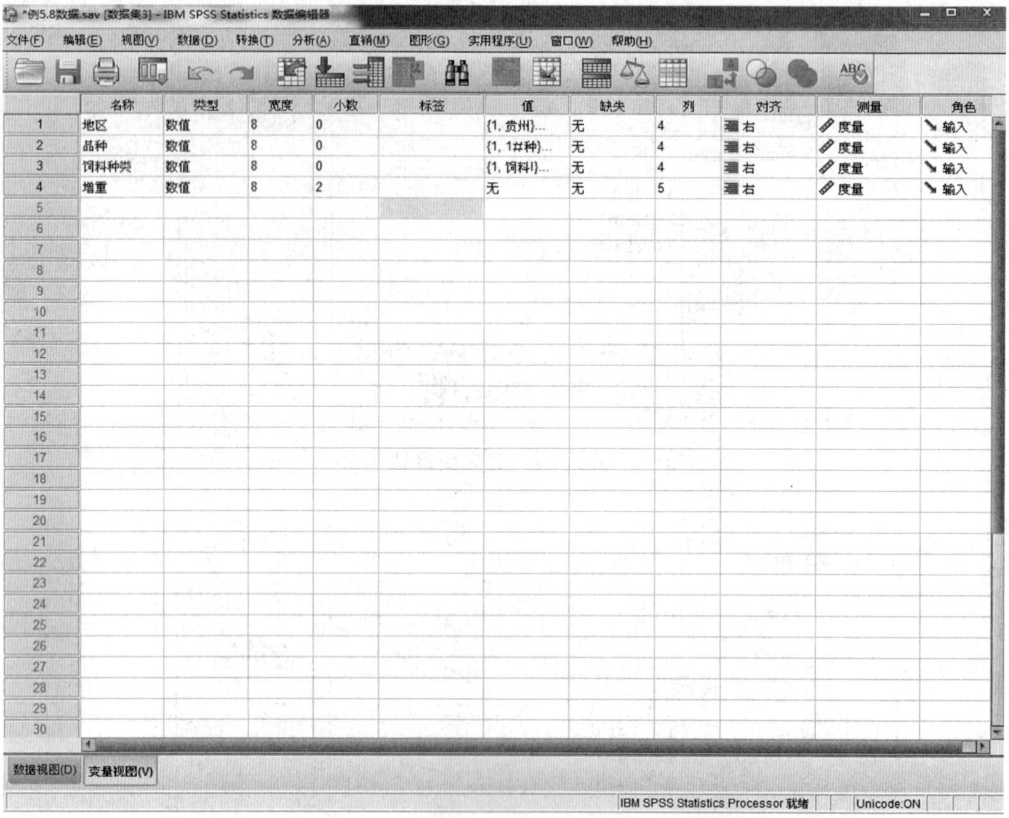


图 5.77 定义变量值

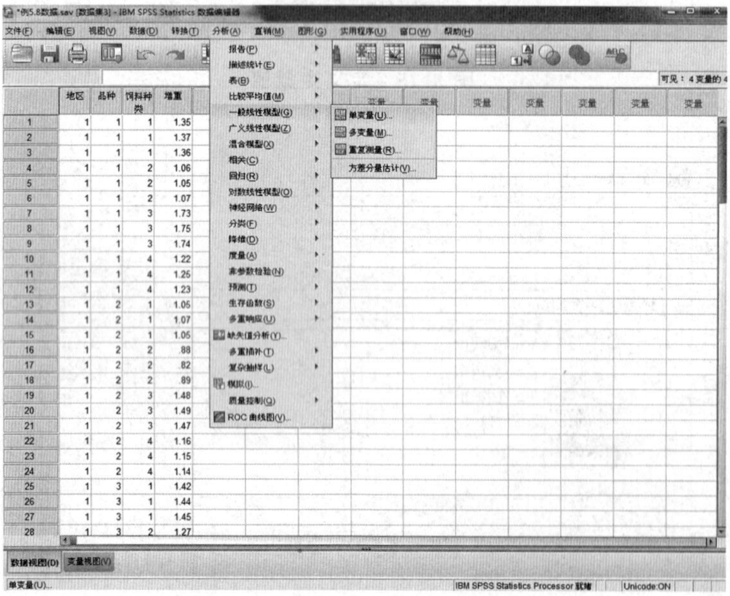


图 5.78 多因素有重复单变量方差分析

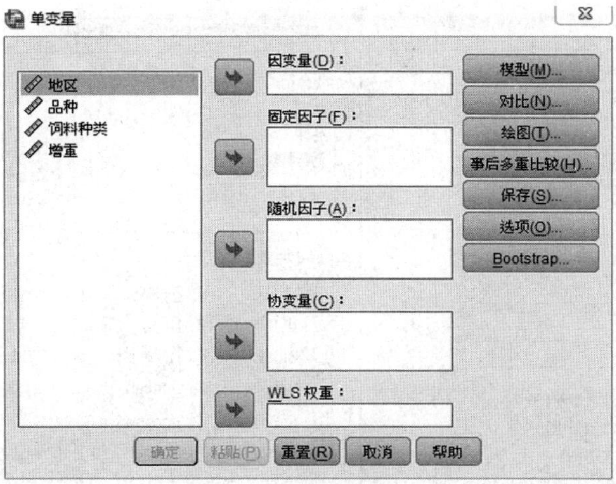


图 5.79　变量设置窗口

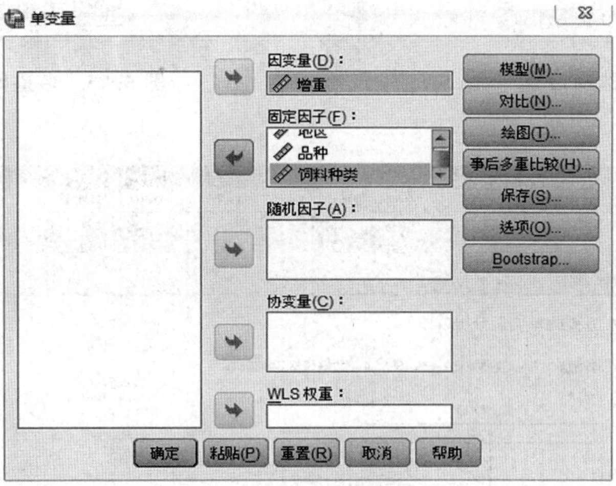


图 5.80　设置变量

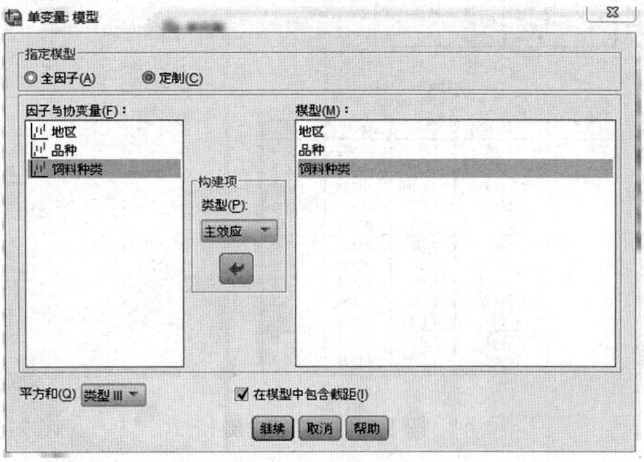


图 5.81　模型设置

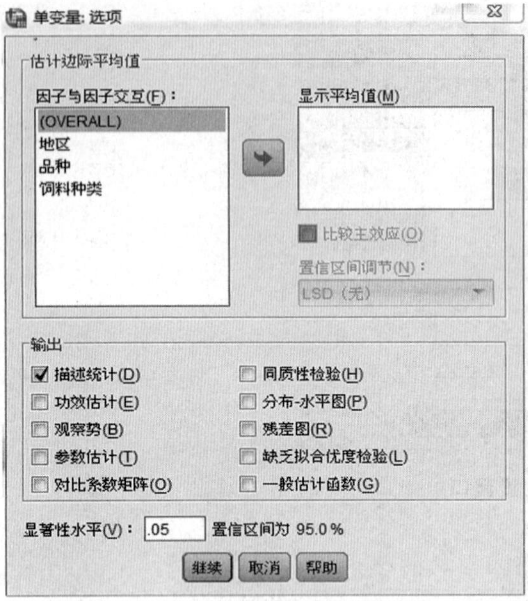


图 5.82　选项设置

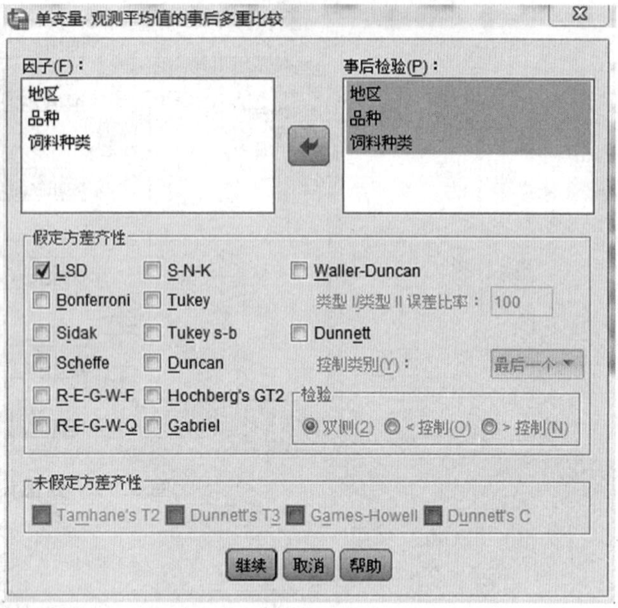


图 5.83　多重比较设置

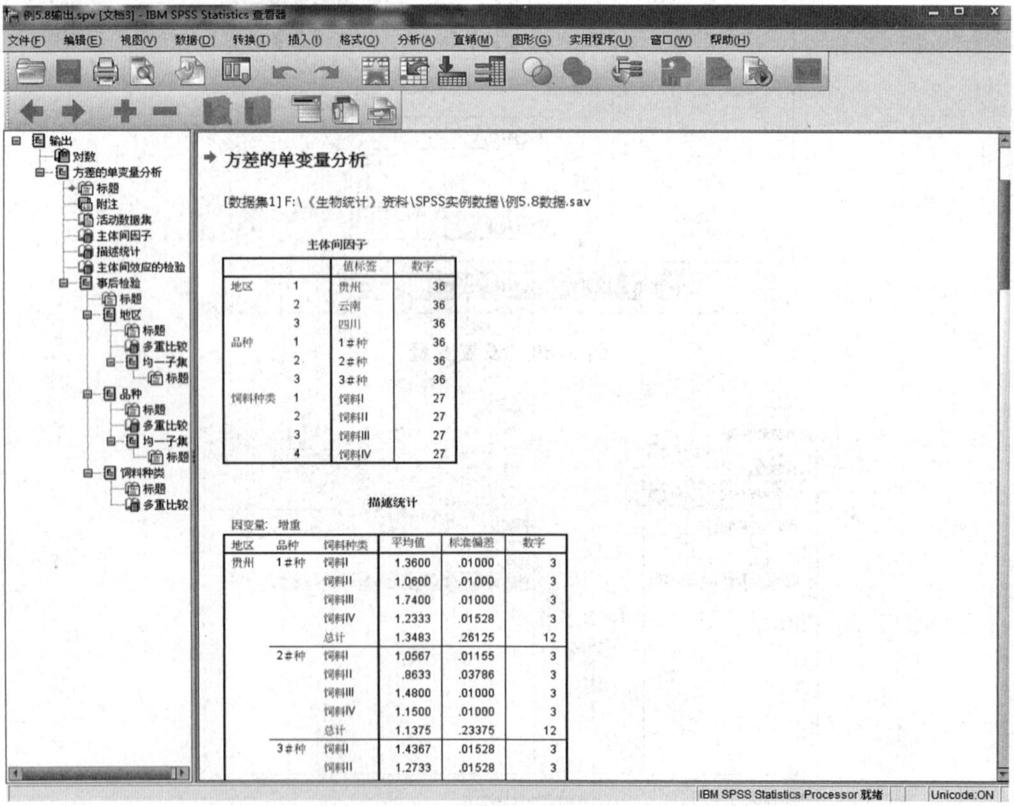


| 主体间因子 | | 值标签 | 数字 |
|---|---|---|---|
| 地区 | 1 | 贵州 | 36 |
| | 2 | 云南 | 36 |
| | 3 | 四川 | 36 |
| 品种 | 1 | 1#种 | 36 |
| | 2 | 2#种 | 36 |
| | 3 | 3#种 | 36 |
| 饲料种类 | 1 | 饲料I | 27 |
| | 2 | 饲料II | 27 |
| | 3 | 饲料III | 27 |
| | 4 | 饲料IV | 27 |

| 地区 | 品种 | 饲料种类 | 平均值 | 标准偏差 | 数字 |
|---|---|---|---|---|---|
| 贵州 | 1#种 | 饲料I | 1.3600 | .01000 | 3 |
| | | 饲料II | 1.0600 | .01000 | 3 |
| | | 饲料III | 1.7400 | .01000 | 3 |
| | | 饲料IV | 1.2333 | .01528 | 3 |
| | | 总计 | 1.3483 | .26125 | 12 |
| | 2#种 | 饲料I | 1.0567 | .01155 | 3 |
| | | 饲料II | .8633 | .03786 | 3 |
| | | 饲料III | 1.4800 | .01000 | 3 |
| | | 饲料IV | 1.1500 | .01000 | 3 |
| | | 总计 | 1.1375 | .23375 | 12 |
| | 3#种 | 饲料I | 1.4367 | .01528 | 3 |
| | | 饲料II | 1.2733 | .01528 | 3 |

图 5.84　结果输出

**表 5.57　主体因子表**

**主体间因子**

| | | 值标签 | 数字 |
|---|---|---|---|
| 地区 | 1 | 贵州 | 36 |
| | 2 | 云南 | 36 |
| | 3 | 四川 | 36 |
| 品种 | 1 | 1# 种 | 36 |
| | 2 | 2# 种 | 36 |
| | 3 | 3# 种 | 36 |
| 饲料种类 | 1 | 饲料Ⅰ | 27 |
| | 2 | 饲料Ⅱ | 27 |
| | 3 | 饲料Ⅲ | 27 |
| | 4 | 饲料Ⅳ | 27 |

**结果分析：**

表 5.57 主要显示了该资料主体因子的因素及水平；由表可知，该数据资料有三个影响因素，分别是地区、品种和饲料种类；其中，地区因素有 3 个水平，分别是贵州、云南、四川；品种是 3 个水平，分别是 1# 种、2# 种、3# 种；饲料种类为 4 个水平，分别是饲料Ⅰ、饲料Ⅱ、饲料Ⅲ、饲料Ⅳ；每个条件下设置有 3 个重复。

**表 5.58　描述性统计表**

**描述统计**

因变量：增重

| 地区 | 品种 | 饲料种类 | 平均值 | 标准偏差 | 数字 |
|---|---|---|---|---|---|
| 贵州 | 1# 种 | 饲料Ⅰ | 1.3600 | .01000 | 3 |
| | | 饲料Ⅱ | 1.0600 | .01000 | 3 |
| | | 饲料Ⅲ | 1.7400 | .01000 | 3 |
| | | 饲料Ⅳ | 1.2333 | .01528 | 3 |
| | | 总计 | 1.3483 | .26125 | 12 |
| | 2# 种 | 饲料Ⅰ | 1.0567 | .01155 | 3 |
| | | 饲料Ⅱ | .8633 | .03786 | 3 |
| | | 饲料Ⅲ | 1.4800 | .01000 | 3 |
| | | 饲料Ⅳ | 1.1500 | .01000 | 3 |
| | | 总计 | 1.1375 | .23375 | 12 |

续表 5.58

| 地区 | 品种 | 饲料种类 | 平均值 | 标准偏差 | 数字 |
|---|---|---|---|---|---|
| 贵州 | 3# 种 | 饲料Ⅰ | 1.4367 | .01528 | 3 |
| | | 饲料Ⅱ | 1.2733 | .01528 | 3 |
| | | 饲料Ⅲ | 1.8100 | .01000 | 3 |
| | | 饲料Ⅳ | 1.3500 | .01000 | 3 |
| | | 总计 | 1.4675 | .21545 | 12 |
| | 总计 | 饲料Ⅰ | 1.2844 | .17436 | 9 |
| | | 饲料Ⅱ | 1.0656 | .17882 | 9 |
| | | 饲料Ⅲ | 1.6767 | .15083 | 9 |
| | | 饲料Ⅳ | 1.2444 | .08762 | 9 |
| | | 总计 | 1.3178 | .26900 | 36 |
| 云南 | 1# 种 | 饲料Ⅰ | 1.6800 | .01000 | 3 |
| | | 饲料Ⅱ | 1.3933 | .01528 | 3 |
| | | 饲料Ⅲ | 2.0700 | .02000 | 3 |
| | | 饲料Ⅳ | 1.5500 | .01000 | 3 |
| | | 总计 | 1.6733 | .26193 | 12 |
| | 2# 种 | 饲料Ⅰ | 1.7500 | .01000 | 3 |
| | | 饲料Ⅱ | 1.5767 | .01528 | 3 |
| | | 饲料Ⅲ | 2.1400 | .01000 | 3 |
| | | 饲料Ⅳ | 1.6700 | .01000 | 3 |
| | | 总计 | 1.7842 | .22415 | 12 |
| | 3# 种 | 饲料Ⅰ | 1.5700 | .01000 | 3 |
| | | 饲料Ⅱ | 1.3300 | .02000 | 3 |
| | | 饲料Ⅲ | 1.8400 | .01000 | 3 |
| | | 饲料Ⅳ | 1.4700 | .01000 | 3 |
| | | 总计 | 1.5525 | .19522 | 12 |
| | 总计 | 饲料Ⅰ | 1.6667 | .07906 | 9 |
| | | 饲料Ⅱ | 1.4333 | .11192 | 9 |
| | | 饲料Ⅲ | 2.0167 | .13647 | 9 |
| | | 饲料Ⅳ | 1.5633 | .08761 | 9 |
| | | 总计 | 1.6700 | .24194 | 36 |

续表 5.58

| 地区 | 品种 | 饲料种类 | 平均值 | 标准偏差 | 数字 |
|---|---|---|---|---|---|
| 四川 | 1# 种 | 饲料Ⅰ | 2.3433 | .02082 | 3 |
| | | 饲料Ⅱ | 2.1600 | .01000 | 3 |
| | | 饲料Ⅲ | 2.6700 | .02000 | 3 |
| | | 饲料Ⅳ | 2.2367 | .01528 | 3 |
| | | 总计 | 2.3525 | .20370 | 12 |
| | 2# 种 | 饲料Ⅰ | 2.1467 | .01528 | 3 |
| | | 饲料Ⅱ | 1.8633 | .01528 | 3 |
| | | 饲料Ⅲ | 2.3633 | .02517 | 3 |
| | | 饲料Ⅳ | 2.0633 | .01528 | 3 |
| | | 总计 | 2.1092 | .18788 | 12 |
| | 3# 种 | 饲料Ⅰ | 2.2267 | .01528 | 3 |
| | | 饲料Ⅱ | 1.9533 | .01528 | 3 |
| | | 饲料Ⅲ | 2.6200 | .01000 | 3 |
| | | 饲料Ⅳ | 2.1500 | .01000 | 3 |
| | | 总计 | 2.2375 | .25331 | 12 |
| | 总计 | 饲料Ⅰ | 2.2389 | .08695 | 9 |
| | | 饲料Ⅱ | 1.9922 | .13227 | 9 |
| | | 饲料Ⅲ | 2.5511 | .14348 | 9 |
| | | 饲料Ⅳ | 2.1500 | .07599 | 9 |
| | | 总计 | 2.2331 | .23337 | 36 |
| 总计 | 1# 种 | 饲料Ⅰ | 1.7944 | .43454 | 9 |
| | | 饲料Ⅱ | 1.5378 | .48859 | 9 |
| | | 饲料Ⅲ | 2.1600 | .40860 | 9 |
| | | 饲料Ⅳ | 1.6733 | .44435 | 9 |
| | | 总计 | 1.7914 | .48588 | 36 |
| | 2# 种 | 饲料Ⅰ | 1.6511 | .47790 | 9 |
| | | 饲料Ⅱ | 1.4344 | .44649 | 9 |
| | | 饲料Ⅲ | 1.9944 | .39803 | 9 |
| | | 饲料Ⅳ | 1.6278 | .39689 | 9 |
| | | 总计 | 1.6769 | .46024 | 36 |
| | 3# 种 | 饲料Ⅰ | 1.7444 | .36644 | 9 |
| | | 饲料Ⅱ | 1.5189 | .32709 | 9 |
| | | 饲料Ⅲ | 2.0900 | .39781 | 9 |
| | | 饲料Ⅳ | 1.6567 | .37373 | 9 |
| | | 总计 | 1.7525 | .41103 | 36 |
| | 总计 | 饲料Ⅰ | 1.7300 | .41636 | 27 |
| | | 饲料Ⅱ | 1.4970 | .41208 | 27 |
| | | 饲料Ⅲ | 2.0815 | .39191 | 27 |
| | | 饲料Ⅳ | 1.6526 | .39060 | 27 |
| | | 总计 | 1.7403 | .45172 | 108 |

**结果分析：**

表 5.58 主要显示了该资料的一般性描述指标，包括各样本的变量数、样本数，均值，标准差；由表可知，在贵州地区，1[#] 种在四种饲料种类下的平均值为 1.348，标准差为 0.261；2[#] 种在四种饲料种类下的平均值为 1.138，标准差为 0.234；3[#] 种在四种饲料种类下的平均值为 1.468，标准差为 0.215。在云南地区，1[#] 种在四种饲料种类下的平均值为 1.673，标准差为 0.262；2[#] 种在四种饲料种类下的平均值为 1.784，标准差为 0.224；3[#] 种在四种饲料种类下的平均值为 1.553，标准差为 0.195。

**表 5.59 主体间效应的方差分析表**

**主体间效应的检验**

因变量：增重

| 源 | Ⅲ类平方和 | 自由度 | 均方 | $F$ | 显著性 |
|---|---|---|---|---|---|
| 校正的模型 | 20.541[a] | 7 | 2.934 | 227.036 | .000 |
| 截距 | 327.085 | 1 | 327.085 | 25306.508 | .000 |
| 地区 | 15.346 | 2 | 7.673 | 593.655 | .000 |
| 品种 | .244 | 2 | .122 | 9.432 | .000 |
| 饲料种类 | 4.951 | 3 | 1.650 | 127.693 | .000 |
| 错误 | 1.292 | 100 | .013 | | |
| 总计 | 348.919 | 108 | | | |
| 校正后的总变异 | 21.833 | 107 | | | |

a. $R^2$=.941（调整后的 $R^2$=.937）。

**结果分析：**

表 5.59 主要显示了方差分析中各因素样本的差异程度及显著性；由表可知，不同地区的统计量 $F$ 值为 593.655，显著性为 0.000，即 $P<0.01$，差异极显著；不同品种的统计量 $F$ 值为 9.432，显著性为 0.000，即 $P<0.01$，差异极显著；不同饲料种类的统计量 $F$ 值为 1.650，显著性为 0.000，即 $P<0.01$，差异极显著。

**表 5.60 不同地区各变量的多重比较表**

**多重比较**

因变量：增重

LSD(L)

| (I) 地区 | (J) 地区 | 平均值差值 (I-J) | 标准错误 | 显著性 | 95% 的置信区间 | |
|---|---|---|---|---|---|---|
| | | | | | 下限值 | 上限值 |
| 贵州 | 云南 | −.3522* | .02680 | .000 | −.4054 | −.2991 |
| | 四川 | −.9153* | .02680 | .000 | −.9684 | −.8621 |
| 云南 | 贵州 | .3522* | .02680 | .000 | .2991 | .4054 |
| | 四川 | −.5631* | .02680 | .000 | −.6162 | −.5099 |
| 四川 | 贵州 | .9153* | .02680 | .000 | .8621 | .9684 |
| | 云南 | .5631* | .02680 | .000 | .5099 | .6162 |

基于观察到的平均值。

误差项是均方(误差)=.013。

*. 均值差的显著性水平为 .05。

**结果分析：**

表 5.60 主要显示了方差分析中采用 LSD 法对不同地区因素各变量样本均数间两两的多重比较结果；由表可知，仔鸡成熟期增重值在贵州与云南的显著性为 0.000，即 $P<0.01$，差异极显著；在贵州与四川的显著性为 0.000，即 $P<0.01$，差异极显著；在云南与四川的显著性为 0.000，即 $P<0.01$，差异极显著。不同地区条件下，各变量两两间均达到了极显著水平（表 5.61）。

**表 5.61　不同地区仔鸡成熟期增重值的差异显著性**

| 名称 | 平均值 | 差异显著性 | |
|---|---|---|---|
| | | $\alpha=0.05$ | $\alpha=0.01$ |
| 贵州 | 1.318 | a | A |
| 云南 | 1.670 | b | B |
| 四川 | 2.233 | c | C |

**表 5.62　不同品种各变量的多重比较表**

**多重比较**

因变量：增重

LSD(L)

| (I) 品种 | (J) 品种 | 平均值差值 (I-J) | 标准错误 | 显著性 | 95% 的置信区间 | |
|---|---|---|---|---|---|---|
| | | | | | 下限值 | 上限值 |
| 1# 种 | 2# 种 | .1144* | .02680 | .000 | .0613 | .1676 |
| | 3# 种 | .0389 | .02680 | .150 | −.0143 | .0921 |
| 2# 种 | 1# 种 | −.1144* | .02680 | .000 | −.1676 | −.0613 |
| | 3# 种 | −.0756* | .02680 | .006 | −.1287 | −.0224 |
| 3# 种 | 1# 种 | −.0389 | .02680 | .150 | −.0921 | .0143 |
| | 2# 种 | .0756* | .02680 | .006 | .0224 | .1287 |

基于观察到的平均值。

误差项是均方(误差)＝.013。

*. 均值差的显著性水平为 .05。

**结果分析：**

表 5.62 主要显示了方差分析中采用 LSD 法对不同品种因素各变量样本均数间两两的多重比较结果；由表可知，仔鸡成熟期增重值在 1# 种与 2# 种间的显著性为 0.000，即 $P<0.01$，差异极显著；在 1# 种与 3# 种间的显著性为 0.150，即 $P>0.01$，差异不显著；在 2# 种与 3# 种间的显著性为 0.006，即 $P<0.01$，差异极显著。不同品种条件下，除在 1# 种与 3# 种间差异不显著外，其余各变量两两间均达到了极显著水平（表 5.63）。

表 5.63 不同品种仔鸡成熟期增重值的差异显著性

| 名称 | 平均值 | 差异显著性 | |
|---|---|---|---|
| | | α=0.05 | α=0.01 |
| 2# 种 | 1.677 | a | A |
| 3# 种 | 1.753 | bc | BC |
| 1# 种 | 1.791 | c | C |

表 5.64 不同饲料种类各变量的多重比较表

多重比较

因变量:增重

LSD(L)

| (I)饲料种类 | (J)饲料种类 | 平均值差值(I-J) | 标准错误 | 显著性 | 95% 的置信区间 | |
|---|---|---|---|---|---|---|
| | | | | | 下限值 | 上限 |
| 饲料Ⅰ | 饲料Ⅱ | .2330* | .03094 | .000 | .1716 | .2944 |
| | 饲料Ⅲ | -.3515* | .03094 | .000 | -.4129 | -.2901 |
| | 饲料Ⅳ | .0774* | .03094 | .014 | .0160 | .1388 |
| 饲料Ⅱ | 饲料Ⅰ | -.2330* | .03094 | .000 | -.2944 | -.1716 |
| | 饲料Ⅲ | -.5844* | .03094 | .000 | -.6458 | -.5231 |
| | 饲料Ⅳ | -.1556* | .03094 | .000 | -.2169 | -.0942 |
| 饲料Ⅲ | 饲料Ⅰ | .3515* | .03094 | .000 | .2901 | .4129 |
| | 饲料Ⅱ | .5844* | .03094 | .000 | .5231 | .6458 |
| | 饲料Ⅳ | .4289* | .03094 | .000 | .3675 | .4903 |
| 饲料Ⅳ | 饲料Ⅰ | -.0774* | .03094 | .014 | -.1388 | -.0160 |
| | 饲料Ⅱ | .1556* | .03094 | .000 | .0942 | .2169 |
| | 饲料Ⅲ | -.4289* | .03094 | .000 | -.4903 | -.3675 |

基于观察到的平均值。

误差项是均方(误差)=.013。

*. 均值差的显著性水平为 .05。

**结果分析:**

表 5.64 主要显示了方差分析中采用 LSD 法对不同饲料种类因素各变量样本均数间两两的多重比较结果;由表可知,仔鸡成熟期增重值在饲料Ⅰ与饲料Ⅱ间的显著性为 0.000,即 $P<0.01$,差异极显著;在饲料Ⅰ与饲料Ⅲ间的显著性为 0.000,即 $P<0.01$,差异极显著;在饲料Ⅰ与饲料Ⅳ间的显著性为 0.014,即 $P<0.05$,差异显著;在饲料Ⅱ与饲料Ⅲ间的显著性为 0.000,即 $P<0.01$,差异极显著;在饲料Ⅱ与饲料Ⅳ间的显著性为 0.000,即 $P<0.01$,差异极显著;在饲料Ⅲ与饲料Ⅳ间的显著性为 0.000,即 $P<0.01$,差异极显著。针对不同饲料种类条件下,除在饲料Ⅰ与饲料Ⅳ间为显著水平外,其余各变量两两间均达到了

极显著水平(表 5.65)。

表 5.65 不同饲料种类仔鸡成熟期增重值的差异显著性

| 名称 | 平均值 | 差异显著性 | |
|---|---|---|---|
| | | $\alpha=0.05$ | $\alpha=0.01$ |
| 饲料Ⅱ | 1.519 | a | A |
| 饲料Ⅳ | 1.657 | b | B |
| 饲料Ⅰ | 1.744 | c | B |
| 饲料Ⅲ | 2.090 | d | C |

**结论:**

由以上结果分析说明不同地区不同品种的仔鸡在喂养不同饲料种类条件下,仔鸡成熟期增重值的差异极显著;分别对三个因素的作用作多重比较,在三个因素水平下,仔鸡成熟期增重值两两间除在 1# 种与 3# 种间差异不显著、在饲料Ⅰ与饲料Ⅳ间呈显著水平外,其余各变量间均呈现出了极显著水平,由此表明不同的地区、不同品种、不同饲料种类都是影响仔鸡成熟期增重的重要因素。

## 5.3.3 多因素正交设计方差分析

正交设计是多因素试验中的一种设计方法,主要利用规格化的正交表格将各试验因素、水平之间的组合进行均匀搭配,选择合理有代表性的水平组合方式进行试验,通过方差分析,找出最优组合,是一种快速、高效、准确的多因素试验设计方法。

【例 5.9】选择光照选择光照、温度、水分三个主要影响因素,分别设置三个水平,筛选某种植物增加坐果率的最佳组合条件(正交设计)见表 5.66。

表 5.66 某种植物增加坐果率的试验因素水平表

| 序号 | 光照/h | 温度/℃ | 水分/% | 坐果率/% |
|---|---|---|---|---|
| | 1 | 2 | 3 | |
| 1 | 1(6) | 1(15) | 1(20) | 16 |
| 2 | 1(6) | 2(20) | 3(30) | 24 |
| 3 | 1(6) | 3(25) | 2(25) | 18 |
| 4 | 2(8) | 1(15) | 2(25) | 68 |
| 5 | 2(8) | 2(20) | 1(20) | 78 |
| 6 | 2(8) | 3(25) | 3(30) | 82 |
| 7 | 3(10) | 1(15) | 3(30) | 36 |
| 8 | 3(10) | 2(20) | 2(25) | 52 |
| 9 | 3(10) | 3(25) | 1(20) | 42 |

根据现有数据的不同因素和水平，在数据视图窗口中，依次点击“数据”——“正交设计”——“生成”命令（图 5.85），准备建立正交设计表；在弹出的“生成正交设计”对话框中（图 5.86），依次对三个自变量以“A”“B”“C”进行定义，“A”代表“光照”、“B”代表“温度”、“C”代表“水分”（图 5.87），形成相应的因子标签（图 5.88）；针对各标签进一步定义标签值，针对标签 A“光照”，6 h 以“1”代表，8 h 以“2”代表，10 h 以“3”代表（图 5.89）；针对标签 B“温度”，15℃以“1”代表，20℃以“2”代表，25℃以“3”代表（图 5.90）；针对标签 C“水分”，20％以“1”代表，25％以“2”代表，30％以“3”代表（图 5.91），完成各标签值的定义，同时对所创建的数据集进行命名（图 5.92），确定后在数据视图窗口中生成相应的正交设计表（图 5.93），并在变量视图窗口中形成各变量相应的定义值（图 5.94）。

在数据视图窗口中，在变量“STATUS”一栏直接输入，或经过复制、粘贴，完成数据文件的建立，依次点击“分析”——“一般线性模型”——“单变量”（图 5.95），在弹出的“单变量”对话框中（图 5.96），进行变量设置，将“光照”“温度”“水分”选入“固定因子”中，将“坐果率 STATUS”选入“因变量”中（图 5.97）；点击“模型”命令，选中“定制”，将“光照”“温度”“水分”依次选到“模型”一栏中，在“类型”的下拉列表中选择“交互”，勾选“在模型中包含截距”（图 5.98）；点击“事后多重比较”命令，将因子“A”“B”“C”均选到“事后检验”一栏，同时勾选“LSD”（图 5.99）；点击“选项”命令，勾选“描述统计”，将“显著性水平”设置为“0.05”（图 5.100）；单击确定后弹出结果输出窗口（图 5.101），即完成相应的数据分析。

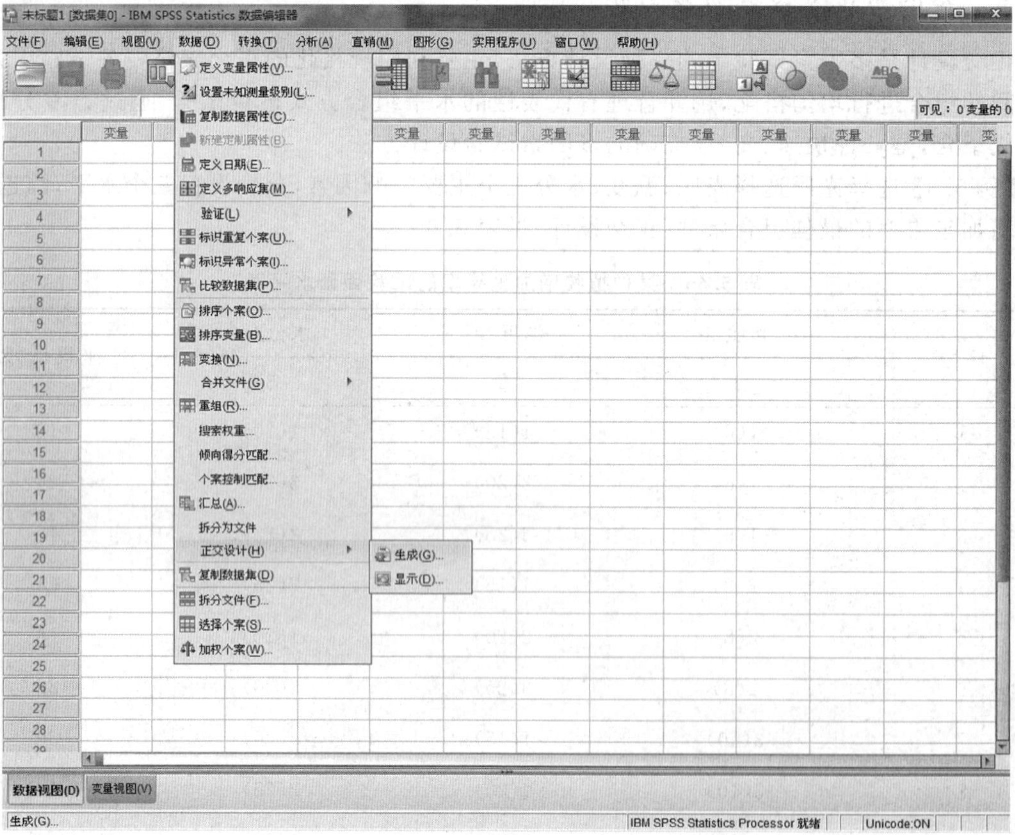


**图 5.85　生成多因素正交设计表**

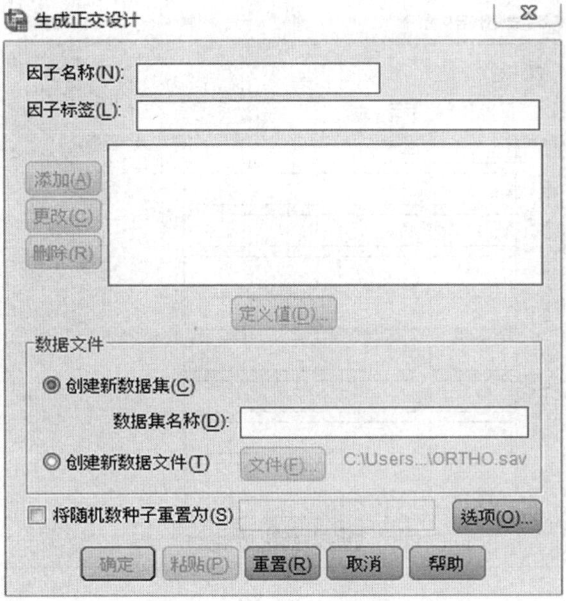


图 5.86　定义变量标签

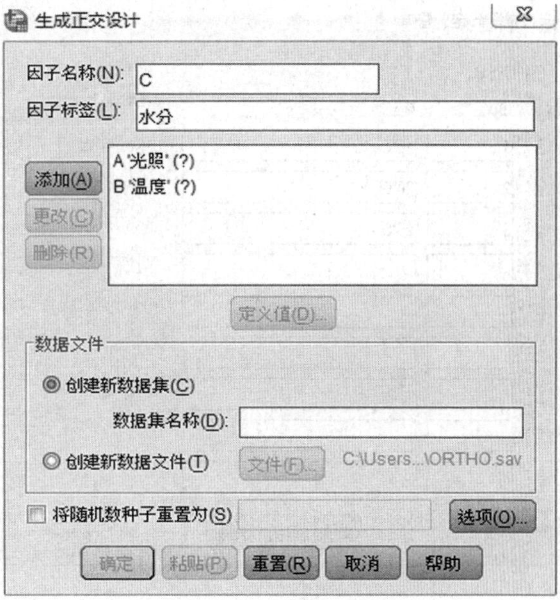


图 5.87　定义变量标签

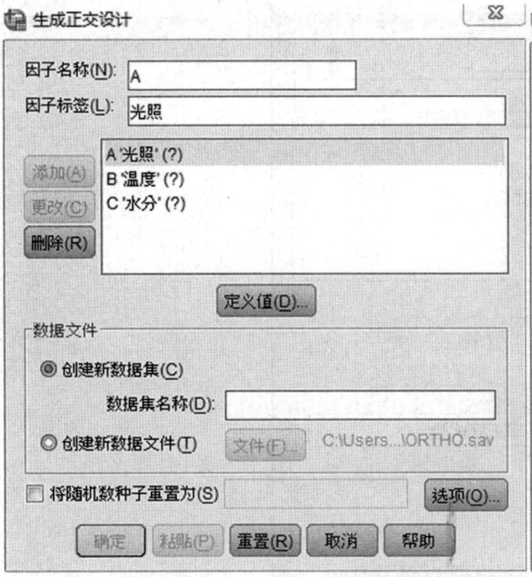


图 5.88　定义变量标签

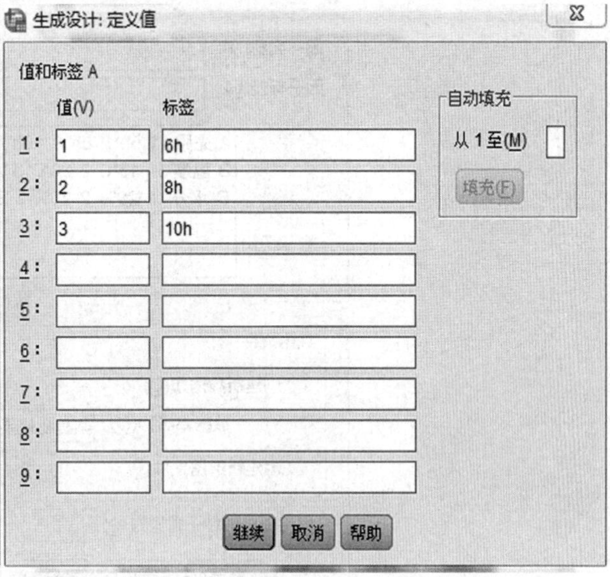


图 5.89　定义值和标签

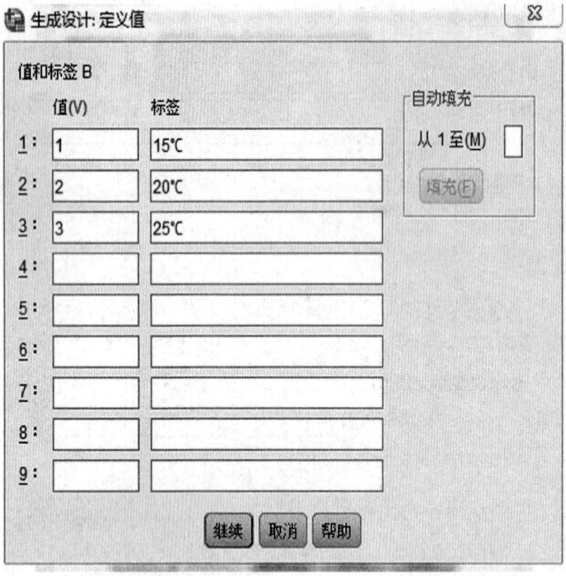


图 5.90　定义值和标签

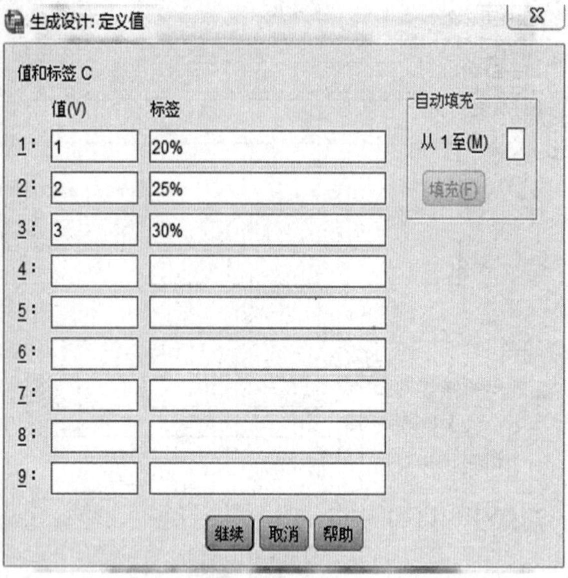


图 5.91　定义值和标签

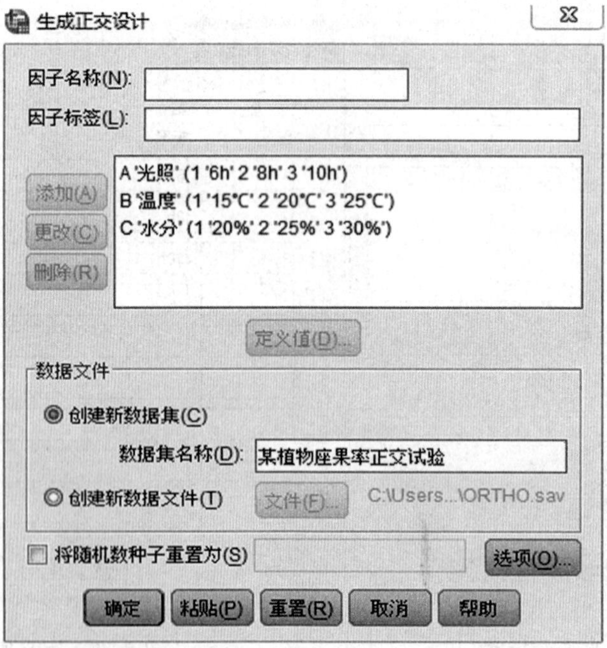


图 5.92　定义数据集名称

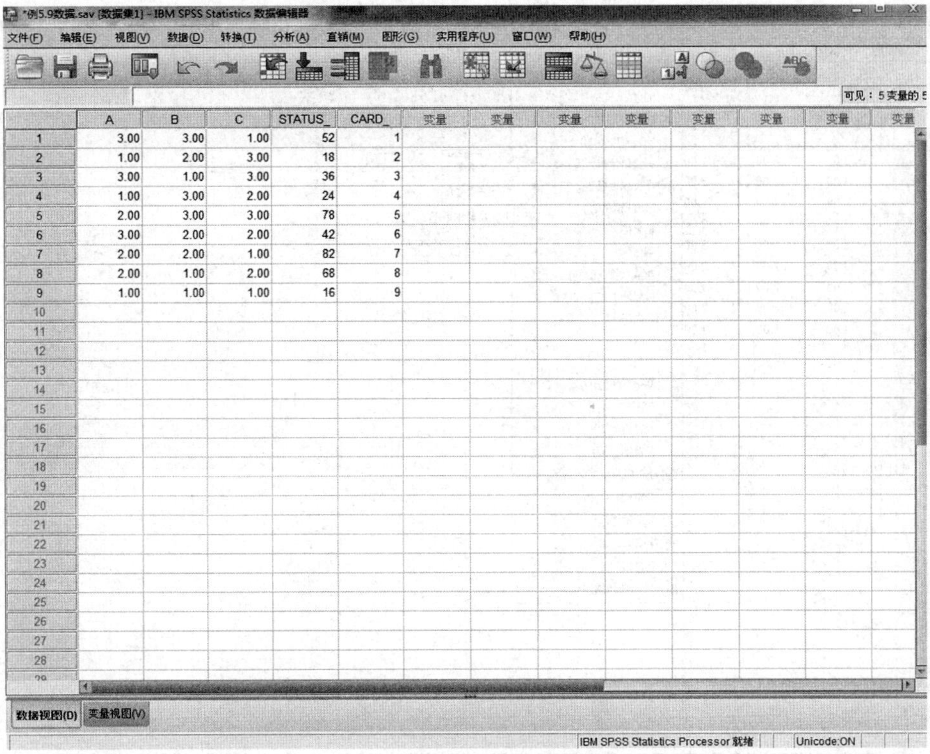

| | A | B | C | STATUS_ | CARD_ |
|---|---|---|---|---|---|
| 1 | 3.00 | 3.00 | 1.00 | 52 | 1 |
| 2 | 1.00 | 2.00 | 3.00 | 18 | 2 |
| 3 | 3.00 | 1.00 | 3.00 | 36 | 3 |
| 4 | 1.00 | 3.00 | 2.00 | 24 | 4 |
| 5 | 2.00 | 3.00 | 3.00 | 78 | 5 |
| 6 | 3.00 | 2.00 | 2.00 | 42 | 6 |
| 7 | 2.00 | 2.00 | 1.00 | 82 | 7 |
| 8 | 2.00 | 1.00 | 2.00 | 68 | 8 |
| 9 | 1.00 | 1.00 | 1.00 | 16 | 9 |

图 5.93　生成的正交设计表

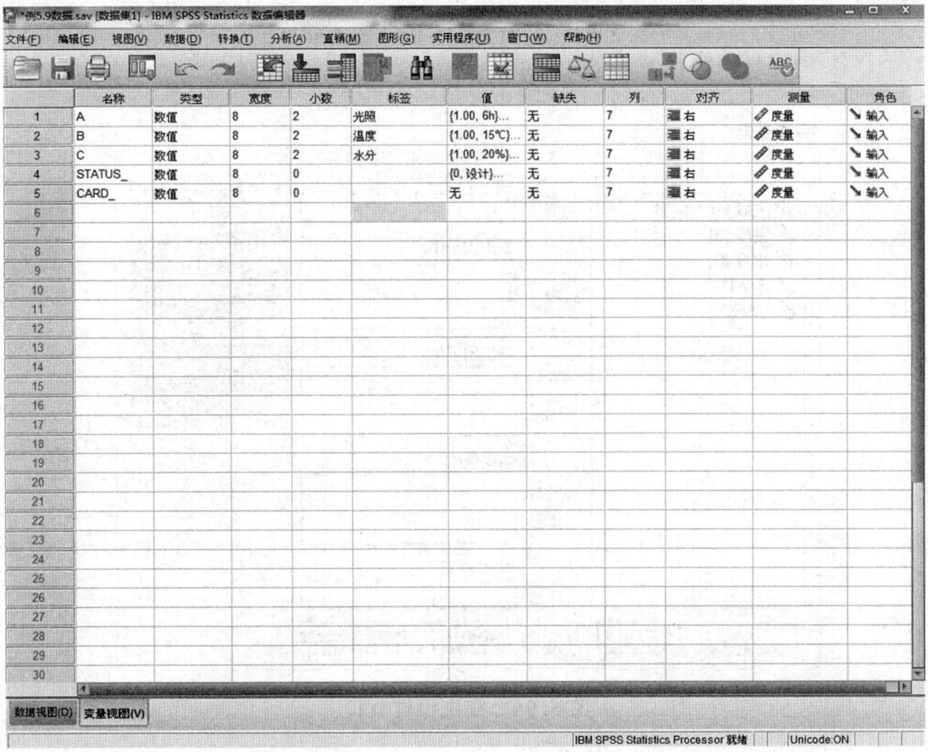

| | 名称 | 类型 | 宽度 | 小数 | 标签 | 值 | 缺失 | 列 | 对齐 | 测量 | 角色 |
|---|---|---|---|---|---|---|---|---|---|---|---|
| 1 | A | 数值 | 8 | 2 | 光照 | {1.00, 6h}... | 无 | 7 | 右 | 度量 | 输入 |
| 2 | B | 数值 | 8 | 2 | 温度 | {1.00, 15℃}... | 无 | 7 | 右 | 度量 | 输入 |
| 3 | C | 数值 | 8 | 2 | 水分 | {1.00, 20%}... | 无 | 7 | 右 | 度量 | 输入 |
| 4 | STATUS_ | 数值 | 8 | 0 | | {0, 设计}... | 无 | 7 | 右 | 度量 | 输入 |
| 5 | CARD_ | 数值 | 8 | 0 | | 无 | 无 | 7 | 右 | 度量 | 输入 |

图 5.94　变量视图窗口

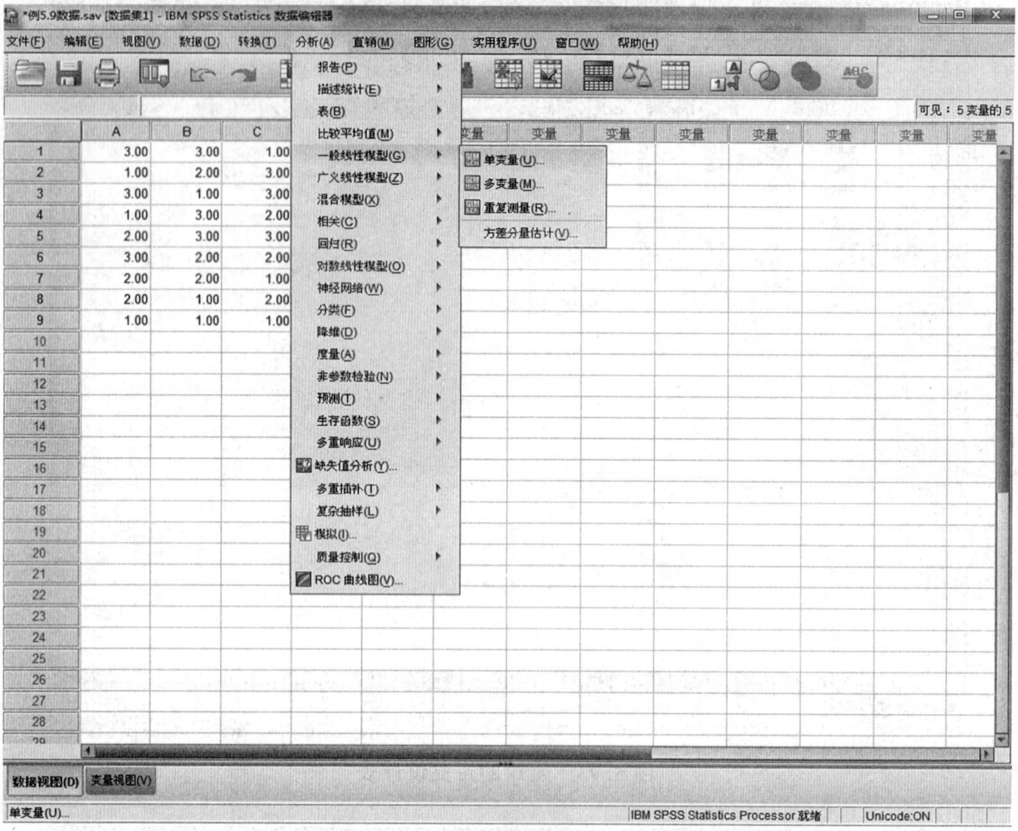


图 5.95 多因素正交设计方差分析

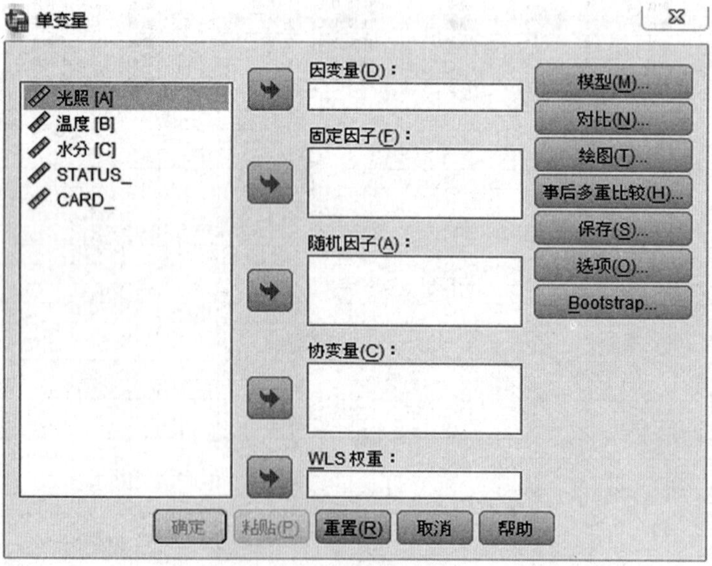


图 5.96 变量设置窗口

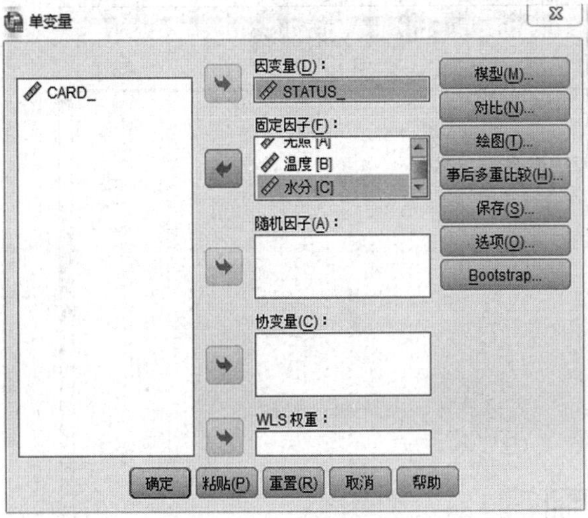


图 5.97　设置变量

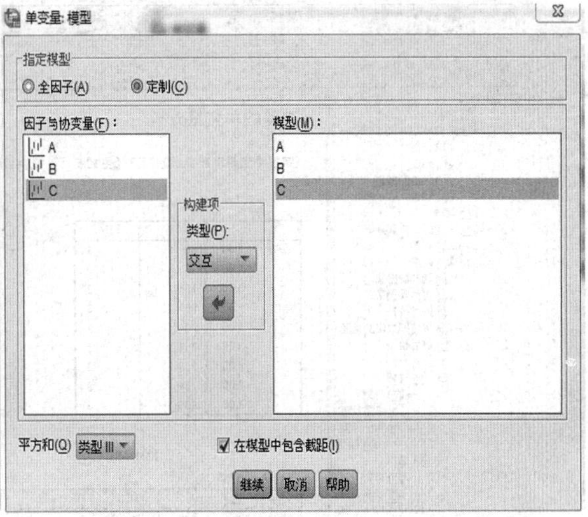


图 5.98　模型设置

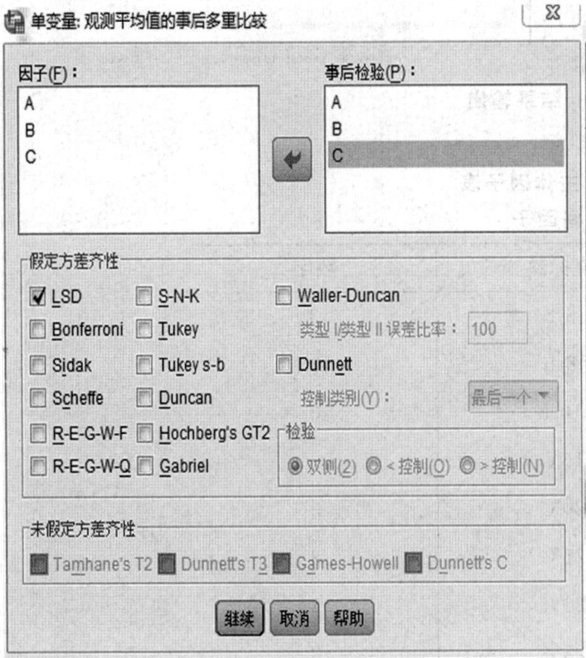


图 5.99　多重比较设置

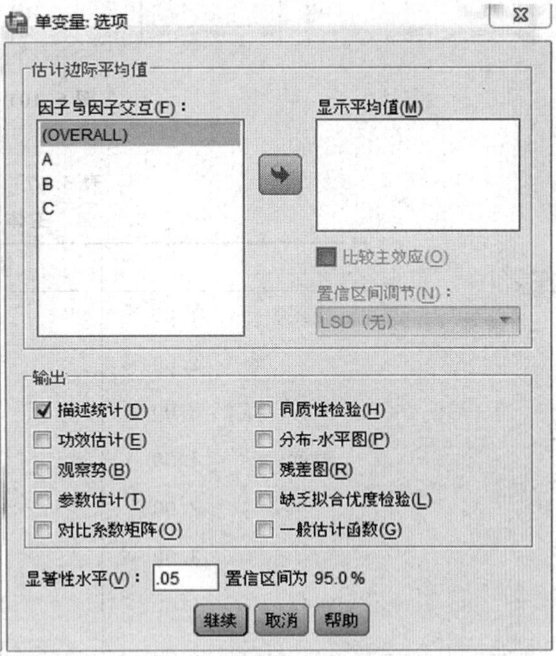


图 5.100　选项设置

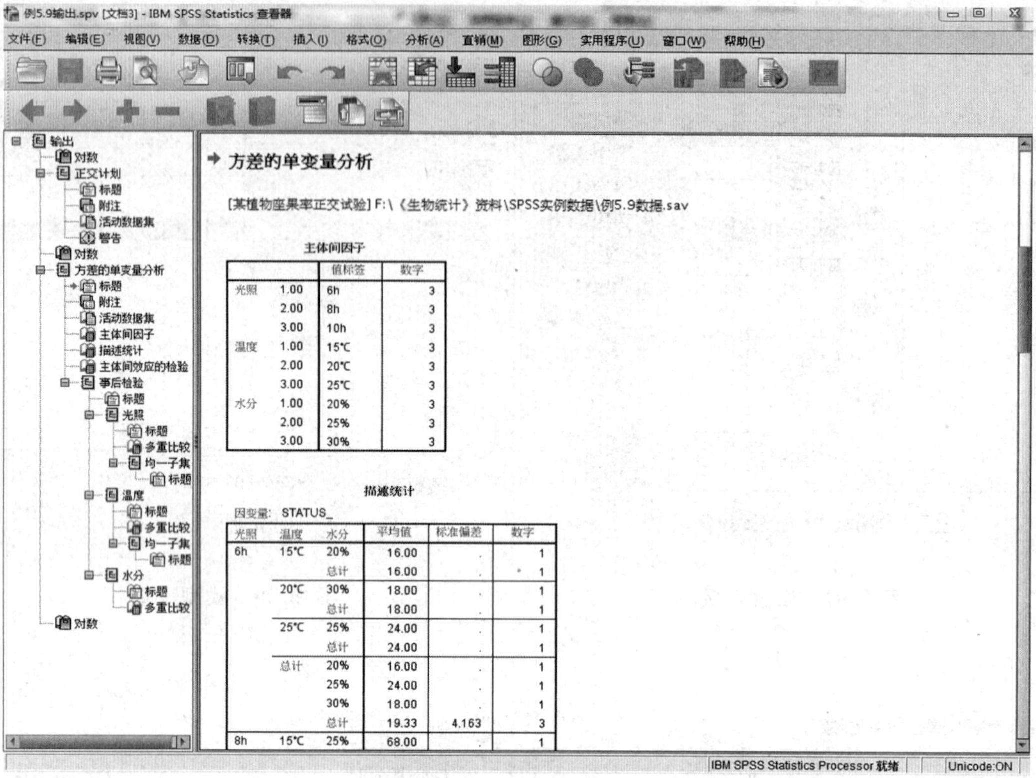


**图 5.101　结果输出**

**表 5.67　主体因子表**

**主体间因子**

| | | 值标签 | 数字 |
|---|---|---|---|
| 光照 | 1.00 | 6 h | 3 |
| | 2.00 | 8 h | 3 |
| | 3.00 | 10 h | 3 |
| 温度 | 1.00 | 15℃ | 3 |
| | 2.00 | 20℃ | 3 |
| | 3.00 | 25℃ | 3 |
| 水分 | 1.00 | 20% | 3 |
| | 2.00 | 25% | 3 |
| | 3.00 | 30% | 3 |

**结果分析：**

表 5.67 主要显示了该资料主体因子的因素及水平；由表可知，该数据资料设计有三个影响因素，分别是光照、温度和水分；其中，光照因素有 3 个水平，分别是 6 h、8 h、10 h；温度是 3 个水平，分别 15℃、20℃、25℃；水分也是 3 个水平，分别是 20%、25%、30%。

**表 5.68　描述性统计表**

**描述统计**

因变量:STATUS_

| 光照/h | 温度/℃ | 水分/% | 平均值 | 标准偏差 | 数字 |
|---|---|---|---|---|---|
| 6 h | 15 | 20 | 16.00 | . | 1 |
| | | 总计 | 16.00 | . | 1 |
| | 20 | 30 | 18.00 | . | 1 |
| | | 总计 | 18.00 | . | 1 |
| | 25 | 25 | 24.00 | . | 1 |
| | | 总计 | 24.00 | . | 1 |
| | 总计 | 20 | 16.00 | . | 1 |
| | | 25 | 24.00 | . | 1 |
| | | 30 | 18.00 | . | 1 |
| | | 总计 | 19.33 | 4.163 | 3 |
| 8 | 15 | 25 | 68.00 | . | 1 |
| | | 总计 | 68.00 | . | 1 |
| | 20 | 20 | 82.00 | . | 1 |
| | | 总计 | 82.00 | . | 1 |
| | 25 | 30 | 78.00 | . | 1 |
| | | 总计 | 78.00 | . | 1 |
| | 总计 | 20 | 82.00 | . | 1 |
| | | 25 | 68.00 | . | 1 |
| | | 30 | 78.00 | . | 1 |
| | | 总计 | 76.00 | 7.211 | 3 |
| 10 | 15 | 30 | 36.00 | . | 1 |
| | | 总计 | 36.00 | . | 1 |
| | 20 | 25 | 42.00 | . | 1 |
| | | 总计 | 42.00 | . | 1 |
| | 25 | 20 | 52.00 | . | 1 |
| | | 总计 | 52.00 | . | 1 |
| | 总计 | 20 | 52.00 | . | 1 |
| | | 25 | 42.00 | . | 1 |
| | | 30 | 36.00 | . | 1 |
| | | 总计 | 43.33 | 8.083 | 3 |

续表 5.68

| 光照/h | 温度/℃ | 水分/% | 平均值 | 标准偏差 | 数字 |
|---|---|---|---|---|---|
| 总计 | 15 | 20 | 16.00 | . | 1 |
| | | 25 | 68.00 | . | 1 |
| | | 30 | 36.00 | . | 1 |
| | | 总计 | 40.00 | 26.230 | 3 |
| | 20 | 20 | 82.00 | . | 1 |
| | | 25 | 42.00 | . | 1 |
| | | 30 | 18.00 | . | 1 |
| | | 总计 | 47.33 | 32.332 | 3 |
| | 25 | 20 | 52.00 | . | 1 |
| | | 25 | 24.00 | . | 1 |
| | | 30 | 78.00 | . | 1 |
| | | 总计 | 51.33 | 27.006 | 3 |
| | 总计 | 20 | 50.00 | 33.045 | 3 |
| | | 25 | 44.67 | 22.121 | 3 |
| | | 30 | 44.00 | 30.790 | 3 |
| | | 总计 | 46.22 | 25.307 | 9 |

**结果分析：**

表 5.68 主要显示了该资料的一般性描述指标，包括各样本的变量数、样本数，均值，标准差；由表可知，得出各变量组合条件下的平均值，光照为 6 h 时，在其他两个变量组合下的平均值为 19.33，标准差为 4.163；光照为 8 h 时，在其他两个变量组合下的平均值为 76，标准差为 7.211；光照为 10 h 时，在其他两个变量组合下的平均值为 19.33，标准差为 8.083。温度为 15℃时，在其他两个变量组合下的平均值为 40.00，标准差为 26.23；温度为 20℃时，在其他两个变量组合下的平均值为 47.33，标准差为 32.33；温度为 25℃时，在其他两个变量组合下的平均值为 51.33，标准差为 27.006。水分为 20%时，在其他两个变量组合下的平均值为 50.00，标准差为 33.045；水分为 25%时，在其他两个变量组合下的平均值为 44.67，标准差为 22.121；水分为 30%时，在其他两个变量组合下的平均值为 44.00，标准差为 30.790。

**表 5.69　主体间效应的方差分析表**

**主体间效应的检验**

因变量:STATUS_

| 源 | Ⅲ类平方和 | 自由度 | 均方 | $F$ | 显著性 |
|---|---|---|---|---|---|
| 校正的模型 | 5117.333[a] | 6 | 852.889 | 274.143 | .004 |
| 截距 | 19228.444 | 1 | 19228.444 | 6180.571 | .000 |
| A | 4854.222 | 2 | 2427.111 | 780.143 | .001 |
| B | 198.222 | 2 | 99.111 | 31.857 | .030 |
| C | 64.889 | 2 | 32.444 | 10.429 | .088 |
| 错误 | 6.222 | 2 | 3.111 | | |
| 总计 | 24352.000 | 9 | | | |
| 校正后的总变异 | 5123.556 | 8 | | | |

a. $R^2=.999$（调整后的 $R^2=.995$）。

**结果分析：**

表 5.69 主要显示了方差分析中各因素样本的差异程度及显著性；由表可知，光照因子 A 的统计量 $F$ 值为 780.143，显著性为 0.001，即 $P<0.01$，差异极显著；温度 B 的统计量 $F$ 值为 31.857，显著性为 0.030，即 $0.01<P<0.05$，差异显著；水分因子 C 的统计量 $F$ 值为 10.429，显著性为 0.088，即 $P>0.05$，差异不显著。

**表 5.70　不同光照条件各变量的多重比较表**

**多重比较**

因变量:STATUS_

LSD(L)

| (I) 光照/h | (J) 光照/h | 平均值差值 (I-J) | 标准错误 | 显著性 | 95% 的置信区间 | |
|---|---|---|---|---|---|---|
| | | | | | 下限值 | 上限 |
| 6 | 8 | −56.67* | 1.440 | .001 | −62.86 | −50.47 |
| | 10 | −24.00* | 1.440 | .004 | −30.20 | −17.80 |
| 8 | 6 | 56.67* | 1.440 | .001 | 50.47 | 62.86 |
| | 10 | 32.67* | 1.440 | .002 | 26.47 | 38.86 |
| 10 | 6 | 24.00* | 1.440 | .004 | 17.80 | 30.20 |
| | 8 | −32.67* | 1.440 | .002 | −38.86 | −26.47 |

基于观察到的平均值。

误差项是均方(误差)＝3.111。

*. 均值差的显著性水平为 .05。

**结果分析：**

表 5.70 主要显示了方差分析中采用 LSD 法对不同光照条件各变量样本均数间两两的多重比较结果；由表可知，光照 6 h 与 8 h 植物坐果率的显著性为 0.001，即 $P<0.01$，差异极显

著；在 6 h 与 10 h 的显著性为 0.004，即 $P<0.01$，差异极显著；在 8 h 与 10 h 的显著性为 0.002，即 $P<0.01$，差异极显著；各变量两两间均达到了极显著水平(表 5.71)。

**表 5.71 不同光照条件植物坐果率的差异显著性**

| 时间/h | 平均值 | 差异显著性 | |
|---|---|---|---|
| | | $\alpha=0.05$ | $\alpha=0.01$ |
| 6 | 19.33 | a | A |
| 10 | 43.33 | b | B |
| 8 | 76.00 | c | C |

**表 5.72 不同温度条件各变量的多重比较表**

**多重比较**

因变量:STATUS_

LSD(L)

| (I) 温度/℃ | (J) 温度/℃ | 平均值差值(I-J) | 标准错误 | 显著性 | 95% 的置信区间 | |
|---|---|---|---|---|---|---|
| | | | | | 下限值 | 上限值 |
| 15 | 20 | −7.33* | 1.440 | .036 | −13.53 | −1.14 |
| | 25 | −11.33* | 1.440 | .016 | −17.53 | −5.14 |
| 20 | 15 | 7.33* | 1.440 | .036 | 1.14 | 13.53 |
| | 25 | −4.00 | 1.440 | .109 | −10.20 | 2.20 |
| 25 | 15 | 11.33* | 1.440 | .016 | 5.14 | 17.53 |
| | 20 | 4.00 | 1.440 | .109 | −2.20 | 10.20 |

基于观察到的平均值。

误差项是均方(误差)＝3.111。

*. 均值差的显著性水平为 .05。

**结果分析：**

表 5.72 主要显示了方差分析中采用 LSD 法对不同温度条件各变量样本均数间两两的多重比较结果；由表可知，温度 15℃与 20℃植物坐果率的显著性为 0.036，即 $0.01<P<0.05$，差异显著；在 15℃与 25℃的显著性为 0.016，即 $0.01<P<0.05$，差异显著；在 20℃与 25℃的显著性为 0.109，即 $P>0.05$，差异不显著(表 5.73)。

**表 5.73 不同温度条件植物坐果率的差异显著性**

| 温度/℃ | 平均值 | 差异显著性 | |
|---|---|---|---|
| | | $\alpha=0.05$ | $\alpha=0.01$ |
| 15 | 40.00 | a | A |
| 20 | 47.33 | bc | A |
| 25 | 51.33 | c | A |

**结论：**

由以上结果分析说明在不同的光照、温度、水分条件下，除水分条件下植物坐果率无显著差异外，在各光照、温度水平下均存在差异，且达到了显著及其以上的水平；分别对光照和温度两个因素的作用作多重比较，在两因素水平下，植物坐果率在各光照条件下均达到极显著水平，而在各温度条件下，仅在15℃与20℃、15℃与25℃间达到显著水平；由此表明不同的光照、温度都是影响植物的坐果率的重要因素，特别是光照条件；综合比较，认为光照在8 h、温度为25℃、水分为20%时为最佳组合。

## 5.4 协方差分析

协方差分析是将回归分析与方差分析结合起来，对试验误差进行统计控制，主要是将在分析过程中很难控制的因素作为协变量，在排除协变量的情况或要求各组协变量相等时，在分析中剔除其影响，比较控制变量对观察变量的影响程度。根据资料的类型，有单向分组资料的协方差分析，两向分组资料的协方差分析等，本书主要介绍以上两种资料的协方差分析。

### 5.4.1 单向分组资料的协方差分析

【例5.10】不同施肥量下某作物成熟时的生物量(kg)变化见表5.74。

**表5.74 在不同施肥量下某作物成熟时的生物量**

| | 组别 | 观测值 kg | | | | | | | |
|---|---|---|---|---|---|---|---|---|---|
| 20 g | 原始生物量 | 2.3 | 2.4 | 2.6 | 2.5 | 2.3 | 2.7 | 2.6 | 2.5 |
| | 施后生物量 | 8.6 | 8.7 | 8.5 | 8.7 | 8.3 | 8.9 | 9.1 | 8.6 |
| 40 g | 原始生物量 | 2.9 | 3 | 3.2 | 3.1 | 2.9 | 3.3 | 3.2 | 3.1 |
| | 施后生物量 | 13.3 | 13.4 | 13.2 | 13.4 | 13 | 13.6 | 13.8 | 13.3 |
| 60 g | 原始生物量 | 2.6 | 2.7 | 2.9 | 2.8 | 2.6 | 3 | 2.9 | 2.8 |
| | 施后生物量 | 10.9 | 11 | 10.8 | 11 | 10.6 | 11.2 | 11.4 | 10.9 |

建立好相应的数据文件后，在变量视图窗口中，对相应变量进行设置(图5.102)，定义变量值，单击“值”列单元格中的按钮，在弹出的“值标签”对话框中，对各变量的不同事件或样本进行编码，针对施肥量变量，20 g以“1”代表，40 g以“2”代表，60 g以“3”代表(图5.103)；即完成变量的定义(图5.104)。

设置完成后，切换到数据视图窗口，在数据视图窗口，依次点击“分析”——“一般线性模型”——“单变量”(图5.105)，在弹出的“单变量”对话框中(图5.106)，进行变量设置，将“施肥量”选入“固定因子”中，将“原始生物量x”选入“协变量”中，将“施后生物量y”选入“因变量”中(图5.107)；点击“选项”命令，勾选“比较主效应”和“描述统计”，将“施肥量”移到“显示平均值”一栏，将“显著性水平”设置为“0.05”(图5.108)；单击确定后弹出结果输出窗口(图5.109)，即完成相应的数据分析。

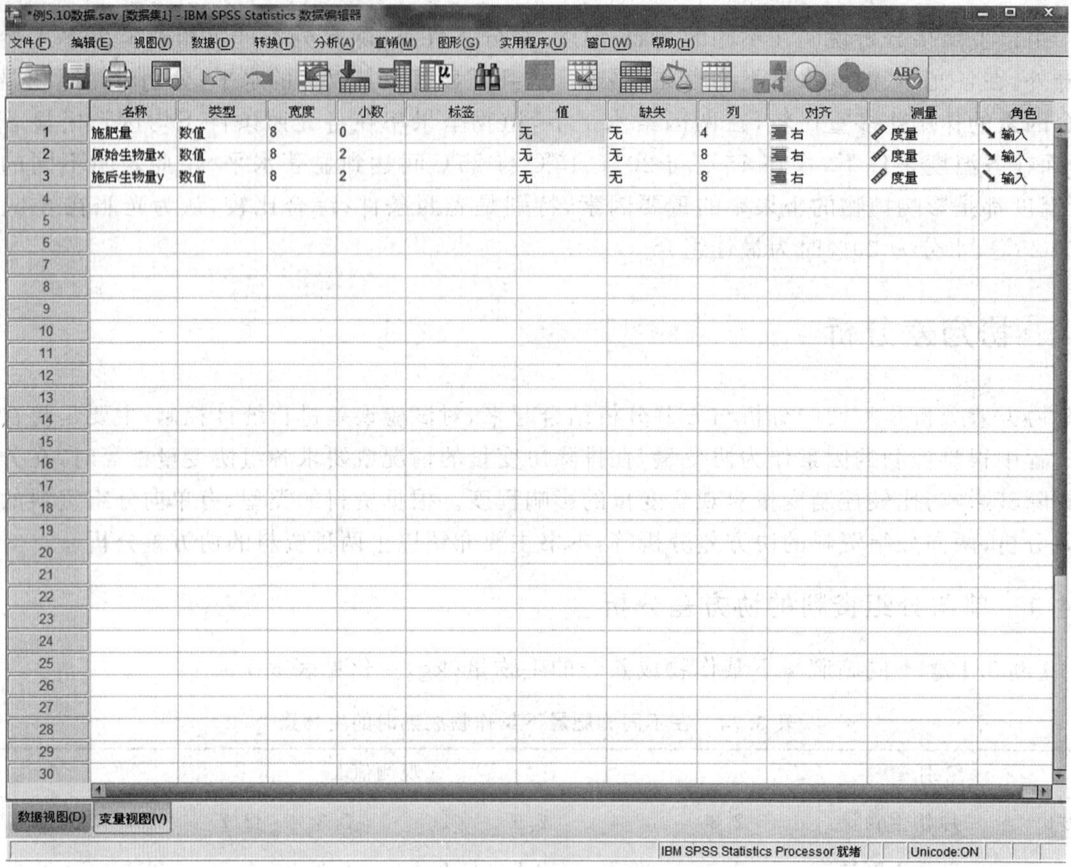


图 5.102　定义变量

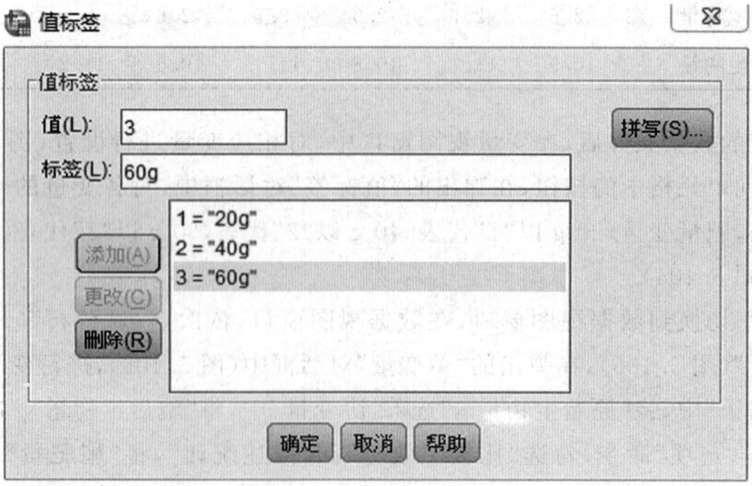


图 5.103　定义变量值

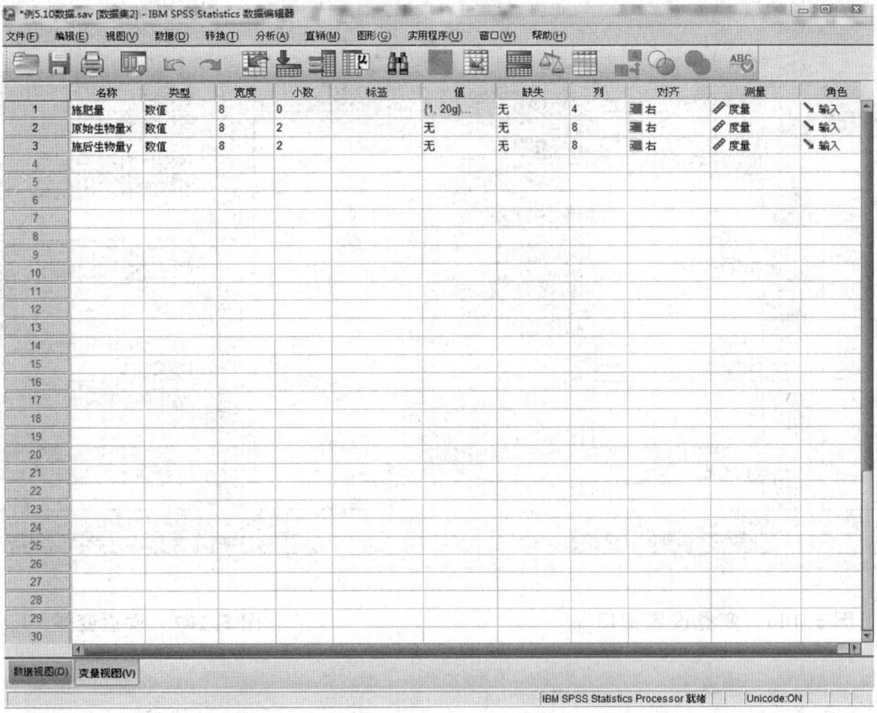


图 5.104　变量视图窗口

图 5.105　单向分组协方差分析

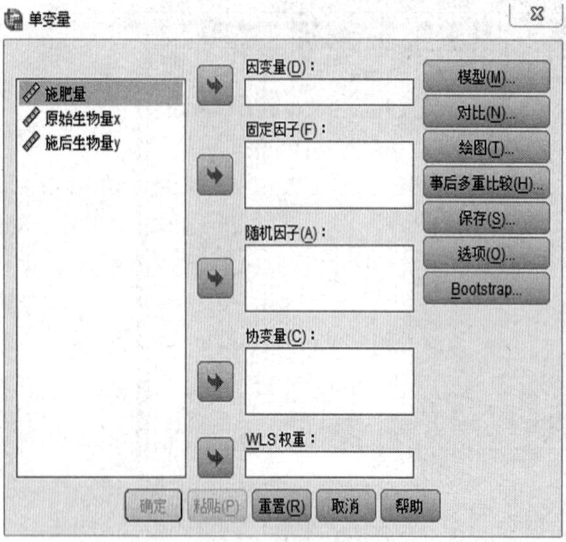


图 5.106　变量设置窗口

图 5.107　设置变量

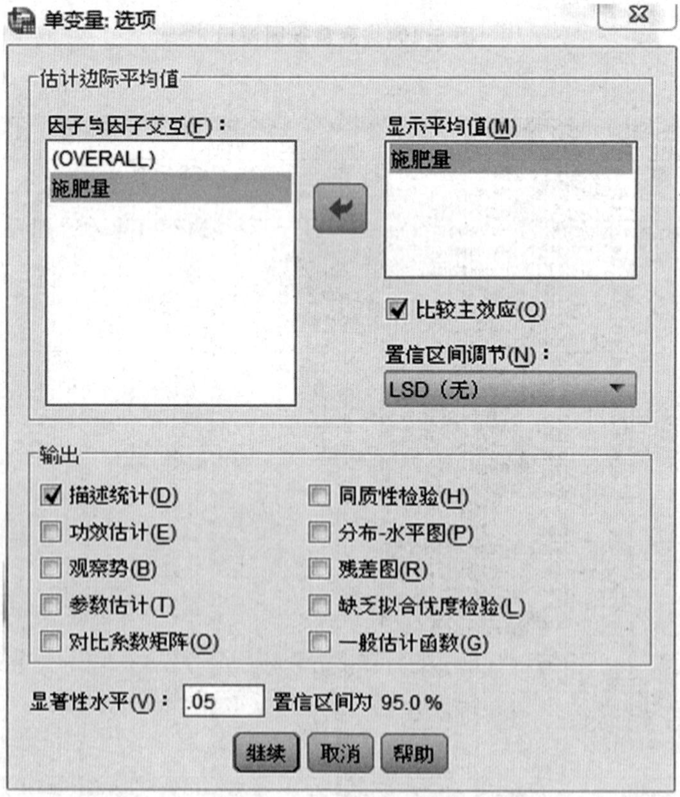


图 5.108　选项设置

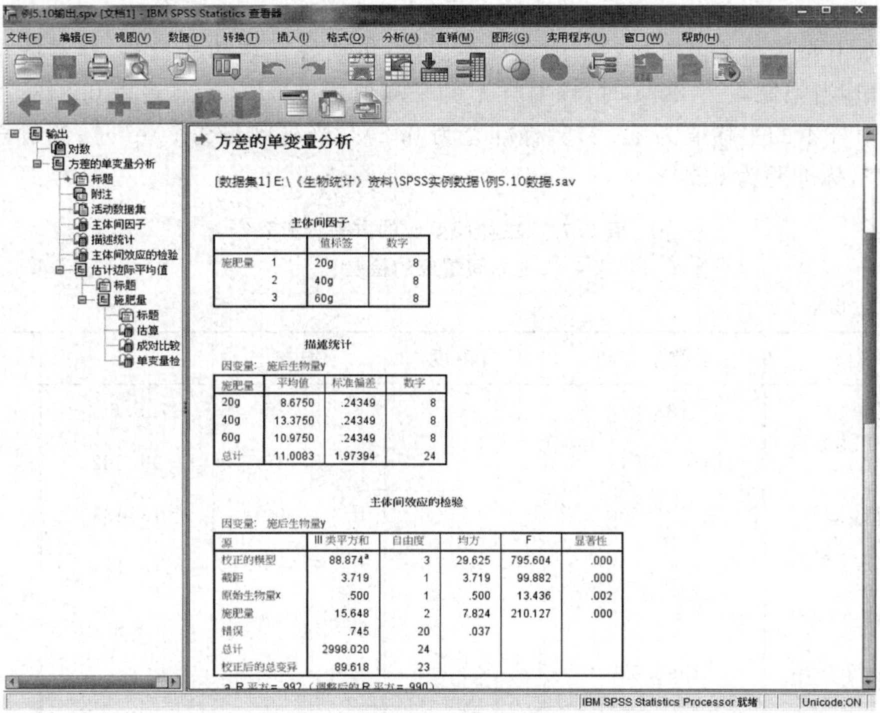


**图 5.109　结果输出**

**表 5.75　主体因子表**

**主体间因子**

| | | 值标签 | 数字 |
|---|---|---|---|
| 施肥量 | 1 | 20 g | 8 |
| | 2 | 40 g | 8 |
| | 3 | 60 g | 8 |

**结果分析：**

表 5.75 主要显示了该资料主体因子的因素及水平；由表可知，该数据资料有一个影响因素，即施肥量；该因素有 3 个水平，分别是 20 g、40 g、60 g；每组条件下均有 8 对观测值。

**表 5.76　描述性统计表**

**描述统计**

因变量：施后生物量 $y$

| 施肥量/g | 平均值 | 标准偏差 | 数字 |
|---|---|---|---|
| 20 | 8.6750 | .24349 | 8 |
| 40 | 13.3750 | .24349 | 8 |
| 60 | 10.9750 | .24349 | 8 |
| 总计 | 11.0083 | 1.97394 | 24 |

**结果分析：**

表 5.76 主要显示了该资料的一般性描述指标，包括各样本的变量数、样本数，均值，标准差；由表可知，当施肥量为 20 g 时，该对样本的平均值为 8.675，标准差为 0.243；当施肥量为 40 g 时，该对样本的平均值为 13.375，标准差为 0.243；当施肥量为 60 g 时，该对样本的平均值为 10.975，标准差为 0.243。

**表 5.77 主体间效应的方差分析表**

**主体间效应的检验**

因变量：施后生物量 $y$

| 源 | Ⅲ类平方和 | 自由度 | 均方 | $F$ | 显著性 |
|---|---|---|---|---|---|
| 校正的模型 | 88.874[a] | 3 | 29.625 | 795.604 | .000 |
| 截距 | 3.719 | 1 | 3.719 | 99.882 | .000 |
| 原始生物量 $x$ | .500 | 1 | .500 | 13.436 | .002 |
| 施肥量 | 15.648 | 2 | 7.824 | 210.127 | .000 |
| 错误 | .745 | 20 | .037 | | |
| 总计 | 2998.020 | 24 | | | |
| 校正后的总变异 | 89.618 | 23 | | | |

a. $R^2=.992$（调整后的 $R^2=.990$）。

**结果分析：**

表 5.77 主要显示了方差分析中不同处理组未校正的各因素样本的差异程度及显著性；由表可知，原始生物量 $x$ 的统计量 $F$ 值为 13.436，显著性为 0.002，即 $P<0.01$，差异极显著；不同施肥量的统计量 $F$ 值为 210.127，显著性为 0.000，即 $P<0.01$，差异极显著；须进行后续多重比较。

**表 5.78 估计表**

**估算**

因变量：施后生物量 $y$

| 施肥量/g | 平均值 | 标准错误 | 95% 的置信区间 | |
|---|---|---|---|---|
| | | | 下限值 | 上限值 |
| 20 | 8.993[a] | .110 | 8.763 | 9.223 |
| 40 | 13.057[a] | .110 | 12.827 | 13.287 |
| 60 | 10.975[a] | .068 | 10.833 | 11.117 |

a. 按下列值对模型中显示的协变量进行求值：原始生物量 $x=2.7875$。

**结果分析：**

表 5.78 主要显示了方差分析中不同处理组校正后的各因素样本的差异程度及置信区间；由表可知，某作物成熟时 3 个处理组的生物量分别是 8.993、13.057、10.975，标准差分别为 0.110、0.110、0.068。

表 5.79 各处理组的校正生物量平均值多重比较表

成对比较

因变量:施后生物量 $y$

| (I)施肥量/g | (J)施肥量/g | 平均值差值(I-J) | 标准错误 | 显著性 | 95% 的置信区间 | |
|---|---|---|---|---|---|---|
| | | | | | 下限值 | 上限值 |
| 20 | 40 | −4.065* | .198 | .000 | −4.478 | −3.651 |
| | 60 | −1.982* | .130 | .000 | −2.253 | −1.712 |
| 40 | 20 | 4.065* | .198 | .000 | 3.651 | 4.478 |
| | 60 | 2.082* | .130 | .000 | 1.812 | 2.353 |
| 60 | 20 | 1.982* | .130 | .000 | 1.712 | 2.253 |
| | 40 | −2.082* | .130 | .000 | −2.353 | −1.812 |

基于估计边际平均值。

*. 均值差的显著性水平为 0.05。

b. 调节多重比较:最小显著差异法(相当于没有调节)。

**结果分析:**

表 5.79 主要显示了方差分析中不同处理组校正后平均值差值、标准差及其多重比较结果;由表可知,20 g 和 40 g 组,其显著性为 0.000,即 $P<0.01$,差异极显著;20 g 和 60 g 组,其显著性为 0.000,即 $P<0.01$,差异极显著;40 g 和 60 g 组,其显著性为 0.000,即 $P<0.01$,差异极显著。表明各组施肥量均能使该作物成熟时生物量与原始生物量的差异达到极显著水平,其中,在 40 g 时平均值差值最大(表 5.80)。

表 5.80 校正后不同施肥量组生物量的差异显著性

| 施肥量/g | 校正后平均值 | 差异显著性 | |
|---|---|---|---|
| | | $\alpha=0.05$ | $\alpha=0.01$ |
| 20 | 8.993 | a | A |
| 40 | 13.057 | b | B |
| 60 | 10.975 | c | C |

**结论:**

由以上结果分析说明在不同施肥量处理组下某作物成熟时的生物量间存在极显著差异,校正后的生物量平均值间也存在极显著差异,且在不同的施肥量处理组间,两两间的差异均呈现了极显著水平;由此表明施肥能促进该作物成熟时的生物量的增加,且在不同施肥量处理组间的增加量达到极显著水平,施肥量在 40 g 时效果最佳。

## 5.4.2 双向分组资料的协方差分析

【例 5.11】不同施肥量下三种不同品种作物成熟时的生物量(kg)变化见表 5.81。

**表 5.81 不同施肥量下三种不同品种作物成熟时的生物量** kg

| 品种 | 施肥量/g | | | | | |
|---|---|---|---|---|---|---|
| | 20 | | 40 | | 60 | |
| | 原始生物量 | 施后生物量 | 原始生物量 | 施后生物量 | 原始生物量 | 施后生物量 |
| 1# 种 | 2.3 | 8.6 | 2.9 | 13.3 | 2.6 | 10.9 |
| | 2.4 | 8.7 | 3 | 13.4 | 2.7 | 11 |
| | 2.6 | 8.5 | 3.2 | 13.2 | 2.9 | 10.8 |
| | 2.5 | 8.7 | 3.1 | 13.4 | 2.8 | 11 |
| | 2.3 | 8.3 | 2.9 | 13 | 2.6 | 10.6 |
| | 2.7 | 8.9 | 3.3 | 13.6 | 3 | 11.2 |
| | 2.6 | 9.1 | 3.2 | 13.8 | 2.9 | 11.4 |
| | 2.5 | 8.6 | 3.1 | 13.3 | 2.8 | 10.9 |
| 2# 种 | 1.7 | 8 | 2.5 | 12.9 | 1.9 | 10.2 |
| | 1.8 | 8.1 | 2.6 | 13 | 2 | 10.3 |
| | 2 | 7.9 | 2.8 | 12.8 | 2.2 | 10.1 |
| | 1.9 | 8.1 | 2.7 | 13 | 2.1 | 10.3 |
| | 1.7 | 7.7 | 2.5 | 12.6 | 1.9 | 9.9 |
| | 2.1 | 8.3 | 2.9 | 13.2 | 2.3 | 10.5 |
| | 2 | 8.5 | 2.8 | 13.4 | 2.2 | 10.7 |
| | 1.9 | 8 | 2.7 | 12.9 | 2.1 | 10.2 |
| 3# 种 | 3.5 | 9.8 | 4.1 | 14.5 | 3.8 | 12.1 |
| | 3.6 | 9.9 | 4.2 | 14.6 | 3.9 | 12.2 |
| | 3.8 | 9.7 | 4.4 | 4.4 | 4.1 | 12 |
| | 3.7 | 9.9 | 4.3 | 14.6 | 4 | 12.2 |
| | 3.5 | 9.5 | 4.1 | 14.2 | 3.8 | 11.8 |
| | 3.9 | 10.1 | 4.5 | 14.8 | 4.2 | 12.4 |
| | 3.8 | 10.3 | 4.4 | 15 | 4.1 | 12.6 |
| | 3.7 | 9.8 | 4.3 | 14.5 | 4 | 12.1 |

建立好相应的数据文件后，在变量视图窗口中，对相应变量进行设置(图 5.110)，定义变量值，单击“值”列单元格中的按钮，在弹出的“值标签”对话框中，对各变量的不同事件或样本进行编码，针对品种变量，1# 种以“1”代表，2# 种以“2”代表，3# 种以“3”代表(图 5.111)；针对施肥量变量，20 g 以“1”代表，40 g 以“2”代表，60 g 以“3”代表(图 5.112)；即完成变量的定义(图 5.113)。

设置完成后，切换到数据视图窗口，在数据视图窗口，依次点击“分析”——“一般线性模型”——“单变量”(图 5.114)，在弹出的“单变量”对话框中(图 5.115)，进行变量设置，将“品种”、“施肥量”选入“固定因子”中，将“原始生物量 x”选入“协变量”中，将“施后生物量 y”选入“因变量”中(图 5.116)；点击“模型”命令，选中“定制”，将“品种”“施肥量”“原始生物量 x”同时选到“模型”一栏中，在“类型”的下拉列表中选择“主效应”，勾选“在模型中包含截距”(图

5.117)；点击“选项”命令，勾选“比较主效应”和“描述统计”，将“品种”、“施肥量”移到“显示平均值”一栏，将“显著性水平”设置为“0.05”(图 5.118)；单击确定后弹出结果输出窗口(图 5.119)，即完成相应的数据分析。

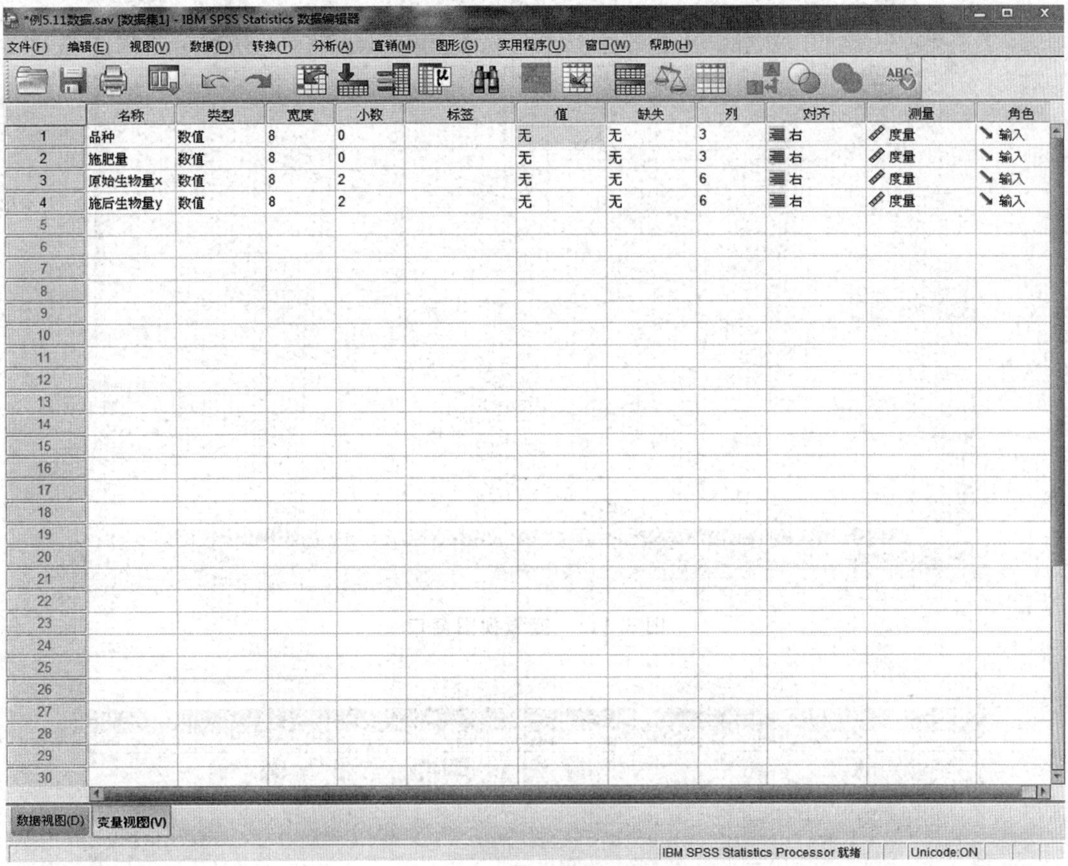


图 5.110 定义变量

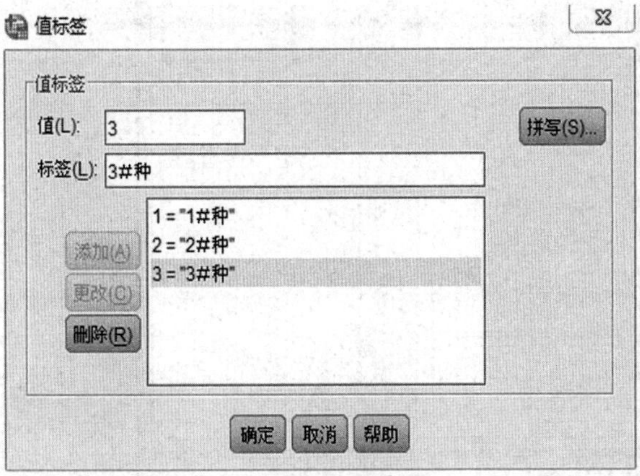


图 5.111 定义变量值

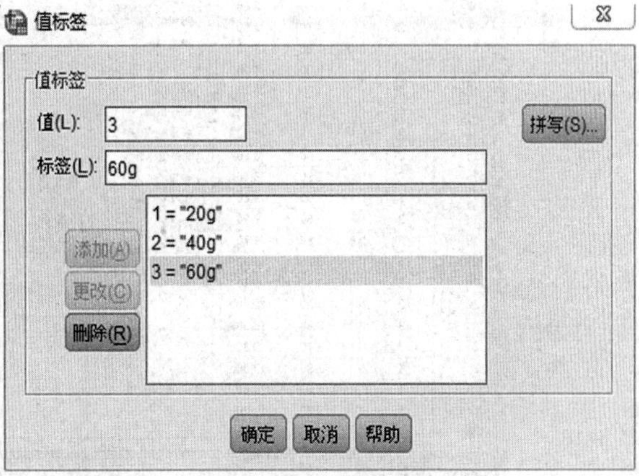


图 5.112 定义变量值

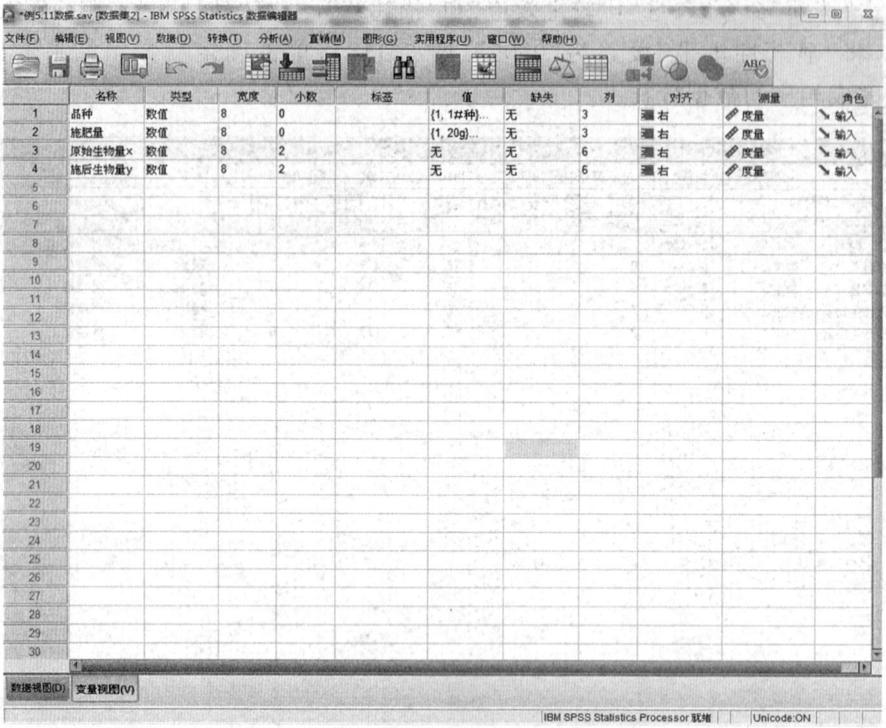


图 5.113　变量视图窗口

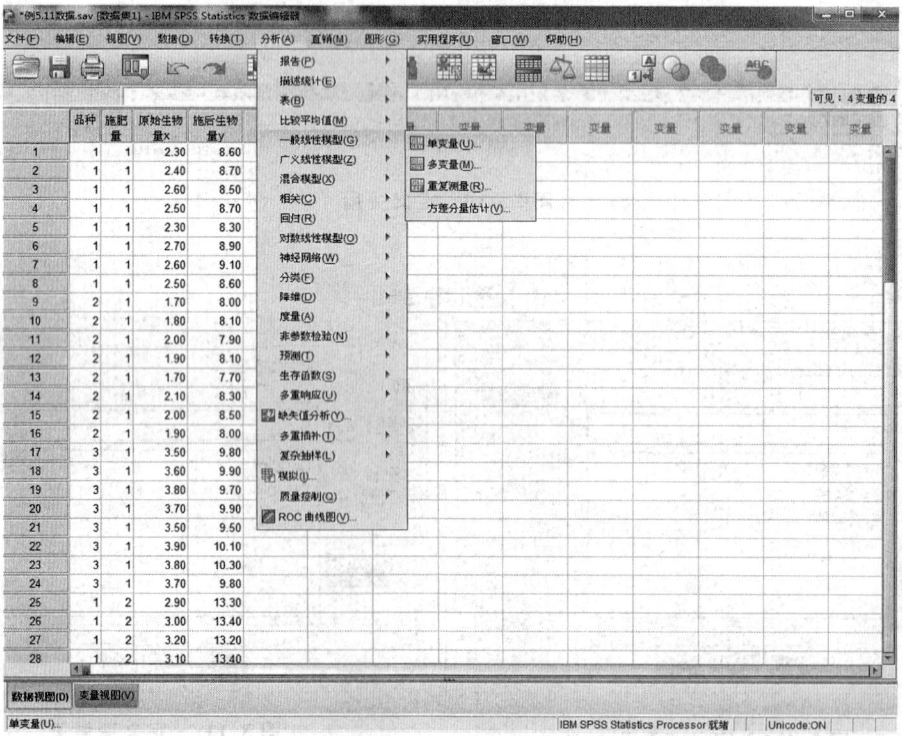


图 5.114　双向分组协方差分析

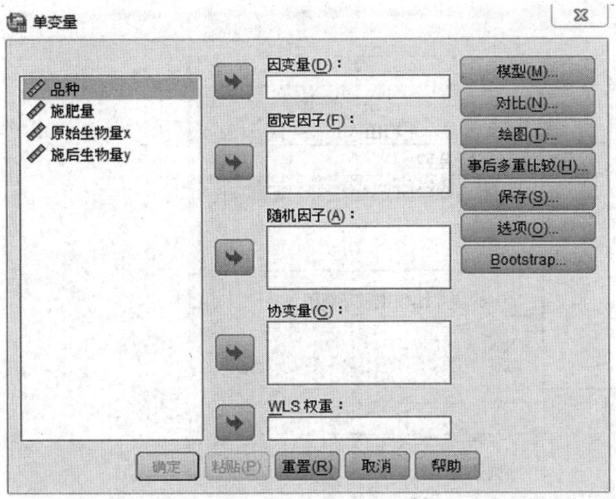


图 5.115　变量设置窗口

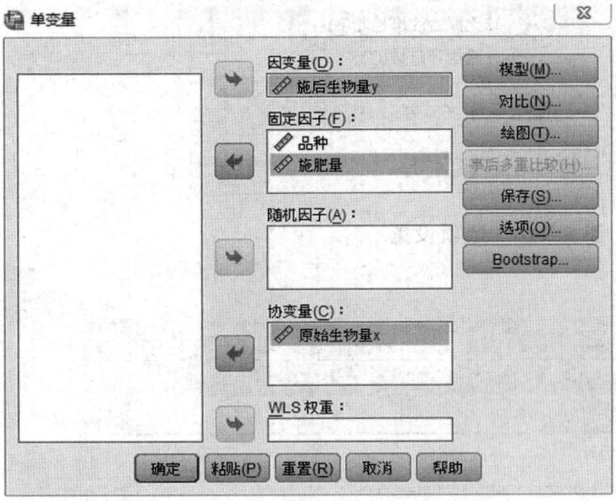


图 5.116　设置变量

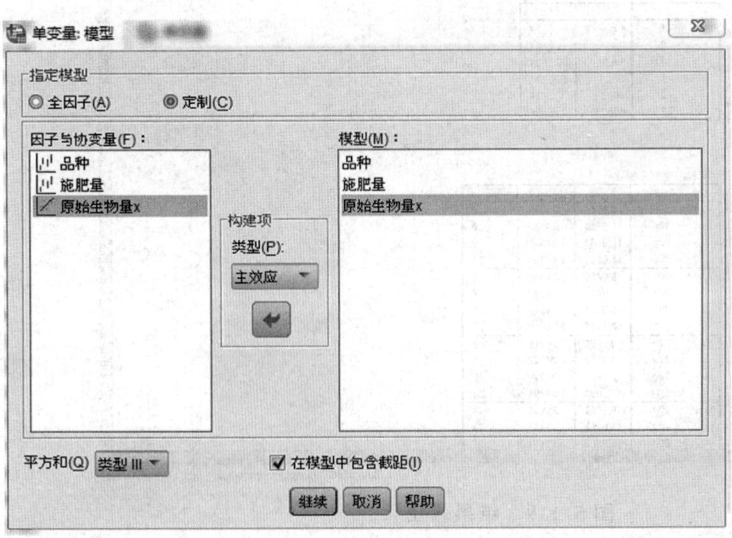


图 5.117　模型设置

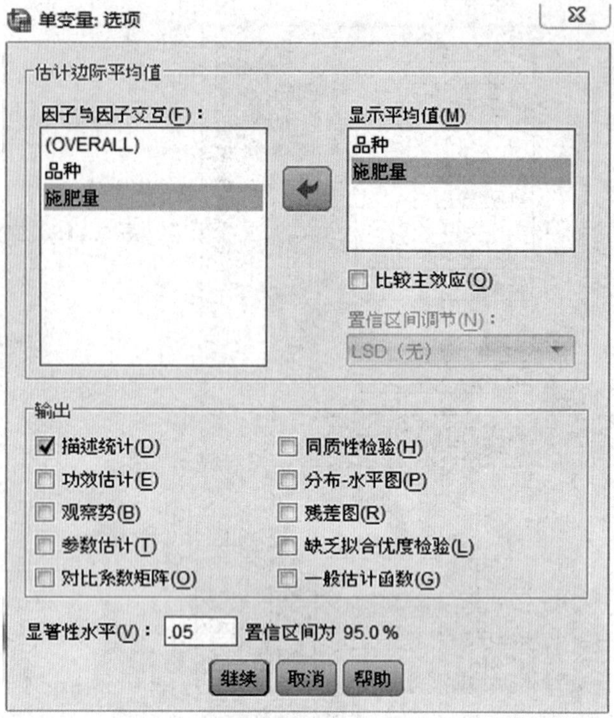


图 5.118 选项设置

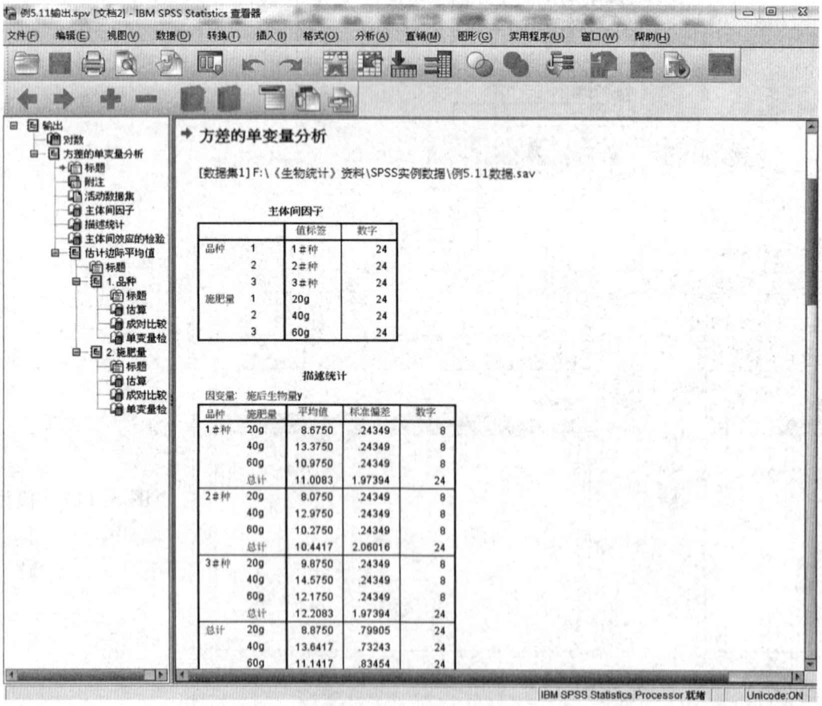


图 5.119 结果输出

表 5.82 主体因子表

主体间因子

| | | 值标签 | 数字 |
|---|---|---|---|
| 品种 | 1 | 1# 种 | 24 |
| | 2 | 2# 种 | 24 |
| | 3 | 3# 种 | 24 |
| 施肥量 | 1 | 20 g | 24 |
| | 2 | 40 g | 24 |
| | 3 | 60 g | 24 |

**结果分析：**

表 5.82 主要显示了该资料主体因子的因素及水平；由表可知，该数据资料有两个影响因素，即品种和施肥量；其中，品种有 3 个水平，分别是 1# 种、2# 种、3# 种，施肥量有 3 个水平，分别是 20 g、40 g、60 g；每组条件下均有包含 24 对观测值。

表 5.83 描述性统计表

描述统计

因变量：施后生物量 $y$

| 品种 | 施肥量 | 平均值 | 标准偏差 | 数字 |
|---|---|---|---|---|
| 1# 种 | 20 | 8.6750 | .24349 | 8 |
| | 40 | 13.3750 | .24349 | 8 |
| | 60 | 10.9750 | .24349 | 8 |
| | 总计 | 11.0083 | 1.97394 | 24 |
| 2# 种 | 20 | 8.0750 | .24349 | 8 |
| | 40 | 12.9750 | .24349 | 8 |
| | 60 | 10.2750 | .24349 | 8 |
| | 总计 | 10.4417 | 2.06016 | 24 |
| 3# 种 | 20 | 9.8750 | .24349 | 8 |
| | 40 | 14.5750 | .24349 | 8 |
| | 60 | 12.1750 | .24349 | 8 |
| | 总计 | 12.2083 | 1.97394 | 24 |
| 总计 | 20 | 8.8750 | .79905 | 24 |
| | 40 | 13.6417 | .73243 | 24 |
| | 60 | 11.1417 | .83454 | 24 |
| | 总计 | 11.2194 | 2.10938 | 72 |

**结果分析:**

表5.83主要显示了该资料的一般性描述指标,包括各样本的变量数、样本数,均值,标准差;由表可知,针对1[#]种,当施肥量为20 g时,该对样本的平均值为8.675,标准差为0.243;当施肥量为40 g时,该对样本的平均值为13.375,标准差为0.243;当施肥量为60 g时,该对样本的平均值为10.975,标准差为0.243。针对2[#]种,当施肥量为20 g时,该对样本的平均值为8.075,标准差为0.243;当施肥量为40 g时,该对样本的平均值为12.975,标准差为0.243;当施肥量为60 g时,该对样本的平均值为10.275,标准差为0.243。针对3[#]种,当施肥量为20 g时,该对样本的平均值为9.875,标准差为0.243;当施肥量为40 g时,该对样本的平均值为14.575,标准差为0.243;当施肥量为60 g时,该对样本的平均值为12.175,标准差为0.243。

**表5.84 主体间效应的方差分析表**

**主体间效应的检验**

因变量:施后生物量 $y$

| 源 | Ⅲ类平方和 | 自由度 | 均方 | $F$ | 显著性 |
|---|---|---|---|---|---|
| 校正的模型 | 313.678[a] | 5 | 62.736 | 1852.724 | .000 |
| 截距 | 11.477 | 1 | 11.477 | 338.936 | .000 |
| 品种 | .004 | 2 | .002 | .055 | .946 |
| 施肥量 | 46.657 | 2 | 23.328 | 688.940 | .000 |
| 原始生物量 $x$ | 1.749 | 1 | 1.749 | 51.653 | .000 |
| 错误 | 2.235 | 66 | .034 | | |
| 总计 | 9378.980 | 72 | | | |
| 校正后的总变异 | 315.913 | 71 | | | |

a. $R^2=.993$(调整后的 $R^2=.992$)。

**结果分析:**

表5.84主要显示了方差分析中不同处理组未校正的各因素样本的差异程度及显著性;由表可知,不同品种的统计量 $F$ 值为0.055,显著性为0.946,即 $P>0.05$,差异不显著;不同施肥量的统计量 $F$ 值为688.940,显著性为0.000,即 $P<0.01$,差异极显著;原始生物量 $x$ 的统计量 $F$ 值为51.653,显著性为0.000,即 $P<0.01$,差异极显著;须对不同施肥量进行后续多重比较。

**表5.85 不同施肥量生物量估计表**

**估算**

因变量:施后生物量 $y$

| 施肥量/g | 平均值 | 标准错误 | 95%的置信区间 | |
|---|---|---|---|---|
| | | | 下限值 | 上限值 |
| 20 | 9.202[a] | .059 | 9.084 | 9.319 |
| 40 | 13.268[a] | .064 | 13.141 | 13.396 |
| 60 | 11.188[a] | .038 | 11.112 | 11.264 |

a. 按下列值对模型中显示的协变量进行求值:原始生物量 $x=2.9986$。

**结果分析：**

表 5.85 主要显示了方差分析中不同施肥量处理组校正后的各因素样本的差异程度及置信区间；由表可知，某作物成熟时在不同施肥量的 3 个处理组的生物量分别是 9.202、13.268、11.188，标准差分别为 0.059、0.064、0.038。

**表 5.86　不同施肥量处理组的校正生物量平均值多重比较表**

**成对比较**

因变量：施后生物量 $y$

| (I)施肥量/g | (J)施肥量/g | 平均值差值(I-J) | 标准错误 | 显著性[b] | 95% 的置信区间 | |
|---|---|---|---|---|---|---|
| | | | | | 下限值 | 上限值 |
| 20 | 40 | −4.067* | .111 | .000 | −4.288 | −3.845 |
| | 60 | −1.987* | .066 | .000 | −2.118 | −1.855 |
| 40 | 20 | 4.067* | .111 | .000 | 3.845 | 4.288 |
| | 60 | 2.080* | .079 | .000 | 1.923 | 2.238 |
| 60 | 20 | 1.987* | .066 | .000 | 1.855 | 2.118 |
| | 40 | −2.080* | .079 | .000 | −2.238 | −1.923 |

基于估计边际平均值。

*. 均值差的显著性水平为 .05。

b. 调节多重比较：最小显著差异法(相当于没有调节)。

**结果分析：**

表 5.86 主要显示了方差分析中不同施肥量处理组校正后平均值差值、标准差及其多重比较结果；由表可知，20 g 和 40 g 组，其显著性为 0.000，即 $P<0.01$，差异极显著；20 g 和 60 g 组，其显著性为 0.000，即 $P<0.01$，差异极显著；40 g 和 60 g 组，其显著性为 0.000，即 $P<0.01$，差异极显著。表明各组施肥量均能使该作物成熟时生物量与原始生物量的差异达到极显著水平，其中，在 40 g 时平均值差值最大(表 5.87)。

**表 5.87　校正后不同施肥量组生物量的差异显著性**

| 施肥量/g | 校正后平均值 | 差异显著性 | |
|---|---|---|---|
| | | $\alpha=0.05$ | $\alpha=0.01$ |
| 20 | 9.202 | a | A |
| 40 | 13.268 | b | B |
| 60 | 11.188 | c | C |

**结论：**

由以上结果分析说明不同品种条件下的某作物成熟时的生物量无显著差异，而在不同施肥量处理组下生物量间存在极显著差异；校正后的生物量平均值间也存在极显著差异，且在不同的施肥量处理组间，两两间的差异均呈现了极显著水平；由此表明研究的不同品种没有影响其成熟时生物量的变化，而施肥则能促进该作物成熟时的生物量的增加，且在不同施肥量处理组间的增加量达到极显著水平，施肥量在 40 g 时效果最佳。

# 第6章 相关分析

客观事物之间既相互联系、相互影响，又相互制约，即为事物的相关关系；任何事物的存在都不是孤立的，而是相互联系、相互制约的。相关分析主要是为了了解变量间相互关系及其密切程度；它不考虑变量之间的因果关系，只研究变量间是否存在某种依赖关系；这种关系并非确定和严格的依存关系。在统计学上，相关关系是一种确定性关系，可以使相关分析方法，来研究随机变量之间的相关性，以确定变量之间的相互性和密切程度；在实际分析中，相关关系可按不同形态、不同标准划分；一般包括按相关程度、相关形式、相关方向和相关涉及的因素进行划分。

## 6.1 双变量相关分析

双变量相关分析主要用于两个变量之间的线性相关分析。

【例 6.1】某植物生物量随时间的变化关系见表 6.1。

**表 6.1 某植物随时间变化的生物量**

| 天数/天 | 15 | 30 | 45 | 60 | 75 | 90 | 105 | 120 | 135 | 150 | 165 | 180 |
|---|---|---|---|---|---|---|---|---|---|---|---|---|
| 生物量/kg | 0.6 | 1.2 | 2.3 | 3.6 | 5.5 | 6.3 | 7.8 | 10.2 | 11.4 | 13.2 | 14.6 | 16.8 |

建立好相应的数据文件后，在变量视图窗口中，对相应变量进行设置(图 6.1)。

设置完成后，切换到数据视图窗口，在数据视图窗口，依次点击“分析”——“相关”——“双变量”，见图 6.2。

在弹出的“双变量相关性”对话框中，见图 6.3。

进行变量设置，将“天数 $x$”“生物量 $y$”选入“变量”一栏中，选中“pearson”“双尾检验”“标记显著性相关”，见图 6.4。

点击“选项”命令，勾选“平均值和标准差”和“按对排除个案”，见图 6.5。

单击确定后弹出结果输出窗口，见图 6.6，即完成相应的数据分析。

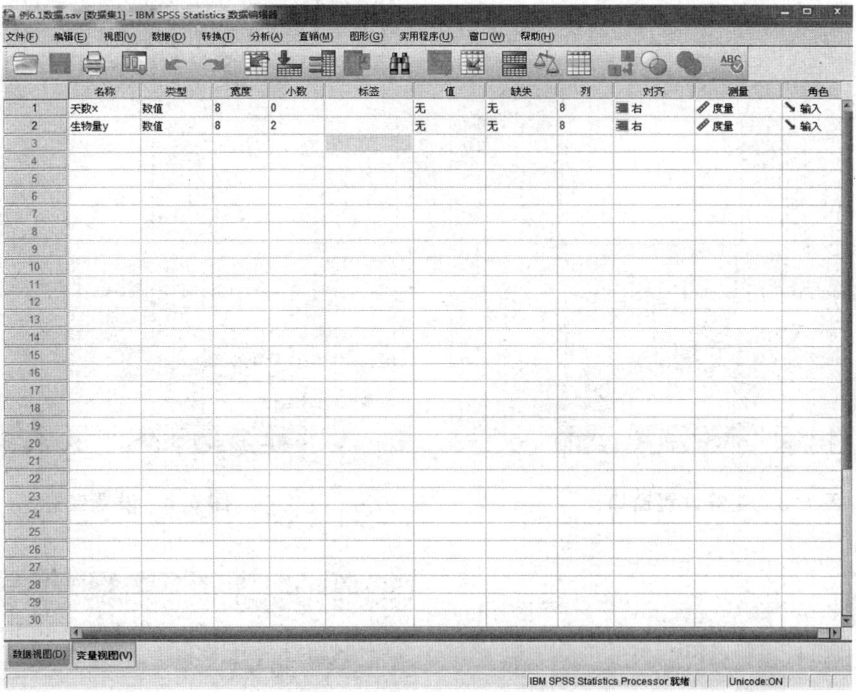


图 6.1　定义变量

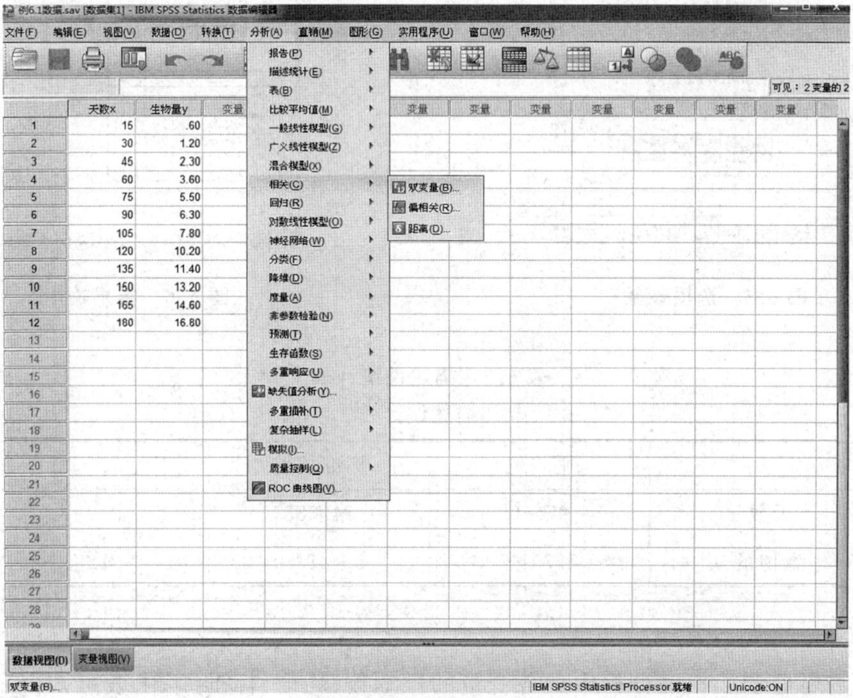


图 6.2　双变量相关分析

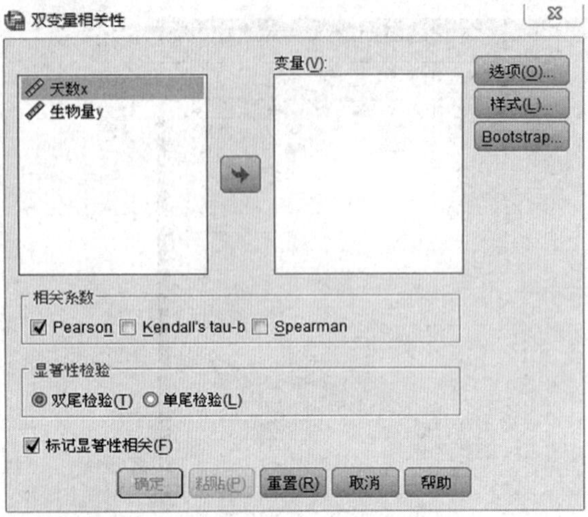


图 6.3 变量设置窗口

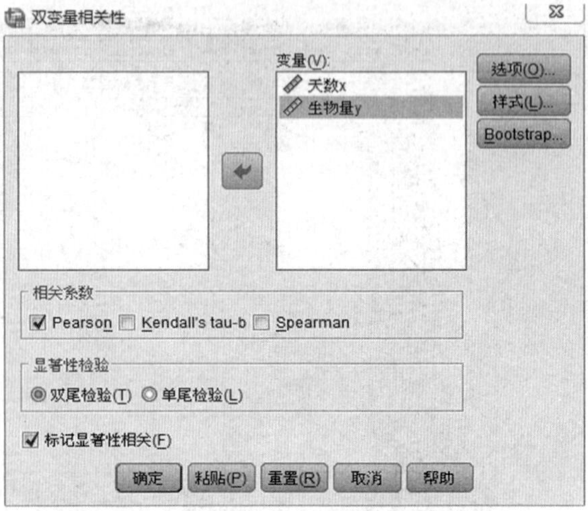


图 6.4 设置变量

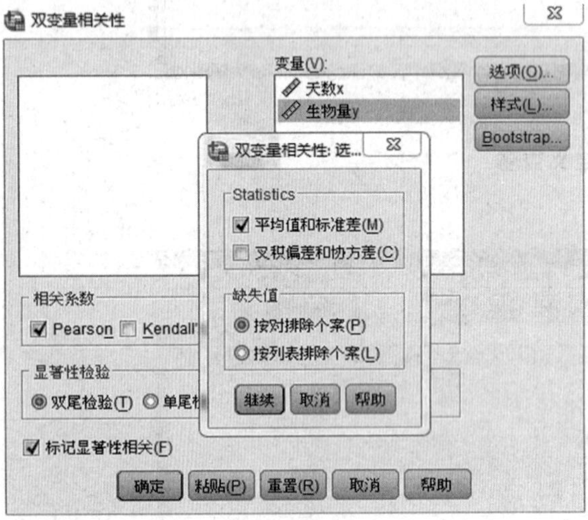


图 6.5 选项设置

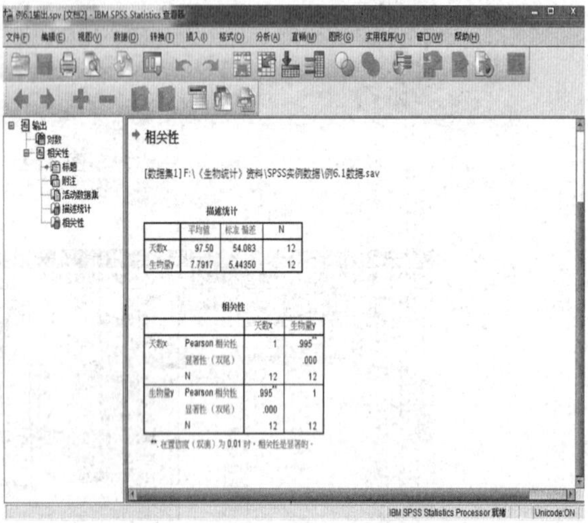


图 6.6 结果输出

**表 6.2 描述性统计表**

**描述统计**

| | 平均值 | 标准偏差 | $N$ |
|---|---|---|---|
| 天数 $x$ | 97.50 | 54.083 | 12 |
| 生物量 $y$ | 7.791 7 | 5.443 50 | 12 |

**结果分析：**

表 6.2 主要显示了相关分析中的各变量的样本数、均值、标准差；由表可知，参与统计分析的样本中，两个样本的样本容量均为 12，其中观察天数的平均值为 97.5 天，标准差为 54.083；植物的生物量平均值为 7.792 kg，标准差为 5.443。

表 6.3　相关分析结果表

相关性

| | | 天数 $x$ | 生物量 $y$ |
|---|---|---|---|
| 天数 $x$ | Pearson 相关性 | 1 | .995** |
| | 显著性（双尾） | | .000 |
| | $N$ | 12 | 12 |
| 生物量 $y$ | Pearson 相关性 | .995** | 1 |
| | 显著性（双尾） | .000 | |
| | $N$ | 12 | 12 |

**. 在置信度(双测)为 0.01 时，相关性是显著的。

**结果分析：**

表 6.3 主要显示了相关性分析中两个变量间的相关系数；由表可知，两变量的相关系数为 0.995，显著性为 0.000，即 $P<0.01$，表明天数和生物量的相关关系为正相关，且相关关系极显著。

**结论：**

由以上结果分析说明某植物的生物量与时间变化呈现出极显著的相关性，即该植物的生物量随时间的增加而增大。

## 6.2　多变量相关分析

多变量相关分析是研究两个及两个以上变量间的线性相关分析，与双变量相关关系的分析比较类似。

【例 6.2】小麦每穗粒数、亩穗数、结实率与亩产量之间的关系见表 6.4。

表 6.4　小麦的每穗粒数、亩穗数、结实率与亩产量

| 项目 | 序号 | | | | | | | | | | | |
|---|---|---|---|---|---|---|---|---|---|---|---|---|
| | 1 | 2 | 3 | 4 | 5 | 6 | 7 | 8 | 9 | 10 | 11 | 12 |
| 每穗粒数 $x_1$/粒 | 151 | 154 | 152 | 153 | 151 | 154 | 152 | 150 | 153 | 151 | 150 | 155 |
| 亩穗数 $x_2$/(万穗/亩) | 17.5 | 19 | 18 | 18.5 | 17.5 | 19 | 18 | 17.5 | 18.5 | 18 | 17.5 | 19 |
| 结实率 $x_3$/kg | 79 | 86 | 81 | 85 | 80 | 88 | 81 | 78 | 84 | 82 | 75 | 87 |
| 亩产量 $y$/(kg/亩) | 415 | 478 | 450 | 460 | 425 | 480 | 458 | 420 | 465 | 455 | 415 | 485 |

建立好相应的数据文件后，在变量视图窗口中，对相应变量进行设置(图 6.7)，设置完成后，切换到数据视图窗口，在数据视图窗口，依次点击“分析”——“相关”——“双变量”(图 6.8)，在弹出的“双变量相关性”对话框中(图 6.9)，进行变量设置，将“每穗粒数 $x_1$”“亩穗数 $x_2$”“结实率 $x_3$”“亩产量 $y$”选入“变量”一栏中，选中“pearson”“双尾检验”“标记显著性相关”(图 6.10)；点击“选项”命令，勾选“平均值和标准差”和“按对排除个案”(图 6.11)；单击确定后弹出结果输出窗口(图 6.12)，即完成相应的数据分析。

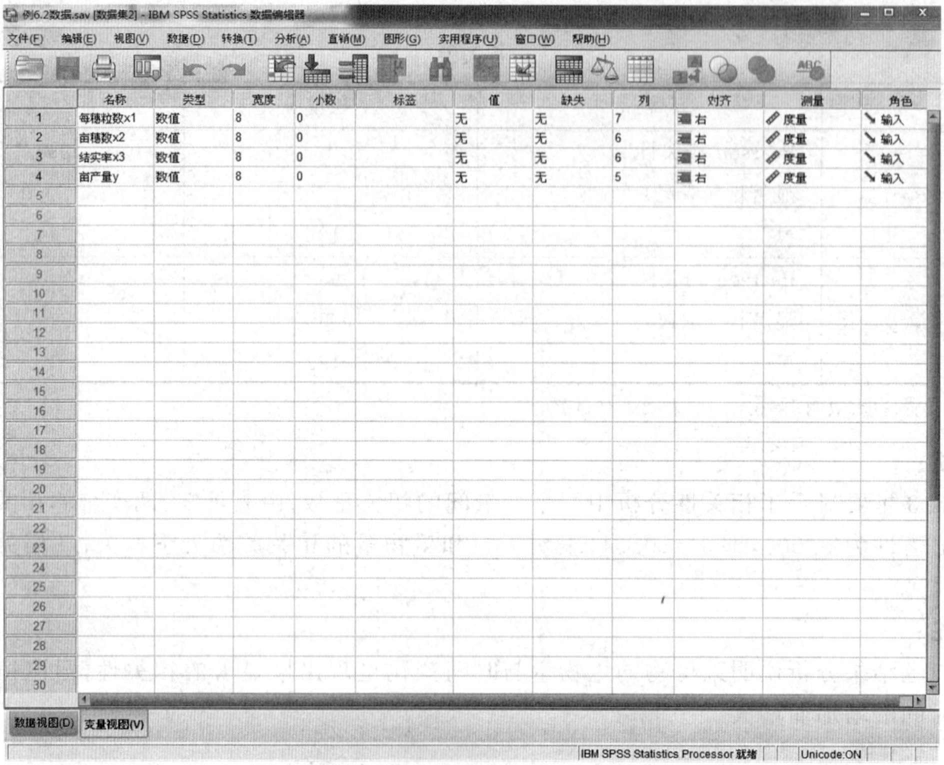


**图 6.7　定义变量**

**图 6.8　多变量相关分析**

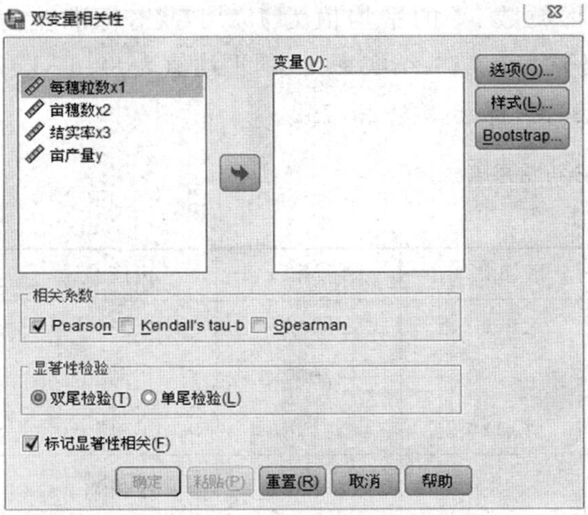


图 6.9　变量设置窗口

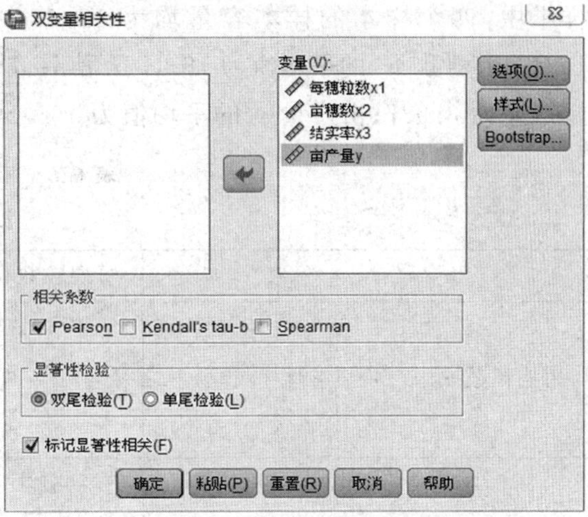


图 6.10　设置变量

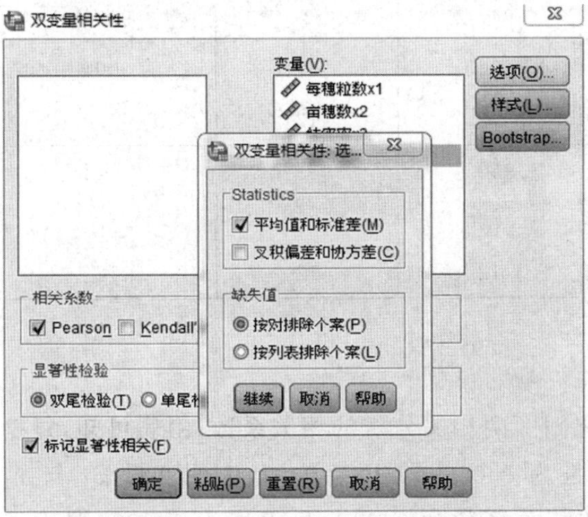


图 6.11　选项设置

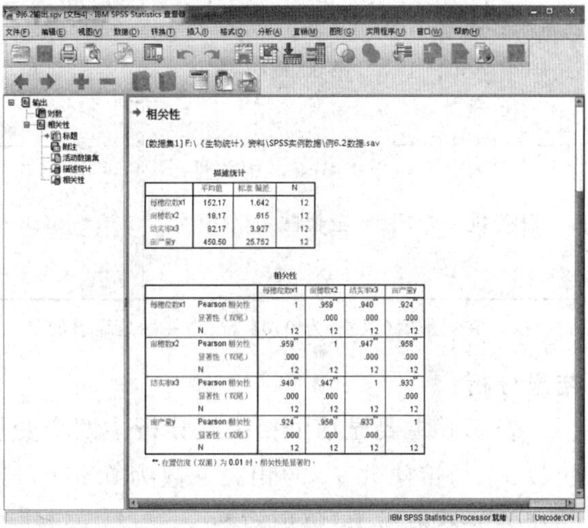


图 6.12　结果输出

表 6.5　描述性统计表

描述统计

| | 平均值 | 标准 偏差 | $N$ |
|---|---|---|---|
| 每穗粒数 $x_1$ | 152.17 | 1.642 | 12 |
| 亩穗数 $x_2$ | 18.17 | .615 | 12 |
| 结实率 $x_3$ | 82.17 | 3.927 | 12 |
| 亩产量 $y$ | 450.50 | 25.752 | 12 |

**结果分析：**

表 6.5 主要显示了相关分析中各变量的样本数、均值、标准差；由表可知，参与统计分析的

样本中,四个样本的样本容量均为 12,其中每穗粒数 $x_1$ 的平均值为 152.17 粒,标准差为 1.642;亩穗数 $x_2$ 的平均值为 18.17 万穗/亩,标准差为 0.615;结实率 $x_3$ 的平均值为 82.17 kg,标准差为 3.927;亩产量 $y$ 的平均值为 450.50 kg/亩,标准差为 25.752。

**表 6.6 相关分析结果表**

**相关性**

| | | 每穗粒数 $x_1$ | 亩穗数 $x_2$ | 结实率 $x_3$ | 亩产量 $y$ |
|---|---|---|---|---|---|
| 每穗粒数 $x_1$ | Pearson 相关性 | 1 | .959** | .940** | .924** |
| | 显著性(双尾) | | .000 | .000 | .000 |
| | $N$ | 12 | 12 | 12 | 12 |
| 亩穗数 $x_2$ | Pearson 相关性 | .959** | 1 | .947** | .958** |
| | 显著性(双尾) | .000 | | .000 | .000 |
| | $N$ | 12 | 12 | 12 | 12 |
| 结实率 $x_3$ | Pearson 相关性 | .940** | .947** | 1 | .933** |
| | 显著性(双尾) | .000 | .000 | | .000 |
| | $N$ | 12 | 12 | 12 | 12 |
| 亩产量 $y$ | Pearson 相关性 | .924** | .958** | .933** | 1 |
| | 显著性(双尾) | .000 | .000 | .000 | |
| | $N$ | 12 | 12 | 12 | 12 |

**. 在置信度(双测)为 0.01 时,相关性是显著的。

**结果分析:**

表 6.6 主要显示了相关性分析中四个变量之间两两相关分析的相关系数;由表可知,每穗粒数 $x_1$ 与亩穗数 $x_2$ 的相关系数为 0.959,显著性为 0.000,即 $P< 0.01$,表明变量 $x_1$ 与 $x_2$ 间相关关系极显著;每穗粒数 $x_1$ 与结实率 $x_3$ 的相关系数为 0.940,显著性为 0.000,即 $P<0.01$,表明变量 $x_1$ 与 $x_3$ 间相关关系极显著;每穗粒数 $x_1$ 与亩产量 $y$ 的相关系数为 0.924,显著性为 0.000,即 $P<0.01$,表明变量 $x_1$ 与 $y$ 间相关关系极显著;亩穗数 $x_2$ 与结实率 $x_3$ 的相关系数为 0.947,显著性为 0.000,即 $P<0.01$,表明变量 $x_2$ 与 $x_3$ 间相关关系极显著;亩穗数 $x_2$ 与亩产量 $y$ 的相关系数为 0.958,显著性为 0.000,即 $P<0.01$,表明变量 $x_2$ 与 $y$ 间相关关系极显著;结实率 $x_3$ 与亩产量 $y$ 的相关系数为 0.933,显著性为 0.000,即 $P<0.01$,表明变量 $x_3$ 与 $y$ 间相关关系极显著。

**结论:**

由以上结果分析说明小麦每穗粒数、亩穗数、结实率与亩产量四个变量两两之间均存在正相关关系,且相关关系极显著;小麦每穗粒数、亩穗数、结实率均对亩产量有极显著的促进作用。

## 6.3　偏相关分析

偏相关分析又称为净相关分析，偏相关分就是固定其他变量不变而研究某两个变量间的相关性；即把其他变量控制住，输出其他变量影响后的相关系数。

【例 6.3】小麦每穗粒数、亩穗数、结实率与亩产量之间的关系见表 6.7(同例 6.2)。

**表 6.7　小麦的每穗粒数、亩穗数、结实率与亩产量**

| 序号 | 1 | 2 | 3 | 4 | 5 | 6 | 7 | 8 | 9 | 10 | 11 | 12 |
|---|---|---|---|---|---|---|---|---|---|---|---|---|
| 每穗粒数 $x_1$/kg | 151 | 154 | 152 | 153 | 151 | 154 | 152 | 150 | 153 | 151 | 150 | 155 |
| 亩穗数 $x_2$/(万穗/亩) | 17.5 | 19 | 18 | 18.5 | 17.5 | 19 | 18 | 17.5 | 18.5 | 18 | 17.5 | 19 |
| 结实率 $x_3$/kg | 79 | 86 | 81 | 85 | 80 | 88 | 81 | 78 | 84 | 82 | 75 | 87 |
| 亩产量 $y$/(kg/亩) | 415 | 478 | 450 | 460 | 425 | 480 | 458 | 420 | 465 | 455 | 415 | 485 |

建立好相应的数据文件后，在变量视图窗口中，对相应变量进行设置(图 6.13)，设置完成后，切换到数据视图窗口，在数据视图窗口，依次点击“分析”——“相关”——“偏相关”(图 6.14)，在弹出的“偏相关”对话框中(图 6.15)，进行变量设置，将“每穗粒数 $x_1$”选入“控制”一栏中，将“亩穗数 $x_2$”“结实率 $x_3$”“亩产量 $y$”选入“变量”一栏中，选中“双尾检验”“显示实际显著性水平”(图 6.16)；点击“选项”命令，勾选“平均值和标准差”“零阶相关系数”“按对排除个案”(图 6.20)；单击确定后弹出结果输出窗口(图 6.21)；完成后分别以“亩穗数 $x_2$”(图 6.17)、“结实率 $x_3$”(图 6.18)、“亩产量 $y$”(图 6.19)作为控制变量进行偏相关分析，重复上述分析步骤，即完成相应的数据分析。

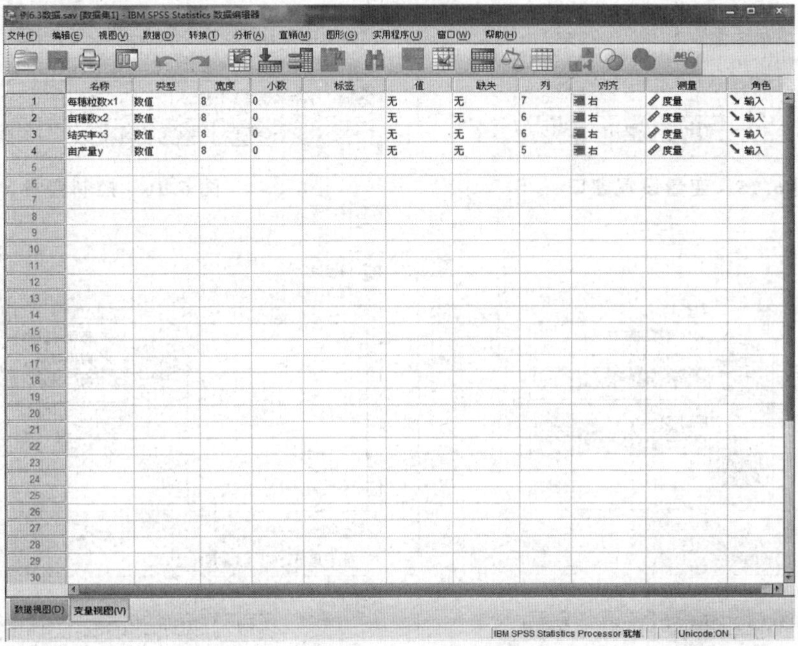

**图 6.13　定义变量**

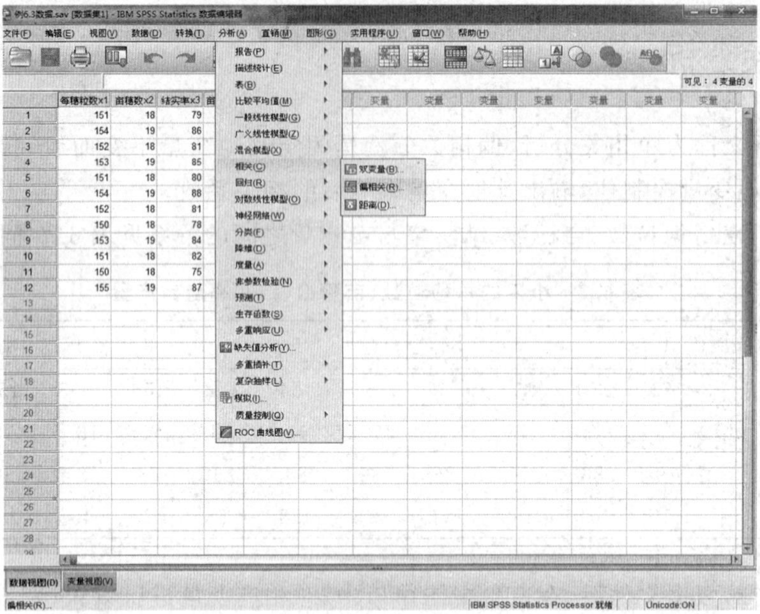


图 6.14 偏相关分析

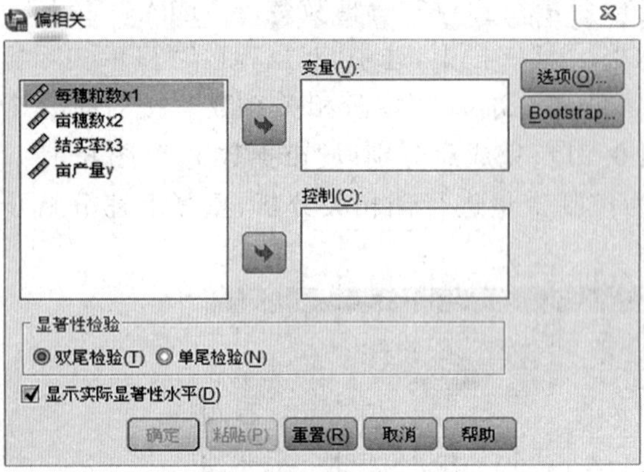


图 6.15 变量设置窗口

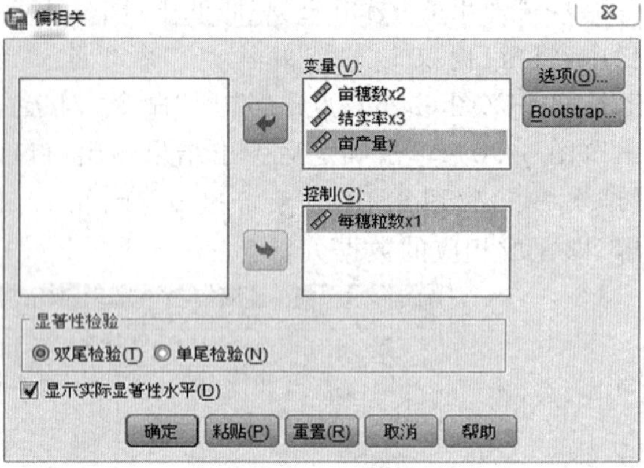


图 6.16 控制变量 $x_1$

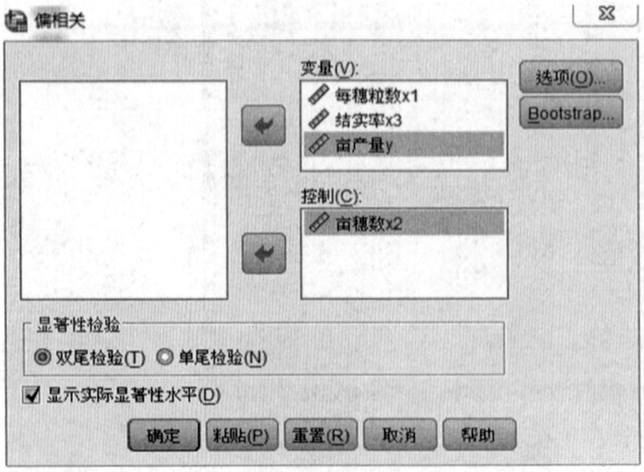


图 6.17 控制变量 $x_2$

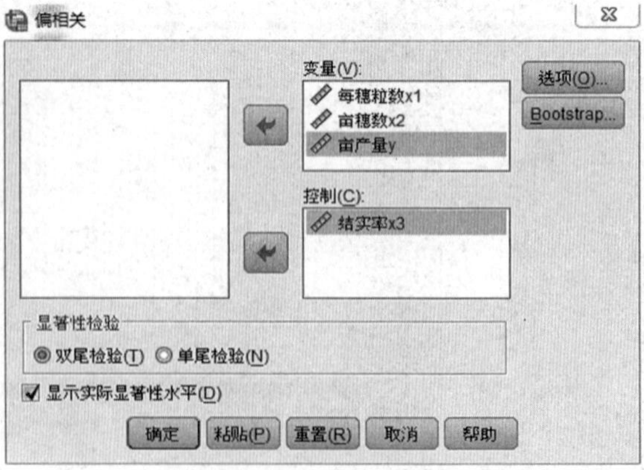


图 6.18 控制变量 $x_3$

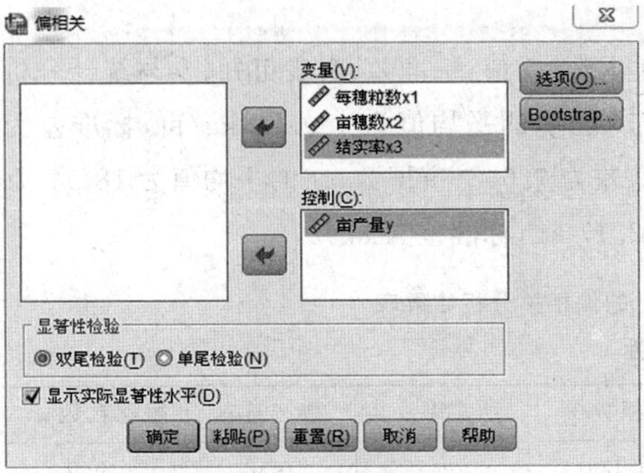


图 6.19　控制变量 $y$

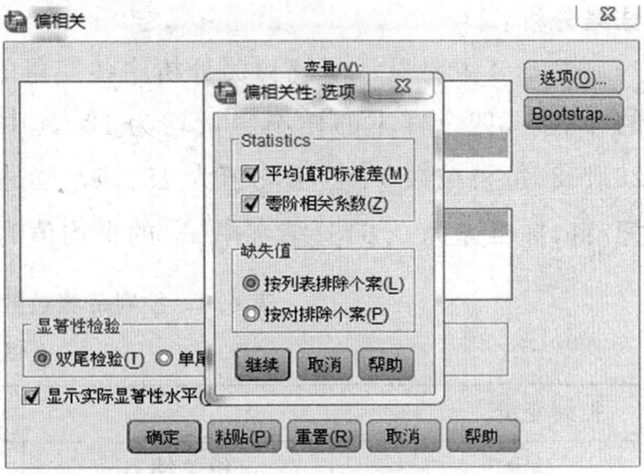


图 6.20　选项设置

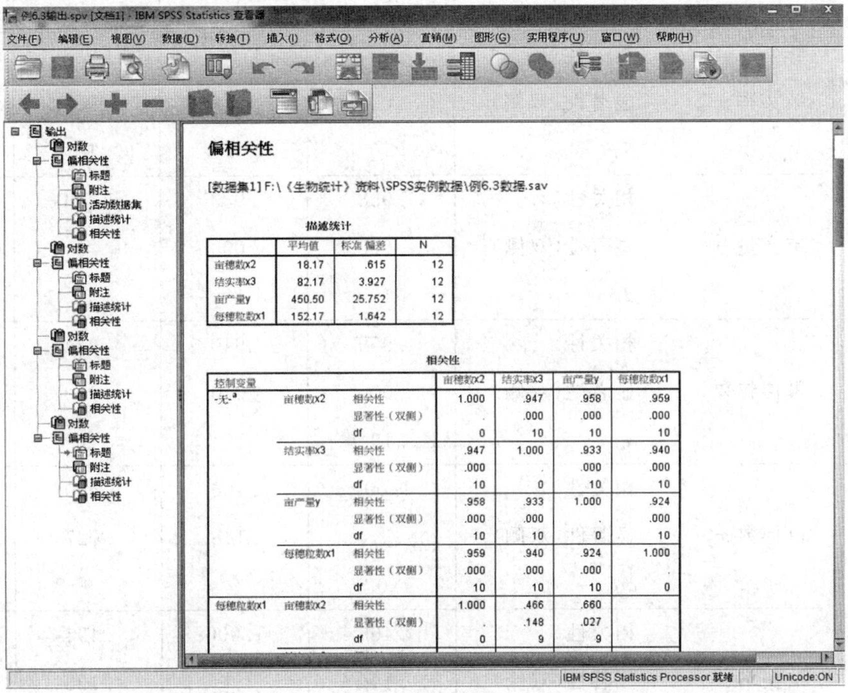


图 6.21　结果输出

表 6.8　描述性统计表

描述统计

| | 平均值 | 标准偏差 | $N$ |
|---|---|---|---|
| 亩产量 $y$ | 450.50 | 25.752 | 12 |
| 每穗粒数 $x_1$ | 152.17 | 1.642 | 12 |
| 亩穗数 $x_2$ | 18.17 | .615 | 12 |
| 结实率 $x_3$ | 82.17 | 3.927 | 12 |

**结果分析：**

表6.8主要显示了偏相关分析中各变量的样本数、均值、标准差；由表可知，参与统计分析的样本中，四个样本的样本容量均为12，其中亩产量 $y$ 的平均值为450.50 kg/亩，标准差为25.752；每穗粒数 $x_1$ 的平均值为152.17粒，标准差为1.642；亩穗数 $x_2$ 的平均值为18.17万穗/亩，标准差为0.615；结实率 $x_3$ 的平均值为82.17 kg，标准差为3.927。

**表6.9　控制每穗粒数 $x_1$ 的偏相关分析结果表**

**相关性**

| 控制变量 | | | 亩穗数 $x_2$ | 结实率 $x_3$ | 亩产量 $y$ | 每穗粒数 $x_1$ |
|---|---|---|---|---|---|---|
| -无-[a] | 亩穗数 $x_2$ | 相关性 | 1.000 | .947 | .958 | .959 |
| | | 显著性(双侧) | . | .000 | .000 | .000 |
| | | $df$ | 0 | 10 | 10 | 10 |
| | 结实率 $x_3$ | 相关性 | .947 | 1.000 | .933 | .940 |
| | | 显著性(双侧) | .000 | . | .000 | .000 |
| | | $df$ | 10 | 0 | 10 | 10 |
| | 亩产量 $y$ | 相关性 | .958 | .933 | 1.000 | .924 |
| | | 显著性(双侧) | .000 | .000 | . | .000 |
| | | $df$ | 10 | 10 | 0 | 10 |
| | 每穗粒数 $x_1$ | 相关性 | .959 | .940 | .924 | 1.000 |
| | | 显著性(双侧) | .000 | .000 | .000 | . |
| | | $df$ | 10 | 10 | 10 | 0 |
| 每穗粒数 $x_1$ | 亩穗数 $x_2$ | 相关性 | 1.000 | .466 | .660 | |
| | | 显著性(双侧) | . | .148 | .027 | |
| | | $df$ | 0 | 9 | 9 | |
| | 结实率 $x_3$ | 相关性 | .466 | 1.000 | .494 | |
| | | 显著性(双侧) | .148 | . | .123 | |
| | | $df$ | 9 | 0 | 9 | |
| | 亩产量 $y$ | 相关性 | .660 | .494 | 1.000 | |
| | | 显著性(双侧) | .027 | .123 | . | |
| | | $df$ | 9 | 9 | 0 | |

a. 单元格包含零阶（Pearson）相关。

**结果分析：**

表6.9主要显示了偏相关性分析时，控制一个变量，其他三个变量之间两两相关分析的相关系数；由表可知，当控制变量每穗粒数 $x_1$ 时，亩穗数 $x_2$ 与结实率 $x_3$ 的相关系数为0.466，显著性为0.148，即 $P>0.05$，表明变量 $x_2$ 与 $x_3$ 间相关关系不显著；亩穗数 $x_2$ 与亩产量 $y$ 的

相关系数为 0.660，显著性为 0.027，即 $P<0.05$，变量 $x_2$ 与 $y$ 间相关关系显著；结实率 $x_3$ 与亩产量 $y$ 的相关系数为 0.494，显著性为 0.123，即 $P>0.05$，变量 $x_3$ 与 $y$ 间相关关系不显著。

**表 6.10　控制每穗粒数 $x_2$ 的偏相关分析结果表**

**相关性**

| 控制变量 | | | 结实率 $x_3$ | 亩产量 $y$ | 每穗粒数 $x_1$ | 亩穗数 $x_2$ |
|---|---|---|---|---|---|---|
| -无-[a] | 结实率 $x_3$ | 相关性 | 1.000 | .933 | .940 | .947 |
| | | 显著性（双侧） | . | .000 | .000 | .000 |
| | | $df$ | 0 | 10 | 10 | 10 |
| | 亩产量 $y$ | 相关性 | .933 | 1.000 | .924 | .958 |
| | | 显著性（双侧） | .000 | . | .000 | .000 |
| | | $df$ | 10 | 0 | 10 | 10 |
| | 每穗粒数 $x_1$ | 相关性 | .940 | .924 | 1.000 | .959 |
| | | 显著性（双侧） | .000 | .000 | . | .000 |
| | | $df$ | 10 | 10 | 0 | 10 |
| | 亩穗数 $x_2$ | 相关性 | .947 | .958 | .959 | 1.000 |
| | | 显著性（双侧） | .000 | .000 | .000 | . |
| | | $df$ | 10 | 10 | 10 | 0 |
| 亩穗数 $x_2$ | 结实率 $x_3$ | 相关性 | 1.000 | .284 | .347 | |
| | | 显著性（双侧） | . | .397 | .296 | |
| | | $df$ | 0 | 9 | 9 | |
| | 亩产量 $y$ | 相关性 | .284 | 1.000 | .066 | |
| | | 显著性（双侧） | .397 | . | .848 | |
| | | $df$ | 9 | 0 | 9 | |
| | 每穗粒数 $x_1$ | 相关性 | .347 | .066 | 1.000 | |
| | | 显著性（双侧） | .296 | .848 | . | |
| | | $df$ | 9 | 9 | 0 | |

a. 单元格包含零阶（Pearson）相关。

**结果分析：**

表 6.10 主要显示了偏相关性分析中四个变量之间两两相关分析的相关系数；由表可知，当控制变量亩穗数 $x_2$ 时，每穗粒数 $x_1$ 与结实率 $x_3$ 的相关系数为 0.347，显著性为 0.296，即 $P>0.05$，表明变量 $x_1$ 与 $x_3$ 间相关关系不显著；每穗粒数 $x_1$ 与亩产量 $y$ 的相关系数为 0.066，显著性为 0.848，即 $P>0.05$，变量 $x_1$ 与 $y$ 间相关关系不显著；结实率 $x_3$ 与亩产量 $y$ 的相关系数为 0.284，显著性为 0.397，即 $P>0.05$，变量 $x_3$ 与 $y$ 间相关关系不显著。

表 6.11 控制每穗粒数 $x_3$ 的偏相关分析结果表

相关性

| 控制变量 | | | 亩产量 $y$ | 每穗粒数 $x_1$ | 亩穗数 $x_2$ | 结实率 $x_3$ |
|---|---|---|---|---|---|---|
| -无-[a] | 亩产量 $y$ | 相关性 | 1.000 | .924 | .958 | .933 |
| | | 显著性(双侧) | . | .000 | .000 | .000 |
| | | $df$ | 0 | 10 | 10 | 10 |
| | 每穗粒数 $x_1$ | 相关性 | .924 | 1.000 | .959 | .940 |
| | | 显著性(双侧) | .000 | . | .000 | .000 |
| | | $df$ | 10 | 0 | 10 | 10 |
| | 亩穗数 $x_2$ | 相关性 | .958 | .959 | 1.000 | .947 |
| | | 显著性(双侧) | .000 | .000 | . | .000 |
| | | $df$ | 10 | 10 | 0 | 10 |
| | 结实率 $x_3$ | 相关性 | .933 | .940 | .947 | 1.000 |
| | | 显著性(双侧) | .000 | .000 | .000 | . |
| | | $df$ | 10 | 10 | 10 | 0 |
| 结实率 $x_3$ | 亩产量 $y$ | 相关性 | 1.000 | .387 | .644 | |
| | | 显著性(双侧) | . | .240 | .033 | |
| | | $df$ | 0 | 9 | 9 | |
| | 每穗粒数 $x_1$ | 相关性 | .387 | 1.000 | .634 | |
| | | 显著性(双侧) | .240 | . | .036 | |
| | | $df$ | 9 | 0 | 9 | |
| | 亩穗数 $x_2$ | 相关性 | .644 | .634 | 1.000 | |
| | | 显著性(双侧) | .033 | .036 | . | |
| | | $df$ | 9 | 9 | 0 | |

a. 单元格包含零阶 (Pearson) 相关。

**结果分析：**

表 6.11 主要显示了偏相关性分析中四个变量之间两两相关分析的相关系数；由表可知，当控制变量结实率 $x_3$ 时，每穗粒数 $x_1$ 与亩穗数 $x_2$ 的相关系数为 0.634，显著性为 0.036，即 $P<0.05$，表明变量 $x_1$ 与 $x_2$ 之间相关关系显著；每穗粒数 $x_1$ 与结实率 $y$ 的相关系数为 0.387，显著性为 0.240，即 $P>0.05$，变量 $x_1$ 与 $x_3$ 之间相关关系不显著；亩穗数 $x_2$ 与亩产量 $y$ 的相关系数为 0.644，显著性为 0.033，即 $P<0.05$，变量 $x_2$ 与 $y$ 之间相关关系显著。

**表 6.12 控制每穗粒数 y 的偏相关分析结果表**

**相关性**

| 控制变量 | | | 每穗粒数 $x_1$ | 亩穗数 $x_2$ | 结实率 $x_3$ | 亩产量 $y$ |
|---|---|---|---|---|---|---|
| -无-[a] | 每穗粒数 $x_1$ | 相关性 | 1.000 | .959 | .940 | .924 |
| | | 显著性(双侧) | . | .000 | .000 | .000 |
| | | $df$ | 0 | 10 | 10 | 10 |
| | 亩穗数 $x_2$ | 相关性 | .959 | 1.000 | .947 | .958 |
| | | 显著性(双侧) | .000 | . | .000 | .000 |
| | | $df$ | 10 | 0 | 10 | 10 |
| | 结实率 $x_3$ | 相关性 | .940 | .947 | 1.000 | .933 |
| | | 显著性(双侧) | .000 | .000 | . | .000 |
| | | $df$ | 10 | 10 | 0 | 10 |
| | 亩产量 $y$ | 相关性 | .924 | .958 | .933 | 1.000 |
| | | 显著性(双侧) | .000 | .000 | .000 | . |
| | | $df$ | 10 | 10 | 10 | 0 |
| 亩产量 $y$ | 每穗粒数 $x_1$ | 相关性 | 1.000 | .675 | .563 | |
| | | 显著性(双侧) | . | .023 | .072 | |
| | | $df$ | 0 | 9 | 9 | |
| | 亩穗数 $x_2$ | 相关性 | .675 | 1.000 | .511 | |
| | | 显著性(双侧) | .023 | . | .108 | |
| | | $df$ | 9 | 0 | 9 | |
| | 结实率 $x_3$ | 相关性 | .563 | .511 | 1.000 | |
| | | 显著性(双侧) | .072 | .108 | . | |
| | | $df$ | 9 | 9 | 0 | |

a. 单元格包含零阶 (Pearson) 相关。

**结果分析:**

表 6.12 主要显示了偏相关性分析中四个变量之间两两相关分析的相关系数;由表可知,当控制变量结实率 $y$ 时,每穗粒数 $x_1$ 与亩穗数 $x_2$ 的相关系数为 0.675,显著性为 0.023,即 $P<0.05$,表明变量 $x_1$ 与 $x_2$ 之间相关关系显著;每穗粒数 $x_1$ 与结实率 $x_3$ 的相关系数为

0.563，显著性为 0.072，即 $P>0.05$，变量 $x_1$ 与 $x_3$ 之间相关关系不显著；亩穗数 $x_2$ 与结实率 $x_3$ 的相关系数为 0.511，显著性为 0.108，即 $P>0.05$，变量 $x_2$ 与 $x_3$ 之间的相关关系不显著。

**结论：**

由以上结果分析说明小麦每穗粒数、亩穗数、结实率与亩产量四个变量两两之间的相关关系，在控制其中任一变量时，呈现出的相关关系各有不同；当控制每穗粒数 $x_1$ 时，亩穗数 $x_2$ 与亩产量 $y$ 存在显著正相关关系；当控制亩穗数 $x_2$ 时，其他变量两两关系不显著；当控制结实率 $x_3$ 时，每穗粒数 $x_1$ 与亩穗数 $x_2$ 存在显著正相关，亩穗数 $x_2$ 与亩产量 $y$ 间显著正相关。当控制结实率 $y$ 时，每穗粒数 $x_1$ 与亩穗数 $x_2$ 存在显著正相关。

**操作提示：**

在多个变量的相关分析中，简单相关系数与偏相关系数相差较大，通常较偏相关系数高，还可能有正负差异；主要是由于多个变量作用时，变量之间存在相互影响的关系，但为了更真实地反映变量间的关系，则需对变量进行逐个控制分析，此时偏相关分析就能消除此方面的影响，得到正确的结论。

# 第7章 回归分析

回归分析是运用统计学方法获得数学模型，研究变量之间的因果关系，确定自变量(表示原因的变量 $x$)和因变量(表示结果的变量 $y$)间的关系，并从自变量的给定值估计或推算因变量的值；主要研究两种或两种以上变量之间相互依赖的定量关系，通过回归方程描述反映，准备把握变量受其他一个或多个变量的影响，进而为控制和预测提供科学依据。按自变量和因变量的关系类型，可分为线性回归和非线性回归；按涉及的自变量多少，分为一元线性回归，多元线性回归。

## 7.1 线性回归

线性回归重点研究变量之间的数量变化规律，并通过线性回归方程来描述，进而确定一个或几个变量的变化对另一个变量的影响程度，为预测提供科学依据。

### 7.1.1 一元线性回归

一元线性回归只包含一个自变量和一个因变量，且二者间的关系可用一条近似直线来进行表示。当自变量和因变量之间呈现显著的线性关系时，应采用线性回归的方法，建立因变量关于自变量的线性回归模型。

【例 7.1】某植物生物量随时间的变化关系见表 7.1(同例 6.1)。

表 7.1 某植物生物量随时间变化的关系

| 天数 | 15 | 30 | 45 | 60 | 75 | 90 | 105 | 120 | 135 | 150 | 165 | 180 |
|---|---|---|---|---|---|---|---|---|---|---|---|---|
| 生物量/kg | 0.6 | 1.2 | 2.3 | 3.6 | 5.5 | 6.3 | 7.8 | 10.2 | 11.4 | 13.2 | 14.6 | 16.8 |

建立好相应的数据文件后，在变量视图窗口中，对相应变量进行设置(图 7.1)，设置完成后，切换到数据视图窗口，在数据视图窗口，依次点击“分析”——“回归”——“线性”(图 7.2)，在弹出的“线性回归”对话框中(图 7.3)，进行变量设置，将“天数 $x$”选入“自变量”一栏中，将“生物量 $y$”选入“因变量”一栏中(图 7.4)；点击“Statistics”命令，勾选“估计”“模型拟合度”“描述性”(图 7.5)；点击“选项”命令，勾选“使用 $F$ 的概率”，“在等式中包含常量”“按列表排除个案”(图 7.6)；单击确定后弹出结果输出窗口(图 7.7)，即完成相应的数据分析。

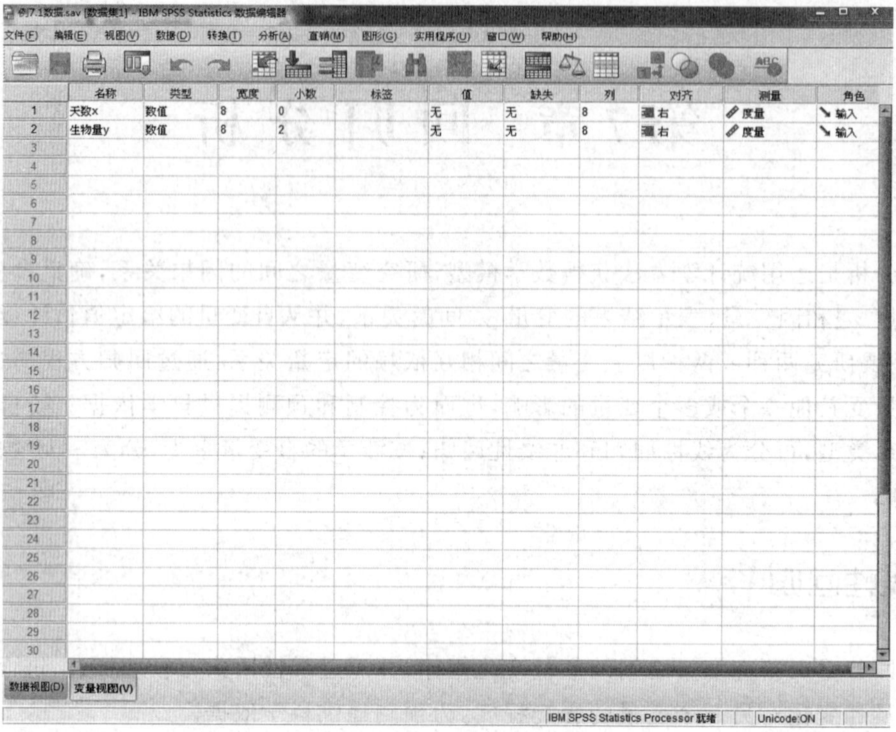


图 7.1　定义变量

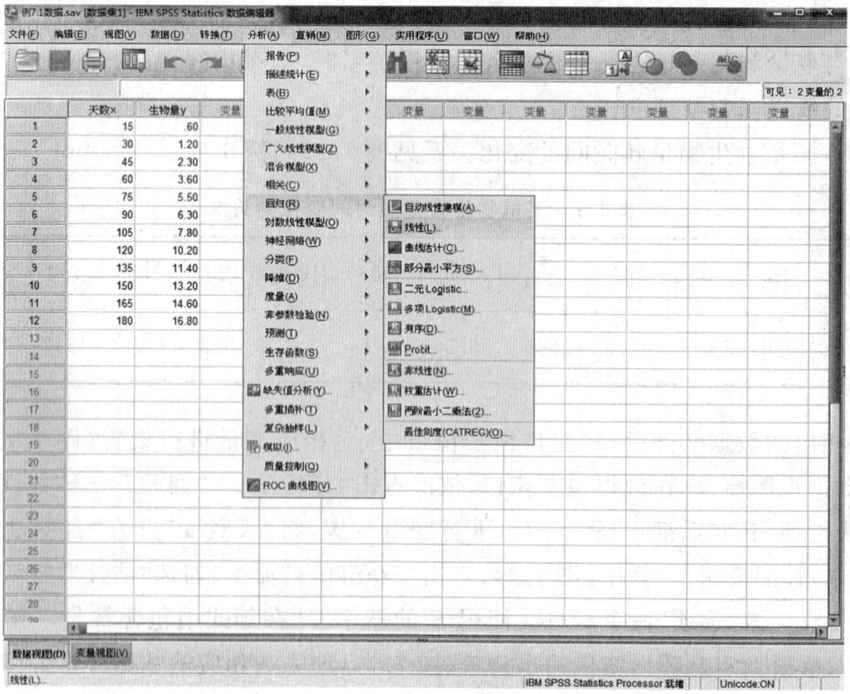


图 7.2　一元线性回归

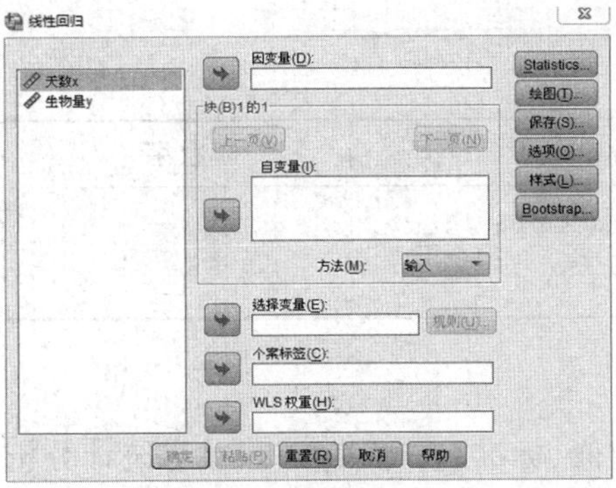


图 7.3　变量设置窗口

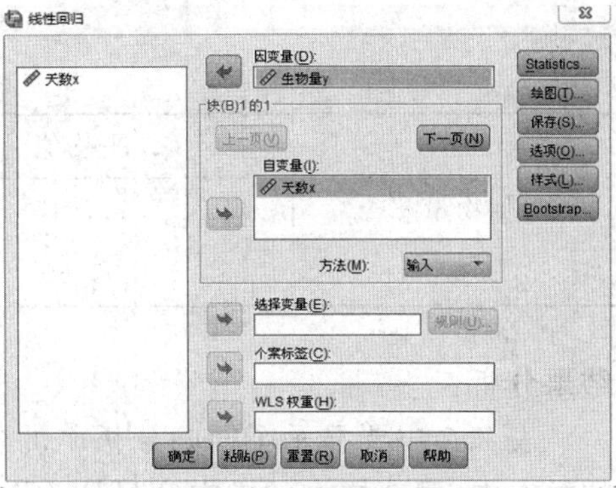


图 7.4　设置变量

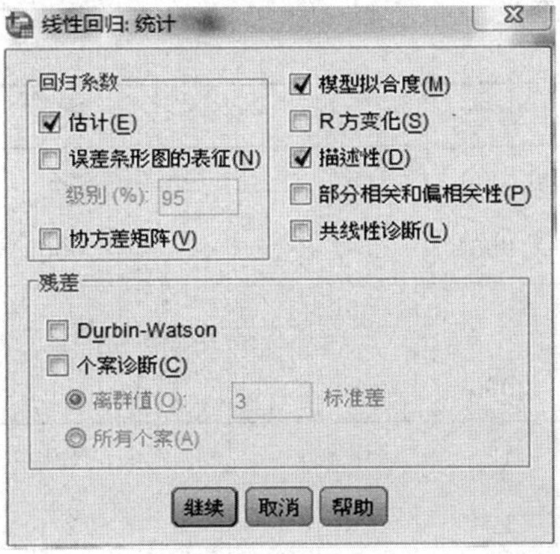


图 7.5　统计设置

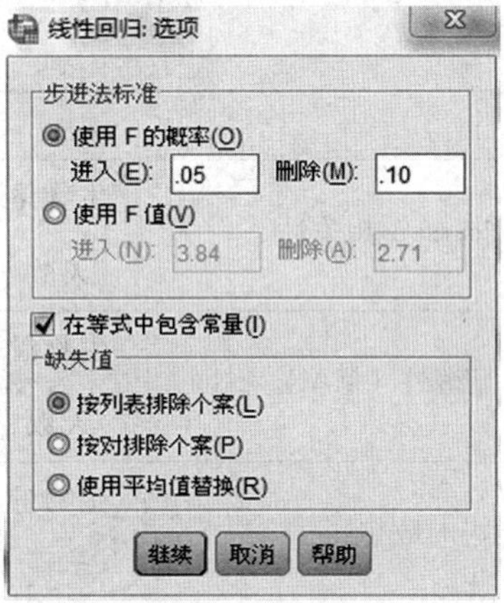


图 7.6　选项设置

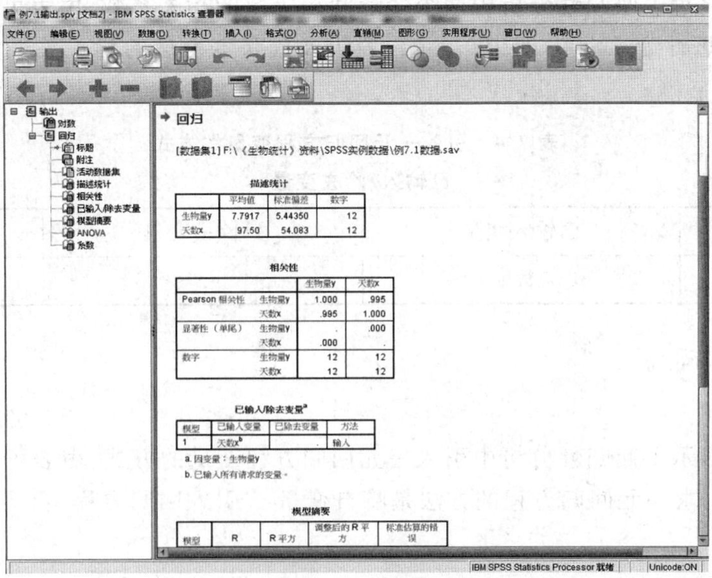


图 7.7　结果输出

**表 7.2 描述性统计表**

**描述统计**

| | 平均值 | 标准偏差 | 数字 |
|---|---|---|---|
| 生物量 $y$ | 7.7917 | 5.44350 | 12 |
| 天数 $x$ | 97.50 | 54.083 | 12 |

**结果分析：**

表 7.2 主要显示了回归分析中的各变量的样本数、均值、标准差；由表可知，参与统计分析的样本中，两个样本的样本容量均为 12，其中观察天数的平均值为 97.5 天，标准差为 54.083；植物的生物量平均值为 7.792 kg，标准差为 5.443。

**表 7.3 相关分析结果表**

**相关性**

| | | 生物量 $y$ | 天数 $x$ |
|---|---|---|---|
| Pearson 相关性 | 生物量 $y$ | 1.000 | .995 |
| | 天数 $x$ | .995 | 1.000 |
| 显著性（单尾） | 生物量 $y$ | . | .000 |
| | 天数 $x$ | .000 | . |
| 数字 | 生物量 $y$ | 12 | 12 |
| | 天数 $x$ | 12 | 12 |

**结果分析：**

表 7.3 主要显示了回归性分析中两个变量间相关性的相关系数；由表可知，两变量的相关系数为 0.995，显著性为 0.000，即 $P<0.01$，表明天数和生物量的相关关系为正相关，且相关关系极显著。

**表 7.4 引入一元回归方程变量的方式**

**已输入/除去变量[a]**

| 模型 | 已输入变量 | 已除去变量 | 方法 |
|---|---|---|---|
| 1 | 天数 $x$[b] | . | 输入 |

a. 因变量：生物量 $y$

b. 已输入所有请求的变量。

**结果分析：**

表 7.4 主要显示了回归性分析中引入一元回归方程变量的方式；由表可知，本例主要采用(Enter)输入模型，求一元回归方程的方法是将自变量 $x$ 引入回归方程。

表 7.5　回归分析的常用统计量表

模型摘要

| 模型 | $R$ | $R^2$ | 调整后的 $R^2$ | 标准估算的错误 |
|---|---|---|---|---|
| 1 | .995[a] | .990 | .989 | .56110 |

a. 预测变量:(常量),天数 $x$。

**结果分析:**

表 7.5 主要显示了回归模型的拟合情况,即模型对数据的解释能力,调整后的 $R^2$ 越大,模型的解释能力越强;由表可知,$R^2$ 为 0.99,调整后的 $R^2$ 为 0.989,模型拟合情况较好。

表 7.6　回归关系的方差分析表

ANOVA[a]

| 模型 | | 平方和 | 自由度 | 均方 | $F$ | 显著性 |
|---|---|---|---|---|---|---|
| 1 | 回归 | 322.801 | 1 | 322.801 | 1025.315 | .000[b] |
| | 残差 | 3.148 | 10 | .315 | | |
| | 总计 | 325.949 | 11 | | | |

a. 因变量:生物量 $y$。

b. 预测变量:(常量),天数 $x$。

**结果分析:**

表 7.6 主要显示了模型整体的显著性;由表可知,$F$ 值为 1025.315,显著性为 0.000,即 $P<0.01$,表明模型整体极显著。

表 7.7　回归系数及其 $T$ 检验表

系数[a]

| 模型 | | 非标准化系数 | | 标准系数 | $t$ | 显著性 |
|---|---|---|---|---|---|---|
| | | $B$ | 标准错误 | 贝塔 | | |
| 1 | (常量) | −1.974 | .345 | | −5.717 | .000 |
| | 天数 $x$ | .100 | .003 | .995 | 32.021 | .000 |

a. 因变量:生物量 $y$。

**结果分析:**

表 7.7 主要显示了回归方程中的系数值;由表可知,回归系数是 0.1,常量为 −1.974,截距标准误差为 0.345,回归系数 $b$ 的标准误差 $S_b$ 为 0.003,$t$ 值为 32.021,显著性为 0.000,即 $P<0.01$,表明回归系数极显著。

**结论:**

由以上结果分析说明某植物的生物量与天数存在极显著的线性关系,一元线性回归方程为:$y=-1.974+0.1x$,可用所建立的回归方程来进行预测和控制。

## 7.1.2　多元线性回归

多元回归主要研究一个因变量与多个自变量间的线性依存关系,通过建立变量之间的线性模型进行评价和预测；即包含了两个或两个以上的自变量，且揭示因变量和自变量之间是线性关系，则称为多元线性回归分析。

【例 7.2】小麦每穗粒数、亩穗数、结实率与亩产量之间的关系见表 7.8(同例 6.2)。

**表 7.8 小麦的每穗粒数、亩穗数、结实率与亩产量**

| 序号 | 1 | 2 | 3 | 4 | 5 | 6 | 7 | 8 | 9 | 10 | 11 | 12 |
|---|---|---|---|---|---|---|---|---|---|---|---|---|
| 每穗粒数 $x_1$/kg | 151 | 154 | 152 | 153 | 151 | 154 | 152 | 150 | 153 | 151 | 150 | 155 |
| 亩穗数 $x_2$/(万穗/亩) | 17.5 | 19 | 18 | 18.5 | 17.5 | 19 | 18 | 17.5 | 18.5 | 18 | 17.5 | 19 |
| 结实率 $x_3$/kg | 79 | 86 | 81 | 85 | 80 | 88 | 81 | 78 | 84 | 82 | 75 | 87 |
| 亩产量 $y$/(kg/亩) | 415 | 478 | 450 | 460 | 425 | 480 | 458 | 420 | 465 | 455 | 415 | 485 |

建立好相应的数据文件后，在变量视图窗口中，对相应变量进行设置(图 7.8)，设置完成后，切换到数据视图窗口，在数据视图窗口，依次点击“分析”——“回归”——“线性”(图 7.9)，在弹出的“线性回归”对话框中(图 7.10)，进行变量设置，将“每穗粒数 $x_1$”“亩穗数 $x_2$”“结实率 $x_3$”选入“自变量”一栏中，将“亩产量 $y$”选入“因变量”一栏中(图 7.11)；点击“Statistics”命令，勾选“估计”“模型拟合度”“描述性”(图 7.12)；点击“选项”命令，勾选“使用 F 的概率”，“在等式中包含常量”“按列表排除个案”(图 7.13)；单击确定后弹出结果输出窗口(图 7.14)，即完成相应的数据分析。

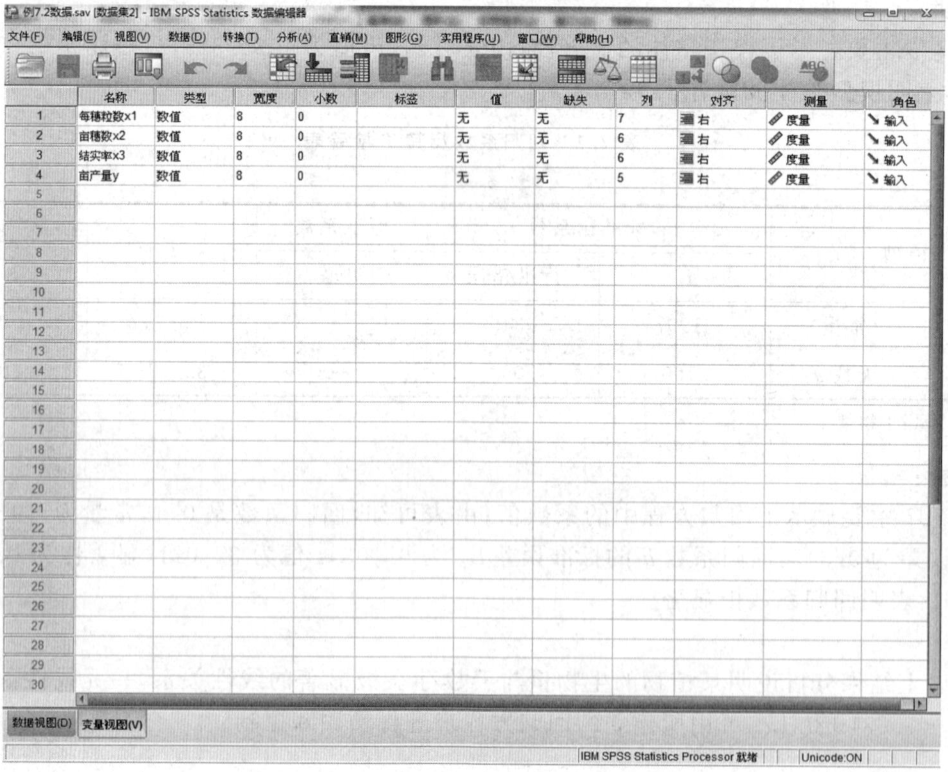


**图 7.8 定义变量**

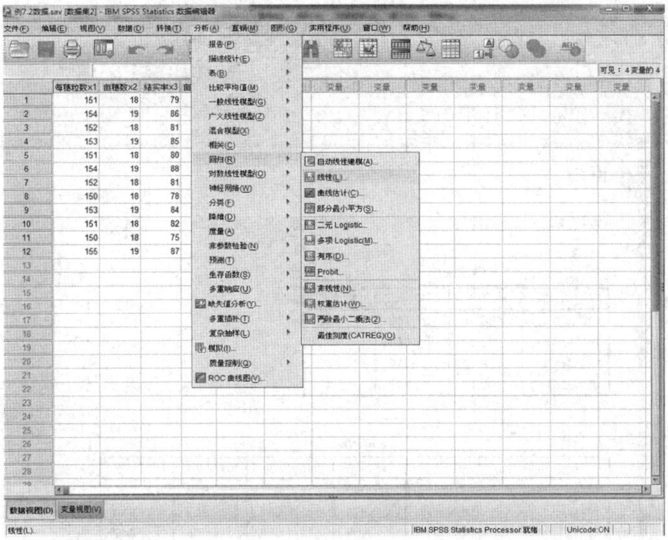

图 7.9 多元线性回归

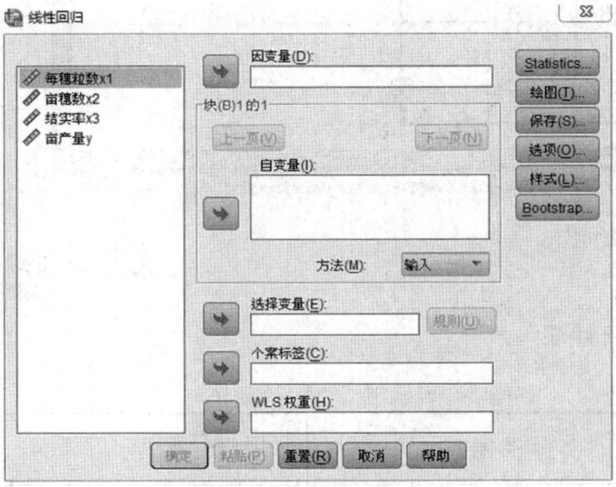


图 7.10 变量设置窗口

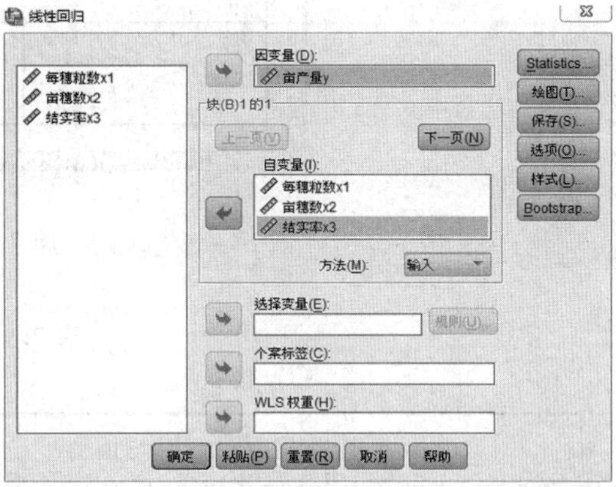


图 7.11 设置变量

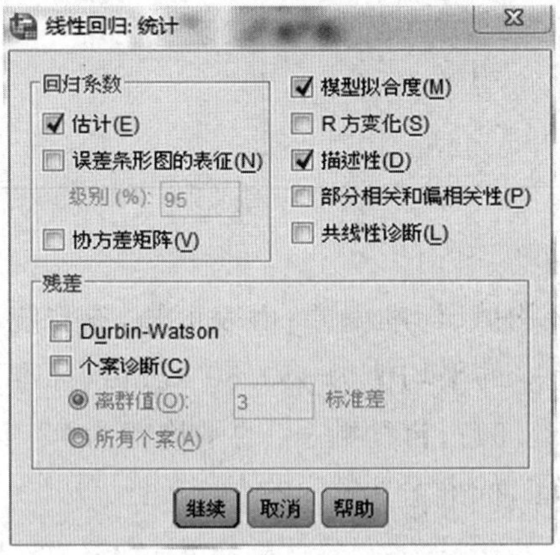


图 7.12 统计设置

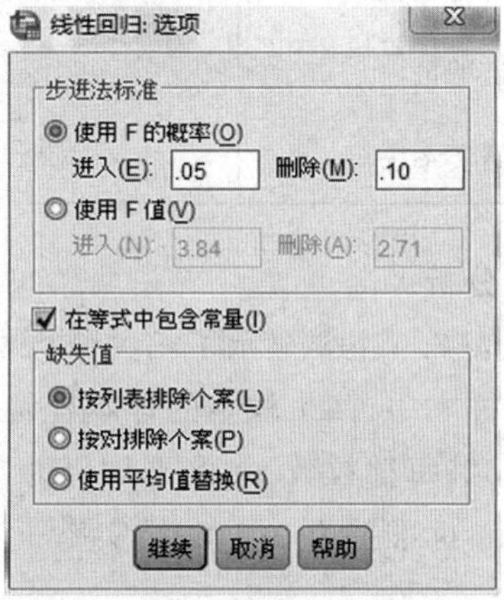


图 7.13 选项设置

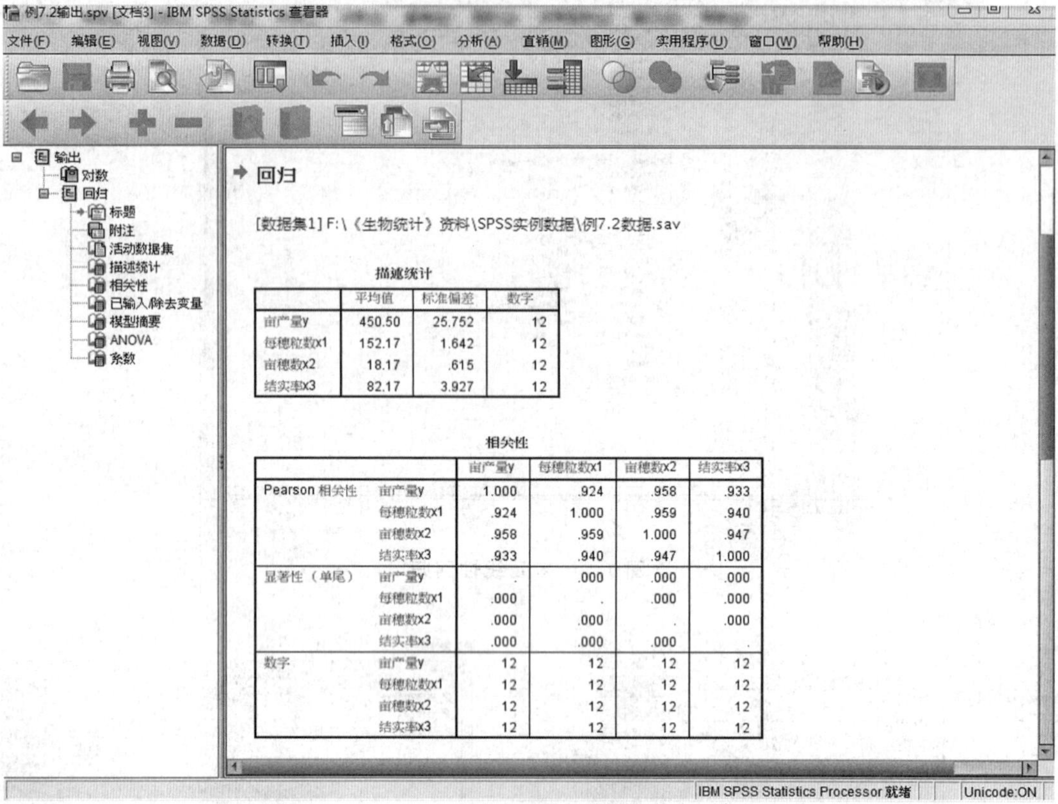


**图 7.14　结果输出**

**表 7.9　描述性统计表**

**描述统计**

| | 平均值 | 标准偏差 | 数字 |
|---|---|---|---|
| 亩产量 $y$ | 450.50 | 25.752 | 12 |
| 每穗粒数 $x_1$ | 152.17 | 1.642 | 12 |
| 亩穗数 $x_2$ | 18.17 | .615 | 12 |
| 结实率 $x_3$ | 82.17 | 3.927 | 12 |

**结果分析：**

表 7.9 主要显示了相关分析中各变量的样本数、平均值、标准偏差；由表可知，参与统计分析的样本中，四个样本的样本容量均为 12，其中亩产量 $y$ 的平均值为 450.50 kg/亩，标准差为 25.752；每穗粒数 $x_1$ 的平均值为 152.17 粒，标准差为 1.642；亩穗数 $x_2$ 的平均值为 18.17 万穗/亩，标准差为 0.615；结实率 $x_3$ 的平均值为 82.17 kg，标准差为 3.927。

表 7.10　相关分析结果表

相关性

| | | 亩产量 $y$ | 每穗粒数 $x_1$ | 亩穗数 $x_2$ | 结实率 $x_3$ |
|---|---|---|---|---|---|
| Pearson 相关性 | 亩产量 $y$ | 1.000 | .924 | .958 | .933 |
| | 每穗粒数 $x_1$ | .924 | 1.000 | .959 | .940 |
| | 亩穗数 $x_2$ | .958 | .959 | 1.000 | .947 |
| | 结实率 $x_3$ | .933 | .940 | .947 | 1.000 |
| 显著性（单尾） | 亩产量 $y$ | . | .000 | .000 | .000 |
| | 每穗粒数 $x_1$ | .000 | . | .000 | .000 |
| | 亩穗数 $x_2$ | .000 | .000 | . | .000 |
| | 结实率 $x_3$ | .000 | .000 | .000 | . |
| 数字 | 亩产量 $y$ | 12 | 12 | 12 | 12 |
| | 每穗粒数 $x_1$ | 12 | 12 | 12 | 12 |
| | 亩穗数 $x_2$ | 12 | 12 | 12 | 12 |
| | 结实率 $x_3$ | 12 | 12 | 12 | 12 |

**结果分析：**

表 7.10 主要显示了相关性分析中四个变量之间两两相关分析的相关系数；由表可知，每穗粒数 $x_1$ 与亩穗数 $x_2$ 的相关系数为 0.959，显著性为 0.000，即 $P<0.01$，表明变量 $x_1$ 与 $x_2$ 间相关关系极显著；每穗粒数 $x_1$ 与结实率 $x_3$ 的相关系数为 0.940，显著性为 0.000，即 $P<0.01$，表明变量 $x_1$ 与 $x_3$ 间相关关系极显著；每穗粒数 $x_1$ 与亩产量 $y$ 的相关系数为 0.924，显著性为 0.000，即 $P<0.01$，表明变量 $x_1$ 与 $y$ 间相关关系极显著；亩穗数 $x_2$ 与结实率 $x_3$ 的相关系数为 0.947，显著性为 0.000，即 $P<0.01$，表明变量 $x_2$ 与 $x_3$ 间相关关系极显著；亩穗数 $x_2$ 与亩产量 $y$ 的相关系数为 0.958，显著性为 0.000，即 $P<0.01$，表明变量 $x_2$ 与 $y$ 间相关关系极显著；结实率 $x_3$ 与亩产量 $y$ 的相关系数为 0.933，显著性为 0.000，即 $P<0.01$，表明变量 $x_3$ 与 $y$ 间相关关系极显著。

表 7.11　引入多元回归方程变量的方式

已输入/除去变量[a]

| 模型 | 已输入变量 | 已除去变量 | 方法 |
|---|---|---|---|
| 1 | 结实率 $x_3$，每穗粒数 $x_1$，亩穗数 $x_2$[b] | . | 输入 |

a. 因变量：亩产量 $y$。

b. 已输入所有请求的变量。

**结果分析：**

表 7.11 主要显示了回归性分析中引入多元回归方程变量的方式；由表可知，本例主要采用(Enter)输入模型，求多元回归方程的方法是将自变量 $x_1$、$x_2$、$x_3$ 同时引入回归方程。

**表7.12 回归分析的常用统计量表**

**模型摘要**

| 模型 | $R$ | $R^2$ | 调整后的 $R^2$ | 标准估算的错误 |
|---|---|---|---|---|
| 1 | .961[a] | .924 | .896 | 8.308 |

a. 预测变量:(常量),结实率 $x_3$, 每穗粒数 $x_1$, 亩穗数 $x_2$。

表7.12主要显示了回归模型的拟合情况,即模型对数据的解释能力;调整后的 $R^2$ 越大,模型的解释能力越强;由表可知,$R^2$ 为0.924,调整后的 $R^2$ 为0.896,模型拟合情况较好。

**表7.13 回归关系的方差分析表**

**ANOVA[a]**

| 模型 | | 平方和 | 自由度 | 均方 | $F$ | 显著性 |
|---|---|---|---|---|---|---|
| 1 | 回归 | 6742.778 | 3 | 2247.593 | 32.561 | .000[b] |
| | 残差 | 552.222 | 8 | 69.028 | | |
| | 总计 | 7295.000 | 11 | | | |

a. 因变量:亩产量 $y$。

b. 预测变量:(常量),结实率 $x_3$, 每穗粒数 $x_1$, 亩穗数 $x_2$。

**结果分析:**

表7.13主要显示了模型整体的显著性;由表可知,$F$ 值为32.561,显著性为0.000,即 $P<0.01$,表明模型整体极显著。

**表7.14 回归系数及其 *T* 检验表**

**系数[a]**

| 模型 | | 非标准化系数 | | 标准系数 | $t$ | 显著性 |
|---|---|---|---|---|---|---|
| | | B | 标准错误 | 贝塔 | | |
| 1 | (常量) | −166.715 | 636.115 | | −.262 | .800 |
| | 每穗粒数 $x_1$ | −.597 | 5.766 | −.038 | −.104 | .920 |
| | 亩穗数 $x_2$ | 31.123 | 16.315 | .744 | 1.908 | .093 |
| | 结实率 $x_3$ | 1.736 | 2.108 | .265 | .824 | .434 |

a. 因变量:亩产量 $y$。

**结果分析:**

表7.14主要显示了回归方程中的系数值;由表可知,常量为−166.715,偏回归系数 $b_1$ 为−0.597,$b_2$ 为31.123,$b_3$ 为1.736,相应的 $t$ 值分别依次为−0.104、1.908、0.824,显著性分别为 $p_{b_1}=0.920>0.05$,$p_{b_2}=0.093>0.05$,$p_{b_3}=0.434>0.05$,表明偏回归系数均不显著。

**结论:**

由以上结果分析说明小麦的每穗粒数 $x_1$、亩穗数 $x_2$、结实率 $x_3$、亩产量 $y$ 存在极显著的线性回归关系,多元线性回归方程为:$y=-166.715-0.597x_1+31.123x_2+1.736x_3$,但偏回归系数不显著,故该回归方程还不是最优方程。

## 7.2 非线性回归

非线性回归是对不存在线性关系的因变量和自变量的数据进行的一种回归分析方法,它可估计出自变量间的关系模型。在进行非线性回归分析时,常对变量进行转换,将非线性回归转为线性回归,最后以线性回归方法进行分析研究。

### 7.2.1 曲线拟合

曲线拟合又叫曲线估计回归,它可快速、准确地反映和确定数据变量间的关系;当无法确定使用何种函数模型时,就可用曲线拟合来解决。

【例 7.3】群落样方面积与物种种数之间关系的曲线拟合见表 7.15。

**表 7.15 群落样方面积与物种种数**

| 面积/$m^2$ | 5 | 10 | 15 | 20 | 25 | 30 | 35 | 40 | 45 | 50 | 55 | 60 |
|---|---|---|---|---|---|---|---|---|---|---|---|---|
| 种数/株 | 4 | 9 | 16 | 25 | 30 | 35 | 38 | 41 | 42 | 43 | 44 | 45 |

建立好相应的数据文件后,在变量视图窗口中,对相应变量进行设置(图 7.15),设置完成后,切换到数据视图窗口,在数据视图窗口,依次点击“分析”——“回归”——“曲线估计”(图 7.16),在弹出的“曲线估计”对话框中(图 7.17),进行变量设置,将“面积 $x$”选入“变量”一栏中,将“种数 $y$”选入“因变量”一栏中,勾选“在等式中包含常量”“根据模型绘图”“线性”“二次项”“复合”“增长”“对数”“立方”“S”“指数分布”“逆模型”“幂”(图 7.18);单击确定后弹出结果输出窗口(图 7.19),即完成相应的数据分析。

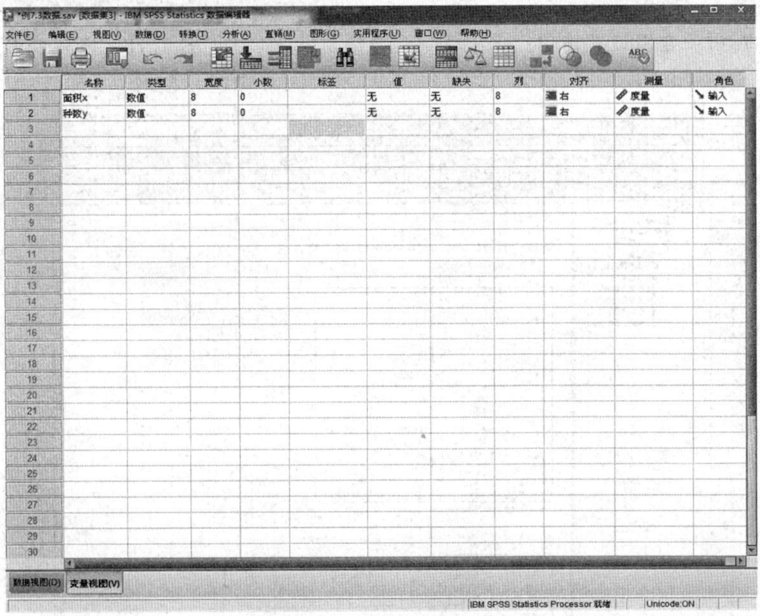

**图 7.15 定义变量**

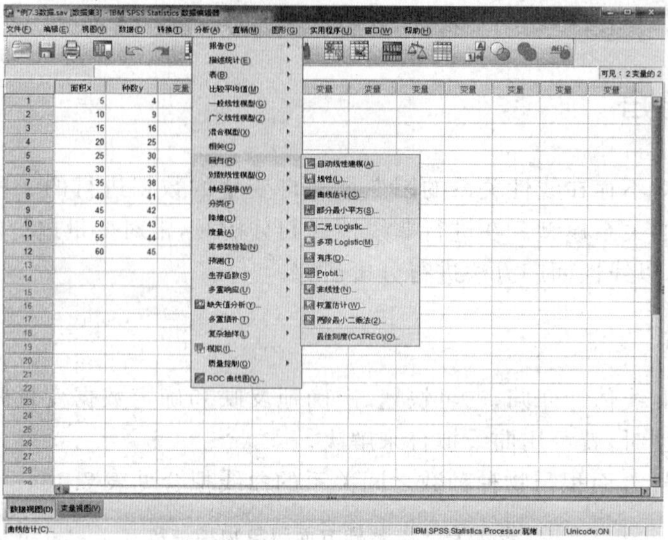


图 7.16 曲线拟合

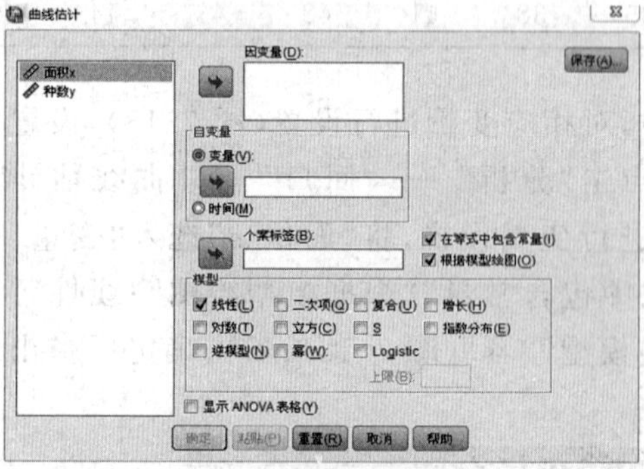


图 7.17 变量设置窗口

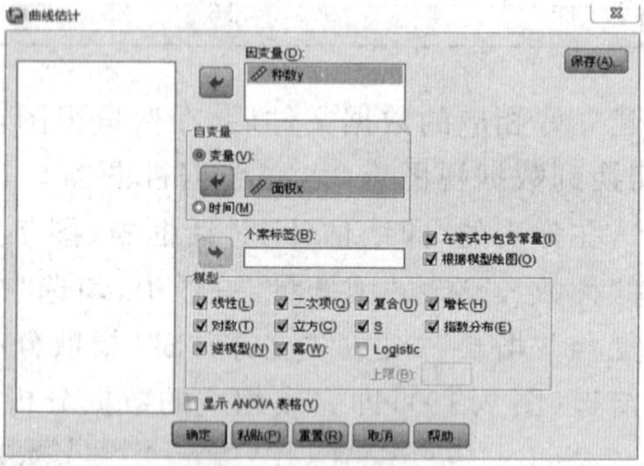


图 7.18 设置变量

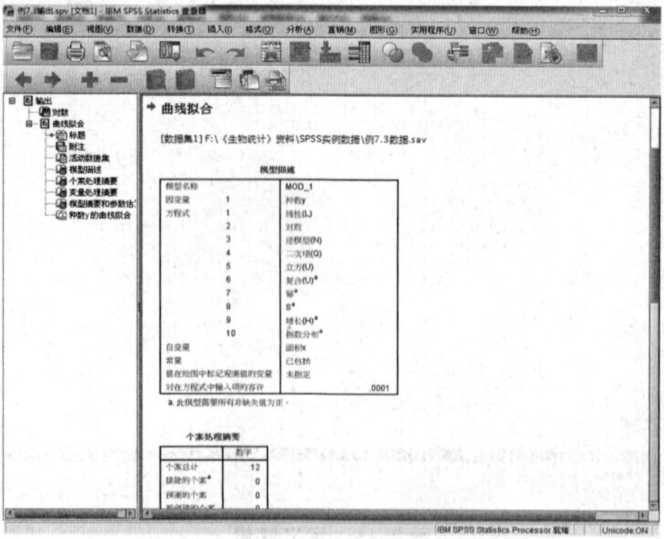


图 7.19 输出窗口

表 7.16　模型描述汇总表

模型描述

| 模型名称 | | MOD_1 |
|---|---|---|
| 因变量 | 1 | 种数 $y$ |
| 方程式 | 1 | 线性(L) |
| | 2 | 对数 |
| | 3 | 逆模型(N) |
| | 4 | 二次项(Q) |
| | 5 | 立方(U) |
| | 6 | 复合(U)[a] |
| | 7 | 幂[a] |
| | 8 | S[a] |
| | 9 | 增长(H)[a] |
| | 10 | 指数分布[a] |
| 自变量 | | 面积 $x$ |
| 常量 | | 已包括 |
| 值在绘图中标记观测值的变量 | | 未指定 |
| 对在方程式中输入项的容许 | | .0001 |

a. 此模型需要所有非缺失值为正。

**结果分析：**

表 7.16 主要显示了对曲线拟合结果的初步描述，有自变量、因变量、估计方程类型等；由表可知：自变量为面积 $x$，因变量为种数 $y$，所估计的方程类型共 10 种，分别是线性方程、对数曲线方程、反函数曲线方程、二次曲线方程、三次曲线方程、复合曲线方程、幂函数曲线方程、S形曲线方程、生长曲线方程、指数曲线方程。

表 7.17　模型描述汇总表

个案处理摘要

| | 数字 |
|---|---|
| 个案总计 | 12 |
| 排除的个案[a] | 0 |
| 预测的个案 | 0 |
| 新创建的个案 | 0 |

a. 任何变量中带有缺失值的个案无需分析。

**表 7.18　变量处理摘要表**

**变量处理摘要**

| | | 变量 | |
|---|---|---|---|
| | | 从属 | 自变量 |
| | | 种数 $y$ | 面积 $x$ |
| 正值的数目 | | 12 | 12 |
| 零的数目 | | 0 | 0 |
| 负值的数目 | | 0 | 0 |
| 缺失值的数目 | 用户缺失 | 0 | 0 |
| | 系统缺失 | 0 | 0 |

**结果分析：**

表 7.17 至表 7.18 主要显示了曲线拟合模型分析中参与统计分析的变量基本情况，主要包括排除样本个数、预测和新创建个案、参与分析的变量和数目、缺失值数目等项；由表可知，参与统计分析的两个变量的样本数均为 12，没有数据值缺失的情况。

**表 7.19　拟合曲线的参数统计表**

**模型摘要和参数估算**

因变量：种数 $y$

| 方程式 | 模型摘要 | | | | | 参数估计值 | | | |
|---|---|---|---|---|---|---|---|---|---|
| | $R^2$ | $F$ | $df_1$ | $df_2$ | 显著性 | 常量 | $b_1$ | $b_2$ | $b_3$ |
| 线性(L) | .892 | 82.308 | 1 | 10 | .000 | 6.545 | .752 | | |
| 对数 | .971 | 334.253 | 1 | 10 | .000 | −30.334 | 18.728 | | |
| 逆模型(N) | .791 | 37.958 | 1 | 10 | .000 | 43.553 | −242.711 | | |
| 二次项(Q) | .994 | 804.521 | 2 | 9 | .000 | −6.136 | 1.839 | −.017 | |
| 立方(U) | .994 | 481.791 | 3 | 8 | .000 | −6.596 | 1.911 | −.019 | 2.694E−5 |
| 复合(U) | .724 | 26.283 | 1 | 10 | .000 | 7.993 | 1.037 | | |
| 幂 | .949 | 184.553 | 1 | 10 | .000 | 1.033 | .982 | | |
| S | .954 | 206.827 | 1 | 10 | .000 | 3.979 | −14.133 | | |
| 增长(H) | .724 | 26.283 | 1 | 10 | .000 | 2.079 | .036 | | |
| 指数分布 | .724 | 26.283 | 1 | 10 | .000 | 7.993 | .036 | | |

自变量为面积 $x$。

**结果分析：**

表 7.19 主要显示了 10 种估计的曲线拟合方程的回归系数，拟合度、自由度、回归方程显著性检验的 $F$ 值和显著性水平；由表可知，线性方程的常量 $b_0$ 为 6.545、回归系数 $b_1$ 为 0.752，$F$ 值为 82.308，显著性为 0.000、$P<0.01$，$R^2$ 为 0.892；对数曲线方程常量 $b_0$ 为 −30.334、回归系数 $b_1$ 为 18.728，$F$ 值为 334.253，显著性为 0.000、$P<0.01$，$R^2$ 为 0.971；反函数曲线方程常量 $b_0$ 为 43.553、回归系数 $b_1$ 为 −242.711，$F$ 值为 37.958，显著性为 0.000、$P<0.01$，$R^2$ 为 0.791；二次曲线方程常量 $b_0$ 为 −6.136、回归系数 $b_1$ 为 1.839、$b_2$ 为 1.839，$F$ 值为 804.521，显著性为 0.000、$P<0.01$，$R^2$ 为 0.994；三次曲线方程常量 $b_0$ 为 −6.596、回归系数 $b_1$ 为 1.911、$b_2$ 为 −0.019、$b_2$ 为 $2.694\times10^5$，$F$ 值为，481.791，显著性为 0.000、$P<0.01$，$R^2$ 为 0.994；复合曲线方程常量 $b_0$ 为 7.993、回归系数 $b_1$ 为 1.037，$F$ 值为 26.283，显著性为 0.000、$P<0.01$，$R^2$ 为 0.724；幂函数曲线方程常量 $b_0$ 为 1.033、回归系数 $b_1$ 为 0.982，$F$ 值为 184.533，显著性为 0.000、$P<0.01$，$R^2$ 为 0.949；S 形曲线方程常量 $b_0$ 为 3.979、回归系数 $b_1$ 为 −14.133，$F$ 值为 206.827，显著性为 0.000、$P<0.01$，$R^2$ 为 0.954；生长曲线方程常量 $b_0$ 为 2.079、回归系数 $b_1$ 为 0.036，$F$ 值为 26.283，显著性为 0.000、$P<0.01$，$R^2$ 为 0.724；指数曲线方程常量 $b_0$ 为 7.993、回归系数 $b_1$ 为 0.036，$F$ 值为 26.283，显著性为 0.000、$P<0.01$，$R^2$ 为 0.724。

**结论：**

由以上结果分析说明群落样方面积与物种种数之间的关系经过曲线拟合，对所有估计方程均呈现出了极显著的水平，主要原因是由于样本数量太少；适合的拟合方程有以下十种：

线性方程：$y=6.545+0.752x$

对数曲线方程：$y=30.334+18.728\ln x$

反函数曲线方程：$y=43.553+(-242.711/x)$

二次曲线方程：$y=-6.136+1.839x-0.017x^2$

三次曲线方程：$y=6.596+1.911x-0.019x^2-2.694\times105x^3$

复合曲线方程：$y=7.993\times(1.037)^x$

幂函数曲线方程：$y=1.033x^{0.982}$

S 形曲线方程：$y=\mathrm{e}^{(3.979-14.133)/x}$

生长曲线方程：$y=\mathrm{e}^{(2.079+0.036)x}$

指数曲线方程：$y=7.993\mathrm{e}^{0.036x}$

在以上估计的方程中，除显著性外，还有一个统计量 $R^2$，其值的大小代表了回归曲线方程估计的可靠程度，故在以上 10 种方程中，拟合度最好的即为 $R^2$ 最高的曲线方程，即二次曲线方程和三次曲线方程；但为了更准确的估计曲线方程，还应当加大样本容量。拟合曲线如下（图 7.20）。

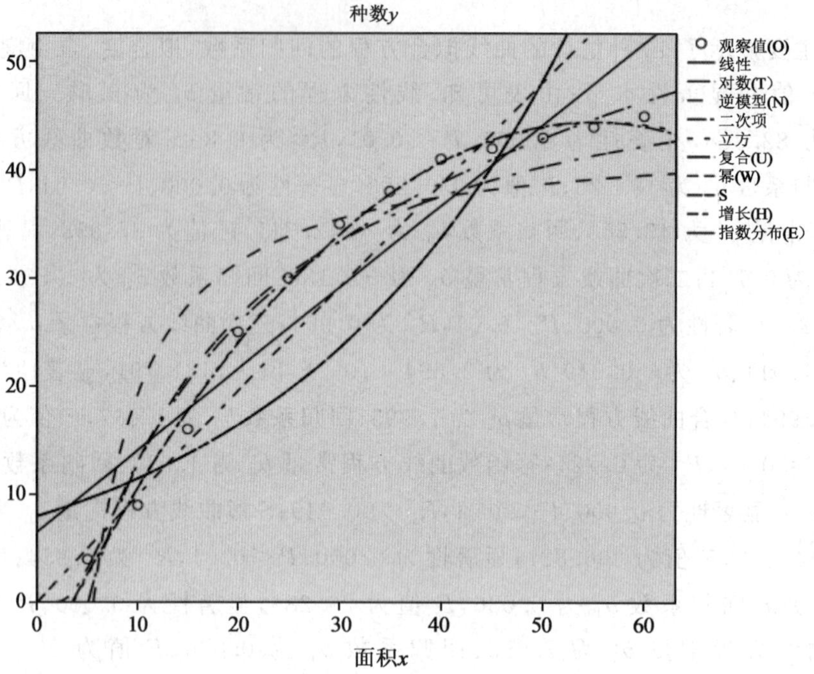


图 7.20 拟合曲线图

## 7.2.2 Logistic 回归

Logistic 回归属于非线性回归，在 SPSS 的常用估计模型中，只能进行简单的含一个自变量的曲线拟合，面对生物生长的复杂过程，需建立复杂的非线性回归方程才能准确地描述生物的生长过程，主要通过迭代计算的方式完成参数的估计和非曲线回归方程的拟合；迭代的初始赋值最好与实际值大致相当，以保证模型迭代运算正常，迅速收敛。

生物生长曲线呈"S"形，用于描述生物生长的过程，属曲线型的回归分析；其模型为：$y=A/(1+Be^{-kt})$；其中，$A$ 为终极生长量（极限生长量或成熟体重），$B$ 为常数尺度，$k$ 为瞬时相对生长率待定参数，e 为自然对数的底，其值为 2.71828，$t$ 为生长时间。

【例 7.4】草履虫生长实验的 Logistic 曲线拟合见表 7.20。

表 7.20 草履虫随时间的增长实验

| 时间/天 | 0 | 1 | 2 | 3 | 4 | 5 | …… | 15 |
|---|---|---|---|---|---|---|---|---|
| 虫数/只 | 50 | 70 | 85 | 110 | 150 | 200 | …… | 700 |

在进行非线性曲线的 Logistic 方程拟合分析前，需先确定生长曲线方程中的各个参数值，在本例中，实验结束时的最大虫数为 700，则确定参数 $A=700$；单变量 $t_1=0$，$y_1=50$；$t_2=1$，$y_2=70$；$A=700$ 时；求得 $B=13$，$k=0.36$，故在此取 $B=10$，$k=0.35$ 作为初始赋值。

建立好相应的数据文件后，在变量视图窗口中，对相应变量进行设置（图 7.21），设置完成后，切换到数据视图窗口，在数据视图窗口，依次点击“分析”——“回归”——“非线性”（图 7.22），在弹出的“非线性回归”对话框中（图 7.23），首先进行变量设置，将“虫数 $y$”选择到“因变量”，在“模型表达式”一栏中，按照 Logistic 方程的表达式进行输入，加、减、乘、除等运算符号均需严格输入，具体为 $A/[1+B*\exp(-k*\text{时间}\ x)]$（图 7.24）；输入表达式后点击“参数”，将参数 $A$ 设置为 700，B 设置为 10，$k$ 设置为 0.35，依次添加（图 7.25），完成参数设置的相关项目（图 7.26），单击确定后弹出结果输出窗口（图 7.27），即完成相应的数据分析。

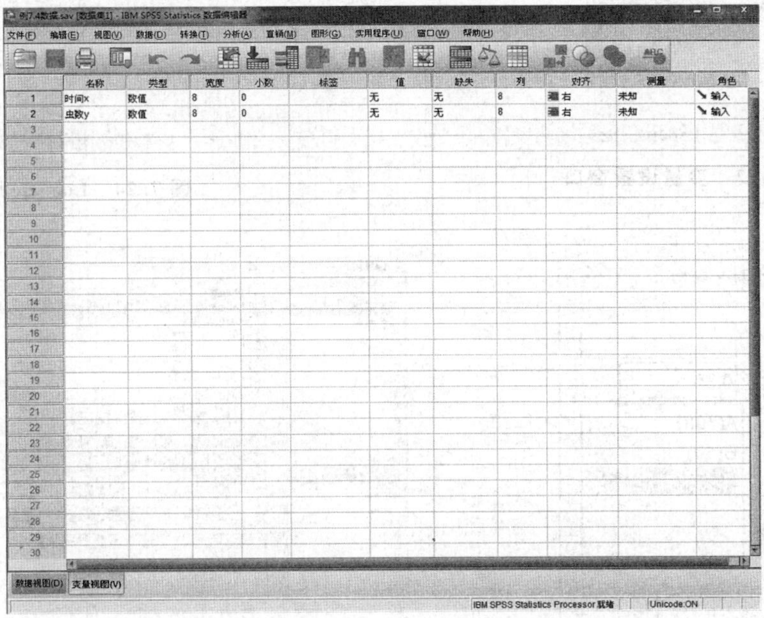


**图 7.21　定义变量**

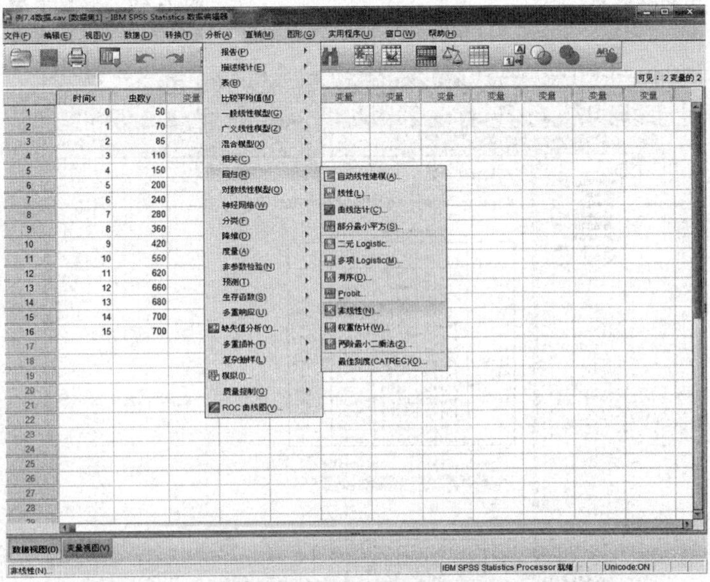


**图 7.22　非线性回归分析**

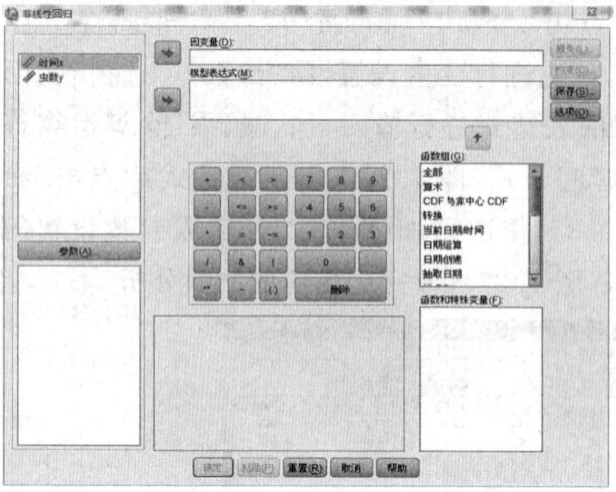

图 7.23 变量设置窗口

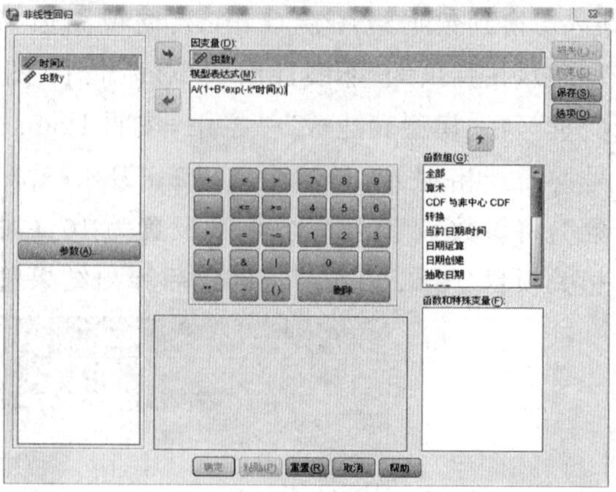

图 7.24 Logistic 回归

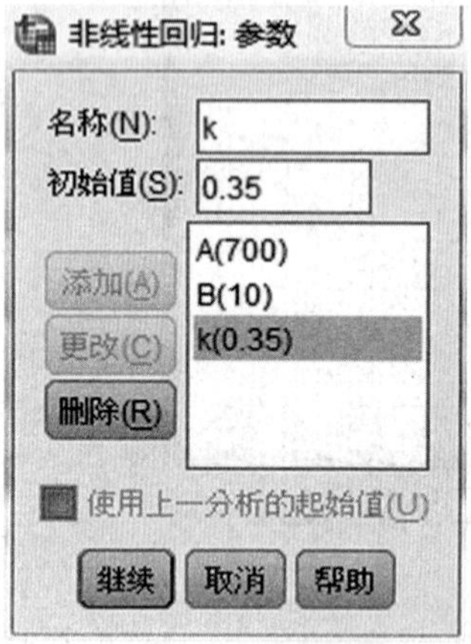


图 7.25 参数设置

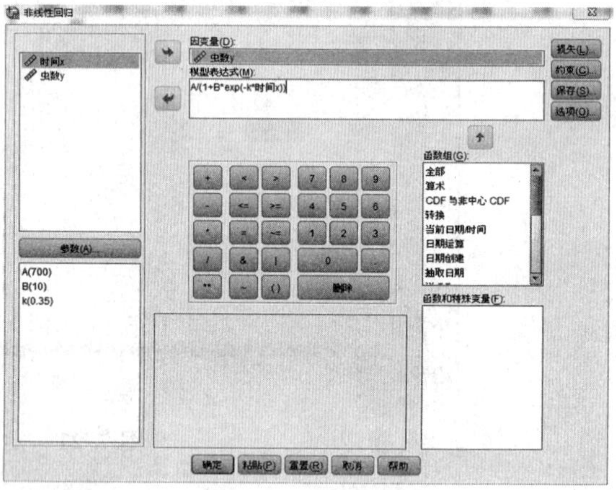

图 7.26 设置变量

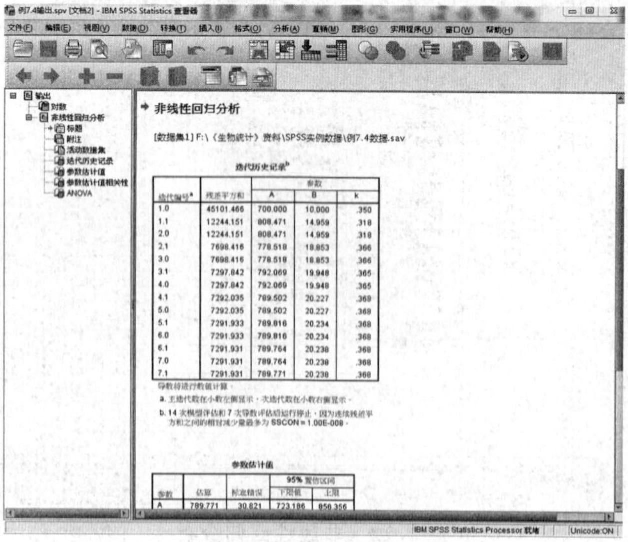

图 7.27 结果输出

**表 7.21　模型迭代记录表**

**迭代历史记录[b]**

| 迭代编号[a] | 残差平方和 | 参数 | | |
|---|---|---|---|---|
| | | A | B | $k$ |
| 1.0 | 45101.466 | 700.000 | 10.000 | .350 |
| 1.1 | 12244.151 | 808.471 | 14.959 | .318 |
| 2.0 | 12244.151 | 808.471 | 14.959 | .318 |
| 2.1 | 7698.416 | 778.518 | 18.853 | .366 |
| 3.0 | 7698.416 | 778.518 | 18.853 | .366 |
| 3.1 | 7297.842 | 792.069 | 19.948 | .365 |
| 4.0 | 7297.842 | 792.069 | 19.948 | .365 |
| 4.1 | 7292.035 | 789.502 | 20.227 | .368 |
| 5.0 | 7292.035 | 789.502 | 20.227 | .368 |
| 5.1 | 7291.933 | 789.816 | 20.234 | .368 |
| 6.0 | 7291.933 | 789.816 | 20.234 | .368 |
| 6.1 | 7291.931 | 789.764 | 20.238 | .368 |
| 7.0 | 7291.931 | 789.764 | 20.238 | .368 |
| 7.1 | 7291.931 | 789.771 | 20.238 | .368 |

导数将进行数值计算。

a. 主迭代数在小数左侧显示，次迭代数在小数右侧显示。

b. 14 次模型评估和 7 次导数评估后运行停止，因为连续残差平方和之间的相对减少量最多为 SSCON＝1.000E-8。

**结果分析：**

表 7.21 主要显示了非线性回归模型的迭代计算过程记录；由表可知，经 7 次迭代运算后，模型达到收敛标准，得到最优解。

**表 7.22　参数估计值表**

**参数估计值**

| 参数 | 估算 | 标准错误 | 95％ 置信区间 | |
|---|---|---|---|---|
| | | | 下限值 | 上限 |
| $A$ | 789.771 | 30.821 | 723.186 | 856.356 |
| $B$ | 20.238 | 3.112 | 13.514 | 26.961 |
| $k$ | .368 | .027 | .310 | .426 |

**结果分析：**

表 7.22 主要显示了非线性回归 Logistic 生长曲线模型参数的估计值、各参数的标准误及参数 95％置信区间；由表可知，Logistic 生长曲线模型中 $A$ 的值是 789.771，标准误为 30.821，95％的置信区间为(723.186，856.356)；$B$ 的值是 20.238，标准误为 3.112，95％的置

信区间为(13.514，26.961)、$k$ 的值是 0.368，标准误为 0.027，95%的置信区间为(0.310，0.426)。

表 7.23　参数估计值相关性表

参数估计值相关性

| | $A$ | $B$ | $k$ |
|---|---|---|---|
| $A$ | 1.000 | −.486 | −.816 |
| $B$ | −.486 | 1.000 | .873 |
| $k$ | −.816 | .873 | 1.000 |

**结果分析：**

表 7.23 主要显示了非线性回归 Logistic 生长曲线模型参数值的相关性；由表可知，参数 $A$ 与参数 $B$ 呈负相关，相关系数为−0.486；参数 $A$ 与参数 $k$ 呈负相关，相关系数为−0.816；参数 $B$ 与参数 $k$ 呈正相关，相关系数为 0.873。

表 7.24　模型显著性方差分析表

ANOVA[a]

| 源 | 平方和 | 自由度 | 均方 |
|---|---|---|---|
| 回归 | 3088833.069 | 3 | 1029611.023 |
| 残差 | 7291.931 | 13 | 560.918 |
| 未修正总体 | 3096125.000 | 16 | |
| 校正后的总变异 | 938898.438 | 15 | |

因变量：虫数 $y$。

a. $R^2=1-$(残差平方和)/(已更正的平方和)=.992。

**结果分析：**

表 7.24 主要显示了非线性回归 Logistic 生长曲线模型的显著性检验的方差分析结果；由表可知，各变异来源的平方和、自由度、均方，$F$ 值只作为非线性回归分析的参考值，在此为给出；模型拟合的相关指数 $R^2$ 为 0.992，拟合度较好。

**结论：**

由以上结果分析说明草履虫生长实验中，Logistic 曲线拟合方程为 $y=789.771/(1+20.238e^{-0.368t})$，且方程有较好的拟合度。

# 第 8 章　聚类分析

聚类分析主要用于研究事物分类的基本方法，主要是对复杂事件进行分类，将具有类似属性的事物聚为一类，使同一类事物具有高度的相似性。具体做法是将变量数据根据自身特征、按照性质上的亲疏程度对其进行分类，并产生多个分类结果对数据进行深层推断；根据已知判别公式和准则建立判别公式和准则，将其应用于新样本中，从而达到分类的目的。聚类分析又称为群分析或分类分析，是根据事物自身的特征，通过已建立的统计模型对事物进行多元分析方法的一种统计分析，其目的在于将相似的事物进行归类。

## 8.1　样本聚类(Q 型聚类)

样本聚类又称 Q 型聚类，是对观测量或称为个案的一种聚类，是根据被观测对象的各种特征进行分类统计的方法，找到不同样本间的共同特征。

【例 8.1】根据表中指标对根系生境类型进行划分见表 8.1。

**表 8.1　根系生境指标值**

| 序号 | 有效比/% | 根比/% | 根深/cm | 根宽/cm | 根粗/cm | 土厚/cm | 裂缝/cm |
|---|---|---|---|---|---|---|---|
| 1 | 31.23 | 21.49 | 97.96 | 48.86 | 3.91 | 47.54 | 15.69 |
| 2 | 56.89 | 3.40 | 36.73 | 27.27 | 0.56 | 80.76 | 34.65 |
| 3 | 48.85 | 4.62 | 86.26 | 28.30 | 0.99 | 59.46 | 23.16 |
| 4 | 36.99 | 1.95 | 77.81 | 42.31 | 0.65 | 119.23 | 21.31 |
| 5 | 65.13 | 4.22 | 98.28 | 19.54 | 0.79 | 131.24 | 23.14 |
| 6 | 53.40 | 6.90 | 29.69 | 25.91 | 0.87 | 52.29 | 33.57 |
| 7 | 50.73 | 7.25 | 117.04 | 33.30 | 1.63 | 128.47 | 20.37 |
| 8 | 38.28 | 7.17 | 232.13 | 115.99 | 6.01 | 0.00 | 0.00 |
| 9 | 100 | 4.49 | 56.16 | 86.18 | 1.00 | 73.94 | 0.00 |
| 10 | 67.15 | 5.79 | 62.20 | 35.21 | 0.66 | 58.86 | 38.98 |
| 11 | 27.60 | 10.06 | 110.21 | 28.51 | 3.24 | 42.39 | 23.31 |
| 12 | 61.76 | 6.82 | 81.25 | 89.17 | 2.78 | 76.82 | 95.23 |
| 13 | 78.89 | 3.28 | 138.79 | 150.24 | 1.40 | 0.00 | 0.00 |
| 14 | 47.53 | 9.52 | 38.41 | 27.30 | 1.83 | 19.67 | 39.04 |
| 15 | 55.80 | 9.20 | 37.88 | 32.26 | 1.60 | 40.59 | 31.52 |

建立好相应的数据文件后，在变量视图窗口中，对相应变量进行设置(图 8.1)，设置完成后，切换到数据视图窗口，在数据视图窗口，依次点击“分析”——“分类”——“系统聚类”(图 8.2)，在弹出的“系统聚类分析”对话框中(图 8.3)，进行变量设置，将所有变量均选择到“变量”中，勾选“个案”“Statistics”“图”(图 8.4)；点击“Statistics”命令，勾选“合并进程表”“近似值矩阵”(图 8.5)；点击“方法”命令，在“聚类方法”下拉表中选择“组之间的链接”，选中“区间”按钮，在其下拉列表中选择“Euclidean 距离”，“标准化”中选择“无”(图 8.6)；点击“绘图”命令，勾选“谱系图”，在“冰柱”中选择“所有聚类”，在“方向”中选择“垂直”(图 8.7)；单击确定后弹出结果输出窗口(图 8.8)，即完成相应的数据分析。

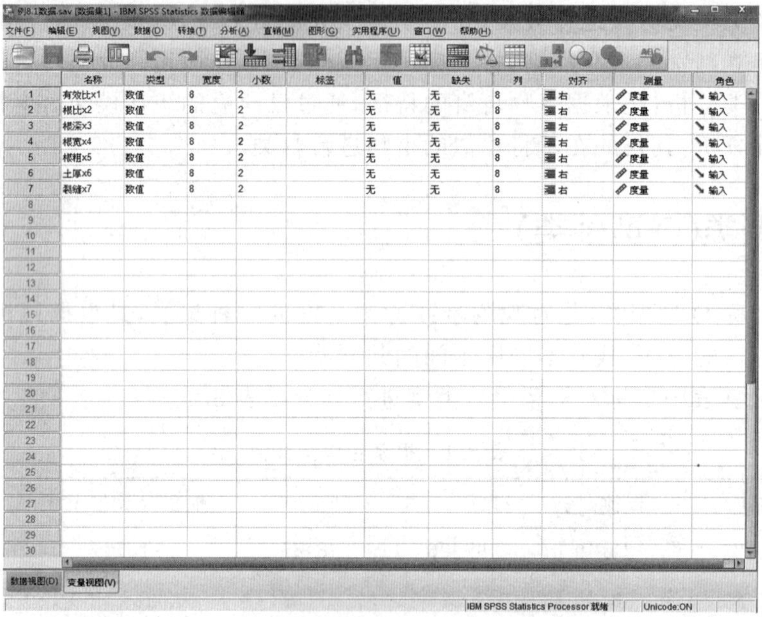


**图 8.1　定义变量**

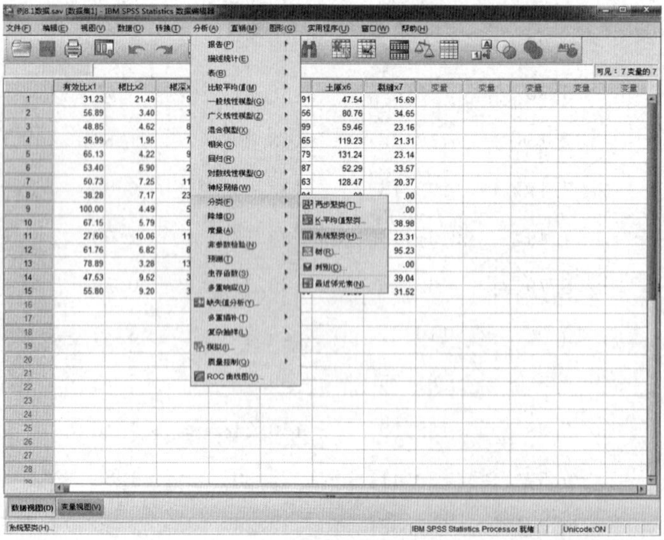


**图 8.2　样本聚类**

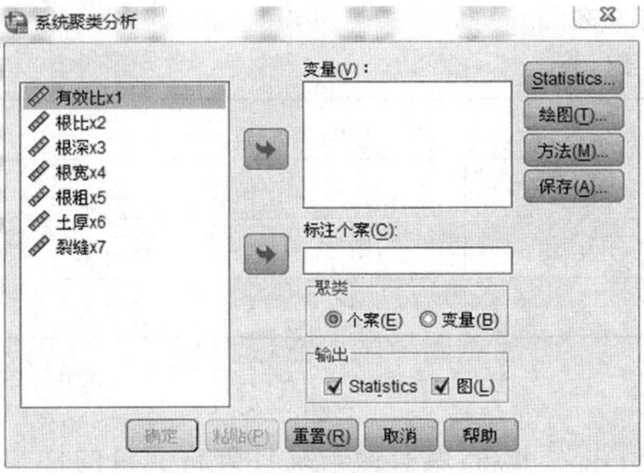


图 8.3　变量设置窗口

图 8.4　设置变量

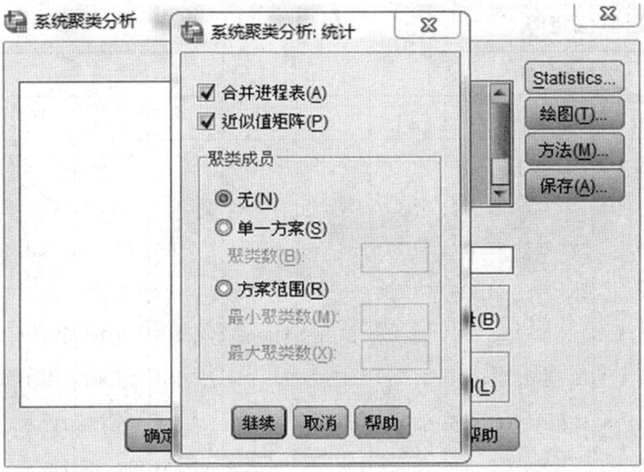


图 8.5　统计设置

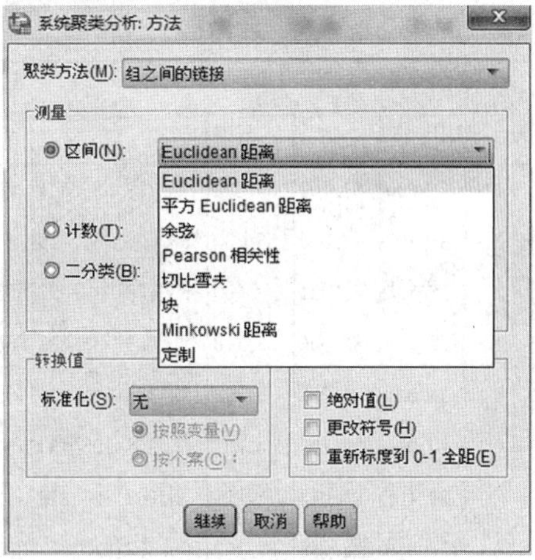


图 8.6　方法设置

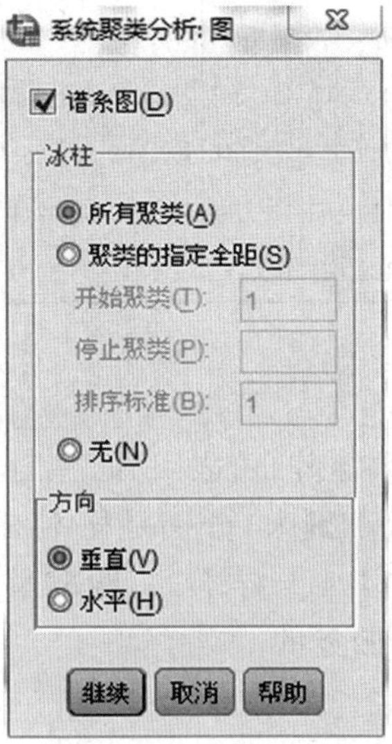


图 8.7　绘图设置

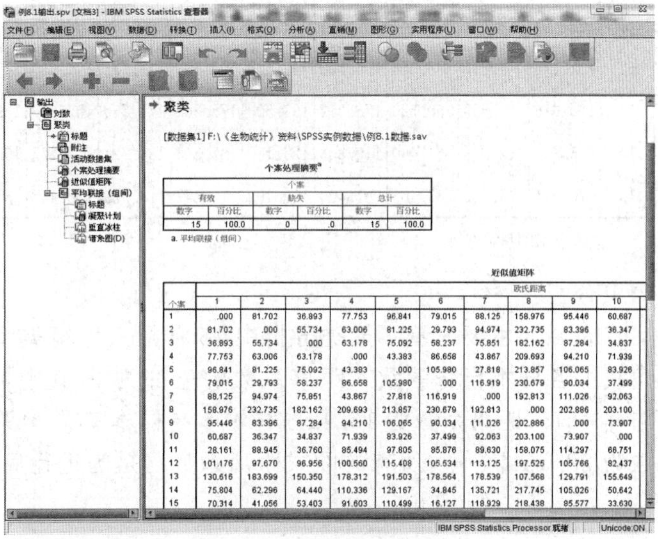


图 8.8　结果输出

**表 8.2 数据汇总表**

**个案处理摘要**

| 个案 | | | | | |
|---|---|---|---|---|---|
| 有效 | | 缺失 | | 总计 | |
| 数字 | 百分比 | 数字 | 百分比 | 数字 | 百分比 |
| 15 | 100.0 | 0 | .0 | 15 | 100.0 |

**结果分析:**

表 8.2 主要显示了聚类分析中数据的基本信息;由表可知,所有参与统计分析变量的样本数均为 15,没有数据值缺失的情况。

**表 8.3 欧式距离矩阵**

**近似值矩阵**

| 个案 | 欧氏距离 | | | | | | | | | | | | | | |
|---|---|---|---|---|---|---|---|---|---|---|---|---|---|---|---|
| | 1 | 2 | 3 | 4 | 5 | 6 | 7 | 8 | 9 | 10 | 11 | 12 | 13 | 14 | 15 |
| 1 | .000 | 81.702 | 36.893 | 77.753 | 96.841 | 79.015 | 88.125 | 158.976 | 95.446 | 60.687 | 28.161 | 101.176 | 130.616 | 75.804 | 70.314 |
| 2 | 81.702 | .000 | 55.734 | 63.006 | 81.225 | 29.793 | 94.974 | 232.735 | 83.396 | 36.347 | 88.945 | 97.670 | 183.699 | 62.296 | 41.056 |
| 3 | 36.893 | 55.734 | .000 | 63.178 | 75.092 | 58.237 | 75.851 | 182.162 | 87.284 | 34.837 | 36.760 | 96.956 | 150.350 | 64.440 | 53.403 |
| 4 | 77.753 | 63.006 | 63.178 | .000 | 43.383 | 86.658 | 43.867 | 209.693 | 94.210 | 71.939 | 85.494 | 100.560 | 178.312 | 110.336 | 91.603 |
| 5 | 96.841 | 81.225 | 75.092 | 43.383 | .000 | 105.980 | 27.818 | 213.857 | 106.065 | 83.926 | 97.805 | 115.408 | 191.503 | 129.167 | 110.499 |
| 6 | 79.015 | 29.793 | 58.237 | 86.658 | 105.980 | .000 | 116.919 | 230.679 | 90.034 | 37.499 | 85.876 | 105.534 | 178.564 | 34.845 | 16.127 |
| 7 | 88.125 | 94.974 | 75.851 | 43.867 | 27.818 | 116.919 | .000 | 192.813 | 111.026 | 92.063 | 89.630 | 113.125 | 178.539 | 135.721 | 118.929 |
| 8 | 158.976 | 232.735 | 182.162 | 209.693 | 213.857 | 230.679 | 192.813 | .000 | 202.886 | 203.100 | 158.075 | 197.525 | 107.568 | 217.745 | 218.438 |
| 9 | 95.446 | 83.396 | 87.284 | 94.210 | 106.065 | 90.034 | 111.026 | 202.886 | .000 | 73.907 | 114.297 | 105.766 | 129.791 | 105.026 | 85.577 |
| 10 | 60.687 | 36.347 | 34.837 | 71.939 | 83.926 | 37.499 | 92.063 | 203.100 | 73.907 | .000 | 66.751 | 82.437 | 155.649 | 50.642 | 33.630 |
| 11 | 28.161 | 88.945 | 36.760 | 85.494 | 97.805 | 85.876 | 89.630 | 158.075 | 114.297 | 66.751 | .000 | 109.790 | 143.720 | 79.497 | 78.198 |
| 12 | 101.176 | 97.670 | 96.956 | 100.560 | 115.408 | 105.534 | 113.125 | 197.525 | 105.766 | 82.437 | 109.790 | .000 | 149.393 | 110.893 | 102.635 |
| 13 | 130.616 | 183.699 | 150.350 | 178.312 | 191.503 | 178.564 | 178.539 | 107.568 | 129.791 | 155.649 | 143.720 | 149.393 | .000 | 167.702 | 165.262 |
| 14 | 75.804 | 62.296 | 64.440 | 110.336 | 129.167 | 34.845 | 135.721 | 217.745 | 105.026 | 50.642 | 79.497 | 110.893 | 167.702 | .000 | 24.241 |
| 15 | 70.314 | 41.056 | 53.403 | 91.603 | 110.499 | 16.127 | 118.929 | 218.438 | 85.577 | 33.630 | 78.198 | 102.635 | 165.262 | 24.241 | .000 |

这是非相似性矩阵。

**结果分析:**

表 8.3 主要显示了聚类分析中 15 种根系生境类型的欧式距离系数矩阵;由表可知,主对角线上各样本自身的欧式距离系数的值都为 0,其中,欧式距离系数从小到大,分别是样本 6 与样本 15,距离系数为 16.127;样本 5 与样本 7,距离系数为 27.818;样本 1 与样本 11,距离系数为 28.161,……,所有的欧式距离系数均是为进行后续的聚类分析而服务的。

表 8.4　聚类过程描述表

凝聚计划

| 阶段 | 组合的集群 | | 系数 | 首次出现阶段集群 | | 下一个阶段 |
|---|---|---|---|---|---|---|
| | 集群 1 | 集群 2 | | 集群 1 | 集群 2 | |
| 1 | 6 | 15 | 16.127 | 0 | 0 | 4 |
| 2 | 5 | 7 | 27.818 | 0 | 0 | 6 |
| 3 | 1 | 11 | 28.161 | 0 | 0 | 9 |
| 4 | 6 | 14 | 29.543 | 1 | 0 | 7 |
| 5 | 3 | 10 | 34.837 | 0 | 0 | 8 |
| 6 | 4 | 5 | 43.625 | 0 | 2 | 11 |
| 7 | 2 | 6 | 44.382 | 0 | 4 | 8 |
| 8 | 2 | 3 | 48.742 | 7 | 5 | 9 |
| 9 | 1 | 2 | 70.037 | 3 | 8 | 10 |
| 10 | 1 | 9 | 91.871 | 9 | 0 | 11 |
| 11 | 1 | 4 | 94.593 | 10 | 6 | 12 |
| 12 | 1 | 12 | 103.496 | 11 | 0 | 14 |
| 13 | 8 | 13 | 107.568 | 0 | 0 | 14 |
| 14 | 1 | 8 | 181.607 | 12 | 13 | 0 |

**结果分析：**

表 8.4 主要显示了两组间的连接统计量进行聚类分析的各步的详细过程、对应的系数和聚类信息；由表可知，有样本共 15 个，故经过了 14 步的聚类；在第 1 步中，样本 6 与样本 15 聚为一类，凝聚系数为 16.127；第 2 步中，样本 5 和样本 7 聚为一类，凝聚系数为 27.818；第 3 步中，样本 1 和样本 11 聚为一类，凝聚系数为 28.818，……，依此类推。

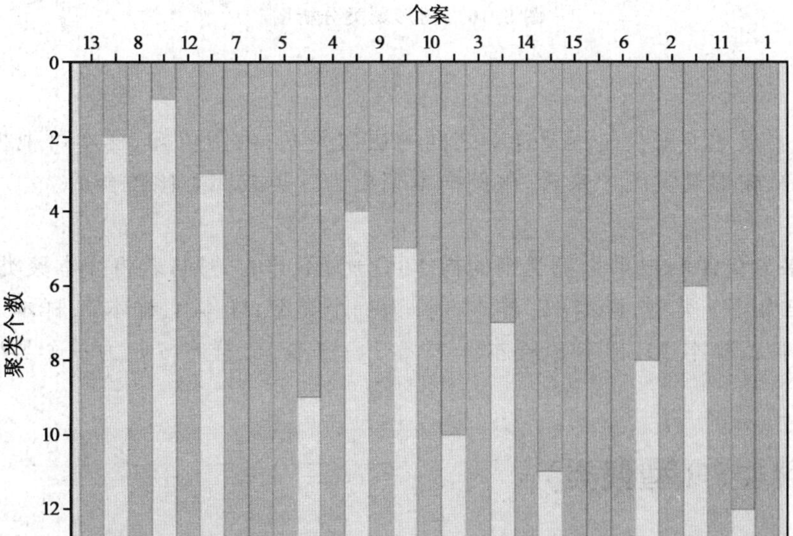


图 8.9　样本聚类冰柱图

**结果分析：**

图 8.9 主要显示了参与分析的样本之间的关系和距离；列代表样本，行代表聚类的步骤数，冰柱代表两个样本之间的关系和距离。由图可知，从图形从下往上看，两个样本之间的冰柱所对应的聚类数，即为两个样本在划分为此聚类数时属于同一类。

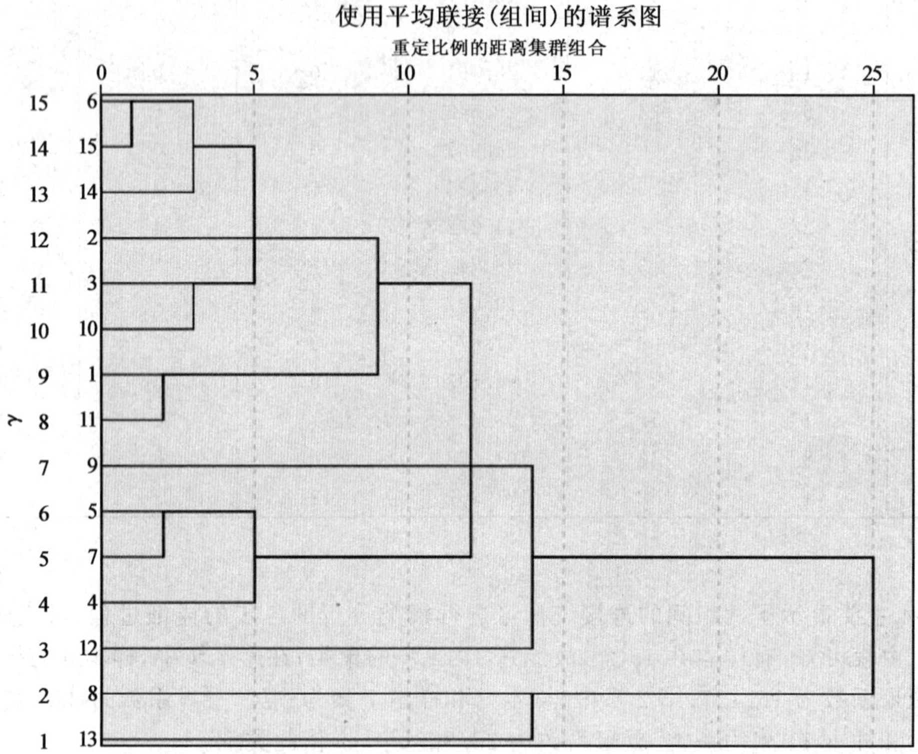


**图 8.10 树形聚类分析图**

**结果分析：**

图 8.10 主要显示了聚类过程及样本之间的层次关系；由图可知，样本可根据需要聚为数量不等的类型，从树形聚类图中来看，该例样本聚类为三类或四类比较合适。

**结论：**

由以上结果分析说明根系生境类型的样本可分为不同的类别，若将样本聚类为四类，则样本 8、样本 13 归为一个类型；样本 12、样本 9 归为一个类型；样本 4、样本 7、样本 5 归为一个类型；样本 11、样本 1、样本 10、样本 3、样本 2、样本 14、样本 15、样本 6 归为一个类型。同理依此类推。

## 8.2 变量聚类(R 型聚类)

变量聚类又称 R 型聚类，是对变量的一种聚类，当出现多个反映同一事物特点的变量时，为了更好地把握事物的自身特征，就需找到彼此独立而又具代表性的变量来反映该事物，以便查找出具代表性的指标，此时便需要使用变量聚类进行研究。

【例 8.2】根据表中根系生境类型的相关指标进行归类见表 8.5(同例 8.1)

**表 8.5　根系生境指标值**

| 序号 | 有效比 | 根比 | 根深 | 根宽 | 根粗 | 土厚 | 裂缝 |
|---|---|---|---|---|---|---|---|
| 1 | 31.23 | 21.49 | 97.96 | 48.86 | 3.91 | 47.54 | 15.69 |
| 2 | 56.89 | 3.40 | 36.73 | 27.27 | 0.56 | 80.76 | 34.65 |
| 3 | 48.85 | 4.62 | 86.26 | 28.30 | 0.99 | 59.46 | 23.16 |
| 4 | 36.99 | 1.95 | 77.81 | 42.31 | 0.65 | 119.23 | 21.31 |
| 5 | 65.13 | 4.22 | 98.28 | 19.54 | 0.79 | 131.24 | 23.14 |
| 6 | 53.40 | 6.90 | 29.69 | 25.91 | 0.87 | 52.29 | 33.57 |
| 7 | 50.73 | 7.25 | 117.04 | 33.30 | 1.63 | 128.47 | 20.37 |
| 8 | 38.28 | 7.17 | 232.13 | 115.99 | 6.01 | 0.00 | 0.00 |
| 9 | 100 | 4.49 | 56.16 | 86.18 | 1.00 | 73.94 | 0.00 |
| 10 | 67.15 | 5.79 | 62.20 | 35.21 | 0.66 | 58.86 | 38.98 |
| 11 | 27.60 | 10.06 | 110.21 | 28.51 | 3.24 | 42.39 | 23.31 |
| 12 | 61.76 | 6.82 | 81.25 | 89.17 | 2.78 | 76.82 | 95.23 |
| 13 | 78.89 | 3.28 | 138.79 | 150.24 | 1.40 | 0.00 | 0.00 |
| 14 | 47.53 | 9.52 | 38.41 | 27.30 | 1.83 | 19.67 | 39.04 |
| 15 | 55.80 | 9.20 | 37.88 | 32.26 | 1.60 | 40.59 | 31.52 |

建立好相应的数据文件后，在变量视图窗口中，对相应变量进行设置(图 8.11)，设置完成后，切换到数据视图窗口，在数据视图窗口，依次点击“分析”——“分类”——“系统聚类”(图 8.12)，在弹出的“系统聚类分析”对话框中(图 8.13)，进行变量设置，将所有变量均选择到“变量”中，勾选“个案”“Statistics”“图”(图 8.14)；点击“Statistics”命令，勾选“合并进程表”“近似值矩阵”，“聚类成员”中选择“无”(图 8.15)；点击“方法”命令，在“聚类方法”下拉表中选择“组之间的链接”，选中“区间”按钮，在其下拉列表中选择“Pearson 相关性”，“标准化”中选择“无”(图 8.16)；点击“绘图”命令，勾选“谱系图”，在“冰柱”中选择“所有聚类”，在“方向”中选择“垂直”(图 8.17)；单击确定后弹出结果输出窗口(图 8.18)，即完成相应的数据分析。

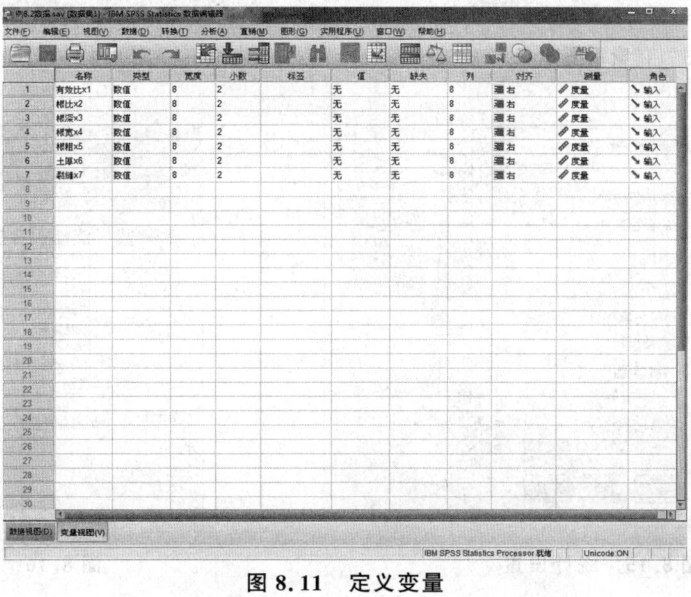


**图 8.11　定义变量**

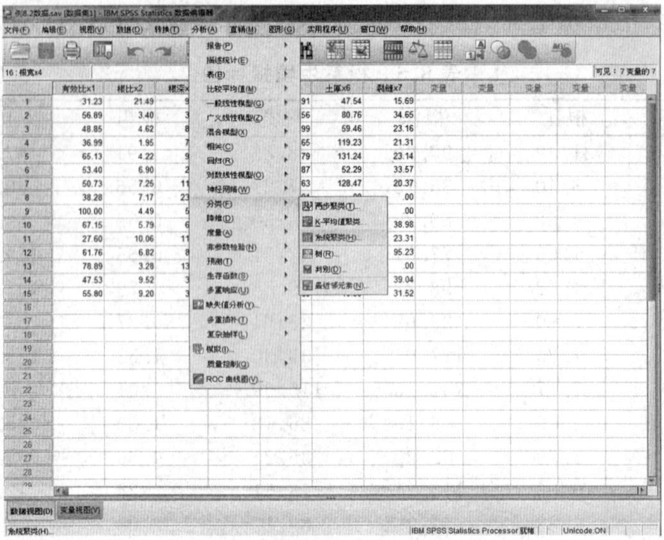


图 8.12　变量聚类

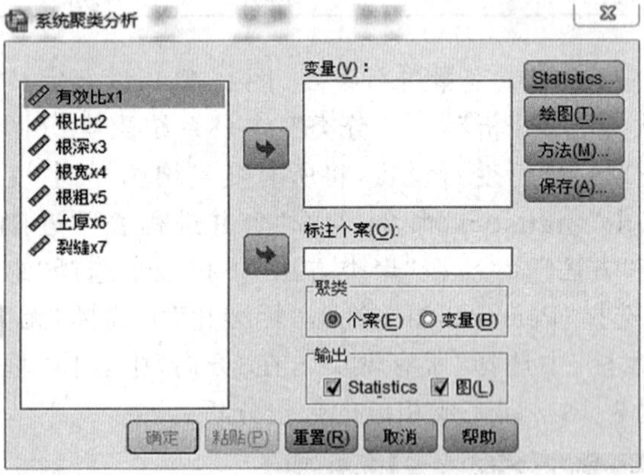


图 8.13　变量设置窗口

图 8.14　设置变量

图 8.15　统计设置

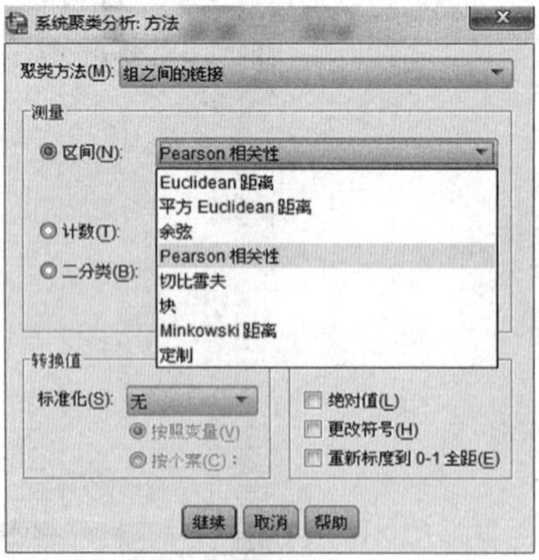


图 8.16　绘图设置

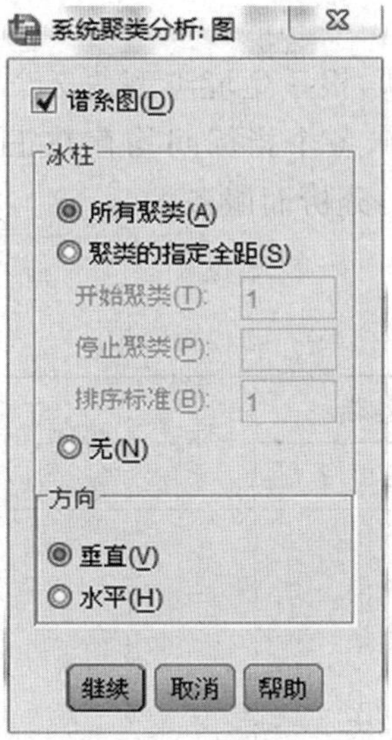


图 8.17　方法设置

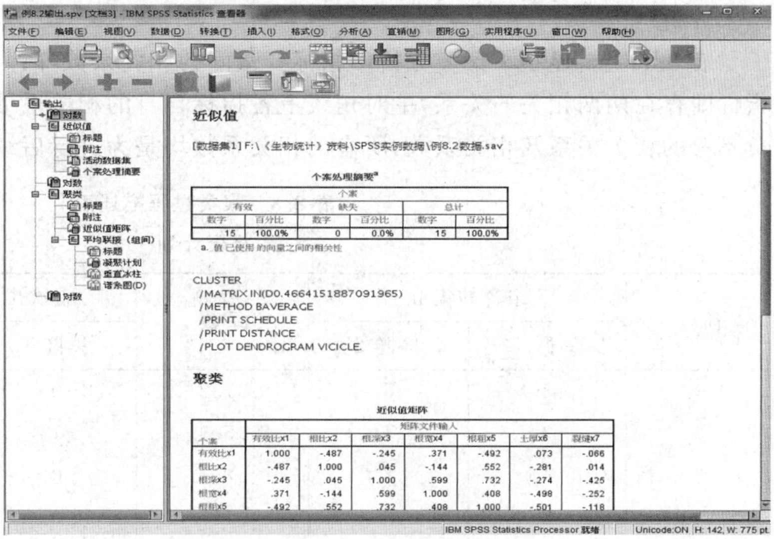


图 8.18　结果输出

**表 8.6　数据汇总表**

**个案处理摘要[a]**

| 个案 | | | | | |
|---|---|---|---|---|---|
| 有效 | | 缺失 | | 总计 | |
| 数字 | 百分比 | 数字 | 百分比 | 数字 | 百分比 |
| 15 | 100.0% | 0 | 0.0% | 15 | 100.0% |

a. 值已使用的向量之间的相关性。

**结果分析:**

表 8.6 主要显示了聚类分析中数据的基本信息;由表可知,所有参与统计分析变量的样本数均为 15,没有数据值缺失的情况。

**表 8.7　近似值相关系数矩阵**

**近似值矩阵**

| 个案 | 矩阵文件输入 | | | | | | |
|---|---|---|---|---|---|---|---|
| | 有效比 $x_1$ | 根比 $x_2$ | 根深 $x_3$ | 根宽 $x_4$ | 根粗 $x_5$ | 土厚 $x_6$ | 裂缝 $x_7$ |
| 有效比 $x_1$ | 1.000 | −.487 | −.245 | .371 | −.492 | .073 | −.066 |
| 根比 $x_2$ | −.487 | 1.000 | .045 | −.144 | .552 | −.281 | .014 |
| 根深 $x_3$ | −.245 | .045 | 1.000 | .599 | .732 | −.274 | −.425 |
| 根宽 $x_4$ | .371 | −.144 | .599 | 1.000 | .408 | −.498 | −.252 |
| 根粗 $x_5$ | −.492 | .552 | .732 | .408 | 1.000 | −.501 | −.118 |
| 土厚 $x_6$ | .073 | −.281 | −.274 | −.498 | −.501 | 1.000 | .201 |
| 裂缝 $x_7$ | −.066 | .014 | −.425 | −.252 | −.118 | .201 | 1.000 |

**结果分析：**

表 8.7 主要显示了聚类分析中指标变量间的相关系数阵；由表可知，根系生境类型的 7 个指标间存在两两相关的关系，主对角线上各指标自身的相关系数均为 1，各个指标间均存在正负不等的相关关系及相关系数，所有的相关系数均是为进行后续的聚类分析而服务的。

**表 8.8　聚类过程描述表**

**凝聚计划**

| 阶段 | 组合的集群 | | 系数 | 首次出现阶段集群 | | 下一个阶段 |
|---|---|---|---|---|---|---|
| | 集群 1 | 集群 2 | | 集群 1 | 集群 2 | |
| 1 | 3 | 5 | .732 | 0 | 0 | 2 |
| 2 | 3 | 4 | .503 | 1 | 0 | 4 |
| 3 | 6 | 7 | .201 | 0 | 0 | 5 |
| 4 | 2 | 3 | .151 | 0 | 2 | 6 |
| 5 | 1 | 6 | .003 | 0 | 3 | 6 |
| 6 | 1 | 2 | −.266 | 5 | 4 | 0 |

**结果分析：**

表 8.8 主要显示了两组间的连接统计量进行聚类分析的各步的详细过程、对应的系数和聚类信息；由表可知，有指标共 7 个，故经过了 6 步的聚类；在第 1 步中，样本 3 与样本 5 聚为一类，凝聚系数为 0.732；第 2 步中，样本 3 和样本 4 聚为一类，凝聚系数为 0.503；第 3 步中，样本 6 和样本 7 聚为一类，凝聚系数为 0.201，……，第 6 步中，样本 1 和样本 2 聚为一类，凝聚系数为－0.266。

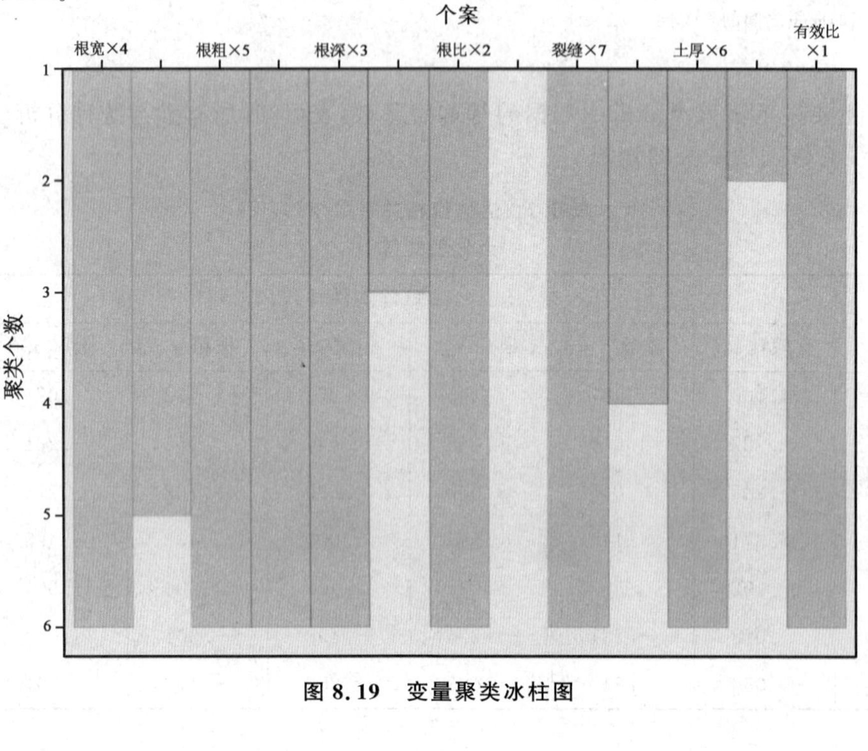


**图 8.19　变量聚类冰柱图**

**结果分析：**

图 8.19 主要显示了参与分析的指标变量之间的关系和距离；列代表指标变量，行代表聚类的步骤数，冰柱代表两个指标变量之间的关系和距离。由图可知，从图形从下往上看，两个变量之间的冰柱所对应的聚类数，即为两个指标变量在划分为此聚类数时属于同一类。

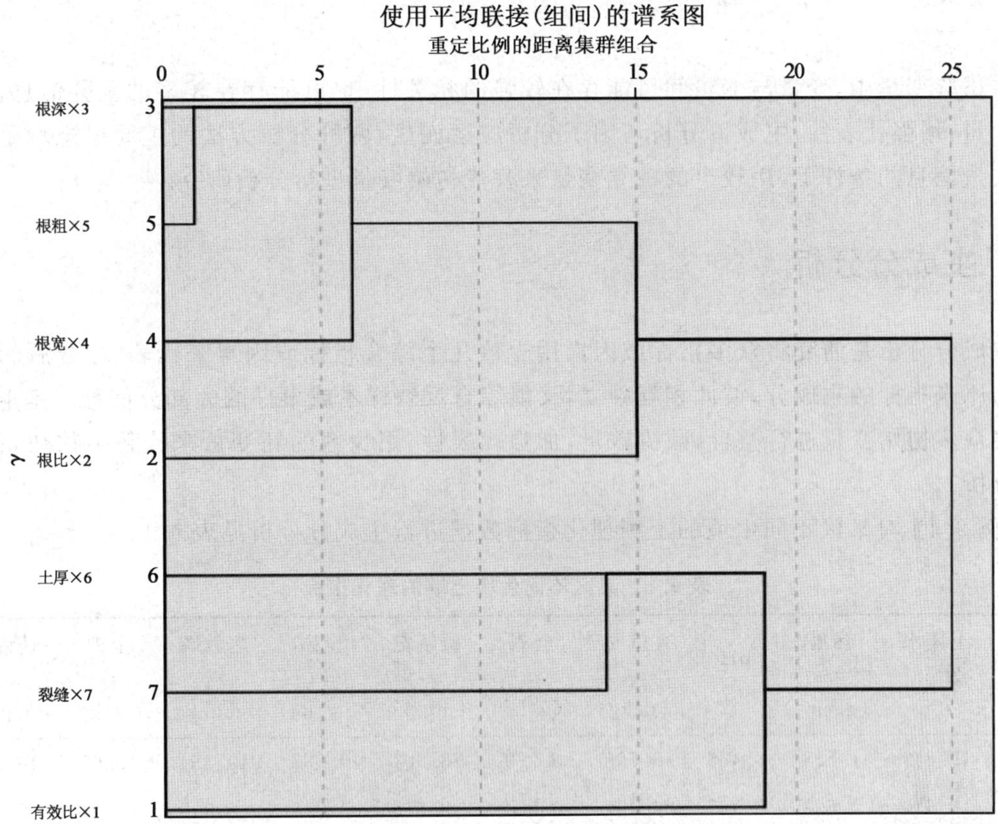


**图 8.20　树形聚类分析图**

**结果分析：**

图 8.20 主要显示了聚类过程及指标变量之间的层次关系；由图可知，指标表量可根据需要聚为数量不等的类型，从树形聚类图中来看，该例指标变量聚类为两类或三类比较合适。

**结论：**

由以上结果分析说明根系生境类型的指标变量可分为不同的类别，若将指标变量聚类为两类，则样本 1、样本 7、样本 6 归为一个类别；样本 2、样本 4、样本 5、样本 3 归为一个类别。同理依此类推。

# 第 9 章　主成分分析和因子分析

在试验变量中，变量与变量间可能存在较强的相关性，也可能存在较多的重叠信息；为减少工作量，增强代表性，主成分分析与因子分析应运而生，两种分析方法的主要思想均是在不损失大量信息的条件下，用较少的独立变量来替代初始变量进行分析研究。

## 9.1　主成分分析

主成分分析是研究将众多指标或因素用少数几个综合指标或因素来代表，综合后的新指标即为原来指标的主成分，彼此相互独立，又能综合反映样本或事件的大部分信息。基本思想即是将众多初始变量进行整合，减少数量，加强代表性，用少数的新变量来代替多数初始变量进行分析。

【例 9.1】对某区不同生境的土壤理化指标数据进行主成分分析见表 9.1。

**表 9.1　某区不同生境土壤的理化指标**

| 名称 | 土壤水分 $x_1$ /% | 容重 $x_2$ /(g/cm³) | pH $x_3$ | 有机质 $x_4$ /(g/kg) | 全氮 $x_5$ /(g/kg) | 碱解氮 $x_6$ /(mg/kg) | 全磷 $x_7$ /(g/kg) | 速效磷 $x_8$ /(mg/kg) | 全钾 $x_9$ /(g/kg) | 速效钾 $x_{10}$ /(mg/kg) |
|---|---|---|---|---|---|---|---|---|---|---|
| 生境 1 | 19.849 | 1.558 | 6.463 | 38.596 | 0.789 | 73.501 | 0.087 | 10.354 | 1.860 | 10.354 |
| 生境 2 | 18.610 | 1.628 | 6.767 | 26.461 | 0.504 | 38.518 | 0.058 | 8.946 | 1.451 | 75.495 |
| 生境 3 | 25.655 | 1.111 | 5.865 | 24.319 | 0.667 | 36.521 | 0.038 | 9.353 | 2.462 | 9.353 |
| 生境 4 | 17.262 | 1.692 | 7.243 | 16.598 | 0.361 | 21.551 | 0.047 | 7.847 | 0.869 | 61.503 |
| 生境 5 | 23.111 | 1.439 | 6.579 | 16.344 | 0.198 | 21.360 | 0.029 | 8.444 | 1.081 | 73.346 |
| 生境 6 | 19.328 | 1.512 | 6.909 | 10.957 | 0.141 | 7.294 | 0.018 | 4.253 | 0.406 | 19.484 |

建立好相应的数据文件后，在变量视图窗口中，对相应变量进行设置(图 9.1)，设置完成后，切换到数据视图窗口，在数据视图窗口，依次点击“分析”——“降维”——“因子分析”(图 9.2)，在弹出的“因子分析”对话框中(图 9.3)，进行变量设置，将所有变量均选择到“变量”中(图 9.4)；点击“描述”命令，勾选“单变量描述性”“原始分析结果”“系数”“显著性水平”(图 9.5)；点击“抽取”命令，在“方法”下拉表中选择“主成分”，选中“相关性矩阵”“未旋转的因子解”“基于特征值”，且“特征值大于”一栏为“1”(图 9.6)；点击“选项”命令，勾选“按列表排除个案”(图 9.7)；单击确定后弹出结果输出窗口(图 9.8)，即完成相应的数据分析。

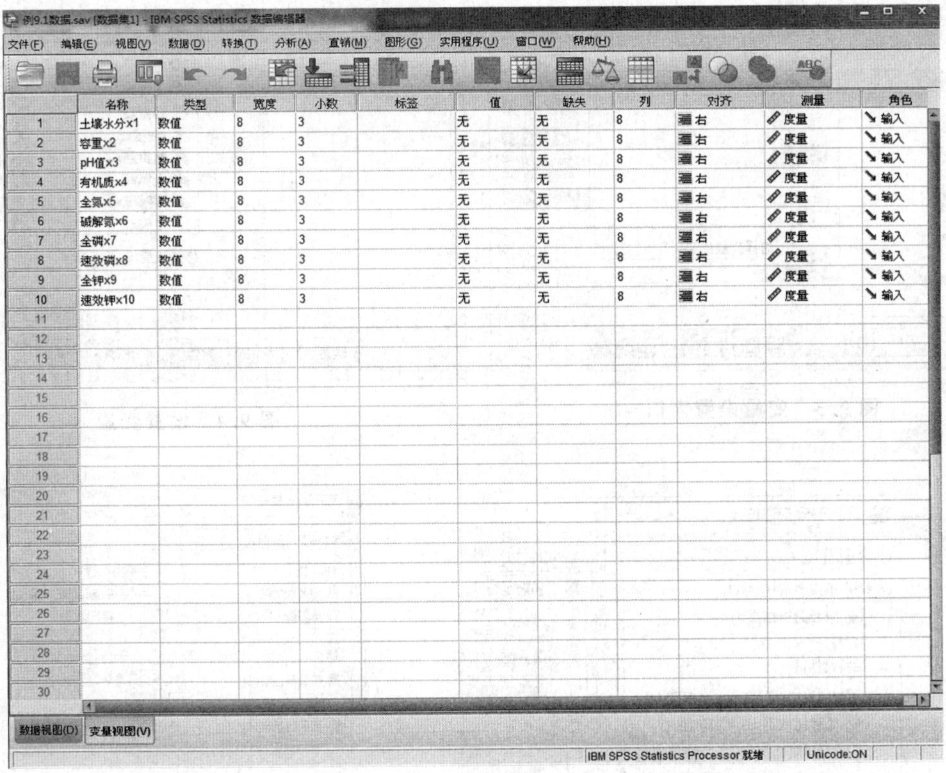


图 9.1　定义变量

图 9.2　主成分分析

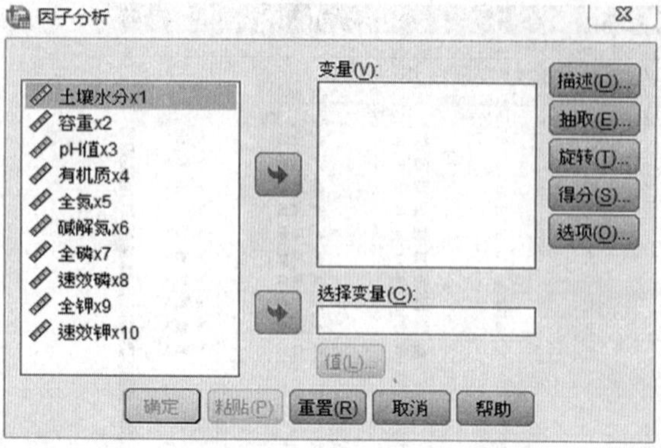


图 9.3 变量设置窗口

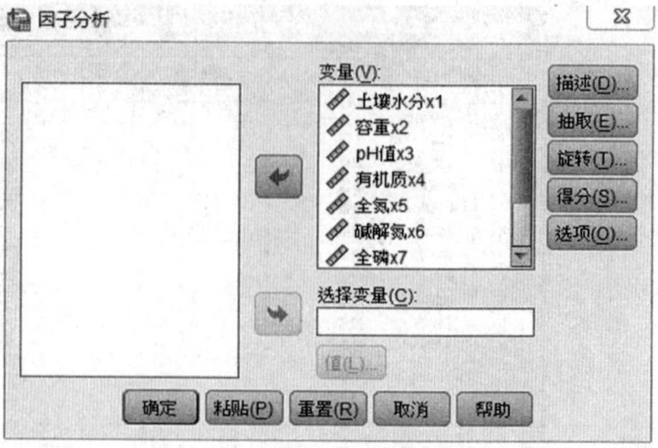


图 9.4 设置变量

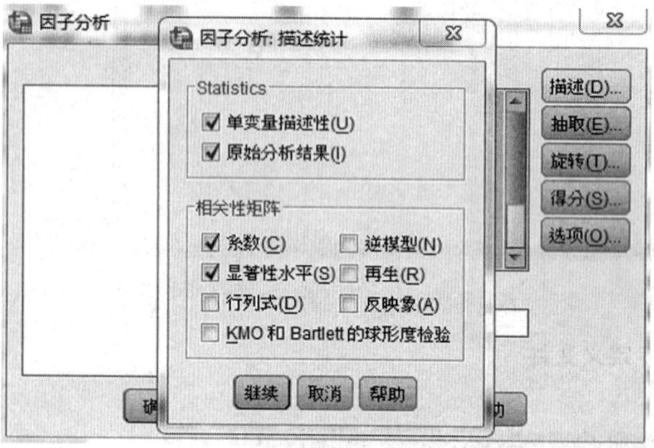


图 9.5 描述设置

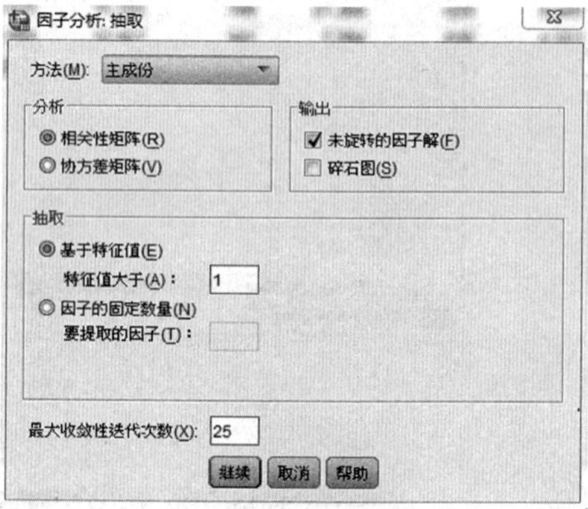


图 9.6 抽取设置

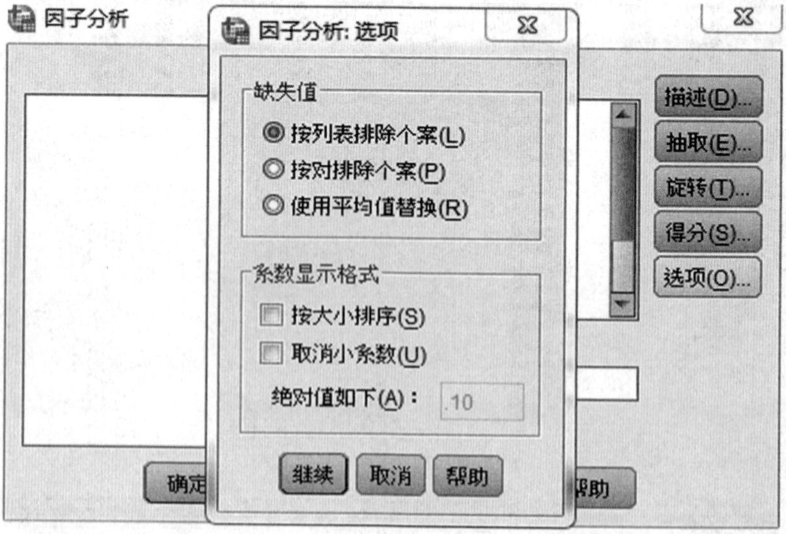


图 9.7 选项设置

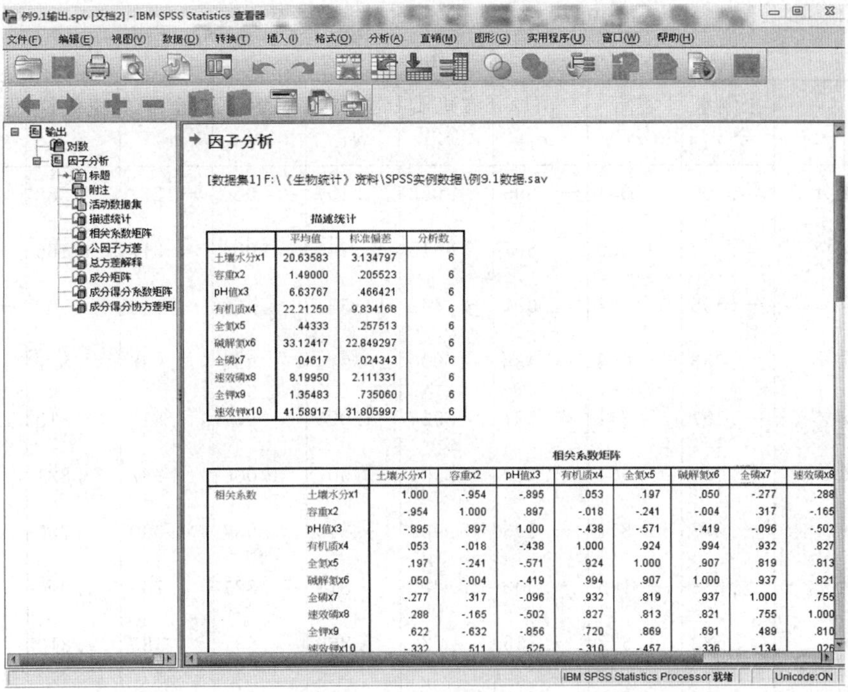


**图 9.8　结果输出**

**表 9.2　描述性统计表**

**描述统计**

| | 平均值 | 标准偏差 | 分析数 |
|---|---|---|---|
| 土壤水分 $x_1$ | 20.63583 | 3.134797 | 6 |
| 容重 $x_2$ | 1.49000 | .205523 | 6 |
| pH $x_3$ | 6.63767 | .466421 | 6 |
| 有机质 $x_4$ | 22.21250 | 9.834168 | 6 |
| 全氮 $x_5$ | .44333 | .257513 | 6 |
| 碱解氮 $x_6$ | 33.12417 | 22.849297 | 6 |
| 全磷 $x_7$ | .04617 | .024343 | 6 |
| 速效磷 $x_8$ | 8.19950 | 2.111331 | 6 |
| 全钾 $x_9$ | 1.35483 | .735060 | 6 |
| 速效钾 $x_{10}$ | 41.58917 | 31.805997 | 6 |

**结果分析：**

表 9.2 主要显示了主成分分析中各变量的样本数、均值、标准差；由表可知，参与统计分析的变量中，所包含的样本数均为 6，其中土壤水分 $x_1$ 的平均值为 20.636%，标准差为 3.135；容重 $x_2$ 的平均值为 1.49 g/cm$^3$，标准差为 0.206；pH $x_3$ 的平均值为 6.638，标准差为 0.466；……；速效钾 $x_{10}$ 的平均值为 41.589 mg/kg，标准差为 31.806。

**表 9.3　各指标变量间的相关关系矩阵**

**相关系数矩阵**

| | | 土壤水分 $x_1$ | 容重 $x_2$ | pH $x_3$ | 有机质 $x_4$ | 全氮 $x_5$ | 碱解氮 $x_6$ | 全磷 $x_7$ | 速效磷 $x_8$ | 全钾 $x_9$ | 速效钾 $x_{10}$ |
|---|---|---|---|---|---|---|---|---|---|---|---|
| 相关系数 | 土壤水分 $x_1$ | 1.000 | -.954 | -.895 | .053 | .197 | .050 | -.277 | .288 | .622 | -.332 |
| | 容重 $x_2$ | -.954 | 1.000 | .897 | -.018 | -.241 | -.004 | .317 | -.165 | -.632 | .511 |
| | pH $x_3$ | -.895 | .897 | 1.000 | -.438 | -.571 | -.419 | -.096 | -.502 | -.856 | .525 |
| | 有机质 $x_4$ | .053 | -.018 | -.438 | 1.000 | .924 | .994 | .932 | .827 | .720 | -.310 |
| | 全氮 $x_5$ | .197 | -.241 | -.571 | .924 | 1.000 | .907 | .819 | .813 | .869 | -.457 |
| | 碱解氮 $x_6$ | .050 | -.004 | -.419 | .994 | .907 | 1.000 | .937 | .821 | .691 | -.336 |
| | 全磷 $x_7$ | -.277 | .317 | -.096 | .932 | .819 | .937 | 1.000 | .755 | .489 | -.134 |
| | 速效磷 $x_8$ | .288 | -.165 | -.502 | .827 | .813 | .821 | .755 | 1.000 | .810 | .026 |
| | 全钾 $x_9$ | .622 | -.632 | -.856 | .720 | .869 | .691 | .489 | .810 | 1.000 | -.390 |
| | 速效钾 $x_{10}$ | -.332 | .511 | .525 | -.310 | -.457 | -.336 | -.134 | .026 | -.390 | 1.000 |
| 显著性（单尾） | 土壤水分 $x_1$ | | .002 | .008 | .460 | .354 | .462 | .298 | .290 | .094 | .260 |
| | 容重 $x_2$ | .002 | | .008 | .487 | .323 | .497 | .270 | .377 | .089 | .150 |
| | pH $x_3$ | .008 | .008 | | .192 | .118 | .204 | .429 | .155 | .015 | .142 |
| | 有机质 $x_4$ | .460 | .487 | .192 | | .004 | .000 | .003 | .021 | .053 | .275 |
| | 全氮 $x_5$ | .354 | .323 | .118 | .004 | | .006 | .023 | .025 | .012 | .181 |
| | 碱解氮 $x_6$ | .462 | .497 | .204 | .000 | .006 | | .003 | .023 | .064 | .257 |
| | 全磷 $x_7$ | .298 | .270 | .429 | .003 | .023 | .003 | | .041 | .163 | .400 |
| | 速效磷 $x_8$ | .290 | .377 | .155 | .021 | .025 | .023 | .041 | | .025 | .480 |
| | 全钾 $x_9$ | .094 | .089 | .015 | .053 | .012 | .064 | .163 | .025 | | .222 |
| | 速效钾 $x_{10}$ | .260 | .150 | .142 | .275 | .181 | .257 | .400 | .480 | .222 | |

**结果分析：**

表 9.3 主要显示了主成分分析中指标变量间的相关系数阵；由表可知，某区不同生境土壤的 10 个指标间存在两两相关的关系，主对角线上各指标自身的相关系数均为 1，各个指标间均存在正负不等的相关关系及相关系数，从中可清楚地了解各指标变量两两之间的相关系数及其显著性。

表 9.4　各公因子方差比

公因子方差

| | 初始值 | 提取 |
|---|---|---|
| 土壤水分 $x_1$ | 1.000 | .922 |
| 容重 $x_2$ | 1.000 | .998 |
| pH $x_3$ | 1.000 | .978 |
| 有机质 $x_4$ | 1.000 | .976 |
| 全氮 $x_5$ | 1.000 | .946 |
| 碱解氮 $x_6$ | 1.000 | .965 |
| 全磷 $x_7$ | 1.000 | .995 |
| 速效磷 $x_8$ | 1.000 | .790 |
| 全钾 $x_9$ | 1.000 | .937 |
| 速效钾 $x_{10}$ | 1.000 | .337 |

提取方法：主成分分析。

**结果分析：**

表 9.4 主要显示了各公因子的方差比，即按照所选择的标准提取相应数量的主成分后，各指标变量中的信息分别被提取出的比例；由表可知，10 个指标变量的提取量除个别指标外，均达到了 90%以上，信息提取比较充分。

表 9.5　各变量的特征根及贡献率

总方差解释

| 组件 | 初始特征值 | | | 提取载荷平方和 | | |
|---|---|---|---|---|---|---|
| | 总计 | 方差百分比 | 累积百分比 | 总计 | 方差百分比 | 累积百分比 |
| 1 | 5.807 | 58.066 | 58.066 | 5.807 | 58.066 | 58.066 |
| 2 | 3.036 | 30.359 | 88.425 | 3.036 | 30.359 | 88.425 |
| 3 | .945 | 9.455 | 97.880 | | | |
| 4 | .154 | 1.539 | 99.419 | | | |
| 5 | .058 | .581 | 100.000 | | | |
| 6 | 1.997E-16 | 1.997E-15 | 100.000 | | | |
| 7 | 1.837E-16 | 1.837E-15 | 100.000 | | | |
| 8 | 8.213E-17 | 8.213E-16 | 100.000 | | | |
| 9 | −5.107E-17 | −5.107E-16 | 100.000 | | | |
| 10 | −2.288E-16 | −2.288E-15 | 100.000 | | | |

提取方法：主成分分析。

**结果分析：**

表 9.5 主要显示了所有特征根及贡献率(特征根占相应的特征根总值的百分比)和累积百分比；由表可知，第一个主成分的特征根为 5.807，占特征根总和的 58.066%，累积贡献率为 58.066%；第二个主成分的特征根为 3.036，占特征根总和的 30.359%，累积贡献率为 88.425%；其余同理。二者的累积贡献率为 88.425%，达到了 85%以上，不需再增加主成分。

**表 9.6 二个主成分的特征向量**

**成分矩阵[a]**

| | 组件 | |
|---|---|---|
| | 1 | 2 |
| 土壤水分 $x_1$ | .450 | −.848 |
| 容重 $x_2$ | −.438 | .898 |
| pH $x_3$ | −.759 | .634 |
| 有机质 $x_4$ | .898 | .411 |
| 全氮 $x_5$ | .951 | .205 |
| 碱解氮 $x_6$ | .889 | .419 |
| 全磷 $x_7$ | .712 | .698 |
| 速效磷 $x_8$ | .856 | .239 |
| 全钾 $x_9$ | .939 | −.234 |
| 速效钾 $x_{10}$ | −.462 | .351 |

提取方法：主成分分析。

a. 已提取 2 个成分。

**结果分析：**

表 9.6 主要显示了提取出的二个主成分的特征向量，得到了各主成分在各个变量上的载荷，即因子载荷均值；由表可知，第一主成分在土壤水分 $x_1$ 上的载荷为 0.450，第二主成分为 −0.848；第一主成分在容重 $x_2$ 上的载荷为 −0.438，第二主成分为 0.898；第一主成分在 pH $x_3$ 上的载荷为 −0.759，第二主成分为 0.411；……；第一主成分在速效钾 $x_10$ 上的载荷为 −0.462，第二主成分为 0.351；通过各载荷可得出各主成分的表达式。

**结论：**

由以上结果分析说明对某区不同生境的土壤理化指标数据的主成分分析，在第一主成分中，全氮 $x_5$、全钾 $x_9$、有机质 $x_4$、碱解氮 $x_6$、速效磷 $x_8$ 的系数较大；在第二主成分中，容重 $x_2$ 系数最大；均可以看成是反映变量的综合指标。二个主成分用方程式表达为：

$$y_1 = 0.45x_1 - 0.438x_2 - 0.759x_3 + 0.898x_4 + 0.951x_5 + 0.889x_6 + 0.712x_7 + 0.856x_8 + 0.939x_9 - 0.462x_{10}$$

$$y_2 = -0.848x_1 + 0.898x_2 + 0.634x_3 + 0.411x_4 + 0.205x_5 + 0.419x_6 + 0.698x_7 + 0.239x_8 - 0.234x_9 + 0.351x_{10}$$

## 9.2　因子分析

因子分析在一定程度上可视作主成分分析的进一步深化，其基本原理是将具有一定相关关系的多个变量综合为数量较少的几个公共因子，利用公共因子对变量间的关系进行高度表达，它属于多元分析中处理降维问题的一种常用方法。

【例 9.2】对某区不同年份的土壤养分变化进行因子分析见表 9.7。

**表 9.7　某区不同年份的土壤养分**

| 名称 | 有机质 $x_1$ /(g/kg) | 全氮 $x_2$ /(g/kg) | 碱解氮 $x_3$ /(mg/kg) | 全磷 $x_4$ /(g/kg) | 速效磷 $x_5$ /(mg/kg) | 全钾 $x_6$ (g/kg) | 速效钾 $x_7$ /(mg/kg) |
|---|---|---|---|---|---|---|---|
| 2005 | 38.909 | 1.395 | 27.074 | 0.813 | 8.180 | 2.944 | 10.031 |
| 2006 | 27.456 | 1.076 | 23.113 | 0.718 | 8.832 | 2.081 | 9.892 |
| 2007 | 25.574 | 0.841 | 21.598 | 0.814 | 8.267 | 1.456 | 9.396 |
| 2008 | 25.084 | 0.676 | 23.663 | 0.753 | 8.275 | 1.156 | 10.117 |
| 2009 | 17.338 | 1.295 | 26.922 | 0.957 | 8.056 | 1.498 | 9.803 |
| 2010 | 15.434 | 0.738 | 27.317 | 0.637 | 7.896 | 1.447 | 10.473 |
| 2011 | 16.833 | 0.602 | 23.982 | 0.564 | 7.473 | 0.991 | 9.824 |
| 2012 | 13.313 | 0.403 | 20.170 | 0.501 | 7.842 | 1.447 | 10.300 |
| 2013 | 12.724 | 0.756 | 22.088 | 0.809 | 7.431 | 1.406 | 9.874 |
| 2014 | 11.830 | 0.628 | 21.903 | 0.793 | 7.767 | 0.734 | 9.623 |
| 2015 | 5.893 | 0.713 | 21.919 | 0.787 | 7.226 | 1.028 | 9.884 |

建立好相应的数据文件后，在变量视图窗口中，对相应变量进行设置(图 9.9)，设置完成后，切换到数据视图窗口，在数据视图窗口，依次点击“分析”——“降维”——“因子分析”(图 9.10)，在弹出的“因子分析”对话框中(图 9.11)，进行变量设置，将所有变量均选择到“变量”中(图 9.12)；点击“描述”命令，勾选“单变量描述性”“原始分析结果”“系数”“显著性水平”(图 9.13)；点击“抽取”命令，在“方法”下拉表中选择“主成分”，选中“相关性矩阵”“未旋转的因子解”“基于特征值”，且“特征值大于”一栏为“1”(图 9.14)；点击“旋转”命令，勾选“最大方差法”“旋转解”，并在“最大收敛性迭代系数”一栏填写“25”(图 9.15)；点击“得分”命令，勾选“显示因子得分系数矩阵”(图 9.16)；点击“选项”命令，勾选“按列表排除个案”(图 9.17)；单击确定后弹出结果输出窗口(图 9.18)，即完成相应的数据分析。

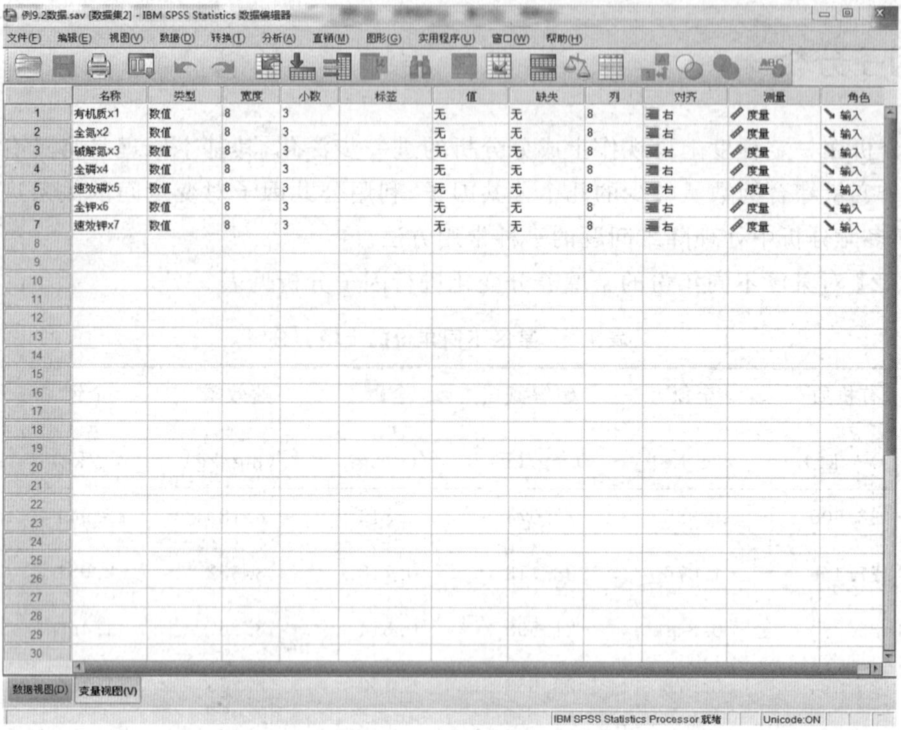


图 9.9　定义变量

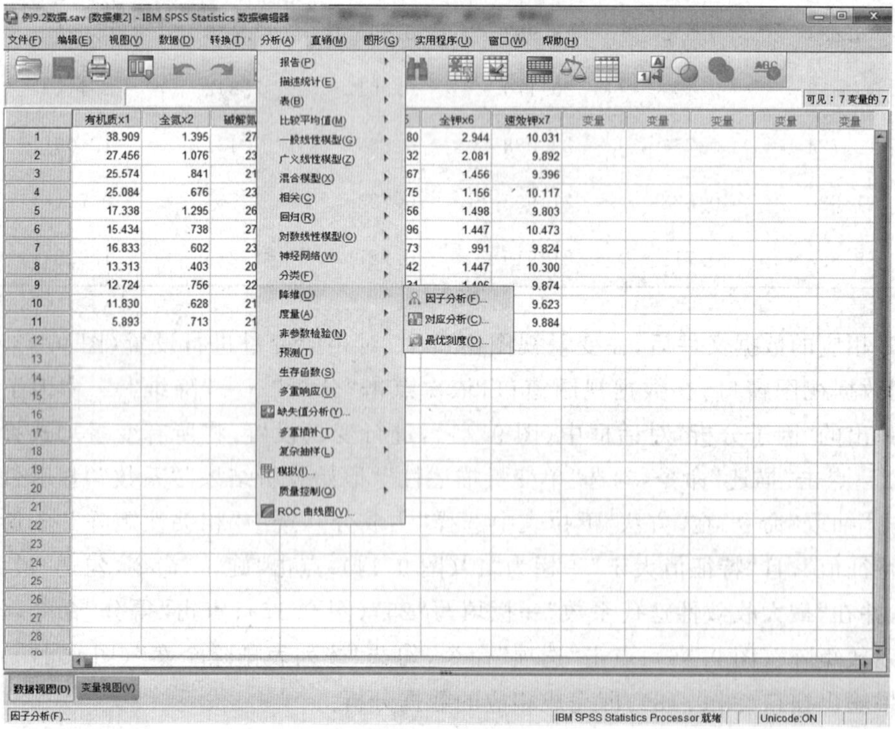


图 9.10　因子分析

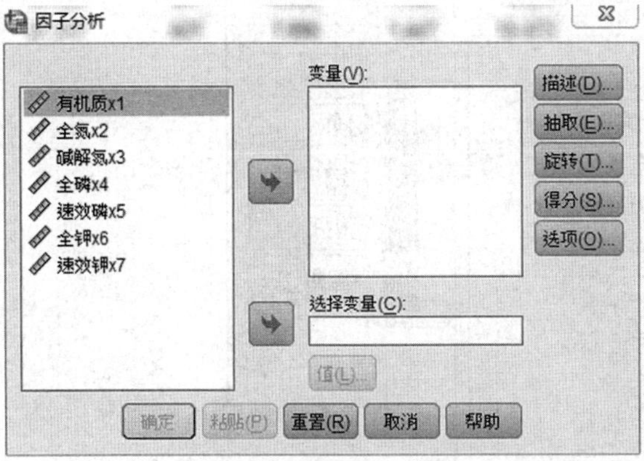


图 9.11　变量设置窗口

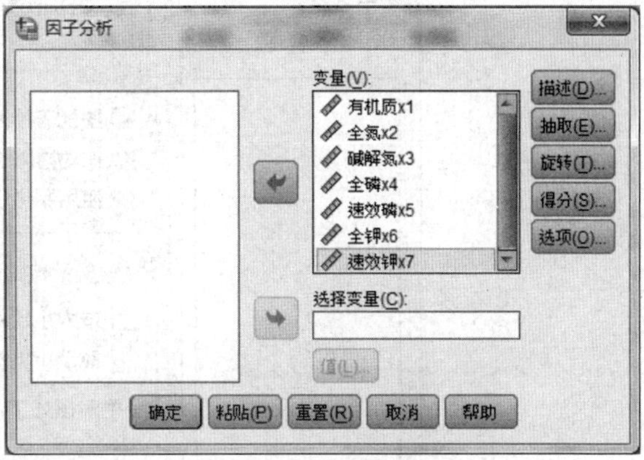


图 9.12　设置变量

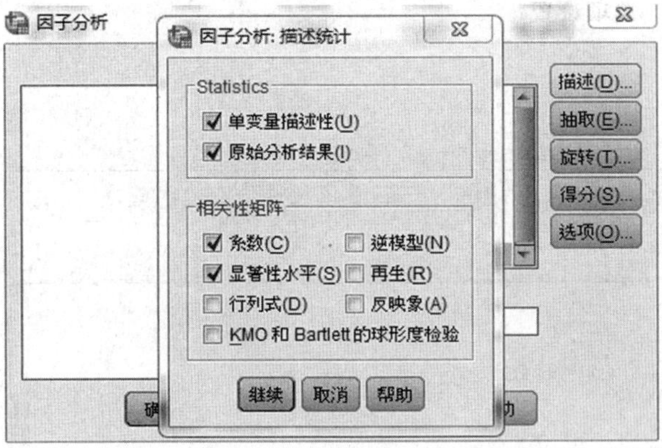


图 9.13　描述变量

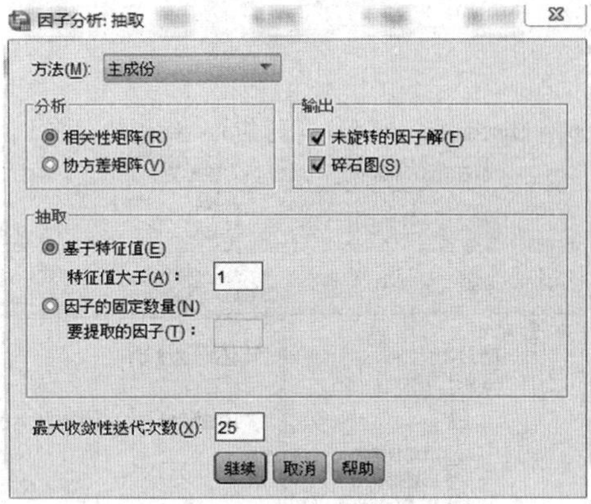


图 9.14　抽取设置

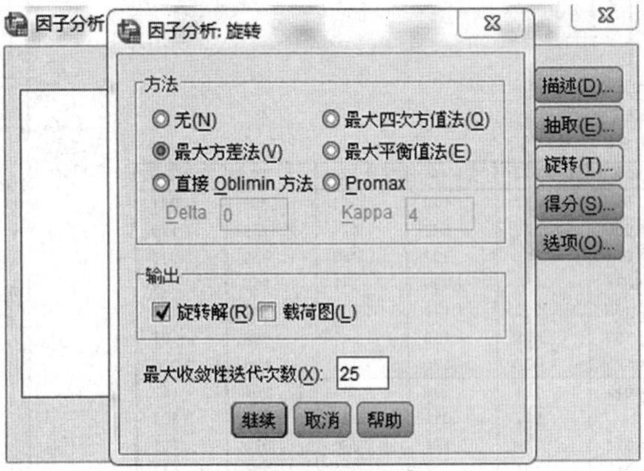


图 9.15　旋转设置

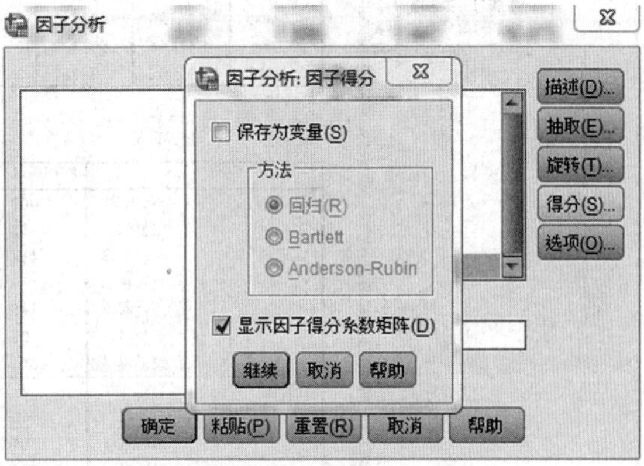


图 9.16　得分设置

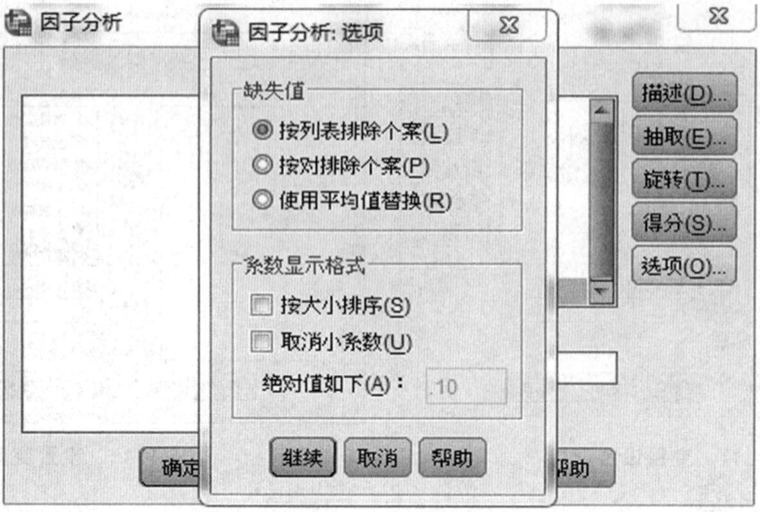


图 9.17 选项设置

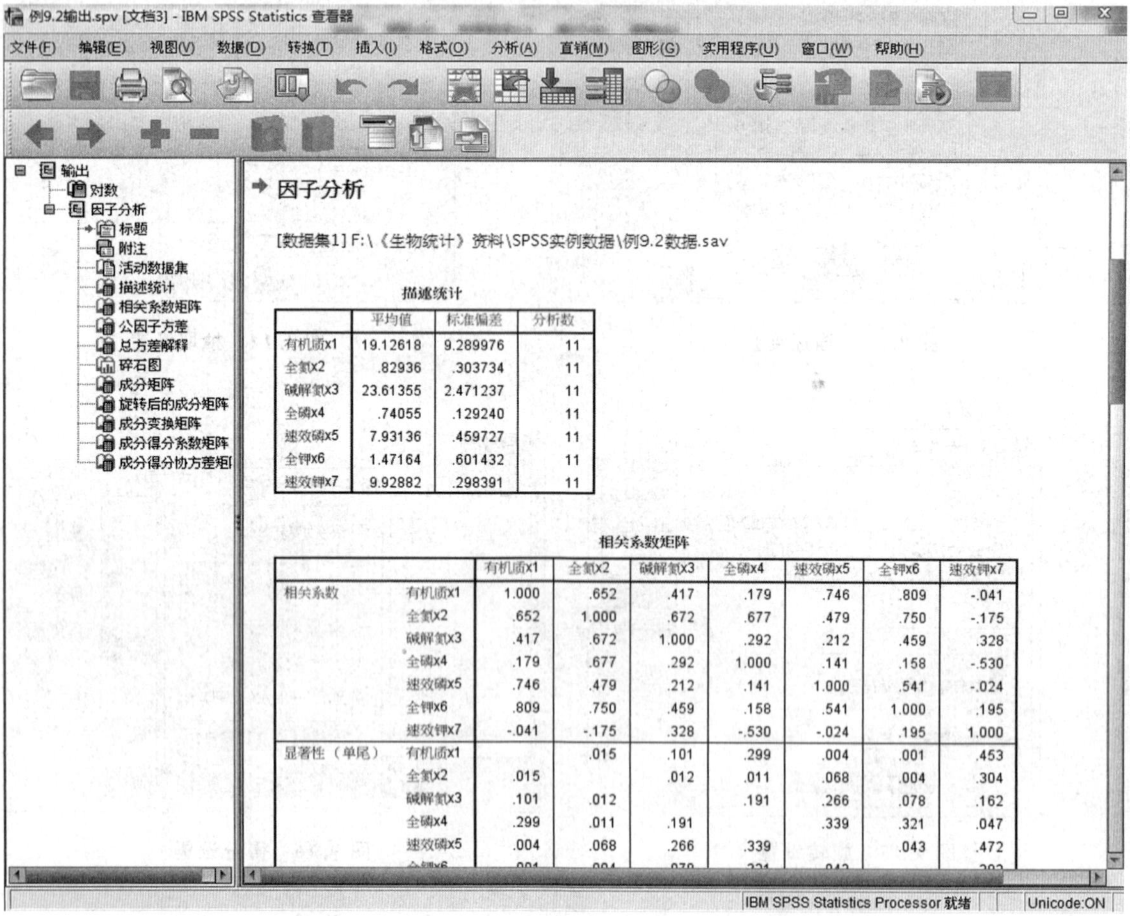


图 9.18 结果输出

**表 9.8 描述性统计表**

**描述统计**

| | 平均值 | 标准偏差 | 分析数 |
|---|---|---|---|
| 有机质 $x_1$ | 19.12618 | 9.289976 | 11 |
| 全氮 $x_2$ | .82936 | .303734 | 11 |
| 碱解氮 $x_3$ | 23.61355 | 2.471237 | 11 |
| 全磷 $x_4$ | .74055 | .129240 | 11 |
| 速效磷 $x_5$ | 7.93136 | .459727 | 11 |
| 全钾 $x_6$ | 1.47164 | .601432 | 11 |
| 速效钾 $x_7$ | 9.92882 | .298391 | 11 |

**结果分析：**

表 9.8 主要显示了因子分析中各变量的样本数、均值、标准差；由表可知，参与统计分析的变量中，所包含的样本数均为 11，其中有机质 $x_1$ 的平均值为 19.126 g/kg，标准差为 9.290；全氮 $x_2$ 的平均值为 0.829 g/kg，标准差为 0.304；碱解氮 $x_3$ 的平均值为 23.614 mg/kg，标准差为 2.471；……；速效钾 $x_7$ 的平均值为 9.929 mg/kg，标准差为 0.298。

**表 9.9 各指标变量间的相关关系矩阵**

**相关系数矩阵**

| | | 有机质 $x_1$ | 全氮 $x_2$ | 碱解氮 $x_3$ | 全磷 $x_4$ | 速效磷 $x_5$ | 全钾 $x_6$ | 速效钾 $x_7$ |
|---|---|---|---|---|---|---|---|---|
| 相关系数 | 有机质 $x_1$ | 1.000 | .652 | .417 | .179 | .746 | .809 | —.041 |
| | 全氮 $x_2$ | .652 | 1.000 | .672 | .677 | .479 | .750 | —.175 |
| | 碱解氮 $x_3$ | .417 | .672 | 1.000 | .292 | .212 | .459 | .328 |
| | 全磷 $x_4$ | .179 | .677 | .292 | 1.000 | .141 | .158 | —.530 |
| | 速效磷 $x_5$ | .746 | .479 | .212 | .141 | 1.000 | .541 | —.024 |
| | 全钾 $x_6$ | .809 | .750 | .459 | .158 | .541 | 1.000 | .195 |
| | 速效钾 $x_7$ | —.041 | —.175 | .328 | —.530 | —.024 | .195 | 1.000 |
| 显著性（单尾） | 有机质 $x_1$ | | .015 | .101 | .299 | .004 | .001 | .453 |
| | 全氮 $x_2$ | .015 | | .012 | .011 | .068 | .004 | .304 |
| | 碱解氮 $x_3$ | .101 | .012 | | .191 | .266 | .078 | .162 |
| | 全磷 $x_4$ | .299 | .011 | .191 | | .339 | .321 | .047 |
| | 速效磷 $x_5$ | .004 | .068 | .266 | .339 | | .043 | .472 |
| | 全钾 $x_6$ | .001 | .004 | .078 | .321 | .043 | | .282 |
| | 速效钾 $x_7$ | .453 | .304 | .162 | .047 | .472 | .282 | |

**结果分析:**

表9.9主要显示了因子分析中指标变量间的相关系数阵;由表可知,某区不同年份的土壤养分的7个指标间存在两两相关的关系,主对角线上各指标自身的相关系数均为1,各个指标间均存在正负不等的相关关系及相关系数,从中可清楚地了解各指标变量两两之间的相关系数及其显著性。

**表9.10 各公因子方差比**

**公因子方差**

| | 初始值 | 提取 |
|---|---|---|
| 有机质 $x_1$ | 1.000 | .903 |
| 全氮 $x_2$ | 1.000 | .962 |
| 碱解氮 $x_3$ | 1.000 | .887 |
| 全磷 $x_4$ | 1.000 | .910 |
| 速效磷 $x_5$ | 1.000 | .799 |
| 全钾 $x_6$ | 1.000 | .823 |
| 速效钾 $x_7$ | 1.000 | .917 |

提取方法:主成分分析。

**结果分析:**

表9.10主要显示了各公因子的方差比,即按照所选择的标准提取相应数量的主成分后,各指标变量中的信息分别被提取出的比例;由表可知,7个指标变量的提取量除个别指标外,均达到了80%以上,5个指标变量达85%以上,信息提取比较充分。

**表9.11 各变量的特征根及贡献率**

**总方差解释**

| 组件 | 初始特征值 | | | 提取载荷平方和 | | | 旋转载荷平方和 | | |
|---|---|---|---|---|---|---|---|---|---|
| | 总计 | 方差百分比 | 累积百分比 | 总计 | 方差百分比 | 累积百分比 | 总计 | 方差百分比 | 累积百分比 |
| 1 | 3.513 | 50.182 | 50.182 | 3.513 | 50.182 | 50.182 | 2.554 | 36.489 | 36.489 |
| 2 | 1.626 | 23.236 | 73.417 | 1.626 | 23.236 | 73.417 | 1.925 | 27.506 | 63.995 |
| 3 | 1.063 | 15.192 | 88.610 | 1.063 | 15.192 | 88.610 | 1.723 | 24.615 | 88.610 |
| 4 | .406 | 5.800 | 94.410 | | | | | | |
| 5 | .267 | 3.815 | 98.225 | | | | | | |
| 6 | .114 | 1.626 | 99.850 | | | | | | |
| 7 | .010 | .150 | 100.000 | | | | | | |

提取方法:主成分分析。

**结果分析:**

表9.11主要显示了所有特征根及贡献率(特征根占相应的特征根总值的百分比)和累积百分比;由表可知,第一个主成分的特征根为3.513,占特征根总和的50.182%,累积贡献率为

50.182%;第二个主成分的特征根为 1.626,占特征根总和的 23.236%,累积贡献率为 73.417%;第三个主成分的特征根为 1.063,占特征根总和的 15.192%,累积贡献率为 88.610%;其余同理。三者的累积贡献率为 88.610%,达到了 85%以上,不需再增加主成分。

**表 9.12　三个主成分的特征向量**

**成分矩阵[a]**

| | 组件 | | |
|---|---|---|---|
| | 1 | 2 | 3 |
| 有机质 $x_1$ | .869 | .155 | −.353 |
| 全氮 $x_2$ | .926 | −.231 | .228 |
| 碱解氮 $x_3$ | .660 | .226 | .633 |
| 全磷 $x_4$ | .489 | −.763 | .297 |
| 速效磷 $x_5$ | .702 | .127 | −.539 |
| 全钾 $x_6$ | .856 | .288 | −.092 |
| 速效钾 $x_7$ | −.036 | .904 | .316 |

提取方法:主成分分析。

a. 已提取 3 个成分。

**结果分析:**

表 9.12 主要显示了提取出的二个主成分的特征向量,得到了各主成分在各个变量上的载荷,即因子载荷均值。由表可知,大部分因子解释能力较好,但有少部分因子不太理想,如"全磷"指标在三个因子的载荷系数区别不大,故接着采用因子旋转方法使因子载荷进一步向"0"和"1"的两极分化,使指标更具解释性。

**表 9.13　三个主成分旋转后的特征向量**

**旋转后的成分矩阵[a]**

| | 组件 | | |
|---|---|---|---|
| | 1 | 2 | 3 |
| 有机质 $x_1$ | .916 | .247 | .065 |
| 全氮 $x_2$ | .530 | .708 | .424 |
| 碱解氮 $x_3$ | .180 | .919 | −.102 |
| 全磷 $x_4$ | .039 | .453 | .838 |
| 速效磷 $x_5$ | .892 | −.004 | .065 |
| 全钾 $x_6$ | .778 | .461 | −.080 |
| 速效钾 $x_7$ | −.024 | .319 | −.903 |

提取方法:主成分分析。

旋转方法:Kaiser 标准化最大方差法。

a. 旋转在 4 次迭代后已收敛。

**结果分析:**

表 9.13 主要显示了采用 Kaiser 标准化最大方差法旋转后提取出的三个主成分的特征向量,得到了旋转后的各主成分在各个变量上的载荷,通过该表可清楚各变量的因子归属;由表可知,第一主成分主要在有机质 $x_1$、速效磷 $x_5$、全钾 $x_6$ 方面的载荷系数较大;第二主成分在

碱解氮 $x_3$、全氮 $x_2$ 方面的载荷系数较大；第三主成分在速效钾 $x_7$、全磷 $x_4$ 方面载荷系数较大；这些指标变量均可在各成分中作为反映变量的综合指标。

**表 9.14　三个主成分的得分系数矩阵**

**成分得分系数矩阵**

| | 组件 | | |
|---|---|---|---|
| | 1 | 2 | 3 |
| 有机质 $x_1$ | .410 | −.110 | −.020 |
| 全氮 $x_2$ | .045 | .314 | .187 |
| 碱解氮 $x_3$ | −.181 | .601 | −.123 |
| 全磷 $x_4$ | −.159 | .260 | .474 |
| 速效磷 $x_5$ | .474 | −.280 | −.004 |
| 全钾 $x_6$ | .277 | .092 | −.112 |
| 速效钾 $x_7$ | −.067 | .285 | −.558 |

提取方法：主成分分析。

旋转方法：Kaiser 标准化最大方差法。

**结果分析：**

表 9.14 主要显示了提取出的三个主成分的得分系数阵；由表可知，第一主成分在有机质 $x_1$ 上的得分系数为 0.410，第二主成分为 −0.110，第三主成分为 −0.020；第一主成分在全氮 $x_2$ 上的得分系数为 0.045，第二主成分为 0.314，第三主成分为 0.187；第一主成分在碱解氮值 $x_3$ 上的得分系数为 −0.181，第二主成分为 0.601，第三主成分为 −0.123；……；第一主成分在速效钾 $x_7$ 上的得分系数为 −0.067，第二主成分为 0.285，第三主成分为 −0.558；通过各得分系数可得出各主成分的表达式。

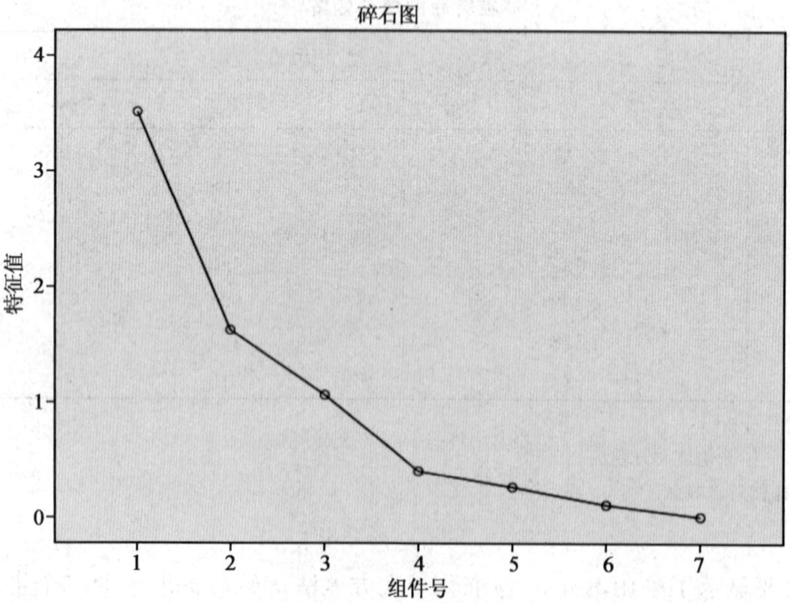


**图 9.19　碎石图**

**结果分析：**

图 9.19 主要显示了因子特征值和成分数之间的走势情况。由图可知，从第 4 个因子开始曲线变得平缓，表示该图的拐点是在第 3 个因子处，且只有前 3 个成分的特征值超过了 1，故只考虑这 3 个成分即可。

**结论：**

由以上结果分析说明对某区不同年份的土壤养分数据的因子分析，在第一主成分中，全氮 $x_5$、全钾 $x_9$、有机质 $x_4$、碱解氮 $x_6$、速效磷 $x_8$ 的得分系数较大；在第二主成分中，容重 $x_2$ 系数最大；均可以看成是反映变量的综合指标。三个主成分用方程式表达为：

$$y_1 = 0.41x_1 + 0.045x_2 - 0.181x_3 - 0.159x_4 + 0.474x_5 + 0.277x_6 - 0.067x_7$$

$$y_2 = -0.11x_1 + 0.314x_2 + 0.601x_3 + 0.26x_4 - 0.28x_5 + 0.092x_6 + 0.285x_7$$

$$y_3 = -0.02x_1 + 0.187x_2 - 0.123x_3 + 0.474x_4 - 0.004x_5 - 0.112x_6 - 0.558x_7$$

# 第 10 章 问卷调查分析

统计分析常常需要对特定问题的调查问卷数据进行分析与处理，问卷调查是社会调查里的一种收集数据的方法；主要通过问题的编制形成问题表格或问卷，通过一定数量的信息反馈来了解对所研究问题的看法和意见。

调查问卷的结果通常表现为文字和数字两种，数字类型可直接录入，文字类型则需进行编码，且不同类型的调查结果有不同的编码表现；在调查问卷中，无论是数字型还是文字型，常常会遇到被调查者拒绝回答一些选项，或遗漏了一些选项，这些应当做缺失值；存在缺失值的个案表明信息不完善，其系统不同于完整的个案，导致分析的结果有偏差，估计的精度下降，在某些情况下，会发生致命错误，故应在调查问卷中对缺失值进行相应的处理。

调查问卷的准确性或有效性是用问卷的信度进行分析，因此，在进行问卷调查分析之前，需对调查数据进行处理；信度越高，表明问卷调查结果越可靠，真实度越高，越能够达到问卷测试的目的，反映了对问卷的系统误差的控制程度。

【例 10.1】调查某种新的生物技术的使用情况见表 10.1。

**表 10.1　某种新的生物技术问卷调查表**

**调查问卷**

您的性别：☑男　　□女

1.有没有使用？

☑使用　　□未用(跳答)

2.使用后效果如何？

□非常好　　□较好　　☑好　　□一般

3.觉得有必要使用吗？

☑有必要　　□没必要(跳答)

4.有必要的原因是什么？(可多选)

☑易操作　　☑速度快　　□成本低　　☑精度高　　☑收益高

5.与您原先使用的技术相比较，速度可提高多少？

□没有提高　　□≤1 倍　　☑1～2 倍　　□2～3 倍　　□>3 倍

6.与您原先使用的技术相比较，成本可降低多少？

☑没有降低　　□≤15%　　□15%～30%　　□30%～50%　　□>50%

7.与您原先使用的技术相比较，精度可提高多少？

□没有提高　　□≤5%　　☑5%～10%　　□10%～15%　　□>15%

8.与您原先使用的技术相比较，收益可提高多少？

□没有提高　　☑≤20%　　□20%～40%　　□40%～60%　　□>60%

9.以上指标，请根据自身情况选择您认为最重要的三个因素？(选择并排序)

□操作　　□速度　　[1]成本　　□精度　　[2]收益

□市场　　[3]人员　　□价格

10.购买该生物技术的目标价格？

15000

# 10.1　调查数据处理

## 10.1.1　数据整理与转换

收集调查问卷后,需要先对调查问卷的结果进行整理,需对文字性的问题进行事前或事后编码,并按变量进行分组、合并、重新定义或计算等,为最终的分析做准备。

**表 10.2　调查数据整理与转换说明**

| 序号 | 题型 | 数据整理与转换 | 编码 | 说明 | 问题举例 | 示例编码 |
|---|---|---|---|---|---|---|
| 1 | 单项选择题 | 选项依次编码 | 1 | 该题第 1 个选项 | 第 2、5、6、7、8 题 | 如:第 2 题,选择第 3 个选项,编码为 3 |
| | | | 2 | 该题第 2 个选项 | | |
| | | | 3 | 该题第 3 个选项 | | |
| | | | 4 | 该题第 4 个选项 | | |
| | | | 5 | 该题第 5 个选项 | | |
| 2 | 多项选择题 | 以 0、1 作为代表,按照选项顺序排列 | 0 | 没有选择该项答案 | 第 4 题 | 如:第 4 题,选择第 1、2、4、5 四个选项,编码为 11011 |
| | | | 1 | 选择了该项答案 | | |
| 3 | 排序题 | 以需排序选项为单独变量,按选项依次编码 | 1 | 该题第 1 个选项 | 第 9 题 | 如:第 9 题,选择第 3 选项为第一,第 5 选项为第二,第 7 选项为第三,编码依次为 3、5、7 |
| | | | 2 | 该题第 2 个选项 | | |
| | | | 3 | 该题第 3 个选项 | | |
| | | | 4 | 该题第 4 个选项 | | |
| | | | 5 | 该题第 5 个选项 | | |
| | | | 6 | 该题第 6 个选项 | | |
| | | | 7 | 该题第 7 个选项 | | |
| 4 | 不适用情况 | 直接回答 | 8 或 98 等 | | 第 1、3 题 | 如:第 1 题,若选择未用,则直接跳到第 3 题,该题编码为 8 |
| 5 | 开放式问题 | 事先编码 | 1 | 男 | 性别 | 如:表头,选择男性,编码为 0 |
| | | | 2 | 女 | | |
| | | 事后编码 | | 答案不能预知 | 第 10 题 | 如:第 10 题,先直接列出再根据情况分类编码 |
| 6 | 数据转换 | 先归类后编码 | | 答案不能预知 | | 如:未归类数据或部分开放式问题,据回答情况分类后编码 |
| 7 | 缺失值 | 研究者能识别的其他数字 | 0 或 9 | 没答或忘答 | | 如:空着的题均可以 0 进行编码 |

## 10.1.2 数据缺失处理

在问卷调查中，常会遇到被调查者漏答或拒答的情况，这些都应当作缺失值进行处理，若缺失程度过大，则对问题的表现程度降低，带来分析结果的偏差、甚至错误，故在问卷分析之前需进行数据缺失的处理。

对于缺失值的处理，从总体上来说分为删除法和插补法，常用的方法有均值插补、中位数插补、线性插补、极大似然估计、EM插补等方法；但应注意用户缺失值与系统缺失值的含义不同，系统缺失值主要是指计算机默认的缺失方式，如果在输入数据时空缺了某些数据或输入了非法的字符，计算机就把其界定为缺失值，这时的数据标记为“·”，而用户界定的缺失值则不会在数据显示时出现“·”。

【例10.2】例10.1的调查结果见表10.3。

**表10.3 问卷调查组成的数据**

| 问卷号 | 性别 | q1 使用与否 | q2 使用效果 | q3 必要性 | q4 原因 | q5 速度 | q6 成本 | q7 精度 | q8 收益 | q9 重要因素 var1 第一因素 | var2 第二因素 | var3 第三因素 | q10 目标价 |
|---|---|---|---|---|---|---|---|---|---|---|---|---|---|
| 1 | 1 | 使用 | 3 | 有必要 | 11011 | 3 | 1 | 3 | 2 | 3 | 5 | 7 | 10000 |
| 2 | 2 | 未用 | | 有必要 | 11000 | (空) | (空) | (空) | (空) | (空) | (空) | (空) | (空) |
| 3 | 2 | 使用 | 2 | 有必要 | 11011 | 4 | 2 | 4 | 3 | 3 | 4 | 5 | 15000 |
| 4 | 1 | 使用 | 3 | 有必要 | 11011 | 3 | 1 | 3 | 2 | 3 | 5 | 2 | 10000 |
| 5 | 2 | 使用 | 3 | 有必要 | 11101 | 3 | 1 | 2 | 2 | 3 | 5 | 7 | 10000 |
| 6 | 1 | 使用 | 4 | 有必要 | 10011 | 3 | 1 | 3 | 2 | 2 | 3 | 5 | 8000 |
| 7 | 1 | 使用 | 3 | 有必要 | 11011 | 4 | 1 | 3 | 2 | 3 | 4 | 5 | (空) |
| 8 | 1 | 使用 | 3 | 有必要 | 11101 | 3 | 1 | 2 | 2 | 3 | 5 | 7 | (空) |
| 9 | 2 | 未用 | | 有必要 | 11000 | (空) | (空) | (空) | (空) | (空) | (空) | (空) | (空) |
| 10 | 1 | 使用 | 4 | 有必要 | 10011 | 3 | 1 | 3 | 2 | 3 | 5 | 7 | (空) |
| 11 | 1 | 使用 | 3 | 有必要 | 11011 | 4 | 1 | 3 | 2 | 2 | 3 | 5 | 10000 |
| 12 | 2 | 使用 | 3 | 有必要 | 11011 | 3 | 1 | 3 | 2 | 3 | 4 | 5 | (空) |
| 13 | 2 | 使用 | 2 | 有必要 | 11011 | 4 | 2 | 4 | 2 | 3 | 7 | 5 | 15000 |
| 14 | 1 | 使用 | 3 | 有必要 | 11011 | 3 | 1 | 3 | 2 | 3 | 4 | 5 | 8000 |
| 15 | 1 | 使用 | 3 | 有必要 | 11001 | 3 | 1 | 2 | 2 | 3 | 5 | 7 | 10000 |
| 16 | 2 | 使用 | 4 | 有必要 | 10011 | 3 | 1 | 3 | 2 | 3 | 4 | 5 | (空) |
| 17 | 1 | 未用 | | 没必要 | (空) | (空) | (空) | (空) | (空) | (空) | (空) | (空) | (空) |
| 18 | 1 | 使用 | 3 | 有必要 | 11111 | 3 | 1 | 3 | 2 | 3 | 7 | 5 | (空) |
| 19 | 1 | 使用 | 3 | 有必要 | 11011 | 4 | 1 | 3 | 2 | 3 | 5 | 7 | 10000 |
| 20 | 2 | 使用 | 3 | 有必要 | 11001 | 3 | 1 | 2 | 2 | 2 | 3 | 5 | (空) |

## 10.2　信度分析

信度分析主要用来考察调查问卷的可信程度，在对问卷结果进行统计分析之前，必须对其信度加以分析，问卷设计及其结果才有价值和意义。

通过整理、转换、编码，在数据视图窗口建立相应的数据文件（图 10.1），完成后切换至变量视图窗口，对相应变量进行设置，依次定义各个变量的变量值，单击“值”列单元格中的按钮，在弹出的“值标签”对话框中，对各变量的不同事件或样本进行编码，以“0”代表“未填”选项，分别以“1－$n$”代表各变量题中的选项（图 10.2），依次设置完各变量值后，即完成变量的定义（图 10.3）。

设置完成后，切换到数据视图窗口，在数据视图窗口，依次点击“分析”——“度量”——“可靠性分析”（图 10.4），在弹出的“可靠性分析”对话框中（图 10.5），进行变量设置，将所有变量均选择到“项目”中（图 10.6）；点击“Statistics”命令，在“描述性”中勾选“项”，在“项”之间勾选“相关性”，在“ANOVA 表”中选择“无”（图 10.7）；单击确定后弹出结果输出窗口（图 10.8），即完成相应的数据分析。

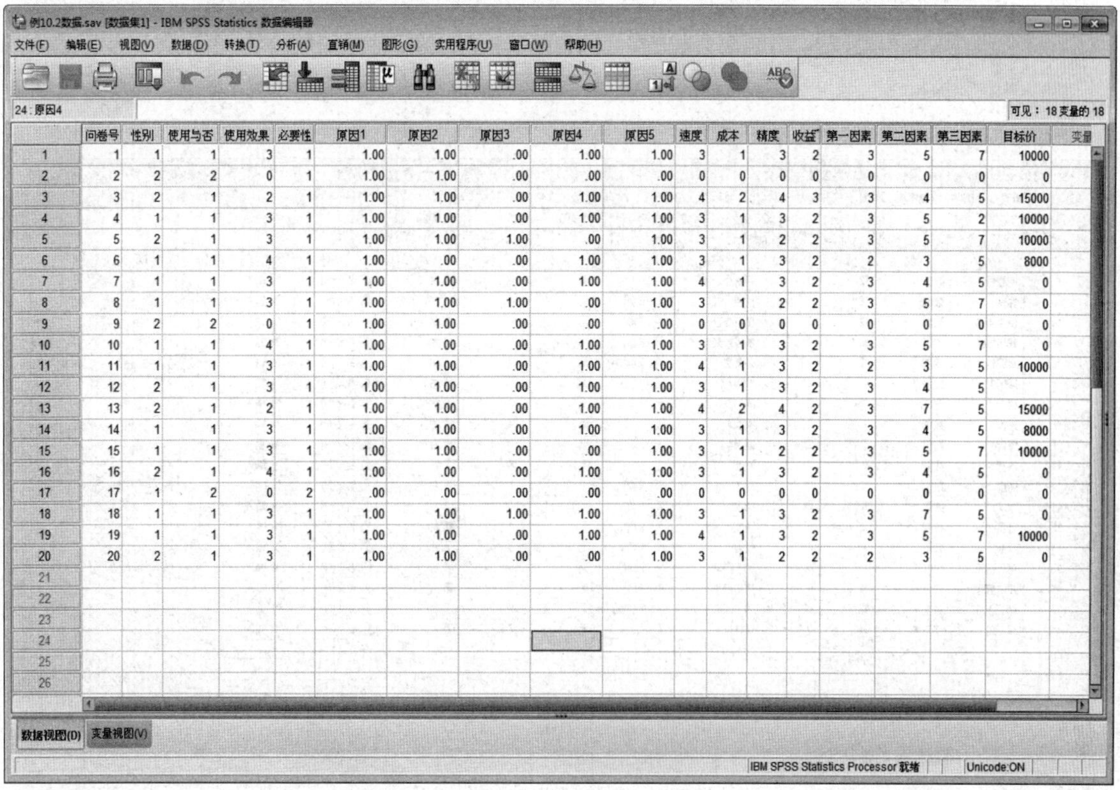


| | 问卷号 | 性别 | 使用与否 | 使用效果 | 必要性 | 原因1 | 原因2 | 原因3 | 原因4 | 原因5 | 速度 | 成本 | 精度 | 收益 | 第一因素 | 第二因素 | 第三因素 | 目标价 | 变量 |
|---|---|---|---|---|---|---|---|---|---|---|---|---|---|---|---|---|---|---|---|
| 1 | 1 | 1 | 1 | 3 | 1 | 1.00 | 1.00 | .00 | 1.00 | 1.00 | 3 | 1 | 3 | 2 | 3 | 5 | 7 | 10000 | |
| 2 | 2 | 2 | 2 | 0 | 1 | 1.00 | 1.00 | .00 | .00 | .00 | 0 | 0 | 0 | 0 | 0 | 0 | 0 | 0 | |
| 3 | 3 | 2 | 1 | 2 | 1 | 1.00 | 1.00 | .00 | 1.00 | 1.00 | 4 | 2 | 4 | 3 | 3 | 4 | 5 | 15000 | |
| 4 | 4 | 1 | 1 | 3 | 1 | 1.00 | 1.00 | .00 | 1.00 | 1.00 | 3 | 1 | 3 | 2 | 3 | 5 | 2 | 10000 | |
| 5 | 5 | 2 | 1 | 3 | 1 | 1.00 | 1.00 | 1.00 | .00 | 1.00 | 3 | 1 | 2 | 2 | 3 | 5 | 7 | 10000 | |
| 6 | 6 | 1 | 1 | 4 | 1 | 1.00 | .00 | .00 | 1.00 | 1.00 | 3 | 1 | 3 | 2 | 2 | 3 | 5 | 8000 | |
| 7 | 7 | 1 | 1 | 3 | 1 | 1.00 | 1.00 | .00 | 1.00 | 1.00 | 4 | 1 | 3 | 2 | 3 | 4 | 5 | 0 | |
| 8 | 8 | 1 | 1 | 3 | 1 | 1.00 | 1.00 | 1.00 | .00 | 1.00 | 3 | 1 | 2 | 2 | 3 | 5 | 7 | 0 | |
| 9 | 9 | 2 | 2 | 0 | 1 | 1.00 | 1.00 | .00 | .00 | .00 | 0 | 0 | 0 | 0 | 0 | 0 | 0 | 0 | |
| 10 | 10 | 1 | 1 | 4 | 1 | 1.00 | .00 | .00 | 1.00 | 1.00 | 3 | 1 | 3 | 2 | 3 | 5 | 7 | 0 | |
| 11 | 11 | 1 | 1 | 3 | 1 | 1.00 | 1.00 | .00 | 1.00 | 1.00 | 4 | 1 | 3 | 2 | 2 | 3 | 5 | 10000 | |
| 12 | 12 | 2 | 1 | 3 | 1 | 1.00 | 1.00 | .00 | 1.00 | 1.00 | 3 | 1 | 3 | 2 | 3 | 4 | 5 | | |
| 13 | 13 | 2 | 1 | 2 | 1 | 1.00 | 1.00 | .00 | 1.00 | 1.00 | 4 | 2 | 4 | 2 | 3 | 7 | 5 | 15000 | |
| 14 | 14 | 1 | 1 | 3 | 1 | 1.00 | 1.00 | .00 | 1.00 | 1.00 | 3 | 1 | 3 | 2 | 3 | 4 | 5 | 8000 | |
| 15 | 15 | 1 | 1 | 3 | 1 | 1.00 | 1.00 | .00 | .00 | 1.00 | 3 | 1 | 2 | 2 | 3 | 5 | 7 | 10000 | |
| 16 | 16 | 2 | 1 | 4 | 1 | 1.00 | .00 | .00 | 1.00 | 1.00 | 3 | 1 | 3 | 2 | 3 | 4 | 5 | 0 | |
| 17 | 17 | 1 | 2 | 0 | 2 | .00 | .00 | .00 | .00 | .00 | 0 | 0 | 0 | 0 | 0 | 0 | 0 | 0 | |
| 18 | 18 | 1 | 1 | 3 | 1 | 1.00 | 1.00 | 1.00 | 1.00 | 1.00 | 3 | 1 | 3 | 2 | 3 | 7 | 5 | 0 | |
| 19 | 19 | 1 | 1 | 3 | 1 | 1.00 | 1.00 | .00 | 1.00 | 1.00 | 4 | 1 | 3 | 2 | 3 | 5 | 7 | 10000 | |
| 20 | 20 | 2 | 1 | 3 | 1 | 1.00 | 1.00 | .00 | .00 | 1.00 | 3 | 1 | 2 | 2 | 2 | 3 | 5 | 0 | |
| 21 | | | | | | | | | | | | | | | | | | | |
| 22 | | | | | | | | | | | | | | | | | | | |
| 23 | | | | | | | | | | | | | | | | | | | |
| 24 | | | | | | | | | | | | | | | | | | | |
| 25 | | | | | | | | | | | | | | | | | | | |
| 26 | | | | | | | | | | | | | | | | | | | |

**图 10.1　数据文件**

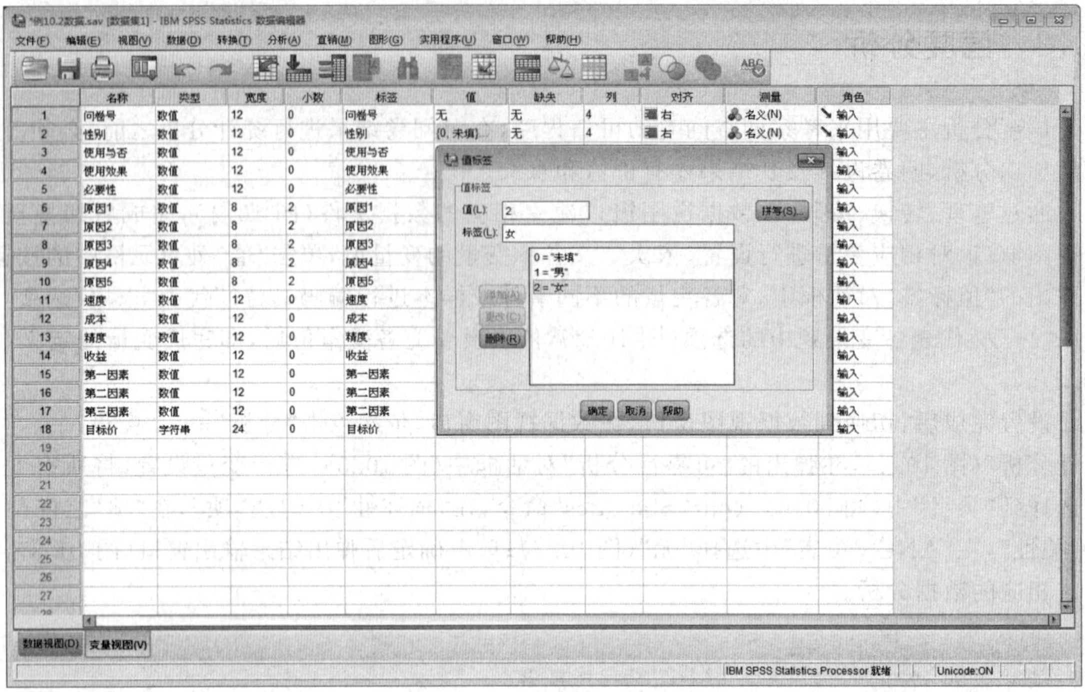


图 10.2 定义变量值

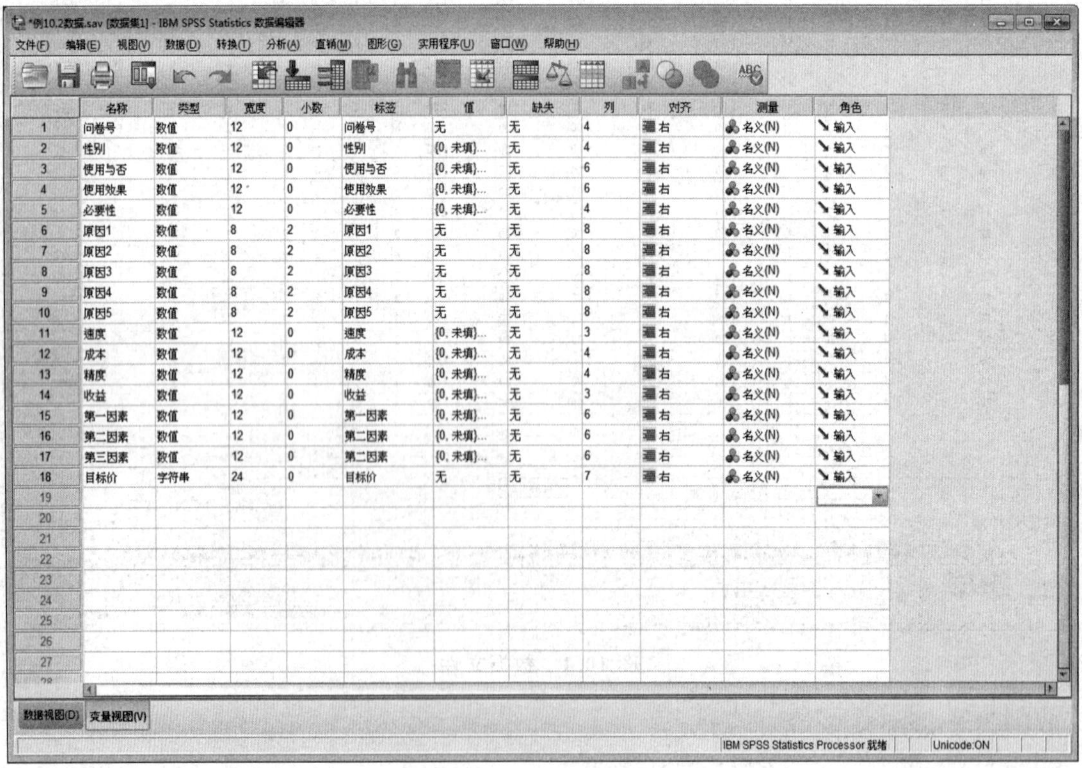


图 10.3 变量视图窗口

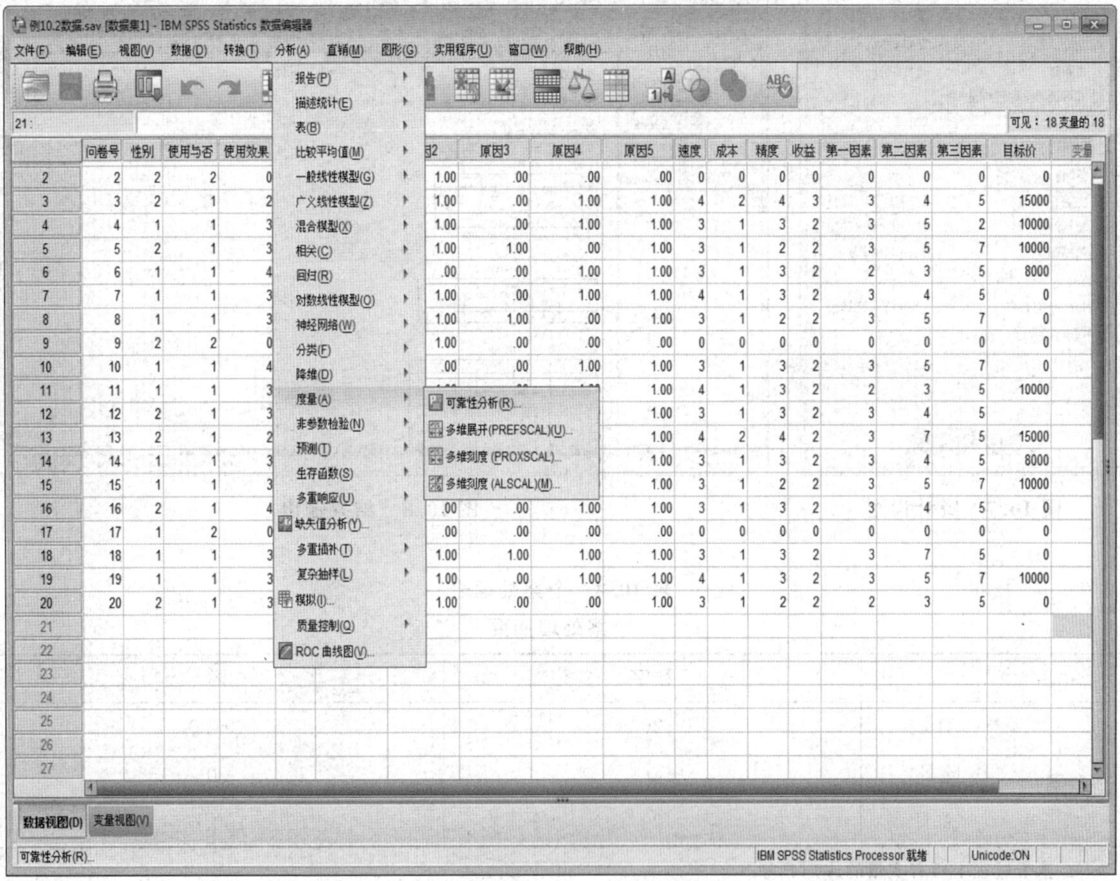


图 10.4　信度分析

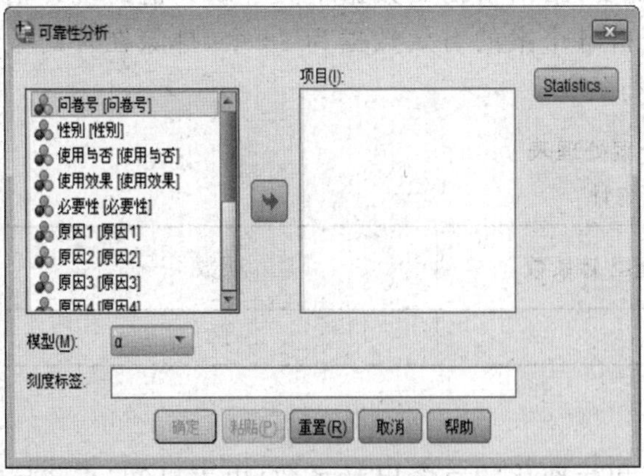


图 10.5　变量设置窗口

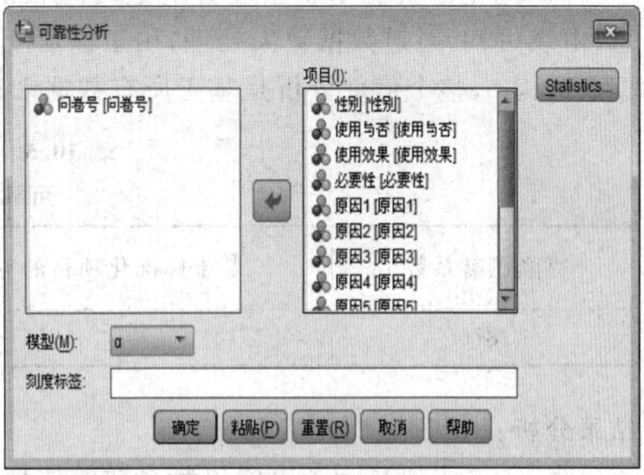


图 10.6　设置变量

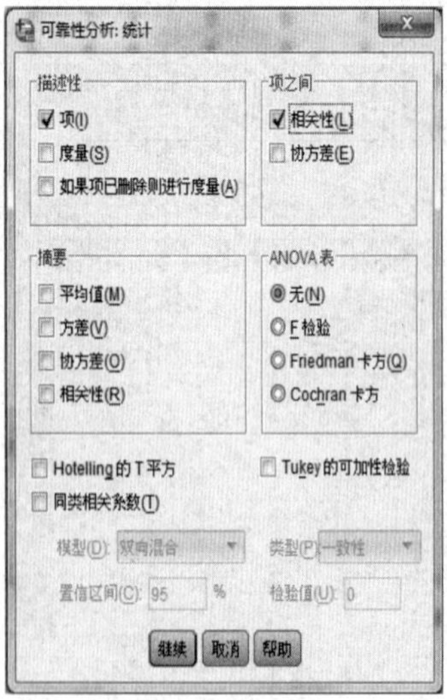


图 10.7　统计设置

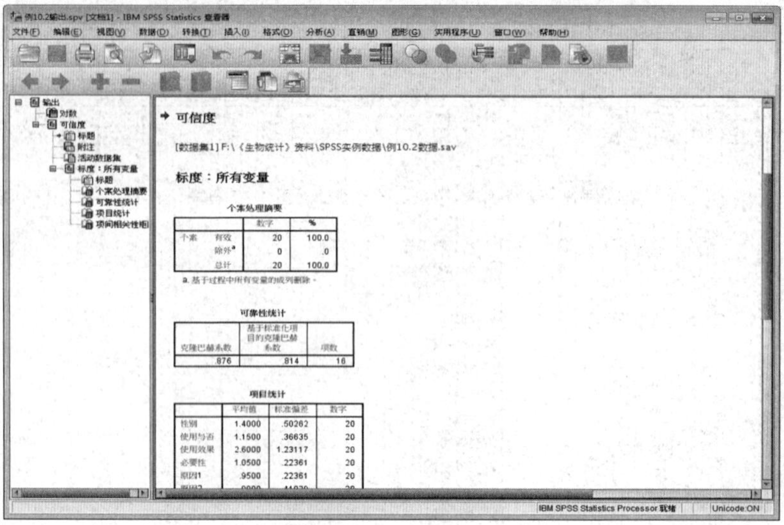


图 10.8　结果输出

**表 10.4　个案处理表**

**个案处理摘要**

| | | 数字 | % |
|---|---|---|---|
| 个案 | 有效 | 20 | 100.0 |
| | 除外[a] | 0 | .0 |
| | 总计 | 20 | 100.0 |

a. 基于过程中所有变量的成列删除。

**结果分析：**

表 10.4 主要显示了信度分析进行过程的摘要，给出了初始数据中关于缺失值的统计信息；由表可知，经过数据缺失处理，用于该信度分析各个案的有效数据为 20 个，排除在外的数据个数为 0，整个信度分析是基于所有数据来进行的。

**表 10.5　个案处理表**

**可靠性统计**

| 克隆巴赫系数 | 基于标准化项目的克隆巴赫系数 | 项数 |
|---|---|---|
| .876 | .814 | 16 |

**结果分析：**

表 10.5 主要显示了克隆巴赫系数的估计值和标准化的克隆巴赫系数；由表可知，克隆巴赫 $\alpha$ 信度系数的估计值为 0.876，基于标准化评估项目的克隆巴赫 $\alpha$ 信度系数为 0.814，其值大于 0.80，说明具有较强的内在一致性。

**表 10.6 个案处理表**

**项目统计**

| | 平均值 | 标准偏差 | 数字 |
|---|---|---|---|
| 性别 | 1.4000 | .50262 | 20 |
| 使用与否 | 1.1500 | .36635 | 20 |
| 使用效果 | 2.6000 | 1.23117 | 20 |
| 必要性 | 1.0500 | .22361 | 20 |
| 原因 1 | .9500 | .22361 | 20 |
| 原因 2 | .8000 | .41039 | 20 |
| 原因 3 | .1500 | .36635 | 20 |
| 原因 4 | .6500 | .48936 | 20 |
| 原因 5 | .8500 | .36635 | 20 |
| 速度 | 2.8000 | 1.28145 | 20 |
| 成本 | .9500 | .51042 | 20 |
| 精度 | 2.4500 | 1.19097 | 20 |
| 收益 | 1.7500 | .78640 | 20 |
| 第一因素 | 2.4000 | 1.09545 | 20 |
| 第二因素 | 3.9000 | 1.99737 | 20 |
| 第二因素 | 4.7000 | 2.36421 | 20 |

**结果分析：**

表 10.6 主要显示了各个评估项目得分的基本统计信息；由表可知，性别项目的平均值为 1.40，标准偏差为 0.50；使用与否平均值为 1.15，标准偏差 0.37；使用效果平均值为 2.60，标准偏差 1.23；……；影响因素的第一、第二、第三因素的平均值分别是 2.40、3.90、4.70，标准偏差分别为 1.10、2.00、2.36。

**表 10.7　各项间的相关性矩阵**

**项间相关性矩阵**

| | 性别 | 使用与否 | 使用效果 | 必要性 | 原因 1 | 原因 2 | 原因 3 | 原因 4 | 原因 5 | 速度 | 成本 | 精度 | 收益 | 第一因素 | 第二因素 | 第二因素 |
|---|---|---|---|---|---|---|---|---|---|---|---|---|---|---|---|---|
| 性别 | 1.000 | .229 | −.323 | −.187 | .187 | .153 | −.057 | −.257 | −.229 | −.196 | .082 | −.141 | −.133 | −.210 | −.220 | −.248 |
| 使用与否 | .229 | 1.000 | −.910 | .546 | −.546 | −.140 | −.176 | −.572 | −1.000 | −.942 | −.802 | −.887 | −.959 | −.944 | −.842 | −.857 |
| 使用效果 | −.323 | −.910 | 1.000 | −.497 | .497 | −.167 | .140 | .542 | .910 | .781 | .553 | .739 | .815 | .827 | .689 | .806 |
| 必要性 | −.187 | .546 | −.497 | 1.000 | −1.000 | −.459 | −.096 | −.313 | −.546 | −.514 | −.438 | −.484 | −.524 | −.516 | −.460 | −.468 |
| 原因 1 | .187 | −.546 | .497 | −1.000 | 1.000 | .459 | .096 | .313 | .546 | .514 | .438 | .484 | .524 | .516 | .460 | .468 |
| 原因 2 | .153 | −.140 | −.167 | −.459 | .459 | 1.000 | .210 | −.105 | .140 | .220 | .201 | .086 | .163 | .187 | .231 | .098 |
| 原因 3 | −.057 | −.176 | .140 | −.096 | .096 | .210 | 1.000 | −.279 | .176 | .067 | .042 | −.042 | .137 | .236 | .381 | .298 |
| 原因 4 | −.257 | −.572 | .542 | −.313 | .313 | −.105 | −.279 | 1.000 | .572 | .638 | .558 | .826 | .581 | .569 | .501 | .314 |
| 原因 5 | −.229 | −1.000 | .910 | −.546 | .546 | .140 | .176 | .572 | 1.000 | .942 | .802 | .887 | .959 | .944 | .842 | .857 |
| 速度 | −.196 | −.942 | .781 | −.514 | .514 | .220 | .067 | .638 | .942 | 1.000 | .869 | .924 | .940 | .885 | .794 | .796 |
| 成本 | .082 | −.802 | .553 | −.438 | .438 | .201 | .042 | .558 | .802 | .869 | 1.000 | .905 | .885 | .791 | .769 | .641 |
| 精度 | −.141 | −.887 | .739 | −.484 | .484 | .086 | −.042 | .826 | .887 | .924 | .905 | 1.000 | .913 | .863 | .794 | .667 |
| 收益 | −.133 | −.959 | .815 | −.524 | .524 | .163 | .137 | .581 | .959 | .940 | .885 | .913 | 1.000 | .916 | .787 | .807 |
| 第一因素 | −.210 | −.944 | .827 | −.516 | .516 | .187 | .236 | .569 | .944 | .885 | .791 | .863 | .916 | 1.000 | .909 | .841 |
| 第二因素 | −.220 | −.842 | .689 | −.460 | .460 | .231 | .381 | .501 | .842 | .794 | .769 | .794 | .787 | .909 | 1.000 | .762 |
| 第二因素 | −.248 | −.857 | .806 | −.468 | .468 | .098 | .298 | .314 | .857 | .796 | .641 | .667 | .807 | .841 | .762 | 1.000 |

**结果分析：**

表 10.7 主要显示了各个评估项目得分之间的相关性系数矩阵；由表可知，各项目变量间呈现出了不同的相关关系；其中相关关系较显著的有，使用效果与原因 5(收益高)的相关系数为 0.91，与速度的相关系数为 0.781，与精度的相关系数为 0.739，与收益的相关系数为 0.815，与重要的第一因素的相关系数为 0.827；原因 5(收益高)与速度、成本、精度、收益、重要的三个因素间的相关系数分别为 0.942、0.802、0.887、0.959、0.944、0.842、0.857；速度与成本、精度、收益、重要的三个因素间的相关系数分别为 0.869、0.924、0.940、0.885、0.794、0.796；成本与精度、收益、重要的前二个因素的相关系数分别为 0.905、0.885、0.791、0.769；精度与收益、前二个重要因素的相关系数为 0.913、0.863、0.794。

**结论：**

由以上结果分析说明该问卷的可信度较强，说明在所调查的问卷中，针对该种新的生物技术的使用，使用情况尚佳，后 8 项的相关系数较高，说明在这 8 个项目中，使用新的生物技术的对象基于其中一个项目实用尚佳，那么在其他 7 个项目的诱导下，同样会继续使用该种新的生物技术。

# 参考文献


[1] 杨维忠,张甜. SPSS统计分析与行业应用案例详解[M]. 北京:清华大学出版社,2011.

[2] 杜强,贾丽艳,严先锋. SPSS统计分析从入门到精通[M]. 北京:人民邮电出版社,2014.

[3] 谢龙汉,尚涛. SPSS统计分析与数据挖掘[M]. 北京:电子工业出版社,2012.

[4] 张力. SPSS在生物统计中的应用[M]. 福建:厦门大学出版社,2010.

[5] 丁国盛,李涛. SPSS统计教程——从研究设计到数据分析[M]. 北京:机械工业出版社,2014.

[6] 王璐,王沁. 统计软件SPSS完全学习手册与实战精粹[M]. 北京:化学工业出版社,2013.

[7] 杨光霞,谢华,等. SPSS数据统计与分析从新手到高手[M]. 北京:清华大学出版社,2014.

[8] 吴明隆. 问卷统计分析实务——SPSS操作与应用[M]. 重庆:重庆大学出版社,2010.

高等职业教育“十四五”规划教材

# 水产微生物

刘海燕　主编

中国农业大学出版社
· 北京 ·

## 内 容 简 介

本教材是教育部首批现代学徒制试点专业——水产养殖专业的教学用书之一，也是成都农业科技职业学院优质校建设教材之一。本教材编写以培养高素质、综合型技能人才为目标，突出实用性、适用性、操作性，强调教、学、做一体化。本教材包含原核细胞型微生物、真核细胞型微生物、非细胞型微生物、微生物的控制、免疫学基础、水产微生物应用6个项目及12个实训内容，适合作为高等职业院校水产养殖相关专业基础课程教材。

**图书在版编目(CIP)数据**

水产微生物/刘海燕主编．—北京：中国农业大学出版社，2020.8(2024.3 重印)
ISBN 978-7-5655-2425-7

Ⅰ.①水… Ⅱ.①刘… Ⅲ.①水产养殖-微生物学-高等职业教育-教材 Ⅳ.①S917.1

中国版本图书馆 CIP 数据核字(2020)第 170091 号

| | |
|---|---|
| **书　　名** | 水产微生物 |
| **作　　者** | 刘海燕　主编 |

| | | | |
|---|---|---|---|
| **策划编辑** | 康昊婷 | **责任编辑** | 何美文 |
| **封面设计** | 郑　川　李尘工作室 | | |
| **出版发行** | 中国农业大学出版社 | | |
| **社　　址** | 北京市海淀区圆明园西路 2 号 | **邮政编码** | 100193 |
| **电　　话** | 发行部 010-62733489,1190 | | 读者服务部 010-62732336 |
| | 编辑部 010-62732617,2618 | | 出　版　部 010-62733440 |
| **网　　址** | http://www.caupress.cn | **E-mail** | cbsszs@cau.edu.cn |
| **经　　销** | 新华书店 | | |
| **印　　刷** | 河北朗祥印刷有限公司 | | |
| **版　　次** | 2021 年 4 月第 1 版　　2024 年 3 月第 2 次印刷 | | |
| **规　　格** | 787 mm×1 092 mm　　16 开本　　8.25 印张　　205 千字 | | |
| **定　　价** | 26.00 元 | | |

**图书如有质量问题本社发行部负责调换**

# 编写人员

**主　　编**　刘海燕（成都农业科技职业学院）

**副 主 编**　李成伟（成都农业科技职业学院）
　　　　　　吴宏伟（成都农业科技职业学院）

**参　　编**　李月英（成都农业科技职业学院）
　　　　　　赵章定（海南宝路水产科技有限公司）

# 前言
# PREFACE

党的二十大报告提出，深化教育领域综合改革，加强教材建设和管理，完善学校管理和教育评价体系，健全学校家庭社会育人机制。本教材是教育部首批现代学徒制试点专业——水产养殖专业的教学用书之一，也是成都农业科技职业学院优质校建设教材之一，而"水产微生物学"是学生学习"水产动物病害防治技术""水质监测技术""饵料生物培养技术"等课程的一门前导课程。

本教材的编写依据行业需求、岗位需求、国家高等职业学校水产养殖技术专业教学标准、水产养殖技术专业现代学徒制人才培养方案，以培养高素质技术技能人才为目标，满足学生岗位就业、创新创业需求，突出水产健康养殖、绿色食品、安全生产的理念。该教材依据水产微生物实际操作流程，将实用性与操作性放在首位，将教学内容与岗位操作技能对接，强调教、学、做一体化。其主要内容包括原核细胞型微生物、真核细胞型微生物、非细胞型微生物、微生物的控制、免疫学基础、水产微生物应用 6 个项目以及 12 个实训。

本教材编写分工如下：绪论由李月英编写；项目一中的任务一至实训三及项目二由刘海燕编写；项目一中的实训四、实训五由赵章定编写；项目三、项目四由李成伟编写；项目五和项目六由吴宏伟编写。

本书的编写大纲是编写人员经过反复讨论、修改后拟订的，编写过程中得到了教研室老师、学院、教务处及海南宝路水产科技有限公司赵章定博士的指导和支持。同时，我们参考了相关书籍和资料，在此一并向作者表示感谢。

由于编写时间紧迫，编者学识有限，书中难免有错误和不妥之处，恳请各位专家、学者及广大师生批评指正，以便再版时修订。

编　者

2024 年 2 月

# 目录 CONTENTS

Introduction

# 绪 论

知识目标

1. 了解微生物的概念、种类与特点。
2. 了解微生物在水产养殖业中的应用。

技能目标

根据微生物的特点，分析其在水产养殖业中的应用前景。

## 一、微生物的概念、种类与特点

**(一)微生物的概念**

微生物是存在于自然界中的个体微小,结构简单,必须借助显微镜放大数百倍、数千倍,甚至数万倍才能观察清楚的一类生物的总称。

**(二)微生物的种类**

根据微生物的结构、化学组成差异,分化程度等特点,可将其分成三大类。

1. 非细胞型微生物

这类微生物个体极小,能通过细菌滤器,无典型的细胞结构,只能在敏感宿主的活细胞内生长繁殖。病毒属于此类。

2. 原核细胞型微生物

这类微生物具有细胞结构,但细胞核分化程度低,无核膜或核仁,不具备核的形态,细胞器不完善,仅有核糖体。细菌、放线菌、霉形体、立克次体、衣原体、螺旋体、蓝细菌属于此类。

3. 真核细胞型微生物

这类微生物的细胞核分化程度较高,具有核膜和核仁,具备典型的细胞核形态,细胞质内具有多种完整的细胞器(如内质网、高尔基体、线粒体等),进行有丝分裂。真菌、原生动物属于此类。

**(三)微生物的特点**

微生物分类地位不同,生物学性状也有差异,但一般有如下特点。

1. 个体微小,结构简单

微生物是个体最小的生物,其大小通常用微米(μm)或纳米(nm)表示,一般球菌的直径为 0.5～1.0 μm,杆菌的平均长度为 2 μm,多数病毒粒子的直径在 100 nm 左右,最小病毒的直径为 9～11 nm。在结构上,虽然部分真菌为多细胞结构,有营养器官和繁殖器官的分化,但绝大部分的微生物(细菌、放线菌和部分真菌)为单细胞结构。病毒不具备细胞结构,类病毒仅是一个无蛋白质外壳的游离的 RNA 分子。因此,观察微生物的形态结构必须借助光学显微镜或电子显微镜。这也是微生物被较晚发现的重要原因。

2. 种类多,分布广

首先看见并描述微生物的是荷兰显微镜学家安东尼·列文虎克(Antonie van Leeuwenhoek,1632—1723 年),他于 1676 年用自磨镜片制作了一架能放大 266 倍的原始显微镜,并用此显微镜观察了肉眼看不见的微小生物。据估计,微生物的种类达 10 万余种。细菌(含放线菌)约有 4 万种,已知种仅占 12%;真菌可能有 150 万种,已知种只占 5%。

微生物无处不在,除火山的中心区域外,土壤圈、水圈、大气圈直至岩石圈都有微生物。在动物体内外、植物表面、高空、深海、冰川、海底淤泥、盐湖、沙漠、地层下以及有氧或无氧的自然界极端环境中,都有与环境相适应的微生物。

3. 适应能力强,繁殖快

微生物对环境有很强的适应性,这是因为它们有许多灵活的代谢调控机制和诱导酶。当环境不良时,它们会出现形态、生理、毒力等方面的变异,如芽孢菌产生芽孢、黏细菌形成黏孢子、霉菌形成孢子、病原菌产生抗药性等。长期适应后，有些微生物可在一些极端的环境中正常生活。如海洋深处的某些硫细菌能在250～300℃的条件下生长繁殖，有些嗜盐菌可在饱和盐水中生活，霉菌在静水压下能耐受 $3.03\times10^{5}$ Pa 的压强。微生物的非凡适应能力是任何生物都无法比拟的。

微生物的繁殖速度超过任何生物，一般细菌约每 20 min 分裂 1 次(1 代)，按此速度计算 24 h 可繁殖 72 代。然而，因为营养消耗、环境不断恶化，细菌的实际繁殖速率远远低于此理论速率。正是由于微生物这种繁殖速率，水产养殖动物一旦受到病原微生物侵害，危害将十分严重。

4. 代谢旺盛，基因易突变

微生物虽小，但代谢十分旺盛，"胃口"大。消耗自身质量 2 000 倍食物的时间，大肠杆菌需要 1 h，人需要 500 年(按 200 kg/年计算)。因此，如果腐败微生物污染了水产品，损失将会很大。

大多数微生物为单细胞无性繁殖，结构简单，整个细胞直接与环境接触，易受到外界环境的影响。因此，与微生物的形态结构、营养代谢、抗原性及耐药性等相关的基因，均可发生变异。这一特点给病原微生物感染水生动物后的疾病治疗带来了较大困难。

## 二、微生物学及其分支学科

微生物学(microbiology)是研究微生物的形态结构、生理代谢、遗传变异、生态分布、分类进化、生命活动基本规律以及微生物与人类、动植物和自然界的相互关系，并将其应用于农牧渔业、工业、医药卫生、环境保护、生物工程等领域的学科。其根本任务是发掘、利用和改善有益微生物，使其服务于社会，造福人类。微生物学的发展从列文虎克真正观察到微生物至今仅 300 多年，而真正形成独立学科是在 19 世纪的后半期。微生物学是发展非常迅速的学科之一，随着研究的不断深入，形成了很多分支学科。研究微生物基本问题的分支学科有普通微生物学、微生物分类学、微生物生理学、微生物生物化学、微生物遗传学、微生物生态学、分子微生物学、实验微生物学、微生物检验学等。着重研究各应用领域的微生物分支学科有农业微生物学、工业微生物学、医学微生物学、药学微生物学、兽医微生物学、畜牧微生物学、水产微生物学、食品微生物学、环境微生物学、海洋微生物学、石油微生物学、土壤微生物学等。各分支学科间相互联系和配合，共同促进整个微生物学不断向前发展。水产微生物学(microbiology in aquaculture)是研究微生物学与水产养殖环境、水产动物饲料、水产动物疾病和水产品保鲜、贮藏的关系，充分发挥微生物在改善养殖环境、提高水产动物抗病力和健康水平、防治水产动物疾病以及防治水产品腐败变质中的作用，保障水产业的持续发展而成的一个分支学科。因此，该分支学科既是基础学科，也是应用学科。

## 三、微生物在水产养殖业中的应用及研究进展

随着水产养殖业的发展，养殖对象逐渐多样化，养殖规模化、集约化、工厂化程度也不断

提高。然而,养殖区水质不断恶化,养殖生态系统严重失衡,导致细菌性、病毒性病害的感染概率增大,使水产养殖业的健康发展受到影响。微生物能够直接或间接地作用于水产养殖对象,微生物在水产养殖业中的作用日益受到重视,当前主要应用在以下几方面。

1.利用微生态制剂代替抗生素防治疾病

微生态制剂具有多功能性、广泛的适应性和高度的安全性等特点。实际应用的微生态制品包括活菌体、灭活菌体、菌体成分、代谢产物及具有活性的生长促进物质。

慈丽宁等(2011)在乳酸芽孢杆菌对团头鲂生长、免疫及抗病力的影响的试验中发现,团头鲂经注射感染嗜水气单胞菌后,乳酸芽孢杆菌组团头鲂的成活率显著高于对照组。孙艳等(2012)在饲料中添加芽孢杆菌活菌与溶藻弧菌活菌,提高了凡纳滨对虾抗病毒感染能力。王玉堂(2014)发现蛭弧菌能防止或减少虾、蟹病害的发生、发展和蔓延,改善虾、蟹体内和体外环境,促进生长,增强免疫力。刘文亮等(2017)用添加蜡样芽孢杆菌生物膜和游离态蜡样芽孢杆菌的饲料投喂凡纳滨对虾,发现可改变对虾肠道的微生物组成,加快凡纳滨对虾的生长速度,提高抵抗副溶血性弧菌、白斑综合征的能力,而且以添加蜡样芽孢杆菌生物膜效果较明显。李军亮等(2019)在低鱼粉饲料中添加枯草芽孢杆菌,提高了凡纳滨对虾幼虾抵抗哈维氏弧菌的能力。孙博超等(2019)将来自健康凡纳滨对虾肠道的枯草芽孢杆菌、地衣芽孢杆菌、短小芽孢杆菌添加到饲料中,投喂凡纳滨对虾,提高了对虾的抗病毒感染能力。王成强等(2019)在饲料中添加适量的枯草芽孢杆菌(0.5%或1%)和酵母培养物(0.5%),能够提高幼鱼增重率和血清中部分免疫指标的活力,增强机体的抗氧化能力和提高鱼体的抗病力。

当前,我国已进入饲料端"禁抗",养殖端"减抗、限抗"的时代,未来还将开发出更多微生态制剂产品,它们有望代替抗生素在水产养殖中发挥积极作用。

2.利用微生物开发饲料添加剂

微生物细胞含有丰富的有益代谢产物和各种酶,如发酵酶、呼吸酶、水解酶,这些酶可降解饲料中蛋白质、脂肪和较复杂的碳水化合物;同时参与合成B族维生素及维生素K,促进水产动物对营养物质的消化吸收。Palumbo等(1985)将复合微生物制剂当作饲料添加剂,既可促进动物的生长,又可改善养殖环境。Ziaei-Nejad等(2006)在饲料中添加复合微生物制剂,能显著提高印度明对虾肠蛋白酶、脂肪酶、淀粉酶的活性。许国焕等(2008)在基础饲料中分别添加相同剂量(活菌含量为$3.0\times10^{11}$ CFU/kg)的汉逊德巴利酵母、枯草芽孢杆菌和凝结芽孢杆菌,结果显示,在饲料中添加剂量为$3.0\times10^{11}$ CFU/kg的枯草芽孢杆菌和凝结芽孢杆菌能显著促进奥尼罗非鱼的生长和其对饲料营养物质的利用。朱传忠等(2018)在吉富罗非鱼幼鱼饲料中添加由枯草芽孢杆菌和地衣芽孢杆菌组成的微生态制剂,提高了吉富罗非鱼幼鱼的生长性能。

近年来,丁酸梭菌作为一种新型的微生物饲料添加剂已成为研究热点。刘臻等(2014)将丁酸梭菌添加到鲫鱼基础饲料中,可以促进鲫鱼对蛋白质的消化吸收,提高鲫鱼增重率,降低发病率,并减少鲫鱼粪便中氨氮的含量。Gao等(2016)在饲料中添加丁酸梭菌,可增加银鲳肠道蛋白酶、脂肪酶和淀粉酶的活性,提高血清溶菌酶和SOD酶活性及IgM含量,从而提高银鲳非特异性免疫功能并促进鱼体生长。何瑞鹏等(2017)在饲料中添加丁酸梭菌或其发酵液(包含丁酸梭菌及其代谢产物),对珍珠龙胆石斑鱼生长、消化酶活性和非特异性免疫酶活性均具有促进作用。樊英等(2019)在饲料中添加丁酸梭菌、凝结芽孢杆菌,可促进虹鳟生长，改善其机体营养成分，维护肝功能，改善肠道菌群结构。丁酸梭菌可形成芽孢，具有耐高温的特性，可以耐受饲料工业的高温造粒工艺；其耐低 pH 和耐胆盐的特性，可使其进入水产动物肠道并能存活生长。因此，丁酸梭菌作为饲料添加剂在水产养殖中具有独特的优势。

3. 微生物在改良水质上的应用

"养鱼先养水"，可见水质对水产动物的重要性。目前，在水产上应用的净水微生物主要有光合细菌、乳酸菌类、芽孢杆菌、硝化细菌、反硝化细菌、酵母菌等，这些微生物可通过氧化、氨化、硝化、反硝化、解磷、硫化及固氮等作用将有害物质分解为二氧化碳、硝酸盐、硫酸盐等，同时又分解池塘底部腐败的沉积物，并能在较短时间内大量繁殖成优势种群而抑制病原微生物。姜松等(2014)在研究光合细菌对糙海参幼苗生长的影响中发现，光合细菌可以促进糙海参幼体的生长，提高消化酶活性和成活率，显著降低氨氮、亚硝酸的含量，改良了育苗水体水质。何沅滨等(2015)在泥鳅养殖水体中筛选出一株芽孢杆菌并对其净水效果进行试验，结果显示，在泥鳅养殖水体中加入 $1\times10^7$ CFU/mL 的芽孢杆菌，14 d 后氨氮和亚硝酸盐含量较对照组分别降低 34.97%和 89.46%。黄浦江等(2019)进行了乳酸菌对凡纳滨对虾养殖水质调控的影响试验，结果表明，乳酸菌可以有效抑制并降解有机物，降低氨氮、亚硝酸盐等的含量，起到净化水质的作用，同时还可以提高水体的溶解氧含量。王艺雅和张其中(2019)从养殖水体中筛选出一株光合细菌——沙氏外硫红螺菌，用其进行了氨氮和亚硝态氮的去除试验，研究发现，经过 7 d 该菌株对水体氨氮去除率达到 94.42%，经过 5 d 将培养基中 2 mg/L 的亚硝酸钠去除到检测限(0.003 mg/L)以下。刘样珍等(2016)筛选出 6 株光合细菌并对它们的水质净化效果进行试验，其中，对氨氮的最高降解率为 93.21%，对亚盐的最高降解率为 99.84%，对硫化物的最高降解率为 50%。蔺丽丽等(2019)发现光合细菌可以有效分解底泥中的污染物，降低氨氮的含量，稳定 pH，还能有效降低微囊藻的含量，增加绿藻门、硅藻门和浮游动物的生物量。乔振民等(2020)通过试验发现芽孢杆菌、硝化细菌能够快速降低水体中亚硝酸盐的含量，适合在养殖水体亚硝态氮指标偏高的环境中使用；光合细菌能够快速提高水体溶氧、降低水体氨氮含量，适合溶解氧不足、氨氮偏高时的应急使用；乳酸菌对降低水体 pH 效果较好，可在水体 pH 偏高时使用；复合制剂 EM 菌对亚硝态氮、氨氮、溶氧和 pH 均有较好的调控效果，能够长时间稳定鲤鱼养殖水质环境，适合长期使用。韩莎等(2020)在微生态制剂对刺参生长与养殖水质的影响试验中证实，以芽孢杆菌、乳酸菌为主的微生态制剂可降低水中氨氮、亚硝酸盐、COD 等水质指标。

## 四、学习水产微生物的基本任务

微生物在替代传统抗生素、水质改良剂、饲料添加剂方面均有广泛的应用。因此，学习水产微生物的任务就是运用微生物的知识，学会检测、监测和防控水产生物病原微生物引起的疾病，并用微生物的方法改善养殖环境，推广和普及可持续健康养殖技术，促进养殖稳产、高产，在保障水产品安全的同时为养殖人员带来良好的经济效益。

"水产微生物"是一门理论性和实践性均很强的专业基础课。通过学习"水产微生物"，学生能系统地掌握各种基本概念和重要理论知识，了解水产养殖业中重要病原体的基本生物学特性与实验室诊断技术，为深入学习"鱼病防治""水生生物""鱼类养殖技术""鱼类营养与饲料”“水产品加工”“工厂化循环水养殖系统管理”等课程打下良好基础。学生可以运用所学知识解决在生产实践过程中遇到的水产动物疾病诊断和防控问题，为预防、控制和消灭水产动物疾病，保障水产养殖业可持续健康发展服务。

## 思考题

1. 什么是微生物？
2. 微生物有哪些特性？了解这些特性对水产养殖业有何实际意义？
3. 微生物在水产养殖业中主要有哪些用途？
4. 你认为应该怎样学习“水产微生物”？

Project 1

项目一

# 原核细胞型微生物

**知识目标**

1. 掌握细菌的形态、大小。
2. 掌握细菌的基本结构、特殊结构及其功能。
3. 掌握细菌生长繁殖的条件。
4. 掌握诊断细菌病的一般程序与方法。
5. 了解细菌的生化鉴定。

**技能目标**

1. 能够熟练地用显微镜来观察细菌的形态与结构。
2. 能够正确地进行细菌的涂片、染色、镜检。
3. 能够制备常用细菌培养基。
4. 能够正确地使用与维护微生物实验室常用的仪器。
5. 能够正确地进行细菌样品的采集、保存与送检。

【科苑导读】

## 青霉素的发现

1928年英国细菌学家弗莱明(A. Fleming)在培养葡萄球菌的培养皿中发现，霉菌周围没有葡萄球菌生长，形成一个无菌圈，后来人们称这种现象为抑菌圈。经过研究，他认为这是霉菌分泌一种能够杀死葡萄球菌或阻止葡萄球菌生长的物质所致，后来这种物质被称为青霉素。但是，弗莱明的这一重要发现在当时并没有引起人们的重视。直到1940年，英国的病理学家弗洛里(H. W. Flory)和德国的生物化学家钱恩(E. B. Chian)通过大量实验证明青霉素可以治疗细菌感染，并建立了从青霉菌培养液中提取青霉素的方法。随后医生第一次用青霉素救治一位患败血症的危重病人，使当时无法治愈的败血症病人恢复了健康。这三位科学家的这项发现，使青霉素进入了人类生活，拯救了成千上万人的生命，使人类与疾病的斗争进入了一个全新的时代。为此，他们三人共同获得了1945年的诺贝尔生理和医学奖。

# 任务一 细菌的形态与结构

原核细胞型微生物主要有细菌、立克次体、衣原体、霉形体、螺旋体及放线菌等。细菌(bacteria)是具有细胞壁和原始核质的原核型单细胞微生物。细菌个体微小，形态结构简单，在一定的环境条件下具有相对恒定的形态结构和生理生化特性。熟悉这些特性，对细菌的分类鉴定、水质检测、食品安全检测和水产动物细菌病的诊断与防治等方面，具有十分重要的理论和现实意义。

## 一、细菌的形态

### (一)细菌的大小

细菌个体微小，须经染色后在光学显微镜下才能看见。细菌的大小介于动物细胞与病毒之间。细菌大小的单位通常用微米(μm)表示。各种细菌的大小和表示方法有一定的差别，即使同一种细菌，在不同的生长繁殖阶段其大小也可能差别很大。一般球菌的直径为0.5～2.0 μm，如链球菌的直径为0.6～1.0 μm；杆菌以长×宽测量，如嗜水气单胞菌的大小为(0.6～1.1) μm×(0.9～6.0) μm；螺旋菌的大小表示方法与杆菌类似，不过以其两端的空间距离作为长度，如鳗弧菌大小为(0.5～0.7) μm×(1.0～2.0) μm。

各种细菌的大小在一定条件下是相对稳定的，且具有典型的特征，可以作为细菌鉴定的依据。同种细菌在不同的生长环境(如动物体内、外)和不同的培养条件下，其大小会有变化。在实际测量过程中，制片方法、染色方法和使用不同的显微镜都会影响其测量结果而造成差异。因此，在比较和测量细菌大小时，各种因素、条件和技术操作等均应一致。

### (二)细菌的基本形态和排列

细菌的外形比较简单，有球状、杆状和螺旋状，据此可将细菌分为球菌、杆菌和螺旋菌。不同细菌，其菌体排列方式不同。有些细菌分裂后单个存在，有些细菌分裂后彼此仍由原浆带相连，形成一定的排列方式。各种细菌的形态和排列见图1-1和图1-2。

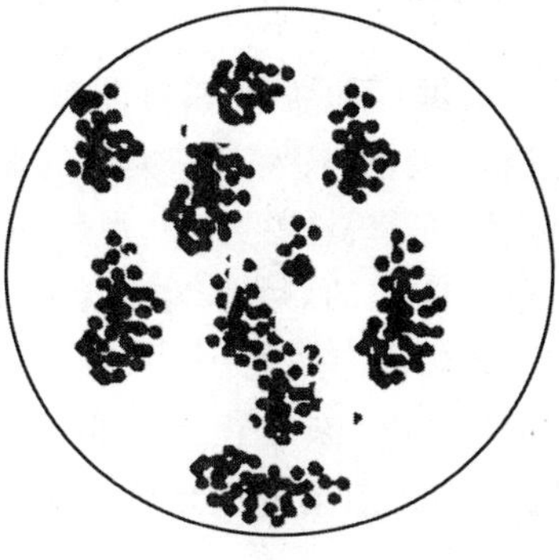

葡萄球菌

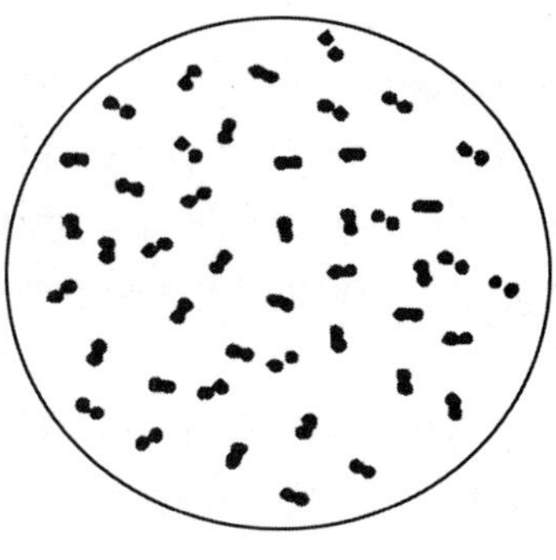

双球菌

**图 1-1　球菌的形态和排列**

(引自李舫,动物微生物,2006)

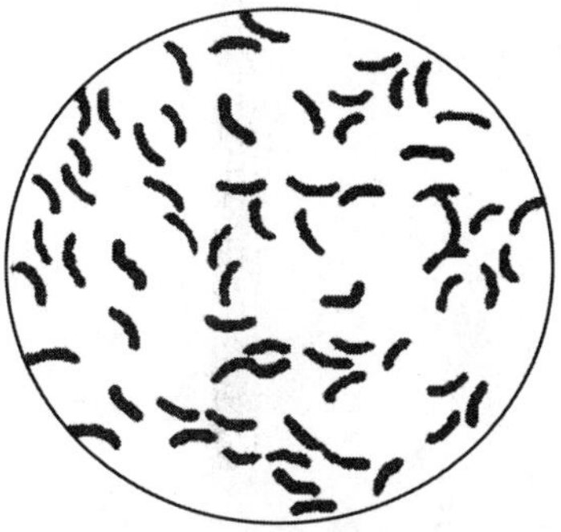

弧菌

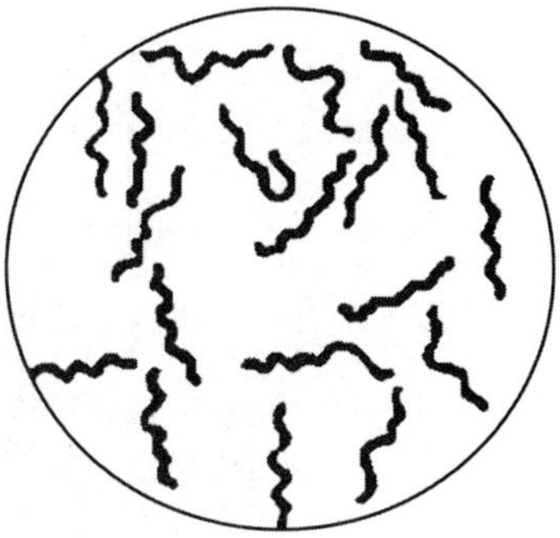

螺菌

**图 1-2　螺旋菌的形态和排列**

(引自李舫,动物微生物,2006)

1. 球菌

多数球菌呈正球形,有的呈肾形、豆形等。按其分裂方向及分裂后的排列情况,又可分为以下几种。

(1)双球菌　沿一个平面分裂,分裂后两两相连,其接触面扁平或凹入。菌体有的呈肾状,如脑膜炎双球菌;有的呈扁豆状或矛头状,如肺炎双球菌。

(2)链球菌　沿一个平面分裂,分裂后 3 个以上菌体连成短链或长链,如化脓链球菌。

(3)葡萄球菌　沿多个不规则的平面分裂,分裂后多个球菌排列不规则,似一串葡萄,如金黄色葡萄球菌。

此外,还有单球菌、四联球菌和八叠球菌等。

2. 杆菌

杆菌多呈圆柱状,也有近似卵圆形的。菌体多数平直,少数微弯曲;两端多为钝圆,少数平截,如炭疽杆菌。有的菌体一端膨大,使整个菌体呈棒槌状,如棒状杆菌、白喉杆菌;有的菌体很短,似球杆状,如美人鱼发光杆菌杀鱼亚种。杆菌的排列方式有 3 种,单个散在,称为单杆菌;成对排列,称双杆菌;成链状排列,称链杆菌。

3. 螺旋菌

菌体呈弯曲或螺旋状的圆柱形，两端圆或尖突。根据弯曲程度和弯曲数，又可分为弧菌和螺菌 2 种。弧菌的菌体只有 1 个弯曲，呈弧形或逗点状，如鳗弧菌；螺菌的菌体较长，有 2 个以上的弯曲，捻转呈螺旋状，如鼠咬热螺菌、紫硫化螺旋菌、红螺菌等。

在正常情况下，各种细菌的外形和排列方式是相对稳定的，可作为细菌分类和鉴定的依据之一。但在不良环境中或老龄期，会出现和正常形状不一样的个体，称为衰老型或退化型。这些衰老型的培养物重新处于正常的培养环境中时，可恢复正常的形态。有的细菌即使生长在适宜的环境中，其形状也很不一致，这种现象称为细菌的多形性。

## 二、细菌的结构

细菌的结构可分为基本结构和特殊结构两部分，细菌细胞结构模式如图 1-3 所示。

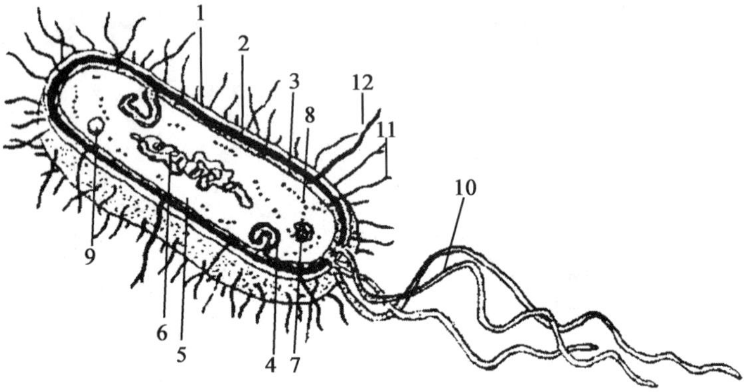


1. 荚膜　2. 细胞壁　3. 胞浆膜　4. 间体　5. 细胞质　6. 核体　7. 质粒
8. 核蛋白体　9. 内含物　10. 鞭毛　11. 普通纤毛　12. 性纤毛

**图 1-3　细菌细胞结构模式(纵切图)**

(引自李阜棣和胡正嘉，微生物学，2000)

### (一)细菌的基本结构

细菌的基本结构包括细胞壁、细胞膜、细胞质、核质，是所有细菌都具有的结构。

1. 细胞壁

细菌细胞的最外层是细胞壁，紧贴在细胞膜之外，是一层坚韧而具有一定弹性的外围结构。细胞壁具有固定菌体外形的作用，可防止脆弱的原生质体(细胞膜及其内含物)在低渗透压环境中外渗。细胞壁与细胞内外物质交换有关，同时与细菌的抗原性、致病性和对抗生素和噬菌的敏感性有密切关系。

不同细菌细胞壁的结构和成分不同(图 1-4，表 1-1)，用革兰染色法可将细菌分为两大类，即革兰阳性菌和革兰阴性菌，两类细菌细胞壁的共有组分是肽聚糖。革兰阳性菌的细胞壁较厚(20～80 nm)，其化学成分主要是肽聚糖，占细胞壁干重的 50%～80%，此外，还有磷壁酸、多糖和蛋白质。革兰阴性细菌的细胞壁较薄(10～15 nm)，结构和成分较复杂，除含有 1～2 层的肽聚糖结构外，还有特殊结构——外膜和周质间隙。外膜由脂多糖、磷脂、蛋白质和脂蛋白等复合构成，占细胞壁干重的80%；周质间隙是一层薄的肽聚糖，占细胞壁干重的10%～20%。

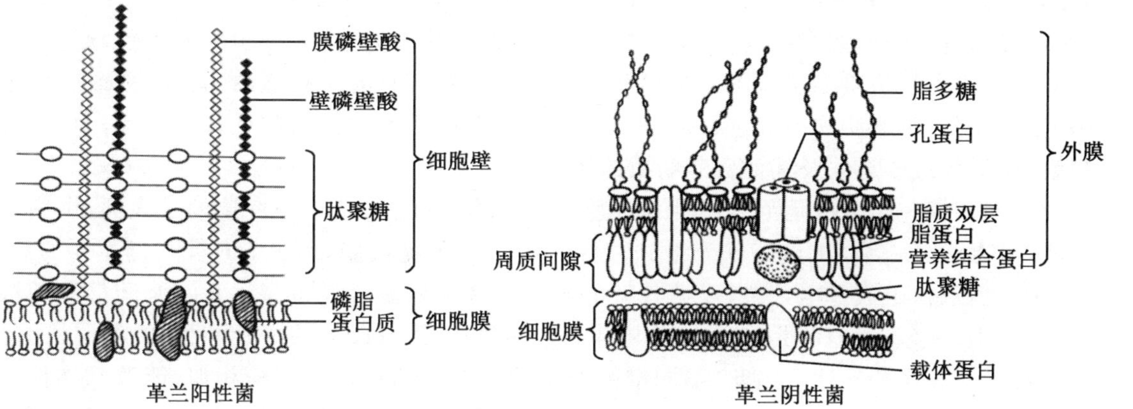


**图1-4 革兰阳性菌和革兰阴性菌细胞壁结构模式**

（引自肖克宇和陈昌福，水产微生物学，2004）

**表1-1 革兰阳性菌和革兰阴性菌细胞壁成分比较**

| 成分 | 占细胞壁干重的量 | |
|---|---|---|
| | 革兰阳性细菌 | 革兰阴性细菌 |
| 肽聚糖 | 含量很高（50%～80%） | 含量很低（约10%） |
| 磷壁酸 | 含量较高（<50%） | 无 |
| 类脂质 | 一般无（<2%） | 含量较高（约20%） |
| 蛋白质 | 无 | 含量较高 |

（1）肽聚糖　又称黏肽、糖肽或胞壁质，是一类复杂的多聚体，是细菌细胞壁中的主要成分，为原核细胞所特有。革兰阳性菌的肽聚糖由聚糖骨架、四肽侧链和五肽交联桥三部分组成，革兰阴性菌的肽聚糖仅由聚糖骨架和四肽侧链两部分组成。聚糖链支架由*N*-乙酰葡萄糖胺和*N*-乙酰胞壁酸经$\beta$-1,4糖苷键交替连接而成。四肽侧链由4种氨基酸组成并与胞壁酸相连，五肽交联桥由5个甘氨酸组成，交连于相邻两条四肽侧链之间。聚糖骨架、四肽侧链和五肽交联桥共同构成十分坚韧的三维立体结构。革兰阴性菌的肽聚糖层很薄，其结构单体有与革兰阳性菌相同的聚糖链支架和相似的四肽侧链，肽聚糖含量少，无五肽交联桥，由相邻聚糖链支架上的四肽侧链直接连接，呈疏松的二维结构。溶菌酶能水解聚糖链支架$\beta$-1,4糖苷键，故能裂解肽聚糖；青霉素能抑制五肽交联桥与四肽侧链连接，故能抑制革兰阳性菌肽聚糖的合成。革兰阳性菌和革兰阴性菌细胞壁的成分不同，导致这两类细菌在染色性、抗原性、致病性、对药物敏感性等方面都有差异。

（2）磷壁酸　是革兰阳性菌细胞壁所特有的成分，其分子长链穿插于肽聚糖层中。磷壁酸是由核糖醇或甘油残基经磷酸二酯键互相连接而成的多聚物，其结构中少数基团被氨基酸或糖取代。磷壁酸是特异的表面抗原，带有负电荷，能与$Mg^{2+}$结合，从而提高细胞膜上一些需要$Mg^{2+}$的合成酶的活性。此外，磷壁酸能增强致病菌如A群链球菌对宿主细胞的粘连，避免被白细胞吞噬以及具有抗补体的作用；能调节细胞内自溶素的活力，以防止细胞因自溶而死亡。

(3)外膜蛋白　脂质双层的结构类似细胞膜，双层内镶嵌着多种蛋白质，称为外膜蛋白，主要包括微孔蛋白和脂蛋白。微孔蛋白能形成跨越外膜的微小孔道，起分子筛作用，仅允许小分子量的营养物质如双糖、氨基酸、二肽、三肽、无机盐等通过，大分子物质不能通过。因此，溶菌酶之类的物质不易作用于革兰阴性菌的肽聚糖。有的微孔蛋白为诱导性或去阻遏蛋白质，参与特殊物质的扩散过程，有的为噬菌体、性菌毛或细菌素的受体。脂蛋白可作为噬菌体的受体或参与铁及其他营养物质的转运。

(4)脂多糖　脂多糖是革兰阴性菌细胞壁所特有的成分，位于外壁层的最表面，由脂质A、核心多糖和$O$-多糖侧链三部分组成。脂质A为一种糖磷脂，由$\beta$-1,6糖苷键相连的$D$-氨基葡萄糖双糖组成基本骨架，双糖骨架的游离羟基和氨基可携带多种长链脂肪酸和磷酸基团。其中$\beta$-羟基豆蔻酸是肠道菌所共有的。脂质A是内毒素的毒性和生物学活性的主要成分，没有种属特异性。因此，不同细菌产生的内毒素的毒性作用均相似，能致动物体发热，白细胞数量增多，甚至休克死亡。核心多糖位于脂质A的外层，由葡萄糖、半乳糖、庚糖、2-酮基-3脱氧辛酸(KDO)、磷酸乙醇胺等组成，经KDO与脂质A共价结合。核心多糖有属特异性，同一属细菌的核心多糖相同。特异多糖位于脂多糖的最外层，即为革兰阴性菌的菌体抗原(O抗原)，是由数个至数十个低聚糖(3～5个单糖)重复单位构成的多糖链，因其多糖中单糖的种类、位置、排列和空间构型各不相同而具有种特异性。如果缺失特异多糖，细菌就从光滑(S)型变为粗糙(R)型。此外，脂多糖是许多噬菌体在细胞表面的吸附受体，具有控制某些物质进出细胞的选择性屏障功能。

2. 细胞膜

细胞膜又称为胞质膜、胞浆膜，是位于细胞壁与细胞质之间的一层柔韧、富有弹性的半透性的生物膜。厚约7.5 nm，占细胞干重的10%～30%。其结构类似于真核细胞的液态镶嵌结构，由磷脂和多种蛋白质组成，但不含胆固醇。磷脂双分子层的外侧“漂浮着”许多具有酶促作用的周边蛋白或膜外蛋白。它们都可在磷脂表层或内层做侧向移动，以执行相应的生理功能。镶嵌在磷脂双分子中的蛋白质大多数是具有特殊功能的酶和载体蛋白，与细胞膜的半透性等作用有关。

细胞膜具有重要的生理功能：①可选择性地控制细菌的内外物质交换与运输，维持细胞内的正常渗透压；②是合成细胞壁和糖被的各种组分(肽聚糖、磷壁酸、脂多糖、荚膜多糖等)的场所；③是细胞的产能场所；④是鞭毛基体的着生部位和鞭毛旋转的功能部位。此外，细菌的细菌膜凹入细胞质形成囊状、管状或层状的间体，这种现象在革兰阳性菌中较为常见。间体的功能与真核细胞的线粒体相似，故可称为拟线粒体，与细菌的呼吸有关，有促进细胞分裂的作用。

3. 细胞质

细胞质是细胞质膜包围的除核质区域外的一切半透明、胶状、颗粒状物质的总称，主要包含水(约占80%)、蛋白质、脂类、多糖类、核酸及少量无机盐等物质。细胞质中含有许多酶系统，是细菌进行新陈代谢以及合成核酸和蛋白质的场所。细胞质中还含有核糖体、异染颗粒、间体、质粒等物质。

(1)核糖体　又称核蛋白体，是一种由65%核糖核酸和35%蛋白质构成的小颗粒，是细菌合成蛋白质的场所，游离存在于细胞质中。每个细菌体内有数万个核糖体。核糖体常与正在转录的 mRNA 相连，呈“串珠”状，形成多聚核糖体，使转录和转译偶联在一起。在生长活跃的细菌体内，几乎所有核糖体都以多聚核糖体的形式存在。细菌的核糖体与人和动物的核糖体不同，如红霉素和链霉素能干扰细菌核糖体合成蛋白质，而对人和动物的核糖体不起作用。

(2)质粒　细胞质中的遗传物质多为环状闭合的双链 DNA，也有线状的，带有遗传信息，控制细菌某些特定的遗传性状，如菌毛、细菌素、毒素和耐药性产生等，还可通过转导作用或接合等将有关性状传递给另一细菌。质粒能独立复制，随细菌分裂转移到子代细胞中。质粒不是细菌生长必需的，失去质粒，细菌仍能正常存活。质粒能与外来 DNA 重组，因此，在基因工程中被广泛用作载体。

(3)内含物　又称胞质颗粒，是细菌等原核生物细胞内含有一些营养物质或其他物质的颗粒样结构，如糖原、多糖、脂肪滴、淀粉粒、磷酸盐、异染颗粒等。异染颗粒是某些细菌细胞质中特有的一种酸性小颗粒，对碱性染料的亲和性特别强，特别是用碱性亚甲蓝染色时呈红紫色，而菌体其他部分呈蓝色。异染颗粒能贮存磷酸盐和能量。有的细菌的异染颗粒在显微镜下非常明显，如棒状杆菌、巴氏杆菌，这有助于对它们的鉴定。

4. 核质

细菌的遗传物质称为核质。细菌是原核型微生物，不具有成形的核结构，没有核膜、核仁，只有核质。因核质的功能与真核细胞的染色体相似，故习惯称之为细菌的染色体。细菌的染色体(核质)为一个共价闭合环绕双链 DNA 分子，由单一密闭环状 DNA 分子反复回旋、蜷曲、盘绕组成，含有细菌的遗传物质，控制细菌几乎所有的遗传性状，与细菌的生长、繁殖、变异等有密切关系。

**(二)细菌的特殊结构**

有些细菌除了具有基本结构，还具有特殊结构。细菌的特殊结构有芽孢、荚膜、鞭毛、菌毛等，这些特殊结构有的与细菌的致病力有关，有助于细菌的鉴定。

1. 芽孢

某些革兰阳性菌在一定条件下，细胞质和核质脱水浓缩，在细胞内形成一个圆形或椭圆形、厚壁、含水量极低、抗逆性极强的休眠体，称为芽孢。带有芽孢的菌体称为芽孢体。未形成芽孢的菌体称为繁殖体。芽孢在体内成熟后，菌体崩解，形成游离芽孢。炭疽杆菌、破伤风梭菌等均能形成芽孢。

(1)产芽孢细菌的种类　能产生芽孢的细菌主要见于革兰阳性杆菌的好氧性芽孢杆菌属和厌氧性梭菌属，球菌中只有芽孢八叠球菌属，螺菌中只有孢螺菌属能产生芽孢。此外，芽孢乳杆菌、考克斯氏体属、脱硫肠状菌属、高温放线菌属和鼠胞菌属等也可产生芽孢。芽孢的有无、形态、大小和着生位置是细菌分类和鉴定的重要指标。

(2)芽孢的结构　芽孢的结构主要包括孢外壁、芽孢衣、皮层和核心，下面对皮层和核心进行简单介绍。

①皮层　皮层含大量芽孢肽聚糖，皮层在芽孢中占 36%～60%(体积分数)，具有呈纤维束状、交联度小、负电荷多的特点，可被溶菌酶水解。此外，皮层中不含磷壁酸，但含有占芽孢干重 7%～10%的吡啶二羧酸钙盐(DPA-Ca)。皮层的渗透压可高达 $2.03\times10^{6}$ Pa 左右。皮层的含水量约为 70%，略低于营养细胞(约 80%)，但比芽孢整体的平均含水量(40%左右)高出许多。

②核心　芽孢的核心称为芽孢原生质体，由芽孢壁、芽孢膜、芽孢质和核区 4 部分组成。芽孢的含水量在 10%～25%，因而有利于抗热、抗化学药物，并可避免酶的失活。除芽孢壁中不含磷壁酸以及芽孢质中含吡啶二羧酸钙盐外，核心中的其他成分与一般细胞的相似。

(3)芽孢的形成特点　当环境中缺乏营养及有害代谢物积累过多时，产芽孢的细菌就开始形成芽孢。芽孢具有较厚的芽孢壁和多层芽孢膜，结构坚实，含水量低。采用普通染色法染色时，染料不易渗入芽孢，因而不能使芽孢着色，在显微镜下观察时，芽孢呈无色的空洞。不同的细菌，形成芽孢的形状、大小和菌体位置都不同。例如，炭疽杆菌芽孢呈卵圆形，位于菌体中央；肉毒梭菌芽孢呈梭形，位于菌体偏端；破伤风梭菌的芽孢为卵圆形，位于菌体末端，呈鼓槌状(图 1-5)。

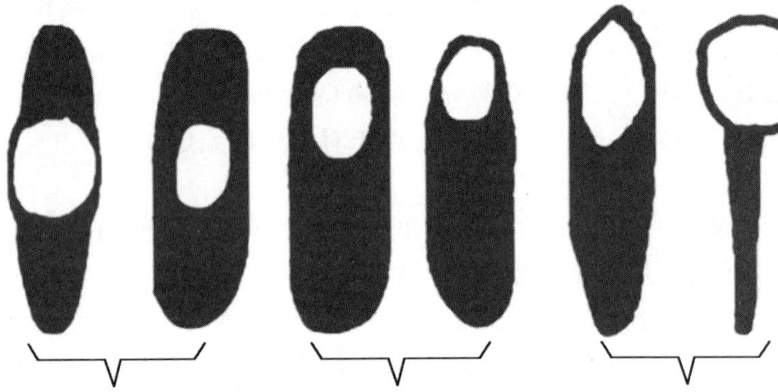


**图 1-5　芽孢的各种形状和着生位置**

(4)芽孢的功能　细菌的芽孢对干燥、辐射、化学消毒、温度等理化因素均有较强的抵抗力。一般细菌繁殖体在 80℃水中迅速死亡，而有的细菌芽孢可耐 100℃沸水数小时。芽孢的休眠能力很突出，如炭疽芽孢杆菌芽孢的传染性可保持 20～30 年。抗紫外线能力一般是其营养细胞的一倍，如巨大芽孢杆菌芽孢的抗辐射能力要比大肠杆菌的营养细胞强 36 倍。一般细菌的营养细胞不能经受 70℃以上的高温，可它们的芽孢却有惊人的耐高温能力。如肉毒梭菌的芽孢在 100℃沸水中要经过 5.0～9.5 h 才被杀死，121℃下平均也要 10 min 才被杀死；热解糖梭菌的营养细胞在 50℃下经数分钟即可被杀死，但它的芽孢必须在 132℃下经数分钟才能被杀死。

细菌的芽孢并不直接引起疾病，仅当发芽成为繁殖体后，才能迅速大量繁殖而致病。例如土壤中有破伤风梭菌的芽孢，一旦外伤深部伤口被泥土污染，进入伤口的芽孢在适宜的条件下即可发芽成繁殖体而产毒致病。对于被芽孢污染的用具、敷料、手术器械等，用一般的消毒方法不易将芽孢杀死。杀死芽孢最可靠的方法是高压蒸汽灭菌。进行消毒灭菌时，应以芽孢是否被杀死作为判断灭菌效果的指标。

2. 荚膜

某些细菌(如炭疽杆菌)可在新陈代谢过程中产生一层包围整个菌体的黏液性物质，称为荚膜。当多个细菌的荚膜融合成大的胶状物、内含多个细菌时，形成菌胶团(图 1-6)。有些细菌菌体周围有一层疏松、与周围物质界限不明显、易与菌体脱离的黏液样物质，称为黏液层。

用普通染色法染色时，细菌的荚膜不易着色，因此，可见菌体周围为一层无色透明圈。如用特殊的荚膜染色法染色，可清楚地看到荚膜。

荚膜与细菌细胞表面的磷脂或脂质A共价结合，其化学成分随细菌种类不同而异。多数为多糖类，如猪链球菌；少数为多肽，如炭疽杆菌；也有极少数二者兼有，如巨大芽孢杆菌。荚膜的产生具有种的特异性，它不是细菌的必需结构，因此除去荚膜对菌体的代谢没有影响。

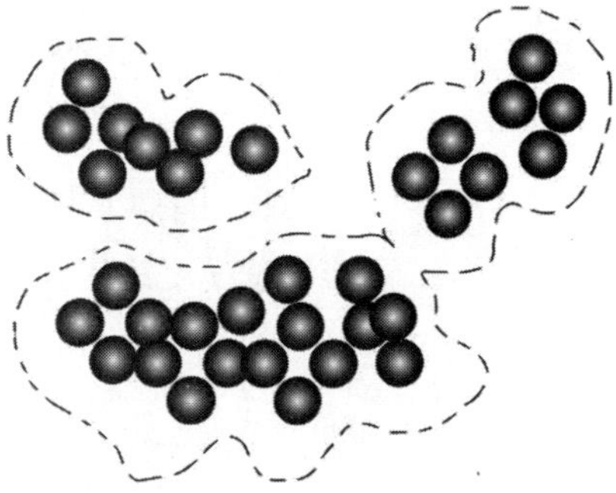

**图 1-6　菌胶团**

（引自黄瑞和林旭吟，水产微生物，2016）

荚膜的形成需要能量，并与环境条件有密切关系，在动物体内或含有血清或糖的培养基中容易形成，在普通培养基上或连续传代则易消失。有荚膜的细菌在固体培养基上形成表面有光泽的黏液(M)型或光滑(S)型菌落，失去荚膜后表面变干燥，成为粗糙(R)型菌落。

荚膜具有保护细菌的细胞壁，使其免受各种抗菌因素（吞噬细胞、溶菌酶、大肠菌素、补体、噬菌体）的破坏的作用，因此，荚膜与细菌的毒力有关。荚膜有表面附着作用，如某些水生丝状细菌的鞘衣状荚膜有附着作用；有细菌间的信息识别作用，如根瘤菌属；有堆积代谢废物的作用。荚膜能贮存水分，具有抗干燥作用。荚膜具有抗原性，且有种和型的特异性，可用于细菌的鉴定。

3. 鞭毛

有些细菌（如杆菌、弧菌、动球菌属）的菌体上附有细长、呈波状弯曲的丝状物，少的有1～2根，多的达数百根，这些丝状物称为鞭毛。鞭毛是细菌的运动器官，长为5～20 μm，直径为12～30 nm，需要用电子显微镜观察，或先用特殊的鞭毛染色法使染料沉积于鞭毛表面，增大其直径，借助光学显微镜观察。实验室中检查细菌是否有运动性的方法是将细菌接种于半固体营养琼脂柱中，经培养，有鞭毛的细菌在穿刺线周围浑浊扩散，无鞭毛的细菌在穿刺线周围仍透明，不浑浊。或者在固体培养基上，有鞭毛的细菌长出的菌落形状大、薄而不规则，边缘不整齐；无鞭毛的细菌外形整齐，边缘光滑，厚度较大。

根据鞭毛的数量和其在菌体上的位置，可将有鞭毛的细菌分为单毛菌、双毛菌、丛毛菌和周毛菌等（图1-7）。鞭毛由鞭毛蛋白组成，具有抗原性，称为鞭毛抗原（H抗原）。不同细菌的H抗原具有型特异性，常作为血清学鉴定的依据之一。细菌是否产生鞭毛以及其数目和着生位置都具有种的特征，因此鞭毛是鉴定细菌的依据之一。

有鞭毛的细菌在液体环境中能自由运动，运动方式与鞭毛的排列方式有关。单毛菌和丛毛菌一般呈直线迅速运动，如单鞭毛的霍乱弧菌的移动速度可达55 μm/s，周毛菌移动较慢，移动速度为25～30 μm/s。细菌的运动有化学趋向性，常向营养物质处前进，逃离有害物质。

鞭毛与细菌的致病性也有关系，霍乱弧菌、空肠弯曲菌等通过活泼的鞭毛运动穿透小肠黏膜表面覆盖的黏液层，使菌体黏附于肠黏膜上皮细胞，进而产生毒素而致病。鞭毛菌的运动和鞭毛菌的抗原性，可用于进行细菌分类和鉴定细菌。

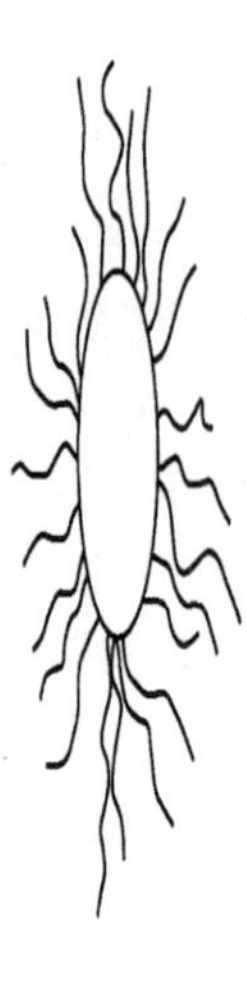


1. 一端单毛菌　2. 两端单毛菌　3. 丛毛菌　4. 周毛菌

**图 1-7　细菌鞭毛的类型**

4. 菌毛

菌毛又称纤毛，其成分为蛋白质，是存在于大多数革兰阴性菌和少数革兰阳性菌的表面，比鞭毛更细、更短而直，数量较多（250～300 根）的丝状物。在普通光学显微镜下观察不到菌毛，必须用电子显微镜才能观察到。根据功能的不同，菌毛可分为普通菌毛和性菌毛。

（1）普通菌毛　普通菌毛是细菌的黏附结构，能与宿主细胞表面的特异性受体结合，遍布细菌细胞表面，每个细菌有数百根。菌毛和细菌的致病性密切相关。有这类菌毛的细菌一般为革兰阴性致病菌，它们借助菌毛可牢固地黏附于宿主的呼吸道、消化道、泌尿生殖道等的黏膜上皮细胞而获得营养，进一步定植和致病。

（2）性菌毛　仅少数革兰阴性菌有性菌毛。性菌毛比普通菌毛长而粗，呈中空管状，数量少，每个细菌只有 1～4 根。有性菌毛的细菌为雄性菌，无性菌毛者为雌性菌。雄性菌和雌性菌可通过性菌毛接合，发生基因转移或质粒传递。细菌的毒力、耐药性等性状可通过此方式传递。此外，性菌毛可以是某些噬菌体吸附于细菌细胞的受体。

菌毛并非细菌生命所必需的，在体外培养细菌，如条件不适宜，未必能检测到菌毛。

**（三）细菌形态和结构的观察方法**

细菌细胞微小，肉眼不能直接看到细菌，必须要借助显微镜才能观察到。在光学显微镜下只能看到细菌的轮廓及其运动状态，经过染色才能用显微镜观察到细菌的形态、大小、排列、染色特性及细菌的特殊结构。如要观察细菌的细微结构，则必须借助电子显微镜。

1. 普通光学显微镜观察法

普通光学显微镜的光源发出的是可见光，细菌经 100 倍的物镜和 10（或 16）倍的目镜联合放大 1 000（或 1 600）倍后，肉眼方可看见。根据观察的需要，可染色和不染色细菌标本。

（1）染色检查　常用的细菌染色法包括单染色法和复染色法。单染色法只用一种染料使菌体着色，如亚甲蓝染色法。复染色法用两种或两种以上的染料染色，可使不同菌体呈现不同颜色，故又称为鉴别染色法，如革兰染色法、荧光染色法等。最常用的复染色法是革兰染色法。此外，还有针对细菌特殊结构的染色法，如荚膜染色法、鞭毛染色法、芽孢染色法等。

①革兰染色法　1884年，丹麦细菌学家 Christian Gram 发明了一种极其重要的细菌或古细菌鉴别染色法，即革兰染色法。根据革兰染色法可将细菌分为革兰阳性菌和革兰阴性菌。目前一般认为，革兰染色的机理与细菌细胞壁的结构和组成有关。革兰阳性菌的细胞壁含较多的肽聚糖，含脂类很少，细菌经初染和媒染后，在细胞表面形成结晶紫和碘的复合物，用95%乙醇处理后，肽聚糖收缩，结晶紫和碘的复合物不能溶出壁上缝隙，仍被阻留在细胞壁内，使细菌细胞呈现蓝紫色；而革兰阴性菌的细胞壁含有较多的脂类，含肽聚糖较少，经初染和媒染后，在细胞表面形成结晶紫和碘的复合物，当以95%乙醇脱色，脂类被脱去，细胞壁上出现较大的缝隙，使结晶紫与碘的复合物极易被脱去，细胞经复红等红色染料复染后呈现红色。

②荧光染色法　经过荧光素染色的细菌可用荧光显微镜检测，观察到的发荧光的菌体就是检查的细菌。粪便中的霍乱弧菌、志贺氏菌等可用该技术快速检出。

(2)不染色检查　不染色检查适用于检查细菌的运动性等生理活动，包括压滴法、悬滴法、毛细管法等。

①压滴法　用接种环先取生理盐水和细菌培养物，置于洁净的载玻片中央，搅拌均匀，使其成为均匀的菌悬液，盖上盖玻片。检查时先用低倍镜找到合适的视野，再用高倍镜或油镜观察。观察时必须缩小光圈，适当调低聚光器，使光线较弱，以便于观察细菌的运动情况。

②悬滴法　将细菌菌液滴于洁净的盖玻片上，另取一张凹玻片，在凹孔周边涂一薄层凡士林，然后将其凹面向下，对准盖玻片中央并盖于其上，然后迅速翻转，用小镊子轻轻按压。观察时先用低倍镜找到悬滴边缘，再换高倍镜观察(因凹玻片较厚，一般不用油镜)，可观察到细菌的运动状态。

③毛细管法　毛细管法主要用于厌氧菌动力的检查。通常选用长为60～70 mm、直径为0.5～1 mm的毛细管虹吸厌氧菌菌悬液，然后用火焰将毛细管两端熔封，并用塑胶纸将毛细管固定在载玻片上，置于高倍镜下用暗视野观察。

2. 电子显微镜观察法

电子显微镜简称为电镜，以电子流为光源，包括透射电镜和扫描电镜。细菌的超薄切片经负染等处理后，检测人员在透射电镜下可观察到细菌内部的超微结构；当以经金属喷涂的细菌标本为观察对象时，在扫描电镜下可清楚地看到细菌表面的立体构象。

## 任务二　细菌的生理

细菌有独立的生命过程，能进行复杂的新陈代谢，可以从环境中摄取营养物质，以合成菌体本身的成分和获得生命活动所需的能量，并排出代谢产物。学习细菌的组成成分、营养要求、能量代谢、生物合成和生长繁殖等一系列理论知识，对分析细菌生命活动的基本规律，认识细菌的致病性、免疫机制、抗药性、人工培养，以及检测和诊断细菌性疾病等具有重要的意义。

## 一、细菌的营养

**(一)细菌的化学组成**

细菌含有多种化学成分,包括水、无机盐、蛋白质、糖类、脂质和核酸等。水分是细菌细胞重要的组成成分,占细胞总质量的75%～90%。细菌细胞的固形成分仅占细胞总质量的10%～25%,主要为有机物,如蛋白质、核酸(DNA和RNA)、糖类(多糖、脂多糖、黏多糖)、脂类、生长因子和色素等。无机盐占固形成分总质量的2%～3%,如磷、硫、钾、钠、铁、镁、钙、氯、钴、锰等,其中磷和钾含量最多。

**(二)细菌的营养类型**

各类细菌的酶系统和代谢活性不同,细菌对营养物质的需求也不同。据此,细菌可分为自养菌和异养菌。

1. 自养菌

自养菌具有完备的酶系统,以简单的无机物为原料,如能以$CO_2$、$CO_3^{2-}$为碳源,以$N_2$、$NH_3$、$NO_2^-$、$NO_3^-$等为氮源,合成菌体成分。细菌所需的能量来自无机化合物的氧化。通过化能合成作用获得能量的自养型细菌称为化能自养菌,如硝化细菌、硫化细菌、铁细菌、硫黄细菌。还有光能自养菌,如蓝细菌、紫硫细菌、绿硫细菌。

2. 异养菌

异养菌不具备完备的酶系统,合成能力较差,该类细菌必须以多种有机物为原料,如蛋白质、糖类等,才能合成菌体成分并获得能量。其代谢所需能量大多从有机物氧化中获得,少数从光线中获得,故异养菌也分为化能异养菌和光能异养菌。光能异养菌是指以$CO_2$作为碳源,以有机物为供氢体,利用光能将$CO_2$转变为细菌物质的细菌。这类细菌较少,红螺菌科(如紫色非硫细菌)中的一些细菌以这种方式生长。异养菌包括腐生菌和寄生菌,腐生菌以动植物残体、腐败食物等作为营养物;寄生菌寄生于宿主体内,并从中获得营养。所有的病原菌都是异养菌,大部分属寄生菌。

**(三)细菌的营养物质**

对细菌进行人工培养时,必须供给其生长所必需的各种成分,包括水、碳源、氮源、无机盐和生长因子等。

1. 水

水是细菌生长所必需的。水在细菌生长中的作用体现在:①起到溶剂和运输介质的作用,营养物质的吸收与代谢产物的分泌都必须以水为介质才能完成;②参与细胞内的一系列化学反应;③维持蛋白质、核酸等生物大分子稳定的天然构象;④细胞中大量的水有利于对细菌代谢过程中产生的热量及时吸收并散发到环境中,有效地调节细菌及其周围环境的温度。此外,水还是细菌细胞内某些结构的成分。在高渗环境中,当细菌脱水时其代谢受到抑制,生长速度变慢。

2. 碳源

凡是构成细菌细胞和代谢产物中碳素来源的营养物质称为细菌的碳源。各种碳的无机物或有机物都能被细菌吸收和利用,以合成菌体组分和获得能量。病原菌主要以糖类为碳源。实验室中常用的碳源有各种单糖、双糖、多糖、醇类、脂类等。

3. 氮源

凡是构成细菌细胞和代谢产物中氮素来源的营养物质称为细菌的氮源。细菌对氮源的需要量仅次于碳源，很多细菌可以利用有机氮化物作为氮源。病原性微生物主要从氨基酸、蛋白胨等有机氮化物中获得氮。少数病原菌如克雷伯菌也可利用硝酸盐甚至氮气，但利用率较低。实验室中常用的氮源有牛肉膏、蛋白胨和酵母膏等。

4. 无机盐

无机盐也是细菌生长必需的。无机盐的功能：①是细菌的成分；②是酶的组成部分，维持酶的活性；③无机盐参与能量的储存和转运；④能调节菌体内外的渗透压；⑤某些无机盐与细菌的生长繁殖和致病作用有密切关系。

5. 生长因子

生长因子是指细菌生长时必需但需要量很少，细菌自身又不能合成或合成量不足以满足生长需要的有机化合物，比如维生素、某些氨基酸、嘌呤、嘧啶等。各种细菌需要的生长因子的种类和数量是不同的，比如大肠杆菌需要较少的生长因子，某些细菌需要特殊的生长因子。

**(四)细菌摄取营养的方式**

细菌生长所需的各种营养物质在进入细胞后才被利用。微生物无专门摄取营养物质的器官，其物质交换过程都是在细胞表面进行的。细胞膜是一种半渗透性的膜，水和水溶性物质通过半透膜性质的细胞膜进入细胞内，而蛋白质、淀粉、多糖等大分子营养物质先经过细菌分泌的胞外酶的作用，分解成小分子物质后被吸收。根据物质运输的特点，可将物质进出细胞的方式分为单纯扩散、促进扩散、主动运输和基团转位。

1. 单纯扩散

单纯扩散又称被动扩散，指营养物质从浓度高的一侧向浓度低的一侧扩散，是细胞内外物质最简单的交换方式。细胞膜两侧的物质依靠浓度差进行分子扩散，不需要消耗能量。某些气体(氧气、二氧化碳)、水、乙醇、甘油等水溶性小分子以及某些离子($Na^+$)等可进行单纯扩散。单纯扩散无选择性，速度较慢，细胞内外物质浓度达到一致，扩散便停止。因此，单纯扩散不是物质运输的主要方式。

2. 促进扩散

在细胞膜上的载体蛋白协助下进行扩散的运输方式称为促进扩散。此运输方式也是依靠浓度差进行物质的运输，不需要消耗能量，与单纯扩散不同的是，促进扩散同时需要专一性载体蛋白。载体蛋白位于细胞膜上，糖或氨基酸等营养物质与载体蛋白结合，然后被转运至细胞内。促进扩散具有特异性，如与乳糖结合的载体蛋白不能与其他物质结合。促进扩散是可逆的，当细胞内某些物质浓度高于细胞外时，该物质向细胞外运输。

3. 主动运输

主动运输是细菌吸收营养的一种主要方式，营养物质从浓度低的一侧向浓度高的一侧转运。与促进扩散一样，主动运输也需要特异性载体蛋白，但被运输的物质可逆浓度差“泵”入细胞，因此需要消耗能量。细菌生长所需的各种氨基酸、阿拉伯糖、乳酸、葡萄糖醛酸及某些阴离子等营养物质，主要是通过主动运输方式摄取的。

4. 基团转位

基团转位与主动运输相似，依靠特异性载体将物质逆浓度差转运至细胞内，但物质在运输的同时受到化学修饰。如发生磷酸化，使细胞内被修饰的物质的浓度大大高于细胞外的浓度。此过程需要特异性的载体蛋白和能量的参与。通过基团转位运输的物质有葡萄糖、甘露糖、乳糖、果糖、*N*-乙酰葡糖胺、$\beta$-乳糖苷、嘌呤、嘧啶和脂肪酸等。

各种细菌运输营养物质的方式不同，不同种类的细菌对同一种物质的摄取方式也不一样，如大肠杆菌主要利用促进扩散输送乳糖，而金黄色葡萄球菌主要利用基团转位方式输送。

## 二、细菌的生长繁殖

### (一)细菌生长繁殖的条件

1. 营养物质

充足的营养物质可以为细菌的新陈代谢及生长繁殖提供必需的原料和能量。细菌需要的营养物质主要包括水、碳源、含氮化合物、无机盐类和生长因子等。不同细菌对营养的需求不相同，有的细菌只需基本的营养物质，而有的细菌需要特殊的营养物质才能生长繁殖。因此，制备培养基时应根据细菌的类型进行营养物质的合理搭配。

2. 温度

细菌的生命活动要在一定温度范围内进行，温度过高或过低，其生命活动都会受阻甚至停止。根据细菌对温度的需求不同，将细菌分为嗜冷菌、嗜温菌和嗜热菌 3 类。嗜冷菌的生长温度范围为－5～30℃，适宜的生长温度范围为 10～20℃；嗜温菌的生长温度范围为 10～50℃，适宜的生长温度范围为 20～40℃；嗜热菌的生长温度范围为 25～95℃，适宜的生长温度范围为 50～60℃。大多数病原菌属于嗜温菌，在 15～45℃下均能生长，最适宜生长温度为 37℃。

3. pH

每种细菌都有其可生长的 pH 范围以及适宜生长 pH 范围。大多数病原菌的适宜生长 pH 为 7.2～7.6。嗜中性细菌生长的 pH 范围是 6.0～8.0；嗜酸性细菌生长的 pH 低至 3.0，如嗜酸热硫化叶菌；嗜碱性细菌生长的 pH 可高达 10.5，如螺旋藻。许多细菌在生长过程中能使培养基变酸或变碱，从而影响其生长，所以须在培养基中加入一定的缓冲剂，如磷酸盐、柠檬酸盐和乙酸盐等。

4. 气体

影响细菌生长和繁殖的气体主要有氧气和二氧化碳。细菌的生长繁殖与氧的关系十分密切，培养细菌时，提供氧气与否要根据细菌的呼吸类型而定。

5. 渗透压

细菌细胞须在适宜的渗透压下才能生长繁殖。一般培养基的盐浓度和渗透压对大多数细菌是安全的，因此盐腌、糖渍具有防腐作用。少数细菌如嗜盐菌须在高浓度(3%)的氯化钠环境中才生长良好。

**(二)细菌的繁殖方式和速度**

细菌一般以简单的二分裂无性繁殖,少数细菌有"性"的接合。在适宜条件下,大多数细菌每 20～30 min 分裂一次。在特定条件下,以此繁殖速度,1 个细菌 10 h 可繁殖成 10 亿个。但由于营养物质的消耗和有害产物的积累,细菌是不可能保持这种速度繁殖的。有些细菌如结核分枝杆菌,在人工培养基上繁殖速度很慢,需 18～24 h 才分裂一次。经过一段时间后,细菌繁殖速度渐慢,衰亡数增多,活菌增长率随之下降,生长趋于停滞。

**(三)细菌的生长曲线**

将一定数量的细菌接种于适宜的液体培养基中,连续定时取样检查活菌数,可发现其生长过程的规律性。以时间为横坐标,以培养物中活菌数的对数为纵坐标,可绘制出细菌的生长曲线。根据生长曲线,细菌的群体生长繁殖可分为 4 个时期(图 1-8)。

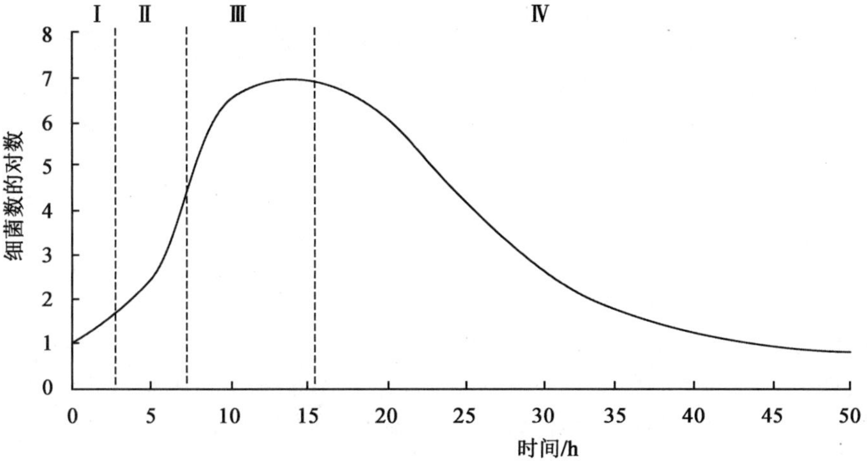


Ⅰ. 迟缓期　Ⅱ. 对数期　Ⅲ. 稳定期　Ⅳ. 衰亡期

**图 1-8　细菌生长曲线**

1. 迟缓期

迟缓期是细菌进入新环境后的适应阶段。在这个阶段,细菌数目基本不增加,但代谢活跃,体积增大,菌体产生足够量的酶、辅酶以及一些必要的中间产物。当这些物质达到一定浓度时,少数细菌开始分裂,但由于细菌分裂迟缓,繁殖极少,数量几乎不增加。迟缓期长短不一,因菌种、菌龄和接菌量及营养物等不同而异,一般为 1～4 h。

2. 对数期

对数期又称指数期。该阶段细菌生长迅速,活菌数以恒定的几何级数增长,生长曲线图上细菌数的对数呈直线上升。此期的病原菌致病力最强,细菌的形态、染色性、生理活性等都较典型,对抗菌药物也最敏感。因此,实验室中通常用该阶段的细菌进行形态染色、生化反应、药物敏感等试验。不同细菌进入对数期的时间不一样,细菌的对数期一般出现在培养后的 8～18 h。

3. 稳定期

随着细菌的快速增殖,培养基中营养物质逐渐被消耗,有害代谢产物不断积累,细菌繁殖速度变慢，死亡数逐渐增加，新增殖的细菌数量与死亡细菌数量大致平衡，细菌生长进入稳定期。稳定期的细菌的形态、染色性和生理性状常发生改变，如形成细菌的芽孢、产生外毒素和抗生素等代谢产物。

4. 衰亡期

到了稳定期后期，细菌的繁殖越来越慢，死亡菌数越来越多，培养基中活菌数急剧减少，若不移植到新的培养基中，最后可能全部死亡。该期细菌的形态显著改变，出现衰退型或菌体自溶，难以辨认其形，生理代谢活动趋于停滞。因此，细菌的形态观察和革兰染色应以对数期到稳定期中期的细菌的表现为标准。

只有在体外人工培养的条件下，才能观察到典型的细菌生长曲线。在自然界或人类、动物体内繁殖时，细菌受环境因素和机体免疫因素等多方面影响，不可能呈现出类似在培养基中生长的典型的生长曲线。

细菌的生长曲线在生产实践中具有指导意义。掌握细菌的生长规律后，通过人为地改变培养条件，调整细菌的生长繁殖阶段，可以更好地利用对人类有益的细菌。例如，在培养过程中，采用连续培养的方式，不断地更新培养液和对需氧菌进行通气，使有益细菌长时间地处于生长旺盛的对数期。

## 三、细菌的新陈代谢

### （一）细菌的酶

细菌新陈代谢过程中的各种复杂的生化反应，都需要酶来催化。酶是活细胞产生的功能蛋白质，具有高度的特异性。细菌的种类不同，细胞内的酶系统也不同，因而其代谢过程及代谢产物也不同。

有的细菌的酶仅在细胞内部发挥作用，称为胞内酶，主要有呼吸酶及与蛋白质、多糖等代谢有关的酶。有的酶由细菌产生后被分泌到细胞外，在细胞外起作用，称为胞外酶，它能把大分子水解成小分子的物质，便于细菌吸收，包括各种蛋白酶、脂肪酶、糖酶等水解酶。细菌的酶还分为组成酶和诱导酶，细菌细胞内一直存在的酶为组成酶，如某些脱氢酶等；细菌为适应环境而产生的酶为诱导酶，如大肠杆菌的半乳糖酶，只有乳糖存在时才产生。当诱导物质消失，诱导酶不再产生。有些酶与细菌产生的毒力有关，如血浆凝固酶、透明质酸酶、溶纤维蛋白酶等。

### （二）细菌的呼吸类型

细菌从物质氧化中获得能量的过程，称为细菌的呼吸。呼吸是氧化过程，但氧化过程并不一定需要氧。凡需要氧存在的，称为需氧呼吸；不需要氧的，称为厌氧呼吸。根据细菌对氧的需求不同，可将细菌分为5类。

1. 专性好氧菌

大多数细菌在生长繁殖中需要氧气，有些细菌对氧的要求特别严格，只能在有充分氧气的条件下才能生长，这些细菌称为专性好氧菌，如鱼害黏球菌、柱状屈挠杆菌等。

2. 微好氧菌

微好氧菌的呼吸需要低浓度的氧气，在振荡培养时，生长于试管培养基（液体）表面下数毫米处，如霍乱弧菌、幽门杆菌等。

3. 兼性厌氧菌

在有氧和无氧的环境中都能生长的细菌，称为兼性厌氧细菌，如鳗弧菌、嗜水气单胞菌、迟钝爱德华氏菌等。

4. 专性厌氧菌

只有在无氧条件下才能生长的细菌，称为专性厌氧菌。这类细菌对无氧环境的要求特别严格，氧气对其生长有毒害作用，有一些氧分子存在就不能生长，如梭状芽孢杆菌等。用煮沸除氧或其他气体代替氧的方法无法使严格厌氧菌生长。

5. 厌氧菌

厌氧菌对厌氧条件要求不十分苛刻，在振荡培养时，于培养基中部也有不同程度的生长，如破伤风梭菌。

**(三)细菌的代谢产物**

细菌不能直接利用较复杂的大分子的多糖和蛋白质，而是通过细胞酶的作用把多糖水解成单糖，将蛋白质分解成氨基酸及其他小分子物质，再进行吸收利用。上述物质被细菌吸收后，可直接被利用，或者经进一步分解后再被利用，这一过程称为分解代谢。将吸收物质转化为菌体营养的过程称为合成代谢。分解代谢与合成代谢并不是截然分开的，而是互相交错、互相依存的。细菌通过细胞膜的渗透作用，进行菌体与环境中的营养物质交换，完成其生命活动。

细菌在其物质代谢过程中，除利用各种营养物质合成菌体和产生能量外，还可产生多种代谢产物。其中，有的代谢产物对人和动物有害，有的可作为鉴别细菌的依据，有的可供制药之用。

1. 分解代谢产物

(1)糖的分解产物　各种细菌分解糖类后，可以产生有机酸(如丙酮酸、乳酸、醋酸、酪酸等)、气体(如 $CO_2$、$H_2$、$CH_4$ 等)及醇类。不同的细菌有不同的酶，对糖的分解能力也不同，有的不分解，有的分解产酸，有的分解产酸产气。利用糖的分解产物对细菌进行鉴定的生化试验有糖发酵试验、乙酰甲基甲醇(V-P)试验、甲基红(MR)试验等。

(2)蛋白质的分解产物　细菌利用各种蛋白酶分解蛋白质，其最后产物为有机酸、$H_2S$、胺类、硫醇、$CO_2$ 和靛基质等。不同细菌，其蛋白分解产物不同，如变形杆菌能分解含硫氨基酸，产生 $H_2S$；如大肠杆菌、霍乱弧菌、变形杆菌等能分解色氨酸，生成吲哚(靛基质)。有的细菌有明胶酶，能使凝胶状的明胶液化。变形杆菌有脲酶，能分解尿素，生成氨。有的细菌能将硝酸盐还原为亚硝酸盐。利用蛋白质的分解产物设计的鉴定细菌的生化试验有 $H_2S$ 试验、靛基质试验、尿素分解试验、明胶液化试验、硝酸盐还原试验等。

2. 合成代谢产物

合成代谢产物是指除菌体组成成分以外的其他合成物质，如糖类、脂类、核酸、蛋白质和酶类等。此外，细菌还能合成一些与人类生产实践有关的产物。

(1)维生素　某些细菌能合成维生素，除供菌体需要外，还能将合成的维生素分泌到菌体外。大肠杆菌合成的维生素是动物所需维生素的重要来源，如 B 族维生素和维生素 K。

(2)抗生素　某些细菌、放线菌、真菌能够合成可以抑制或杀灭其他微生物或肿瘤细胞的物质，即抗生素。这是一类重要的合成产物，如青霉菌产生的青霉素、灰色链丝菌产生的链霉素、金色链丝菌产生的金霉素等。生产中应用的抗生素大多数由放线菌和真菌产生，由细菌产生的抗生素很少。

(3)细菌素　某些细菌能够合成一种具有抗菌作用的蛋白质，即细菌素。与抗生素相比，细菌素的作用范围较窄，仅对亲缘关系近的细菌有抑制作用。目前发现的细菌素有绿脓菌素、弧菌素、大脑菌素和葡萄球菌素等。

(4)毒素　病原性细菌可以合成各种有毒物质，即毒素。毒素与细菌的毒力有关，又分为外毒素和内毒素两种。外毒素是蛋白质，内毒素则是糖、磷脂和蛋白质的复合物。

(5)热原质　热原质又称致热原，是细菌在代谢过程中合成的能使人或动物发生热反应的物质，若将其注射到人体或动物体内，能引起发热反应。因此，制造注射剂和生物制品时，应注意将热原质去除。热原质耐高温，高压蒸汽灭菌 15～20 min 也不能将它破坏，但它可被活性炭吸附或经石棉板滤除。

(6)酶类　细菌代谢过程中产生的酶类，除满足自身代谢需要外，有的还与细菌的毒力有关，如透明质酸酶、卵磷脂酶、溶纤维蛋白酶等。

(7)色素　某些细菌在适宜条件下能产生色素。细菌产生的色素有水溶性色素和脂溶性色素两种。水溶性色素可使菌落及培养基着色，如杀鲑气单胞菌的褐色素。脂溶性色素只能使菌落本身着色，如葡萄球菌、八联球菌的色素。

## 任务三　细菌的人工培养



给细菌提供生长繁殖所需要的各种条件，可进行细菌的人工培养，从而进行细菌的鉴定和进一步的利用。细菌的人工培养技术是水产动物细菌病诊断、水产品（食品）微生物致病菌检测及水质检测等环节的重要手段。

### 一、培养基的概念

培养基是用人工方法根据细菌生长繁殖所需要的各种营养物质合理地配制成的营养基质，主要用途是促进细菌的生长繁殖，可用于细菌的分离、鉴定、纯化培养、细菌的保存和细菌制品的制造等。

### 二、培养基的类型

各种细菌对营养的需求不同，因此，培养基的种类繁多。根据培养基的物理状态、用途等，可将培养基分为多种类型。

**（一）根据物理状态分类**

1. 液体培养基

将细菌生长繁殖所需的各种营养物质直接溶解于水，不加凝固剂（琼脂）而制成的培养基为液体状态，即为液体培养基。生产上和实验室中主要用该培养基作细菌的增菌培养。

2. 固体培养基

在液体培养基中加入 2%～3% 的琼脂，可将培养基制成固体状态，可根据需要将固体培养基制成平皿培养基、斜面培养基、高层培养基等。平皿培养基常用于细菌的分离、菌落特征观察、药敏试验以及活菌计数等。斜面培养基常用于菌种保存。高层培养基多用于细菌的某些生化试验。

3.半固体培养基

在液体培养基中加入少量(0.3%~0.5%)的琼脂，凝固后培养基呈半固体状态。半固体培养基多用于细菌运动性观察，即细菌的动力试验，也用于菌种的保存。

**(二)根据用途分类**

1.基础培养基

基础培养基是指多数细菌生长繁殖所需的基本营养成分，是特殊培养的配制基础，也可供大多数细菌人工培养用。常用的基础培养基有肉汤培养基、普通琼脂培养基及蛋白胨水等。

2.营养培养基

在基础培养基中加入葡萄糖、血液、血清、酵母浸膏及生长因子等，制成营养培养基，用于培养营养要求较高的细菌。例如，鱼类肠道细菌——鮰爱德华氏菌难以培养，生长慢，须用脑心浸液琼脂培养基培养才能长出典型的菌落。

3.鉴别培养基

用于培养和区分不同细菌种类的培养基称为鉴别培养基。根据各种细菌分解糖、蛋白质的能力及其代谢产物不同，在培养基中加入特殊营养物质和指示剂，以便观察细菌生长后发生的变化，从而鉴别细菌。如大肠杆菌可用伊红-亚甲蓝培养基鉴别。

4.选择培养基

根据微生物的特殊营养要求或在培养基中加入某些化学物质，以利于待分离细菌的生长，抑制其他细菌的生长，从而将某种或某类细菌从混杂的细菌群体中分离出来。如分离沙门氏菌、志贺氏菌等用的SS琼脂培养基，分离真菌的马丁培养基。

5.厌氧培养基

专门针对厌氧菌的分离、培养和鉴别用的培养基。专性厌氧菌不能在有氧环境中生长，可将培养基与空气隔绝或降低培养基中的氧化还原电势，使其可供厌氧菌生长用。如在肝片肉汤培养基和庖肉培养基表面加盖液体石蜡，以隔绝空气。

## 三、培养基的制备

**(一)培养基制备的基本要求**

细菌的种类繁多，所需培养基的种类也很多，但制备各种培养基的基本要求是一致的，基本要求如下。

1.选择营养物质

制备的培养基应含有细菌生长繁殖所需的各种营养物质。

2.调整pH

培养基的pH应在细菌生长繁殖所需的范围内。

3.培养基均质透明

培养基均质透明，便于观察细菌的生长性状及其生命活动所产生的变化。

4. 不含抑菌物质

制备培养基所用容器不应含有抑菌物质，无洗涤剂的残留。一般用烧杯、三角瓶等玻璃器皿。配制培养基所用的水主要是蒸馏水或去离子水。

5. 灭菌

装培养基的玻璃器皿及培养基必须彻底灭菌，以避免杂菌污染。

**(二)制备培养基的基本程序**

制备培养基的基本程序如下：

计算称量→加水溶化→调节 pH→过滤分装→灭菌→无菌检验→保存备用。

## 四、细菌在培养基中的生长情况

细菌在培养基中的生长情况是由细菌的生物学特性决定的，了解细菌的生长情况有助于识别和鉴定细菌。

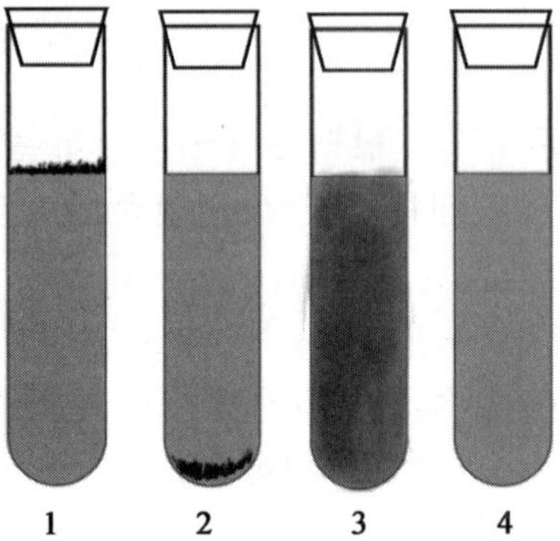

1. 菌膜 2. 菌沉淀 3. 均匀浑浊 4. 对照

**图 1-9 细菌在液体培养基中的生长特征**

1. 在液体培养基中的生长情况

细菌在液体培养基中生长后，常呈现浑浊、沉淀或形成菌膜的特征(图 1-9)。如弗氏柠檬酸杆菌在普通营养肉汤中 28℃ 培养，呈现均匀浑浊生长，底部有絮状沉淀物。而专性需氧菌枯草芽孢杆菌呈表面生长，常形成菌膜。

2. 在固体培养基中的生长情况

将标本或培养物划线接种在固体培养基的表面，因划线的分散作用，许多原来混杂的细菌在固体培养基表面散开，称为分离培养。一般经过 18～24 h 培养，单个细菌分裂繁殖成一个肉眼可见的细菌集团，称为菌落。许多菌落融合成片，则称为菌苔。各种微生物在固体培养基上形成的菌落的大小、形态、颜色等不同，这些特征有助于识别和鉴定细菌(图 1-10)。

根据细菌菌落表面特征不同，可将细菌的菌落分为 3 种类型。

(1)光滑型菌落(S 型菌落) 表面光滑、湿润，边缘整齐，新分离的细菌一般呈光滑型

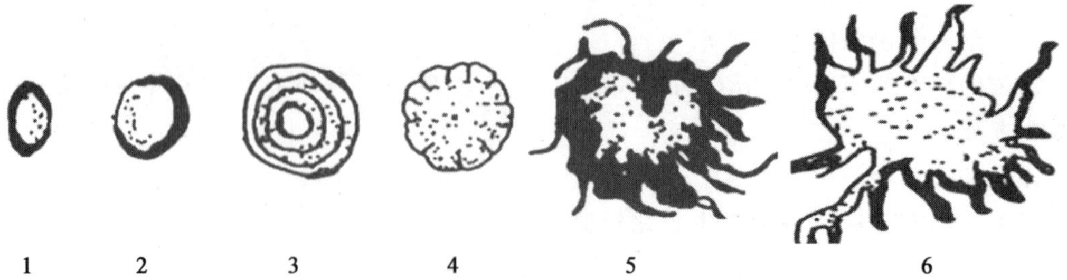

1. 表面光滑 2. 边缘隆起 3. 同心圆状 4. 放射状 5. 卷发状 6. 不规则状

**图 1-10 细菌在固体培养基上的生长特征**

(引自李舫，动物微生物，2006)

菌落。

(2)粗糙型菌落(R型菌落)　R型菌落由S型细菌变异失去菌体表面多糖或蛋白质形成。但也有少数细菌新分离的毒力株就是R型,如炭疽芽孢杆菌等。R型菌落表面粗糙、干燥,呈皱纹或颗粒状,边缘大多不整齐。

(3)黏液型菌落(M型菌落)　黏液型菌落多见于有厚荚膜或丰富黏液层的细菌。菌落黏稠,有光泽,似水珠样。

3. 在半固体培养基中的生长情况

半固体培养基含琼脂少,黏度低。有鞭毛的细菌在其中仍可自由游动,沿穿刺线呈羽毛状或云雾状浑浊生长,无鞭毛细菌只能沿穿刺线呈明显的线状生长(图1-11)。此法可用于鉴别细菌有无运动性。此外,还常用于菌种保存。

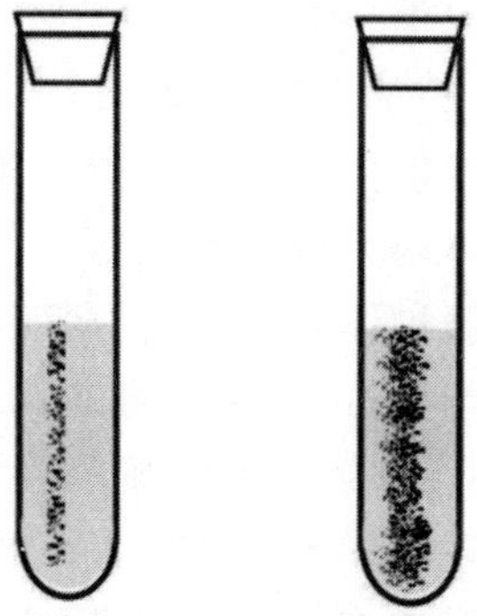


1. 浑浊生长　2. 沿穿刺线生长

**图1-11　细菌在半固体培养基中的生长特性**

## 任务四　细菌的致病性与传染

### 一、细菌的致病性

**(一)致病性与毒力的概念**

能引起疾病的微生物叫作病原菌。在一定的条件下,病原菌能在宿主体内引起感染,这种能力称为致病性(致病力或病原性)。这种致病力是细菌种的特性,如炭疽杆菌引起炭疽病,沙门氏菌引起沙门氏菌病等,而不引起其他疾病。在同一细菌种内,不同品系、不同株,其致病性的大小也有所不同,如沙门氏菌。就同一株而言,在不同的条件下,其致病性的大小也有所不同。如嗜水气单胞菌,只有当机体抵抗力下降时,才表现出致病性,这类细菌称为条件性致病菌。

病原菌致病力的强弱程度或者说对宿主致病能力的大小称为毒力,毒力是菌株的特征。构成细菌毒力的物质为毒力因子,主要有侵袭力和毒素。此外,有些毒力因子尚不明确。近年来的研究发现,细菌的许多重要毒力因子的分泌与细菌的分泌系统有关。

**(二)构成病原菌毒力的因素**

1. 侵袭力

病原菌具有突破机体防御屏障,在机体内定植,通过内化作用进入细胞,进行繁殖和扩散的能力,这种能力称为侵袭力。病原菌侵袭机体的方式主要有以下几种。

(1)细菌的定植　细菌在机体内定植或定居在消化道、呼吸道、生殖道、尿道等处的黏膜上,这是细菌感染的第一步,主要依靠黏附素发挥作用。黏附素是菌体表面具有黏附功能的结构成分,主要是革兰阴性细菌的菌毛,其次是非菌毛黏附素,如某些外膜蛋白和革兰阳性菌的脂磷壁酸等。某些病原菌通过黏附素特异性受体结合,附着在组织细胞表面。这种黏附性与病原菌的致病性密切相关。如溶血性链球菌可依靠菌体表面M蛋白附着于咽黏膜上皮细胞。如果细菌缺乏定植能力，就会被分泌的黏液以气管纤毛运动、肠道蠕动方式清除。

(2)抗吞噬和增殖　当细菌突破机体防御屏障侵入体内后，必然会被吞噬细胞吞噬和被体液性抗体等介导的免疫应答反应清除。如果病原菌能克服这些免疫因素的影响，便可以在机体内大量繁殖和增殖。增殖的速度对致病性极为重要，如增殖较快，细菌在感染之初就能克服机体防御机制，从而在体内生存，反之则会被机体清除。某些病原菌有抗吞噬不被清除的能力，可通过自身结构成分或合成代谢产物来实现。如炭疽杆菌、肺炎链球菌等具有荚膜，而无荚膜的细菌则易被吞噬细胞吞噬杀灭；金黄色葡萄球菌产生大量的过氧化氢酶，能中和吞噬细胞中的氧自由基，从而可在吞噬细胞内生存。细菌通过分泌外毒素或蛋白酶来破坏吞噬细胞的细胞膜，或诱导细胞凋亡，或直接杀死吞噬细胞。总之，细菌的抗吞噬作用打破了机体的防御功能，使细菌在体内增殖。

(3)在体内扩散　胞外蛋白酶是由细菌分泌的，它们具有多种致病作用，如激活外毒素、灭活血清中的补体等。有的蛋白酶本身就是外毒素。胞外蛋白酶还可作用于组织基质或细胞膜，造成它们的损伤，增加其通透性，有利于病原菌在体内的扩散。常见的胞外蛋白酶有胶原纤维酶、透明质酸酶、卵磷脂酶、凝血酶等。胶原纤维酶能溶解肌肉中的胶原纤维，使肌肉崩溶、坏死；透明质酸酶能够溶解组织中的透明质酸，增加其通透性；卵磷脂酶能分解细胞内的卵磷脂，使组织细胞发生破裂、死亡；凝血酶能加速血浆凝固，使病原菌不受体内吞噬细胞和抗体的作用。与细菌侵袭力有关的毒性酶及其作用见表1-2。

**表1-2　与细菌侵袭力有关的毒性酶及其作用**

| 细菌 | 毒性酶 | 作用 |
|---|---|---|
| 产气荚膜梭菌 | 卵磷脂酶 | 破坏细胞质中的卵磷脂 |
| 嗜水气单胞菌 | 溶血素 | 破坏红细胞 |
| 金黄色葡萄球菌 | 凝血酶 | 凝固血浆 |
| | 脂肪酶 | 分解脂肪 |
| | 胶原酶 | 破坏皮下胶原组织 |
| | 脱氧核糖核酸酶 | 破坏DNA |
| | 杀白细胞素 | 杀死白细胞 |
| 杀鲑气单胞菌 | 胶原酶 | 破坏胶原组织 |
| | 杀白细胞素 | 杀死白细胞 |
| A型链球菌 | 脱氧核糖核酸酶 | 破坏DNA |
| 溶血性链球菌 | 透明质酸酶 | 破坏组织中的透明质酸 |

2.毒素

毒素是构成细菌毒力的重要因素之一，它是细菌在生命活动过程中产生和释放的具有损害机体组织、器官，并引起生理功能紊乱的毒性物质。根据性质和产生的方式不同，可将毒素分为内毒素和外毒素两种。

(1)外毒素　外毒素是细菌在生命活动过程中合成并释放到菌体外的一种毒性蛋白，不耐热，60～80℃处理 30 min 即可使其失活。外毒素主要来源于革兰阳性细菌（如破伤风梭菌、肉毒梭菌、产气荚膜梭菌、金黄色葡萄球菌），少数来自革兰阴性细菌（如大肠杆菌、霍乱弧菌、多杀性巴氏杆菌）。外毒素具有良好的免疫原性，可刺激机体产生特异性的抗体，使机体具有免疫保护作用，这种抗体为抗毒素，可用于紧急治疗和预防疾病。外毒素在 0.3%～0.5%甲醛溶液作用下，经过一段时间可以脱毒，但仍保留原有抗原性，称之为类毒素。类毒素注入机体后，仍可刺激机体产生抗毒素，可作为疫苗进行免疫接种。

外毒素的毒性很强，小剂量即能使易感动物死亡，如肉毒梭菌毒素，其毒性比氰化钾大 1 万倍。1 mg 肉毒梭菌毒素可杀死 2 000 万只小白鼠，其对人的最小致死量约为 0.1 mg。

外毒素的毒性具有高度的特异性。不同细菌产生的外毒素对机体的组织器官有一定的选择作用，并引起特征性的病症。如破伤风毒素主要侵害脊髓前角的运动神经细胞，使伸肌和屈肌的协调功能失控，导致骨骼肌的强直性痉挛。肉毒梭菌毒素选择性的作用于眼神经和咽神经，能阻断神经末梢传递介质——乙酰胆碱的释放，使运动神经末梢麻痹，出现眼肌、膈肌和吞咽肌等肌肉麻痹现象。

(2)内毒素　内毒素是革兰阴性菌外膜中的脂多糖（LPS），它是许多革兰阴性菌（大肠杆菌、沙门氏菌）的特殊结构，在细菌死亡破裂后或用人工方法裂解菌体后才被释放出来，故称为内毒素。内毒素耐热，100℃加热 1 h 仍不被破坏，必须加热至 160℃经 2～4 h，或用强酸、强碱、强氧化剂煮沸 30 min 才失活。内毒素不能被甲醛脱毒成类毒素。内毒素的抗原性较弱，将其注入机体后，机体可产生相应的抗体，但此抗体不能中和内毒素的毒性。内毒素对组织细胞选择性不强，因此所有革兰阴性菌的毒性作用大致相同，如引起发热、血循环中白细胞数骤减、弥散性血管内凝血、休克等，严重时可致死。内毒素是许多革兰阴性病原菌的免疫保护性抗原，还有利于疫苗的制备。

鱼类对内毒素的抵抗力较哺乳动物强。例如，杀鲑气单胞菌内毒素引起试验小白鼠半数致死量为 21.6 mg/kg，对银大马哈鱼则为 714 mg/kg 以上。以 300 mg/kg 的大肠杆菌内毒素接种虹鳟，不引起任何临床症状。接种内毒素可引起鱼体内的皮质激素和 C－反应蛋白浓度升高。鱼对内毒素的抵抗力可能与鱼类生活在水中的环境有关。

**（三）细菌毒力的控制**

毒力是菌株特征，在自然条件下，不同菌株的毒力有所不同，同一菌株的毒力也有变化。如从痊愈动物或流行末期的患病动物中分离出来的细菌，其毒力较弱；而从严重患病动物或流行初期的患病动物中分离出来的细菌，其毒力一般较强；此外，从野外新分离出来的细菌，其毒力也较强，通过多次人工培养继代保存之后，其毒力逐渐减弱。在生产实际中，人们观察到这些现象，并经过反复研究，找到了人为增强、减弱或固定细菌毒力的方法，这对理论研究及生产实践工作具有十分重要的意义。

*1.增强细菌毒力的方法*

根据细菌毒力的特点，增强细菌毒力的关键是给细菌提供适宜的生长环境。

通过易感动物的方法是目前广泛采用的增强毒力的方法。例如，丹毒杆菌可以通过鸽子增强其毒力，链球菌可以通过小白鼠增强其毒力等。另外，通过与其他细菌协同作用也能增强细菌的毒力，如魏氏梭菌与八叠球菌共同培养后，其毒力可以增强。

*2.减弱细菌毒力的方法*

利用物理的、化学的和生物的方法，给细菌提供不适宜的生活条件，可以逐渐减弱其对原寄主的毒力。

(1)继代培养　病原菌在人工培养基上经反复继代培养以后，其毒力将明显减弱。有些细菌的毒力减弱得快，有些细菌的毒力减弱得慢。

(2)在高于适宜生长温度下培养　巴斯德将炭疽杆菌置于43.5℃下培养一定时间后发现，其毒力明显减弱，从而制成有名的巴斯德炭疽疫苗。

(3)通过非易感动物　许多疫苗都是将病原菌通过不易感动物传代而获得的。如猪丹毒弱毒苗(GC42)系将强致病菌株通过豚鼠370代后，又通过鸡42代选育而成。

(4)在含有特殊化学物质的培养基中培养　将牛分枝杆菌培养于含有甘油、胆汁的马铃薯培养基上，每15 d传一代，经过13年传种230代，获得减毒株。再接种动物，使动物获得免疫力，最终获得防治结核病的卡介疫苗。

(5)在特殊气体条件下培养　如无荚膜炭疽芽孢疫苗是半强毒株用含50%动物血清的培养基，在50%$CO_2$条件下选育的。

(6)通过基因工程的方法　去除毒力基因或用点突变的方法使毒力基因失活，可获得无毒力菌株或弱毒菌株。

3. 固定细菌毒力的方法

利用低温冷冻干燥真空法保存微生物，可使毒力及其他性状基本保持不变。

**(四)细菌毒力的测定**

在实际工作中，毒力的测定特别重要，尤其是开展疫苗和免疫血清的效价检验、药物的疗效判断等工作，需要先测定细菌的毒力。常用的表示细菌毒力大小的指标有最小致死量、半数致死量、最小感染量和半数感染量。

(1)最小致死量(MLD)　能使特定的动物于感染后一定的时间内发生死亡的最小病原微生物量或毒素剂量。

(2)半数致死量($LD_{50}$)　能使接种的实验动物在感染后一定时间内死亡50%所需要的微生物量或毒素量。实验时，须选择大小、体重、年龄一致的动物，将其分为若干组，每组的动物数相等，然后用活菌感染各组动物，各组动物所用的活菌量之间有一定的差数。记录动物的死亡数，然后计算出半数致死量。由于半数致死量的计算采用了统计学方法，所以可以避免动物个体差异造成的误差。

(3)最小感染量(MID)　能引起试验对象发生感染的最小病原微生物的量或毒素量。

(4)半数感染量($ID_{50}$)　能使半数试验对象发生感染的病原微生物的量或毒素量。测定$ID_{50}$的方法与测定$LD_{50}$的方法类似，不同的是，在统计结果时以感染者的数量代替死亡者数量。

## 二、传染

在病原细菌的侵袭过程中，有些侵袭因子可造成机体细胞的损伤，有些对机体无毒害作用。它们只是协助细菌进入机体，便于细菌向机体的深部组织迅速扩散并进行繁殖，致使发生传染。

**(一)传染的概念**

病原微生物在一定条件下侵入易感动物机体，并与之相互作用，使机体出现一种病理生理学的过程，称为传染。它是微生物与机体之间相互作用的一种复杂的病理过程。传染是一个动态过程，在进化的过程中，病原微生物与机体相互作用，形成某种病原微生物对某种特定的机体的易感性的一种关系。

**(二)传染的必要条件**

病原微生物的入侵是动物能否发生传染的首要条件，但还需要其他条件配合，才能引起传染。

1. 病原微生物

传染的首要因素是病原微生物，没有病原微生物就没有传染。一种传染是由一定的病原微生物所引起的，传染必须具备三方面条件。首先，病原微生物要具有一定的毒力。其次，病原微生物要具有适当的入侵门户，如荧光假单胞菌是经皮肤伤口感染而引起传染，口服一般不能致病。鳗弧菌经过胃肠道感染时，先引起肠炎，后引起败血症；而经皮肤伤口感染，则常发生皮肤坏死和溃疡。很多病原微生物的入侵门户不止一个，而是多个。了解病原微生物的入侵门户对于预防传染的发生是很重要的。最后，病原微生物要有一定的数量。即使病原微生物的毒力很强，入侵门户得当，但如数量过少，也通常不能引起传染。即使毒力弱一些，数量多，也可引起传染。

2. 易感动物

动物机体对病原菌的易感性是传染能否发生的重要条件。不同种动物对各种病原微生物的易感性不同。

3. 外界环境

外界环境条件主要包括自然环境条件、饲养管理以及社会制度等方面。外界环境条件在传染过程中的作用有三方面：①影响动物机体的保护机能状态；②影响病原微生物的生命力与毒力；③影响病原微生物接触与侵入动物机体的可能性和程度。

**(三)传染的类型**

传染是病原体侵入机体，突破机体的防御功能，在某一部位生长繁殖，并引起不同程度病理变化的过程。免疫力强的机体能阻止病原菌的入侵或将其消灭，使传染不能成立；如果机体的抵抗力差，则病原菌在机体内生长繁殖，造成机体损伤。传染一般先由局部开始，进而侵犯全身，重者侵入血液或淋巴液，遍及全身，造成严重危害。根据感病动物发生的临床表现，可将传染分为 5 种类型。

1. 局部传染

局部传染是指病原微生物侵入机体后，在机体的某个部位定殖，产生毒素物质，引起局部组织明显损害的传染过程。机体发生局部传染时，由于病原菌毒力不强，数量少，而机体的免疫力较强，可将入侵的病原微生物限制在局部，阻止它们的扩散蔓延，并将其清除消灭，以维持机体的正常生理状态。

2. 全身传染

病原微生物入侵机体后，由于病原菌的毒力强大，而机体的免疫力较弱，不能将病原微生物局限于局部，以致其向周围扩散，经淋巴或直接进入血流，散布到全身，引起全身传染。在病原菌向全身扩散传染的过程中，可能出现菌血症、败血症、毒血症、脓毒败血症等几种情况。

(1)菌血症　病原菌突破机体防御屏障，进入血液，但由于机体的抵抗力较强，病原菌不能在血液中停留而转移到其他位置，这种状态被称为菌血症。

(2)败血症　在引起菌血症的同时，由于机体抵抗力较弱，侵入的病原菌在血液中大量繁殖，遍及全身，造成全身性的损害，称为败血症。其主要表现有体温升高，白细胞总数急剧增加，全身皮肤、黏膜及各实质脏器出血等，如弧菌病。

(3)毒血症　病原菌侵入机体后，产生毒素，毒素进入血液，引起机体损害，称为毒血症，如破伤风。

(4)脓毒败血症　化脓性细菌在引起败血症的同时，引起脓肿的全身转移，称为脓毒败血症。

3. 无症感染

当机体的免疫力较强时，如果侵入机体的病原菌的毒力不强或数量不多，病原菌可迅速被消灭。如不能完全被消灭，则在机体的一定部位生长繁殖，对机体造成一定的损害。但由于机体能维护其体内环境的相对稳定，因而不表现出明显的临床症状，所以称为无症感染或隐性感染。通过隐性感染，机体可获得对该病的一定的免疫力，以防止同种病原再次传染。如流行性乙型脑炎、结核病等，都可以通过这种方式使机体获得免疫力。

4. 带菌现象

有些病原侵入动物机体后呈寄生状态，或者动物发病痊愈后一定时间内病原菌尚未完全被消灭或排出，这两种状态均称为带菌现象。带菌动物不断地向外排出病原菌或通过媒介向外传播病原菌，而动物本身无临床症状，最易被忽视，所以在传染上可能造成更大的危害。因此，带菌现象在传染病的防治上具有重要意义。

5. 不传染

病原菌侵入机体后不生长繁殖，被机体迅速消灭，因而动物不发生传染。其原因可能是机体对该种病原菌不易感，或机体具有坚强的抵抗力，或病原菌的毒力低、数量少、侵入途径不当等。



## 任务五　水产动物细菌病的实验室诊断

在养殖生产中，水产技术员通常根据患病水产动物不同的外部特征来初步诊断患病情况及判定病原菌，这种诊断技术较为简单、快速，但具有主观性，容易发生误诊，可靠性较低。要准确确定病原菌种类和对症治疗，必须采用细菌学的检测方法。水产动物致病菌的检测操作主要有致病菌分离培养和纯化、直接涂片镜检、生理生化和血清学试验、回归感染试验、药物敏感试验，以及分子生物学鉴定技术等。

### 一、细菌的分离培养和纯化

细菌病的临床病料或培养物中常有多种细菌混杂，其中有致病菌，也有非致病菌，从采集的病料中分离出目的病原菌是细菌病诊断的重要依据，也是对病原菌进一步鉴定的前提。细菌的分离培养及纯化是指将病料中的病原菌进行平板划线接种，以获取单个菌落，然后挑取单个菌落进行纯培养，并进行保存。分离纯化步骤可为进一步的生化试验和血清学试验鉴定提供纯的细菌。此外，细菌的分离培养及纯化技术也可用于细菌的计数、扩增和动力观察等。

细菌的分离与纯化方法(具体内容见实训四)。首先配制培养基，不同微生物对营养和环境要求不同，可配制选择培养基或鉴别培养基；其次是分离培养、纯化，不同的细菌在一定培养基中有其特定的生长现象，如在液体培养基中形成均匀浑浊、沉淀、菌环或菌膜，在固体培养基上形成菌落和菌苔等。细菌菌落的形状、大小、色泽、气味、透明度、黏稠度、边缘结构和有无溶血现象等，均因细菌的种类不同而异，据此，可初步确定细菌的种类。

## 二、细菌形态的检查

细菌的形态检查是细菌检验技术的重要手段之一，是细菌分类和鉴定的基础。细菌的形态、结构特征和染色反应等，可为进一步鉴定提供依据。

细菌结构微小，必须要借助显微镜观察(具体内容见实训二)。对于活的菌体，观察其形态及运动情况，可不用染色，只是菌体一般较透明或半透明，染色后更容易观察和识别。常用的染色方法有单色染色、革兰染色法(具体内容见实训五)、特殊染色法。

## 三、细菌的生化试验

由于不同的细菌含有不同的酶，所以它们对营养物质的利用和分解能力不一样，其代谢产物也不尽相同，据此设计的用于鉴定细菌的试验，称为细菌的生化试验。细菌的生化试验一般用纯化培养的细菌。生化试验在细菌鉴定中极为重要，方法也很多，下面介绍几种常用的生化试验的原理。

### 1. 糖分解试验

不同的细菌对糖的利用情况不同，其代谢产物也有差异，有的不分解，有的分解只产酸，有的分解既产酸又产气。有的细菌在有氧的条件下分解称为氧化，在无氧条件下称为发酵。在实验室中，做糖分解试验时，同一种细菌一般接种 2 管相同的糖培养基，一管用液体石蜡等封口，一管置于有氧条件下，培养后观察产酸产气情况。

### 2. V-P 试验

V-P 试验因由 Voges 和 Proskauer 两位学者创建而得名。大肠杆菌和产气肠杆菌均能发酵葡萄糖，产酸产气，两者不能用糖分解试验区别。但产气肠杆菌能使丙酮酸脱羧，生成中性的乙酰甲基甲醇，后者在碱性溶液中被空气中的氧所氧化，生成二乙酰，二乙酰与培养基中含胍基的化合物反应，生成红色的化合物，即为 V-P 试验阳性。而大肠杆菌分解葡萄糖时不能生成乙酰甲基甲醇，故表现为 V-P 试验阴性。

### 3. 甲基红试验

甲基红试验又称 MR 试验。在 V-P 试验中，产气肠杆菌分解葡萄糖，产生的 2 分子的丙酮酸转变为 1 分子中性的乙酰甲基甲醇，故最终的酸类较少，培养液的 pH＞5.4，以甲基红(MR)作指示剂时，溶液呈橘黄色，为阴性；大肠杆菌分解葡萄糖时，丙酮酸不转变为乙酰甲基甲醇，故培养基的酸性较强，pH≤4.5，甲基红指示剂呈红色，为阳性。

4. 柠檬酸盐试验

一些细菌(如产气肠杆菌)能利用柠檬酸盐作为唯一的碳源,能在除柠檬酸盐外不含其他碳源的培养基上生长。这些细菌分解柠檬酸盐生成碳酸盐,并分解其中的铵盐生成氨,使培养基由酸性变为碱性,从而使培养基中的指示剂溴麝香草酚蓝由草绿色变为深蓝色,为柠檬酸盐试验阳性;不能利用柠檬酸盐作为唯一碳源的细菌在该培养基上不能生长,培养基颜色不改变,为柠檬酸盐试验阴性。

5. 吲哚试验

吲哚试验又称靛基质试验。有些细菌(如大肠杆菌、变形杆菌、霍乱弧菌)能分解培养基中的色氨酸生成吲哚,如在培养基中加入对二甲基氨基苯甲醛,其与吲哚结合生成红色的玫瑰吲哚,为吲哚试验阳性,否则为阴性。

6. 硫化氢试验

某些细菌(如大肠杆菌)能分解培养基中的胱氨酸、甲硫氨酸等含硫氨基酸,产生 $H_2S$。$H_2S$ 与培养基中的醋酸铅或硫酸亚铁等反应,生成黑色的硫化铅或硫化亚铁,使培养基变黑,为硫化氢试验阳性。

7. 触酶试验

触酶又称接触酶或过氧化氢酶,能使 $H_2O_2$ 快速分解成水和氧气。在细菌培养物上滴加 $H_2O_2$ 水溶液,如产生大量的气泡,则为阳性。

8. 氧化酶试验

氧化酶又称细胞色素酶、细胞色素氧化酶 c 或呼吸酶。该试验用于检测细菌中是否存在该酶。其原理是氧化酶在分子氧或细胞色素 c 存在条件下,可氧化四甲基对苯二胺,出现紫色反应,则为阳性。不出现紫色反应则为阴性。

9. 脲酶试验

脲酶又称尿素酶。某些细菌(如变形杆菌)中含有脲酶,能分解尿素产生氨,使培养基的碱性增强,用酚红作为指示剂,培养基由粉红色转为紫红色,则为阳性。培养基颜色不变的,则为阴性(如沙门氏菌)。

细菌生化试验主要用来鉴别细菌,其中,吲哚(I)、甲基红(M)、V-P(V)、柠檬酸盐(C)4 种试验常用于鉴定肠道杆菌,合称为 IMViC 试验。如大肠杆菌对这 4 种试验的结果是++——,而产气肠杆菌则为——++("+"表示阳性,"—"表示阴性)。

## 四、血清学试验

血清学试验是以抗原和抗体特异性结合为基础的检测技术。抗原和相应的抗体在体内外均能发生特异性结合,因抗体主要来自血清,所以在体外进行抗原抗体的反应称为血清学反应或血清学试验。其具有特异性强、检出率高、方法简易快速等特点,常用于细菌病的诊断和细菌的鉴定。常用方法有凝集试验(如玻片法、试管法)、沉淀试验(如环状沉淀试验、琼扩试验、免疫电泳技术)、补体结合试验、免疫标记技术(如免疫荧光、酶标抗体技术、放射免疫测定)等。

## 五、回归试验(动物接种)

实验动物有“活试剂”“活天平”之称，是生物学研究的基础和条件之一。动物接种是微生物检验中的常用技术，主要用于分离、鉴定致病菌等。最常用动物为本动物和实验动物。例如，先选取若干条健康的鱼进行随机分组，饲养于试验容器中，正常饲喂、正常通气并换水。将试验用的菌悬液，按照适宜的稀释度，分别对健康鱼进行腹腔(或背部肌肉)注射，每天正常饲喂并通气换水。试验期间连续观察数日，记录不同菌液浓度下各组试验鱼的发病时间、临床症状、死亡数量及解剖变化等，同时做常规细菌再分离。

**【项目思考】**

2019 年 7 月，广西北海市铁山港区某篮子鱼(俗称泥蜢鱼)养殖户反映，他用网箱养殖的泥蜢鱼出现眼球突出、晶体略带白浊且伴有大量死亡现象。该养殖户在海区养殖了 5 口网箱的篮子鱼，每个网箱的面积为 64 $m^2$，共放养 3 万尾，放养规格是 400 尾/kg。据养殖户反映，2017 年 7 月初，水温为 28℃、篮子鱼规格为 10～15 尾/kg 时，篮子鱼开始摄食下降，逐渐有死鱼从箱底浮上来，每天死亡 150 尾左右。病鱼眼球突出(图 1-12)，晶体略带白浊(图 1-13)，眼球周围还有充血的症状，仔细观察还可以看到部分病鱼在水面上“打转”，呈螺旋状游泳运动，此时已发病一周。解剖后可见病鱼肝呈黄色，并带有肿大的现象。取鳃丝和体表进行镜检，未检测到寄生虫和其他异物。请利用所学水产微生物知识，分析篮子鱼的病因。

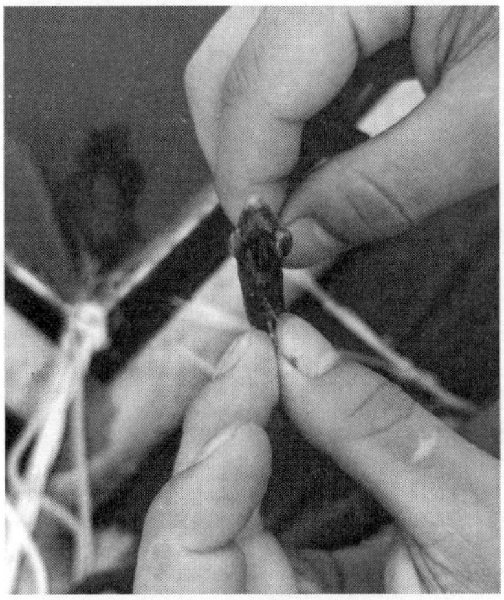

图 1-12　病鱼眼球突出

图 1-13　病鱼眼部晶体白浊

### 实训一　微生物实验器材的准备

**【目的要求】**

1. 了解微生物实验常用玻璃仪器的规格、性能、用途。
2. 掌握常见玻璃仪器的使用、洗涤及干燥、灭菌方法。
3. 了解微生物实验常用仪器的类别、构造和使用。

【材料设备】

**(一)常用玻璃仪器**

在微生物实验常用的仪器中，玻璃仪器种类很多，按用途大体可分为容器类、量器类和其他仪器类(图 1-14)。

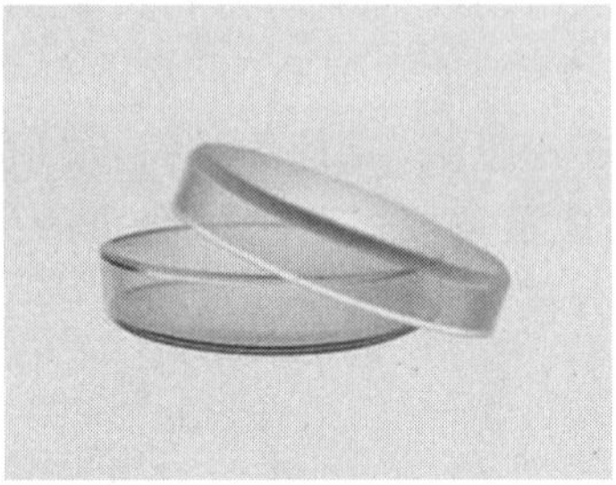

培养皿

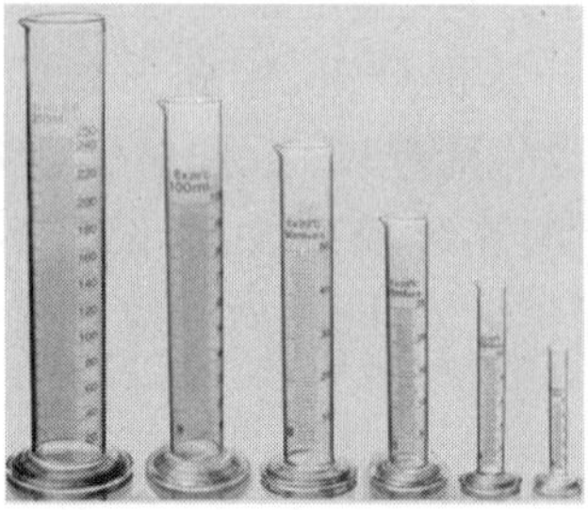

量筒

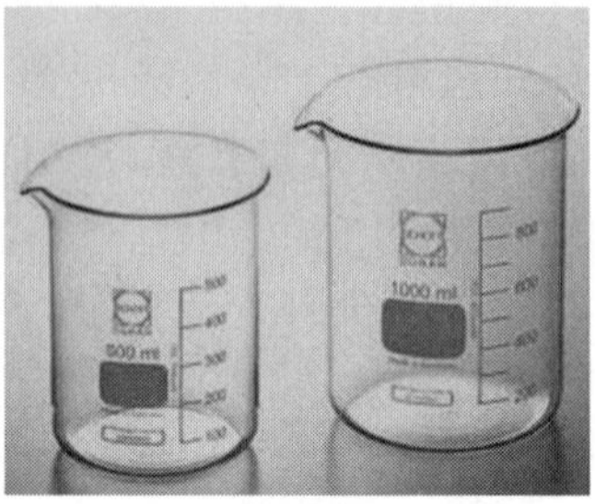

烧杯

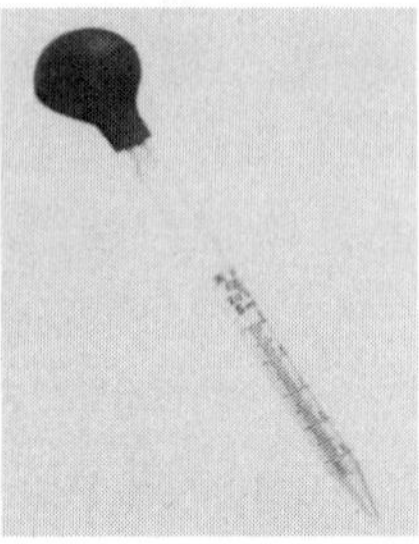

刻度吸管

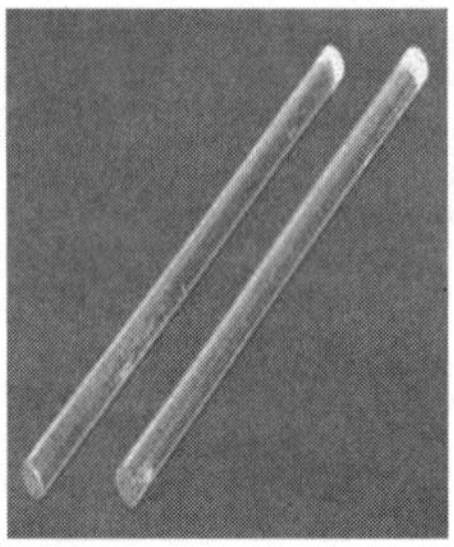

玻璃棒

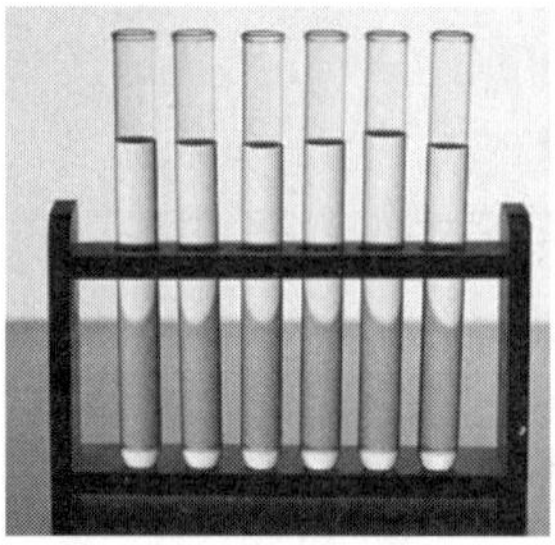

试管

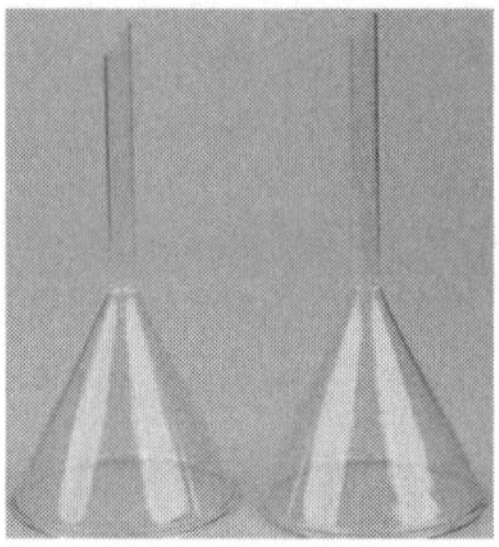

漏斗

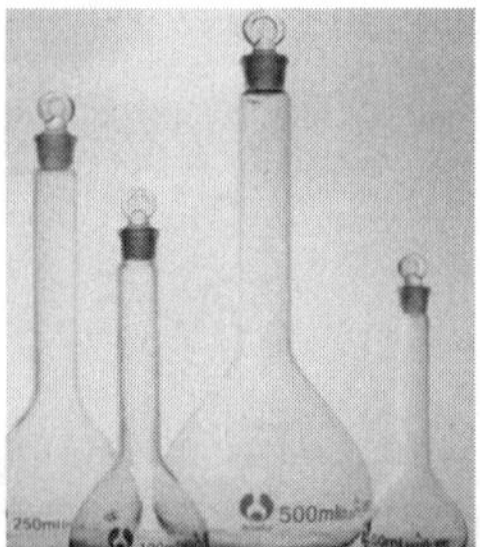

容量瓶

锥形瓶

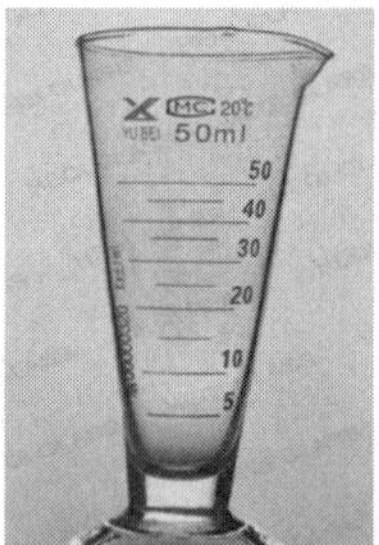


量杯

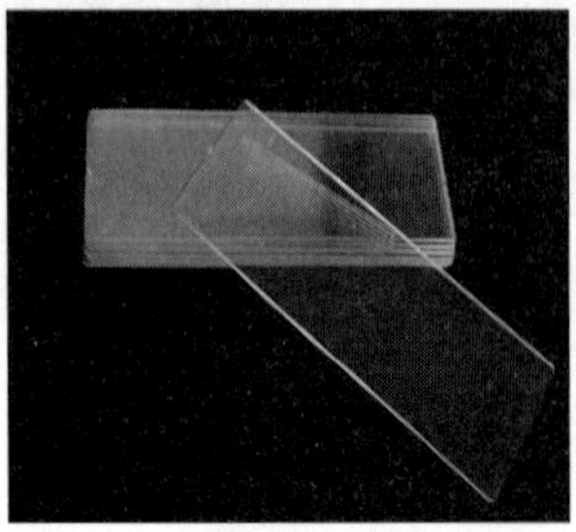

载玻片

盖玻片

滴管

**图 1-14　微生物实验常用的玻璃仪器**

容器类包括试剂瓶、烧杯、锥形瓶、试管、培养皿等。根据它们能否受热又可分为可加热的仪器和不宜加热的仪器。

量器类有量筒、移液管、滴定管、容量瓶等，量器类一律不能受热。

其他仪器类指具有特殊用途的玻璃仪器，如冷凝管、漏斗、干燥器、玻璃棒、盖玻片、载玻片、滴管等。

**（二）常用仪器设备**

微生物实验常用的仪器设备有电热恒温培养箱、电热干燥箱、高压蒸汽灭菌器、超低温冰箱、高速离心机、电热恒温水浴箱、酶标仪、超净工作台、普通光学显微镜等（图 1-15）。

电热恒温培养箱

电热干燥箱

高压蒸汽灭菌器

超低温冰箱

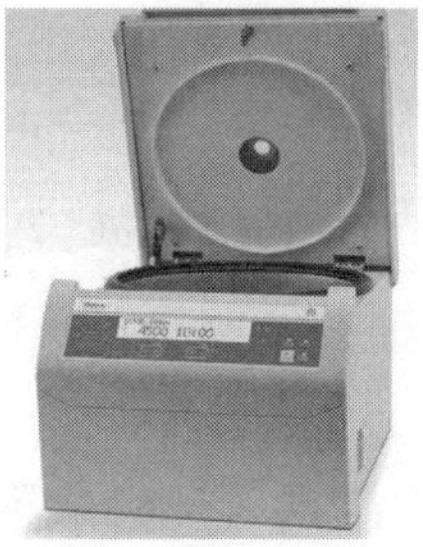

高速离心机

电热恒温水浴箱

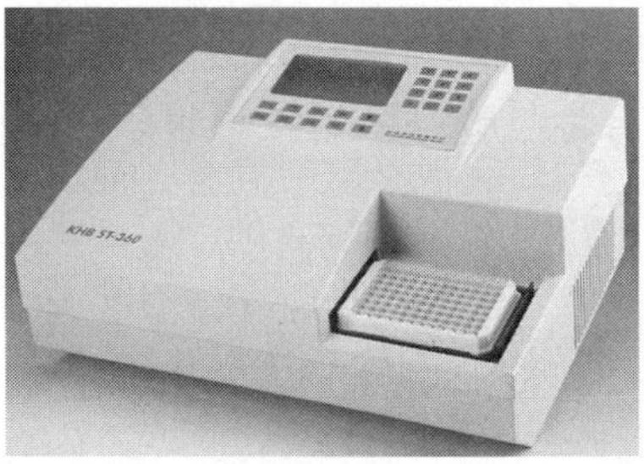

酶标仪

超净工作台

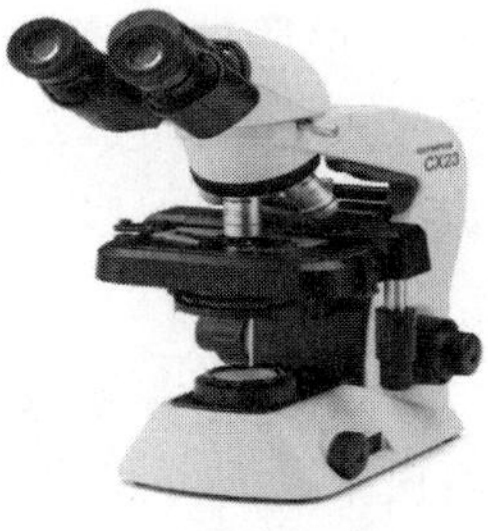

普通光学显微镜

**图 1-15　微生物实验常用的仪器设备**

**【方法步骤】**

**（一）实验器皿的准备、灭菌及使用**

1. 用前处理

新购进的玻璃器皿常附有游离碱质，不可直接使用。一般先将其放在 1%～2% 盐酸溶液或者洗涤液中浸泡数小时，以中和其碱质，然后再用肥皂水、洗衣粉或去污粉等洗涤剂及清水刷洗，以除去残留的酸质。

凡是被病原微生物污染过的玻璃器皿，在洗涤前必须进行严格的消毒。

2. 洗涤

对试管、培养皿、锥形瓶、烧杯等，可用瓶刷或海绵沾上肥皂、洗衣粉或去污粉等洗涤剂刷洗，然后用自来水充分冲洗干净，最后用蒸馏水冲洗。对装有固体培养基的器皿，应先将培养基刮去，然后洗涤。对吸过血液、血清、糖溶液或染料溶液等的玻璃吸管（包括毛细吸管），使用后应立即投入盛有自来水的标本瓶内，以免干燥后难以冲洗干净。标本瓶底部应垫以脱脂棉花，否则投入吸管时容易破损。待实验完毕，再集中冲洗。若吸管顶部塞有棉花，则冲洗前先将吸管尖端与装在水龙头上的橡皮管连接，用水将棉花冲出，然后再装入吸管自动洗涤器内冲洗。如果实验室中没有吸管自动洗涤器，可用冲出棉花的方法多冲洗几次。

玻璃器皿经洗涤后，若内壁的水是均匀分布呈一薄层的，表示油垢被完全洗去，若挂有水珠，则还须用洗涤液浸泡数小时，然后再用自来水充分冲洗。

经以上处理的玻璃器皿，可满足一般实验用。少数实验对玻璃器皿的清洁度要求较高，除用上述方法外，还应先用 2% HCl 溶液浸泡 10 min，再用自来水冲洗、蒸馏水淋洗 2～3 次。有的须用超纯水淋洗，然后烘干备用。

3. 干燥

洗净的玻璃器皿应倒插于干燥架上，令其自然干燥，必要时可放在干燥箱中干燥（50℃）。

4. 包装

在灭菌之前，需包装妥当玻璃器皿，以免其消毒后又被杂菌污染。

（1）试管、锥形瓶、烧杯的包装　用大小适宜的棉塞或橡胶塞将试管口和锥形瓶口塞好，再用纸张包裹，可直接用纸张包裹烧杯。

（2）吸管的包装　先用细长针头将少许棉花塞于吸管口端，目的是使用时避免将病原微生物吸入，同时可滤过空气。塞进的棉花应大小适宜。然后将吸管一一用纸包裹，每 10 支包成一束，包裹时吸管口端位于包装纸折叠的一端。

5. 消毒灭菌

包装之后，须对玻璃器皿进行消毒灭菌，可采用高压蒸汽灭菌或干热灭菌方法。灭菌后须再次干燥方可使用。

**（二）常用仪器的使用**

1. 电热恒温培养箱

根据培养要求，参照说明书进行温度设置。一般使用注意事项如下：

①在培养期间，除了放、取箱内物品外，尽量不要打开玻璃内门，尤其不要长时间打开内门，以免影响箱内温度。如需长时间敞开培养箱内门，则箱内温度稍有波动，这是正常现象。

②培养结束后，把电源开关拨至“0”，如无须立即取出物品，不要打开箱门。取出物品后，用布擦净培养箱，保持培养箱内外整洁。

2. 冰箱

使用时，应注意冷藏室（2～10℃）和冷冻室（－26～－16℃）的温度调节。具体使用方法，参考实际使用的冰箱的说明书进行。

3. 电热恒温水浴箱

具体使用方法，请参考实际使用的电热恒温水浴箱的说明书进行。电热恒温水浴箱的使用注意事项如下：

①箱外壳必须有效接地。

②在未加水前，切勿打开电源，以防止电热管内的电热丝烧坏。

③非必要时，勿拆开右侧盖板，以保证安全。

④为保证水浴箱温度的准确性，必须定期校准水浴箱温度，并做好日温度记录。

⑤定期换水，保持水温箱中的水干净，防止滋生细菌。

⑥经常检查水位，保证适当的水容量，防止干烧。

4. 酶标仪

具体使用方法，参考实际使用的酶标仪的说明书进行。

5. 超净工作台

(1)使用方法及注意事项

①对新安装的或长期未使用的工作台，使用前必须对工作台和周围环境进行清洁处理，先用超静真空吸尘器或不产生纤维的工具，再采用药物灭菌法或紫外线灭菌法进行灭菌处理。

②使用工作台时，应提前 30 min 开机，同时开启紫外杀菌灯，处理操作区内表面积累的微生物，30 min 后关闭杀菌灯（此时日光灯即开启），启动风机。

③操作区内不允许存放不必要的物品，应保证工作区的洁净气流流型不受干扰。

④操作区内尽量避免做明显扰乱气流流型的动作。

⑤操作区的温度不可以超过 60℃。

(2)维护方法

①根据环境的洁净程度，定期（一般 2～3 个月）将粗滤布（涤纶无纺布）拆下清洗或给予更换。

②定期（一般为一周）对周围环境进行灭菌，同时经常用纱布蘸酒精或丙酮等有机溶剂将紫外线杀菌灯表面擦拭干净，保持表面清洁，否则会影响杀菌效果。

③当加大风机电压已不能使风速达到 0.32 m/s 时，必须更换高效空气过滤器。

④更换过滤器时，可打开顶盖，更换时，应注意过滤器上的箭头标志，箭头指向即为层流气流流向。

6. 高速离心机

具体使用方法，参考实际使用的离心机的说明书进行。

7. 高压蒸汽灭菌锅

高压蒸汽灭菌法是湿热灭菌中应用最为广泛的一种方法。在一个密闭的高压蒸汽灭菌器中，水的沸点随水蒸气气压的增加而上升。把待灭菌物品放在灭菌器内，当灭菌器内压力为 0.1 MPa 时，温度可达到 121℃，一般维持 20 min，即可杀死一切微生物的营养体及其孢子。一般的培养基、玻璃器皿、金属用具、实验服、传染性标本等，均可用这种方法有效灭菌。灭菌的温度及时间视灭菌物品中的微生物种类及数量而定。

(1)操作方法

①打开灭菌锅盖，加适量水(如为手提式高压灭菌锅，加水至与支架圈平行处)。

②将待灭菌物品放于灭菌桶内，注意彼此间留有一定空隙，使蒸汽在容器内能够流通至每个物品的部位，以免形成蒸汽死角。物品不要紧靠桶壁，以防冷凝水进入灭菌物品。

③将盖上的软管插入灭菌桶的槽内，使罐内冷空气自下而上排出，加盖，上下螺栓口对齐，采用对角方式均匀旋转、拧紧螺栓，使灭菌锅密闭。

④打开排气口(放气阀)，排气 5～10 min，待蒸汽将锅内的冷空气排尽后关闭放气阀。温度随蒸汽压力升高而上升，待逐渐上升至所需温度时，控制热源，维持所需压力和温度，并开始计时。到达规定时间，关闭热源，停止加热，压力随之逐渐降低。

⑤待压力自然降至"0"后，打开放气阀，松动螺栓，开盖。立即取出灭菌物品，以免凝结在锅盖和器壁上的水滴滴在包装纸或被灭菌物品上，增加污染的概率。对斜面培养基，自锅内取出后要趁热摆放。灭菌后的空培养皿、试管等，须立即烘干或晾干。

⑥灭菌完毕后，除去锅内剩余水，保持锅内干燥。若连续使用，则需重新补足水分。

(2)注意事项

①高压蒸汽灭菌技术的关键是在压力上升之前排除锅内的冷空气。若锅内仍有滞留的冷空气，压力表指示虽达到指定值却达不到相应的温度，灭菌效果不好。

②灭菌时人不能离开现场，要严格控制热源和维持灭菌时的压力。压力过高不仅会破坏培养基的营养成分，而且易发生爆炸，造成事故。灭菌完毕后，要自然冷却，切忌用凉水浇灭菌锅来降温。压力降至"0"位前不能开盖，以免培养基沸腾喷出。

8. 电热干燥箱

具体操作方法根据实际使用的干燥箱的说明书进行。

(1)操作方法

①灭菌前，先用包扎纸(不用油纸)将玻璃器皿、金属用具包好，可将培养皿装入金属盒内，然后均匀放入干燥箱内。物品不能摆放过挤，不能紧靠箱壁，使空气流通，温度均匀。

②接通电源，打开开关，旋转箱顶部的调气阀，打开通气孔，排除箱内冷空气和水汽。待箱内温度达到 80℃时，关闭通气孔，打开鼓风机，使箱内温度均匀。

③继续加热，待温度达到 160～170℃时，保温维持 2 h。

④灭菌完毕，切断电源，当箱内温度冷却至 60℃时方可开箱取出物品。

(2)注意事项

在灭菌过程中，温度不能上升或下降过急。温度达到 60℃以上时，不能随意打开干燥箱门。

**【技能考核】**

1. 玻璃器皿的处理。
2. 常规仪器设备的使用。

## 实训二　普通光学显微镜的使用

**【目的要求】**

1. 了解普通光学显微镜的结构、功能和使用方法。

2. 掌握油镜的原理和使用方法。

**【材料设备】**

1. 菌种

金黄色葡萄球菌及枯草芽孢杆菌染色玻片标本，链霉菌及青霉的水封片。

2. 试剂

香柏油、二甲苯。

3. 仪器和其他用具

显微镜、擦镜纸等。

**【方法步骤】**

1. 观察前的准备

(1)显微镜的安置　将显微镜置于平整的实验台上，镜座距实验台边缘 3～4 cm，镜检时姿势端正。取、放显微镜时应一手握住镜臂，一手托住底座，使显微镜保持直立、平衡。切忌用单手拎提。不管是使用单筒显微镜还是使用双筒显微镜，均应双眼同时睁开观察，以减少眼睛疲劳，也便于一边观察一边绘图或记录。

(2)光源的调节　以安装在镜座内的光源灯为照明光源时，可通过调节电压以获得适当的光强；而以反光镜采集自然光或灯光作为照明光源时，可根据光源的强度及所用物镜的放大倍数选用凹面或凸面反光镜并调节其角度，使视野内的光线均匀，亮度适宜。

(3)目镜的调节　双筒显微镜的目镜间距是可以调节的，左目镜上一般还配有屈光度调节环，以适应眼距不同或两眼视力有差异的观察者。

(4)聚光器数值孔径值的调节　调节聚光器虹彩光圈值与物镜的数值孔径值相符或略低。有些显微镜的聚光器只标有最大数值孔径值，而没有具体的光圈数刻度。使用这种显微镜时，可在样品聚焦后取下一目镜，从镜筒中一边看着视野，一边缩放光圈，调整光圈的边缘与物镜边缘黑圈相切或略小于其边缘。因为各物镜的数值孔径值不同，所以每转换一次物镜，都应进行这种调节。在确定聚光器的数值孔径后，若须改变光照强度，可通过升降聚光器或改变光源的亮度来实现。

2. 显微镜检

在保持目镜不变的情况下，使用不同放大倍数的物镜所能达到的分辨率及放大率都是不同的。一般情况下，进行显微观察时，应遵守从低倍镜到高倍镜再到油镜的观察程序，因为低倍数物镜视野相对大，易发现目标及确定检查的位置。

(1)低倍镜观察　将标本玻片置于载物台上，用标本夹夹住，移动推进器使观察对象处在物镜的正下方。下降 10× 物镜，使其接近标本，用粗调节器慢慢地升起镜筒，使标本在视野中初步聚焦，再使用细调节器调至图像清晰。通过玻片夹推进器慢慢地移动玻片，认真地观察标本各部位，找到合适的目的物，仔细地观察并记录所观察到的结果。在任何时候使用粗调节器聚焦物像时，必须先从侧面注视并小心地调节物镜至靠近标本，然后用目镜观察，慢慢地调节物镜至离开标本进行对焦,以免损坏镜头及玻片。

(2)高倍镜观察　在低倍镜下找到合适的观察目标并将其移至视野中心后,轻轻地转动物镜转换器,将高倍镜移至工作位置。对聚光器光圈及视野亮度进行适当的调节后,微调细调节器使物像清晰,利用推进器移动标本,仔细地观察并记录所观察到的结果。

在一般情况下,当物像在一种物镜中已清晰聚焦后,转动物镜转换器将其他物镜转到工作位置进行观察时,物像将保持基本准焦的状态,这种现象称为物镜的同焦。利用同焦现象,可以保证在使用高倍镜或油镜等放大倍数高、工作距离短的物镜时仅用细调节器即可对物像清晰聚焦,从而避免由于使用粗调节器时可能的误操作而损坏镜头或载玻片。

(3)油镜观察　在高倍镜或低倍镜下找到要观察的样品区域后,将要观察的目的物移到视野中央,用物镜转换器将物镜镜头转至呈"八"字形,使载玻片上方出现可滴加香柏油的空间,在待观察的样品区域滴加香柏油,从侧面注视,用粗调节器将镜筒小心地降下,使油镜浸在香柏油中并几乎与标本相接。将聚光器升至最高位置并开足光圈,调节照明使视野的亮度合适,用粗调节器将镜筒徐徐上升,直至视野中出现物像并用细调节器使其清晰物像为止。

有时按上述操作还找不到目的物,则可能是由于油镜镜头下降还未到位,或因油镜上升太快,以至眼睛捕捉不到一闪而过的物像。遇此情况,应重新操作。另外应特别注意,在下降镜头时不可用力过猛,调焦时不能将粗调节器向反方向转动,否则容易损坏镜头及载玻片。

3. 显微观察后的处理

观察完毕后,应按以下步骤处理:

①上升镜筒,取下载玻片。

②用擦镜纸拭去镜头上的镜油,然后用擦镜纸蘸少许二甲苯(香柏油溶于二甲苯)擦去镜头上残留的油迹,最后用干净的擦镜纸擦去残留的二甲苯(注意:在擦拭过程中,只能沿着镜头直径朝一个方向擦)。切忌用手或其他纸擦拭镜头,应避免使镜头沾上污渍或产生划痕。

③用擦镜纸清洁其他物镜及目镜;用绸布清洁显微镜的金属部件。

④将各部分还原,反光镜垂直于镜座,将物镜转成"八"字形,将粗调节器向下旋,使叉开的物镜靠近载物台。登记使用情况后,或盖上防尘罩,或送入镜箱子,或装入柜子中。

最后,需要注意的是,目前所用的显微镜种类较多,尽管油镜的识别和原理是一致的,但在使用上可能与上述有所不同,应注意灵活掌握,目前生产中使用较多的是电光源显微镜。

**【技能考核】**

1. 在同一视野下用低倍镜、高倍镜、油镜观察载玻片上的细菌的形态。
2. 普通光学显微镜使用后的维护和保养。

## 实训三　培养基的配制

**【目的要求】**

1. 掌握不同细菌培养基的配制过程。
2. 了解液体培养基和固体培养基的区别及灭菌方法。

【材料设备】

1. 试剂

胰蛋白胨、酵母提取物、氯化钠、琼脂粉、蒸馏水等。

2. 仪器设备

天平、烧杯、试管、玻璃棒、药匙、量筒、称量纸、封口膜、锥形瓶、pH 试纸、一次性培养皿、微波炉或电炉、超净工作台和高压蒸汽灭菌器等。

【方法步骤】

1. 基础培养基的制备

一般培养基的制备主要有以下 5 个步骤：

①按照需要量准确称量各组分，将各组分置于适宜容量的烧杯中。

②用玻璃棒搅拌，使各成分溶解，必要时可加热，如果有水分损失，应补充至所需水量。如果配制含有琼脂的固体或半固体培养基，在加热时应充分搅拌，同时须防止琼脂沸腾溢出。

③将溶解均匀的培养基分装至小容量锥形瓶中。

④分装完毕后，用封口膜封口，并用橡皮筋扎好。

⑤将上述培养基以 0.105 MPa 于 121℃下高压蒸汽灭菌 20 min。

2. 普通琼脂平板的制备

取出灭菌后的普通琼脂培养基，握于手中觉得烫手，但仍能握持时，即为倾倒平皿的合适温度(50～60℃)。在每个灭菌培养皿中倒入 10～15 mL(以铺满培养皿底为宜)，于超净工作台中冷却、凝固。

3. 普通斜面的制备

将灭菌后的培养基分装至试管中(动作要快，防止琼脂凝固)，每管 4～5 mL，分装完毕后塞好棉塞或橡胶塞，趁热将试管口一端搁在玻璃棒上，使之有一定坡度，凝固后即成普通琼脂斜面。灭菌后的分装操作应在超净工作台中进行，也可以在灭菌前分装，分装后灭菌，灭菌后趁热将试管口一端搁在玻璃棒上，使之有一定坡度，凝固后即成普通琼脂斜面。

4. 无菌检查

将灭菌培养基放入 37℃恒温箱中培养 24～48 h，做无菌检验。无菌检验合格后，4℃冷藏后备用，琼脂平板需倒置放置。

【技能考核】

1. 培养基各组分的准确称取及溶解过程。

2. 培养基的分装过程。

3. 培养基的无菌检查操作。

## 实训四　水产微生物的分离培养、纯化与菌种保藏

【目的要求】

1. 熟悉细菌分离培养和纯化的原则。

2. 掌握细菌分离培养和纯化的技术。

3. 掌握菌种保藏的常见方法。

4. 能够熟练并规范地进行微生物无菌操作。

**【材料设备】**

1. 器材

无菌操作台、酒精灯、恒温箱、接种针、记号笔、电子天平、锥形瓶、量筒、药匙、玻璃棒等。

2. 培养基

营养肉汤、普通琼脂斜面、普通琼脂平板。

3. 菌种

大肠杆菌或嗜水气单胞菌。

4. 病料

病鱼及组织器官。

**【方法步骤】**

**(一)病原菌的分离及纯培养**

1. 病料的选择

根据临床诊断及流行病学调查,选用典型病变的组织器官。

2. 增菌培养

为了增加病料中分离培养细菌的机会,在用平板培养基做分离培养的同时,多用普通肉汤进行增菌培养。即使病料含有的细菌很少,这样做也多能检出。

3. 分离培养

分离培养的目的是适当地稀释被检查的病料,以获得单个的菌落,便于进行菌落性状的观察和对分离的细菌做初步鉴定。

常用的细菌分离培养法是平板划线分离培养法。平板划线培养的方法较多,可按操作人员的习惯选择。做平板划线培养时须注意以下 5 点:

①左手持培养皿,用左手的拇指、食指及中指将培养皿盖揭开呈 20°左右的角度(角度越小越好,以免空气中的细菌进入培养皿中将培养基污染)。

②右手持接种环,从混合培养肉汤中取少许菌液涂布于培养基边缘,然后将接种环上多余的菌液在火焰上灼烧,待接种环冷却后,再从第一次划线的末尾开始划线。可选用的方法如图 1-16 所示。

③划线前先将接种环稍稍弯曲,使其与琼脂面平行,不致划破培养基。

④划线中不宜过多地重复划线,以免形成菌苔。

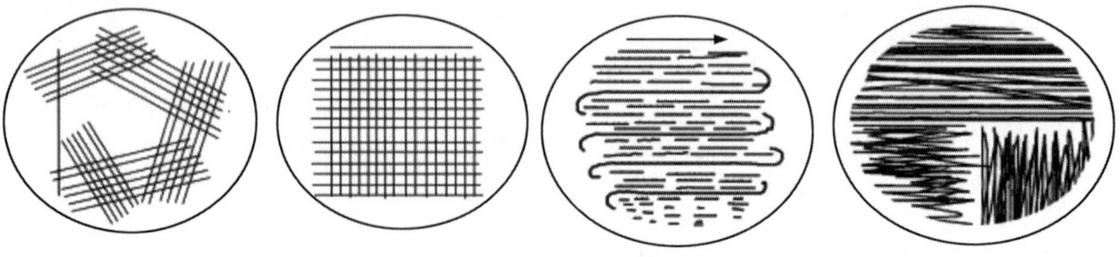

图 1-16 琼脂平板上的各种划线培养法

⑤接种完毕后，在培养皿底标明菌种名称、接种日期和接种者等，于 28～30℃下倒置培养 24 h。

4. 纯化培养

(1)试管斜面移植　将划线分离培养 24 h 的平板从恒温箱取出，挑取单个菌落，经染色镜检，证明其不含杂菌后，再用接种环挑取单个菌落，移植于琼脂斜面培养，得到的培养物即为纯培养物。此培养物可用于其他各项试验检查。以斜面接种为例，纯培养的具体操作方法如下：

①进行两试管斜面移植时，左手斜持菌种管和被接种琼脂斜面管，使管口互相并齐，管底部放在拇指和食指之间，松动两管棉塞或橡胶塞，以便接种时容易拔出(图 1-17)。

②右手持接种棒，在火焰上灭菌后，用右手小指和无名指并齐同时拔出两管塞子，将管口靠近火焰进行火焰灭菌(图 1-17)。

③将接种环伸入菌种管内，先在无菌生长的琼脂上接触使之冷却，再挑取少许细菌，抽出接种环后立即伸入另一管斜面培养基上，勿碰及斜面和管壁，直达斜面底部。从斜面底部开始划曲线，向上至斜面顶端为止，管口通过火焰灭菌，将棉塞塞好(图 1-17)。

④接种完毕后，将接种环通过火焰灭菌，放下接种棒。最后在斜面管壁上注明菌种名称、接种日期和接种者，置于恒温箱中培养。

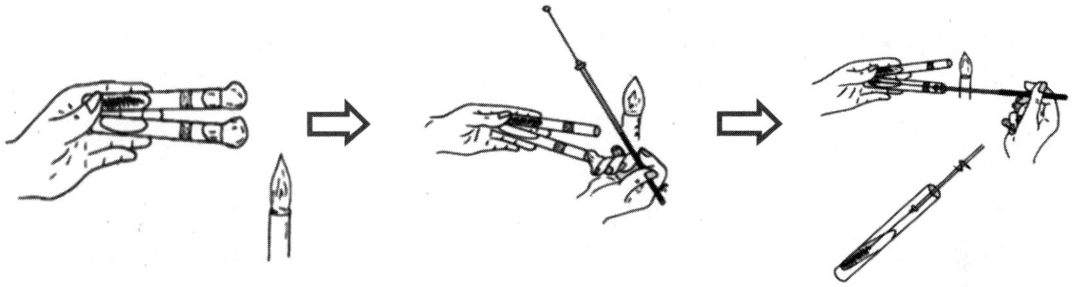


**图 1-17　斜面接种方法示意**

(2)平板移植培养　从平板培养基上挑取可疑菌落移植到琼脂斜面上进行纯培养时，用右手持接种棒，将接种环置于火焰上灼烧灭菌，用左手打开平皿盖，立即挑取可疑菌落，然后盖上平皿盖，立即取斜面管，按上述方法进行接种、培养。

(3)穿刺半固体移植培养　穿刺法接种的操作基本上与纯培养接种相同，不同的是用接种针挑取菌落，垂直刺入培养基内，即从培养基表面的中部一直刺入管底，然后沿原方向抽出接种针。

**(二)菌种保藏**

可根据实验室具体条件选用以下几种保藏方法。

1. 斜面法

将菌种转接在适宜的固体斜面培养基上，待其充分生长后，用油纸将塞子部分包扎好(斜面试管宜用带帽的螺旋试管，这样培养基不易干，且螺旋帽不易长霉，如用棉塞，要求塞子干燥)，置于 4℃冰箱中保藏。保藏时间依微生物的种类各异。霉菌、放线菌及有芽孢的细菌保存 2～4 个月移种一次，普通细菌最好每月移种一次，假单胞菌 2 周传代一次，酵母菌间隔 3 个月。此法操作简单，使用方便，不需特殊设备，能随时检查所保藏的菌株是否死亡、变异与污染杂菌等。缺点是保藏时间短，需定期传代，且易被污染，菌种的主要特性容易改变。

2. 液体石蜡法

液体石蜡法的具体操作如下：

①将液体石蜡分装于试管或锥形瓶中，塞上棉塞并用牛皮纸包扎好，121℃ 灭菌 30 min，然后放在 40℃温箱中，备用。

②将需要保藏的菌种接种到最适宜的斜面培养基中，培养至菌体健壮或孢子成熟。

③用无菌吸管吸取无菌的液体石蜡，加至已长好菌的斜面上，其用量以高出斜面顶端 1 cm 为准，使菌种与空气隔绝。

④将试管直立，置于低温或室温下保存（有的微生物在室温下比在冰箱中保存的时间还要长）。

3. 穿刺法

该方法操作简便，是短期保藏菌种的一种有效方法。具体操作如下：

①穿刺法的操作同穿刺半固体移植培养，培养试管选用带螺旋帽的短试管或用安瓿管、Eppendorf 管等。

②将培养好的穿刺培养管盖紧，并用石蜡膜封严，置于 4℃下保存。

③取用时将接种环伸入菌种生长处挑取少许培养物，接入适当的培养基中。封严穿刺管后，可保留其以后再用。

4. 沙土管法

采用沙土管保藏菌种的操作步骤如下：

①取河沙若干，加入 10%盐酸，加热煮沸 30 min 以除去有机质。倒去盐酸溶液，用自来水冲洗至中性，最后一次用蒸馏水冲洗，烘干后用 40 目筛子过筛，除去粗颗粒，备用。

②取非耕作层中的不含腐殖质的瘦黄土或红土，加自来水浸泡、洗涤数次，直至中性。烘干后碾碎，用 100 目筛子过筛，除去部分粗颗粒。

③将处理好的河沙与土壤按 3∶1 的比例混合（根据需要也可用其他比例，甚至可全部用沙或土）均匀后，分装至小试管或安瓿管中，每管分装 1 g 左右，塞上棉塞，进行灭菌（通常采用间歇灭菌 2～3 次），烘干备用。

④每 10 支沙土管随机抽 1 支，将沙土倒入肉汤培养基中，30℃培养 40 h，若发现有微生物生长，则所有沙土管须重新灭菌，直至证明沙土管无菌后方可使用。

⑤取生长健壮的新鲜斜面菌种，加入无菌水，用接种环轻轻地将菌苔洗下，制成菌悬液。

⑥每支沙土管（注明标记后）分装 0.5 mL 菌悬液（以使沙土润湿为宜），用接种针拌匀。

⑦将装有菌悬液的沙土管放入干燥器内，干燥器底部盛有干燥剂，用真空泵抽干水分后过火焰封口（也可用橡皮塞或棉塞塞住试管口）。

⑧将沙土管置于 4℃冰箱中或室温干燥处，每隔一定的时间进行检测。

此法多用于产芽孢的细菌以及产生孢子的霉菌和放线菌的保藏，在抗生素工业生产中应用广泛、效果较好，但对营养细胞效果不佳。

5. 冷冻真空干燥保藏法

此法是将加了一定保护剂的菌悬液冷冻，然后在冻结状态下真空冷冻，使微生物细胞处于半永久休眠状态，从而达到长久保种的目的。这是国际菌种保藏机构通常采用的方法之一，保藏期达 5～15 年，几乎所有微生物都可采用此法保藏。其操作步骤及要求如下。

①宜采用中性玻璃制造的安瓿管，先用 2%盐酸浸泡 8～10 h，再经自来水冲洗多次，用蒸馏水涮洗 2～3 次，烘干；在管内放入写明菌种名称及保藏日期的标签，字面朝向管壁，管口塞好脱脂棉塞，121℃下高压灭菌 20 min，备用。

②菌种纯度要高，菌龄要适宜。细菌和酵母菌的菌龄要求超过对数生长期，若用对数生长期的菌种进行保藏，其存活期反而缩短。一般地，细菌的菌龄要求为 24～48 h；酵母菌为 3 d；形成孢子的微生物则宜保藏孢子；放线菌和丝状真菌菌龄为 7～10 d。

③选取新鲜牛奶作为保护剂，牛奶需脱脂，用离心方法去除上层油脂，115℃下高压蒸汽灭菌 25 min，备用。

④将菌种保护剂按一定比例制成菌悬液。悬液中菌数以达到 $10^8$～$10^{10}$ 个/mL 为宜。悬液制备完成后尽快分装和冻结。分装时，每管分装量为 0.1～0.2 mL，最好在无菌条件下 1～2 h 内完成。

⑤将分装好的菌种放入－80℃超低温冰箱中，预冻 1～2 h。

⑥将冷冻后的样品安瓿管置于冷冻干燥机的干燥箱内，冷冻干燥时间一般为 8～20 h。根据下列情况判断终止干燥时间：①安瓿管内冻干物呈酥块状或松散片状；②真空度接近空载时的最高值；③设置 1～2 支对照管，其内水分与菌悬液同量，视为干燥完结。

⑦抽真空干燥后，取出安培瓶，接在封口用的玻璃管上，可用 L 形五通管继续抽气，约 10 min 即可达到 26.7 Pa(0.2 mmHg)。于真空状态下，用酒精喷灯的细火焰灼烧安培管颈中部进行封口。

⑧将安瓿管保藏在－20℃冰箱中。

6. 甘油法

甘油法是指利用无菌生理盐水将菌种制备成菌悬液，再用灭菌 40%～50%甘油作为保护剂，在不破坏菌种的原生质层和细胞膜的条件下保藏菌种的方法。采用此法保藏菌种，可保藏 3～5 年(柳洪洁 2014)。

7. 液氮超低温保藏法

液氮超低温保藏法是保藏菌种较理想的方法，变异的可能性较低，保存时间长达 5～8 年。此法是将微生物菌种置于液氮超低温(－196℃)条件下保藏的方法，其特点是微生物代谢降低到完全停止的状态，不需定期移植。常用的保护剂有甘油、血清蛋白、糊精、吐温 80 等。

**【技能考核】**

1. 细菌划线操作。
2. 检查细菌分离的纯化度。
3. 菌种斜面保藏操作。
4. 菌种液体石蜡保藏操作。

## 实训五　细菌涂片的制备及革兰染色技术

**【目的要求】**

1. 掌握细菌涂片的制作技术。

2. 掌握革兰染色操作技术。

**【材料设备】**

1. 器材

香柏油、无水乙醇、显微镜、擦镜纸、接种环、载玻片、吸水纸、小滴管、培养皿、酒精灯等。

2. 菌种

培养物(嗜水气单胞菌、柱状曲桡杆菌、豚鼠气单胞菌等)、细菌病料。

3. 试剂

革兰染色液。

**【方法步骤】**

**(一)细菌涂片的制作**

1. 涂片

根据所用材料不同,涂片的制作方法不同。

(1)液体培养物　可直接用灭菌接种环钩取细菌培养液 1～2 环,在玻片上作直径 1 cm 的涂面。

(2)固体培养物　如以菌落、脓汁、粪便等为材料,应先在载玻片中央滴一滴生理盐水或蒸馏水,然后用接种环蘸取少量材料,在液滴中混合,均匀涂抹成适当大小的薄层。

(3)液体病料　如血液、渗出液、腹水等,取一块边缘整齐的载玻片,用其一端蘸取少许血液等液体材料,在另一块洁净的玻片上,以 45°均匀摊成一薄层。

(4)组织病料　以无菌操作方法将水产动物剖开后,暴露出内脏组织,用镊子夹持组织局部,然后用灭菌剪刀取一小块,将其新鲜切面在玻片上作 3～5 个压印或涂抹成一薄层。

做好涂片后,应用玻璃铅笔在玻片背面标明菌种名称、材料、染色方法等。如有多个样品且染色方法相同,则可以在同一载玻片上作多点涂片,但应在载玻片背面标明相关信息并分成若干小方格,每方格涂一种样品。如需保存标本片,应贴标签。

2. 干燥

涂片最好在室温中自然干燥,必要时,可将标本面向上,在火焰高处烘干。切勿靠近火焰,以免标本干焦、菌体变形。

3. 固定

固定分火焰固定和化学固定两种。

(1)火焰固定　将已干燥的标本片涂面向上,使背面在酒精灯火焰上以钟摆速度通过3 次,以固定后的标本片触及皮肤时稍感烧烫为度。不能在火焰上烧烤涂片,否则,菌体形态易被破坏。

(2)化学固定　血液、组织脏器等涂片用姬姆萨氏染色或亚甲蓝染色时,应用化学固定法固定,而不用火焰固定;如用瑞氏染色则不应另作固定,因染料中含有固定液。化学固定的方法是将干燥的涂片浸入甲醇中 2～3 min，取出晾干，或者直接在涂片上滴加数滴甲醇使其作用 2～3 min 后，自然挥发干燥。

固定的目的是：①杀死涂片中的微生物；②使菌体蛋白质凝固并附着在载玻片上，以防在染色过程中被水洗掉；③改变细菌对染料的通透性。

必须注意的是，固定作用并不能杀死所有细菌，也不能避免部分涂抹物被洗脱。因此，在制备含芽孢病原菌的涂片时，应严格处理残液和涂片本身，以防病原菌扩散。

**(二)革兰染色法**

革兰染色法的操作步骤如下：

①在已干燥、固定好的涂片上滴加草酸铵结晶紫染色液，厚度以将菌膜覆盖为宜，染色 1～2 min，水洗。

②吸除残余水分，滴加碘液，染色 1～3 min，水洗。

③滴加 95%酒精 2～3 滴，频频摇晃涂片 3～5 s，使酒精能均匀地布满涂片。斜持涂片，使酒精流出，再滴加酒精，直至流下的酒精呈无色或稍呈淡紫色为止，然后水洗。可根据涂片的厚度灵活掌握脱色的时间，通常在 15～40 s 之间。

④滴加番红复染液，复染 1～2 min，水洗。

⑤用吸水纸吸除水分或自然晾干，镜检。

在显微镜下可见，革兰阴性菌呈红色，革兰阳性菌呈紫色。决定革兰染色成败的关键是脱色时间。如果脱色时间过长，革兰阳性菌也可被脱色而被误认为是革兰阴性菌。反之，革兰阴性菌也可被误认为是革兰氏阳性菌。脱色时间还受涂片厚度、脱色时摇晃玻片的频次及酒精用量等因素的影响，无法严格规定，一般可用已知的革兰阳性菌和革兰阴性菌作为对照，以验证结果的准确性。

革兰染色操作过程中应注意 3 点：

①在染色过程中不可使染色液干涸。

②选用适龄培养物，以培养 18～24 h 为宜。菌龄过长，细菌死亡或自溶，也常使革兰阳性菌呈阴性反应。

③涂片不宜过厚，以免脱色不完全，造成假阳性。

**【技能考核】**

1. 制片操作。

2. 革兰染色操作。

3. 显微镜镜检操作，并描绘油镜下的细菌形态。

## 思考题

1. 微生物生化反应的意义有哪些？

2. 为什么在做各项生理生化试验时，都要设置空白对照？

Project 2

项目二

# 真核细胞型微生物

**知识目标**

1. 掌握酵母菌和霉菌的形态结构及菌落特点。
2. 了解酵母菌、霉菌生长繁殖的方式及条件。
3. 了解水生生物体或水产品、饲料的实验室霉菌检测方法。

**技能目标**

1. 能够识别菌样中真菌的形态及染色特性。
2. 能够制作水霉菌标本片。
3. 能够制备酵母菌、霉菌的培养基，并正确地进行分离培养。

【案例导入】

水霉在5～26℃水温下都能生长，能感染各种饲养鱼类，如金鱼(图2-1)。水温越高，水霉生长越快，30℃以上不适宜水霉生长。每年的人工繁殖季节，鱼卵很容易感染水霉，感染水霉后，鱼卵菌丝呈放射状，故称为"太阳籽"。活卵不长水霉，自然死亡的鱼卵比机械损伤和高温致死的长水霉快。水霉病的发生与机械性损伤有关，因此，防治水霉病应减少鱼体机械性损伤。

**图2-1　金鱼水霉病**

(引自中国水产频道)

【必备知识】

真菌是一类真核微生物的统称。其无叶绿素，不能进行光合作用，化能有机营养，能产生孢子，进行无性和有性繁殖，不运动(游动孢子除外)，具有细胞壁、细胞膜、细胞质、细胞器和真正的细胞核，除少数为单细胞外，一般为多细胞的菌丝体。

根据真菌形态分类，分为酵母菌、霉菌和生产子实体的大型真菌(蕈菌)。在分类学中，它们均隶属于真菌门的鞭毛菌亚门、接合菌亚门、担子菌亚门和半知菌亚门。真菌在自然界中种类多，数量大，分布广泛，土壤、水、空气中以及动植物体内均有真菌，水生种类多数生活在江河、湖泊中，少数栖息于海洋。真菌的很多种类能分解淀粉、纤维素、木质素等大分子物质，大多数对人体和动物是有益处的，如用于生产化工、医学、轻工、食品、饲料等方面的产品和处理废物等。但有的真菌能导致食品、谷物、农副产品发霉变质，引起人和动物的疾病，危害人和动物的健康。这里主要介绍与水产业相关的酵母菌和霉菌。

## 任务一　酵母菌

酵母菌是一类单细胞的真核生物的统称。目前，已发现酵母菌500种，其中，来源于我国的有100多种。酵母菌在自然界中分布广，主要分布在含糖较高的偏酸性环境中，如蔬菜、水果表面，菜园和果园的土壤中较多，在油田和炼油厂附近的土层中多见能利用烃类的酵母菌。在水产养殖水体和水产动物肠道、体表等处均有不同种类的酵母菌。如李娟等(2014)在黄海近海海水和海泥中分离得到红酵母属的海洋胶红酵母;高鹏(2014)从大连海域的海参肠道中筛选出两株海参肠道高产胞外多糖酵母菌——胶红酵母和季也蒙假丝酵母;齐琼(2019)从凡纳滨对虾养殖环境和养殖生物中共分离得到93株红酵母菌株,主要有胶红酵母、黏红酵母、毛果红酵母、南美衫红酵母、斯鲁菲亚红酵母、春秋红酵母等。

酵母菌菌体较大,细胞内含有丰富的蛋白质、氨基酸和维生素,在酿造、食品、医学、石油、工业和饲料工业等方面有着广泛应用。如球拟酵母和白色假丝酵母在石油脱蜡和降低石油凝固点方面有重要作用;酿酒酵母、假丝酵母和黏红酵母在处理炼油厂含油含酚废水中起积极作用;酵母菌还可用于监测重金属。还可利用重组酿酒酵母、重组毕赤酵母生产乙肝疫苗等。近年来,酵母在水产上应用较多。如李娟等(2014)分离的海洋胶红酵母,其粗蛋白含量为49.7%,可作为新型水产饲料蛋白源。工上(2016)制备了季也蒙假丝酵母粗糖液,将其饲喂海参,其结果表明,季也蒙假丝酵母胞外多糖作为饲料添加剂对海参的生长具有促进作用,并且可以提高海参机体免疫活性。王琰(2019)筛选出的阿氏丝孢酵母对合成废水培养基具有较强的除磷能力,填补了酵母菌除磷领域的空白,为探索废水除磷新技术的开发提供理论参考。但有少数酵母菌对鱼类、虾蟹类有害;腐生型酵母菌能使食品、纺织品和其他原料腐败变质;鲁氏酵母、蜂蜜酵母会使蜂蜜、果酱败坏。

## 一、酵母菌的形态和结构

1.酵母菌的形态和大小

大多数酵母菌为单细胞,一般呈卵圆形、圆形、圆柱形或柠檬形,有些酵母菌的形状特殊,呈瓶形、三角形和弯曲形等。大小为(1～5) μm×(5～30) μm,最长可达100 μm。各种酵母菌大小和形态与种属、菌龄、环境条件的变化有关,但在一定的条件下,都具有相对稳定的形态,是菌种鉴定依据之一。

2.酵母菌的细胞结构

酵母菌的细胞结构与其他真核生物相似,有细胞壁、细胞膜、细胞核、细胞质、线粒体、微体、液泡、内质网、内脂颗粒和异染颗粒等结构(图2-2)。酵母菌的细胞壁主要由甘露聚糖、葡聚糖、蛋白质、几丁质等组成,其厚度因菌龄而异,一般为20～25 nm,占细胞干物质的25%。细胞膜与所有生物膜一样,具有典型的3层结构,它包裹着细胞质,内含细胞核、线粒体、核蛋白体、内质网、高尔基体和纺锤体。主要成分是蛋白质、类脂和少量多糖。酵母菌的细胞核具有核膜、核仁和染色体。核膜上存在着大量直径为40～70 nm的核孔,是细胞核与细胞质间进行物质交流的选择性通道。线粒体呈球状或杆状,中心体附在核膜上。液泡常靠近细胞壁,其数目和体积随细胞年龄或退化程度增加而递增。成熟的酵母菌细胞中有一个大型的液泡,内含有糖原、多磷酸盐贮藏物以及核糖核酸酶、酯酶、蛋白酶等多种水解酶类,除了有溶酶体功能,液泡还有贮存营养物质和维持细胞渗透压的作用,它可以使蛋白酶等水解酶与细胞质隔离,防止细胞损伤。

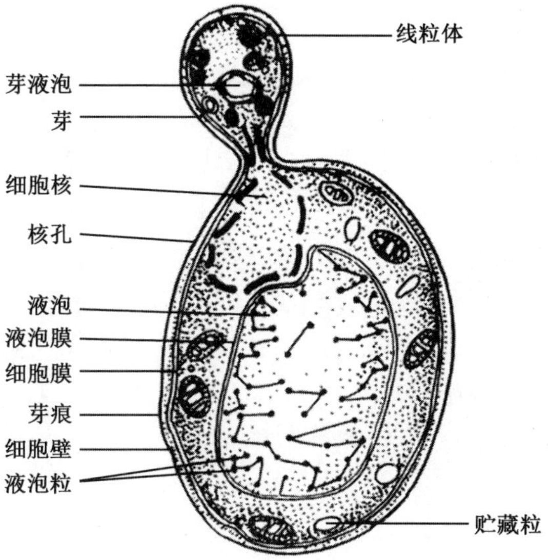


**图 2-2　酵母细胞结构**

（引自肖克宇和陈昌福，水产微生物学，2004）

## 二、酵母菌的生长繁殖

1. 酵母菌的繁殖

酵母菌的繁殖方式多样，一般以无性繁殖为主，其中以芽殖为常见，少数为裂殖，另有少数种类以产生无性孢子如掷孢子、节孢子和厚垣孢子进行繁殖。有些酵母可通过形成有性孢子进行有性繁殖。酵母菌的生长繁殖规律与细菌相似，生长曲线也分为四期。

（1）无性繁殖　酵母菌主要借助裂殖和芽殖两种方式进行无性繁殖。芽殖是指酵母菌细胞以芽生的方式产生子细胞。裂殖是指真菌的营养体细胞一分为二，分裂成两个菌体的繁殖方式。酵母菌的裂殖方式与细菌的分裂相似。除了裂殖和芽殖，还有少数酵母菌以产生无性孢子形式繁殖，如掷孢酵母产生掷孢子，孢子被弹射出而得以繁殖。

（2）有性繁殖　酵母菌以形成子囊和子囊孢子的方式进行有性繁殖。即两个性别不同的细胞接近—结合—细胞质融合—减数分裂，形成 4 个或 8 个细胞核。每一子核与其周围的原生质形成孢子，即为子囊孢子，原来的细胞壁成为子囊。子囊破裂后孢子散出，在适宜环境下可萌发形成新的酵母菌。酵母菌产生的子囊和子囊孢子有不同形状，是酵母菌分类的重要依据。

2. 酵母菌的生活史

酵母菌的生活史有单倍体型、双倍体型和单双倍体型三种（图 2-3）。

（1）单倍体型　指单倍体阶段在生活史中占主要地位，如八孢裂殖酵母。

（2）双倍体型　指双倍体阶段在生活史中占主要地位，如路德类酵母。

（3）单双倍体型　指单倍体阶段与双倍体阶段在生活史中占的地位相等，如酿酒酵母。

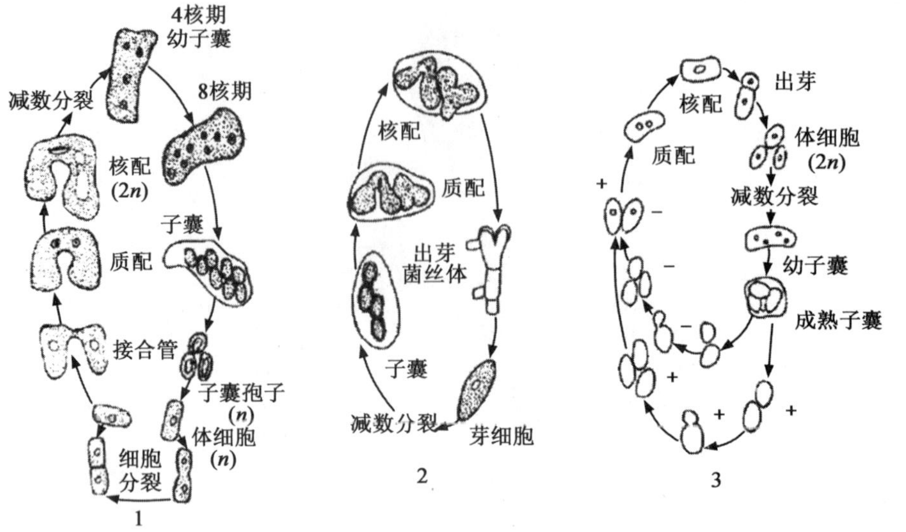


图 2-3　酵母菌的三种生活史

3. 酵母菌的培养条件

(1)营养物质　酵母菌属化能异养菌。在实验室中常用马铃薯、麦芽汁、玉米粉、豆芽汁、葡萄糖、蔗糖、酵母膏等制备培养酵母菌的培养基。能利用单糖和双糖,不能直接利用淀粉。能以蛋白胨、酵母膏、尿素、氨盐和硝酸盐等无机氮作为氮源。

(2)温度　绝大多数酵母菌的适宜生长温度为 25～28℃。

(3)pH　酵母菌的最适 pH 范围为 3.0～6.0,其生长 pH 范围在 2.5～8.0。

(4)气体　大多数酵母菌为兼性厌氧型微生物,有氧时生长迅速,少氧或无氧时产生酒精,对酒精的耐受浓度为 3%～6%,酿酒酵母对酒精的耐受浓度高达 24%。

(5)湿度　酵母菌一般在相对湿度为 95%～100%条件下生长良好。

4. 酵母菌的菌落特征

酵母菌在固体培养基上形成的菌落为乳白色或红色(如海洋胶红酵母),菌落较大且厚,表面光滑、湿润,有黏性。若培养时间较长,菌落会变干燥,呈皱缩状。还有些种可以形成同心环等。不产生假菌丝的酵母菌其菌落更为隆起,边缘十分圆整,反之则平坦粗糙。

酵母菌在液体培养基中的培养特征因菌种不同而有差别:有的在液面上形成菌膜;有的在培养基中均匀生长;有的在底部形成沉淀;发酵型的酵母菌产生二氧化碳,可使培养基表面充满泡沫。

## 三、水产上常见酵母菌

酵母菌含有蛋白质、必需氨基酸、酵母多糖、B 族维生素(如维生素 $B_1$、维生素 $B_2$、泛酸、胆碱、烟酰胺、生物素和叶酸等)、微量元素(磷、铁、钙、钠、钾、镁、铜、锌、锰、钴和硒等)等营养物质,在水产上可利用其营养生产蛋白饲料和生物饵料,可起到提高免疫力和净化水质的作用。水产上常用的酵母有海洋胶红酵母、红发夫酵母、酿酒酵母阿氏丝孢酵母等。这里主要介绍两种当前热点酵母种类。

**(一)海洋胶红酵母**

胶红酵母属于隐球酵母科的红酵母属。海洋胶红酵母是南海近岸海域的红酵母中优势种群之一。在光学显微镜下可见其直径为 4～5 μm,细胞呈圆形或卵形,无性繁殖为多边芽殖,无假菌丝;菌落为中等大小的圆形隆起,表面光滑、边沿平整,有光泽,呈红色或橘红色。胶红酵母菌体含有蛋白质、类胡萝卜素、虾青素、氨基酸、维生素、核苷酸等多种营养成分和生物活性物质,可作为食品添加剂、功能生物饲料、抗氧化剂、抗菌剂、着色剂等应用(庄荣玉等,2020)。吴康等(2017)对 3 株海洋红酵母的营养成分分析结果表明,这 3 株红酵母具有优良的脂肪酸组成、丰富的必需氨基酸,有作为水产养殖饲料的潜在营养价值。张坤等(2017)在饵料中添加不同浓度的胶红酵母,在一定程度上提高了刺参的生长性能、免疫活性和抗病能力,其中,中剂量组($10^7$ CFU/g)表现出更好的效果。张春晓等(2018)在研究胶红酵母的成分及其对刺参免疫力和抗氧化能力的影响时测得,胶红酵母菌体中粗蛋白质量分数为 57.37%,不饱和脂肪酸占总脂肪酸的 82.03%;胶红酵母含有葡聚糖、β-胡萝卜素和维生素 E,分别为 3.41%质量分数、17.05 mg/kg,535.5 mg/kg。添加($10^7$ CFU/g)胶红酵母可以显著提高刺参的酸性磷酸酶、溶菌酶、碱性磷酸酶、超氧化物歧化酶、过氧化氢酶、谷胱甘肽过氧化物酶的活性,降低丙二醛的浓度,表明在饵料中添加胶红酵母可以在一定程度上提高刺参的免疫力和抗氧化能力。

**(二)红发夫酵母**

红发夫酵母属于担子菌纲(Basidiomycetes)的红发夫酵母属,是天然可产虾青素的酵母之一。红发夫酵母最初是 20 世纪 60 年代 Hermazn Phaff 等人在美国阿拉斯加以及日本发现的,后经 Miller 鉴定并命名为红发夫酵母。1976 年,Andrews 等发现其产生虾青素。红发夫酵母以单细胞为主,为粉红色,形状呈椭圆形,大小为(3～6) μm×(5～12) μm,有时形成假菌丝,繁殖方式是无性芽殖。菌落的表面上凸,边缘齐整,颜色呈红色,并随虾青素产量的增加而加深。细胞壁厚约 25 nm,质量达细胞干重的 25%,呈"三明治"状,外层为甘露聚糖(40%～45%),内层为葡聚糖(35%～45%),中间夹着一层蛋白质。细胞内含蛋白质、脂肪、谷胱甘肽、核糖核酸和 B 族维生素等。细胞中不但含有丰富的营养物质,并且还含有许多种不饱和脂肪酸和虾青素前体,其生长的温度范围为 0～27℃。在红发夫酵母所产的 10 多种类胡萝卜素中,虾青素占总色素含量的 70%以上。虾青素可用作食品添加剂,能够增强鲜、色、味和质,又可着色,增加人们对食品的喜爱度,如添加到食用油脂、食用酒精、面包、豆浆、冷饮、橙汁、果冻、饼干等日常食品中。此外,具有很好的抗氧化活性,当前虾青素作为新型的化妆品原料,已用于膏霜、乳剂、口红、精华液、面膜和护肤品等各类化妆品中(蒋桂丽,2019)。红发夫酵母不需要光照,可以各种糖为碳源进行快速异养代谢,生长时间短和能实现高密度培养等,因此,利用红发夫酵母生产虾青素成为当前研究的热点(Jiang 等,2017)。

## 任务二 霉菌

霉菌一般是指在基质上长出的肉眼可见的绒毛状、棉絮状或蜘蛛网状的丝状真菌。霉菌分布广泛，如水、土壤和空气中及动植物体内外都存在。霉菌能使淀粉、纤维素、半纤维素和木质素等复杂的大分子物质分解，产生很多有用产物。如用霉菌制酱，酿酒，生产有机酸（如柠檬酸、葡萄糖酸、延胡索酸）、酶制剂（淀粉酶、蛋白酶、纤维素酶等）、抗生素（青霉素、头孢霉素、灰黄霉素等）、维生素（维生素 $B_2$ 等）、生物碱（麦角碱等）、多糖（真菌多糖）和植物生长激素（赤霉素）等。有些霉菌可用于污水处理，如镰刀霉分解无机氰化物的能力强，可去除废水中 90%以上氰化物。但是霉菌也有坏处，能使农产品霉变；能使纤维制品腐烂，橡胶老化、脆裂，造成漏气、漏水、漏电；还可引起人和动植物发病，如黄曲霉毒素有很强的致癌作用，水霉菌使鱼发病，等等。

### 一、霉菌的形态结构

霉菌是形成分枝菌丝的真菌的统称。许多菌丝交织在一起，称为菌丝体。霉菌的菌丝呈管状，幼龄菌丝一般无色透明，老龄菌丝常带有一定颜色，宽度为 3～10 μm，长度可无限延伸。在低倍镜下菌丝清晰可见，用高倍镜可观察其内部结构。

霉菌的菌丝可按结构分为无隔菌丝和有隔菌丝两种类型（图 2-4）。无隔菌丝是指菌丝中无隔膜，整个菌丝就是一个单细胞，内含多个细胞核，如水霉、毛霉、绵霉和根霉等的菌丝。隔膜上有的无孔，为封闭式；有的有 1 个或多个孔，使相邻两细胞内的物质能够相互交换。青霉、木霉、镰刀霉、白地霉和曲霉等霉菌的菌丝为有隔菌丝。

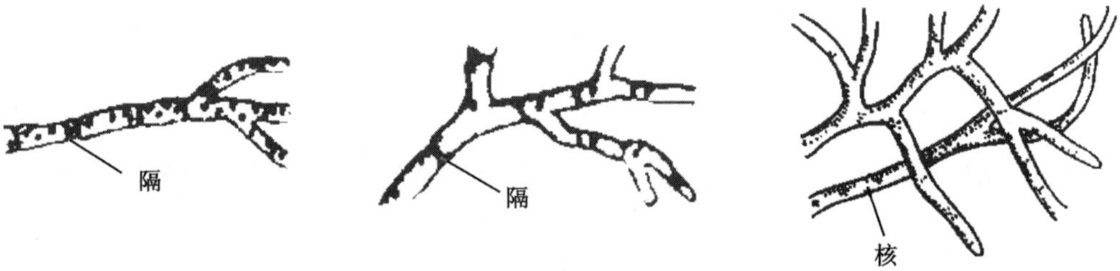


图 2-4 霉菌菌丝

（引自肖克宇和陈昌福，水产微生物学，2004）

霉菌的菌丝也可按照功能分类，分为营养菌丝（基内菌丝）、气生菌丝和繁殖菌丝。着生在基质内的菌丝称为营养菌丝或基内菌丝，其有吸收营养和排除废物的功能；生长在基质外的菌丝称为气生菌丝；一部分气生菌丝能形成生殖细胞或生殖细胞的保护组织，或者其他组织，这类气生菌丝称为繁殖菌丝。有的菌丝产生色素，呈现不同的颜色，有的色素可被分泌到细胞外。

霉菌菌丝细胞的基本构造与酵母菌细胞的类似，具有细胞壁、细胞核、细胞膜、细胞质、线粒体、核糖体、内质网及各种内含物。细胞壁的主要化学成分是多糖，其次还有一定量的蛋白质和脂类。多糖的性质和量因霉菌种类的不同而有差别：水生霉菌等低等霉菌含有的多糖为纤维素，或为纤维素与几丁质；高等霉菌的细胞壁主要由几丁质组成。霉菌的细胞壁与细胞膜之间还有形如囊状或球形的边体，可能与分泌有关。多数霉菌有液泡，常靠近细胞壁，形状不规则，其来自高尔基体，泡内有细胞质，膜上有溶酶体。液泡的大小和数目与菌龄有关，幼龄菌的细胞质充满整个细胞，老龄菌则出现较大的液泡。霉菌的细胞核有核仁和核膜，核内有染色体。多数霉菌是单倍体，也有是双倍体和多倍体的。

此外，霉菌还可形成菌素、菌核和吸器等一些特殊的结构和组织。菌素是由大量菌丝平行聚集并高度分化成的根状特殊组织，具有吸收营养和蔓延作用。菌核是一种休眠体，是由菌丝聚集并分化成的团块结构，在不良条件下可保存数年生命力。吸器是侵入寄主细胞内而形成的指状、球状或丛枝状的结构，是某些寄生性真菌丝上产生的旁枝，用来吸收寄主细胞中的养分。

## 二、霉菌的繁殖方式

霉菌主要以无性或有性孢子繁殖，且以无性繁殖为主。各种孢子在适宜的条件下均可萌发成菌丝。孢子的类型、大小、形状和颜色多种多样，是霉菌分类的重要依据。

### (一)无性孢子繁殖

霉菌的无性孢子繁殖主要形成4种类型无性孢子(图 2-5)。

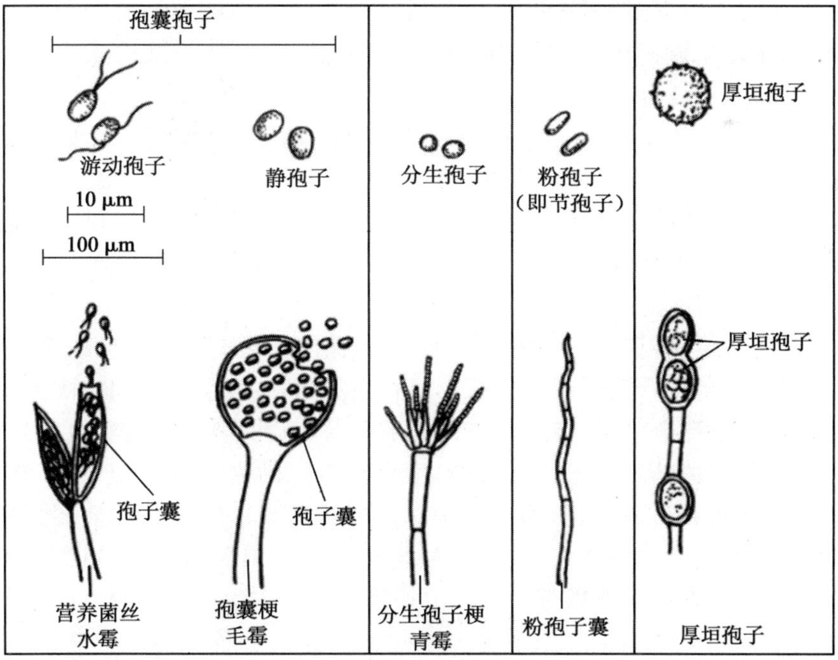


**图 2-5　霉菌的无性孢子**

(引自肖克宇和陈昌福，水产微生物学，2004)

(1)节孢子　菌丝长到一定阶段，形成很多横隔，然后从横隔处断裂，产生很多短杆状的孢子，称为节孢子或粉孢子。如白地霉可形成粉孢子。

(2)孢囊孢子　孢囊孢子是一种内生孢子，产生于气生菌丝顶端，下方生隔与菌丝隔断，形成孢子囊。孢子囊逐渐长大，囊中形成很多核，每个核有原生质并产生孢子囊壁，即成孢囊孢子。原来膨大的细胞壁就成为孢囊壁。带有孢子囊的梗又叫孢囊梗。孢囊梗伸入孢子囊中的部分称囊轴。有些属在产生孢子囊的同时产生小孢子囊，这种小孢子囊一般无囊轴。孢囊孢子成熟后，从破裂的孢子囊散出，或从孢子囊上管或孔口溢出。无鞭毛的孢囊孢子不能运动，称为不动孢子，如水霉、毛霉和根霉能产生此种孢子。孢子囊成熟后遇水，孢囊孢子就自然释放出来。有 1～2 根鞭毛的孢囊孢子称为游动孢子，其成熟后从孢子囊破裂释放或从孢子囊上管或孔口溢出。

(3)分生孢子　分生孢子是真菌中最常见的无性孢子，是由菌丝顶端或分生孢子梗顶端细胞分割或缢缩而形成的单个或成簇的孢子。一般是外生孢子，如青霉和曲霉可形成分生孢子。

(4)厚垣孢子　又称厚壁孢子，是霉菌生长到一定阶段，菌丝顶端或中间个别细胞膨大，原生质浓缩，细胞壁变厚而形成的具有休眠功能的孢子，是霉菌度过不良环境的一种休眠体细胞。菌体死亡后，这种孢子还可以存活，待条件适宜即可萌发菌丝。厚垣孢子的表面一般具有刺或瘤状突起，单生或多个连在一起，一般呈球形或近似球形。

**(二)有性孢子繁殖**

霉菌的有性繁殖较无性繁殖少，在一般的培养基上不常出现。其有性繁殖以细胞核的结合为特征，繁殖过程有质配、核配和减数分裂 3 个阶段。多数霉菌有配子囊(菌丝形成的性细胞)或配子(由配子囊产生)，它们相互交配，形成有性孢子，其主要类型有卵孢子、接合孢子、子囊孢子、担孢子 4 种。

(1)卵孢子　由两个大小不同的配子囊结合发育而成。小型配子囊称为雄器，大型配子囊称为藏卵器。在与雄器配合之前，藏卵器中的原生质收缩成一个或数个原生质团，称为卵球。当雄器与藏卵器配合时，雄器中的细胞质和细胞核通过受精管进入藏卵器，然后与卵球配合。此后，卵球生出外壁，即成为卵孢子。卵孢子是卵菌门(水霉菌)的有性孢子的代表。

(2)接合孢子　是接合菌门典型的有性孢子，由菌丝生出的形态相同或略有不同的配子囊接合而成。根据产生接合孢子菌丝来源或亲和力不同，一般可分为同宗配合(每一菌体都是自身可孕的)和异宗配合(每一菌体都是自身不孕的)两类。例如，毛霉目中就存在这两种类型。首先，两个相邻的菌丝相遇，各自向对方生出极短的侧枝，称为原配子囊。原配子囊接触后，顶端各自膨大并形成横隔，即为配子囊。配子囊下方的部分称为胚囊柄。最后，相接触的两个配子囊之间的横隔消失，其细胞质与细胞核互相配合，同时外部形成厚壁，即为接合孢子。如匐枝根霉、高大毛霉等的有性孢子属此类。

(3)子囊孢子　指产生在子囊菌子囊内的孢子。首先是同一菌丝或相邻的两菌丝上两个大小和形状不同的性细胞互相接触并缠绕。接着两个性细胞经过受精作用后形成分枝的菌丝，称为造囊丝。造囊丝经过减数分裂，产生子囊，每个子囊产生 2～8 个子囊孢子。但也有例外。在子囊和子囊孢子的发育过程中，原来的雄器和藏卵器下方的细胞生出许多菌丝，并有规律地将子囊包围，形成子囊果。子囊果有 3 种类型：完全封闭型，称闭囊壳；有孔的，称子囊壳；呈盘状的，称子囊盘。子囊孢子的形状（球形、棒形、圆筒形等）、大小、颜色（淡黄色、淡红色、橙色、褐色及黑色等）、纹饰等，有很大差别，可作为子囊菌的分类依据。

## 三、霉菌的培养

### （一）霉菌生长繁殖的条件

1. 营养物质

大多数霉菌是化能异养型，单糖、双糖、糊精、淀粉均可作为其碳源，它们对营养物质的要求不高。有些霉菌能分解果胶，如黑曲霉、米曲霉、灰绿青霉、蜡叶芽枝霉、大毛霉等；有些霉菌能利用某些简单有机酸或醇类，如曲霉属、青霉属、毛霉属和镰刀霉；有些霉菌能分解纤维素，如绿色木霉、灰腐质霉、黑曲霉、土曲霉、烟曲霉、橘青霉和淡黄青霉等。有些霉菌分解蛋白质的能力很强，甚至比细菌更能利用天然蛋白质，如青霉菌、曲霉菌、根霉、毛霉、木霉等。霉菌可利用的氮源有氨基酸、蛋白胨、铵盐、硝酸盐、亚硝酸盐、尿素等。因此，培养霉菌时，一般只要提供碳水化合物及有机或无机氮，霉菌就可以生长繁殖得很好。少数霉菌在生长繁殖过程中需要一些特殊的微量元素或生长因子。

2. 温度

霉菌生长繁殖的温度一般低于细菌，大多数霉菌的生长温度范围为 20～30℃，但不同种类的霉菌对温度要求也不同。如水霉、绵霉的适宜生长温度为 15～20℃，青霉菌的适宜生长温度为 20～25℃，曲霉菌的为 28～30℃。少数霉菌属于嗜热菌，如烟曲霉的适宜生长温度为 40～42℃。

3. pH

霉菌的生长 pH 范围为 1.5～8.5，如水霉和绵霉的适宜生长 pH 为 7.2。

4. 气体

多数霉菌是需氧菌，需要充足的氧气才能在培养基里生长。霉菌比其他微生物更能耐受干燥，但湿度较高的空气环境更有利于多数霉菌形成繁殖器官。因此，在一定范围内，空气湿度越大，越利于霉菌生长繁殖。

### （二）霉菌的培养特征

霉菌的菌丝较粗，形成的菌落比其他微生物的大，在培养基上第一天生长较慢，此后生长很快，呈圆形，绒毛状、絮状或蜘蛛网状，很快可蔓延至整个平板。霉菌的营养菌丝着生于培养基内，使菌落不易挑起，菌落起初是浅色或白色的，当长出各种颜色的孢子后，菌落便随种类不同相应地呈现黄、绿、青、黑、橙等颜色。如青霉和曲霉的菌落是绿色的，毛霉和根霉的菌落是灰色的。因菌龄差异，菌落中心的颜色较周边深。有的霉菌可产生色素，特别是气生菌丝比营养菌丝的颜色深，故而使菌落正反面呈现不同颜色。但是各种霉菌在一定的培养基上形成的菌落形状、大小、颜色等特征是稳定的。因此，菌落特征是鉴定霉菌的重要依据之一。

在液体培养基中，静置培养时，霉菌菌丝在液体表面生长，形成菌膜，培养基不呈现浑浊；振荡培养时，菌丝相互缠绕，形成絮状或菌丝球，培养基浑浊。

## 四、霉菌的形态观察

1. 点植培养法

霉菌的菌落形态观察，一般采用点植培养法。具体地，用接种针蘸取极少量孢子，点植于平板培养基上，然后将培养皿倒置，放入恒温培养箱中，培养 4 d、7 d、10 d。观察和记录菌落的特征。

2. 直接取菌法

该方法的具体操作：在载玻片上加一滴乳酸-石炭酸棉蓝染液，用接种针或接种环取少量带孢子的菌丝放入染液中，将菌丝体摊开，勿使其成团，盖上盖玻片，分别用低倍镜和高倍镜观察菌丝的形态结构和孢子类型。此法可观察霉菌的基本形态或测量其大小，简便易行。

3. 玻璃纸透析培养法

采用玻璃纸透析培养法可观察菌丝、孢子及其他结构。可用透析袋纸或包装用的玻璃纸，加水煮沸后用冷开水冲洗。选择软的玻璃纸，剪成适当大小，浸湿后夹于报纸中高压灭菌。营养物质可透过玻璃纸。用无菌镊子夹取无菌玻璃纸贴附于平板培养基表面，再用接种环蘸取少许孢子，轻轻抖落于纸上，将平板置于 28～30℃下培养 3～5 d。剪去长有菌丝和孢子的小块纸片，平贴于载玻片上，滴加 1～2 滴乳酸-石炭酸棉蓝液，加盖盖玻片后用显微镜观察。

4. 载玻片培养法

采用此法可观察霉菌生长全过程及完整的霉菌形态结构。其操作方法如下：在平皿底铺一张圆形滤纸片，再放一根 U 形玻棒，其上放一块洁净载玻片和两块盖玻片，盖上平皿盖，包扎后高压灭菌、干燥。取已灭菌的马铃薯琼脂培养基或察氏培养基 6～7 mL，注入另一灭菌培养皿中，凝固后用解剖刀切两块如盖玻片大小的琼脂块，分别置于 U 形玻璃棒上载玻片的适当位置，并接种少量孢子，再加盖灭菌盖玻片。在平皿底滤纸上滴加 20% 甘油，盖上平皿盖，放入 28℃恒温培养箱培养，长出菌丝后，用显微镜进行观察。

## 五、常见水产动物真菌病原体

一般认为，对水产动物有致病性的真菌称水产动物真菌病原体。病原真菌可作用于水产动物的卵、幼体和成体，危害较大，但致病性与动物健康状况、水体温度、环境变化等因素有关。水产动物易感真菌有水霉、绵霉、鳃霉、鱼醉菌、镰刀菌等。当前，水产动物真菌病无特效药，最好以预防为主。

### (一) 水霉

水霉是常见的水产动物真菌病原菌之一，是水霉科水霉属的一种。水霉菌菌丝没有横隔，有分枝，为多核、透明的丝状体。菌体分为内菌丝和外菌丝。内菌丝纤细，分枝多，像树根一样从宿主的损伤组织处深入到皮肤和肌肉内。外菌丝较粗，分枝少，长度一般在 3 cm 左右，伸出宿主外，形成肉眼可见的灰白色的絮状物，这种絮状物俗称"白毛病"。鱼感染水霉后，浮在水面，游动缓慢，食欲减退，衰竭而死。如鱼卵在孵化时被感染，外菌丝呈放射状向外伸出，鱼卵呈灰白色放射状，俗称"太阳籽"。水霉生长需要充足的氧气，当水中溶氧充足时，菌丝细长，生长茂盛，形成动孢子囊的时间较长。水中杂质较多，或在多个菌落聚在一起的情况下，其菌丝短，不易形成动孢子囊。菌丝在水少的情况下形成动孢子囊，释放出动孢子。接触空气的菌丝则基本形成厚垣孢子。水霉对温度适应范围广，10～32℃范围内均可生长繁殖，最适生长温度为15～20℃，4℃以下停止生长。最适生长pH为7.2～7.4，pH为6.4或8.0时可缓慢生长，pH为4.8～5.6时生长受到完全抑制。高盐分可抑制水霉生长繁殖，强酸强碱可有效杀死水霉。

**（二）绵霉**

绵霉属于水霉目水霉科，是附着在鱼类残体上的腐生性真菌。其外菌丝直而粗壮，呈双叉分枝，多核无隔膜。一般地，菌丝宽度为15～30 μm，最宽可达270 μm。绵霉属的习性与水霉属相似。形态上，与水霉属的主要区别在于水霉属菌丝游动孢子囊尖端较柔软，绵霉属的则硬。水霉属游动孢子的释放有典型的双游现象。不同绵霉致病种，其特征有差异。如曾占壮等（2011）从日本鳗鲡中分离到原绵霉，其菌丝无横隔，分枝发达；具有无性与有性两种生殖方式；动孢子囊呈棍棒形或纺锤形，新生孢子囊以层出或聚伞状方式生长，孢子具有两游现象；藏卵器中有1个以上的卵孢子，卵孢子光滑无皱缩。欧仁建（2013）从黄颡鱼卵中分离出异丝绵霉，其孢子囊多呈圆筒形、棍棒形或穗状，孢子发育成熟后不断从孢子囊顶端释放出来，成团聚集在孢子囊口，并经过一个时期的静休后，成团脱落或直接分散在水中游动；次生孢子囊具有典型的侧生现象；藏卵器呈球形或梨形，大多与雄器异枝，少数与雄器同枝，含1～15个卵孢子；成熟卵孢子中生或亚中生。

**（三）鳃霉**

鳃霉是一种寄生在鳃丝上的真菌，属水霉目，鳃霉属，是鲤科鱼类和其他淡水鱼类鳃霉病的病原，是进出口鱼类第二类检疫对象。鳃霉菌丝纤细、无横隔、有分枝、弯曲，菌丝直径为6～25 μm；动孢子囊与菌丝的粗细差不多，孢子数量很多，成熟的动孢子呈球形；有2根一样长的鞭毛。

鳃霉有两种类型。一种为血鳃霉，菌丝粗直而少弯曲，分枝很少，通常是单枝延伸生长，仅在鳃丝血管、软骨内生长，不向鳃外组织伸展；菌丝的直径为20～25 μm，孢子较大，直径为7.4～9.6 μm。另一种是穿移鳃霉，菌丝较细，壁厚，常弯曲成网状，分枝特别多，分枝沿鳃丝血管或穿入软骨生长，纵横交错，充满鳃丝和鳃小片；菌丝直径为6.6～21.6 μm，孢子直径为4.8～8.4 μm。穿移鳃霉对罗非鱼有致病性，如戚瑞荣等（2016）在发病的罗非鱼鳃上分离到穿移鳃霉并进行了显微观察：低倍镜下，鳃丝可见大量鳃霉样真菌菌丝体，菌丝体分布于鳃丝表面及鳃小片内；高倍镜下，可见菌丝体内的孢子，成熟孢子呈圆形、胞质致密、染色深，位于血管中的孢子为多核、厚壁单体孢子。鳃霉对各种阶段的鱼都致病，在养殖过程中，应做好各养殖环节的管理，预防鳃霉的入侵。

**（四）链壶菌**

链壶菌是虾、蟹、贝类链壶菌病的主要病原，属于真菌门卵菌纲链壶菌目链壶菌科链壶菌属。菌丝弯曲、分枝、不分隔，初生菌丝细小、原生质稀少，成熟菌丝粗大、原生质稠密。成熟菌丝末端形成排放管，排放管穿过体表，伸向体外。原生质旋向顶端，随着原生质的流入，顶端逐渐膨大形成顶囊，游动孢子在顶囊内形成。在显微镜下，可见游动孢子在顶囊内越来越活跃，数分钟后，孢子破膜而出，分散到水中。刚出顶囊的游动孢子呈梨形，稍后即转变成小球形的休眠孢子。随着水体的流动，休眠孢子附着在虾卵或幼体表面，然后在宿主体内萌发成发芽管，管末端变粗，伸长后成为新的菌丝（图2-6）。苏亚玲（2008）报道，链壶菌主要危害长毛对虾及斑节对虾的卵、无节幼体、溞状幼体、糠虾幼体，对溞状幼体的危害最严重，其次是无节幼体。

链壶菌的生长温度范围较宽，5～35℃下都可生长。其最适生长温度为25～35℃，适宜生长 pH 为6～10。用蛋白胨葡萄糖酵母膏琼脂或其他类似的霉菌培养基可培养链壶菌。

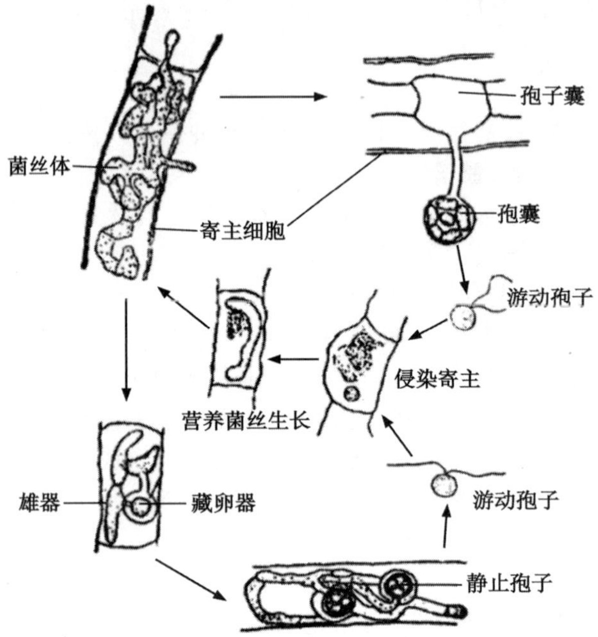


**图 2-6　链壶菌的侵染、生长和繁殖**

(引自黄瑞，水产微生物，2016)



**(五)海壶菌**

海壶菌与链壶菌的区别在于不形成顶囊。在发育成菌丝的过程中，海壶菌的动孢子具有多次游动、多次休眠的特点。菌丝分枝，不分隔，成熟菌丝直接向体外伸出排放管，游动孢子通过排放管分散到水中。海壶菌主要危害越冬长毛对虾及中国对虾亲虾的鳃、眼睛、无节幼体、溞状幼体、糠虾幼体等，发病水温为22～27℃。海壶菌的最适生长温度为15～30℃，适宜生长 pH 为6～10。

**(六)镰刀菌**

镰刀菌隶属菌物界真菌门半知菌亚门。其生态适应性强，种类多，分布广泛。镰刀菌能产生多种镰刀菌毒素，危害人和动物的健康。菌丝细长、分枝。一般产生两种类型的分生孢子：大型分生孢子微弯或弯曲显著，呈镰刀形或新月形，有1～7个隔膜；小型分生孢子呈椭圆形、短圆柱形、卵形等，无色，单胞或双胞，单生或链生。有的种还可在菌丝或大型分生孢子上形成球形或近球形的厚垣孢子。厚垣孢子位于菌丝末端，少数在中间。镰刀菌孢子的形态如图2-7所示。

镰刀菌对鱼、虾等水产养殖动物的危害日益严重，养殖的鱼、虾可因感染镰刀菌而发生暴发性死亡。镰刀菌的种类较多，水产上报道的致病种类有4种：腐皮镰刀菌(*F. solani*)、尖孢镰刀菌(*F. axysporum*)、三线镰刀菌(*F. tricinctum*)和禾谷镰刀菌(*F. graminearum*)。病虾的主要症状为甲壳黑斑、黑鳃，寄生部位变成黑褐色，鳃部萎缩甚至组织破损。可小丽等(2010)从金鲫鱼中分离得到一株尖孢镰刀霉，并对其进行了致病性研究。试验表明：腹

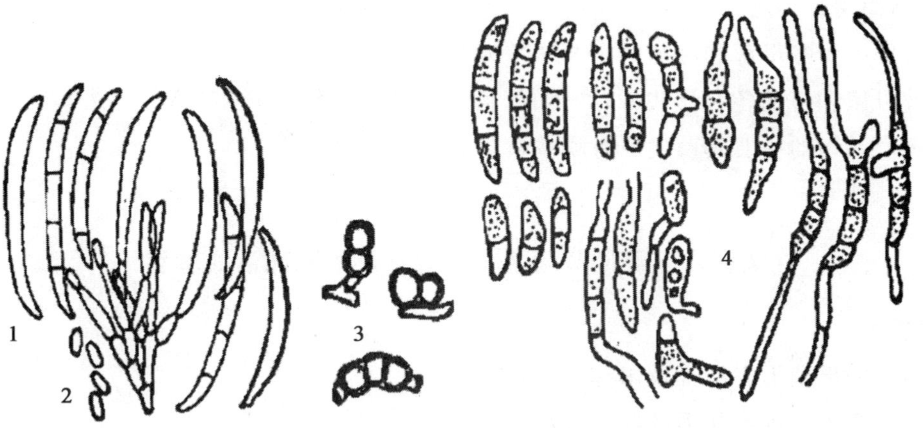


1.大分生孢子　2.小分生孢子　3.厚垣孢子　4.孢子发芽

**图 2-7　腐皮镰刀菌的分生孢子**

腔、肌肉和创伤感染均对金鱼有很强的致死性，15 d 内死亡率分别达到 100%、93% 和 100%。鱼体均出现腹腔溃烂穿孔现象，肝部充血，部分呈弥散状；肠充血，弥散状；肾充血，肿大，有的呈弥散状等。这些病症与自然发病的症状相同。该菌菌落特征：在 CMA 培养基上 25℃培养 10 d 后，菌落呈棉絮状，铺满平皿；菌落正面为白色，背面为淡紫色；小分生孢子呈椭圆形，大分生孢子呈镰刀形，有 3～5 个分隔(图 2-8)。

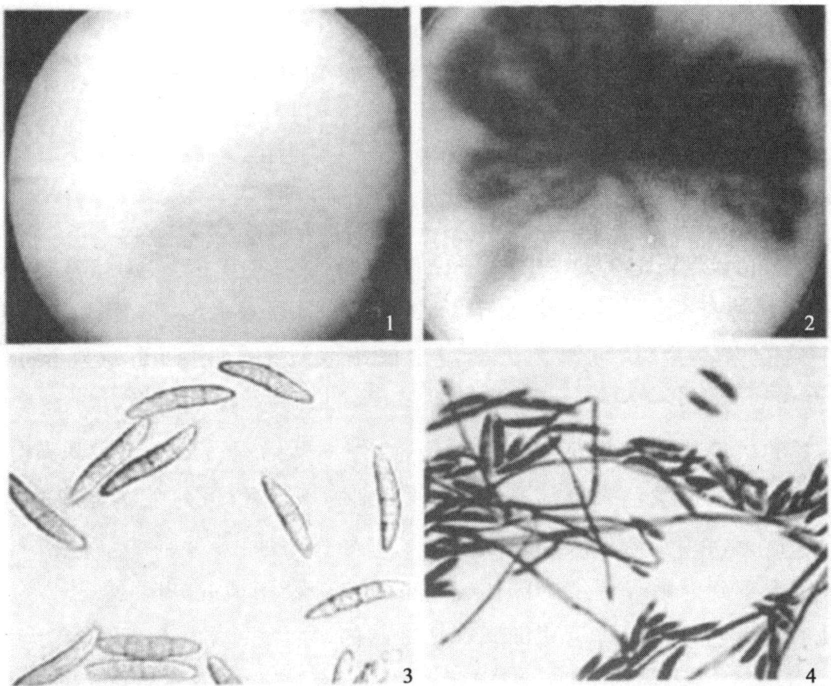


1.镰刀霉菌落正面　2.镰刀霉菌落背面　3.镰刀霉分生孢子(×400)　4.分生孢子在菌丝上的生长情况

**图 2-8　镰刀霉菌落及其显微观察**

(引自可小丽等，2010)

【项目思考】

1. 举例说明酵母菌和霉菌的主要繁殖方式。

2. 酵母菌和霉菌各有哪些特点？如何利用这些特点服务于水产养殖业？

3. 水产动物的主要真菌病原有哪些？各有什么特点？

## 实训六　酵母菌菌落特征观察及细胞死活的鉴别

【目的要求】

1. 熟悉酵母菌形态特征及出芽生殖特点。

2. 掌握酵母菌细胞死活的鉴定方法。

3. 掌握酵母菌的一般形态特征及其与细菌的区别。

【材料设备】

1. 材料

酿酒酵母培养物、0.1％吕氏碱性亚甲蓝染色液、红酵母和产朊假丝酵母。

2. 设备

培养皿、盖玻片、玻璃棒、载玻片、接种环、显微镜、无菌吸管等。

【方法步骤】

**(一)酵母菌的形态观察**

观察方法:将酿酒酵母、红酵母和产朊假丝酵母划线接种于麦芽汁琼脂平板，于 28～30℃下培养 2～3 d。待长出单菌落后，观察和记录酿酒酵母、红酵母和产朊假丝酵母在麦芽汁琼脂平板上的菌落特征。

**(二)酵母菌细胞死活的鉴定**

(1)将一滴 0.1％吕氏碱性亚甲蓝染色液滴加在载玻片中央，用接种环挑取少量培养了 48 h 的酿酒酵母菌苔，放在染液中，混匀后盖上盖玻片。染液和菌苔的量均应适宜。染液过多，在盖上盖玻片时，菌液会溢出或出现大量气泡而影响观察，过少则影响染色效果。

(2)将做好的载玻片静置约 3 min，然后镜检，先用低倍镜后用高倍镜观察酵母菌的个体形态和出芽繁殖，并根据颜色来鉴别死活细胞(活细胞不着色，死细胞为蓝色)，并分别计数。

(3)大约染色 30 min 后，再次观察死细胞数量是否增加，并分别计数。

(4)记录所观察到的酵母菌细胞的形态特征及出芽繁殖情况，并填入表 2-1。

(5)计数不同染色时间后酵母死细胞和活细胞的数量，并填入表 2-2。

**【技能考核】**

1. 酵母菌落特征的记录

**表 2-1　酵母菌菌落特征的记录**

| 项目 | 酿酒酵母 | 红酵母 | 产朊假丝酵母 |
|---|---|---|---|
| 菌落大小 | | | |
| 菌落形状 | | | |
| 边缘情况 | | | |
| 隆起情况 | | | |
| 质地 | | | |
| 表面情况 | | | |
| 透明情况 | | | |
| 出芽情况 | | | |

2. 酵母菌死活细胞计数

**表 2-2　酵母菌死活细胞计数**

| 染色时间/min | 视野 1 | | 视野 2 | | 视野 3 | | 平均死亡率/% | 平均存活率/% |
|---|---|---|---|---|---|---|---|---|
| | 死细胞 | 活细胞 | 死细胞 | 活细胞 | 死细胞 | 活细胞 | | |
| 3 | | | | | | | | |
| 30 | | | | | | | | |

Project 3

# 项目三 非细胞型微生物

**知识目标**

1. 掌握病毒的形态特征及结构。
2. 掌握病毒的繁殖过程。
3. 了解并应用影响病毒生长的因素。
4. 了解噬菌体的生活史。
5. 了解噬菌体的应用范围。

**技能目标**

1. 能够正确地选择预防病毒感染的免疫方式。
2. 能够分析出临床上病毒感染的途径和原因。

**【案例导入】**

2017 年 6 月 15 日，湖北仙桃某草鱼养殖场发生草鱼持续性死亡，鱼池为养殖多年的老塘，面积 15 亩（1 亩约为 667 $m^2$），水深平均 1.8 m，以二龄草鱼养殖为主，亩放养二龄草鱼种 1 300 尾，个体达 1～2 kg，少量搭配白鲢和花鲢。

据该养殖户介绍，从 6 月 10 日开始发现有零星死鱼，但是当时没有太注意；12 日早晨巡塘时发现草鱼死亡数量达到几十尾，鲢鱼没有死亡情况；15 日草鱼死亡数量上升至上百尾。现场调查发现，有发病草鱼离群独游水面，行动缓慢，对人为惊扰没有反应。捞取病鱼形态观察发现，体表颜色发黑，尤其是头部较严重，鱼鳍边缘褪色发白，在口腔、上下颌、鳃盖、鳍及基部有出血，尤其是眼眶周围出血较严重。剥开皮肤，发现肌肉呈点状出血。有些病鱼肛门红肿外翻，用剪刀剖开鱼腹及肠道，发现体腔和肠壁有充血，手触碰肠壁，仍有弹性，肠系膜、肝脏、胰脏、脾脏也有出血斑块。镜检鳃部和体表没有发现寄生虫。

请大家分析该疾病是什么病，病原是什么，并根据本章课程内容给出一个该疾病的预防、治疗方案。

## 任务一　病毒的基本性状

病毒（virus）属于非细胞型微生物，与其他微生物相比，具有以下 6 个特点：

①体积微小，能通过除菌滤器，必须借助电子显微镜才能看到；

②结构简单，无典型细胞结构；

③遗传物质单一，仅含一种类型核酸（DNA 或 RNA）；

④严格的活细胞内寄生，缺乏产生能量的酶系统，需依赖宿主细胞提供能量、原料及酶等，才能进行生物合成；

⑤以核酸复制的方式增殖；

⑥对常用抗生素一般不敏感，但对干扰素敏感。

病毒是 1892 年被首次发现的，俄国学者伊万诺夫斯基在研究烟草花叶病的时候，发现其病原体能通过除菌滤器，说明是一种比细菌更小的微生物，首次发现了烟草花叶病病毒。从 1892 年发现第一种病毒（植物病毒）至今已经 100 多年。而水生动物病毒的研究起步较晚：1956 年 Wolf 首次从患病虹鳟中分离得到传染性胰腺坏死病毒（IPNV），1970 年中国科学院水生生物研究所发现我国第一个鱼类病毒——草鱼出血病病毒（图 3-1），之后陆续有更多的水生动物病毒报道，如鲤春病毒、传染性胰腺坏死病毒、疱疹病毒等。21 世纪以来，病毒学的研究有了相当大的进展，至今已形成了很多分支学科，特别是分子病毒学的发展，使病毒学的研究从细胞水平进入了基因水平阶段，为病毒学的更进一步研究奠定了基础。

相对于水生动物细菌性疾病，因病毒个体微小，光学显微镜无法看到，病毒研究的起步较晚，电子显微镜的发明与普及应用，使研究者能够“看到”病毒颗粒；分子生物学及免疫学技术的发展，使病毒的诊断更加准确、更加快捷。

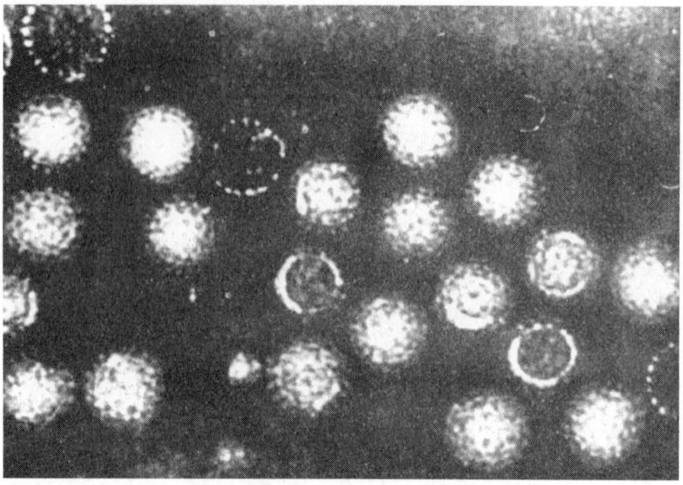

图 3-1　草鱼呼肠孤病毒负染照片

（1.67×105 倍，引自中国科学院武汉病毒研究所，1984）

## 一、病毒的大小与形态

病毒非常微小，用于测量病毒大小的单位为纳米（nm，$10^{-3}$ μm），各种病毒大小不等，差别很大，总的来说分为 3 种类型。

大型病毒：直径在 200～300 nm，如牛痘苗病毒。中型病毒：直径在 100 nm 左右，绝大多数人类病毒属中型病毒。小型病毒：直径小于 50 nm，少数几种病毒可与细菌、衣原体、立克次体大小比较，绝大多数病毒须在电镜下才能看见，大型病毒在普通光学显微镜下勉强可看出其轮廓。

病毒的形态多数呈球形或近似球形（图 3-1），少数为杆状或其他形状，如弹状（图 3-2）、蝌蚪状等。尽管各种病毒形态不同，但结构相似。

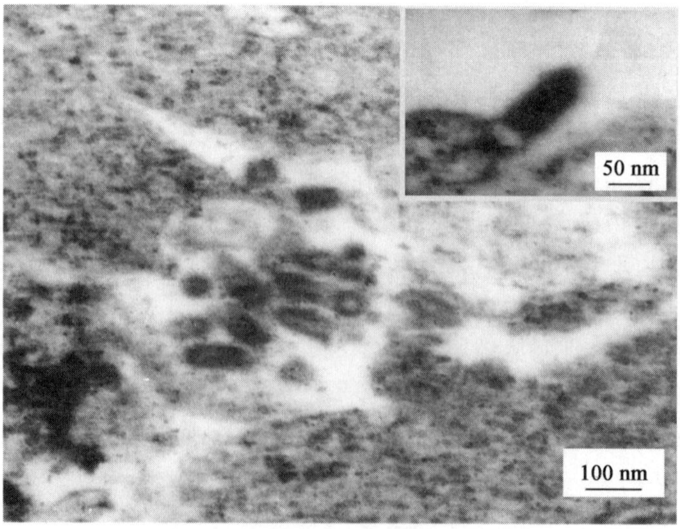


图 3-2　鲤春病毒

（引自郑李平等，2019）

## 二、病毒的结构与化学组成

病毒属于非细胞结构微生物，不存在细胞膜、细胞核、细胞质等结构。完整的、成熟的病毒颗粒称为病毒体。病毒的核酸是病毒的核心。核酸外围是衣壳，即蛋白质外壳。核酸加衣壳称核衣壳，对于无包膜病毒而言，核衣壳就是病毒体。有些病毒核衣壳外面还有包膜包绕，膜上形成的突起叫刺突(图 3-3)。

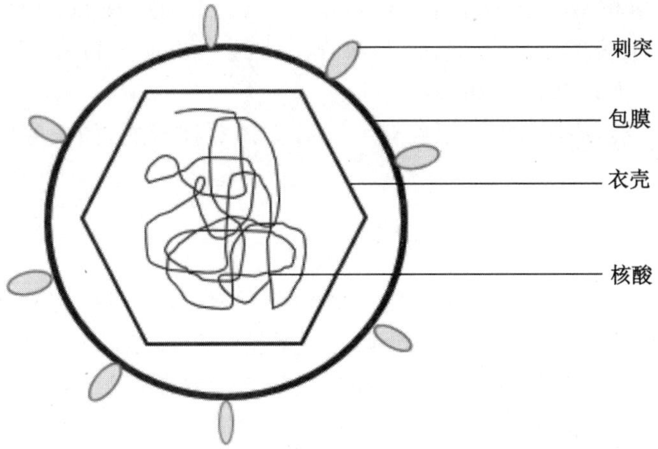


图 3-3　病毒的基本结构

1. 核酸

核酸是病毒体的核心部分，其化学成分为 DNA 或 RNA，构成病毒基因组，具有多样性，单链或双链，环型或线型。大多数 DNA 病毒为双股，RNA 病毒则多为单股。

病毒核酸的功能有：①构成病毒基因组，主导病毒的遗传变异，为病毒增殖、遗传和变异提供遗传信息；②决定病毒的感染性；③决定病毒的增殖。

2. 衣壳

衣壳即包绕在核酸外面的蛋白质外壳，其功能有：①保护核酸，使之免受环境中核酸酶破坏；②介导病毒核酸进入宿主细胞，决定病毒对宿主的选择性；③具有免疫原性，构成病毒体的主要抗原成分。

无包膜病毒的核衣壳就是病毒体，称裸露病毒。

3. 包膜

有些病毒在核衣壳外有包膜围绕，带有包膜的病毒体称为包膜病毒。包膜是病毒在成熟过程中，病毒核衣壳穿过宿主细胞以出芽方式向细胞外释放时获得的，主要含有宿主细胞膜或核膜的化学成分。包膜蛋白多由病毒基因组编码，具有病毒特异性。有些包膜表面有蛋白质形成的钉状突起，称为刺突。

包膜的功能：①维护病毒体结构的完整性，保护核衣壳；②构成病毒体的表面抗原，与致病性和免疫性密切相关；③辅助病毒感染，与病毒的吸附和侵入有关，决定有膜病毒对宿主的选择性。

4. 病毒结构的对称性

衣壳的化学成分是蛋白质，在电镜下可看到衣壳由一定数量的壳粒组成。一个壳粒称为一个形态亚单位，每个壳粒又是由一个或多个多肽分子组成的，这些多肽分子称为结构亚单位或化学亚单位。不同的病毒，组成衣壳的壳粒数目和排列方式不同，形成了病毒结构的不同对称型。

(1)螺旋对称型　壳粒围绕螺旋形的病毒核酸链对称排列，见于大多数杆状病毒、正黏病毒、副黏病毒、弹状病毒等。

(2)20 面体立体对称型　核酸呈球形或近似球形，壳粒排列成 20 面体立体对称型，构成 20 个面、12 个顶、30 个棱的立体结构，每个面都呈等边三角形，由许多壳粒镶嵌组成，球状病毒多呈此种对称型，如草鱼出血病病毒。

(3)复合对称型　壳粒排列既有螺旋对称又有立体对称形式，如噬菌体。

## 三、病毒的增殖

因为病毒缺乏增殖所需的酶系统、能量和许多原材料，故只能在有易感性的活细胞内增殖，需要宿主细胞提供原料、能量及场所才能进行增殖。病毒是以核酸复制的方式，而不是以二分裂形式增殖的，即以病毒核酸分子为模板进行自我复制(图 3-4)。人和动物的病毒的复制主要包括以下几个阶段。

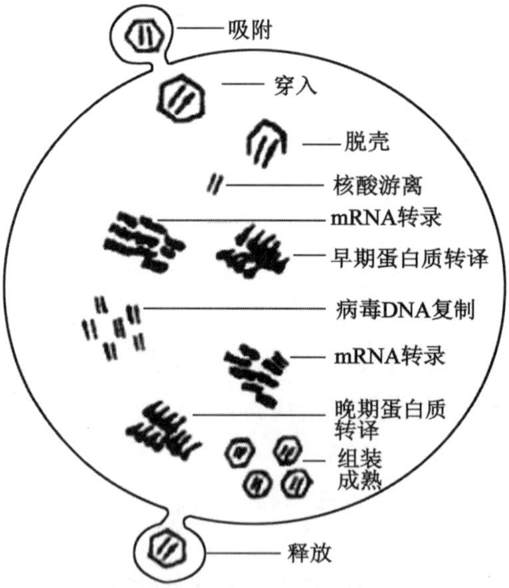


图 3-4　病毒增殖的过程
(引自中国标准物质网)

1. 吸附

病毒要进入细胞，首先必须吸附在易感的宿主细胞表面，这种吸附主要通过病毒表面结构与易感细胞表面受体特异性结合实现。病毒体与细胞接触后，病毒包膜表面或无包膜病毒衣壳表面的配体蛋白与易感细胞表面相应的受体发生特异性结合。不同细胞表面有不同病毒的受体，因此决定了病毒的不同嗜组织性和感染宿主的范围。

2. 穿入

病毒吸附后穿过细胞膜进入细胞的过程称为穿入，根据病毒结构的不同，有不同的穿入方式。

(1)胞饮或内吞作用　细胞膜内陷，将病毒核衣壳吞入胞浆中，或通过受体介导的内吞作用穿入，无包膜病毒一般通过胞饮作用穿入。

(2)膜融合　有膜病毒通过其包膜与宿主细胞膜融合，病毒核衣壳进入胞质中。

(3)直接穿入　有些特殊的病毒，吸附于易感细胞后，通过细胞表面酶的作用，脱去衣壳，病毒核酸直接进入细胞内，如噬菌体。

3. 脱壳

进入易感细胞的病毒必须脱去蛋白质衣壳，暴露出病毒核心，核酸才能发挥作用。多数病毒进入细胞后，在细胞溶酶体酶的作用下脱去蛋白质外壳，使病毒核酸游离出来，进入细胞一定部位，进行生物合成。

4. 生物合成

病毒在宿主细胞内的生物合成包括核酸复制与蛋白质合成。病毒经过脱壳后，核酸进入宿主细胞质中，开始病毒的生物合成，其核酸和蛋白的复制均须利用宿主细胞原料和能量。病毒在细胞内复制核酸的部位因核酸类型不同而有区别，DNA 病毒(DNA-V)一般在细胞核内复制，而大多数 RNA 病毒(DNA-V)则在细胞质中完成复制。首先，病毒核酸在细胞内进行转录、翻译而产生早期的蛋白质，早期蛋白为病毒生物合成中必需的酶类及某些抑制或阻断细胞核酸和蛋白质合成的非结构蛋白，也称功能性蛋白。之后在早期蛋白的作用下，病毒核酸开始复制，形成大量子代病毒核酸，进而经子代病毒核酸转录、翻译而产生病毒的晚期蛋白，主要是结构蛋白，如衣壳蛋白和包膜蛋白等。

5. 组装

组装指子代病毒核酸与结构蛋白组装为病毒核衣壳的过程。宿主细胞内不断复制子代病毒核酸及病毒结构蛋白，二者在细胞内一定部位装配成子代核衣壳。病毒的种类不同，在细胞内装配的部位和方式也不同，DNA-V 多数在核内装配(痘病毒除外)，RNA-V 多数在细胞质内装配，少数病毒既可在核内又可在胞浆内装配(如麻疹病毒)。无包膜病毒组装成核衣壳即为完整的、成熟的病毒颗粒，而有包膜病毒须获得包膜后才能成熟为病毒体。

6. 释放

成熟的病毒体以不同方式离开宿主细胞的过程称为释放。无包膜病毒组装成核衣壳后，宿主细胞破裂溶解，一次性大量释放到细胞外。有包膜病毒的核衣壳则通过芽生方式从细胞膜系统(核膜或细胞膜)获得包膜而少量、陆续释放。膜上镶嵌病毒的结构蛋白，具有病毒的特异性，构成病毒的表面抗原。有包膜病毒以出芽方式释放到细胞外，通常不直接引起细胞死亡。有些病毒如巨细胞病毒，很少释放到细胞外，而是通过细胞间桥或细胞融合，在细胞间传播，如致癌病毒的基因组与宿主细胞染色体整合，随细胞分裂而传代，出现在子代细胞中。

从病毒吸附至宿主细胞到细胞释放出子代病毒这一过程称为一个复制周期，包括以上 6 个阶段，是一个连续的过程。

## 四、病毒的人工培养

病毒是严格的活细胞内寄生微生物，因此在人工培养时，必须选择适合病毒生长的活细胞。畜禽类病毒人工培养方式一般有 3 种，即动物接种法、鸡胚培养法、细胞培养法。因为水生动物与畜禽动物的同源性差别较大，所以水产病毒在鸡胚上不生长，不能用鸡胚法培养。

1. 动物接种法

将分离到的水生动物病毒接种到同一品种健康水生动物上，即为动物接种。在选择动物时，一般要求选择相同品种，如草鱼出血病病毒接种到草鱼上，若接种至其他鱼类则病毒不会生长。其次，理想的水生动物最好是无菌或无特定病原的动物。病毒通过注射、口服、浸泡 3 种方式进入健康动物体内，并开始大量繁殖，使动物产生特定性反应，便于观察病毒感染时的临床症状和简易的保存病毒。但要求获得大量增殖病毒时，不用此法，因为水生动物病毒较难收集。

2. 细胞培养法

细胞培养法是在体外用离体的活细胞进行病毒培养的方法。鱼类细胞培养需要从水产动物体上获取组织，使用特定的培养液进行培养，最终获得细胞的稳定培养物，这个过程通常需要数个月以上，称为细胞建株。获得的培养形态特征一致的细胞称为细胞株或细胞系。细胞培养分为单层细胞培养和悬浮细胞培养两类，一般采用单层细胞培养技术。细胞株需要在合适培养液中连续培养才能维持，这一过程称为细胞的传代。细胞不用时，可以保存在－80℃或液氮中，可以保存数年甚至更长的时间。

水产上常用的培养病毒细胞：鲤春病毒、大鲵蛙病毒可用鲤鱼上皮瘤细胞(EPC)，草鱼出血病毒可用草鱼肾脏细胞(CIK)等。但也存在某些病毒，至今未找到相应的细胞进行人工培养，如水产品中的诺如病毒。

细胞培养法是水生动物病毒培养最常用的方法，在研究中大量应用，且在生产病毒性疫苗如草鱼出血病疫苗中，均采用此法。

## 五、理化因素对病毒的影响

病毒受理化因素的作用而失去其感染性，称为灭活。灭活的病毒仍能保留其他特性，如抗原性、血凝性等。

1. 物理因素

(1)温度　水生动物病毒培养最适温度大部分为 25℃，这与哺乳动物 37℃有很大区别。大多数病毒耐冷不耐热，－70～－20℃低温冰箱中可保存几个月，在液氮(－196℃)中可长期保持感染性。60℃处理几分钟至十几分钟可灭活多数病毒，100℃处理几秒钟即可灭活多数病毒。故病毒标本应尽快低温冷冻保存。

(2)pH　多数病毒在 pH 5～9 的范围内比较稳定，在 pH 5 以下或 pH 9 以上迅速灭活。

(3)射线和紫外线　射线和紫外线可破坏核酸而使病毒灭活。

2. 化学因素

有包膜病毒对脂溶剂敏感，如乙醚、氯仿等，类脂膜被脂溶剂破坏而失去吸附宿主细胞的能力。消化道病毒为无膜病毒，有膜病毒进入消化道即被胆汁破坏。

病毒对强酸、强碱敏感，对氧化剂、酚类、醛类、酒精等化学消毒剂敏感。

3. 生物因素

病毒对抗生素不敏感，现有的抗生素对病毒无抑制作用。病毒对干扰素敏感，由于鱼类是低等脊椎动物，在干扰素系统研究中，不论在理论和实践上均有许多问题有待进一步探讨。如，目前对鱼类干扰素系统的细胞内信号传导和抗病毒作用的研究还处于初步探索阶段，还需要进一步的研究。因此，干扰素在水产上并未推广应用。

## 任务二　病毒的感染与免疫

病毒进行严格的细胞内寄生，它首先必须以一定的方式侵入宿主，在宿主的易感细胞中进行复制和基因表达，并在宿主机体中进一步扩散，这个过程称为病毒感染。而机体的免疫系统将针对不同的病毒产生不同的反应，包括天然的和获得性的适应性免疫应答，以应对病毒的感染，并将病毒从机体内清除。两者抗衡的不同结果将使病毒感染导致不同的结局，有可能是没有症状的隐性感染，也有可能是引起全身多种组织和器官受损的显性感染，甚至导致死亡。同时，由于病毒与机体免疫应答相互作用的动态消长，不同病毒感染，或同一病毒在不同机体的感染持续的时间也各不相同，短的仅有几天，长的可使被感染者终身携带。由此可以看出，病毒对机体的感染与机体针对病毒的免疫是病毒感染是否引起疾病的重要环节，了解并掌握这种相互作用的基本特征及其分子机制，有助于理解病毒性疾病发生的本质及探索有效控制的策略，对病毒感染的防治具有重大意义。

### 一、病毒的感染

病毒能否形成感染取决于病毒感染的量、在机体间传播的方式、进入机体的途径、增殖和播散速度、逃避宿主免疫防御的能力及与机体相互作用等多方面。整个过程需要经历几个较为重要的环节，即病毒来源、病毒传播的方式、侵入机体的途径、在体内的播散和病毒的排出等。病毒与机体免疫应答相互作用的动态消长不同，可使病毒引起成不同程度的感染。

**(一)病毒的传染源、传播方式与感染途径**

1. 病毒的传染源

水产动物病毒的传染源主要包括病鱼(包括隐性感染病鱼)、带病毒水体和带病毒底泥、工具等。

在脊椎动物与人类之间自然传播的、由共同的病原体引起的、流行病学上又有关联的一类疾病称之为人兽共患病，水产动物病毒中还未见报道有人兽共患病毒。但在其他动物如猪、牛、羊、禽类中，近年已出现多种动物源性病毒传给人并引起疾病甚至死亡的报道，如禽流感病毒、SARS 病毒、疯牛病病原体等。随着人类社会行为的改变，人与动物接触的机会大大增加，动物源性病毒跨物种传播给人从而导致人类患病的现象已引起人们极大的关注。

2. 病毒的传播方式

病毒在水生动物间的传播方式可划分为水平传播和垂直传播两种。水平传播一般指病毒通过水环境-鱼、病鱼-健康鱼等在水生动物间传播，在特定的情况下（如水蛭叮咬、机械损伤等）可直接进入血循环。垂直传播一般指病毒从母体通过受精卵传给子代，例如传染性胰腺坏死病毒、传染性造血器官坏死病毒、鲤春病毒等。

3. 病毒的感染途径

一般情况下，病毒要感染机体，首先要进入与外界直接接触的组织和器官，再进一步向其他组织扩散。病毒可通过多种途径侵入机体，主要通过与外界直接接触的三大表面上皮组织——鳃、皮肤和消化道黏膜侵入，引起水平传播。

**（二）病毒在机体内的播散**

病毒通过侵入门户进入机体后，既可以在局部复制和繁殖，又可以进一步扩散至其他组织和器官，引发体内病毒播散。如病毒传播到多个组织和器官，则称为全身播散。

1. 播散的形式

根据病毒种类不同，其在体内的播散表现为 3 种形式。

（1）局部播散　当外界病毒入侵机体，一般在局部复制和繁殖，繁殖至一定数量后，感染邻近细胞，其感染局限于同一个组织和器官。

（2）血源性播散　有些病毒首先在入侵局部增殖，然后通过淋巴液进入血流，形成第一次病毒血症（viremia），病毒再随血循环进入易感组织，特别是巨噬细胞和血管内皮细胞，大量增殖后再次进入血流引起第二次病毒血症，最后到达靶器官。此种形式是病毒感染扩散的常见类型。

（3）神经性播散　某些具有嗜神经性的病毒，可通过感染部位的神经末梢侵入神经细胞进行扩散，其所致疾病的临床表现体现出沿神经移行的特点。

2. 播散的靶组织

病毒通过侵入门户进入机体后，可在局部复制和繁殖后进一步扩散至多个组织和器官，引发全身的播散。可感染的组织和器官有：皮肤、中枢神经系统、肝、免疫系统等。

**（三）病毒感染的类型**

病毒感染机体后如引起整个组织或器官的细胞被破坏，可使机体出现症状，最终出现临床表现。从病毒进入机体到出现临床症状一般有一段间隔时期，称为潜伏期。机体感染病毒后，可完成全部感染过程造成严重损伤，甚至导致被感染者死亡；但也可仅出现隐性感染或使感染终止成为顿挫型感染，或被感染者最终清除病毒而恢复健康。感染的类型除与病毒的种类、毒力强弱有关，还取决于宿主的防御机制。根据病毒感染后是否表现出临床症状，将其分为隐性感染和显性感染，而后者又可分为急性感染和持续性感染两种类型。

## 二、抗病毒的免疫

免疫系统是机体内行使抗病毒免疫功能的生理机构，由免疫器官、免疫细胞和免疫分子组成。机体在三者的协同作用下完成免疫功能，对外来病原体产生免疫应答。免疫应答可分非特异性免疫应答（固有免疫）和特异性免疫应答（适应性免疫）两种，两者相互作用，共同完成排除异己，维持自身生理平衡和稳定的功能。机体接触病毒后，大多数情况下通过非特异性免疫系统进行清除。若病毒突破了机体的非特异性免疫防护，就会与机体的容纳性细胞发生相互作用，一方面导致机体感染，另一方面可诱发机体产生特异性免疫应答以清除病毒并预防再次感染，而机体免疫反应也可能对机体造成一定程度的病理损害。

1. 体液免疫

由于鱼类特异性抗体有类似于哺乳动物 IgM 的结构，一般在病毒感染后 2～3 d 鱼类血清中开始出现 IgM 特异性抗体。在感染的早期，病毒进入宿主细胞之前，或感染细胞溶解，病毒被释放时，病毒都处于游离状态。

2. 细胞免疫

对于细胞内的病毒，机体主要依赖细胞免疫在病毒感染的局部发挥作用。通过杀伤性 T 细胞与靶细胞的直接接触而杀伤靶细胞，或通过辅助性 T 细胞释放细胞因子而发挥作用，或通过调节性 T 细胞维持细胞免疫的平衡。

## 任务三　病毒性感染的检测

随着分子生物学及免疫学技术的发展，病毒检测技术得到推广，技术的进步，使水生动物病毒病的检测更加准确、快速。早期的正确诊断对病毒病的控制尤为重要。

### 一、水产动物病毒检测

一般地，对患病水生动物进行常规营养因素、寄生虫检测、细菌性病原等因素检测后，若还未找到发病原因，且根据临床症状发现有病毒病的特征，才对患病水生动物进行病毒检测。因为水产动物的病毒检测需要专业的仪器设备，由专业人员进行，检测成本高。

用于分离病毒或检测病毒及其核酸的标本应从病濒死鱼中采集。由于病毒在室温中很易被灭活，所以在采集和运送标本过程中应注意冷藏。目前最常用的方法是细胞培养法，病毒分离培养的实验室选择适当的原代培养细胞（敏感性高）及传代细胞系（便于在实验室保存）作病毒分离培养。接种标本后，细胞可出现病变或不出现病变，不出现病变的须用血细胞吸附等方法检测是否有病毒增殖，并进一步用特殊的抗体鉴定病毒的种类，例如用特异荧光抗体染色或抗体中和试验等。当无病毒增殖时，可能标本中病毒含量较低，未被检出，则需要盲目传代 3 次后方可明确标本中是否存在病毒。这一分离与鉴定病毒的全过程有时可长达 2～3 个月，而且仅有设备、实验条件及合格工作人员的实验室可进行。

目前，常见的病毒鉴定方法有组织学检测（光学显微镜与电子显微镜）、分子生物学检测（核酸检测）、免疫学检测（抗原抗体鉴定、胶体金免疫层析技术）等。

1. 组织学检测

取患病水生动物的内脏（肝胰脏、肾脏、脾脏）用 4% 甲醛固定，用石蜡包埋切片，经苏木紫-伊红染色后，进行光学显微镜检测，在组织中如果找到包涵体结构则初步判定为病毒感染。病毒在增殖的过程中，常使寄主细胞内形成一种蛋白质性质的病变结构，即包涵体，在光学显微镜下可见，多为圆形、卵圆形或不规则形状（图 3-5）。

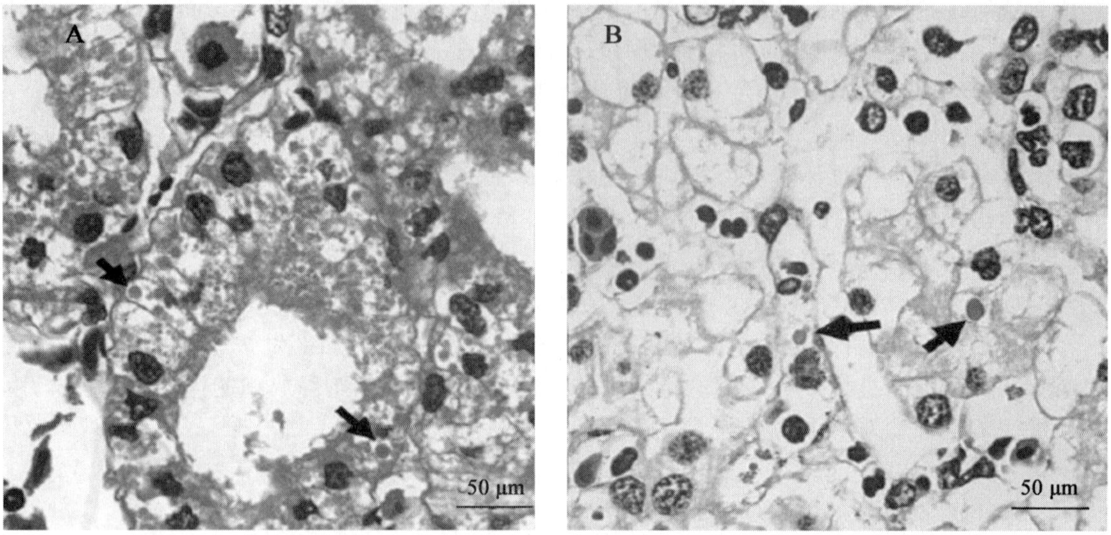


图 3-5　感染虹彩病毒的大鲵肾小管上皮(A)与肝细胞内(B)的包涵体

在找到包涵体初步确定病毒病后,或者通过其他方式确定病毒感染后,可对靶组织进一步进行戊二醛固定,用环氧树脂包埋,制成超薄切片,经醋酸双氧铀及柠檬酸铅双染色后,使用透射电子显微镜进行观察。如果找到病毒体,则可直接观察病毒形态,进行鉴定(图 3-6)。

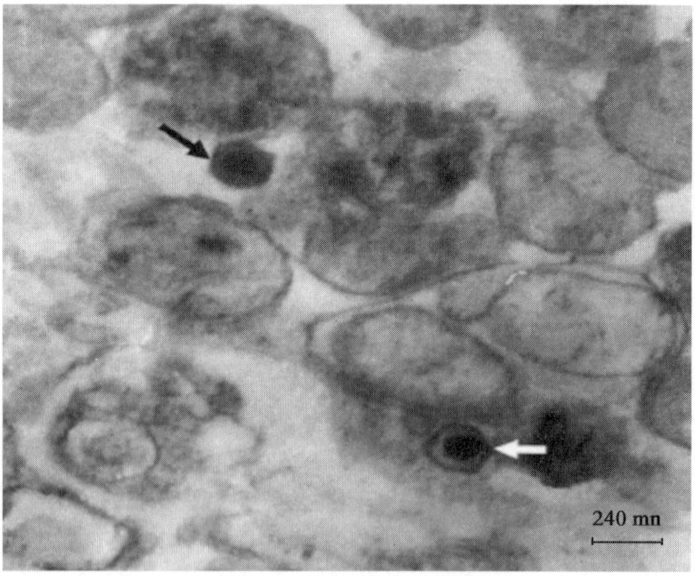


图 3-6　电镜下的虹彩病毒

2. 检测病毒核酸的方法

多数病毒基因均已成功地被克隆及被测定了核苷酸序列,因此可以用病毒基因作探针,用核酸杂交的方法检测标本中有无相应的病毒核酸。作为探针的病毒核酸可以用同位素或非放射性核素标记。用探针杂交后,为检测核酸杂交体,可用放射自显影法或用生物素-亲和素系统进行检测。这一方法的敏感性一般并不高，但当标本中含有病毒核酸量较多时则很实用。用凝胶电泳将标本中 DNA 电泳后，转移至膜上（Southern 印迹法），再用病毒探针作核酸杂交，可根据分子量大小分辨标本中病毒核酸存在的状态，即是整合型还是游离型。

对于已测定基因核苷酸序列的病毒，可设计相应的病毒基因的引物，采用多聚合酶链式反应（PCR）技术来检测。其原理为先加入从标本中提取的核酸（根据待测病毒为 RNA 病毒或 DNA 病毒而加入 RNA 或 DNA，若为 RNA 则须先转录成互补的 DNA），加入耐热的 DNA 聚合酶后，在一定温度及条件下作 PCR。通过扩增病毒基因片段可检测标本中是否存在病毒核酸。

检测病毒核酸的缺点是，病毒核酸阳性并不等于标本中存在有感染性的活病毒。此外，对于未知病毒及可能出现的新病毒则因不明确病毒核苷酸序列不能采用这些方法。

3. 检测病毒抗原和抗体的方法

对于一些血清型别不多的病毒或在寻常细胞培养系统中还不能成功增殖的病毒，直接检测抗原是快速而实用的方法。这一方法要求标本中有一定量的抗原和高质量的抗体，其依据的是免疫学原理，即用特异标记的抗体检测相应的抗原。可以用免疫荧光或免疫酶标记抗体，检测在病毒感染局部脱落细胞或分泌物细胞中的抗原，也可用酶联免疫测定法（ELISA）或乳胶凝集法检测抗原。这一方法在数小时或一天内可获得结果。

用特异的抗原可以检测病毒感染者血清中的 IgM 抗体，以快速检测病原体。使用的病毒抗原可以是利用基因工程表达的重组抗原，也可以是根据编码基因片段推导的合成肽。一般多用 ELISA 法检测。由于 IgM 抗体出现于病毒感染早期，因此标本采集的时间对这一方法的检测结果影响很大。所用抗原的质量与覆盖抗原表位的幅度也会影响检测结果。此外，还可将病毒蛋白先经凝胶电泳，再转移至膜上，用血清标本与之作用后染色的方法（称 Western 印迹法、免疫印迹法或蛋白印迹法）检测血清中针对某种病毒抗原亚单位的抗体。这一方法已用于确诊病人所产生的 HIV 抗体等。

4. 胶体金免疫层析技术

胶体金免疫层析技术是结合胶体金标记技术和免疫层析技术，以单克隆抗体技术和新型材料技术为手段发展起来的一种新型体外诊断技术。该技术以胶体金为标记物，利用特异的抗原抗体反应来放大反应，通过直接观察颜色变化就可以判定结果，且不需要专业人员和仪器设备现已成为研究人员广泛使用的免疫检测技术之一，并开始逐渐应用于水产养殖业的多个领域。

例如在对虾白斑综合征的检测中，研究人员制备了快速检测的胶体金试剂条（图 3-7），该试纸条特异性强，不需要专业的设备仪器，而且检测所需时间短，15 min 便可出结果，适用于池塘养殖检测。

胶体金免疫层析技术在其他水产动物病毒病的诊断上也发挥着重要作用，如对虾黄头病毒、淋巴囊肿病毒等。该技术可用于单样本检测、具有快速简便、特异性强、稳定性好等优点，非常适合在水产养殖业推广使用。虽然存在灵敏度低，一般用于定性、不易定量等局限性，但是胶体金免疫层析技术在不断发展，这种简单快速的检测技术将会得到更加广泛的应用。

采用一种方法对水生动物病毒病进行检测往往不能得到准确的结果，通常采用多种方法一起检测，比如同时进行组织学检测与分子生物学检测，两者结果一致则说明鉴定结果准确可信。

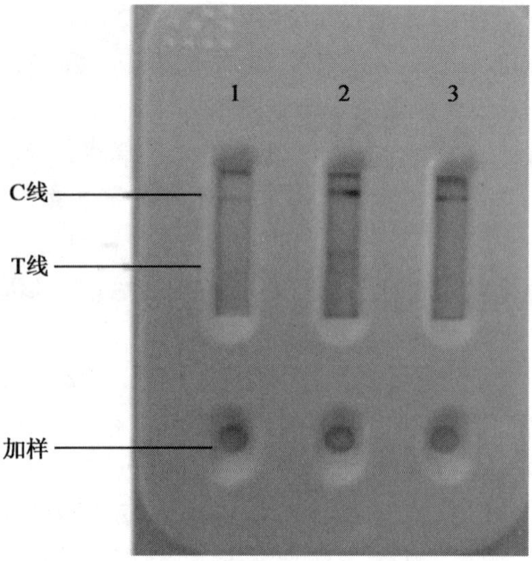


1.柱状黄杆菌　2.海豚链球菌　3.嗜水气单胞菌

**图 3-7　胶体金快速检测试纸**

（引自刘亦娟等，2016）

## 二、常见的水产动物病毒病

水产动物病毒病对水生动物养殖造成了严重的损失，至今我国农业部列出的水产动物一类疫病共 2 种，分别为鲤春病毒血症和白斑综合征，均为病毒病。水产动物二类疫病 11 种，其中病毒病包括草鱼出血病、传染性脾肾坏死病、锦鲤疱疹病毒病、斑点叉尾鮰病毒病、病毒性出血性败血症等（中华人民共和国农业部公告第 1125 号，2008）。而且随着时间的推移，不断有新的水产动物病毒病被发现，如 2010 年发现的大鲵虹彩病毒病、2013 年发现的引起"大红鳃"的鲫鱼感染鲤科疱疹病毒-Ⅱ型。现介绍几种最常见的水产动物病毒病。

1. *鲤春病毒病*

（1）病原　病原为鲤春病毒（spring viraemia of carp，SVC），其属于弹状病毒科，有囊膜，病毒大小为 180 nm×70 nm，含单链 RNA。

（2）流行情况　鲤春病毒病流行地域广，我国大部分地区均有发生，时间主要在 4—6 月，水温在 13～22℃，17℃左右是最容易发病的温度。危害对象主要是鲤鱼，鲫鱼也被感染，越冬以后的幼鲤和 1 龄以上的鲤鱼极易感染。感染途径以水体为媒介、水平传播为主，也通过鱼类寄生虫等传播。传播快，潜伏期短，死亡率高。此病在北京、河北、天津、山东等地区均有发生，欧洲、日本流行很广，死亡率高达 80%～90%，造成较大经济损失。

（3）临床症状　病鱼一般表现为体色变黑、反应迟钝、呼吸困难，无食欲，游泳迟缓，侧游，严重时无力静卧水底。病鱼体表两侧有红肿浮斑，体表轻度或重度充血，肛门红肿外突且常挂有长条状黏液，腹部膨大，眼球外突。解剖可见肠道和肾充血发炎，肠黏膜脱落，肠内有脓状物。病情严重的病鱼除有肠道出血性发炎外，腹膜也发炎，腹腔内充满大量渗出液，呈无色或亮绿色，严重时为带血的粉红色。鲤鱼急性感染时，鳃、肠、心、肾、肌肉出血；肝发炎及水肿，最后肝多处坏死，可见黄疸症状。

2. 对虾白斑综合征

(1)病原　该病由对虾白斑综合征病毒(white spot syndrome virus, WSSV)引起,主要有皮下及造血组织坏死杆状病毒、日本对虾杆状病毒、系统性外胚层和中胚层杆状病毒及白斑杆状病毒等。病毒粒子为杆状,包含双链DNA。不同病毒的大小不同,但白斑综合征病毒的形态结构十分相似,完整的病毒粒子横切面为圆形,纵切面为杆状而略带椭圆,病毒的衣壳结构为螺旋圆柱体形,大小约95 nm×450 nm。

(2)流行情况　1993年以来,白斑综合征杆状病毒复合体在我国沿海养殖区开始流行。以白斑杆状病毒为甚,几乎在对虾养殖区普遍发生,危害性极大,给对虾养殖造成严重打击。随着南美白对虾的淡化养殖,白斑杆状病毒对淡水养殖的对虾影响也逐步显示出来。以往在淡水甚至半咸水中很少发现的白斑病越来越多,造成的损失也越来越大。斑节对虾、日本对虾、中国对虾、南美白对虾等都能因感染而患病,甚至病重造成死亡。白斑病病程急,一般虾池发病后2～3 d,最多也不过7 d可使全池虾死亡。病虾小者体长4 cm,大者7～8 cm。因此虾体早期白斑病的确切诊断至关重要。白斑病主要是水平传播,经口感染,即由于病虾把带毒的粪便排入水体中,污染了水体或饵料,健康的虾吞食后感染,或健康的虾吞食病虾、死虾后感染,或使用发病池塘排出的污水而感染等。

(3)临床症状　病鱼主要表现为摄食减少、活力下降、反应迟钝,部分静卧于池边水草上,体色发暗。在头胸甲上可见针尖样大小白色斑点。剖检结果显示,病克氏原螯虾腹部脏污,头胸甲及腹节甲壳易剥离,内层有软甲壳,体内有积液,肝胰腺肿大、颜色变浅,鳃丝发黑,胃肠道空虚、颜色发绿,血淋巴不易凝固。

3. 草鱼出血病

(1)病原　病原为草鱼出血病病毒(grass carp reovirus, GCRV),也称草鱼呼肠孤病毒,是我国分离的第一种水产动物病毒,隶属呼肠孤病毒科、水生动物呼肠孤病毒属。草鱼出血病病毒呈正二十面体对称球形颗粒,直径为65～72 nm,无囊膜,具有双层衣壳,基因组由11条分节段的双链RNA组成。

(2)流行情况　本病是我国草鱼鱼种培养阶段危害最大的病害之一,主要危害2.5～15.0 cm的草鱼和1足龄的青鱼,有时2足龄以上的草鱼也患病。全国养殖草鱼的池塘均有发生,主要流行于长江流域中下游和珠江流域。流行严重时,发病率达30%～40%,死亡率可达50%左右,严重影响草鱼养殖。每年6—9月是主要流行季节,水温27℃以上最为流行,水温降至25℃以下,病情逐渐消失。病毒的传染源主要是带病毒的草鱼、青鱼等,从健康鱼感染病毒到疾病发生需7～10 d。一旦发生,常导致急性大批死亡。

(3)临床症状　病鱼体色发黑,离群独游水面,反应迟钝,摄食减少或停止。主要症状是病鱼各器官组织有不同程度的充血。根据病鱼所表现的症状和病理变化,大致可分为3种类型。

①红肌肉型,病鱼外表无明显的出血症状,或仅表现轻微出血,但肌肉明显充血,严重时全身肌肉均呈红色,鳃瓣严重失血,出现"白鳃"。这一种类型一般在较小的草鱼种(体长7～10 cm)中较常见。

②红鳍红鳃盖型,病鱼的鳃盖、鳍条基部、头顶、口腔和眼眶等明显充血。有时鳞片下也有充血现象,但肌肉充血不明显,或仅局部出现点状出血。这种类型一般在较大的草鱼种(体长13 cm以上)中出现。

③肠炎型，病鱼体表及肌肉的充血现象均不明显，但肠道严重充血。肠道部分或全部呈鲜红色，肠系膜、脂肪和鳔壁有时有点状充血。肠壁充血时，仍具韧性，肠内虽无食物，但很少充有气泡或黏液，可区别于细菌性肠炎病。这种类型在各种规格的草鱼种中都可以见到。

上述 3 种类型的病理变化可同时出现，也可交互出现。

4. 传染性造血器官坏死病

（1）病原　病原为传染性造血器官坏死病毒（infectious hematopoietic necrosis virus，IHNV），属弹状病毒科，含单链 RNA。该病毒形态呈子弹状，长度 160～180 nm，直径为 70～90 nm，有 15 nm 厚的囊膜。

（2）流行情况　该病是全球性鲑科鱼常见的急性病毒性传染病，分布广泛、发病率高，对世界鲑养殖业造成了巨大的经济损失。IHNV 最早于 20 世纪 50 年代暴发于美国俄勒冈州和华盛顿州，70 年代先后传入日本、法国和意大利，80 年代末传入我国，90 年代传入韩国、德国、瑞士等国家。目前 IHNV 已传播至几乎所有的鲑鳟养殖国家。水温 7～16℃ 内均可出现高死亡率，该病主要感染虹鳟苗种，发病后一周内即可达 70%～90% 的死亡率。

（3）临床症状　鱼传染性造血器官坏死病暴发时，首先出现稚鱼和幼鱼的死亡率突然升高。受侵害的鱼通常出现昏睡症状，不愿活动和避开水流；但也有的鱼表现出狂暴乱窜、打转等反常现象。患病鱼眼球突出且变黑，腹部膨胀，鱼鳃苍白，鳍基部出血。肛门处拖着不透明或棕褐色的假管型黏液粪便是较为典型的特征，但并非该病所独有。另外，通常在头部之后的侧线上方显示皮下出血。

# 任务四　噬菌体与亚病毒



## 一、噬菌体

细菌噬菌体（bacteriophage），通常称为噬菌体（phage），是侵染细菌的病毒。它们是专性细胞内寄生物，噬菌体颗粒可以在细菌细胞外存在，但只能在细胞内繁殖。它们由核酸基因组和四周称为衣壳的病毒外壳包围而构成。噬菌体具有侵染细菌的能力，而且在细胞内指令合成噬菌体的成分。

噬菌体的衣壳蛋白具有保护遗传物质和帮助侵染新的宿主的作用。某些噬菌体携带有另外的酶。外壳由排列高度有序的结构蛋白亚单位组成，使噬菌体呈现出特别明显的形状。

噬菌体典型的生活周期从噬菌体在细菌细胞表面的特异受体吸附开始。遗传物质注入宿主后，核酸开始复制，噬菌体基因编码的酶被合成。然后，合成噬菌体衣壳蛋白，装配成新的噬菌体外壳，同时包装一个拷贝的基因。最后，噬菌体释放，普遍通过裂解进入周围培养基。总的来说，噬菌体的生活周期分为吸附、侵入、复制、组装和释放 5 个阶段。

## 二、亚病毒

亚病毒是含核酸或蛋白质侵染因子的一类具有侵染性的简单结构，包括类病毒、拟病毒和朊病毒。

病毒没有细胞结构，所以称为非细胞生物。它是微生物中最小的生命实体，它的组成简单。病毒粒体中仅含有一种核酸(DNA 或 RNA)及蛋白质。它们具有专性寄生性，必须在活细胞中才能增殖。有的病毒甚至没有蛋白质，只含有具有单独侵染性的较小型的核糖核酸(RNA)分子(类病毒)，或只含有不具备单独侵染性的 RNA(拟病毒)和没有核酸而有感染性的蛋白质颗粒(朊病毒)，它们被统称为亚病毒。

**【项目思考】**

1. 作图，画出病毒的一般形态，并标注主要结构。
2. 简述病毒的复制过程。
3. 根据所学内容，为池塘养鱼制作一个病毒病的预防方案。
4. 简述噬菌体的生活史。
5. 简述噬菌体能应用在哪些方面。

Project 4

项目四

# 微生物的控制

**知识目标**

1. 熟悉灭菌、消毒、防腐等微生物控制常用术语。
2. 掌握干热灭菌和湿热灭菌的原理及方法。
3. 掌握巴氏灭菌的原理及方法，能说出生产上可以应用在哪些方面。
4. 了解影响灭菌的因素。
5. 掌握常用微生物控制的化学方法及其原理。

**技能目标**

1. 对比不同的灭菌方法，能根据不同的要求，选择正确的灭菌方法。
2. 根据不同环境，正确选择消毒剂进行消毒。

【科苑导读】

生活中我们都喜欢喝牛奶，我们在超市买到的牛奶一般是盒装或者是瓶装的，包装上写有保质期。大家仔细观察，会发现保质期长短不一，有的是 10 d，有的是 1 个月，有的是 3 个月。那么，大家想一想，不同包装的牛奶到底是怎么消毒的？牛奶可以像培养基一样放进高压锅里消毒吗？为什么？

【必备知识】

1. 细菌的结构。

2. 细菌的生理生化特性。

3. 细菌生长繁殖的营养、环境条件要求。

# 任务一　微生物控制基本知识

## 一、灭菌

采用强烈的理化因素使任何物体内外部的一切微生物永远丧失生长繁殖能力的措施，称为灭菌，例如各种高温灭菌措施等。灭菌实质上可分杀菌和溶菌两种，前者指菌体虽死，但形体尚存，后者指菌体杀死后，其细胞发生溶化、消失。

## 二、消毒

从字义上看，消毒就是消除毒害，这里的“毒害”是传染源或致病菌的意思，英文中的“dis-infection”也是“消除传染”的意思。所以，消毒是一种采用较温和的理化因素，仅杀死物体表面或内部一部分对人体有害的病原菌，而对被消毒的物体基本无害的措施。例如一些常用的消毒皮肤、水果、饮用水的药剂消毒法，对啤酒、牛奶、果汁和酱油等进行消毒处理的巴氏消毒法等。水产动物消毒一般指的是对水生动物体表面消毒及对水环境消毒，消灭水体中及水生动物体表的病原体。

## 三、防腐

防腐是指利用某种理化因素完全抑制霉腐微生物的生长繁殖，从而防止食品等发生霉腐的措施。防腐的措施很多，主要有 6 种。

1. 低温

利用 4℃以下的各种低温（0℃、－20℃、－70℃、－196℃等），保藏食物、药品和菌种等。

2. 缺氧

在密闭容器中加入除氧剂可以有效地防止食品和粮食等的霉腐、变质，并达到保鲜的目的。除氧剂的种类很多，主要原料是铁粉，再加上一定量的辅料和填充剂制成，它对新鲜食品具有良好的保鲜功能。

3. 干燥

采用晒干或红外线干燥等方法对粮食、食品等进行干燥保藏，是最常见的防止霉腐的方法。此外，在密封条件下，用石灰、无水氯化钙、五氧化二磷、浓硫酸、氢氧化钾或硅胶等作吸湿剂，也可很好地达到食品、药品和器材等长期防霉腐的目的。

4. 高渗

通过盐腌和糖渍等高渗措施来保存各种食物的做法，是在民间流传已久的防腐方法。

5. 高酸度

采用高酸度也可达到防腐的目的。泡菜的原理就是利用乳酸菌的厌氧发酵使新鲜蔬菜产生大量乳酸，以达到抑制杂菌生长和长期保藏的目的。

6. 防腐剂

在有些食品、调味品、饮料或器材中，可以加入适量的防腐剂以达到防霉腐的目的。例如，酱油中常以苯甲酸来防腐，墨汁中可加入尼泊金作防腐剂，化妆品可加入山梨酸、脱氢醋酸等来防腐。

### 四、化疗



化疗即化学治疗，是利用具有高度选择毒力的化学物质来抑制宿主体内病原微生物的生长繁殖，以达到治疗该传染病的目的的一种措施。用于化疗的化学物质称化学治疗剂，重要的化学治疗剂有各种抗生素、磺胺类药物和中草药中的有效成分等。

## 任务二　控制微生物的物理方法

### 一、高温杀菌作用的种类

具有杀菌效应的温度范围较广。高温能使微生物的蛋白质和核酸等重要生物高分子发生变性、破坏，例如它可使核酸发生脱氨、脱嘌呤或降解，以及能够破坏细胞膜上的类脂质成分等。湿热灭菌比干热灭菌更有效，一方面是由于湿热易于传递热量，另一方面是由于湿热更易破坏保持蛋白质稳定性的氢键等结构，从而加速蛋白质变性。

在实践上行之有效的高温灭菌或消毒的方法主要有以下几种。

1. 干热灭菌法

将金属制品或清洁玻璃器皿放入电热烘箱内，在150～170℃下维持1～2 h，即可达到彻底灭菌的目的。这种条件可使细胞膜破裂、蛋白质变性、原生质脱水干燥，以及各种细胞成分发生氧化。灼烧是一种最彻底的干热灭菌方法，但它只适用于接种环、接种针等少数对象的灭菌。细菌的芽孢是耐热性最强的生命形式，所以，干热灭菌时间常以几种有代表性的细菌芽孢的耐热性作为参考。

2. 湿热灭菌法

湿热灭菌法比干热灭菌法更有效。多数细菌和真菌的营养细胞在60℃左右处理5～10 min后即可被杀死，酵母菌和真菌的孢子稍耐热些，须用80℃以上的温度处理才能杀死。细菌的芽孢最耐热，120℃下处理15 min才能将其杀死，如调节水质用的枯草芽孢杆菌。

(1)常压法　常见的常压消毒法有煮沸消毒法和巴氏消毒法煮沸消毒法一般用于饮用水的消毒(100℃下数分钟)。巴氏消毒法是适用于牛奶、啤酒、果酒和酱油等不能进行高温灭菌的液体的一种消毒方法，可以杀死其中无芽孢的病原菌(如牛奶中的结核杆菌或沙门氏菌)，且不影响它们的风味。巴氏消毒法是一种低温消毒法，具体的处理温度和时间各有不同，一般在60～85℃下处理15 s至30 min。具体的方法可分两类，一种是将牛奶加热到62～65℃，保持30 min。采用这一方法，可杀死牛奶中各种生长型致病菌，灭菌效率可达97.3%～99.9%，经消毒后残留的只是部分嗜热菌及耐热性菌以及芽孢等，但这些细菌多数是乳酸菌，乳酸菌不但对人无害反而有益健康。第二种方法是将牛奶加热到75～90℃，保温15～16 s，其杀菌时间更短，工作效率更高。无论采用哪一种方法，杀菌的基本原则是，能将病原菌杀死即可，温度太高反而会造成较多的营养损失。

(2)加压法　常规加压灭菌法是一种应用最为广泛的灭菌方法，这种方法是基于水的沸点随着蒸汽压力的升高而升高的原理设计的。

以实验室常用的高压蒸汽灭菌锅为例，其高压灭菌的原理是：在密闭的蒸锅内，其中的蒸汽不能外溢，压力不断上升，使水的沸点不断提高，当锅内蒸汽压力达到0.1 MPa时，水蒸气的温度升高到121℃，经15～30 min，可以杀死各种细菌及高度耐热的芽孢。

## 二、影响加压蒸汽灭菌效果的因素

1. 灭菌物体含菌量

不同微生物个体(包括营养体和孢子)的耐热性是有差别的，灭菌物体中的含菌量越高，杀死最后一个个体所需的时间越长。在实践上，由天然原料尤其是麸皮等植物性原料配制成的培养基，一般含菌量较高，而用化学试剂配制成的组合培养基，含菌量低。所以不同组成培养基的灭菌的温度和时间也应有差别。

2. 灭菌锅内空气排除程度

加压蒸汽灭菌法的原理是在排尽锅内空气的前提下，通过加热使密闭锅内纯水蒸气的压力升高而使蒸汽温度相应提高，是依靠温度而不是压力来达到灭菌的目的的。因此，在采用加压蒸汽灭菌法时，必须彻底排除灭菌锅内的残余空气。检验灭菌锅内空气排除度，可采用多种方法，例如在灭菌锅上同时装配压力表和温度计，或将待测气体通过橡胶管引入深层冷水中。

3. 灭菌对象的pH

灭菌对象的pH对灭菌效果有较大的影响。pH为6.0～8.0时，微生物较不易死亡；pH低于6.0时，灭菌处理较易使微生物死亡。

4. 灭菌对象的体积

灭菌对象体积的大小会影响热的传导速率。盛放培养液的玻璃器皿，其体积大小对灭菌效果的影响甚为明显。因此，在实验室工作中，须防止用常规的压力和时间在加压灭菌锅内进行大容量培养基的灭菌。

5. 加热与散热速度

在加压灭菌时，一般只重视达到所需压力后的维持时间。事实上，达到该压力值前（"上磅"前）的预热速度有快有慢，达到灭菌要求后，散热的速度（"下磅"速度）也有快有慢，这两段时间对灭菌效果和培养基成分均有影响。因此，为了使科学研究的结果有良好的重演性，在灭菌操作中也应把握这些技术细节。

## 三、高温对培养基成分的有害影响及其预防措施

在加压蒸汽灭菌时，高温尤其是长时间的高温除对培养基中的淀粉成分有促进糊化和水解等少数有利影响外，对培养基中的其他成分有很多不利的影响。消除有害影响的措施有很多，主要有以下几类。

1. 特殊加热灭菌法

对易破坏的含糖培养基进行灭菌时，应先将糖液与其他成分分别灭菌后再合并。含 $Ca^{2+}$ 或 $Fe^{3+}$ 的培养基与磷酸盐可先分别灭菌，然后再混合，如此不易形成磷酸盐沉淀。含有在高温下易破坏成分的培养基（如含糖组合培养基）可进行低压灭菌（在112℃下灭菌15 min）。在大规模发酵工业中，可采用连续加压灭菌法进行培养基的灭菌等。

2. 过滤除菌法

培养液中某些不耐热的成分可采用过滤除菌法灭菌，例如采用滤膜过滤装置、烧结玻璃滤板过滤器、石棉板过滤器（Seitz滤器）、素烧瓷过滤器等。过滤除菌的缺点是无法去除其中的病毒和噬菌体。

3. 其他方法

在配制培养基时，为避免发生沉淀，一般地，应按配方逐一加入各种成分。地培养基中加入0.01%EDTA（乙二胺四乙酸）或0.01% NTA（氨三乙酸）等螯合剂，可防止金属离子发生沉淀。还可以用气体灭菌剂如环氧乙烷等对个别成分进行灭菌处理。

# 任务三　控制微生物的化学方法

抑制或杀灭微生物的化学药剂种类极多、用途广泛、性质各异，主要分为消毒剂和抗生素两类。

## 一、消毒剂

常用消毒剂的种类很多，它们的杀菌强度各不相同。但几乎都有一个共同规律，即当其在极低浓度时，常常对微生物的生命活动起刺激作用，随着浓度逐渐升高，产生制菌和杀菌作用，因而形成一个连续的作用谱。

**(一)常用消毒剂**

1. 卤素类消毒剂

卤素类消毒剂包括：①含氯消毒剂，如漂白粉、次氯酸钠、漂白精等。②含碘消毒剂，如碘附、碘酊等。③含溴消毒剂，如二溴海因、溴氯海因、氯溴异氰尿酸类等。卤素类消毒剂杀菌原理是通过氧化、卤代反应破坏细胞壁、细胞膜，使细胞质漏出、细胞核被破坏。

2. 氧化剂类消毒剂

氧化剂类消毒剂有过氧乙酸、高锰酸钾，它们都是高效消毒剂，通过氧化作用破坏细胞壁、细胞膜及酶系统等杀灭病菌。过氧乙酸不仅可以通过氧化杀菌，而且能通过强酸作用杀灭病毒，且在低温环境下仍有很好的杀菌效果，因此被选作冷库的良好消毒剂。它的缺点是不稳定，易分解失效。

3. 醛类消毒剂

醛类消毒剂有福尔马林溶液、戊二醛。戊二醛作为器械消毒剂不错，作为环境消毒剂受到成本的限制。福尔马林是很好的环境、尸体处理剂。醛类具有还原性，通过凝固蛋白质杀灭病菌。这类消毒剂使用浓度大，气味大，属于高效消毒剂。

4. 季铵盐类消毒剂

季铵盐类消毒剂有苯扎氯铵、苯扎溴铵、双长链季铵盐消毒剂等。

5. 其他消毒剂

酚类消毒剂有甲酚皂溶液、煤酚皂溶液、复合酚等。

醇类消毒剂有乙醇、异丙醇，乙醇是常用消毒剂，较少用于环境消毒。

复配消毒剂是将不同性能、不同类别、不同结构的消毒剂进行复配组成的。若复配成分间的杀菌力是相互增效或相互叠加的，复配是成功的。若复配成分的性质互相拮抗、抵消，复配是失败的。如氧化性的与还原性的或与有机类复配，碱性的与酸性的复配等，其杀菌力互相抵消，或产生分解反应。

**(二)消毒剂使用注意事项**

在水产养殖中使用消毒剂，注意事项有以下 7 点：

①要严格控制使用浓度。消毒剂使用浓度过高，危害极大，极易造成鱼虾体表受损(特别是鳃丝受损伤)，从而诱发细菌病或寄生虫病的发生。所以必须按规定浓度使用，绝不能

提高使用量。

②有些水生生物不能使用消毒剂类，如海参、贝类。

③消毒剂类一般不宜连续使用。由于消毒剂类的副作用大，一般消毒剂使用第一次后间隔 1～3 d，使用不超过 3 次。最好的方法是在使用消毒剂时投喂抗生素药饵，以预防消毒剂对机体损伤诱发的疾病。

④由于消毒剂作用于体表，不能深入体内，而很多病原体在体内，所以治疗效果有限。目前的改良方法是在使用消毒剂时，配合抗生素药饵同时投喂。

⑤在育苗期一般不使用消毒剂，因为苗种个体小，易遭受损伤。

⑥一般不建议使用消毒剂对细菌病进行治疗。

⑦在经济条件允许的情况下，能用抗生素治疗一般不用消毒剂。

## 二、抗生素

我国是渔业生产大国，水产养殖产量居世界第一。但是随着水产养殖集约化程度的提高，养殖水生动物的各种疾病发生与流行日趋严重。对于水生养殖动物的细菌性疾病，国内外大多采用抗生素药物进行治疗。据全国水产技术推广总站组织的全国水产养殖动物病害监测结果，我国水产养殖动物细菌性疾病占全部水生动物疾病种类的 48.0％以上，水产养殖动物受到细菌性疾病的危害而遭受的经济损失超过全部病害经济损失的 50.0％。目前，我国允许使用的“国家标准”水产用抗生素类药物主要有氨基糖苷类的硫酸新霉素、喹诺酮类的恩诺沙星、酰胺醇类的氟苯尼考等（表 4-1）。

**表 4-1　我国部分水产用抗生素类药物**

| 药物类别 | 药物名称 | 批准公告 |
| --- | --- | --- |
| 氨基糖苷类 | 硫酸新霉素粉（5％，50％） | 农业部 1435 号公告 9108，9109 |
| 四环素类 | 盐酸多西环素粉（2％，5％，10％） | 农业部 1435 号公告 9090，9091，9092 |
| 酰胺醇类 | 甲砜霉素粉（5％） | 农业部 1435 号公告 9098 |
| 磺胺类药物 | 氟苯尼考粉（10％） | 农业部 1435 号公告 9014 |
| | 复方磺胺嘧啶粉 | 农业部 1435 号公告 9022 |
| | 复方磺胺甲恶唑粉 | 农业部 1435 号公告 9021 |
| | 复方磺胺二甲嘧啶粉 | 农业部 1435 号公告 9020 |
| | 磺胺间甲氧嘧啶钠粉（10％） | 农业部 1435 号公告 9033 |
| 喹诺酮类药物 | 恩诺沙星粉（5％，10％） | 农业部 1435 号公告 9006，9007 |

抗生素可以通过食物链的方式影响人类和环境，一方面，抗生素被摄入人体后，可破坏人体肠胃内的菌群平衡，损害人体健康；另一方面，部分抗生素进入江河湖海及土壤中，不易降解或降解缓慢，从而破坏生态平衡。随着人们健康、环保意识的不断增强，无公害、营养味美的水产品已成为广大消费者的理想追求，消费“无抗”养殖水产品已成为社会的共识，但是目前，无公害抗生素渔药替代产品的生产和应用，还远远滞后于水产养殖业的发展，使用抗

生素渔药仍然是控制细菌性病害发生和蔓延的最便利的措施，全面实现水产养殖无抗化还不太可能。只有科学指导水产养殖生产和加强媒体宣传，使抗生素替代品得到更好的开发和利用，才能为未来实现全面禁用和少用抗生素渔药，保障绿色、健康、可持续水产养殖业发展起到很好的推动作用。

**【项目思考】**

1. 针对池塘养鱼，制定出一套疾病预防的消毒方案。

2. 常用的消毒方法有哪些？分别有哪些优缺点？可应用在哪些方面？请列表说明。

3. 简述消毒和防腐的概念及其区别。

4. 在微生物实验室中，常用的消毒方法是什么？请说明其原理。

5. 选择消毒灭菌方法的基本原则是什么？

6. 何谓消毒？举例说明。

7. 何谓无菌操作？举例说明。

## 实训七　消毒与灭菌

**【目的要求】**

1. 了解干热灭菌的原理及应用范围。

2. 掌握干热灭菌的操作技术。

3. 了解高压蒸汽灭菌的基本原理及应用范围。

4. 掌握高压蒸汽灭菌的操作方法。

5. 掌握紫外线灭菌的原理和方法。

6. 了解过滤除菌的原理。

7. 掌握微孔滤膜过滤除菌的方法。

**【材料设备】**

1. 器材

具塞玻璃试管、玻璃培养皿、500 mL 三角瓶、烧杯、量筒、吸管、玻璃棒、称量纸、药匙、精密 pH 试纸(pH 5.5～9.0)、牛皮纸、记号笔、普通营养培养基、牛肉膏白胨培养基、琼脂粉、微孔滤膜等。

2. 仪器设备

天平、电炉、高压蒸汽灭菌锅、烘箱、超净工作台等。

**【实验内容】**

1. 干热灭菌

干热灭菌的操作步骤如下：

①将包好的待灭菌物品(培养皿、试管、吸管等)放入电烘箱内，关闭箱门。物品不要摆得太挤，以免妨碍空气流通，灭菌物品不要接触电烘箱内壁的铁板，以防包装纸烤焦起火。

②接通电源，拨动开关，打开电烘箱排气孔，旋动恒温调节器至绿灯亮，待温度升至100℃时，关闭排气孔。在升温过程中，如果红灯熄灭，绿灯亮，表示箱内停止加温，此时如果还未达到所需的160～170℃，则须转动调节器使红灯再亮，如此反复调节，直至达到所需

温度。

③当温度升至160～170℃时，借助恒温调节器的自动控制，保持此温度2 h。

④切断电源，自然降温。

⑤电烘箱内温度降至70℃以下后，打开箱门，取出灭菌物品。电烘箱内温度降至70℃以前，切勿打开箱门，以免骤然降温导致玻璃器皿炸裂。

2. 高压蒸汽灭菌

高压蒸汽灭菌的操作步骤如下：

①往高压蒸汽灭菌锅内加入蒸馏水至标准刻度线以上，将待灭菌物品放入锅内套层中，物品摆放不宜过多、过挤，锅内应留出1/3空间。然后盖严锅盖，采用对角式均匀拧紧锅盖上的螺旋，关闭锅盖并打开放气阀门。

②接通电源，开始加热，锅内水沸腾后，放气阀门开始排气，经2～5 min排尽锅内冷空气后，关闭放气阀，继续加热。当温度上升至所需温度（121℃）时，灭菌锅开始自动计时，若没有自动计时功能则手动计时，按要求灭菌时间（15～30 min）进行计时，到达保压时间后，关闭电源，停止加热，使灭菌锅内压力自然下降。

③待压力表降至"0"时，拧松螺旋，半开锅盖，10 min后取出灭菌物品。

在灭菌过程中，应注意排尽锅内冷空气，锅内冷空气如排放不彻底，会影响灭菌效果，达不到彻底灭菌的目的。由于高压蒸汽灭菌时，温度高达121℃、蒸汽过热，操作时，必须严格按照操作规程操作，否则容易发生意外事故。

3. 紫外线灭菌

紫外线灭菌的操作步骤如下：

①将待灭菌玻璃器械或手术器械放入超净工作台，打开紫外线灯开关，照射30 min。

②关闭紫外灯，打开日光灯和排风扇，保持约15 min以排尽超净工作台中的臭氧。

③小窗口打开超净工作台，留操作空隙即可，开始进行无菌操作。

4. 微孔滤膜过滤除菌

微孔滤膜过滤除菌的操作步骤如下：

①将0.22 μm孔径的滤膜装入清洗干净的塑料滤器中，旋紧压平，包装灭菌后待用。

②在无菌条件下，将灭菌滤器的入口以无菌操作方式连接于装有待过滤除菌溶液（2%葡萄糖溶液）的注射器上，将针头与出口处连接并插入带橡皮塞的无菌试管中。

③给注射器中的待过滤除菌溶液加压，将其缓缓挤入无菌试管中，滤毕，将针头拔出。压滤时，用力须适当，不可太猛太快，以免细菌被挤压通过滤膜。

④以无菌操作吸取0.1 mL除菌滤液于肉汤蛋白胨平板上，涂布均匀，置于37℃培养箱中培养24 h，观察平板上是否有菌生长。

⑤弃去微孔滤膜，将塑料滤器清洗干净，并换上一张新的微孔滤膜，组装包扎，再经灭菌后使用。整个过程应在无菌条件下严格操作，以防污染. 过滤时应避免各连接处出现渗透现象。

**【技能考核】**

根据学生实验态度、实验操作、实验结果、实验报告等表现综合评分，按"优、良、中、及格、不及格"5个等级或按百分制打分。

## 实训八　细菌的生理生化反应

**【目的要求】**

1. 学习糖发酵试验方法。

2. 了解糖发酵的原理及其在微生物分类鉴定中的重要作用。

3. 学习靛基质试验、甲基红试验、乙酰甲基甲醇试验、柠檬酸盐利用试验和硫化氢试验的操作方法。

4. 了解靛基质试验、甲基红试验、乙酰甲基甲醇试验、柠檬酸盐利用试验和硫化氢试验在微生物研究工作中的作用。

**【材料设备】**

1. 器材

超净工作台、恒温培养箱、接种环、酒精灯、标签纸等。

2. 菌种

嗜水气单胞菌、维氏气单胞菌。

3. 细菌生化微量管

乳糖发酵、葡萄糖发酵、蔗糖发酵、靛基质试验、甲基红试验、乙酰甲基甲醇试验、柠檬酸盐利用试验和硫化氢试验等。

**【实验内容】**

1. 基本原理

(1)糖(醇)类发酵试验　多数细菌都能利用糖类作为碳源及能源，但各种细菌因含有不同的分解糖(醇)类的酶，故表现为有的能分解或不分解某些糖类，有的分解糖产酸并产气，或只产酸不产气。根据这些特点，可鉴别细菌(培养基中的溴甲酚紫指示剂在 pH 6.8 以上呈紫色，在 pH 5.2 以下呈黄色)。

(2)甲基红(MR)试验　某些细菌在糖代谢过程中，分解糖类，产生丙酮酸，继而再分解为各种酸，使培养基的 pH 下降至 4.5 以下，加入甲基红指示剂呈红色，为阳性反应；若分解糖产酸少，或所产生的酸转换为其他物质，则培养基 pH 在 4.5 以上，加入指示剂呈黄色，为阴性。

(3)乙酰甲基甲醇试验　某些细菌能分解葡萄糖生成丙酮酸，2 分子丙酮酸缩合、脱羧形成乙酰甲基甲醇，乙酰甲基甲醇在碱性条件下被氧化成双乙酰，双乙酰与培养基中的精氨酸所含的胍基起作用，生成红色化合物(加入肌酸或肌酐等胍基化合物可加速此反应)。

(4)靛基质试验　某些细菌具有色氨酸水解酶，能分解蛋白胨中的色氨酸生成吲哚，后者与对二甲基氨基苯甲醛结合，生成红色的玫瑰吲哚化合物而呈阳反应。

(5)柠檬酸盐利用试验　某些细菌利用柠檬酸盐为碳源，在有水存在的情况下，将柠檬酸盐水解为柠檬酸和强碱。由于细菌不断利用柠檬酸，培养基中的柠檬酸浓度下降，强碱化合物浓度上升，培养基的 pH 由中性变为碱性，培养基中的指示剂由绿转蓝。

(6)硫化氢试验　有些细菌分解糖产生 $H_2S$，$H_2S$ 与 $Fe^{3+}$ 反应生成 FeS 黑色沉淀。同时，糖被分解产酸使培养基呈黄色，表面进一步氧化呈红色。

2. 操作方法

在超净工作台内将嗜水气单胞菌与维氏气单胞菌菌种分别接种到不同的微量生化试剂

管内，并用液体石蜡封口，于 28℃下培养 24 h，观察各管中的反应结果。

3. 结果判定

微量生化管在恒温培养箱培养 24 h 后，将其取出并观察结果。颜色未发生变化的，标记为阴性“－”；颜色发生变化的，标记为阳性“＋”；试管上端出现气泡的，标记为产气“↑”。将观察结果记录在以下表格(表 4-2)中。

**表 4-2 生理生化特性**

| 测定项目 | 嗜水气单胞菌 | 维氏气单胞菌 |
| --- | --- | --- |
| 鸟氨酸脱羧酶 | | |
| 过氧化氢酶 | | |
| 氧化酶 | | |
| 山梨醇 | | |
| 肌醇 | | |
| 甘露醇 | | |
| 葡萄糖 | | |

参考《伯杰细菌鉴定手册》对观察结果进行细菌分类鉴定。

**【技能考核】**

根据学生实验态度、实验操作、实验结果、实验报告等表现综合评分，按“优、良、中、及格、不及格”5 个等级或按百分制打分。

## 实训九 药物敏感性试验

**【目的要求】**

1. 熟练掌握药物敏感性试验(纸片法)操作方法。
2. 理解药物敏感性试验原理。
3. 理解抗生素对微生物影响关系。

**【材料设备】**

1. 器材

接种环、酒精灯、镊子、无菌培养皿、涂布棒、75％酒精棉球、记号笔、刻度尺、超净工作台、恒温培养箱等。

2. 菌种

嗜水气单胞菌。

3. 药敏纸片

常见抗生素如氨苄西林、青霉素、庆大霉素、卡那霉素、链霉素、新霉素、阿奇霉素、克拉霉素、四环素、多西环素、制霉菌素、恩诺沙星、丁胺卡那、诺氟沙星、氧氟沙星、多黏菌素 B、氟苯尼考等。

【方法步骤】

1. 制备培养基

按常规操作配制普通营养琼脂培养基,高压蒸汽灭菌后备用。

2. 划线接种测试菌种

在超净工作台中,用接种环挑取适量嗜水气单胞菌,划线培养于培养基上。具体地,用灭菌接种环取适量细菌分别在平皿边缘相对四点涂菌,以各点为起始划线涂菌至平皿的1/2,依次划线,直至细菌均匀密布于平皿。也可挑取嗜水气单胞菌于少量生理盐水中制成细菌混悬液,用灭菌涂布棒将待检细菌混悬液均匀地涂布于平皿培养基表面。

3. 贴合药敏纸片

用镊子取药敏纸片置于培养基表面。为了使药敏纸片与培养基紧密贴合,可用镊子轻按几下药敏纸片。为了便于观察结果,药敏片应均匀地分布于平板培养基上。一般可在平板培养基中央贴一片,外周可等距离贴若干片(外周一般可贴 3～4 片),标明每种药敏纸片的名称(图 4-1)。

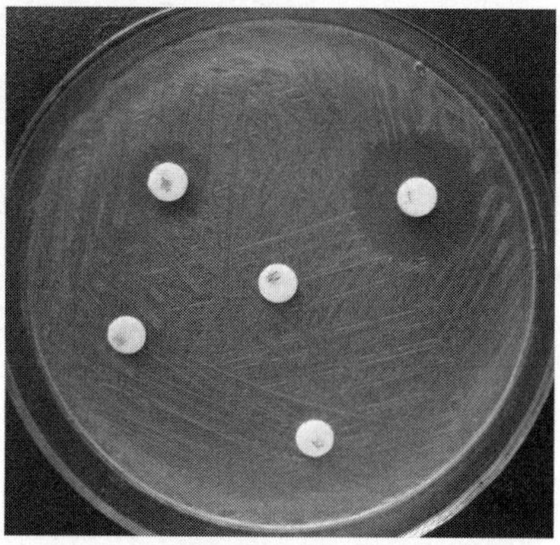

图 4-1　药物敏感性试验(纸片法)

4. 培养

将平板培养基置于 37℃温箱中培养 24 h,观察抑菌效果。

5. 判定结果

应根据抑菌圈直径大小,以药敏纸片生产厂商说明作为判定敏感度高低的标准判定药物对测试菌的敏感性。将观测结果记录于表 4-3 中。

表 4-3　嗜水气单胞菌的药物敏感试验结果

| 抗生素 | 含药量/(μg/片) | 抑菌环直径/mm | 敏感性 |
|---|---|---|---|
| 氨苄西林 | 100 | | |
| 青霉素 | 10 | | |
| 庆大霉素 | 10 | | |
| 卡那霉素 | 30 | | |
| 链霉素 | 10 | | |
| 新霉素 | 30 | | |
| 阿奇霉素 | 15 | | |
| 克拉霉素 | 15 | | |
| 四环素 | 30 | | |
| 多西环素 | 30 | | |
| 制霉菌素 | 100 | | |
| 恩诺沙星 | 10 | | |
| 丁胺卡那 | 30 | | |
| 诺氟沙星 | 10 | | |
| 氧氟沙星 | 5 | | |
| 多黏菌素 B | 300 | | |
| 氟苯尼考 | 30 | | |

注:敏感(S);中介(I);耐药(R)。

**【影响因素】**

影响药敏结果的因素有以下 3 种。

(1)培养基　应根据试验菌的营养需要配制适宜的培养基。倾注平板时,厚度 5～6 mm 为宜,若使用 90 mm 直径的培养皿,每皿倾注培养基 18～20 mL 即可。培养基内应尽量避免有抗菌药物的拮抗物质。

(2)细菌接种量　细菌接种量应恒定,如接种太多,抑菌圈变小,能产酶的菌株还可破坏药物的抗菌活性。

(3)培养时间　一般培养条件为 37℃、8～18 h。有些抗菌药扩散慢的,如多黏菌素,可将待培养的平板培养基置于 4℃冰箱内 2～4 h,使抗菌药预扩散,然后再将其放入 37℃温箱中培养。这种做法可以推迟细菌的生长,而得到较大的抑菌圈。

**【技能考核】**

根据学生实验态度、实验操作、实验结果、实验报告等表现综合评分,按“优、良、中、及格、不及格”5 个等级或按百分制打分。

Project 5

# 项目五

# 免疫学基础

**知识目标**

1. 熟悉免疫学的概念、免疫的基本原理及免疫学技术在水产养殖业中的应用。
2. 熟悉特异性免疫和非特性免疫。
3. 了解免疫应答、免疫耐受及免疫调节。
4. 了解免疫血清和血清学反应。

**技能目标**

1. 对比几种经典的血清学反应，能根据不同的要求，选择适合的血清学反应。
2. 掌握水产动物疫苗免疫接种技术。

# 任务一　免疫学概述与免疫系统

免疫学是研究生物体对抗原物质免疫应答性及其方法的生物科学。“免疫”是从拉丁文中含有“免于疫患”词义的语言演化而来的。免疫应答是一种生物学过程，是机体被抗原刺激而产生的反应，该过程主要是对抗原物质进行识别和排除。

免疫学历史悠久，随着科技的进步，免疫学在新兴科技手段的支持下发展迅猛。在探索的过程中，人们取得的成果也是一浪高过一浪。到目前为止，总体上可以将免疫学的发展阶段分为四个时期，即经验免疫学时期、经典免疫学时期、近代免疫学时期和现代免疫学时期。20世纪中叶后期，免疫学研究开始突飞猛进，无论是理论研究还是实践研究都取得了较为喜人的成果，包括迟发型超敏反应的发现、免疫耐受的发现、细胞系选择学说提出等。

免疫学在水产领域的应用相对滞后很多，直到20世纪初期，人们才开始对鱼类的免疫进行研究。我国作为水产大国，早期在该方面的研究是相对落后的。随着渔业生产的快速发展，我国在渔业领域取得的研究成果令人瞩目.尤其是近20年，我国在免疫组织、器官、细胞，免疫因子，预防疫苗等相关的鱼类免疫方面的研究均取得较好的成绩，并切实在生产上发挥了巨大的作用。如青鱼、草鱼的病毒性出血疫苗的研发及大规模推广应用，大大地提高了它们的存活率。

## 一、免疫的基本原理

### (一)免疫的概论

通常认为，免疫是机体识别来源于自身或外环境的抗原，并对来源不同的抗原形成不同免疫结果的过程。如果抗原来自自身，则形成天然免疫耐受；如果抗原是来自外部环境的物质，生物体将对其产生排斥。

一般情况下，不管是对源于自身还是外环境的抗原产生免疫反应，对机体本身都是起保护效果的。但当生物免疫相关的功能失去平衡时，这些免疫效果可能会对机体本身产生危害。自身的免疫疾病、肿瘤、超敏反应等的发生就可能是免疫失调引起的。

对于水生动物而言，水生动物能健康地生活在水体中，不是因为水体中没有病原微生物，而它们是依靠体内或体表的强大防御机制，通过一系列生理反应，有效地抵抗病原生物的侵袭，避免有害微生物或其他物质对机体造成损害，或对已造成的损害进行修复。这一系列完整的过程即为水生动物的免疫。

### (二)免疫的机制

1. 非特异性免疫机制

由生物体本身具有的生理防御功能对各种抗原做出免疫应答的过程就是非特异性免疫(nonspecific immunity)。由于这种能力与生俱来，所以又称先天免疫或固有免疫。

从概念可知，生物体的非特异性免疫在整个免疫过程中不具有专一性，对所有入侵的病原微生物或其他异物均能发生作用。水生动物的非特异免疫也如此，其主要功能包括屏障作用、体液因素和吞噬作用3个方面。

(1)屏障作用　水生动物体的表层物质对病原微生物起到阻隔屏障的作用,例如甲壳、鳞片、皮肤、黏液。其中,由于附着在表层的黏液呈胶质状态而不利于病原菌运动,所以可作为第一道有效防线。同时,黏液中含有大量的抑菌和溶菌物质,这些物质可以杀灭病原菌或抑制病原体生长繁殖,部分黏液中还可能存在一些特异性的抗体。

通常情况下,水生动物体表的黏液可以起到隔离病原菌的作用。当然也并非这些黏液的量越多越好,黏液过少或过多均容易对动物机体本身造成伤害。其可能是由自身机体代谢问题、环境因素、寄生虫等引起的。水生动物的鳞片、皮肤等也能有效地阻挡病原体入侵,但是在养殖过程中,很多环节如拉网、起捕转塘等,都可能损伤机体或鳞片,从而导致病原体的入侵,进而引起继发性感染等症状。因此,在养殖过程中,应尽量避免养殖对象因受伤造成的感染。

(2)体液因素　水生动物的血液中含有一些非特异性的防御因子。以鱼类为例,血液中常见的非特异性的防御因子有溶菌酶、C-反应蛋白、补体、备解素、溶血素、干扰素等。

①溶菌酶。许多鱼类的黏液、血清和某些细胞中都有溶菌酶。溶菌酶是一种能水解细菌中黏多糖的碱性酶,它通过破坏细胞壁使内容物逸出,造成细菌溶解。同时,溶菌酶还能与带负电荷的病毒蛋白直接结合,使病毒失去感染活性。因此,溶菌酶对多种病原微生物的防御具有重要作用。此外,近海的高眼鲽、星鲽、长鲽、木叶鲽等鲽科鱼的中性粒细胞和单核细胞质内具有溶菌酶,吞噬细胞中也有溶菌酶。

②C-反应蛋白。鱼类的C-反应蛋白能使多种来自细菌、真菌及寄生虫的含有糖类及磷酸酯的分子发生沉淀。C-反应蛋白主要通过激活补体和加强吞噬细胞的吞噬而起调理作用,同时对损伤、坏死、凋亡的组织细胞有相应的清除作用。

③补体。鱼类的血清中存在补体系统,它是一种由大约11种不同的蛋白质组成的复杂的酶系统,具有强有力的抗微生物作用。补体系统还能释放相关因子,促进炎症吸收和增强其活性。

④备解素。备解素本身性质是一种球蛋白,能在补体系统协助下杀灭细菌、病毒,还具备杀灭原虫的能力。

⑤干扰素。干扰素是鱼类抗病毒感染的重要物质。干扰素具有抗病毒、抑制细胞增殖、调节免疫及抗肿瘤等作用,它具有高度的种属特异性。一般而言,在病毒感染的过程中,被感染细胞会释放出干扰素,以此来抑制病毒的再感染。

⑥溶血素。鱼的血清中存在一些小分子量的蛋白质,可能是酶类,能溶解异己红细胞,被称为天然溶血素。

(3)吞噬作用　鱼类血液中存在着吞噬细胞,包括嗜中性粒细胞和单核细胞。它能通过血管壁直达鱼体的病变部位,将病原体及异物吞噬。

2.特异性免疫机制

特异性免疫(specific immunity)在抗病原体中起关键作用,其产生的作用效果比非特异性免疫强,包括体液免疫和细胞免疫。其中,体液免疫是通过免疫球蛋白(immunoglobulin,Ig)一类的血清蛋白来实现的。这些血清蛋白被称为抗体,它对刺激它产生的抗原具有特异性反应。生物机体的特异性免疫功能主要包括中和作用、凝集作用、调理作用和溶解作用4

种作用。细胞免疫是通过T细胞介导的免疫应答，依靠T淋巴细胞直接破坏感染的细胞。T细胞在受到抗原刺激后，分化、增殖、转化为致敏T细胞，当相同抗原再次进入机体时，致敏T细胞直接杀伤抗原或在所释放的细胞因子的协同下杀伤抗原。这是清除细胞内寄生微生物的最为有效的防御反应。

## 二、免疫相关技术在水产养殖业中的应用

免疫学在水产养殖业中的应用主要包括免疫学诊断和疫苗研制两个方面。利用免疫学诊断技术能快速准确地诊断鱼类疾病，而研制出的疫苗能有效地增强养殖鱼类对流行性传染病的抗病能力。

**（一）免疫学诊断**

免疫学诊断主要通过各种血清学反应对病毒、细菌引起的暴发性疾病进行诊断，使得用药更加精准。用于疾病的免疫学诊断方法有很多，如荧光抗体法、点酶法、酶联免疫吸附试验、絮状沉淀反应、环状试验、中和反应、凝集反应、免疫电泳、琼脂扩散试验、补体结合等。其中，部分诊断方法已经发展到很成熟的模式，已开发出相应的便捷检测试剂盒。这类试剂盒均有强特异性、高灵敏度、方便快捷等优点。例如，根据酶联免疫吸附试验制备的检测草鱼出血病、传染性胰腺坏死病、传染性造血组织坏死病的试剂盒；依据点酶法制备的检测嗜水气单胞菌的试剂盒。

**（二）水产疫苗**

水产养殖业的快速发展面临着诸多问题，例如养殖环境恶化、种子资源退化、养殖疾病高发等，尤其是疾病防治的投入逐渐增加。在鱼病防治过程中，越来越多的人意识到化学药物治疗的许多不足，如药物特异性差、药量难以控制、药物残留等。早在1942年，Droff就使用氯仿灭活培养4 d的有毒力的杀鲑气单胞菌培养物来制备疫苗，然后通过口服法使研究的鱼类成功接种，这成了水产疫苗接种的里程碑。此后鱼用疫苗在鱼类疾病防治中的应用逐渐被人们重视，许多国家和地区纷纷建立鱼类疫苗公司，以进行鱼用疫苗的开发和商品化生产。这些疫苗的使用在生产上取得了非常显著的效果。全球已经商业化的鱼用病毒疫苗主要以鲑鱼鱼类疫苗为代表，研发国家主要有美国、荷兰、智利、加拿大、挪威等。

我国在水产疫苗上的研究起步较晚，但发展迅速。例如，已经研发并使用草鱼烂鳃病、草鱼出血病等鱼类暴发性流行病的灭活疫苗。2012年，我国研发的草鱼出血病病毒活疫苗在全球注册使用。同时，我国在基因工程疫苗版块的研究工作也取得了较好的成果。

1. 水产疫苗的种类

根据目前的研发和使用情况，水产疫苗概括起来可分为活疫苗、灭活疫苗以及生物技术疫苗。其中，生物技术疫苗主要包括DNA疫苗、合成肽疫苗、亚单位疫苗等。

（1）活疫苗　分为弱毒、强毒和异源疫苗。由于强毒疫苗是将有致病力的病原作为疫苗的，存在着很大的危险性，所以生产上主要使用弱毒疫苗和异源疫苗。弱毒疫苗是使用致病性已经降到很低的减毒株作为制备疫苗主要原料生产的疫苗，用于预防草鱼出血病的疫苗就是弱毒疫苗。异源疫苗是利用与病原体有交叉反应的不同种的抗原制成的疫苗。接种后，异源疫苗可以使鱼体对该疫苗中不含有的病原体产生抵抗力，例如防治小瓜虫病的梨形

四膜虫疫苗。

(2)灭活疫苗　采用物理或化学的方法使病原微生物失去感染能力，但保留其免疫原性，使其能够引起免疫应答，从而使鱼体产生特异性抗病能力。这就是灭活疫苗的制备原理。

(3)生物技术疫苗　包括以下3种。

①DNA疫苗。这是一种分子水平上的生物技术疫苗。其制备原理是：应用基因工程技术将编码保护性抗原的基因与能在真核细胞中表达的载体重组，然后将重组DNA注射到鱼体内，目的基因可在鱼体内表达，刺激机体产生针对此种抗原的免疫应答。目前，鱼用DNA疫苗主要针对的是病毒性鱼病，研究较多的是出血性败血病毒(VHSV)和传染性造血组织坏死病毒(IHNV)疫苗。

②合成肽疫苗。合成肽疫苗是用化学合成法人工合成病原微生物的保护性多肽并将其连接到大分子载体上，再加入佐剂制成的疫苗。目前，鱼用合成肽疫苗的研究尚处于试验阶段，其具体的作用机制、免疫途径以及免疫效果等都有待进一步研究。

③亚单位疫苗。亚单位疫苗是通过相应的技术手段剔除病原中与免疫反应无关的成分，仅保留有效免疫原成分制成的疫苗。因此，制作亚单位疫苗前，须进行病毒分子层面的前期研究，找到并识别编码特定抗原基因的基因序列，然后进行克隆及表达。因此，制备亚单位疫苗的前期投入和工作量均较大。

此外，根据病原的类别也可将疫苗分为病毒疫苗、细菌疫苗、真菌疫苗以及寄生虫疫苗。在研究上，疫苗的开发主要针对病毒病和细菌病。例如，传染性造血器官坏死病疫苗、斑点叉尾鮰病毒疫苗、草鱼出血病疫苗等是使用较多的病毒疫苗。常见的细菌疫苗有嗜水气单胞菌病疫苗、迟钝爱德华氏菌疫苗、假单胞菌病疫苗、弧菌病疫苗等。

2. 水产疫苗的接种

在水产上，疫苗的接种方法有注射、浸泡、口服。其中，生产上运用较广泛的是注射和浸泡。

(1)浸泡法　浸泡法是将鱼体进行药浴浸泡使其获得免疫。例如，草鱼出血病浸泡疫苗的接种一般先将夏花鱼种浸泡在2%～3%盐水中，保持2～3 min，然后把夏花鱼种转入$10^{1.5\sim5.5}$ $TCID_{50}$/ mL疫苗中浸泡5～10 min。

(2)注射法　一般采用肌肉和腹腔注射接种。

①肌肉注射。在背鳍前与侧线基部，即鱼体最厚部位进针注入，针头必须进入肌肉组织。

②腹腔注射。在腹鳍内侧基部斜向胸鳍方向进针，同时须注意控制进针深度，避免刺穿内脏器官。

在水产养殖过程中，应用免疫学防治水生动物疾病具有重大意义。这种方法能有效地减少化学药物对水体的污染，同时克服了经常用药防治鱼病而使鱼类对某些药物产生抗药性的弊端。此外，通过人工免疫以及对发病后有免疫力鱼体的筛选，可培育免疫品种和个体。因此，免疫学在水产动物疫病的诊断和防治上具有广阔的前景。

## 任务二　抗体及特异性免疫与非特异免疫

### 一、抗体

抗体(antibody)是指机体在抗原物质刺激下产生的能与相应抗原特异性结合的免疫球蛋白,由B淋巴细胞分化成的浆细胞所产生。有人曾用电泳实验证明血清中抗体活性在$\gamma$球蛋白区域,因而把抗体统称为丙种($\gamma$)球蛋白。后来经过一系列实验结果证明,抗体并非都在$\gamma$区,并且位于$\gamma$区的球蛋白也不一定都具有抗体活性。1964年,世界卫生组织将具有抗体活性以及与抗体相关的球蛋白统称为免疫球蛋白。例如,正常人体中天然存在的免疫球蛋白亚单位;在巨球蛋白血症、冷球蛋白血症等患者血清中存在的异常免疫球蛋白。因而,免疫球蛋白是化学结构上的概念,而抗体是生物学功能上的概念。免疫球蛋白和抗体之间是包含与被包含的关系,即并非所有免疫球蛋白都是抗体,但所有抗体均为免疫球蛋白。

**(一)抗体的生物功能与活性**

抗体的主要功能是与抗原结合,从而有效地清除侵入机体内的微生物、寄生虫等异物,中和它们所释放的毒素或清除某些自身抗原,使机体保持正常平衡。但有时也会对机体造成病理性损害,如抗核抗体、抗双链DNA抗体、抗甲状腺球蛋白抗体等一些自身抗体的产生,对人体可造成危害。

可将抗体的生物功能概括为以下6个方面。

(1)结合特异性抗原　抗体依靠其分子上的特殊部位与抗原结合,继而产生免疫效果。这也是抗体与其他免疫球蛋白分子的区别。

(2)具有抗原性　从性质上看,抗体本身也是一种蛋白质,具备刺激生物体产生免疫应答的性能。当然,不同的免疫球蛋白分子其抗原性的能力不同。

(3)结合细胞　不同种类的免疫球蛋白与不同种类的细胞结合,产生不同效应,参与免疫应答。

(4)激活补体　抗体与相应抗原结合后,借助暴露的补体结合点激活补体系统,激发补体的溶菌、溶细胞等以发挥免疫作用。

(5)可通过胎盘及黏膜　免疫球蛋白G(IgG)能通过胎盘进入幼体,使幼体形成自然被动免疫。免疫球蛋白A(IgA)具有通过消化道及呼吸道黏膜的能力。

(6)具有球蛋白的理化特性　抗体可被中性盐类沉淀。在生产上常可用硫酸铵或硫酸钠从免疫血清中沉淀出含有抗体的球蛋白,再经透析法将其纯化。与其他蛋白质一样,抗体不耐热,加热至60～70℃即能破坏其结构。类似地,各种酶及能使蛋白质凝固变性的物质,均能破坏抗体结构,导致其失去活性。

**(二)抗体的结构特点**

抗体是具有4条多肽链的对称结构,其中2条较长、相对分子量较大,称为重链(H链);2条较短、相对分子量较小,称为轻链(L链)。链间由二硫键和非共价键连接。整个抗体分子可分为恒定区和可变区两部分。在给定的物种中,不同抗体分子的恒定区都具有相同的或几乎相同的氨基酸序列。可变区位于"Y"的两臂末端。在可变区内,有一小部分氨基酸残基变化特别强烈,这些氨基酸残基的组成和排列顺序更易发生变异,这部分区域称为高变区。高变区位于分子表面,少则由2～3个氨基酸组成,多则由17个氨基酸构成。抗体结合抗原的特异性是由高变区氨基酸序列决定的。一个抗体分子上的两个抗原结合部位是相同的,位于两臂末端,称为抗原结合片段。"Y"的柄部称为结晶片段,糖结合在结晶片段上。

**(三)抗体基因重排**

在淋巴细胞分化阶段,抗体基因会发生重排。抗体的轻链由C、V、J 3个基因簇编码,H链由C、V、D、J 4个基因簇编码。V编码可变区,有300个种类;D编码高变区,有15～20个种类;J编码连接V、C的结合区,有4～5个种类;C编码恒定区,仅有1种。这些外显子发生多种多样的重排,所合成的肽链进一步组合,最后形成各种各样的抗体。

**(四)抗体的作用规律**

抗体的作用遵循以下规律。

(1)初次反应产生抗体　当抗原第一次进入机体时,须经一定的潜伏期机体才能产生抗体,且产生的抗体的量也不多,在体内维持的时间也较短。

(2)再次反应产生抗体　当相同抗原第二次进入机体后,反应初期,由于原有抗体中的一部分与再次进入的抗原结合,原有抗体量略为降低。随后,抗体效价迅速大量增加,可比初次反应产生的多几倍到几十倍,在体内留存的时间也较长。

(3)回忆反应产生抗体　由抗原刺激机体产生的抗体,经过一定时间后可逐渐消失。此时若再次接触抗原,可使已消失的抗体快速上升。如果再次刺激机体的抗原与初次的相同,则称为特异性回忆反应;若与初次反应的不同,则称为非特异性回忆反应。非特异性回忆反应引起的抗体的上升是暂时性的,短时间内即很快下降。

**(五)抗体的分类**

抗体的分类有多种方法,具体如下。

①按抗体的来源,可将其分为天然抗体和免疫抗体。

②按与抗原结合后是否出现可见反应,可将其分为在介质参与下出现可见结合反应的完全抗体,即通常所说的抗体;以及不出现可见反应,但能阻抑抗原与其相应的完全抗体结合的不完全抗体。

③按抗体的理化性质和生物学功能,可将其分为IgA、IgD、IgE、IgM、IgG 5类。

④按作用对象,可将其分为抗毒素、抗菌抗体、抗病毒抗体和亲细胞抗体。

⑤按制备的原理和方法,可分为多克隆抗体、单克隆抗体和基因工程抗体。

## 二、特异性免疫与非特异性免疫

**(一)特异性免疫**

特异性免疫又称获得性免疫或适应性免疫,它是机体经后天感染(病愈或无症状的感染)或人工预防接种(疫苗、免疫球蛋白、类毒素等)获得的抵抗感染的能力。该抵抗能力只特异性针对某种病原。这种免疫一般是在微生物等抗原物质刺激后才形成的,产生的抗体与该抗原起特异性反应。

1.特异性免疫的种类

特异性免疫可分为细胞免疫和体液免疫。

在细胞免疫中，T细胞是参与细胞免疫的淋巴细胞，受到抗原刺激后，转化为致敏淋巴细胞，并表现出特异性免疫应答。免疫应答只能通过致敏淋巴细胞传递，故称细胞免疫。免疫过程分为感应、反应、效应三个阶段。当致敏淋巴细胞在反应阶段再次与抗原接触时，便释放出多种淋巴因子(转移因子、移动抑制因子、激活因子、皮肤反应因子、淋巴毒、干扰素)，它们与巨噬细胞、杀伤性T细胞协同发挥免疫功能。细胞免疫主要通过抗感染、免疫监视、移植排斥和参与迟发型变态反应起作用。

B细胞是参与体液免疫的致敏B细胞，在抗原刺激下转化为浆细胞，合成免疫球蛋白。能与靶抗原结合的免疫球蛋白即为抗体。免疫球蛋白分为5类，具体如下：

①IgA有两型，即分泌型与血清型。在陆生动物中，分泌型IgA存在于鼻、支气管分泌物、唾液、胃肠液及初乳中，其作用是将病原体黏附于黏膜表面，阻止病原体扩散。人们对血清型IgA的免疫功能尚不完全清楚。

②IgD在血清中的含量很低，约占总免疫球蛋白的1%，且个体含量差异较大，可作为膜受体存在于B细胞表面。至今人们对IgD的功能尚不是很清楚。有研究提出，IgD可能参与启动B细胞产生抗体，还可能与某些超敏反应有关，如抗胰岛素抗体、抗青霉素抗体、抗核抗体等。

③IgE是发现最晚的免疫球蛋白，可致敏肥大细胞及嗜碱性粒细胞，使之脱颗粒，释放组胺。感染寄生虫时，血清IgE含量增高。

④IgM是分子量最大的免疫球蛋白，是个体发育中最先合成的抗体。因为它是一种巨球蛋白，故不能通过胎盘。以血清中检出特异性IgM作为传染性疾病早期诊断的标志，可揭示新近感染或持续感染。IgM具有调理、杀菌、凝集作用。

⑤IgG是血清中含量最多的免疫球蛋白，具有抗菌、抗病毒、抗毒素等特性，对毒性产物起中和、沉淀、补体结合作用。在水生哺乳动物中，IgG是唯一能通过胎盘的抗体。

此外，还存在一类不具有T细胞与B细胞标志，但具有抗体依赖性细胞介导的细胞毒作用的细胞，能杀伤特异性抗体结合的靶细胞，称杀伤细胞(killer cell)，简称K细胞。这类细胞通常在抗病毒、抗寄生虫感染中起杀伤作用。另外还有一类具有自然杀伤作用的细胞，称为自然杀伤细胞(natural killer cell)即NK细胞。在杀伤靶细胞时，NK细胞不需要抗体与补体参与。

2.特异性免疫的特点

特异性免疫主要具有以下5个特点。

(1)专一性　生物体的特异性免疫只针对单一某种抗原。

(2)免疫记忆　免疫系统对初次抗原刺激的信息保留记忆，一部分淋巴细胞转化成效应细胞参与反应，另一部分则分化成为记忆细胞进入静止期。当抗体再次与进入机体的相同抗原相遇时，机体会产生迅速而强烈的免疫应答。

(3)多种细胞参与　对抗原刺激产生应答的主要是B细胞和T细胞，但在完成特异性免疫的过程中，还需要其他细胞如粒细胞、巨噬细胞等的参与。

(4)个体的特征　特异性免疫是机体出生后，经抗原的反复刺激而在非特异性免疫的基础上建立的一种保护个体的功能。在不同个体中，这种功能有质和量的差别，不同于非特异性免疫。

(5)正反应和负反应　在一般情况下,产生特异性抗体或(和)致敏淋巴细胞以发挥免疫功能的称为正反应。在某些情况下,免疫系统对再次抗原刺激不再产生针对该抗原的抗体与(或)致敏淋巴细胞,这是一种特异性的低反应性或无反应性,称为负反应,又称免疫耐受性。

3.特异性免疫的过程

在抗原刺激下,机体的特异性免疫应答一般可分为感应、反应和效应三个阶段。感应阶段是抗原处理、呈递和识别的阶段。反应阶段是B细胞、T细胞增殖分化,以及记忆细胞形成的阶段。效应阶段是效应T细胞、抗体和淋巴因子发挥免疫效应的阶段。

如果某些病原体突破了防御机制,将进入机体并快速生长繁殖,进而导致感染,导致患病。当然,有些感染并不会导致明显的症状,这类感染称作隐性感染。但不论是患病还是隐性感染,生物体本身都进行了抗感染的防御抵抗。在防御过程中,对病原进行识别和将其杀灭。

在机体免疫的过程中,可进行免疫应答的细胞有多种,但淋巴细胞至关重要。它主要在胸腺和骨髓中发育成熟,根据发育成熟的位置不同分别被称作T淋巴细胞、B淋巴细胞。

巨噬细胞具有吞噬异物的作用,也是一种重要的免疫细胞。在巨噬细胞吞噬如肿瘤细胞、细菌等异物后,对异物进行加工处理。处理后的抗原、异物就与T淋巴细胞、B淋巴细胞发生免疫反应。巨噬细胞本身也能直接杀灭异物或者产生细胞因子参与免疫反应。

B淋巴细胞受病原体刺激后,引起一系列变化,最终转化成为能产生抗体的浆细胞。所产生的抗体通过各种方式来消灭病原体,如溶解病原体、中和病原体产生的毒素、凝集病原体使之成为较大颗粒以便吞噬细胞吞食消灭。浆细胞产生的抗体存在于机体的血液和体液中,这种免疫反应称为体液免疫。

经处理后的病原体刺激T淋巴细胞后,也同样引起一系列变化,最终转化成能释放出淋巴因子的致敏淋巴细胞。淋巴因子有很多类型,各种类型的作用不尽相同。淋巴因子积极地参与免疫反应,这种免疫反应通常称为细胞免疫。体液免疫和细胞免疫并非单一存在的,机体通过体液免疫和细胞免疫的协作,使自已免受侵害。

4.特异性免疫的获得方式

特异性免疫的获得方式有自然自动免疫、人工自动免疫、自然被动免疫、人工被动免疫4种。

(1)自然自动免疫　机体感染某种传染病,痊愈后,便不会得第二次。这种免疫力是后天获得的,是因为自然感染了某种病原微生物,痊愈后,机体自动产生的。

(2)人工自动免疫　用注射、浸泡等人为干预方法使机体感染弱毒或灭活的某种病原微生物,比如低毒活疫苗的注射。在水产养殖中,主要通过人工自动免疫使养殖对象获得特异性免疫。

(3)自然被动免疫　通过遗传育种的方式,即增强亲本的抗病能力以使后代获得免疫能力。

(4)人工被动免疫　给病人注射免疫球蛋白或以其他方式使患病个体获得相关的免疫力。

**(二)非特异性免疫**

非特异性免疫是生物体从出生就具有的,因此,非特异性免疫又称先天性免疫或物种免疫。而特异性免疫须经过抗原刺激等过程才能形成。非特异性免疫的特点主要体现在以下5个方面。

(1)作用范围较广　机体对入侵异物或抗原没有专一的清除作用。

(2)反应迅速　抗原-接触机体就会立刻触发机体的排斥和清除机制。

(3)性质较稳定　非特异性免疫基本不受抗原本身、抗原强弱或刺激的次数等因素影响,只有当机体受到共同抗原或佐剂的作用时,其免疫能力才会增强。

(4)能遗传给后代　生物体出生就具有非特异性免疫能力,说明其具备遗传特性,机体通过遗传的方式使后代具备该能力。

(5)是特异性免疫的基础　从生物进化可知,无脊椎动物的免疫都依靠非特异性免疫,而脊椎动物具备特异性免疫和非特异性免疫能力。在个体免疫上,抗原刺激生物机体后,非特异性免疫首先发挥作用,而后产生特异性免疫。这两点证据都证明,非特异是特异性免疫发展的进化基础。

综上所述,非特异性免疫是特异性免疫的基础,特异性免疫所产生的免疫物质又能增强非特异性免疫的作用。例如,巨噬细胞吞噬、加工、处理抗原物质,并把抗原传递给淋巴细胞,使其产生抗体或淋巴因子,加强杀伤靶细胞的能力。反过来,抗体和淋巴因子的产生也加强了巨噬细胞的趋化、活化和吞噬作用。因此,在水产养殖上,增强养殖对象机体的非特异性免疫对提高机体的整个免疫功能意义重大,从而更有利于保障生产效果。

# 任务三　免疫应答



## 一、免疫应答概述

免疫应答(immune response)是机体受抗原刺激后,免疫细胞对抗原分子识别、活化、增殖和分化,产生免疫物质,发生特异性免疫效应的过程。这个过程是免疫系统各部分生理功能的综合体现,包括了抗原递呈、淋巴细胞活化、免疫分子形成及免疫效应发生等一系列的生理反应。整个过程是由多种细胞和相关因子共同作用完成的。

根据介导应答的主要免疫细胞及效应机制,可将免疫应答分为B细胞介导的体液免疫和T细胞介导的细胞免疫。免疫细胞受抗原刺激后可被诱导活化,进行相关的免疫反应,但有时候也可能发生特异性不应答的现象,这种现场称作免疫耐受。据此将免疫应答分为正免疫应答和负免疫应答。在正常的情况下,正免疫应答和负免疫应答是由不同抗原引起的保护性反应,引起正免疫应答的抗原是外源性的异己抗原,引起负免疫应答的则是自身组织成分。但如果正、负免疫调控出现问题,就会导致机体发生病理改变。

**(一)免疫应答的过程**

免疫应答是一个复杂的过程。一般而言,可将其分为3个阶段,即抗原提呈与识别阶段,免疫细胞活化、增殖、分化阶段和效应阶段。

在抗原提呈与识别阶段，抗原提呈细胞提呈抗原，抗原特异性淋巴细胞识别抗原。在此阶段，抗原提呈细胞通过吞噬、吞饮或受体介导的胞吞作用，摄取、处理、加工抗原，使之与主要组织相容性复合体（major histocompatibility complex，MHC）分子结合成抗原肽，并表达于细胞表面，然后将抗原提呈给 T 细胞、B 细胞。T 细胞和 B 细胞通过其表面受体识别游离抗原，进而启动免疫细胞活化，进入下一个阶段。

在免疫细胞活化后，抗原特异性淋巴细胞受相应抗原刺激而开始增殖、分化。这个阶段包括 T 细胞和 B 细胞膜受体的交联、活化信号的转导、细胞增殖与分化以及生物活性介质的合成与释放等。在此阶段，T 细胞和 B 细胞经活化、增殖、分化形成效应细胞，即效应（致敏）T 细胞和浆细胞。其中，有部分细胞中途停止分化，形成记忆细胞。记忆细胞再次遇到相同抗原后，可迅速增殖、分化为效应细胞，接着进入效应阶段。

效应阶段是产生效应细胞和分泌效应分子，发挥效应作用的阶段。此阶段产生的效应细胞和效应分子、非特异性免疫细胞和分子，形成特异性免疫和非特异性免疫，二者共同完成机体的排异，从而保护机体免受侵害。

**（二）免疫应答的特点**

免疫应答的主要特点包括特异性、排异性、放大性和记忆性。

免疫应答是由抗原选择性刺激具有相应抗原受体的特异性淋巴细胞诱发的。机体内有含有不同抗原受体的 T 细胞、B 细胞克隆。当抗原进入机体后，可诱导具有相应受体的 T 细胞、B 细胞识别该抗原，发生免疫应答。而诱导免疫应答的效应物质也只能与相应抗原细胞或分子特异性结合，从而产生免疫作用，这个过程具有特异性。

免疫应答的本质就是排异性。机体的免疫系统能识别自身成分和异己成分，对自身成分不发生排斥反应，但对异己成分具有排斥和清除的作用。这就是免疫应答的排异性。

T 细胞、B 细胞接受抗原刺激后活化、增殖、分化形成较多的效应细胞，而效应细胞又可产生更多的效应分子，进而导致较强的排异效应。因此，免疫应答是一个逐级扩大免疫功效的过程。

已被抗原刺激、发生过免疫的机体，在再次接触相同的抗原时，能迅速产生免疫的现象称为免疫应答的记忆性。显然，能快速地产生效应的基本条件是在初次受到该种抗原刺激时有记忆细胞产生并留存于体内。

## 二、细胞免疫应答

机体的细胞特异性免疫应答主要由 T 细胞介导。抗原入侵机体后，刺激 T 细胞表面的抗原识别体系——受体，进而激活 T 细胞增殖和转换成为效应 T 细胞，再产生特异性免疫效应。刺激免疫效应的抗原包括外源性和内源性的。

外源性抗原指来源于细胞外的抗原物质，如细菌或细胞等。内源性抗原指在细胞内合成的抗原，如病毒感染细胞合成的病毒蛋白和肿瘤细胞合成的肿瘤抗原等。内源性抗原在细胞质内被蛋白酶体降解为 8～10 个氨基酸的多肽，经抗原加工转运体转移至内质网中，再经过一系列反应，启动 T 细胞活化，并进入增殖、分化阶段，完成免疫应答。

## 三、体液免疫应答

**(一)体液免疫的过程**

机体的特异性体液免疫应答主要由B细胞介导。类似细胞免疫应答,抗原刺激B细胞,经过一系列反应形成浆细胞,浆细胞能分泌抗体,进而产生特异性免疫效应。参与体液免疫应答的细胞主要包括抗原提呈细胞、B细胞、辅助性细胞。此外,巨噬细胞、中性粒细胞、补体等也参与体液免疫应答的效应过程。其过程也可分为抗原提呈与识别阶段,B细胞活化、增殖、分化阶段和效应阶段。

引起B细胞介导的体液免疫应答的抗原可分为胸腺依赖性抗原和非胸腺依赖性抗原两种。绝大多数蛋白质抗原为胸腺依赖性抗原,如血细胞、病原微生物、血清蛋白等。

在抗原提呈与识别阶段,B细胞表面的抗原受体可识别抗原,并与之结合、构成B细胞活化的第一信号。B细胞通过非特异性胞饮或表面抗原受体的介导作用摄入抗原,将其加工、处理成抗原肽,再经过反应启动活化。

下一阶段,需要辅助性T细胞辅助B细胞活化、增殖、分化。辅助的方式主要有两种。其一,通过与B细胞直接接触,向B细胞提供第二活化信号及辅助性T细胞产生的细胞因子,促进B细胞增殖与抗体产生。其二,B细胞通过受体识别抗原产生第一信号,并将信号转移至胞内,其B细胞表面活性物质与活化的辅助性T细胞表面的相关物质结合,构成第二活化信号。在双信号刺激下,B细胞活化、增殖,表达多种细胞因子受体。在效应Th2细胞分泌的细胞因子作用下,进一步增殖、分化为浆细胞。其中,一部分细胞形成记忆细胞。浆细胞产生、分泌抗体。抗体可直接对病毒或外毒素发挥中和作用,但抗体并不具有独立杀伤和清除抗原的作用。因此,体液免疫应答的最终效应是通过借助机体的其他免疫细胞或分子的协同作用实现的。如抗原抗体结合形成的免疫复合物激活补体,可引起细胞溶解。

少数抗原物质如某些细菌多糖、多聚蛋白质及脂多糖等,不需辅助性T细胞辅助,能单独刺激B细胞产生抗体,这类抗原称为胸腺非依赖性抗原。例如,细菌脂多糖,含有细胞丝裂原和重复细胞表位,能刺激不成熟的B细胞活化。B细胞受到这类抗原激活后,无须辅助T细胞的辅助即可进行增殖、分化和产生抗体。

**(二)抗体产生的规律**

抗体产生的规律可按初次应答和再次应答分别阐述,两者的特点有一定的差异。

初次应答是机体初次接触抗原发生的免疫应答。其抗体产生的特点主要包含以下3个方面:其一,需要的潜伏期长(5~10 d),其抗体浓度低,在体内持续的时间短;其二,先产生IgM,后出现IgG,主要为IgM;其三,抗体亲和力低。

再次应答又称回忆应答,是指机体再次接触相同抗原所发生的免疫应答。其抗体产生的特点也包含3个方面:其一,再次应答需要的潜伏期短(1~3 d),其抗体浓度高,在体内持续时间长;其二,回忆应答先产生IgM,后出现IgG等,主要为IgG;其三,抗体亲和力高。

再次应答的强弱主要与两次接触抗原的间隔时间和抗原刺激强度有关。抗原刺激强度影响再次应答较容易理解。时间间隔影响再次应答的原因是体内记忆细胞并不能永久存在。

## 四、免疫耐受

免疫耐受是指机体对抗原刺激表现出的一种特异性不应答现象。引起免疫耐受的抗原称为耐受原。造成免疫耐受的抗原可以是外源性的，也可以是内源性的。内源性的抗原导致的免疫耐受称为自身耐受。

免疫耐受具有特异性，只对特定的抗原不应答，对其他抗原仍能进行正常应答。免疫耐受与由药物引起的免疫抑制或免疫缺陷不同。免疫抑制和免疫缺陷均不具有抗原特异性，对各种抗原均不应答。免疫耐受与免疫应答一样，是机体免疫功能的重要组成部分。其中，内源性抗原的免疫耐受对维持机体内环境稳定和避免自身免疫病的发生具有重要意义。

**（一）免疫耐受的诱发条件**

免疫耐受的诱发取决于抗原和机体两方面因素。抗原方面主要体现在抗原的物理性状、免疫途径、剂量和抗原决定基等几个方面。例如，物理性状上，颗粒性抗原如细菌、细胞等多为免疫抗原，刺激免疫应答发生。一些分子量较小的可溶性抗原如脂多糖、血清蛋白等一般为耐受原，刺激免疫耐受发生。抗原免疫途径也会对免疫耐受造成影响，以不同途径注入抗原，诱发免疫耐受的难易程度不同。其中，最容刺激产生免疫耐受的是静脉注射，其次是腹腔注射。相较而言，皮下、肌肉注射造成免疫耐受的程度最小。此外，口服抗原可诱导胃肠道局部黏膜免疫，甚至可导致全身免疫耐受。从剂量大小来看，适宜的抗原剂量能诱导免疫应答，但过高或过低剂量均易引起免疫耐受。

此外，机体免疫细胞的发育程度与免疫耐受的建立密切相关。年龄越小，越容易诱发耐受，相反的，在成年阶段就不容易。如果成年机体需要建立免疫耐受，则要依靠更多外界条件，如服用免疫抑制药物等方法。此外，动物的种类也会对建立免疫耐受产生影响。

**（二）免疫耐受的产生机制**

免疫耐受可分为中枢耐受和外周耐受两种类型。中枢耐受是指 T 细胞、B 细胞在发育过程中接触自身抗原所形成的耐受，此种耐受持续终身。外周耐受是指 T 细胞、B 细胞已发育成熟或具有功能后对自身抗原和异己抗原产生的耐受，由于外周耐受免疫系统是抗原刺激导致的免疫耐受，那么伴随环境诱因的消失，其免疫耐受的现象也会逐渐消失。

在中枢免疫器官中发育的 B 细胞和 T 细胞可与其微环境基质细胞接触，通过树突状细胞、巨噬细胞作用，对基质细胞表面自身抗原的自身应答性淋巴细胞引发阴性选择，导致克隆消除。这是中枢耐受的表现。

外周耐受主要表现为克隆不应答、缺乏辅助性 T 细胞的辅助作用和抑制性 T 细胞作用三个方面。造成免疫不应答的原因可能是外周组织特异性抗原的浓度太低，不足以活化相应的自身应答性 T、B 细胞。也可能是有些表达组织特异性抗原的细胞因不表达相应的免疫因子而造成免疫忽视的状态。同样，如果机体缺乏辅助性 T 细胞的辅助作用，可导致 B 细胞不能活化，使 B 细胞处于免疫忽视状态。

一般而言，耐受动物体内存在抑制性 T 细胞，它通过释放一种作用因子杀伤 T 细胞和抑制辅助性 T 细胞的功能，刺激免疫耐受产生。如果将耐受动物的抑制性 T 细胞转输给同品系正常动物，可使健康动物也获得免疫耐受。

### (三)研究免疫耐受的方法与意义

建立免疫耐受,可从抑制特异性免疫应答及拮抗免疫原两方面入手。目前常用的方法有口服免疫原、注射抗原、移植骨髓及胸腺、减敏疗法和防治感染等方法。目前采取的打破免疫耐受的主要措施有免疫原及免疫应答分子的应用、合理使用细胞因子及其抗体。

在临床上,免疫耐受具有很好的指导意义。例如,IFN-α 对病毒性肝炎、带状疱疹、疱疹性角膜炎有较好疗效。转移因子、免疫核糖核酸、卡介苗、短小棒状杆菌、左旋咪唑等增强剂可通过不同方式增强机体的免疫功能,因此被广泛用于抗感染和肿瘤治疗。维持正常生理下的免疫耐受可避免自身免疫病的发生,而对病原体或肿瘤细胞发生免疫耐受,可导致感染迁延及肿瘤的发生。

## 五、免疫调节

在正常情况下,机体对自身内源性抗原的免疫耐受和外源性抗原的排斥、清除是依靠复杂的免疫调节机制控制进行的,主要是通过免疫细胞与抗原以及相关的免疫分子之间相互协调和制约来完成的。

此外,神经、内分泌系统也参与免疫调节机制的调控。在正常情况下,机体都能用最快捷有效的方法排斥抗原,避免对自身造成严重损伤,维持机体的生理平衡。但是,免疫调节的调控机制出现异常,则可能导致机体出现病理变化。例如,若出现反应过强,机体则会表现出过敏现象。

### (一)抗原的调节

抗原是免疫应答发生的基本物质条件,免疫应答的强弱受抗原浓度的影响。在一定范围内,随着抗原浓度的增加,免疫应答逐渐增强。在免疫的过程中,随着免疫进程的推进,抗原的减少或消失会削弱或终止免疫应答。

此外,抗原结构也会影响免疫应答,结构相似的抗原在刺激免疫发生的过程中会互相干扰。因此,可以利用这一原理合成与某一特定抗原相似的抗原分子,用来抑制或降低机体对特定抗原的应答。

### (二)抗体和免疫复合物的调节

抗体对体液免疫应答有负反馈调节作用,这就是抗体的反馈调节机制。当抗原与抗体结合后,机体通过吞噬细胞、补体等将抗原清除。随着抗原留存数量减少,与之相对应的 B 细胞受到的刺激减弱,最终导致 B 细胞产生的抗体数量减少。

此外,免疫还可以通过免疫复合物进行调节,例如抗独特型抗体及免疫复合物的调节是抗独特型抗体通过特定的区域与 B 细胞表面相应的受体结合并释放抑制信号,终止 B 细胞的分化和抗体的产生。与抗独特型抗体相似,免疫复合物通过抗原与 B 细胞上的受体结合反应,抑制 B 细胞产生抗体。此外,免疫反应也可通过独特型和抗独特型抗体的网络进行调节,还可以通过 T 细胞亚群进行调节。

### (三)神经-内分泌系统与免疫系统

免疫细胞上具有一些神经递质和激素的受体。神经-内分泌系统通过释放神经递质和激素对免疫系统发挥调节作用。如皮质类固醇和胸腺激素可抑制免疫应答,而生长激素、甲状腺素、雌激素、胰岛素等能增强免疫应答。神经递质中的乙酰胆碱、内啡肽、肾上腺素、脑啡肽等对免疫系统也有一定的影响，如脑啡肽、内啡肽能增强淋巴细胞的有丝分裂活性和抑制抗体产生。

免疫系统对神经-内分泌系统的调节主要是通过免疫效应分子(抗体或细胞因子)的作用实现的。神经递质受体和激素受体的抗体与相应配体竞争性结合，可能引起甲状腺功能亢进。此外，免疫细胞也可产生某些内分泌激素以影响神经内分泌功能。

综上所述，神经-内分泌系统与免疫系统之间通过神经递质、激素、受体、免疫细胞及免疫分子相互作用、相互制约构成调节网络。

## 任务四　免疫血清与血清学反应

抗原与抗体在体内或体外均能发生特异性结合反应，因为抗体主要来自血清，所以把在体外进行的抗原抗体反应称为血清学反应，把含有抗体的血清称为免疫血清。利用血清学反应原理开展的免疫学检查称为血清免疫学检测，其是主要的免疫学检查，主要包括免疫球蛋白 G(IgG)、免疫球蛋白 A(IgA)、免疫球蛋白 M(IgM)、免疫球蛋白 D(IgD)、免疫球蛋白 E(IgE)、心肌肌钙蛋白 T 和肌红蛋白等的检测。

### 一、免疫血清

免疫血清是含有抗体的血清制剂，其种类繁多，包括抗病毒血清、抗毒素、抗 Rh 血清、抗菌血清等。因此，又称为抗血清。

(1)抗病毒血清　用病毒免疫动物，采取动物的免疫血清，经浓缩纯化后制得。目前，对病毒病的治疗尚缺乏特效药物，故在某些病毒病的早期或潜伏期，可考虑用抗病毒血清治疗。

(2)抗毒素　将类毒素多次免疫动物后，取其血清制成。主要用于治疗细菌外毒素所致疾病。

(3)抗 Rh 血清　能作用于 Rh 阳性红细胞，临床上常用提纯的抗 Rh 球蛋白预防 Rh 新生儿溶血症。

(4)抗菌血清　早期被使用较多，抗生素、磺胺类药物大量问世后，已极少应用于临床治疗。

### 二、血清学鉴定

微生物表面具有可以被免疫系统识别的物理特征。任何能引起免疫反应的特征称为抗原。免疫系统的蛋白质称为免疫球蛋白或抗体，它能够与抗原直接结合使抗原更有效地被清除。抗体与大颗粒物质如乳胶微球凝集的技术可用于检测特定微生物。涉及血清学鉴定的试验有两个方向：用于鉴定未知抗原和用于鉴定未知抗体。

**(一)采用已知抗原鉴定抗体**

在单滴测试(monospot test)中，采用已知的 Epstein-Barr 病毒(引起传染性单核细胞增多症、非洲儿童淋巴瘤和鼻咽癌）抗原检测患者血清中是否含有能够特异性识别该抗原的抗体。有趣的是，该测试是检测非特异性抗体而并非是针对 Epstein-Barr 病毒抗体。该抗体称为异嗜性抗体，能够对绵羊和牛红细胞起反应。如果患者血清或血浆中存在这种抗体，便能与胶乳混合形成可视的凝集反应。

**（二）采用已知抗体鉴定抗原**

血清学鉴定的另一个方向是检测抗原本身，即用已知的抗体去识别特异性抗原。常见的检测有鉴定链球菌和金黄色葡萄球菌的试剂盒检测法，如乳胶检测试剂盒可以用于检测金黄色葡萄球菌。该方法是采用蓝色乳胶与金黄色葡萄球菌预包被，若患者血清或血浆中存在金黄色葡萄球菌特异性抗原，就会与乳胶抗体反应产生明显的凝集现象，呈现可见的蓝色。

## 三、血清学反应

血清学反应有以下 4 个特点：

①抗原与抗体的结合是分子表面的结合，这种结合虽相当稳定，但是可逆的。

②抗原与抗体的结合具有特异性，当有共同抗原体存在时，会出现交叉反应。

③抗原与抗体的结合是按一定比例进行的，只有比例适当时，才能出现可见反应。

④血清学反应大体分为抗原体特异性结合阶段和抗原体反应的可见阶段两个阶段。第一阶段，反应速度很快，但不出现肉眼可见现象。第二阶段，反应速度慢，表现为凝集、沉淀、补体结合反应等，其可见的结果受电解质、pH、温度等环境因素影响。

经典的血清学反应一般被分为 3 种类别：凝集反应、沉淀反应和补体结合反应。

**（一）凝集反应**

颗粒性抗原（细菌、红细胞等）与相应抗体结合，在电解质参与下所形成的肉眼可见的凝集现象，称为凝集反应。其中的抗原称为凝集原，抗体称为凝集素。在该反应中，因为单位体积抗体量大，做定量实验时，应稀释抗体。凝集反应可分为直接凝集反应和间接凝集反应。

1. 直接凝集反应

直接凝集反应是颗粒性抗原与相应抗体直接结合所出现的反应，直接凝集反应包括定性采用的玻片凝集法和定量采用的试管凝集法。

玻片凝集法的原理是用已知抗体来检测未知抗原。常用于鉴定菌种、血型。如取含有痢疾杆菌抗体的血清与待检菌液各一滴，在玻片上混匀，数分钟后若出现肉眼可见的凝集块，即阳性反应，证明该菌是痢疾杆菌。此法快速、简便，但不能进行定量测定。

试管凝集法是指通过已知抗原来检测血清中有无相应抗体及其含量，用于协助诊断某些传染病及进行流行病学调查。

2. 间接凝集反应

间接凝集反应是指将可溶性抗原（或抗体）先吸附或偶联与免疫无关的、大小合适的颗粒状载体表面，使之形成致敏颗粒，然后与相应抗体作用，在适宜的电解质参与下，出现特异性的凝集现象。由于载体增大了可溶性抗原的反应面积，当载体上有少量抗原与抗体结合，就出现肉眼可见的反应，即敏感性很高。按照载体不同，可将间接凝集反应分为两类：如载体颗粒是红细胞,称间接血凝试验;若为乳胶颗粒,则称为乳胶凝集试验。

**(二)沉淀反应**

沉淀反应是指可溶性抗原与相应抗体结合,在有适量电解质参与下,经过一定时间,形成肉眼可见的沉淀物。反应中的抗原称为沉淀原,抗体称为沉淀素。由于在单位体积内抗原量大,为了不使抗原过剩,故应稀释抗原,并以抗原的稀释度作为沉淀反应的效价。沉淀反应的几种类型如下。

(1)环状沉淀反应　是一种定性试验方法,可用已知抗体检测未知抗原。将已知抗体注入特制小试管中,然后沿管壁徐徐加入等量抗原,如抗原与抗体对应,则在两液界面出现白色的沉淀圆环。

(2)絮状沉淀反应　将已知抗原与抗体在试管(或凹玻片)内混匀,如抗原抗体对应,且二者比例适当,会出现肉眼可见的絮状沉淀,此为阳性反应。

(3)琼脂扩散试验　利用可溶性抗原抗体在半固体琼脂内可扩散的原理,若抗原抗体对应,且二者比例合适,在其扩散的某一部分就会出现白色的沉淀线。每对抗原抗体可形成一条沉淀线。有几对抗原抗体,就可分别形成几条沉淀线。琼脂扩散可分为单向扩散和双向扩散两种类型。单向扩散是一种定量试验,可用于免疫蛋白含量的测定,而双向扩散多用于定性试验。由于方法简便易行,琼脂扩散试验常用于测定、分析和鉴定复杂的抗原成分。

**(三)补体结合反应**

补体结合反应是在补体参与下,以绵羊红细胞和溶血素作为指示系统的抗原抗体反应。补体无特异性,能与任何一组抗原抗体复合物结合而引起反应。如果补体与绵羊红细胞和溶血素的复合物结合,就会出现溶血现象;如果与细菌及相应抗体复合物结合,就会出现溶菌现象。因此,整个试验需要补体、待检系统(已知抗体或抗原、未知抗原或抗体)及指示系统(绵羊红细胞和溶血素)5 种成分参加。其试验原理是补体不单独和抗原或抗体结合,如果出现溶菌,是补体与待检系统结合的结果,说明抗原抗体是相对应的;如果出现溶血,说明抗原抗体不相对应。此反应敏感性高,特异性强,能测出少量抗原和抗体,所以应用范围较广。

**【项目思考】**

1. 特异性免疫与非特异性免疫的区别。
2. 经典的血清学反应主要内容。

## 实训十　酶联免疫吸附实验

酶联免疫吸附测定(enzyme-linked immunosorbent assay,ELISA)利用抗原与抗体的特异反应原理将待测物与酶连接,然后通过酶与底物产生颜色反应,用于定量测定。1971 年 Engrall 和 Perlmann 发表了该方法用于 IgG 定量测定的文章,使 1966 年开始用于抗原定位的酶标抗体技术发展成液体标本中微量物质的测定方法。常用的方法主要有双抗体夹心法、双位点一步法、间接法测抗体、竞争法、捕获法测 IgM 抗体和应用亲和素和生物素的 ELISA。本实验以双抗体夹心法为例介绍。

双抗夹心 ELISA 法的基本原理是首先将特异性抗体包被于固相载体上,经洗涤后加入含有抗原的待测样品;如待检样品中有相应抗原存在,即可与包被于固相载体上的特异性抗体结合;经保温孵育和洗涤后,即可加入酶标记的特异性抗体;再经孵育、洗涤后,加底物显色进行测定，底物降解的量即为待测抗原的量。

采用这种方法检测的抗原必须有两个可以与抗体结合的部位，因为其一端要包被于固相载体上与抗体作用，而另一端则要与酶标记的特异性抗体作用。因此，不能用于分子量小于 5 000 的半抗原之类的抗原测定。霍乱肠毒素、乙肝表面抗原的测定可采样此种方法。

ELISA 主要具有以下 4 个方面作用：①免疫酶染色各种细胞内成分的定位；②研究抗酶抗体的合成；③显现微量的免疫沉淀反应；④定量检测体液中抗原或抗体成分。

**【目的要求】**

1. 掌握 ELISA 实验的原理。

2. 掌握 ELISA 实验的步骤。

**【材料设备】**

1. 材料

血清、体液。

2. 试剂

碳酸盐包被缓冲液、抗体球蛋白、吐温-20、柠檬酸、硫酸。

3. 仪器

酶标比色仪、96 孔板、移液器、离心管等。

**【方法步骤】**

ELISA 实验的具体操作步骤如下。

(1)包被抗体　用包被缓冲液稀释特异性抗体球蛋白至最适质量浓度（1～10 μg/mL），每凹孔加 0.3 mL，4℃过夜，或 37℃水浴 3 h，贮存于冰箱中备用。

(2)洗涤　移去包被液，凹孔用洗涤缓冲液（含 0.05%吐温-20）洗 3 次，每次 5 min。

(3)孵育　每凹孔加入 0.2 mL 用稀释缓冲液稀释的含抗原的被检标本，37℃孵育 1～2 h。

(4)洗涤　移去包被液，凹孔用洗涤缓冲液（含 0.05%吐温-20）洗 3 次，每次 5 min。

(5)孵育　加入 0.2 mL 用稀释缓冲液稀释的酶标记特异性抗体溶液，37℃孵育 1～2 h 或由预实验确定孵育时间。

(6)洗涤　移去包被液，凹孔用洗涤缓冲液洗 3 次，每次 5 min。

(7)孵育　加入 0.2 mL 底物溶液（OPD 或 OT）于每个凹孔中，室温孵育 30 min（空白对照实验取 0.4 mL 底物加 0.1 mL 终止剂）。

(8)加终止剂　每凹孔加 2 mol/L $H_2SO_4$ 或 2 mol/L 柠檬酸 0.05 mL。

(9)观察和记录结果　目测或用酶标比色计测定（OPD 用 492 nm）光密度值。

**【实验结果影响因素】**

1. 固相载体

可溶性抗原或抗体吸附于固相载体而成为不溶的形式，这是进行酶标记测定的基本条件。许多物质可作为固相载体，如纤维素、交联右旋糖苷、琼脂糖珠、聚丙烯、聚苯乙烯、聚乙烯及聚氯乙烯等。但在 ELISA 中最常用的是聚苯乙烯或聚氯乙烯微量反应板及塑料管。

由于微量反应板所用试剂量少，操作方便，适合于大规模应用。国产的聚苯乙烯微量反应板目前已大量应用于 ELISA 测定，并且获得了满意的结果。但每一批微量反应板对抗原或抗体蛋白质的吸附性能是有差别的。实验证明,吸附效果与塑料的类型及其表面性质有关,特别是塑料制品加工工艺的影响,可能造成吸附性能的极大差异,甚至使塑料制品完全丧失吸附能力。

因此,在使用前,每批制品必须经过试验鉴定。鉴定的方法和标准是:对每批购置的微量反应板或塑料管抽样,用 0.2 μg/mL 纯化的正常人 IgG 进行包被,经洗涤后加酶标记抗人球蛋白进行反应,再经孵育、洗涤,加底物显色、终止反应后,逐孔在酶标比色计中测定其光密度(OD)值。一般认为,全板中每两孔间 OD 值的误差不超过 10%为合格。如果中间孔与四周孔 OD 值相差太大,或者反应板的左边与右边凹孔的 OD 值相差大,均不合格。此外,还要检查阳性和阴性参考血清 OD 值是否有明显差别,一般要求有 10 倍左右的差异。微量反应板或塑料管在使用前并不一定要经过特殊处理,用蒸馏水冲洗即可使用。

2. 抗原

在 ELISA 中,影响试验结果的因素主要包括包被于固相载体表面的抗原或抗体的来源和制备方法。包被所用的抗原必须是可溶性的,且要求是优质和稳定的制剂,纯度和免疫原性要高。如果不纯,抗原中所含杂质可竞争固相载体上的有限位置,从而降低敏感性和特异性。此外,制备包被抗原时不应破坏其免疫学活性。

经实验证明,适用于其他血清学试验的抗原并非均适用于 ELISA 法。因此,必须通过实践,才能选出适用的优质抗原。在大多数传染病和寄生虫病的血清学诊断中,对所用的抗原并非要求十分严格,一般能用于补体结合试验的可溶性抗原均可用于 ELISA,如超声波抗原、冻融抗原、细菌的外膜抗原、细菌的外毒素以及用表面活性剂(如 SDS)所提取的抗原等。在做 ELISA 实验时,包被用表面活性剂提取的抗原前除去表面活性剂,否则不易吸附到固相载体上。

此外,必须对某些抗原进行提纯,如病毒的组织培养和鸡胚培养物以及病毒接种动物的脏器等,它们当中存在着许多非抗原的蛋白质,常用梯度超速离心或亲和层析法提纯。用抗原或抗体蛋白包被固相载体时,选择的浓度要适当。如浓度太高,则可能检测不出低效价抗体,或由于包被过量形成多层抗原吸附,在操作过程中可能脱落从而降低敏感性和可重复性。

用适宜稀释度的抗原包被固相载体,不仅经济,而且可以克服前带现象。该适宜浓度可用棋盘滴定法确定,也可采用更为简便的单项滴定法。其方法是:将抗原进行一系列稀释,然后包被微量反应板,再用一定稀释度的阳性参考血清和阴性参考血清孵育;孵育结束后漂洗,加酶结合物进行反应;再经孵育、漂洗后,加底物溶液显色;终止反应后分别测定 OD 值,OD 值不低于 1.0 对应的抗原稀释度即为最适包被浓度。阴性参考血清的 OD 值须在 0.1~0.2 之间,即要求阳性参考血清和阴性参考血清的 OD 值有明显差别。

除包被浓度外,时间、温度和 pH 对包被效果均有影响。温度较高,其包被时间可相应缩短;温度较低,则包被时间应延长。一般情况下,采用 4℃包被过夜,可使抗原吸附得更加完全且均匀。当用聚苯乙烯或聚乙烯微量反应板或塑料管作固相载体时,在碱性条件下(如用 pH 为 9.6 的碳酸盐缓冲液稀释抗原)采用 4℃包被过夜较为合适。但在某些试验中,如用脂多糖或毒素蛋白包被时,稀释用磷酸缓冲液的 pH 为 7.2~7.4。

**【技能考核】**

按要求完成实验并记录结果,形成实验报告。

## 实训十一　水产动物疫苗免疫接种技术——以草鱼为例

草鱼的抗病力较差，在饲养阶段易感染各种疾病，如病毒性出血病、细菌性烂鳃病、肠炎病、赤皮病等，这是造成养殖草鱼成活率较低的主要原因。养殖草鱼感染疾病后，采用药物治疗的效果较差，且药物使用不当易造成农业化学品残留和污染养殖水环境，进而严重影响水产品质量与安全，增加养殖成本，降低养殖经济效益。为了增强草鱼的抗病力，提高养殖草鱼的成活率和成品质量，使养殖者获得较好的经济效益，接种草鱼疫苗是一条有效的途径。

**【目的要求】**

1. 掌握疫苗注射技术。
2. 了解疫苗对水生动物的影响。

**【材料设备】**

1. 材料

草鱼(10 cm 左右)。

2. 用具

兽用金属注射器、疫苗药剂(如草鱼出血病冻干苗、草鱼烂鳃赤皮败血三联苗、鱼嗜水气、温和气单胞菌灭活二联苗等)、塑料盆、抄网、疫苗瓶挂杆、酒精、消毒棉签、生理盐水、手套等。

**【方法步骤】**

接种疫苗的操作步骤可概括为以下 4 步。

(1)注射器准备　包括注射器的选择、处理与消毒准备。

(2)注射疫苗配置　按照说明要求，用鱼用生理盐水配制注射液。

(3)疫苗注射操作　一般采用肌肉注射和腹腔注射。肌肉注射一般注射背鳍基部，注射液量控制在每尾鱼 0.1～0.2 mL，注射角度为与鱼体呈 30°～40°，向头部方向进针。进针深度约为 0.3 cm，根据鱼体大小以不伤及脊椎骨为度。采用肌肉注射的疫苗一般为易吸收、无佐剂的疫苗，否则易形成肿块，影响鱼体正常代谢。采用腹腔注射时，针头沿腹鳍内侧基部斜向胸鳍方向进入，与鱼体呈 30°～40°，向头部方向进针。

(4)注射免疫后管理　注射完成后，须消毒接种鱼养殖水体，预防细菌感染伤口。同时，须加强日常养殖管理工作。

**【注意事项】**

1. 控制注射进针深度，防止扎针太深伤及鱼体内脏，可在注射针头上套一小截塑料管或剪短针头，暴露出的针尖长度以略长于鱼体腹肌厚度为宜。

2. 对接种当天开瓶但没用完的药液及所产生的空试剂瓶、纸箱、泡沫箱等废弃物，要做统一无害化处理，以免污染环境。

**【技能考核】**

按要求完成实验并记录接种情况，形成实验报告。

Project 6

项目六

# 水产微生物应用

**知识目标**

1. 了解水产动物与微生物的关系。
2. 了解微生态制剂及其在水产养殖业中的应用。

**技能目标**

掌握水产品中微生物数量的测定方法。

## 任务一　水中的微生物

自然界的水可分为地下水和地面水，湖泊、河流、海洋等各种地面水中都存在着各种各样的微生物，但它们所含的微生物种类、数量和分布都不相同。其中，有些是自养型的，如自养菌中的硝化细菌、光合细菌等。水体中的细菌以革兰阴性杆菌为主，占比高达 95%，革兰阳性菌占 4%，而球菌只占 1%。

水中微生物的种类和数量随水的来源及水中所含营养物和气候地理条件的不同而变化。其中影响最大的是水中有机物质的含量，如河流在经过城市前含菌量低，经过城市后汇集了大量污物，使含菌量大增。在沿岸与陆地毗邻的水体中菌数较多，反之则越少。水层的深度也影响微生物的分布，不论是在淡水还是海水中，细菌最多的地方不在水面，而在距水面 5～10 m 处，往下逐渐减少，直至底部又有所增加。在深层水中，好氧微生物的数量较少，厌氧和兼性厌氧的微生物较多。在几千米以下的深海中存在一些只能在几百个大气压下生长的嗜压微生物。

海水和淡水的差别在于含盐量，含盐量越多，渗透压越大，反之则越小。因此，海洋中的细菌和淡水中的细菌耐渗透压的能力相差很大。例如，在死海或其他含盐量高的海水中，存在着高度耐盐的细菌，如一种死海盐杆菌在 18%至饱和盐水中能生长，在 15%盐水内仅少量生长。而湖泊、河流中的微生物是厌盐的，在高于 1%的盐水中就不能生长。

## 任务二　水产动物与微生物



微生物是自然界中分布最广、种类最多、数量最大、个体最小的生物类群。由于微生物能直接或间接作用于水产养殖对象，从而影响养殖效果，所以微生物在水产养殖中的应用已越来越为人们所重视。

### 一、微生物作为水产动物的饲料

微生物体内含有丰富的营养物质，人们很早之前就开始探索用微生物作为养殖对象的营养来源，现代微生物学和发酵工艺使这种微生物来源的饵料的大批生产成为可能。1967 年，平田森以面包酵母代替海水小球藻饲喂轮虫并取得成功，解决了轮虫养殖的饵料问题，使轮虫得以大量培养，面包酵母因此成为鱼类育苗初期饵料的首选。刘卫东等(2001)以葡萄糖为碳源，用尿素、磷酸钾为辅助原料，以海水中生成的微生物群体为主体，构成微生物“絮团”以代替硅藻来饲育日本对虾幼体，也获得了成功。“絮团”内包裹的生物主要是酵母和细菌。在自然界中，微生物是刺参最重要的饵料之一，刺参的 70%以上的能量需求由细菌提供，其消化道中的细菌数量要比周围环境中的大得多。俄罗斯学者的实验表明，各种细菌都可以被刺参吸收消化。用荧光假单胞菌和臭味假单胞菌投喂的刺参幼体，成活率为 12%～13%。细菌性饵料的营养和能量相当于碎屑饵料的水平，可以满足幼参代谢的需要。

饲料酵母富含动物所必需的多种维生素和微量元素，已成为鱼、虾、贝类等的人工配合饵料的重要添加剂。在对虾饵料中用饲料酵母替代部分鱼粉，养殖结果表明，该饵料使对虾的成活率和产量均有所提高，饵料系数有所下降。近年来，在国内甲壳类和贝类等苗种生产过程中，在单细胞藻类饵料供给不足时，往往以螺旋藻粉或蛋黄等代替饵料。从营养的角度考虑，这些做法能满足其基本生长需要，但却会对水质造成较大的破坏，最终影响育苗效果。因此，以酵母菌、光合细菌为饵料的技术应运而生，能较好地解决这一难题。

光合细菌菌体营养丰富，含65%左右粗蛋白，还含有丰富的B族维生素、叶酸、生物素、类胡萝卜素和辅酶Q等。研究显示，利用光合细菌与单胞藻混合投喂海湾扇贝幼体的效果明显优于单独投喂单胞藻。鱼类饲喂实验也同样证明了光合细菌的较高价值，添加2%的光合细菌到饲料中并以此投喂草鱼、鳙鱼和鲢鱼夏花苗，成活率提高5%～28%，单产提高15%～30%，饵料系数下降20%～23%。

## 二、微生物在水产动物疾病防治上的应用

微生物是各类疾病的最终引发者。除了细菌以外，病毒、霉菌、立克次体等也能引起疾病。除了保持良好水质和使用药物，疫苗免疫接种是防治病毒性疾病和细菌性疾病的有效方法。

对于脊椎动物而言，由于其体内具备完整的免疫系统，抗原能引起机体产生对应的免疫应答，所以人们可直接应用医学上现有的方法和技术进行疫苗制备和免疫接种。目前，鱼类疫苗主要分为：死疫苗（将病原体扩大培养后，以物理或化学方法在确保免疫力情况下灭活）、减毒疫苗（用致病性大为减弱的减毒株制备的疫苗）、亚单位疫苗（通过提取病毒的亚单位如蛋白质、血凝素等而制成）、化学疫苗（用化学方法提取细菌的有效成分如脂多糖而制成）和基础工程疫苗（将某一病原的主要免疫性蛋白的编码基因转移、重组后而获得）。弧菌疫苗是水产养殖业中较为成熟的疫苗，在虹鳟、鳗鲡和多数鲑科鱼类的弧菌病防治中应用广泛且效果良好。已开发利用的病毒疫苗有：传染性胰坏死病毒疫苗、出血性败血病毒疫苗、传染性造血组织坏死病毒疫苗、鲤鱼春病毒血病毒疫苗、斑点叉尾鮰病毒疫苗、草鱼病毒性出血病病毒疫苗和淋巴囊肿病病毒疫苗等。鱼类疫苗的给予途径主要有注射、浸浴、喷雾和口服等方式。

对无脊椎动物而言，其机体内不具备完善的免疫系统，不能进行特异性防御，主要靠非特异性防御反应来抵抗病原微生物的侵扰。许多学者尝试用微生物诱导水生无脊椎动物提高免疫力。如用灭活的杆菌接种贝类后，发现血清和血淋巴中酯酶的活性增加；将活动的细菌添加到养殖牡蛎或圆蛤的水体中后，牡蛎的血细胞和圆蛤血清中的氨肽酶和溶菌酶的水平有所提高。用福尔马林处理过的细菌分别以质量分数为0.05%、0.5%和5%添加于微胶囊饵料中并投喂斑节对虾幼体，结果显示，实验组成活率分别为39%、28%和25.5%，而对照组仅为19.5%。显然，这种死菌疫苗的添加增强了斑节对虾幼体的抗病性。对皱纹盘鲍用河流弧菌的灭活和减毒疫苗以注射和口服方式进行免疫接种，结果表明，免疫鲍的成活率比未免疫鲍的高50%以上。因此，在大规模生产中，运用免疫方法预防水产上无脊椎动物病害的发生是完全可行的。

## 三、微生态制剂的应用

1970年以前，人们广泛使用抗生素来防治疾病，这种做法引起了许多不良后果。70年代后期，人们的注意力开始从过去较偏重于对付有害微生物，转向保护、利用、协调和培植那些有用微生物。微生态制剂的研究和应用被越来越多的人重视。微生态制剂是指应用动物体内外正常的有益微生物经特殊工艺而制成的活菌制剂。目前，微生态制剂作为饵料添加剂广泛应用于畜牧业，以提高饵料品质和动物抗病能力且促进其生长。应用于水产业的微生态制剂有EM(有效微生物菌群)、JY10(节杆菌)、JY31(乳杆菌)、复方回春生(双歧杆菌制剂)等。

人们对微生态制剂的作用机理还不完全清楚，根据微生物作用方式和微生物代谢的有关研究，其作用机理可简要概括为：

①抑制有害微生物。与有害微生物竞争养分和附着部位。

②提高或降低酶活性。改善有益微生物代谢，产生有机酸，降低pH，抑制某些致病菌的生长，同时降低肠内胺和氨的生成；

③刺激免疫系统，提高吞噬细胞的活性和抗体水平，提高免疫能力。

从正常鲤鱼肠道中分离出节杆菌和乳杆菌，将它们制成微生态制剂并添加到饲料中，以该饲料投喂鲢鱼，不仅提高了鲢鱼的生长速率，而且增加了鲢鱼的抗病能力。实验组鲢鱼的白细胞吞噬率和吞噬指数均高于对照组。受到攻击后的实验组的成活率、特异性抗体效价等均明显高于对照组。类似地，用不同来源的正常肠道菌制成微生态制剂并作为饲料添加剂进行仔鳗肠道微生物生态的重建实验，结果表明，实验组仔鳗的食欲、食量均有明显提高。一些学者利用EM作为饲料添加剂饲养建鲤，发现实验组建鲤的红细胞、血红蛋白含量均高于对照组，耗氧率低于对照组。

在对虾养殖的实验与实践中，微生态制剂的应用也取得了显著的效果。例如，从对虾消化道中筛选出微生态菌株，将它们分别制成微生态制剂并作为饲料添加剂，能显著提高出池仔虾的成活率，并有一定的促进生长作用。其中，双歧杆菌生态制剂应用于中国对虾育苗，从无节幼体到商品虾苗的成活率提高了55%～60%，而且对虾幼体生长发育的速度加快，增重和抗病力均有所提高。

从目前的相关研究成果来看，微生态制剂在水产上具有巨大的应用潜力与广阔的应用前景。

**(一)应用微生物改良水质**

在水产养殖业中，长时间的养殖常使养殖水域底部，尤其是老虾池底部积累大量的残余饵料、排泄废物、动植物残体以及有害气体(氨、硫化氢等)。这些物质往往导致水质败坏，使水产动物受到毒害。净水微生物的使用使养殖户在不中断养殖过程的情况下，清除这些有害物质。净水微生物的代谢具有氧化、氨化、硝化、反硝化、解磷、硫化及固氮等作用，能将上述有害物质分解为二氧化碳、硝酸盐、硫酸盐；不仅净化了水质，且能为单细胞藻类的繁殖提供营养物质，促进藻类繁殖。这些藻类的光合作用，又为池内养殖动物的呼吸、有机物的分解提供氧气，从而形成一个良性的生态循环，有利于水产动物的迅速生长。同时，由于净水微生物的大量繁殖，在池内形成优势种，可抑制病原微生物的繁殖，减少疾病发生。硝化细菌和光合细菌是比较常用的净水微生物。许多净水微生物的商业制品是由多种细菌组成的。在应用这些细菌改良底质时，常将细菌先吸附到一些吸附物上，再将吸附物投到池底。这样既可以使大多数微生物直接到达池底发挥作用，又可使细菌脱离池底较恶劣的环境。用沸石和火成岩砂石吸附一种乳杆菌，然后用以分解对虾池底部有机淤泥，结果使有机淤泥发生量和硫化氢均减少约 1/3，对虾的成活率提高 10%～20%。除虾池以外，微生物同样用于海底有机物的分解。日本科学家发现枯草菌能分解蛋白质和碳水化合物，并能抑制海底硫化物的产生，用该细菌处理海底有机物，可明显减少有机物、淤泥的产生。

相对于化学方法，用微生物进行水质调节的优点是，能缓慢释放底质营养物质、硫酸盐等，以供藻类利用，同时能发挥种群竞争优势，抑制底质中的致病菌的生长繁殖，从而稳定优良水体。

微生物在水产养殖业中的水质改良应用一般来说有两类：一类是以芽孢杆菌、硝化细菌等好氧性细菌为主的，另一类是以光合细菌、乳酸菌、酵母等厌氧菌为主的。在使用上需要注意前者本身会消耗氧气，从而对生产造成一定的影响，后者则往往因不耗氧而其副作用不被人重视。以酵母为例，其改底的过程就是发酵的过程，尽管是厌氧发酵，但在发酵的过程中能产热。这种因发酵导致的池塘底部发热会引起缺氧，从而导致底层残饵、粪便等有机物积累增加，危害也相应增大。故在生产上使用活菌改底时，应避开高温雨季。另外，许多老塘底层的过多的有机质，除了会引起底臭，还会滋生大量的原虫（如纤毛虫、轮虫、枝角类、桡足类）。若选用活菌改底，这些浮游动物会直接把活菌当饵料而摄食，从而加快浮游动物的繁殖。另外，藻类与光合细菌和硝化细菌有竞争作用，因而藻类过多时不利于这些菌的繁殖，从而影响改底的效果。

**（二）应用微生物防治有害藻类**

养殖水域中的有害藻类以各种方式危害养殖对象。防治有害藻类通常用去除氮磷等营养物质，施用杀藻剂和引进鱼类、贝类或漂浮被子植物等方法，用微生物除去有害藻类的方法还不成熟。目前也有用病毒、细菌和真菌溶藻的报道，其中以细菌溶藻的报道为多。概括起来，细菌对藻类生长的抑制和藻细胞的溶解有以下 3 种方式：

①藻类同黏细菌直接接触并生长于其中，宿主细胞壁被溶解；

②细菌释放有毒物质到环境中，非选择性地杀伤藻类细胞；

③藻同细菌竞争有限的营养物质时以失败告终；噬菌体同时是噬藻体，从细菌转移到蓝藻细胞中使新的宿主溶解。

应当指出的是，细菌具有非选择性溶藻的作用，而病毒具有专一性溶藻的特点。在细菌的协助下，病毒可以加快溶解某种藻类的速度，这种现象为我们提供了一种治理水华，定向杀死有害藻类的新途径。

**（三）应用微生物诱导贝类附着变态**

1973 年，Young 等发现海洋无脊椎动物幼虫的附着变态对微生物黏膜有很强的依赖性。后来有人从海湾扇贝幼虫附着基表面分离出 99 株附着细菌，并用单一菌株菌膜试验，结果发现，不同菌株形成的菌膜对幼虫附着的吸引力大小不一，有的细菌促进幼体附着，有的则起抑制作用。同类型的研究也指出，某些细菌黏膜能促进扇贝幼体变态附着，其代谢产物 $\alpha$-氨基丁酸和黑色素也能促进扇贝幼体的变态附着。用这些细菌处理扇贝幼虫，可以提高苗种的产量和质量。在牡蛎的生产上，也常用细菌诱导牡蛎幼虫附着变态。

**(四)工程菌在水产养殖上的利用**

工程菌是用基因工程技术改造过的微生物的总称。20 世纪 80 年代后期,一些国家陆续开始开展构建鱼类生长激素工程菌的研究工作。经过几年的努力,我国率先克隆了 3 种海洋鱼类的生长激素基因,并成功地构建了鲈鱼生长激素基因胞内及胞外高效表达酵母工程菌。将该工程菌及其分泌的鲈鱼生长激素作为饲料添加剂来喂养鱼苗,结果发现,实验组比对照组增重 35%以上。海洋生物中含有一些抗病毒的肽类和多糖,但往往因资源有限,提取过程复杂,难以应用于生产。通过基因工程技术生产抗病毒多肽或生产抗病毒多糖添加剂,有望成为解决鱼虾病毒性疾病问题的重要途径。

**【项目思考】**

1. 水产动物与微生物之间的关系。

2. 微生态制剂在水产养殖业中的应用前景。

## 实训十二　水产品中微生物数量测定

水产品中的微生物数量一般用菌落总数反映。菌落总数是指被检样品经过处理,在一定条件下培养后,所得 1 mg(mL)样品中所含菌落的总数。菌落总数是评价食品等许多产品的卫生情况、新鲜程度及污染程度的最常用的指标之一。通过测定水产品中的菌落总数,可以得知细菌在水产品中的生长繁殖情况,可在一定程度上判断水产品在生产、加工、销售过程中是否符合卫生要求。

**【目的要求】**

掌握水产品微生物数量测定的方法。

**【材料设备】**

培养基、培养皿、试管、水浴锅、微量移液器等。

**【方法步骤】**

菌落总数测定大致包括以下 5 个步骤。

(1)样品稀释液的制备　取 25 g(mL)样品,加入 225 mL 灭菌稀释液中,充分混匀,制成 10 倍的样品稀释液。根据样品的污染程度和食品卫生标准要求,选择 2～3 个适宜的连续的稀释度,继续进行 10 倍递增稀释。

(2)平板接种　选择好适宜的连续稀释度后,在进行 10 倍递增稀释时,同时吸取 1 mL 该倍数稀释液至培养皿内。从稀释到倾注培养基间隔 20 min 左右为宜。

(3)培养基的倾注　在倾注前应预先加热熔化平板计数琼脂,并保温于(45±1)℃的水浴当中待用。倾注平板后,应立即左右旋转培养皿,使稀释液与琼脂充分混匀,防止细菌集聚而呈片状生长。倾注平板的量一般以 15 mL 为宜,同时设置空白对照。

(4)培养　培养时,培养箱温度通常控制在(36±1)℃,培养(48±2) h。对于水产品的样品,可置于(30±1)℃培养箱中培养(72±3) h。

(5)菌落计数　及时对菌落进行计数,以确保结果的准确性。对于同一个样品,相同稀释倍数的培养皿上的菌落数应该比较接近。稀释倍数与菌落数应呈反比,即稀释倍数越大,相应的菌落数应越少。若相同稀释倍数的培养皿中的菌落数悬殊,或稀释倍数高的菌落数反而多,则此次试验结果无法作为报告依据。

**【注意事项】**

1. 在样品稀释过程中，吸管在进出装有稀释液的玻璃瓶和试管时，不要触及瓶口及试管口的外侧部分。因为这些部分可能接触过手或其他污染物，往灭菌稀释液中加入样品稀释液时，应用吸管沿试管壁缓缓注入，不要触及管内稀释液，防止吸管外侧附着的样品液混进稀释液中，影响稀释液的准确度。

2. 将稀释液移入培养皿内时，注意不要完全打开培养皿盖，只揭开一侧，从培养皿侧面加入，液体流出后停靠一会儿，使管尖内剩余液体排出，而不要吹出。

3. 倾注平板时，平板计数琼脂的温度不能过高或过低。温度太高会杀死部分不耐热的细菌，还会使培养皿盖凝结大量冷凝水，而冷凝水可能滴落在培养基表面，导致细菌蔓延生长，影响菌落计数；温度太低琼脂容易凝固，无法与稀释液充分混匀，菌落无法均匀生长，也会影响菌落计数。

4. 注意控制培养基的倾注量。平板太厚，透光率差，会影响观察；平板太薄则易干裂，影响菌落生长。

5. 注意观察空白试验平板上是否有菌落出现。若空白对照平板长菌，则此次试验无效。

**【技能考核】**

按要求完成实验并记录，形成实验报告。

# 参考文献


[1] 慈丽宁，刘波，谢骏，等. 乳酸芽孢杆菌对团头鲂生长、免疫及抗病力的影响[J]. 安徽农业科学，2011，39(35)：21818-21821.

[2] 樊英，叶海斌，王晓璐，等. 丁酸梭菌和凝结芽孢杆菌对虹鳟生长性能、肝功能及肠道菌群的影响[J]. 大连海洋大学学报，2019，34(2)：198-203.

[3] 冯剑，赵景壮，刘淼，等. 我国虹鳟传染性造血器官坏死病防控研究现状[J]. 水产学杂志，2019，32(02)：14-18.

[4] 傅文红. 药物微生物应用技术[M]. 北京：化学工业出版社，2012.

[5] 高鹏. 海参肠道中益生菌的筛选及鉴定[D]. 大连工业大学，2014.

[6] 耿毅，汪开毓，李成伟，等. 蛙病毒感染致养殖大鲵大规模死亡的电镜观察及 PCR 检测[J]. 中国兽医科学，2010，40(08)：817-821.

[7] 桂朗，张奇亚. 中国水产动物病毒学研究概述[J]. 水产学报，2019，43(01)：168-187.

[8] 郭玲玲. 微生物菌种保藏方法及关键技术[J]. 微生物学杂志，2019，39(3)：105-108.

[9] 韩莎，曲洪霞，李成林，等. 微生态制剂及其使用策略对刺参生长与养殖水质的影响[J]. 中国农学通报，2020，36(2)：144-148.

[10] 何瑞鹏，奉杰，田相利，等. 酪酸菌对珍珠龙胆石斑鱼生长、消化酶、血清抗氧化酶和溶菌酶活性的影响[J]. 中国海洋大学学报(自然科学版)，2017，47(11)：15-23.

[11] 何沅滨，李义，陈亚军，等. 泥鳅养殖水体中一株芽孢杆菌的筛选及其净水效果研究[J]. 水生态杂志，2015，36(4)：86-90.

[12] 黄浦江，冯卫权，邓国华，等. 乳酸菌对凡纳滨对虾养殖水质调控的影响[J]. 海洋与渔业，2019(11)：70-71.

[13] 黄瑞，林旭吟. 水产微生物[M]. 北京：化学工业出版社，2016.

[14] 姜松，王军红，范嗣刚，等. 添加光合细菌对糙海参幼苗培育阶段的影响研究[J]. 南方水产科学，2014，1(6)：78-82.

[15] 蒋桂丽. 高产虾青素红发夫酵母的诱变、破壁提取及其虾青素包埋和应用研究[D]. 华南理工大学，2019.

[16] 可小丽，汪建国，苑晶，等. 镰刀菌对鱼类致病性和组织病理研究[J]. 水生生物学报，2010，34(5)：943-948.

[17] 李登来. 水产动物疾病学[M]. 北京：中国农业出版社，2007.

[18] 李舫. 动物微生物学[M]. 北京：中国农业出版社，2006.

[19] 李阜棣，胡正嘉. 微生物学[M]. 北京：中国农业出版社，2000.

[20] 李娟，刘丹梅，孙书伟，等. 1 株高蛋白海洋酵母菌的鉴定及营养成分分析[J]. 江苏农业科学，2014，42(1)：269-270.

[21] 李军亮，杨奇慧，谭北平，等. 低鱼粉饲料添加枯草芽孢杆菌对凡纳滨对虾幼虾生长性能、非特异性免疫力及抗病力的影响[J]. 动物营养学报，2019，31(5)：2212-2221.

[22] 蔺丽丽，曹永芬，杨质楠，等. 光合细菌对南美白对虾养殖水质的影响[J]. 河北渔业，

2019(10):22-25+36.
[23] 刘卫东,苏浩,邓立康. 微生物在水产养殖中的应用[J]. 水产科学,2001(02):28-31.
[24] 刘文亮,许华,唐杨,等. 饲料中补充蜡样芽孢杆菌(*Bacillus cereus*)生物膜对凡纳滨对虾(*Litopenaeus vannamei*)生长、抗病力及其肠道微生物组成的影响[J]. 渔业科学进展,2017,38(4):87-94.
[25] 刘文珍. 水产养殖中微生物的应用及研究进展[J]. 水产科学,2010,29(1):57-62.
[26] 刘样珍,凌梅燕,史宝军,等. 6 株光合细菌的分离及水质净化效果的研究[J]. 广东饲料,2016,25(9):22-24.
[27] 刘亦娟,孙金生,包海岩,等. 鱼类病原菌三联体检测试纸的制作应用[J]. 饲料工业,2016,37(4):56-60.
[28] 刘臻,鲁双庆,周毅,等. 一种含有丁酸梭菌的鲫鱼饲料:CN103583900A[P]. 2014-02-19.
[29] 柳洪洁. 动物微生物学实验菌种保藏与管理[J]. 实验科学与技术,2014,12(3):26-28.
[30] 欧仁建. 黄颡鱼卵致病性绵霉的分离鉴定与感染机制的研究[D]. 上海海洋大学,2013.
[31] 戚瑞荣,唐绍林,崔龙波,等. 罗非鱼鳃霉样真菌的显微观察[J]. 水产科技情报,2016,43(2):88-90.
[32] 齐琼. 海洋红酵母的筛选及其在凡纳滨对虾养殖中应用效果初步研究[D]. 浙江海洋大学,2019.
[33] 乔振民,韩迎亚,刘有华,等. 6 种微生态制剂对鲤鱼养殖水体水质的影响[J]. 江苏农业科学,2020,48(12):159-162.
[34] 苏亚玲. 对虾育苗真菌性疾病及其防治试验[J]. 福建水产,2008,117(2):37-42.
[35] 孙博超,杨运楷,李玉宏,等. 饲料中添加复合芽孢杆菌对凡纳滨对虾抗病毒感染能力及抗病基因表达的影响水[J]. 渔业科学进展,2019,4(3):113-121.
[36] 孙艳,刘飞,宋晓玲,等. 饲料中添加益生菌对凡纳滨对虾(*Litopenaeus vannamei*)非特异免疫基因表达量和抗病力的影[J]. 海洋与湖沼,2012(14):845-851.
[37] 王成强,李宝山,王际英,等. 饲料中添加枯草芽孢杆菌和酵母培养物对珍珠龙胆石斑鱼幼鱼生长、血清生化指标及抗氧化能力的影响水[J]. 渔业科学进展,2019,40(4):47-56.
[38] 王上. 酵母胞外多糖制备及饲喂海参试验[D]. 大连工业大学,2016.
[39] 王琰. 高效除磷酵母菌株的筛选及其磷代谢基本特性研究[D]. 济南大学,2019.
[40] 王艺雅,张其中. 一株光合细菌的分离鉴定及该菌对氨氮和亚硝态氮的去除作用[J]. 微生物学通报,2019,46(10):2512-2528.
[41] 王玉堂. 蛭弧菌及其在水产养殖动物疾病防治中的应用(连载一)[J]. 中国水产,2014(2):45-47.
[42] 王玉珍,张晓华,肖囡,等. 一种抗对虾白斑综合征病毒(WSSV)线性抗原表位单链抗体的筛选[J]. 生物工程学报,2008(08):1387-1394.
[43] 吴康,盛哲良,丁立建,等. 3 株海洋红酵母的分离及营养成分分析[J]. 热带作物学报,2017,38(12):2238-2242.
[44] 肖克宇,陈昌福. 水产微生物学[M]. 北京:中国农业出版社,2004.

[45] 徐亚飞，曾新福，乐敏，等. 丁酸梭菌的生物学功能及其在水产养殖中的应用研究进展[J]. 渔业研究，2018，40(5)：408-412.
[46] 许国焕，吴月嫦，付天玺，等. 微生物制剂对奥尼罗非鱼生长及饲料表观消化率的影响[J]. 中国饲料，2008 (21)：26-28.
[47] 叶文红. 抗生素渔药使用情况及其替代品发展简介[J]. 水产养殖，2018，39(12)：14-15+20.
[48] 曾占壮，樊海平，卓玉琛，等. 养殖日本鳗鲡腐皮病真菌性病原的分离与鉴定[J]. 水生生物学报，2011，35(4)：652-658.
[49] 战文斌. 水产动物病害学[M]. 北京：中国农业出版社，2004.
[50] 张春晓，董琦，张天任，等. 胶红酵母的成分及其对刺参免疫力和抗氧化能力的影响[J]. 大连工业大学学报，2018，37(2)：79-83.
[51] 张坤，刘金凤，董琦，等. 饵料中添加胶红酵母对刺参性能的影响[J]. 大连工业大学学报，2017，36(1)：6-9.
[52] 张显昱，刘志强，李强. 胶体金免疫层析试纸条在水产养殖业中的应用[J]. 生物技术通报，2013(12)：56-61.
[53] 赵富玺. 病原生物与免疫学 [M]. 北京：人民卫生出版社，2004.
[54] 郑李平，耿毅，余泽辉，等. 一株鲈鲤源鲤春病毒血症病毒的分离鉴定及其病理观察[J]. 中国水产科学，2019，26(03)：569-576.
[55] 朱传忠，孙陆宇，解文丽，等. 3 种饲料添加剂对吉富罗非鱼幼鱼生长性能、消化酶活性和肝、肠组织结构的影响[J]. 淡水渔业，2018，48(2)：94-99.
[56] 庄荣玉，王如晨，邱晓挺，等. 胶红酵母生产生物活性物质研究进展[J]. 食品科学，2020，41(1)：318-327.
[57] GAO Q X, XIAO C F, MIN M H, et al. Effects of probiotics dietary supplementation on growth performance, innate immunity and digestive enzymes of silver pomfret, Pampus argenteus[J]. Indian Journal of Animal Research, 2016, 50(6): 936-941.
[58] JIANG G L, ZHOU L Y, WANG Y T, et al. Astaxanthin from *Jerusalem artichoke*: Production by fed-batch fermentation using *Phaffia rhodozyma* and application in cosmetics[J]. Process Biochemistry, 2017(63): 16-25.
[59] PALUMBO S A, MAXINO F, WILLIAMS A C, et al. Starch-ampicillin agar for the quantitative detection of *Aeromonas hydrophila*[J]. Applied and Environmental Microbiology. 1985, 50(4): 1027-1030.
[60] ZIAEI-NEJAD S, REZAEI M H, TAKAMI G A. The effect of *Bacillus* spp. bacteria used as probiotics on digestive enzyme activity, survival and growth in the Indian white shrimp *Fenneropenaeus indicus*[J]. Aquaculture, 2006, 252(2-4): 516-524.